Dorn-Bader

Physik

Oberstufe

Band MS

Schroedel Schulbuchverlag

Dorn-Bader
Physik – Oberstufe
Band MS

Herausgegeben von:
Professor Dr. Franz Bader – Professor Friedrich Dorn

Bearbeitet von:
Professor Dr. Franz Bader, Ludwigsburg – Studiendirektor Dr. Helmut Bergold, München – Professor Friedrich Dorn, Waiblingen – Studiendirektor Dr. Peter Drehmann, Kornwestheim – Studiendirektor Adolf Kraemer, Münster – Studiendirektor Gottfried Staiger, Stuttgart – Verlagsredaktion Physik

Beratende Mitwirkung von:
Oberstudiendirektor Walter Kasten, Hannover

Illustration:
Günter Schlierf

Titelbild:
Wurfparabel eines Golfballs;
Stroboskop-Foto: Dr. Erwin Kretschmann u. Dr. Peter Zacharias

Hinweis:
Die im Mechanikband abgedruckten Computerprogramme werden zusammen mit anderen Programmen zur gesamten Oberstufenphysik vom Verlag auf Disketten gespeichert angeboten.

CHLORFREI
Gedruckt auf Papier, das nicht mit Chlor gebleicht wurde. Bei der Produktion entstehen keine chlorkohlenwasserstoffhaltigen Abwässer.

ISBN 3-507-**86204**-2

Druck A 16 15 14 / Jahr 1999 98 97

Alle Drucke der Serie A sind im Unterricht parallel verwendbar, da bis auf die Behebung von Druckfehlern untereinander unverändert. Die letzte Zahl bezeichnet das Jahr dieses Druckes.

Gesamtherstellung: Universitätsdruckerei H. Stürtz AG, Würzburg

Liebe Schülerin, lieber Schüler!

Die Lehrpläne der Bundesländer sehen für die Physik in der 11. Jahrgangsstufe schwerpunktmäßig die Behandlung der *Mechanik* vor. Diese wird meist ergänzt durch eine *mechanische Wärmetheorie,* ohne die das wichtige Thema *Energieerhaltung und Energieumwandlung* unvollständig bliebe. Neben den *Grundlagen der Mechanik* (M) werden in vielen Bundesländern auch die *Schwingungen und Wellen* (S) in der 11. Jahrgangsstufe behandelt. Deshalb bieten wir wahlweise an: Band MS (Mechanik, Wärme, Schwingungen, Wellen) oder Band M (Mechanik und Wärme) und Ergänzungsheft S (Schwingungen und Wellen).

Wie im neubearbeiteten Mittelstufenband wollen wir auch in diesem Folgeband gegen das Vorurteil angehen, Physik sei nichts als toter Wissensballast oder gar eine Anhäufung abstrakter Formeln. Vielmehr versuchen wir stets, mit Ihnen ins Gespräch zu kommen, einen Dialog darüber zu führen, was der Physiker macht, um das Naturgeschehen auf wenige Grundgesetze zurückzuführen. Bedeutende Forscher haben sich seit Jahrhunderten um die Formulierung der Naturgesetze bemüht. Ihre Ergebnisse benutzen wir; ihre Arbeitsmethoden können uns zum Vorbild dienen.

Neben zahlreichen *Farbbildern* und neuartigen *Stroboskop-Aufnahmen* lockern auch einige Schmunzelbilder die Darstellung auf. Physik muß nicht immer tierisch ernst betrieben werden, und so mögen diese Bilder wie auch die Textüberschriften Sie zu Phantasie und Denken anregenden Gesprächen motivieren, in denen die physikalischen Zusammenhänge noch fundierter als bisher dargestellt werden.

Gegenüber der Mittelstufe sind die hier behandelten Gebiete mathematisch vertieft worden. So gewinnen Sie einen im messenden Experiment nachprüfbaren und gesicherten Bezug zu den Naturvorgängen. Wir haben in der vorliegenden Neubearbeitung die *Anwendungen der Physik* noch stärker als früher herausgestellt; auch die *Technik* unterliegt den Naturgesetzen! Gerade in der Mechanik bieten sich zahlreiche Beispiele aus unserer täglichen Umwelt an: aus Freizeit, Sport und Straßenverkehr. So kann die Physik auch zu verkehrsbewußtem Verhalten erziehen!

Neben der *kausalen Strategie,* die vom Kraftbegriff ausgeht, gewähren wir dem *Bilanz-* und *Erhaltungsdenken* einen breiten Raum bei Energie und Impuls und besonders in der mechanischen Wärmetheorie. Dort sollen Sie zwischen wertvoller, also nutzbarer, und weniger wertvoller *Energie* unterscheiden lernen, um energiebewußter zu leben. So können Sie die physikalisch begründeten Aussagen über die *Energiequellen der Zukunft* verstehen und Zahlen und Statistiken dazu besser beurteilen.

Es ist geradezu unterhaltsam, Bewegungsabläufe von *verschiedenen Beobachtern* aus zu betrachten. Als denkender Mensch muß man frühzeitig lernen, sich in den Standpunkt anderer hineinzuversetzen. Dies bereitet auch auf die *Relativitätstheorie* vor.

Besonders behutsam führen wir Sie an das neue Unterrichtsmedium *Kleincomputer* heran. Wir setzen ihn erst ein, wenn schwierigere Fragen auftreten, z.B. wie die Luft Fall- und Wurfbewegungen hemmt oder was ein Satellit macht, wenn er nicht mit der für eine Kreisbahn nötigen Geschwindigkeit abgeschossen wird. Deshalb haben wir das Gravitationsgesetz und seine Anwendung auf Kreisbahnen vorgezogen. Dabei erweist sich, daß der Computer in der Mechanik mehr ist als nur ein Rechen- und Zeichenknecht für selbstgestrickte Unterrichtsfilme. *Er ist vielmehr den Newtonschen Grundgesetzen geradezu auf den Leib geschnitten* und demonstriert, wie wirkungsvoll diese Gesetze trotz ihrer Einfachheit sind: Man braucht dem Computer nur das Gesetz für die wirkende Kraft und die Definitionen von Geschwindigkeit und Beschleunigung einzugeben. Dann löst er auch Probleme, die mathematisch nicht geschlossen dargestellt werden können, etwa den Wurf in Luft oder die Anziehung zwischen mehr als 2 Körpern. Wir wollen künftig Physik nicht nur im luftleeren Raum und an höchstens 2 Massenpunkten betreiben! Früher waren wir auf Bewegungsgesetze eingeengt, die man schon vor *Newton* kannte, die gleichförmige und gleichmäßig beschleunigte Bewegung *(Galilei)* und die Kreisbewegung *(Huygens)*. Wir bringen ab Seite 194 einen Kurs, mit dem Sie das Programmieren mechanischer Probleme an einem Gerät in der Schule (oder auch zu Hause) lernen können. Die physikalisch relevanten Programmschritte sind durch Blaudruck herausgehoben und können so leicht auf andere Maschinen übertragen werden.

Viel Spaß und guten Erfolg!

Stuttgart, im Frühjahr 1983

Die Autoren und die Redaktion

Inhaltsverzeichnis

Mechanik des Massenpunkts

Erhaltungssätze

Kreisbewegung eines Massenpunkts

Gravitation und Planetenbewegung

Der starre Körper

Mechanische Wärmetheorie

Höhere Mechanik vom Computer

Mechanische Schwingungen

Mechanische Wellen

Bildquellenverzeichnis

ADAC, München: 103.1
Presse-Foto Baumann, Ludwigsburg: 100.2
BFA Education Media, New York, USA: 224.3
Continental AG, Hannover: 108.2
Deutsche Bundesbahn, München: 167.1
Deutsches Museum, München: 37.1, 133.1, 133.2, 181.1
dpa, Deutsche Presse-Agentur GmbH, Frankfurt: 33.1, 71.1, 100.1, 111.1, 111.3, 129.2
Deutsche Verlagsanstalt, Stuttgart: 190.2
Karl Duch, Hamburg: 11.1, 13.1, 46.1, 67.1, 67.2, 67.3, 82.2, 113.1, 171.1
Gentner, Maier-Leibnitz, Bothe, „Atlas typischer Nebelkammerbilder", Springer-Verlag, Berlin: 96.1
HEA, Frankfurt: Angaben für Bild 189.1
Institut für Biomechanik, Deutsche Sporthochschule Köln: 55.1, 69.1
Dr. Erwin Kretschmann, Dr. Peter Zacharias, Hamburg: 9.1, 10.1, 10.2, 33.2, 35.1, 48.1, 49.1, 50.2, 56.1, 90.3, 95.2, 95.3, 101.2, 147.1, 148.2
Hans Kreutzfeldt, Ahlten: 13.3, 43.2, 209.1
Leybold-Heraeus GmbH, Köln: 120.1
Gebr. Märklin & Cie. GmbH, Göppingen: freundliche Unterstützung für Bild 251.1 a (Foto: Tegen)
Günther Marks, München: 135.1
National Gallery, London: 7.3
Max-Planck-Institut für Plasmaphysik, Garching b. München: 150.1
RWE, Rheinisch Westfälisches Elektrizitätswerk, Essen: 182.1
Seismologisches Zentralobservatorium, Gräfenberg: 254.1
Wolfgang Staiger, Stuttgart: 59.2, 60.1, 60.2, 60.3, 60.4, 124.1, 125.3, 126.1, 128.1, 128.2, 129.1, 138.2, 142.1, 143.1, 143.2, 143.3, 145.1, 197.1, 199.2, 208.1, 271.1, 276.1, 278.1
Struve, Astronomie, Verlag Walter de Gruyter & Co., Berlin 1962: 9.2, 132.3
US Botschaft, Bonn: 7.1, 7.2, 123.2, 139.1
ZEFA, Zentrale Farbbild Agentur GmbH, Düsseldorf: 90.1, 101.1, 190.1, 231.1

Alle übrigen Fotos: Hans Tegen, Hambühren

Die Lehrmittelfirmen Dr. H. Kröncke KG, Hannover; Leybold-Heraeus GmbH, Köln; Neva, Dr. Vatter KG, Geislingen; Phywe AG, Göttingen, stellten freundlicherweise Geräte für die fotografierten Versuchsaufbauten zur Verfügung.

Die hier getroffene Auswahl bezweckt keine qualitative Hervorhebung einzelner Fabrikate; sie läßt insbesondere nicht die Schlußfolgerung zu, daß Geräte anderer als der gewählten Lehrmittelfirmen nicht möglicherweise genauso oder besser für die einzelnen Versuchsaufbauten geeignet sind.

Mechanik des Massenpunkts

§1 Mechanik – ein Eckpfeiler der Physik

1. Fragen an die Mechanik

– Wie bestimmt man mit einem Stein und einer Stoppuhr die Tiefe eines Bohrlochs oder eines Brunnens?
– Warum kann die Polizei aus der Länge der Bremsspur eines Autos auf die Geschwindigkeit vor dem Unfall schließen?
– Wieviel wiegt die Erde? Warum ist sie keine genaue Kugel? Welche Kräfte haben sie an den Polen abgeplattet, also verformt?

Sie wissen aus der Mittelstufe: Alle diese Fragen haben mit einem wichtigen Gebiet der Physik zu tun, der Mechanik. In ihr beschäftigt man sich mit den Bewegungen von Körpern und den Wirkungen von Kräften.

Die Mechanik zeigt, wie Bewegung und Form der Körper durch Kräfte aller Art beeinflußt werden.

Natürlich kann man die Antworten auf solche Fragen in Büchern nachlesen. Aber wie kommt man auf diese Antworten? Könnte man sie sich nicht selbst erarbeiten? Irgend jemand mußte sie ja gefunden haben. Können Sie sich denken, wie man dabei vorging? Sie werden sofort antworten, man hat experimentiert, hat gemessen. Gewiß, das **Experiment** ist ein wichtiger Teil der Physik. Einzelexperimente geben aber nur spezielle Meßdaten. Wir machten deshalb bereits auf der Mittelstufe *Meßreihen* und verdeutlichten ihre Ergebnisse in *Schaubildern* oder verallgemeinerten sie in **Naturgesetzen.** So werden wir bald finden, daß ein Stein in $\frac{1}{2}$ s nur 1,25 m fällt, in 1 s schon 5 m, in 2 s gar 20 m. Wenn wir aus solchen Meßdaten ein Gesetz entwickelt haben, können wir die *Mathematik* – eine wichtige Hilfe für die Physik – anwenden und dann aus einer gemessenen Fallzeit die Tiefe eines Brunnens berechnen.

2. Meilensteine in der Menschheitsentwicklung

Aus Einzelgesetzen kann man die Massen von Erde und Sonne nicht bestimmen, genau so wenig wie durch einzelne Messungen. Hier kommen den Physikern weitere Erkenntnisse zu Hilfe:

Durch Erfahrung gewonnene und mathematisch formulierte Naturgesetze fügten sich zuerst in der Mechanik zu einer geschlossenen **Theorie** zusammen. Die Mechanik zeigt Ihnen besonders deutlich die Kraft solcher Theorienbildung.

Es war die große Entdeckung des Begründers der Mechanik, des Engländers **Isaak Newton** *(Bild 7.3)*, daß die auf der Erde gefundenen Gesetze auch im Universum gelten – und wohl immer gegolten haben. Die Himmelskörper unterliegen den gleichen Gesetzen wie die Gegenstände unserer Umgebung. Sonst wäre der Flug in den Weltraum nie gelungen. Als am 21. Juli 1969 Menschen mit der Mondfähre „Eagle" zum erstenmal den Mond betraten *(Bild 7.2)*, legte man am Grab von *Isaak Newton* in der Westminster-Abtei in London einen Kranz nieder mit der Aufschrift „The eagle has landed".

Gehen wir nun weiter in der Entwicklung der Menschheit zurück! Der Mensch wußte früher nichts von Naturgesetzen. Für ihn walteten unberechenbare magische Wesen in der Natur, Kobolde und Dämonen. Und trafen ihn Blitze, so straften ihn die Götter. Wir wollen die Bedeutung der Mythen nicht verkennen; doch dachte man unter ihrem Einfluß nicht daran, die Natur wissenschaftlich zu erforschen, man scheute sogar bisweilen davor zurück. Man versuchte auch nicht, sich durch Blitzableiter zu schützen, sondern bemühte sich, Götter und Dämonen durch Opfer zu besänftigen.

Auch mathematisch hervorragend geschulte Gelehrte und Denker des Altertums und Mittelalters fanden trotz erfolgversprechender Ansätze – etwa bei *Archimedes* (um 250 v. Chr.) – nicht zur Physik. Teilweise lehnten sie das Experiment – das man durchaus kannte – als Mittel zur Naturerkenntnis ab. Sie empfanden Experimente als gewaltsame Eingriffe in die Natur und die Experimentiergeräte als künstliche Werkzeuge, mit denen man in das natürliche Geschehen störend eingreife und die Naturerkenntnis verfälsche. Es gab Zeiten, in denen man glaubte, mechanische Hilfsmittel (wie etwa Flaschenzüge und Kräne) würden die Körper entgegen den Naturgesetzen bewegen. Ein künstlich erzeugter Vorgang wurde als ein wider die Natur ablaufender Vorgang angesehen. Der Italiener *Galileo Galilei* überwand um

1593 diesen Irrglauben (Seite 37). Er zeigte, daß man durchaus im Einklang mit der Natur handelt, wenn man Experimentiergeräte (etwa das Fernrohr) und Maschinen verwendet, und daß diese Geräte und Maschinen auch nur den Naturgesetzen folgen können. Er fand, daß sich in gut angelegten Experimenten die Naturgesetze besonders rein zeigen. Vor allem verstand er es, wichtige Experimente und Gedankenexperimente mit der mathematischen Deduktion zu verbinden (Seite 37).

3. Und die Folgen?

Der Mensch erforschte die Naturgesetze nicht allein aus Wissensdurst und Erkenntnisdrang. Er stellte die Natur, ihre Kräfte und Energien in einem früher ungeahnten Ausmaß in seine Dienste. Von Anfang an begleiteten dies die einen mit Begeisterung – sie priesen die Befreiung von niederer Sklavenarbeit –, die anderen mit Mißtrauen. Man fürchtete, die steigende Produktivität der immer größer werdenden Maschinen würde viele Menschen arbeitslos machen. Doch wurden mit den Maschinen neue und interessante Arbeitsmöglichkeiten und Berufe geschaffen. Vielleicht streben auch Sie einen solchen Beruf an, sei es den des Wissenschaftlers, der neue Erkenntnisse gewinnt, oder den des Ingenieurs, der sie anwendet.

Früher hielten Kulturvölker, wie Griechen und Römer, ganze Heere von Sklaven unterjocht. Heute sind wir auf die Erschließung und Ausbeutung von Energie- und Rohstoffquellen angewiesen. Damit schafft auch die heutige Zivilisation politische Zwänge. Starke Industrieanballung in manchen Regionen wirkt schädlich auf den Menschen und seine Umwelt. Wissenschaftler, Ingenieure, Unternehmer, Politiker müssen sich deshalb – wie jeder von uns – ihrer Verantwortung bewußt sein und bei allem technischen, wirtschaftlichen und sozialen Fortschritt auch die damit neu auf uns zukommenden großen Probleme des Umweltschutzes beachten. Wir müssen das durch die Naturwissenschaften erworbene Wissen und Können zum Wohle der Menschheit einsetzen und dürfen Rohstoffe wie Energien nicht sinnlos vergeuden. Da wir selbst wie unsere Umwelt den Naturgesetzen unterliegen, ist ein sinnvoller Schutz des Menschen und seiner Umwelt nur möglich, wenn wir diese Gesetze kennen und beachten. Die Naturgesetze sind nämlich unabänderlich.

7.1 Weltraumfähre Columbia – ein Ergebnis der stürmischen Entwicklung von Physik und Technik

7.2 Ein Blick vom Mond zum blauen Planeten Erde

7.3 *Isaak Newton* (1643 – 1727)

§2 Bewegungen in ihrem Bezugssystem

1. Objektive Zeugen, die sich widersprechen?

Die Mechanik handelt von *Bewegungen*. Dabei gibt es Überraschungen: *Bild 8.1* und *8.2* zeigen das gleiche Rad, das ein reflektierendes Katzenauge trägt. Woher rührt der Unterschied? Beim linken Bild stand der Fotoapparat auf der Straße bei länger geöffnetem Verschluß still. Deshalb ist der Hintergrund scharf. Die Bewegung des Katzenauges wurde in Bezug auf diesen Standpunkt als langgezogene Kurve auf den Film gezeichnet. Den *Kreis* in *Bild 8.2* lieferte dagegen ein Apparat, der mit dem Rad mitbewegt worden ist. Er stellt ein anderes **Bezugssystem** dar. *Von ihm aus sieht derselbe Vorgang anders aus.*

Bild 9.1 löst den Widerspruch; es zeigt ein Rad, das über den Tisch rollt. Die Achse, ein Punkt des Umfangs und der sie verbindende Radius sind hervorgehoben. Das Rad wurde während des Rollens in gleichen Zeitabständen durch verschiedenfarbige Lampen angeblitzt, gezündet von einem Taktgeber (Lichtanlage in einer Diskothek; ähnlich einem Stroboskop). Der Fotoapparat war relativ zum Tisch in Ruhe, sein Verschluß längere Zeit geöffnet. Von diesem Bezugssystem aus gesehen bewegte sich die *Achse* des Rades geradlinig von Blitz zu Blitz um das gleiche Stück weiter (für den mitbewegten Apparat gab es diese Weiterbewegung nicht). Der von der Radachse wegführende Radius zeigt, wie sich das Rad zusätzlich um seine Achse um jeweils gleiche Winkel weitergedreht hat. So entwickelt sich aus der Kreisbewegung — ohne jeden Widerspruch — die langgestreckte **Radlinie,** auch *Zykloide* genannt.

Diese Bilder verdeutlichen das Abrollen eines Rades auf der Straße. Der Radpunkt, der die Straße berührt, ist — relativ zu ihr — für einen Augenblick in Ruhe. Das Rad gleitet nicht, es hat festen Kontakt mit der Straße. Im nächsten Augenblick bewegt sich dieser Punkt nach oben, nicht nach hinten. Wir kommen hierauf zurück, wenn wir den Antrieb und das Bremsen von Fahrzeugen betrachten.

2. Umdenken fällt schwer

Bei der Aufnahme von *Bild 9.2* stand der Fotoapparat ruhig auf dem Boden. Sein Verschluß war 8 h lang geöffnet. Die kreisförmigen Linien wurden von Fixsternen gezeichnet. Am nächsten Abend stehen sie an gleicher Stelle.

Früher glaubte man, die Sterne wären an kristallene Himmelskugeln geheftet und würden sich in einem Tag einmal um die ruhende Erde drehen (Seite 133). Es dauerte Jahrhunderte, bis sich die Menschheit von diesem Bezugssystem Erde lösen konnte. Am Globus demonstriert man heute, daß sich dagegen die Erde dreht. Aber erst Astronauten sahen dies unmittelbar vom Mond aus *(Bild 7.2)*. Die Erdachse spielt bei diesem Umdenken eine ähnlich wichtige Rolle wie eine Radachse; denn ihre Punkte nehmen an der *Rotation* nicht teil, nur an der Weiterbewegung der Erde um die Sonne. Aber auch der Mond stellt kein ruhendes Bezugssystem dar. Er läuft in 27 Tagen um die Erde und mit der Erde um die Sonne. Auch diese steht nicht still, sondern kreist um das Zentrum der Milchstraße, und diese bewegt sich im Weltraum — relativ zu anderen Milchstraßen. In ihnen sind Milliarden von Sonnen (Fixsternen) angehäuft; wegen der großen Entfernung sehen wir sie als *Sternnebel.*

8.1 Radlinie im Bezugssystem „Straße"; der Radfahrer wurde am Schluß noch geblitzt.

8.2 Bezugssystem „Radfahrer". Der Hintergrund ist unscharf — wie bei Fotos von Autorennen.

3. Ein Problem wird durch Übereinkunft gelöst

Wie unterscheiden sich also Ruhe und Bewegung voneinander? Kann man überhaupt ein *absolut ruhendes Bezugssystem* finden? Astronomen und Physiker verneinen dies heute. Denken wir nach diesem Exkurs ins All an Situationen, die wir täglich erleben können: Sie warten im Zug auf die Abfahrt. Durch das Fenster sehen Sie, daß der Nachbarzug abfährt. Oder bleibt er am Bahnsteig zurück, und ist Ihr Zug abgefahren? Blicken Sie auf den Bahnsteig, auf Gegenstände, die mit der Erde verbunden sind! Da Sie relativ zu diesen verreisen wollen, benutzen Sie die Erdoberfläche als Bezugssystem. Dem schließen wir uns auch in der Physik an. Verwenden wir ein anderes Bezugssystem, so sagen wir dies ausdrücklich.

Bewegungen beschreibt man als Ortsveränderungen gegenüber einem Bezugssystem. Findet ihm gegenüber keine Ortsveränderung statt, so spricht man von Ruhe gegenüber diesem System. Vorläufig benutzen wir die Erdoberfläche als bequemes Bezugssystem.

4. Koordinaten geben den Standpunkt an

Wenn Sie die Radlinie in *Bild 8.1* Punkt für Punkt ausmessen wollen, so legen Sie durchsichtiges Millimeterpapier darüber und tragen eine x- und eine y-Achse ein. Die einzelnen Radpunkte werden dann durch die x- und y-Koordinate gegenüber dem Ursprung dieses Systems, also durch 2 Koordinaten, gekennzeichnet. Diese Bewegung ist eben und *zweidimensional*. — Auf der Erdoberfläche benutzt man das vom Globus her bekannte Gradnetz, d.h. die geographische Breite (Winkel zum Äquator) und die geographische Länge (Winkel zum Nullmeridian

9.2 Zirkumpolarsterne umkreisen den Himmelspol.

durch Greenwich; Seite 136). Die Höhe eines Berges wird dann noch als 3. Koordinate hinzugefügt. Im Raum braucht man drei Koordinaten — er ist *dreidimensional*. Die Kilometermarken auf Autobahnen, längs Flüssen oder Eisenbahnlinien legen die Orte von Unfällen oder liegengebliebenen Fahrzeugen durch nur 1 Koordinate, also *eindimensional*, fest.

Aufgaben:

1. *a) Wie schnell bewegen sich die oberen Punkte der Radlinie in Bild 9.1 gegenüber der Radachse? Versuchen Sie dies durch Einzeichnen eines Raddurchmessers zu begründen!*
b) Sie blicken vom fahrenden Rad auf das Ventil Ihres Vorderrades, wenn dieses gerade im tiefsten Punkt ist. Welche Bewegung führt es in Ihrem System aus, welche der Radweg, welche die Radachse?

2. *Skizzieren Sie die Radlinie eines rollenden Rades von* $r = 2{,}0$ cm *Radius! Berechnen Sie zunächst ihre Höhe und den Abstand ihrer Spitzen!*

9.1 Stroboskop-Bild eines rollenden Rades. Die Achse bewegt sich geradlinig, die Radien drehen sich von Blitz zu Blitz um gleiche Winkel.

§ 3 Der Trägheitssatz im Inertialsystem

1. Haben Sie schon eine Kraft gesehen?

Wohl kaum! Man erkennt nur die *Wirkungen* von Kräften aller Art auf Körper. Welche sind dies?

Versuch 1: Wir legen auf den Projektor eine Kugel. Bleibt sie in Ruhe? Wenn sie in Bewegung kommt oder gar beschleunigt weiterrollt, so suchen wir – durch vielfältige Erfahrung belehrt – nach einer *Ursache,* nämlich der Einwirkung anderer Körper. Wir suchen nach einem Luftzug, der Anziehung eines versteckten Magneten oder nach einer Neigung der Unterlage. All diese Ursachen können allerdings auch noch andere Folgen haben: Sie können eine Feder, mit der wir die Kugel festhalten, verformen. *Wir nennen solche äußeren Einwirkungen auf die Kugel und die Feder „Kraft".* Dabei sehen wir nur die Wirkungen der Kraft, nicht diese selbst.

Um einen Körper in Bewegung zu setzen, ihn weiter zu beschleunigen oder um ihn zu verformen, müssen andere Körper auf ihn einwirken; man sagt, diese üben eine Kraft auf ihn aus.

2. Gedanken beim Boccia-Spiel

Mit Spannung verfolgen Sie, wie Ihre Boccia-Kugel über den Rasen rollt. Wenn sie von ihrer Richtung abweicht oder gar zu früh zum Halten kommt, so machen Sie dafür den Rasen verantwortlich. Seine zahlreichen Unebenheiten ändern den *Bewegungszustand* der Kugel. Und wenn diese äußeren Einflüsse fehlen? Können Sie sich vorstellen, die Kugel würde dann, ganz allein auf sich gestellt, überhaupt nicht mehr anhalten? Wohl kaum – genau so wenig wie sich dies die Naturforscher vor *Galilei* (um 1630) denken konnten. Haben Sie aber schon einmal eine Kugel auf einer spiegelglatten Eis- oder Glasfläche beobachtet? Sie rollt kerzengerade weiter und wird nur allmählich langsamer. Denn hier fehlen Einwirkungen von außen weitgehend. Wenn gar ein *Erdsatellit* in seine Umlaufbahn im (fast) luftleeren Raum gebracht ist, braucht er keinen weiteren Antrieb mehr. Äußere Kräfte, die ihn abbremsen könnten, fehlen weitgehend. Er bleibt deshalb von sich aus über Jahre hinweg (fast) gleich schnell, die Erdanziehung hält ihn bei der Erde. Boccia im freien Weltraum wäre also wenig sinnvoll. Können wir uns auch im Laboratorium an solche Weltraumzustände herantasten?

Versuch 2: **a)** *Bild 10.1* zeigt Stroboskop-Bilder von drei Kugeln. Sie wurden gleichzeitig angestoßen; *oben*: auf einer waagerechten Glasplatte, *in der Mitte*: auf Seide, *unten*: auf einem Velours-Teppich. Oben sind die den Bewegungszustand ändernden äußeren Einflüsse – Kräfte genannt – fast unmerklich.

b) Nun vermeiden wir – wie bei einer magnetisch gehaltenen Schwebebahn oder einem Luftkissenboot – ein Berühren mit der Unterlage. Wir lassen eine Scheibe (Puck) auf einem Luftkissen schweben, indem wir durch viele kleine Löcher in der Unterlage (weiße Punkte in *Bild 10.2*) Luft unter die Scheibe blasen. Das Stroboskop-Bild zeigt:

- Die angestoßene Scheibe fährt geradlinig weiter, in ihrer Bewegungs*richtung* verharrend.
- Die Scheibe legt in gleichen Zeiten gleichlange Wegstrecken zurück. Sie wird also von sich aus *weder schneller noch langsamer.*

10.1 Stroboskopaufnahmen rollender Kugeln

10.2 Ein Puck auf der Luftkissenplatte

Man sagt, die Scheibe behalte ihren **Bewegungszustand** nach Richtung und Schnelligkeit bei. Da es vom Bezugssystem abhängt, ob man einen Körper als ruhend oder als bewegt ansieht, unterscheiden wir zwischen Ruhe und Bewegung nicht, sondern achten nur auf die *Änderung dieses Bewegungszustands.* Dann können wir den **Trägheitssatz** im Sinne von *Isaak Newton* als das **1. Grundgesetz der Mechanik** aussprechen:

Alle Körper behalten ihren Bewegungszustand bei, wenn dieser nicht von außen durch Kräfte geändert wird: *Körper sind träge.*

***Umkehrung:* Wenn ein Körper seinen Bewegungszustand (Richtung bzw. Schnelligkeit) ändert, so wird dies durch andere Körper, also durch Kräfte von außen, erzwungen.**

3. Was hält den Apfel am Baum?

Kehren wir zur Kugel auf dem Projektor zurück (Versuch 1). Haben wir nicht übersehen, daß sie von der Erde angezogen wird, also eine Gewichtskraft erfährt? Sie werden sagen, die Unterlage hindere die Kugel am Fallen. Wir wollen dies physikalisch verstehen und hängen einen Apfel an einen Kraftmesser *(Bild 11.2a)*. Seine Feder wird verlängert und übt auf den Apfel eine Kraft $\vec{F}_1$ nach oben aus (der Pfeil über dem Buchstaben weist darauf hin, daß Kräfte eine Richtung haben; Seite 38). Wie wir von der Mittelstufe wissen, hält $\vec{F}_1$ der Gewichtskraft $\vec{G}$ des ruhenden Apfels das **Gleichgewicht;** er bleibt in Ruhe. Die beiden gleich großen, entgegengesetzt gerichteten Kräfte wirken auf den Bewegungszustand insgesamt wie keine Kraft. Man sagt, die **Resultierende** dieser Kräfte $\vec{F}_1$ und $\vec{G}$ ist Null. Natürlich sind diese beiden Kräfte nicht verschwunden. Eine hängende Seifenblase ist deshalb etwas in die Länge gezogen: Ihre Gewichtskraft zieht nach unten, die Haltekraft der Aufhängung nach oben.

In *Bild 11.2b* wird der Tannenzweig durch die Gewichtskraft des schweren Apfels verbogen. Solange der Zweig nicht bricht, wird in ihm – wie in der Feder des Kraftmessers – eine elastische Kraft $\vec{F}_1$ geweckt. Sie wirkt auf den Apfel nach oben zurück und hält seiner Gewichtskraft $\vec{G}$ das Gleichgewicht. Wir spüren diese nach oben gerichtete Kraft $\vec{F}_1$, wenn wir den Zweig ohne Apfel nach unten biegen.

11.1 Im Aufzug herrscht nicht immer Gleichgewicht.

4. Kräftegleichgewicht – aber keine Ruhe!

Versuch 3: Ein Wägestück K hängt an einem Kraftmesser und wird von einem Motor an die Decke gezogen. Was zeigt der Kraftmesser?

a) Beim *Anfahren* zieht der Motor stärker nach oben als in Ruhe. Das Kräftegleichgewicht ist so gestört, daß K nach oben beschleunigt wird. Im Aufzug wirkt auf Sie eine Zusatzkraft nach oben, wenn er nach oben anfährt und Sie dabei aus der Ruhe in Bewegung setzt, das heißt beschleunigt *(Bild 11.1)*.

b) Während der *gleichmäßigen Fahrt* dagegen hält der Motor nur der Gewichtskraft *G* des Wägestücks das *Gleichgewicht*. Doch kommt dieses nicht etwa zu Ruhe; es bewegt sich *gleichförmig* weiter. Im Aufzug spüren Sie auch nur die gleiche Kraft in den Beinen wie beim ruhigen Stehen; das Fahren merken Sie nicht!

c) Wenn dann oben der Motor kurzzeitig etwas schwächer zieht, überwiegt die Gewichtskraft und bremst ab. Das Gleichgewicht ist gestört. Im Aufzug spüren Sie eine angenehme Entlastung in den Beinen. Ein Teil Ihrer Gewichtskraft bremst Sie nämlich ab und belastet deshalb Ihre Beine kurzzeitig nicht.

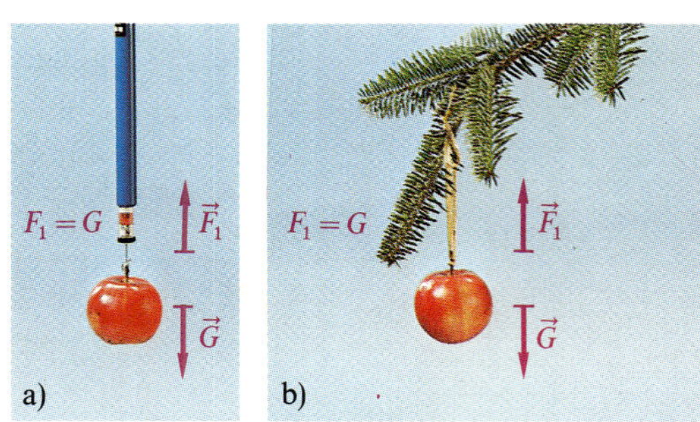

11.2 Kräftegleichgewicht am ruhenden Apfel

12.1 Mopeds sind nicht immer im Gleichgewicht.

5. Warum ist Ihr Moped so langsam?

Warum wird Ihr Moped nicht schneller als 40 km/h? Am Motor allein kann es nicht liegen; aufgebockt treibt er das Rad viel schneller an. Beim Fahren jedoch bekommt seine Kraft – es sind vielleicht 50 N – einen widerstrebenden Gegner, die Luftwiderstandskraft. Diese spüren Sie als Kraft gegen die Fahrtrichtung und wissen, daß sie mit der Geschwindigkeit schnell ansteigt. Bei 40 km/h ist sie so groß geworden wie die Motorkraft, also auch 50 N. Dann besteht Kräftegleichgewicht.

Wenn Sie Gas wegnehmen, sinkt die Motorkraft vielleicht auf 12 N. Zunächst überwiegt noch die Kraft des Luftwiderstands (50 N) und verzögert die Fahrt. Doch nimmt auch der Luftwiderstand mit sinkender Geschwindigkeit ab und ist vielleicht bei 20 km/h auch auf 12 N gesunken. Dann besteht wieder Kräftegleichgewicht; Sie fahren mit 20 km/h gleichförmig weiter.

12.2 Gelingt der Abschleppversuch?

Besteht Kräftegleichgewicht an einem Körper, so ist an ihm die resultierende Kraft Null. Er bleibt in Ruhe oder behält Bewegungsrichtung und Schnelligkeit bei, ändert also seinen Bewegungszustand nicht. Dieser läßt sich nur durch Kräfte ändern, die nicht im Gleichgewicht sind, deren Resultierende nicht Null ist.

6. Trägheit schmerzt oft mehr als Schwere

Eine Boccia-Kugel können Sie ruhig auf Ihren Zehen jonglieren und dabei der Gewichtskraft das Gleichgewicht halten. Zum Wegkicken der gleichen Kugel brauchen Sie aber so große Kräfte, daß die Zehen schmerzen! Dabei ist die Kugel nicht etwa schwerer geworden. Sie zeigt eine weitere Eigenschaft, ihre **Trägheit.** Diese sollte von Autofahrern beim Abschleppen beachtet werden: Das Abschleppseil reißt wegen der Trägheit, nicht wegen der Gewichtskraft des abzuschleppenden Wagens:

Versuch 4: Wir wollen einen Wagen an einem Faden abschleppen, der die Gewichtskraft des Wagens gut aushält *(Bild 12.2)*. Trotzdem reißt der Faden, wenn wir an ihm ruckartig ziehen. Die Kraft, die zum schnellen Beschleunigen eines Körpers nötig ist, kann also viel größer als dessen Gewichtskraft sein. Diese Kraft hängt mit dem Trägsein des Körpers zusammen; das *Trägsein* ist vom *Schwersein* wohl zu unterscheiden:

Versuch 5: Nach *Bild 13.2* hängt ein Metallstück zwischen zwei Fäden. Ziehen wir am Handgriff A *langsam,* reißt der obere Faden. An ihm addiert sich zur Zugkraft die gleichgerichtete Gewichtskraft des Metallstücks. – Wenn wir dagegen *ruckartig* ziehen, reißt der untere Faden. Bevor der obere reißen würde, müßte er etwas verlängert, das Metallstück also ruckartig nach unten beschleunigt werden. Wegen seiner Trägheit braucht man hierzu eine große Kraft. Diese Kraft kann der untere Faden nicht übertragen und reißt. Der obere Faden wurde also durch die Trägheit des Metallstücks – und nicht durch dessen Gewichtskraft – vor dem Reißen bewahrt.

Bei solchen Versuchen reißt der Faden, gleichgültig, nach welcher Richtung man den Körper beschleunigen will. Das Trägsein ist also nicht an die stets nach unten gerichtete Gewichtskraft gebunden; es tritt auch dort im Weltraum auf, wo die Körper keine Gewichtskräfte erfahren. Auch dort brauchen Raketen zum Schnellerwerden wie zum Abbremsen die Kraft ihrer Triebwerke.

Man beachte: Das Trägsein eines Körpers ist nicht etwa eine ihm innewohnende Kraft. Von sich aus verharrt er ja im jeweiligen Bewegungszustand. Nur eine *Kraft von außen* kann seinen Bewegungszustand *ändern*. Dies versteht man unter der Trägheit des Körpers. Wir werden sie auf Seite 29 quantitativ erfassen.

7. Ausnahmen vom Trägheitssatz?

Sie sitzen im Speisewagen des D-Zugs und stellen ein 5-DM-Stück in Fahrtrichtung so auf seine Kante, daß es von Ihnen wegrollen kann. Solange der Zug gleichmäßig geradeaus fährt, bleibt es in Ruhe. Sie sehen also vom Fahren ab und sagen, in Ihrem Bezugssystem gelte der Trägheitssatz. Aber auch ein Beobachter, der durch das Fenster vom Bezugssystem Erde aus zuschaut, hält in seinem System den Trägheitssatz für richtig. *Bild 13.3a* zeigt: Für die Frau am Bahndamm bewegt sich das Geldstück zwar sehr schnell, ändert seinen Bewegungszustand aber auch nicht. In beiden Beobachter-Systemen gilt der Trägheitssatz. Man nennt jedes von ihnen ein **Inertialsystem** (inertia, lat.: Trägheit).

Nun bremse der Zug etwas ab, ohne daß es Ihnen bewußt wird. Das „träge" Geldstück fährt aber mit der vorangehenden Schnelligkeit weiter (wer sollte es schon bremsen); es rollt von Ihnen weg – wie von Geisterhand gezogen. Da Sie mit bestem Willen keine auf das Geldstück in Fahrtrichtung wirkende Kraft finden, zweifeln Sie mit Recht am Trägheitssatz. Dies gilt auch für das schnelle Anfahren (Geldstück bleibt zurück; *Bild 13.3b*) oder das Fahren in einer nicht überhöhten Kurve (es fällt um).

Der Trägheitssatz gilt nicht in Bezugssystemen, deren Bewegungszustand geändert wird. Wie man dort trotzdem diesen Fundamentalsatz der Mechanik „retten" kann, sehen Sie auf Seite 113.

Nur für Beobachter in Inertialsystemen gilt der Trägheitssatz. Für sie werden alle Änderungen des Bewegungszustands von Körpern durch Einwirkungen von außen, Kräfte genannt, verursacht.

Die Erde und alle relativ zu ihr gleichförmig und geradlinig bewegten Bezugssysteme, etwa ein Zug, der gleichmäßig geradeaus fährt, können als Inertialsysteme angesehen werden. Abweichungen wegen der Erddrehung sind sehr klein (Seite 136). Ein noch besseres Inertialsystem stellt die Sonne oder die Gesamtheit des Fixsternhimmels dar.

13.1 Der Wechsel des Bezugssystems will wohl überlegt sein!

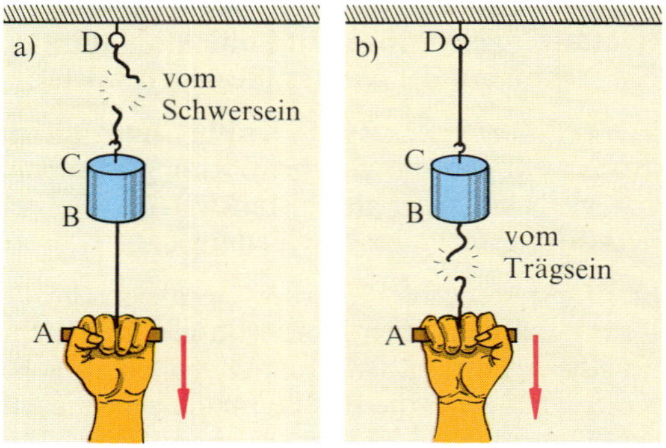

13.2 Der linke Riß kommt vom Schwersein, der rechte dagegen vom Trägsein.

13.3 Das Stroboskop-Foto erzählt die Geschichte vom 5-DM-Stück im Bezugssystem „Zug".

§4 Messung von Kräften und Massen

1. Kraftmessung – ein Kräftevergleich

Bei Vergleichskämpfen im Sport, etwa beim Gewichtheben, mißt man Kräfte nach genau vorgegebenen Regeln. Sie geben Vergleichsmaße, die – etwa für Weltrekorde – über Jahre hinweg angewandt werden können. In der Physik versucht man Ähnliches: Unter **Messen** versteht man den *Vergleich einer Größe mit einer Einheit und deren Vielfachen*. Das Vergleichsverfahren ist bei Längen anders als bei Zeiten oder Kräften; es charakterisiert die betreffende Größe so weitgehend, daß man sie von andern abgrenzen *(definieren)* kann. So definierte Größen nennt man **Grundgrößen**. Für uns sind es Länge, Zeit, Masse und Kraft. Kräfte vergleicht man mit Hilfe ihrer *Wirkungen*. Schon auf der Mittelstufe legten wir fest:

a) *Maßgleichheit:* Zwei Kräfte sind gleich groß, wenn sie die gleiche Wirkung ausüben, z.B. gleiche Körper gleich stark verformen (Federkraftmesser) oder beschleunigen.

b) *Maßvielfachheit:* Wirken n gleich große Kräfte auf denselben Körper in gleicher Richtung, so erfährt er als *Resultierende* die n-fache Kraft (*Bild 14.1*; die Resultierende verschieden gerichteter Kräfte bestimmen wir auf Seite 38).

c) *Maßeinheit:* Die Krafteinheit 1 **Newton (N)** ist gleich der konstanten Kraft, die das Ur-Kilogramm in 1 s aus der Ruhe auf die Geschwindigkeit 1 m/s beschleunigt.

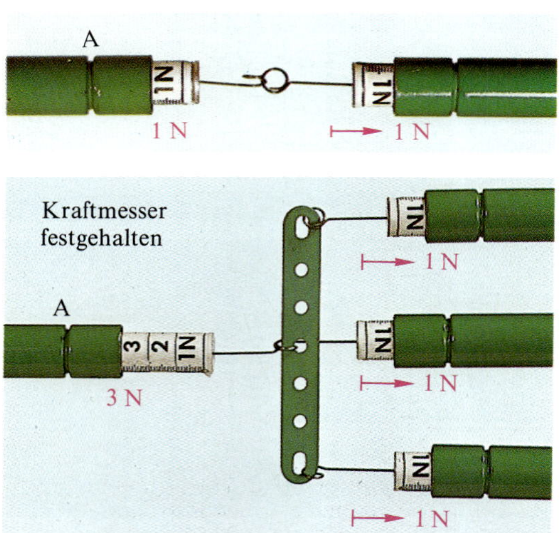

14.1 3mal 1 Newton addiert sich hier zu 3 N.

2. Was schwer ist, hat auch Masse

In der Mechanik interessiert uns weder die Farbe noch die Temperatur von Körpern. Wir brauchen jedoch ein Maß für ihr *Schwersein,* d.h. die Eigenschaft, durch Erde, Sonne, Mond usw. eine Gewichtskraft zu erfahren. Hierzu schrieben wir auf der Mittelstufe den Körpern eine **Masse** zu und legten in Anlehnung an das tägliche Leben fest:

a) *Maßgleichheit:* Zwei Körper haben die gleiche Masse, wenn sie am gleichen Ort die gleiche Gewichtskraft erfahren. (Sie kennen z.B. den Massenvergleich mit Balkenwaagen.)

b) *Maßvielfachheit:* Erfährt am gleichen Ort ein Körper die n-fache Gewichtskraft G wie ein anderer, so hat er die n-fache Masse.

c) *Maßeinheit:* Die Einheit der Masse m ist das Urkilogramm (unabhängig von seinem Aufbewahrungsort).

Dieser Massenvergleich ist *universell:* Wenn man an einem Ort die Massen verschiedener Körper aus ganz verschiedenen Stoffen bestimmt hat, so kann man dies getrost an anderen Orten wiederholen. Hat man unterwegs von den Körpern nichts weggenommen oder ihnen nichts hinzugefügt, so findet man überall dort, wo sie überhaupt eine Gewichtskraft erfahren, die gleiche Masse; diese kennzeichnet einen „Besitzstand" des Körpers. Deshalb vergleicht man Warenmengen durch ihre Massen (in kg oder t; 1 t = 1000 kg ist eine Masseneinheit).

3. Wieviel wiegen wir wo?

Versuch 6: Wir hängen Wägestücke aus verschiedenen Materialien an einen in Newton geeichten Kraftmesser *(Tabelle 15.1)*. Bei allen Körpern der Masse $m = 1$ kg zeigt er (wie in ganz Mitteleuropa) $G = 9{,}81\ \text{N} \approx 10\ \text{N}$ an. Der Quotient G/m ist bei uns 9,81 N/kg und hängt nicht vom Körper ab, auch nicht vom Stoff, aus dem er besteht.

Auf dem Mond erfahren alle Körper nur $\frac{1}{6}$ der Gewichtskraft auf der Erde. Der Quotient $g = G/m$ ist dort nur 1,6 N/kg. Er hängt also vom Ort ab. Auf der Mittelstufe nannten wir ihn den **Ortsfaktor** $\boldsymbol{g = G/m}$ *(Tabelle 15.3)*.

Aus $g = G/m$ folgt die Gleichung $G = mg$ zur weltweiten Berechnung von Gewichtskräften beliebiger Körper: Dabei hängt g vom Ort, aber nicht vom Körper, und m vom Körper, nicht aber vom Ort ab.

Masse m in kg	1	0,5	0,3	0,2	0,102
Gewichtskraft G in N	9,8	4,9	2,94	1,96	1,0
$g=G/m$ in N/kg	9,8	9,8	9,8	9,8	9,8

Tabelle 15.1 Zu Versuch 6 auf der Erde

Masse m in kg	1	0,5	0,3	0,2	0,102
Gewichtskraft $G_☾$ in N	1,62	0,81	0,50	0,32	0,16
$g_☾=G_☾/m$ in N/kg	1,62	1,62	1,66	1,6	1,6

Tabelle 15.2 Ortsfaktor $g_☾$ auf dem Mond

Mitteleuropa	9,81	Sonne	274
Äquator	9,78	Jupiter	26
Pole der Erde	9,83	Venus	8,5
Mond	1,62	Mars	3,8

Tabelle 15.3 Ortsfaktoren g in N/kg

Man erhält die Gewichtskraft G, die ein Körper an einem bestimmten Ort erfährt, wenn man die nur vom Körper abhängige Masse m mit dem Ortsfaktor g multipliziert:

$$G = mg. \qquad (15.1)$$

Wenn Sie die Masse $m = 70$ kg haben, so erfahren Sie die Gewichtskraft

$G = mg = 70\ \text{kg} \cdot 9{,}81\ \text{N/kg} = 687\ \text{N}$ auf der Erde,
$G = mg = 70\ \text{kg} \cdot 1{,}62\ \text{N/kg} = 113\ \text{N}$ auf dem Mond.

Dieser Unterschied zeigt eindringlich, daß man die Masse m, die ein Körper *hat*, nicht gleichsetzen darf mit der Gewichtskraft G, die er *erfährt!*

4. Auch für Federkräfte gibt es Gesetze

Wie auf der Mittelstufe benutzen wir Federkraftmesser, die in der gesetzlich vorgeschriebenen Krafteinheit 1 Newton geeicht sind. Bei ihnen gibt eine n-fache Kraft auch eine n-fache Verlängerung der Feder: Kraft F und Verlängerung s sind einander proportional; man schreibt $F \sim s$. Der Quotient $D = F/s$ ist für diese Feder konstant, das **Hookesche Gesetz** erfüllt. Man nennt D **Federkonstante** oder auch **Federhärte.**

Hookesches Gesetz: **Die Verlängerung s einer Feder ist innerhalb eines gewissen Bereichs der Kraft F proportional: $F \sim s$. Dann ist der Quotient $D = F/s$, Federhärte genannt, konstant.**

Man muß den Kraftmesser nach *Bild 14.1* um $s = 0{,}05$ m verlängern, bis er die Marke 5 Newton (5 N) anzeigt. Seine Federhärte ist

$$D = \frac{F}{s} = \frac{5{,}0\ \text{N}}{0{,}050\ \text{m}} = 100\ \frac{\text{N}}{\text{m}}.$$

In dem Bereich, in dem das *Hookesche Gesetz* erfüllt ist, hat der Kraftmesser eine gleichförmig unterteilte Skala. Sie ist zwar sehr bequem, aber nicht Voraussetzung für die Kraftmessung. Es gibt Meßinstrumente, die ungleichmäßig unterteilte Skalen haben, z.B. Briefwaagen. Die Vielfachheit von Kräften wurde ja nicht über die n-fache Verlängerung einer Feder definiert, sondern über die gleichzeitige Wirkung von n gleichen und gleichgerichteten Kräften.

Wenn man bei Federn die Kraft F über der Verlängerung s aufträgt, erhält man im Gültigkeitsbereich des *Hookeschen Gesetzes* eine Ursprungsgerade, da $F \sim s$ ist. An die Achsen schreibt man die *Maßzahlen* 1, 2, 3, ... von Kraft F und Verlängerung s. Wenn man sie mit den *Einheiten* (N bei Kräften, m bei Strecken) multipliziert, erhält man die betreffende **Größe**, etwa $F = 3$ N, $s = 0{,}1$ m. Die Maßzahl 3 ist deshalb der Quotient aus der Größe F und der Einheit N ($3 = F/\text{N}$): Die Maßzahl gibt an, wie oft die Einheit in der Größe enthalten ist. *Deshalb kennzeichnet man die Achsen mit dem Quotienten* F/N *oder* s/m *(Bild 17.1).* Die *Größensymbole (F, m, s)* werden *schräg,* die Einheitensymbole (N, kg, m) steil gedruckt.

Aufgaben:

1. *Was würde ein Kraftmesser anzeigen, wenn man an ihn auf dem Jupiter eine Schokoladentafel der Masse* 100 g *hängte? — Wie groß ist seine Federhärte, wenn er dort um* 13 cm *verlängert wird? — Um wieviel würde er auf dem Mond verlängert?*

2. *Auf dem Mars verlängert ein Körper der Masse* 500 g *eine Feder um* 7,6 cm. *Welche Federhärte hat sie?*

3. *Astronauten bestimmen die Gewichtskraft eines Körpers der Masse* 2,00 kg *an einer Feder* ($D = 250$ N/m)*; sie wird um* 7,82 cm *verlängert. Wo sind sie nach Tabelle 15.3?*

4. *Jemand kauft* 2 kg *Mehl und* 10 N *Äpfel und sagt, er habe insgesamt* 30 N. *Ist diese Rechnung auf der Erde wie auf dem Mond erlaubt? Darf man also Masse und Kraft unbesehen addieren? Was muß man in solchen Fällen tun?*

5. *Zeigen Sie an obigen Rechnungen, daß man mit Einheiten wie mit Buchstaben (Formvariablen) rechnen darf! Ist es sinnvoll, eine Größe, z.B.* 27 N, *als Produkt aus Zahlenwert und Einheit anzusehen?*

§5 Gleichförmige Bewegungen

1. Keine Angst vor Differenzen!

Bei einer monotonen Autobahnfahrt sitzen Sie hinten im Bus. Fährt er gleichförmig oder wird er schneller? Alle 500 m sehen Sie auf Kilometersteinen Zahlen wie 73; 73,5; 74..... Der Ausgangspunkt dieser Streckenangaben ist für Ihr Problem belanglos. Sie brauchen nur die Weg-Zunahmen $\Delta s = s_2 - s_1 = s_3 - s_2 = 0{,}5$ km (*s* bedeutet Strecke; *Bild 16.1*). Die Differenzbildung wird durch Δ (Delta), das große griechische D, gekennzeichnet. – Beim Vorbeifahren an diesen Marken zeigt Ihre Uhr $t_1 = 9^h\,17^{min}\,10^s$, $t_2 = 9^h\,17^{min}\,40^s$, $t_3 = \ldots$ an. Wieder brauchen Sie nur Differenzen, z.B. $\Delta t = t_2 - t_1 = 30$ s; diese liefert Ihre Stoppuhr unmittelbar. *Bei gleichförmiger Fahrt sind die Zeitabschnitte Δt für gleiche Strecken Δs gleich.*

2. Jedes Tempo hat sein Maß

Versuch 7: a) Auf einer genau waagerechten Bahn steht ein leicht beweglicher Wagen. Seine Räder sind fast reibungsfrei gelagert. Wir stoßen ihn an und überlassen ihn dann sich selbst. Infolge des unvermeidlichen Luftwiderstands und der Reibung wird er langsamer. Um diese der Bewegung entgegengesetzt gerichteten Kräfte durch eine Kraft in der Fahrtrichtung auszugleichen, neigen wir die Bahn leicht. Ist dieser *Reibungsausgleich* richtig gewählt, so wird der angestoßene Wagen weder schneller noch langsamer (Seite 12). Ob uns dabei der Augenschein nicht trügt, wollen wir nun genauer nachprüfen:

b) Parallel zur Fahrbahnschiene ist nach *Bild 16.2* ein Papierstreifen ausgespannt. Ihm wurde eine dünne Metallschicht (meist Zink) aufgedampft. Der fahrende Wagen zieht eine feine Spitze darüber. Ein Zeitmarkengeber ZMG legt zwischen Metallpapier und Spitze sehr kurze Spannungsstöße (etwa 35 V) in konstanten Zeitabständen Δ*t*, z.B. alle 0,10 s. Der kurzzeitig fließende Strom verdampft die Metallschicht auf dem Papier unter Funkenbildung und erzeugt so schwarze Punkte als *Brandmarken*. Wenn ihre Abstände Δ*s* gleich groß sind, ist die Bewegung gleichförmig. Andernfalls korrigieren wir den Reibungsausgleich.

c) Wir ernennen nun eine der Brandmarken zum Anfangspunkt O der Weg- und Zeitmessungen. In O war der Wagen schon in gleichförmiger Bewegung begriffen (fliegender Start). So erhalten wir die Meßwerte der *Tabelle 16.1*. Wir entnehmen ihr im Rahmen der Meßgenauigkeit:

In gleichen Zeitabschnitten Δ*t* werden gleich lange Wegstrecken Δ*s* zurückgelegt. Die Quotienten $\Delta s/\Delta t$ sind deshalb gleich (3. und 4. Zeile in *Tabelle 16.1*). Daran erkennen wir die **gleichförmige Bewegung.** Vom Ausgangspunkt O aus wird in der doppelten (*n*-fachen) Zeit *t* der doppelte (*n*-fache) Weg *s* zurückgelegt; *s* ist zu *t* proportional: $s \sim t$.

Zeit *t*	in s	0	0,1	0,2	0,3	0,4
Weg *s*	in m	0	0,081	0,160	0,242	0,323
Δ*s*	in m	–	0,081	0,079	0,082	0,081
$\Delta s/\Delta t$	in m/s	–	0,81	0,79	0,82	0,81
s/*t*	in m/s	–	0,81	0,80	0,81	0,81

Tabelle 16.1 Zu Versuch 7 mit $\Delta t = 0{,}10$ s

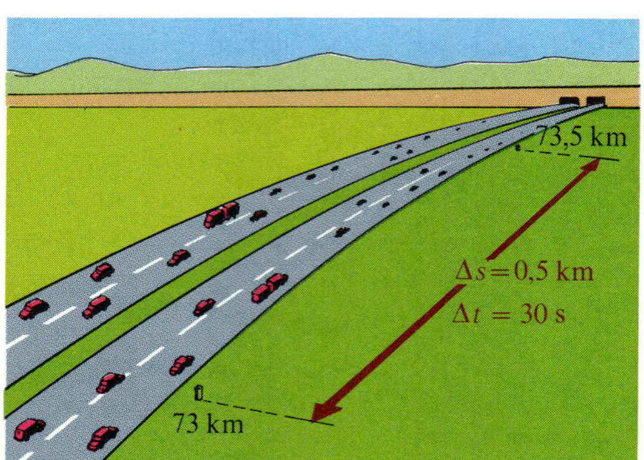

16.1 Streckendifferenz $\Delta s = s_2 - s_1$

16.2 Der Fahrbahnwagen schreibt Wegmarken.

Deshalb ist auch der Quotient s/t konstant (5. Zeile); s und t sind ja auch nur spezielle Änderungen, nämlich solche, die von O aus gemessen wurden.

Versuch 8: Wir stoßen den Wagen stärker an. Die Brandmarken haben nun bei gleichen Δt-Werten größere Abstände Δs voneinander. Die Quotienten $\Delta s/\Delta t$ und s/t sind zwar wieder unter sich gleich groß, aber größer als bei der langsameren Bewegung. Man nennt diese Quotienten die **Geschwindigkeit *v*.**

> ***Definition:* Unter der Geschwindigkeit *v* einer gleichförmigen geradlinigen Bewegung versteht man den konstanten Quotienten aus den Weglängen Δ*s* und den dazu benötigten Zeiten Δ*t* bzw. aus *s* und *t*:**
>
> $$v = \frac{\Delta s}{\Delta t} \text{ bzw. } v = \frac{s}{t}. \qquad (17.1)$$

Aus den Definitionsgleichungen *17.1* folgt:

$$s = vt, \quad \Delta s = v \cdot \Delta t \quad \text{und} \quad t = \frac{s}{v}, \quad \Delta t = \frac{\Delta s}{v}.$$

Der Zahlenwert 2 bzw. 50 der Geschwindigkeit 2 m/s bzw. 50 km/h gibt zwar die in 1 s bzw. 1 h zurückgelegte Strecke bei gleichförmiger Bewegung unmittelbar an (in m bzw. in km). Doch ist die Geschwindigkeit nicht gleich dieser Strecke, sondern stets der *Quotient Strecke durch Zeit.* Deshalb braucht man für die Geschwindigkeit keine eigene Einheit zu definieren; man greift auf die Quotienten m/s und km/h zurück. Die Einheiten (m, s, km, h) werden steil, die Größensymbole v, t, s *kursiv* gedruckt. $[s] = 1$ m bedeutet: 1 m ist die *Einheit* des Weges s (*Achsenbezeichnungen* Seite 15).

3. Bewegung im Schaubild

Meßwerte enthalten Meßfehler, die Quotienten s/t schwanken etwas (Seite 192). Dies zeigen die Schaubilder *17.1* und *17.2* mit einem Blick:

a) Im **Weg-Zeit-Diagramm** nach *Bild 17.1* sind die Meßwerte für s aus *Tabelle 16.1* über t aufgetragen. Im Ursprung O haben wir $t=0$ und $s=0$ festgesetzt. Von dort aus verbinden wir nun nicht etwa aufeinanderfolgende Meßpunkte durch Geradenstücke. Ein solcher Streckenzug wäre gewinkelt und würde nach einer Wiederholung der Messung anders aussehen. Vielmehr legen wir von O aus mit etwas Augenmaß eine Ursprungsgerade, von der die Meßpunkte nach beiden Seiten hin etwa gleich weit weg liegen. Weitere Meßpunkte würden an der Lage dieser Geraden kaum etwas ändern. Diese Gerade gleicht die Meßfehler aus; man nennt sie *Ausgleichsgerade.* Als Ursprungsgerade bestätigt sie unsere Vermutung, daß zur n-fachen Zeit t die n-fache Strecke s gehört: es ist $s \sim t$.

Die Meßwerte für die größere Geschwindigkeit v liefern eine steilere Ursprungsgerade. Die *Steigung im s-t-Diagramm* ist also ein Maß für die Geschwindigkeit der dargestellten Bewegung. Schon dies macht deutlich, daß die ansteigende Gerade im s-t-Diagramm nicht mit der waagerechten Bahn des Wagens verwechselt werden darf.

b) Im **Geschwindigkeits-Zeit-Diagramm** nach *Bild 17.2* sind die in *Tabelle 16.1* berechneten Geschwindigkeiten über der Zeit t aufgetragen. Beim Ausgleich der Meßfehler erhalten wir zwei horizontale Geraden. Sie entsprechen den konstanten Geschwindigkeiten $v_1 = 0{,}81$ m/s und $v_2 = 1{,}33$ m/s.

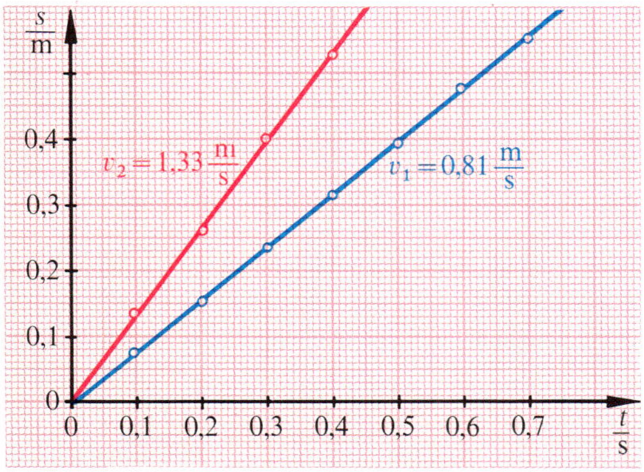

17.1 Weg-Zeit-Diagramm (s-t-Diagramm)

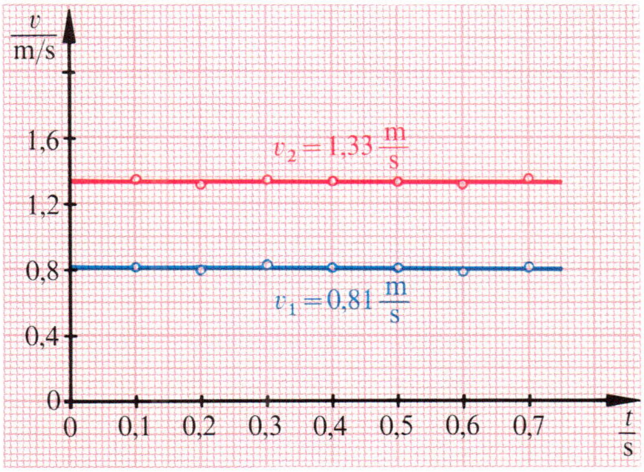

17.2 v-t-Diagramm zu *Tabelle 16.1*

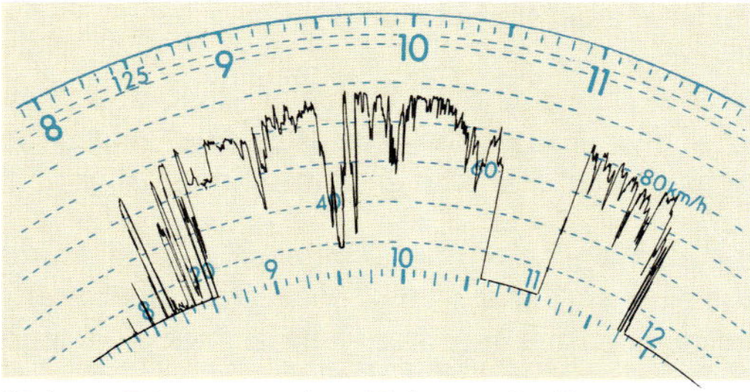

18.1 v-t-Diagramm eines Fahrtenschreibers

Der *Fahrtenschreiber* eines LKW registriert die jeweilige Geschwindigkeit; er liefert ein v-t-Diagramm *(Bild 18.1)*. Dieses verrät, wann die zulässige Höchstgeschwindigkeit – hier 80 km/h – überschritten worden ist und daß der Fahrer von 10.35^{h} bis 11.05^{h} eine Pause machte. Wir können aber auch die zurückgelegten Wegstrecken s entnehmen. Dies erläutert *Bild 18.2a* bei der konstanten Geschwindigkeit $v = 2$ m/s. Nach $t = 50$ s wurde mit ihr der Weg $s = vt = 100$ m zurückgelegt. Diese *Strecke* erscheint – so paradox es klingt – als *Fläche*, und zwar des blau getönten Rechtecks mit der Grundseite $t = 50$ s und der Höhe $v = 2$ m/s. Dies gilt auch für das schmale Rechteck mit der Grundseite Δt, dem der Weg $\Delta s = v \cdot \Delta t$ zugeordnet ist.

In *Bild 18.1* und *18.2b* ist der v-t-Verlauf beliebig. Man denkt sich deshalb die Fläche unter der Kurve aus schmalen Rechtecken der Breite Δt zusammengesetzt. Die Zeitintervalle Δt machen wir so klein, daß sich in ihnen die Geschwindigkeit v kaum noch ändert. Dann geben die darüberliegenden Flächenelemente die zugehörigen Wegelemente $\Delta s = v \cdot \Delta t$ an. Die Streckeneinheit 1 m ist in *Bild 18.2a* als Rechteck mit der Grundseite 1 s und der Höhe 1 m/s dargestellt. Aus den Wegelementen Δs setzt sich der gesamte Fahrweg s zusammen.

Im s-t-Diagramm wird die Geschwindigkeit durch die Steigung, im v-t-Diagramm die Fahrstrecke s durch eine Fläche angegeben.

Bild 18.3 zeigt – stark vereinfacht – die Hinwie die Rückfahrt eines Autos von A nach B und zurück nach A. Die Verschiebung Δs und die Geschwindigkeit $v = \Delta s/\Delta t$ werden bei der Rückfahrt als *negativ* bezeichnet (Aufgabe 9).

4. Wer überholt, lebt gefährlich

a) Ein Lastzug der Länge $L = 15$ m fährt mit $v_1 = 54$ km/h $= 15$ m/s so vor sich hin. Ein PKW der Länge $l \approx 5$ m überholt ihn mit der konstanten Geschwindigkeit $v_2 = 90$ km/h $= 25$ m/s. Im Abstand $c = 35$ m hinter dem LKW schert er in die Gegenfahrbahn aus und ordnet sich wieder mit Abstand $c = 35$ m vor dem LKW ein. Zu diesem Manöver braucht er die *Überholzeit* $t_ü$ und legt auf der Gegenspur die Strecke $v_2 t_ü$ zurück. Diese setzt sich nach *Bild 19.1* aus dem Fahrweg $v_1 t_ü$ des LKW, der Summe $L + l$ der Fahrzeuglängen und dem doppelten Fahrzeugabstand $2c$ beim Fahrbahnwechsel zusammen. Man kann also die Überholzeit $t_ü$ aus der folgenden Gleichung berechnen:

$$v_2 t_ü = v_1 t_ü + L + l + 2c$$

$$t_ü = \frac{L + l + 2c}{v_2 - v_1} = \frac{90\text{ m}}{25\text{ m/s} - 15\text{ m/s}} = 9\text{ s}. \qquad (18.1)$$

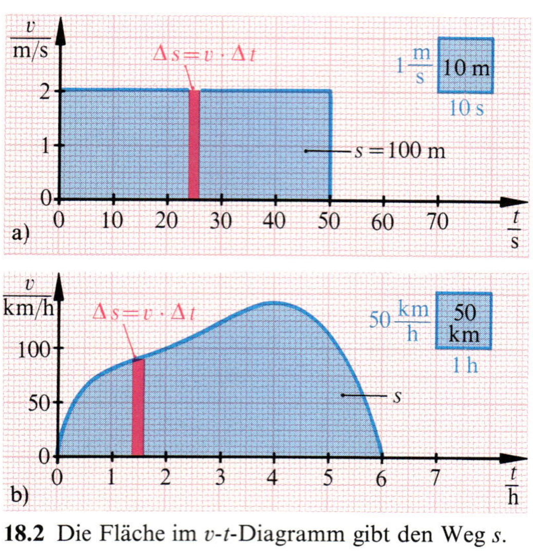

18.2 Die Fläche im v-t-Diagramm gibt den Weg s.

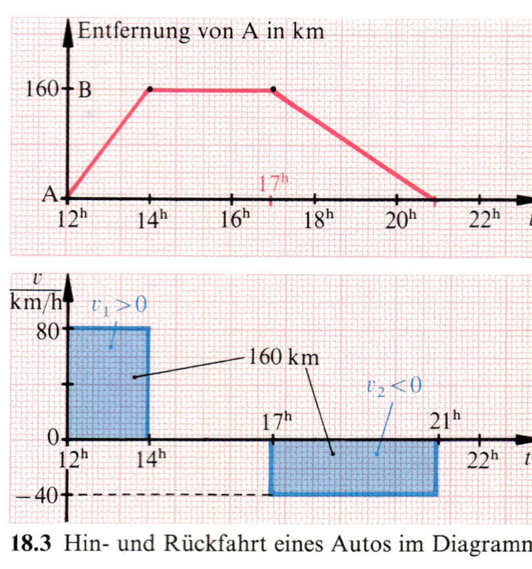

18.3 Hin- und Rückfahrt eines Autos im Diagramm

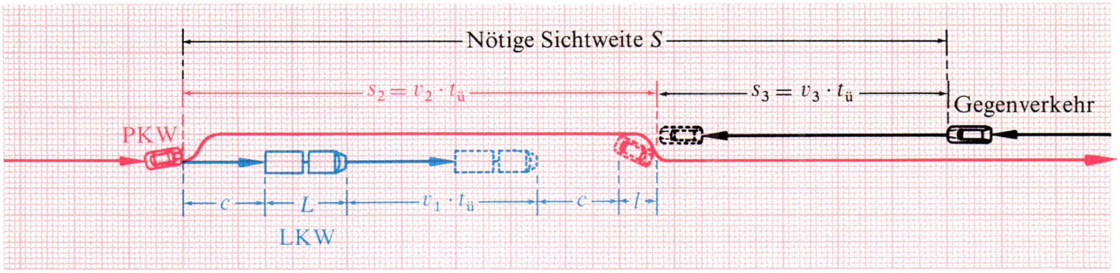

19.1 Kann der PKW den LKW überholen, bevor ein Auto entgegenkommt?

Der *Überholweg* $s_2 = v_2 t_{ü} \approx 225$ m ist gefährlich groß. Wird der Geschwindigkeitsunterschied $v_2 - v_1$ im Nenner von *Gl. 18.1* kleiner, so wird s_2 sogar noch größer.

b) Dem überholenden PKW kommt ein Auto mit $v_3 = 108$ km/h $= 30$ m/s entgegen. Bei welchem Abstand S von diesem Auto darf der PKW nicht mehr zum Überholen ansetzen? Sein Fahrer muß bedenken, daß zu seinem Überholweg $s_2 = 225$ m noch die Fahrstrecke $s_3 = v_3 t_{ü} \approx 270$ m des entgegenkommenden Autos während der ganzen Überholzeit $t_{ü}$ hinzukommt. Es gilt

$$S = s_2 + s_3 = (v_2 + v_3)\, t_{ü} \approx 500 \text{ m} = \tfrac{1}{2} \text{ km!}$$

Ist die *Sichtweite* kleiner als S (Kurven, Kuppen, Nebel), so wird Überholen lebensgefährlich!

c) Wir haben den Überholvorgang in a) im Bezugssystem Straße betrachtet. Einfacher rechnet der LKW-Fahrer: In seinem Bezugssystem hat der PKW nur die Geschwindigkeit $v' = v_2 - v_1 = 10$ m/s (er ist um 10 m/s schneller als der LKW, legt also relativ zu diesem in 1 s 10 m mehr zurück). Während der Überholzeit $t_{ü}$ bewegt sich der PKW relativ zum LKW um die Strecke $s' = c + L + l + c = L + l + 2c = 90$ m weiter. Also folgt auch hier (wie aus *Gl. 18.1*) $t_{ü} = s'/v' = 9$ s.

5. Hubschrauber suchen Verkehrssünder

Bild 19.2 zeigt nicht etwa die Spuren von Motorrädern, die beim Sandbahnrennen *nebeneinander* fuhren und sich gegenseitig abdrängten. Da t an der Rechtsachse steht, handelt es sich um *Weg-Zeit-Diagramme*. Sie wurden aus Filmbildern zusammengestellt, die ein Hubschrauber von Autos aufnahm, welche *in derselben Bahn hintereinander* fuhren. Die Autos aus dem 1. Filmbild sind bei $t = 0$, also an der s-Achse, hintereinander aufgereiht. Verschieben Sie von dort einen zu ihr parallelen Maßstab nach rechts bis zum Zeitpunkt $t = 2$ s. Dann können Sie die zu diesem Zeitpunkt fotografierten Autos und die *Kopfabstände* Δs zwischen ihnen ablesen (Autolängen eingeschlossen). Sie betragen etwa 40 m.

Auf der t-Achse selbst und den Parallelen zu ihr liest man die *Zeitlücken* Δt zwischen den Fahrzeugen ab. Diese stoppt ein Polizist P am Straßenrand bei $s = 120$ m zu $\Delta t \approx 2$ s. Hieraus berechnet er die Geschwindigkeit des 1. Autos zu $v_1 = \Delta s/\Delta t = 40$ m/2 s $= 20$ m/s $= 72$ km/h. Mit diesem *Zwei-Sekunden-Abstand* kann relativ sicher gefahren werden. So bremste Fahrer 3 etwas ab. Sein s-t-Diagramm wurde etwas flacher. Doch schloß er dann wieder zum Vordermann auf. Diese Störung ist beim Fahrzeug 6 wie-

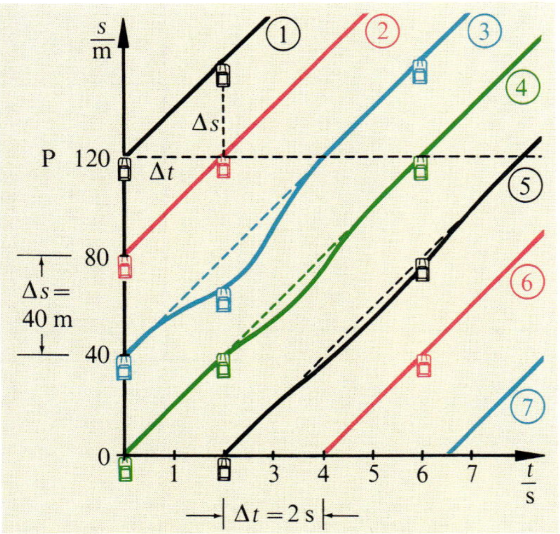

19.2 s-t-Diagramme eines stabilen Verkehrsflusses

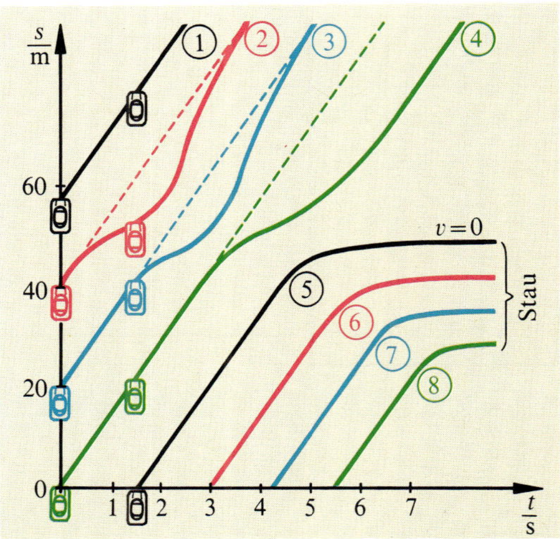

19.3 s-t-Diagramme eines labilen Verkehrsflusses

der vollständig abgeklungen. Es lag ein *stabiler Verkehrsfluß* vor. Die Zeitlücken Δt zwischen den Fahrzeugen nach *Bild 19.3* liegen dagegen unter 2 s. Das kurzzeitige Abbremsen von 3 löst bei den Nachfolgenden immer stärker werdende Reaktionen aus. 4 findet zwar noch den Anschluß an die Kolonne; 5 bis 8 kommen aber zum Stehen und lösen einen *Verkehrsstau aus dem Nichts* aus (Seite 64). Der Verkehrsfluß ist wegen der zu kurzen Zeit- und Weglücken *labil* und überaus gefährlich.

Aufgaben:

1. *Warum darf man in der Gleichung* $v = \Delta s/\Delta t$ *nicht mit den* Δ *kürzen? Was bedeuten sie? Welche Einheit hat* Δs, *welche* Δt? *Ist* $s/t = \Delta s/\Delta t$?

2. *In der Gleichung* $s = vt$ *ist* v *ein Proportionalitätsfaktor. Was bedeutet er? Nennen Sie andere Größen, die auch Proportionalitätsfaktoren sind! Geben Sie die jeweilige Proportion und die daraus folgende Gleichung an!*

3. *Rechnen Sie um:* 36 km/h *in* m/s *und* mm/ms *(*ms $= 10^{-3}$ s *heißt Millisekunde),* 10 m/s *in* km/h, 10^{-5} mm/s *in* m/a *(Geschwindigkeit des Haarwachstums;* a = *annus, lat.: Jahr).*

4. *Welche Geschwindigkeit hat die Erde auf ihrer Bahn um die Sonne (angenähert ein Kreis mit Radius* 150 *Millionen* km*; Kreisumfang* $U = 2\pi r$*; Umlaufdauer* 1 a*). Welche Strecke legt die Erde in 1 Tag (*d*), welche in* 1 s *zurück?*

5. *a) Schätzen Sie den Weg ab, der bei der Bewegung nach Bild 18.2b zurückgelegt wurde! b) Welcher Weg wurde vom LKW nach dem Fahrtenschreiber-Diagramm in Bild 18.1 zwischen* 11.05^{h} *und* 11.45^{h} *zurückgelegt?*

6. *a) Wie lange würde ein LKW (*$v_1 = 60$ km/h*) brauchen, um einen andern (*$v_2 = 54$ km/h*) zu überholen, wenn er bei* $c = 20$ m *Abstand ein- und ausschert und jeder* $l = 10$ m *lang ist? Wie groß ist der Überholweg? b) Bei welcher Sichtweite S wäre Überholen noch möglich, wenn man beim Gegenverkehr mit* $v_3 = 108$ km/h *rechnen muß? Zeichnen Sie ein Bild gemäß 19.1!*

7. *Welches ist der kürzeste Abstand von Auto 3 und 4 nach Bild 19.3, wenn die Fahrzeuge je* 4,5 m *lang sind? Darf man den kürzesten Abstand der gezeichneten Kurven zugrunde legen?*

8. *Tabelle 20.1 enthält Meßwerte von zwei Spielzeugautos, die nebeneinander herfahren. Tragen Sie diese Werte in einem Schaubild auf* (1 cm $\hat{=}$ 1 s; 1 cm $\hat{=}$ 0,1 m). *a) Zeichnen Sie eine Ausgleichsgerade bzw. – kurve. b) Bestimmen Sie die Geschwindigkeit der gleichförmigen Bewegung aus dem Schaubild wie auch aus den Meßwerten der Tabelle! c) Nimmt bei der nicht gleichförmigen Bewegung die Geschwindigkeit zu oder ab? d) Wann fahren beide Wagen auf gleicher Höhe nebeneinander, wann haben sie gleiche Geschwindigkeit?*

9. *Bestimmen Sie aus Bild 18.3, unten, die zurückgelegte Fahrstrecke auf 2 Arten und prüfen oben nach! Warum ist der Abfall unten rechts nicht so steil wie links der Anstieg?*

t in s	0	1	2	3	4	5	6	7
s_1 in cm	0	6	12,5	21	25	34	39	47
s_2 in cm	0	3	7,5	14	20	30	44	64

Tabelle 20.1 Zu Aufgabe 8

Δt in s	Δs in cm	$\bar{v}$ in m/s
−0,5	−21,69	0,434
−0,4	−18,95	0,474
−0,3	−15,40	0,513
−0,2	−11,10	0,555
−0,1	− 5,98	0,598

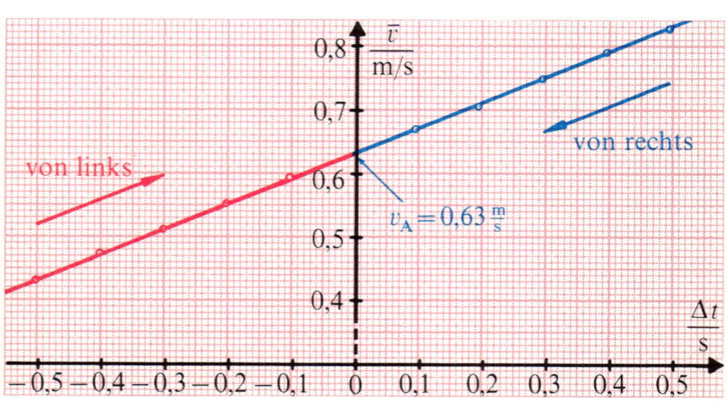

Δt in s	Δs in cm	$\bar{v}$ in m/s
0,5	41,45	0,829
0,4	31,62	0,79
0,3	22,50	0,75
0,2	14,15	0,707
0,1	6,70	0,670

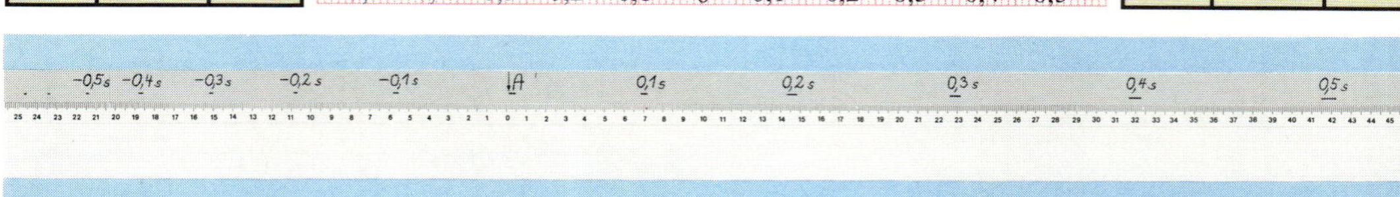

20.1 Registrierstreifen zur Bestimmung der Momentangeschwindigkeit v_A

§6 Momentangeschwindigkeit

1. Durchschnittsgeschwindigkeit, eine Als-Ob-Aussage

Wenn ein Autofahrer feststellt, daß er von Frankfurt nach Nürnberg ($\Delta s = 240$ km) 3 Stunden gebraucht hat, so sagt er damit, er sei „im Schnitt" mit $\bar{v} = \Delta s / \Delta t = 80$ km/h gefahren. Wir rechnen so, als ob er eine konstante Geschwindigkeit eingehalten hätte. *Die Durchschnittsgeschwindigkeit $\bar{v} = \Delta s / \Delta t$ gibt also die konstante Geschwindigkeit an, mit der man die Strecke Δs in der Zeit Δt gleichmäßig durchfahren müßte.*

2. Geschwindigkeit in einem Punkt?

In einem Tunnel ist die Geschwindigkeit auf 60 km/h begrenzt, kann dort aber von der Polizei nicht ungesehen gemessen werden. Sie läßt deshalb von den Autos am Tunnelausgang A und nochmals in $\Delta s = 100$ m Abstand je einen quer zur Bahn laufenden Lichtstrahl unterbrechen. Jeder Strahl fällt nach *Bild 21.1* auf eine Fotodiode F. Der Zeitabstand Δt der Unterbrechungen wird gemessen und die *Durchschnittsgeschwindigkeit* $\bar{v} = \Delta s / \Delta t$ im Intervall Δs berechnet. Ist $\bar{v} > 60$ km/h, so werden die Fahrer angehalten. Dabei wenden sie ein, erst nach dem Tunnel schneller gefahren zu sein. Sie verraten aber nicht, was ihr Tacho im *Moment* der Tunnelausfahrt bei A als **Momentangeschwindigkeit v_A** angezeigt hatte. Diese wird deshalb von der Polizei aus Δs- und Δt-Messungen rekonstruiert. Sie rückt künftig den zweiten Lichtstrahl so nahe an den ersten, daß sich zwischen beiden die Geschwindigkeit kaum noch ändern kann. *Die Durchschnittsgeschwindigkeit $\Delta s / \Delta t$ stimmt nämlich um so besser mit der Momentangeschwindigkeit v_A in einem beliebigen Intervallpunkt überein, je kleiner man das Intervall Δt macht.* Wir zeigen dies im Experiment:

Versuch 9: **a)** Wir lassen einen Fahrbahnwagen nach *Bild 21.2* durch ein Wägestück über Rolle und Faden nach rechts beschleunigt fahren. Die Nadel eines eingebauten Tachometers würde eine stetig steigende Momentangeschwindigkeit v anzeigen. Im Registrierstreifen nach *Bild 20.1* ist dieser stetige Vorgang aber in Stücke der Dauer 0,10 s zerhackt. A entspricht dem Tunnelausgang. Deshalb rekonstruieren wir die Momentangeschwindigkeit v_A in A aus den Spuren

21.1 Geschwindigkeitsmessung am Tunnelausgang A

rechts von A. Wir beginnen mit dem großen Intervall $\overline{AR_5} = \Delta s_5 = 41{,}5$ cm. Es umfaßt 5 Zeitschritte von je 0,1 s; also ist $\Delta t_5 = 0{,}5$ s. Die mittlere Geschwindigkeit $\bar{v}_5 = \Delta s_5 / \Delta t_5$ wurde in *Bild 20.1* über Δt_5 aufgetragen. Nun rücken wir mit dem rechten Intervallende R immer näher an A von *rechts* heran. Die berechneten Durchschnittsgeschwindigkeiten $\bar{v}$ nehmen ab und nähern sich der gesuchten Momentangeschwindigkeit v_A in A. Deshalb zeichnen wir die Ausgleichsgerade durch die $\bar{v}$-Punkte und verlängern sie kühn bis zum Schnitt mit der $\bar{v}$-Achse. So lassen wir – wenigstens auf dem Papier – die Intervall-Länge Δt gegen Null gehen. Die Momentangeschwindigkeit v_A wird als *Grenzwert* für $\Delta t \to 0$ zu 63 cm/s rekonstruiert, aber nicht unmittelbar gemessen.

b) Zur Kontrolle schleichen wir uns auch von den *links* liegenden Punkten L an A heran und erhalten den roten Geradenteil. Er führt zum gleichen Schnittpunkt v_A. Die Momentangeschwindigkeit v_A in A ist durch **Grenzwerte** (limes; lat.: Grenze) eingekreist. Man schreibt:

$$\textbf{Momentangeschwindigkeit } v = \lim_{\Delta t \to 0} \frac{\Delta s}{\Delta t}. \quad (21.1)$$

Bei Bewegungen mit sich ändernder Geschwindigkeit unterscheidet man also zwischen der Durchschnittsgeschwindigkeit $\bar{v}$ in einem *Intervall* und den Momentangeschwindigkeiten v in bestimmten *Zeitpunkten.*

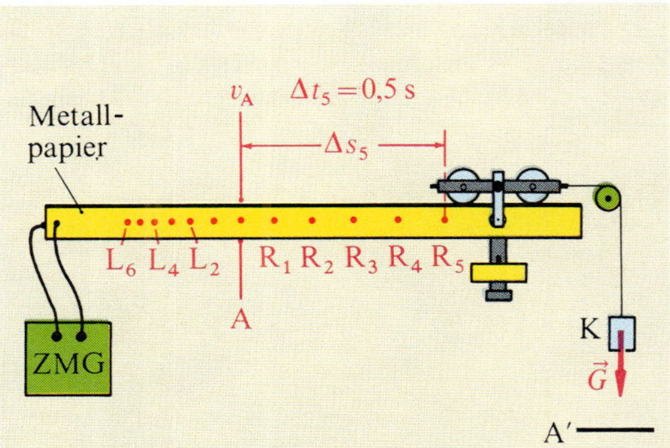

21.2 Fahrbahnanordnung zu Versuch 9, 11 und 12

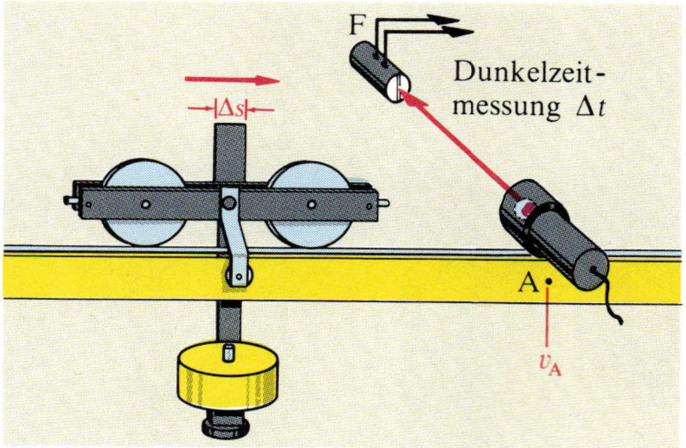

22.1 Mit der Fotodiode F mißt man die Zeit, während der ein Streifen der Breite Δs den Lichtstrahl bei A unterbricht.

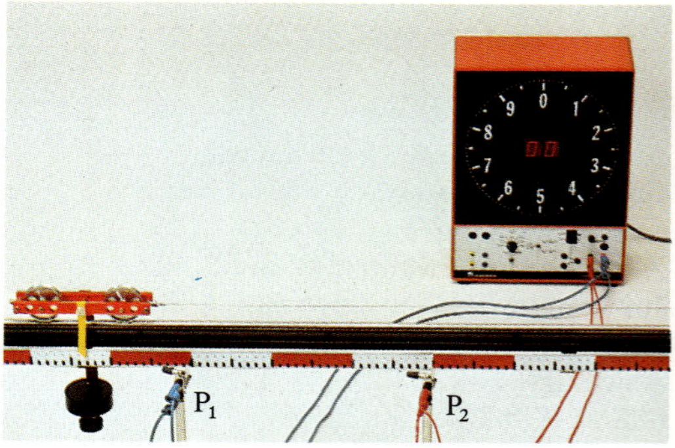

22.3 Messung der Zeit Δt mit 2 Kontaktplatten P_1 und P_2, die vom Fahrbahnwagen nacheinander geöffnet werden und eine elektrische Uhr betätigen.

3. Lichtschranken entlarven nicht nur Diebe

Wären die Fahrzeuglängen genau bekannt, so könnte die Polizei am Tunnelausgang A mit nur einem Lichtstrahl auskommen. Sie brauchte nur die Zeit Δt zu messen, während der ein Auto der Länge Δs diesen Strahl unterbricht. Der Quotient $\bar{v} = \Delta s/\Delta t$ käme der Momentangeschwindigkeit v_A sehr nahe, welche die Mitte des Fahrzeugs bei A hatte.

Versuch 10: Wir befestigen am Wagen aus Versuch 9 einen schmalen, vertikalen Streifen der Breite $\Delta s = 2{,}0$ cm. Er erzeugt während der Fahrt im Bereich um A an der Fotodiode F nach *Bild 22.1* die „Dunkelzeit" $\Delta t = 0{,}0317$ s. Wir erhalten $\bar{v} = \Delta s/\Delta t = 63$ cm/s und damit recht genau die Momentangeschwindigkeit v_A nach *Bild 20.1*. Diese **Lichtschranke** erspart uns also die dortige Grenzwert-Konstruktion.

4. Konservierung der Geschwindigkeit

Die Polizei kann wohl kaum annehmen, daß die Fahrer bei ihrem Anblick die Geschwindigkeit v_A am Tunnelausgang A beibehalten und mit v_A gleichförmig weiterfahren. Sonst könnte sie nämlich v_A in einem sich an A anschließenden, beliebig langen Intervall Δs messen. Wir dagegen benutzen den Trägheitssatz.

Versuch 11: Wir stellen bei der Fahrbahn nach *Bild 21.2* eine Platte A′ so unter den Antriebskörper K, daß dieser dann aufsetzt, wenn der Wagen den Punkt A durchfährt. Von A ab fehlt also die beschleunigende Kraft. Der Wagen behält nach dem Trägheitssatz die in A erreichte Momentangeschwindigkeit v_A bei. Wir messen sie auf dem sich anschließenden großen Intervall $\Delta s = 0{,}50$ m zu 63 cm/s, etwa mit den Kontaktplatten nach *Bild 22.3*.

5. Geschwindigkeit zur Halbzeit

Wir können die Momentangeschwindigkeit v_A in A auch den Brandmarken in *Bild 20.1* entnehmen, ohne einen Grenzwert bilden zu müssen. Hierzu nehmen wir Intervalle $\Delta s = LR$, die aus gleich vielen Zeitschritten links und rechts von A bestehen; in A ist „Halbzeit". In solchen Intervallen ist die Durchschnittsgeschwindigkeit $\bar{v}$ so groß wie die Momentangeschwindigkeit v_A zur „Halbzeit" (in A). Dies gilt aber nur, wenn der Wagen von einer konstanten Kraft beschleunigt wird.

Aufgabe:

Bestimmen Sie aus Bild 20.1 die Durchschnittsgeschwindigkeit $\bar{v}$ in einem Intervall, das sich von A aus nach links wie nach rechts um 0,2 s *bzw.* 0,5 s *erstreckt und vergleichen mit der Momentangeschwindigkeit v_A zur Halbzeit!*

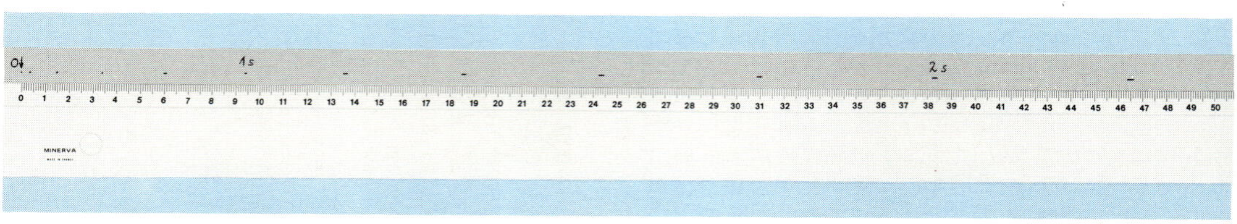

22.2 Registrierstreifen zur beschleunigten Bewegung (Versuch 12)

§ 7 Konstante Beschleunigung

1. Auch das Schnellerwerden hat sein Maß

Wer vor Ampeln oder im Autostau ständig anfahren muß, interessiert sich kaum noch für die Höchstgeschwindigkeit seines Wagens. Für ihn kommt es darauf an, wie schnell er seine Geschwindigkeit steigert, wie rasch er beschleunigt. Lassen wir einen Wagen mit *konstanter Kraft* aus der Ruhe heraus anfahren und untersuchen dabei, wie seine Geschwindigkeit von Sekunde zu Sekunde zunimmt.

Versuch 12: a) Wir gleichen die Reibung eines Fahrbahnwagens (Masse 1 kg) durch Neigen aus und befestigen an ihm einen Faden. Dieser wird von einem Wägestück (20 g) gespannt *(Bild 21.2)*. Zunächst hält ein Elektromagnet den Wagen links fest. Wenn wir den Strom ausschalten, beginnt ein Zeitmarkengeber in Abständen von 0,2 s Stromstöße zu liefern. Die erste von ihnen erzeugte Brandspur entsteht dann, wenn sich der Zug in Bewegung setzt. Dies sei der Zeitpunkt $t=0$. Von hier ab beschleunigt die konstante Gewichtskraft $F \approx$ 0,2 N des Wägestücks den Zug. Wo er sich zu den Zeitpunkten $t=1$ s, 2 s, 3 s befindet, entnehmen wir den Spuren in *Bild 22.2* und *23.1*.

b) Beim Wiederholen messen wir zu diesen Zeiten $t=1$ s, 2 s, 3 s die Momentangeschwindigkeiten und finden die in *Tabelle 23.1* und *Bild 23.2* notierten Werte.

Anfahrzeit t in s	Geschwindigkeit v in m/s	$\frac{v}{t}=a$ in m/s²
0	0	–
1	0,19 ≈ **0,2**	0,19 ≈ **0,2**
2	0,39 ≈ **0,4**	0,195 ≈ **0,2**
3	0,59 ≈ **0,6**	0,197 ≈ **0,2**

Tabelle 23.1 v ist proportional zu t.

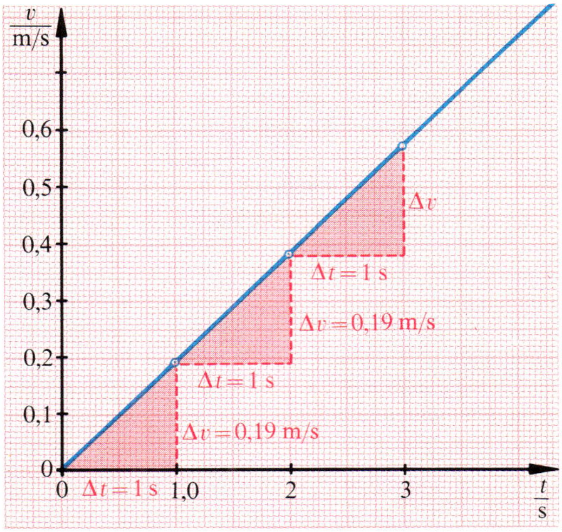

23.2 Geschwindigkeits-Zeit-Diagramm; $a=0,2\ \text{m/s}^2$

Unter dem Einfluß der konstanten Kraft F erhöht sich die Geschwindigkeit v in gleichen Zeitabschnitten Δt um den gleichen Betrag, hier in $\Delta t=1$ s um jeweils $\Delta v \approx 0,2$ m/s.

Dies gilt auch für den ersten Zeitabschnitt, also die Beschleunigung des Wagens aus der Ruhe heraus. Es ist also nicht so, daß man beim „Aus-der-Ruhe-Reißen" eine besonders große Trägheit überwinden müßte. *Vielmehr erzwingt die gleiche Kraft in gleichen Zeitabschnitten Δt stets die gleiche Geschwindigkeitszunahme Δv.*

In der doppelten Zeitspanne Δt steigt die Geschwindigkeit um den doppelten Betrag Δv. Der Quotient $\Delta v/\Delta t$ ist konstant. Dies gilt auch für v/t, wenn die Bewegung zur Zeit $t=0$ mit $v=0$ beginnt. Dann sind nämlich v und t Differenzen, die von Null aus gezählt werden.

$$a = \frac{\Delta v}{\Delta t} = \frac{v}{t} = \frac{0{,}19\ \text{m/s}}{1\ \text{s}} \approx \frac{0{,}39\ \text{m/s}}{2\ \text{s}} \approx 0{,}2\,\frac{\text{m}}{\text{s}^2}.$$

Dieser Quotient $a=\Delta v/\Delta t$ gibt die Geschwindigkeitszunahme je Sekunde an und erhält die anschauliche Bezeichnung **Beschleunigung a** (acceleration). Ihre Einheit ist $1\,\frac{\text{m/s}}{\text{s}}$ oder kürzer geschrieben $[a]=\text{m/s}^2=\text{m}\cdot\text{s}^{-2}$. Sie ist das Maß für das Schnellerwerden.

23.1 Fortsetzung des Streifens zu Versuch 12 von *Bild 22.2*

Definition: Unter der konstanten Beschleunigung *a* versteht man bei geradlinigen Bewegungen den Quotienten aus der Geschwindigkeitszunahme Δv und der zugehörigen Zeitspanne Δt:

$$a = \frac{\Delta v}{\Delta t}; \text{ Einheit } 1\frac{\text{m/s}}{\text{s}} = 1\frac{\text{m}}{\text{s}^2}. \qquad (24.1)$$

Das Top-Modell einer Autofirma beschleunigt in $t = 7$ s von $v=0$ auf $v=100$ km/h $=28$ m/s, also um $\Delta v = 28$ m/s. Wäre die Beschleunigung konstant, so hätte sie den Wert $a=\Delta v/\Delta t = \frac{28 \text{ m/s}}{7 \text{ s}} = 4\frac{\text{m}}{\text{s}^2}$. Die Geschwindigkeit würde in jeder Sekunde um 4 m/s zunehmen. Sie erreichte in $t=3$ s den Wert

$v = at = 4 \text{ ms}^{-2} \cdot 3 \text{ s} = 12$ m/s.

2. Warum beschleunigen Autofahrer so gern?

a) Das Geschwindigkeits-Zeit-Gesetz. Wenn die Bewegung mit konstanter Beschleunigung a aus der Ruhe beginnt ($v=0$ für $t=0$), ist der Quotient $a=v/t$ konstant. In der Zeit t wird also die Geschwindigkeit $\boldsymbol{v = at}$ erreicht.

Versuch 13: Wir wiederholen Versuch 12 mit einer größeren beschleunigenden Kraft und finden eine größere Beschleunigung. Die Ursprungsgerade des v-t-Diagramms in *Bild 23.2* ist steiler. Ein starker Motor beschleunigt stärker; er steigert die Geschwindigkeit schneller. Deshalb legt man mit ihm in einer bestimmten Zeit auch eine größere Wegstrecke s zurück.

Wir fragen nun, ob man mit der Beschleunigung a auch die nach beliebigen Zeiten t zurückgelegten Wegstrecken s berechnen kann. *Dann wäre die Bewegung durch ihre Beschleunigung a vollständig bestimmt.*

b) Das Weg-Zeit-Gesetz können wir dem v-t-Diagramm *24.1* entnehmen. Wir dürfen ja die Flächen unter seiner Ursprungsgeraden als Wegstrecken deuten (Seite 18). Die Katheten dieser Dreiecke geben die Zeiten t und die erreichten Geschwindigkeiten $v=at$ an. Die Dreiecksflächen liefern die Wege

$$\boldsymbol{s = \tfrac{1}{2}tv = \tfrac{1}{2}tat = \tfrac{1}{2}at^2.}$$

Diese Überlegung wird von den Brandspuren in *Bild 22.2* bestätigt: Nach $t=1$ s war $v=at=0{,}19$ m/s. Der zugehörige Weg sollte also $s=\frac{1}{2}tv=\frac{1}{2}\cdot 1 s\cdot 0{,}19\frac{\text{m}}{\text{s}}=0{,}095$ m betragen. Am Maßstab lesen wir 0,094 m ab. *Nach der doppelten Zeit t war auch die Geschwindigkeit v = at doppelt, Dreiecksfläche und Weg s 4fach.* In der 3fachen Zeit wird auch die 3fache Geschwindigkeit erreicht; s ist aber 9fach!

Die Wege $s=\frac{1}{2}at^2$ sind den Quadraten (t^2) der Zeit t proportional: $\boldsymbol{s \sim t^2}$. Dies zeigt auch die *Tabelle 25.1*. In ihrer 3. Spalte berechnen wir mit der Gleichung $s=\frac{1}{2}at^2$ die Beschleunigung a aus Weg- und Zeitmessungen allein ohne Kenntnis der Geschwindigkeit. Wir lösen nach a auf und erhalten die konstante Beschleunigung $a=2s/t^2=0{,}19$ m/s². Für solche **gleichmäßig beschleunigte Bewegungen** gilt:

Eine konstante Kraft erteilt einem Körper auch konstante Beschleunigung $a=\Delta v/\Delta t$.

***Geschwindigkeits-Zeit-Gesetz:* Aus der Ruhe heraus steigt die Geschwindigkeit v an nach**

$$\boldsymbol{v = at.} \qquad (24.2)$$

***Weg-Zeit-Gesetz:* Für die vom Anfahrpunkt ($t=0$, $v=0$) aus gemessenen Wege gilt**

$$\boldsymbol{s = \tfrac{1}{2}at^2.} \qquad (24.3)$$

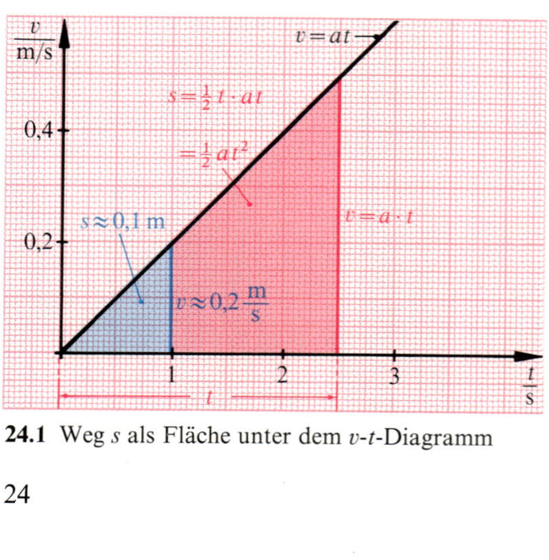

24.1 Weg s als Fläche unter dem v-t-Diagramm

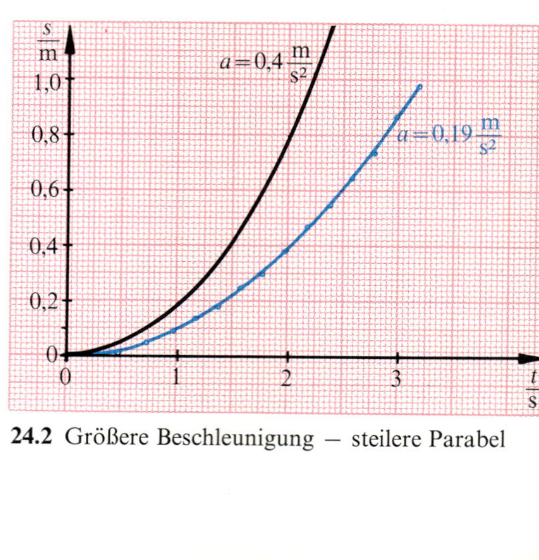

24.2 Größere Beschleunigung – steilere Parabel

Für diese Bewegung mit konstanter Beschleunigung sind in *Bild 24.2* die Werte für die Anfahrwege s über den zugehörigen Anfahrzeiten t aufgetragen. Die Proportion $s \sim t^2$ liefert einen *Parabelzweig* (bei gleichförmigen Bewegungen gibt $s \sim t$ dagegen eine Ursprungsgerade!). Er hat im Anfahrzeitpunkt die t-Achse zur Tangente. Für sehr kleine Anfahrzeiten sind die Wege extrem klein. *Stop-and-go-Verkehr* ist deshalb so zeitraubend. Wenn dagegen ein Autofahrer in einer Kolonne freie Fahrt bekommt und 4mal so lange Gas geben kann,

Zeit t in s	Weg s in m	Beschleunigung $a = 2s/t^2$ in m/s^2
0	0	–
1	$0{,}094 \approx 0{,}1$	0,19
2	$0{,}382 \approx 0{,}4$	0,19
3	$0{,}874 \approx 0{,}9$	0,19

Tabelle 25.1 Beschleunigung a aus Meßwerten von *Bild 22.2* berechnet. Siehe auch Aufgabe 10!

Anfahren von Personenzügen	0,15 m/s^2
Anfahren von D-Zügen	0,25 m/s^2
Anfahren von U-Bahnen	0,6 m/s^2
Anfahren von Kraftwagen (60 kW)	3 m/s^2
Anfahren von Krafträdern (15 kW)	4 m/s^2
Freier Fall	9,81 m/s^2
Rennwagen	8 m/s^2
Geschoß im Lauf	500000 m/s^2

Tabelle 25.2 Werte einiger Beschleunigungen

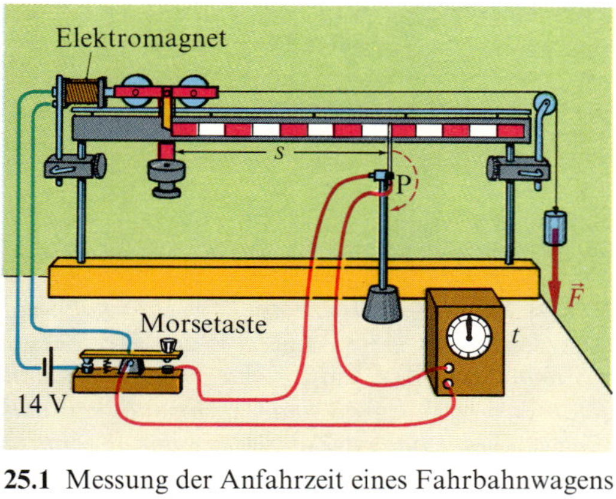

25.1 Messung der Anfahrzeit eines Fahrbahnwagens

legt er wegen des Quadrat-Gesetzes den 16-fachen Weg zurück. Die hinter ihm fahrenden bekommen diese Gelegenheit erst etwas später, so daß die Fahrzeugabstände rasch zunehmen: Die Kolonne beginnt sich schnell aufzulösen (*Bild 27.1* und Aufgabe 12).

Versuch 14: **a)** Wir wiederholen Versuch 12. Dort erfuhr der Wagen die Beschleunigung $a = 0{,}19\ m/s^2$. Nun können wir aus dem Weg-Zeit-Gesetz $s = \frac{1}{2}at^2$ die Anfahrzeit t für eine beliebige Anfahrstrecke, z.B. für $s = 0{,}60$ m, berechnen. Wir erhalten $t = \sqrt{2s/a} = 2{,}52$ s. Wenn wir nach *Bild 25.1* bei $s = 0{,}60$ m die Kontaktplatte P aufstellen, zeigt die Uhr die Anfahrzeit $t = 2{,}5$ s. Sie wurde beim Drücken der Morsetaste durch Schließen des roten Stromkreises gestartet. Dabei wurde gleichzeitig der Elektromagnet (blauer Stromkreis) ausgeschaltet.

b) Mit einer Lichtschranke messen wir bei $s = 0{,}60$ m die Geschwindigkeit zu $v = 0{,}50$ m/s. Nach dem v-t-Gesetz erwarten wir $v = at = 0{,}19\ ms^{-2} \cdot 2{,}5\ s = 0{,}48$ m/s.

c) Das Geschwindigkeits-Weg-Gesetz. Sie treten bei Ihrem Rad kräftig in die Pedale und erreichen nach $s = 45$ m Anfahrweg die Geschwindigkeit $v = 30$ km/h $= 8{,}3$ m/s. Weder mit $v = at$ noch mit $s = \frac{1}{2}at^2$ allein können Sie Ihre Beschleunigung a berechnen, da Sie die Anfahrzeit t nicht gemessen haben. Also lösen Sie $v = at$ nach t auf und setzen $t = v/a$ in $s = \frac{1}{2}at^2$ ein. Sie erhalten so die von t freie Beziehung $s = v^2/(2a)$. Aus ihr folgt $a = v^2/(2s) = 0{,}77\ m/s^2$. – Die Anfahrzeit t können Sie nachträglich zu $t = v/a \approx 11$ s berechnen.

Geschwindigkeits-Weg-Gesetz für Bewegungen mit konstanter Beschleunigung: $s = \dfrac{v^2}{2a}$ **(25.1)**

3. Mit der Beschleunigung läßt sich rechnen

a) Das Tachometer zeigt, daß ein Auto in $t = 10$ s gleichmäßig von 0 km/h auf 72 km/h $= 20$ m/s beschleunigt. Dann ist nach $v = at$ seine Beschleunigung $a = v/t = 2\ m/s^2$. Die Geschwindigkeit nimmt also in jeder Sekunde um 2 m/s zu. Der Anfahrweg in $t = 10$ s beträgt $s = \frac{1}{2}at^2 = 100$ m.

b) Zwei Autos fahren mit Kopfabstand $c = 10$ m und der konstanten Geschwindigkeit $v_1 = 10$ m/s hintereinander her. Dann setzt das hintere mit der Beschleunigung $a = 2\ m/s^2$ zum Überholen an. Wann befindet es sich 10 m vor dem andern? Wir rechnen im *Bezugssystem des überholten PKW,* da dieser seine Geschwindigkeit beibehält. Ihm gegenüber legt der

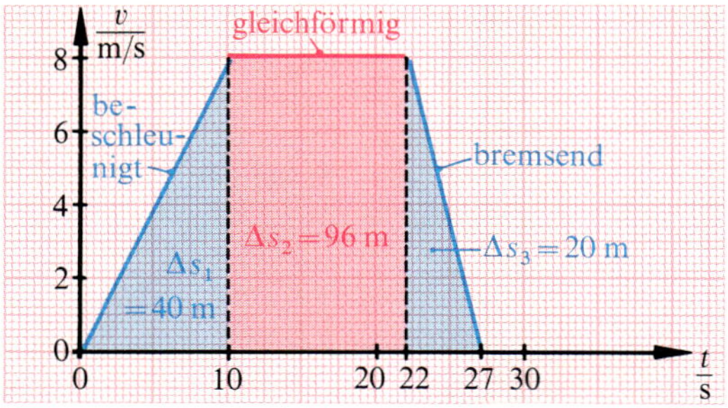

26.1 Fahrtenschreiber-Diagramm eines Radfahrers

überholende den Weg $s = 2c = 20$ m mit der Beschleunigung *a aus der Ruhe heraus* zurück. Hierauf dürfen wir die Gleichung $s = \frac{1}{2}at^2$ anwenden und erhalten die Beschleunigungszeit $t = 4{,}5$ s. In dieser Zeit hat er – relativ zum überholten – die Geschwindigkeit $v = at = 9\,\frac{\text{m}}{\text{s}} \approx 32\,\frac{\text{km}}{\text{h}}$ gewonnen. Er fährt also nunmehr mit $v_2 = 10\,\frac{\text{m}}{\text{s}} + 9\,\frac{\text{m}}{\text{s}} = 19\,\frac{\text{m}}{\text{s}} \approx 68\,\frac{\text{km}}{\text{h}}$ *relativ zur Straße*. Der überholte Wagen hat in der Überholdauer 4,5 s *relativ zur Straße* den Weg $s_2 = 45$ m zurückgelegt, der überholende also $s_1 = 45\text{ m} + 20\text{ m} = 65$ m.

c) Ihr Fahrrad habe einen Fahrtenschreiber, der ein idealisiertes v-t-Diagramm gemäß *Bild 26.1* aufzeichnete. Zwischen $t = 0$ s und $t_1 = 10$ s beschleunigten Sie gleichmäßig aus der Ruhe auf $v = 8$ m/s. Ihre Beschleunigung war

$$a = \frac{\Delta v}{\Delta t_1} = \frac{8\text{ m/s}}{10\text{ s}} = 0{,}8\,\frac{\text{m}}{\text{s}^2}.$$

Der in dieser Beschleunigungsphase zurückgelegte Weg folgt aus der Dreiecksfläche zu

$$\Delta s_1 = \frac{1}{2} \cdot 10\text{ s} \cdot 8\,\frac{\text{m}}{\text{s}} = 40\text{ m}.$$

Dies wird vom Weg-Zeit-Gesetz bestätigt:

$$s_1 = \frac{1}{2}at^2 = \frac{1}{2} \cdot 0{,}8\,\frac{\text{m}}{\text{s}^2} \cdot (10\text{ s})^2 = 40\text{ m}.$$

Anschließend fuhren Sie $\Delta t_2 = 12$ s lang gleichmäßig mit $v = 8$ m/s weiter und legten das Wegstück $\Delta s_2 = v \cdot \Delta t_2 = 96$ m zurück (Rechtecksfläche in *Bild 26.1*). Zwischen $t = 22$ s und 27 s, also in $\Delta t_3 = 5$ s, sank Ihre Geschwindigkeit gleichmäßig von 8 m/s auf Null. Dabei legten Sie den Weg $\Delta s_3 = \frac{1}{2} \cdot 5\text{ s} \cdot 8\text{ m/s} = 20$ m zurück (Dreiecksfläche). Die gesamte Wegstrecke war $s = \Delta s_1 + \Delta s_2 + \Delta s_3 = 156$ m.

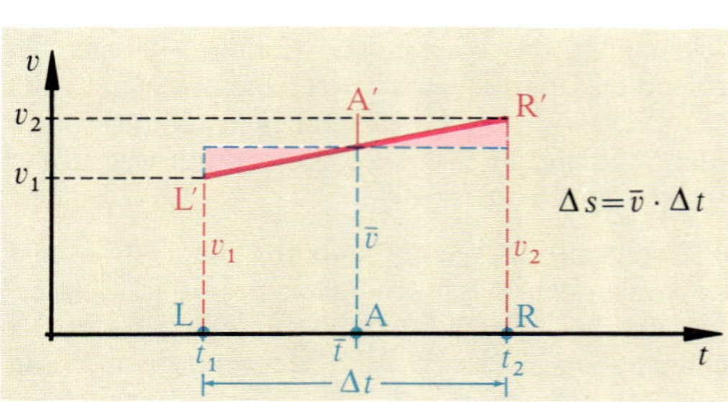

26.2 Momentangeschwindigkeit v_A gleich mittlerer Geschwindigkeit $\bar{v}$ (aber nur bei a = konstant)

d) Wir nehmen aus dem Meßstreifen in *Bild 20.1* zwei Punkte L und R, die zeitlich gesehen symmetrisch zu A liegen. In diesem Intervall $\Delta t = t_2 - t_1$ ist in A Halbzeit (Seite 22). In ihm steigt nach *Bild 26.2* die Geschwindigkeit v gleichmäßig von v_1 auf v_2 an. Der dabei zurückgelegte Weg Δs ist gleich der Trapezfläche LRR'L' und beträgt $\Delta s = \bar{v} \cdot \Delta t$. Dabei haben wir aus dem Trapez ein flächengleiches Rechteck gemacht. Seine Höhe ist die mittlere Geschwindigkeit $\bar{v} = (v_1 + v_2)/2$ im Intervall zwischen t_1 und t_2. Sie stimmt mit der Momentangeschwindigkeit v_A in der Halbzeit $\bar{t}$ (in A) überein.

4. Mathematik macht manches möglich

Wir gehen vom Weg-Zeit-Gesetz $s = \frac{1}{2}at^2$ aus. Im beliebigen Zeitpunkt t_1 hat der Körper die Wegmarke s_1 erreicht; für sie gilt $s_1 = \frac{a}{2}t_1^2$. In dem späteren Zeitpunkt t_2 ist die Strecke $s_2 = \frac{a}{2}t_2^2$ zurückgelegt worden. Im dazwischen liegenden Zeitintervall $\Delta t_2 = t_2 - t_1$ wurde also die Wegstrecke $\Delta s = s_2 - s_1 = \frac{a}{2}(t_2^2 - t_1^2)$ überstrichen. Die Durchschnittsgeschwindigkeit $\bar{v}$ war dort:

$$\bar{v} = \frac{\Delta s}{\Delta t} = \frac{a}{2}\,\frac{(t_2^2 - t_1^2)}{t_2 - t_1} = \frac{a}{2}\,\frac{(t_2 + t_1)(t_2 - t_1)}{t_2 - t_1}$$

$$= \frac{a}{2}(t_2 + t_1).$$

Mit $t_2 = t_1 + \Delta t$ folgt $\bar{v} = \dfrac{\Delta s}{\Delta t} = \dfrac{a}{2}(2t_1 + \Delta t)$.

Hierauf wenden wir die Definition der Momentangeschwindigkeit, nämlich $v = \lim\limits_{\Delta t \to 0} \dfrac{\Delta s}{\Delta t}$, an. So erhalten wir im Zeitpunkt t_1 für die Momentangeschwindigkeit $v(t_1) = \dfrac{a}{2}(2t_1 + 0) = at_1$. Da t_1 ein beliebiger Zeitpunkt ist, haben wir aus dem Weg-Zeit-Gesetz das Geschwindigkeits-Zeit-Gesetz hergeleitet. Die Flächenbetrachtung in *Bild 24.1* lieferte uns dagegen umgekehrt aus dem Geschwindigkeits-Zeit-Gesetz das Weg-Zeit-Gesetz. Die Mathematik zeigt: Beide Gesetze gehören zusammen!

Aufgaben (Wenn nicht anders vermerkt, sei a konstant):

1. *Das Seite 24 betrachtete Top-Auto habe die Beschleunigung* $a = 3{,}0$ m/s². *Wann erreicht es aus dem Stand* 105 km/h? *Wie weit ist es dann gefahren? – Wie groß sind Geschwindigkeit und Weg nach der halben Zeit? Ist in der Wegmitte auch Halbzeit?*

2. *Berechnen Sie Geschwindigkeit* (km/h) *und Weg des Kraftrads gemäß Tabelle 25.2 nach* 2,0 s *Anfahrzeit! Wie groß sind beide nach* 1,0 s *und* 4,0 s*?*

3. *a) Ein Auto fährt mit der konstanten Beschleunigung* 2,0 m/s² *an. Welchen Weg hat es nach* 3,0 s *zurückgelegt? Wie schnell ist es dann? b) Wie weit bewegt es sich in den nächsten* 5,0 s, *wenn man nach* 3,0 s *Anfahrzeit die beschleunigende Kraft wegnimmt? (Reibung sei durch Fahrbahnneigung ausgeglichen.) c) Zeichnen Sie das v-t- und das s-t-Diagramm!*

4. *Warum hat die Beschleunigung eine andere Einheit als die Geschwindigkeit? Rechnen Sie* m/s² *in* cm/s² *und* km/h² *um!*

5. *Ein Zug erreicht aus der Ruhe nach* 10 s *die Geschwindigkeit* 5,0 m/s. *Wie groß ist seine Beschleunigung? Wie weit ist er gefahren?*

6. *Ein mit konstanter Kraft anfahrender Wagen kommt in den ersten* 12 s 133 m *weit. Wie groß sind Beschleunigung und Geschwindigkeit nach* 12 s*?*

7. *Ein Körper erreicht bei konstanter Beschleunigung aus der Ruhe nach* 45 m *Weg die Geschwindigkeit* 30 m/s. *Wie lange braucht er?*

8. *a) In welchem einfachen Zahlenverhältnis stehen bei konstanter Beschleunigung die in der 1., 2., 3., 4. Sekunde zurückgelegten Wege zueinander? b) Ein Körper legt in der 1. Sekunde aus der Ruhe heraus* 20 cm, *in der 2. Sekunde* 60 cm, *in der 3.* 100 cm *zurück. Welche Bewegung liegt vor? Wie schnell ist er nach* 1 s, 2 s, 3 s, 4 s*?*

9. *Ein Auto fährt mit* $a = 1{,}5\ \mathrm{m/s^2}$ *an. Welchen Weg legt es im Laufe der 2. Sekunde zurück? Warum ist es falsch, hier die Momentangeschwindigkeit für* $t = 2{,}0$ s *zu benutzen? Könnte man mit* $\bar{v}$ *im angegebenen Intervall (2. Sekunde) rechnen?*

10. *a) Vervollständigen Sie an Hand des Registrierstreifens in Bild 22.2 die Tabelle 25.1! b) Wählen Sie zu 4 Spurenmarken zeitlich symmetrische Intervalle und bestimmen aus ihnen die jeweilige Momentangeschwindigkeit nach Bild 26.2! Ergänzen Sie so Bild 23.2 und Tabelle 23.1! Berechnen Sie die Beschleunigung!*

11. *In der Stadt fährt ein Auto mit* 36 km/h. *Auf einer Ausfallstraße gibt der Fahrer mehr Gas und beschleunigt mit* $a = 2{,}0\ \mathrm{m/s^2}$ *auf* 90 km/h. *Wie lange dauert die Beschleunigung? Auf welcher Strecke findet sie statt?*

12. *Beim Auflösen eines Staus fährt ein Auto mit* $a = 2{,}0\ \mathrm{m/s^2}$ *an, ein im Kopfabstand* 7,0 m *folgendes* 2,0 s *später mit gleicher Beschleunigung. (Beim Kopfabstand ist die Fahrzeuglänge einbezogen.) a) Welchen Kopfabstand haben beide Autos nach* 10 s? *b) Ist dies der sog. „halbe Tachoabstand" (d.h. bei der Tachometeranzeige* 50 km/h *sollte man mindestens* 50/2 m = 25 m *Abstand vom Vordermann haben)? c) Welche Beschleunigung müßte der zweite haben, damit er zu diesem Zeitpunkt bereits neben seinem Vordermann herfährt (Länge beider PKW sei* 4,5 m*)? d) Welchen Abstand haben beide Autos* 2,0 s *später, wenn der zweite seine Beschleunigung nach c) beibehält? Fertigen Sie eine Skizze gemäß Bild 19.1 und ein s-t-Diagramm ähnlich Bild 27.1!*

13. *Bild 27.1 zeigt 8 PKW, die bei „Grün" an einer Ampel losfahren. a) Was bedeutet die Linie* O A? *War der erste bei* $t = 0$ *in Ruhe, der letzte bei* A? *Fuhren sie gleichzeitig an? Welchen Abstand hatten beim Halten ihre vorderen Stoßstangen? b) Wie groß war die Beschleunigung des 6. Autos von* A *bis* C? *Welche Geschwindigkeit hatte es bei* C? *c) Verfolgen Sie den Abstand zwischen dem 1. und dem 2. PKW! Wo mißt man ihn? d) Mit welcher Zeitdifferenz passieren die Fahrer die Haltelinie* OB? *Welche Zeitdifferenz hatten sie beim Überfahren von der Standlinie* OA? *e) Was machte Fahrer 7, als er „Gelb" sah?*

14. *Ein Geschoß wird in einem Pistolenlauf von* 15 cm *Länge auf* 400 m/s *beschleunigt. Wie groß ist die Beschleunigung und wie lange dauert sie?*

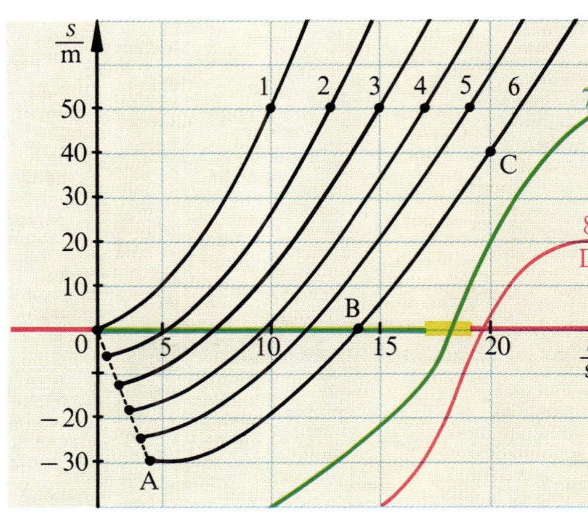

27.1 8 PKW an der Ampel (zu Aufgabe 13). Rotsünder 8 fährt nicht etwa vor der Polizei in eine Seitengasse ab, sondern wird bei D zur Kasse gebeten. Der Bewegungsablauf ist nämlich eindimensional.

§ 8 Die Newtonsche Grundgleichung

1. Die zentrale Frage an die Mechanik

Stop-and-go-Verkehr tritt immer häufiger auf. Dem möchte sich eine Autofirma anpassen; sie braucht eine Formel, um für all ihre Typen – beladen wie unbeladen – die Kraft *F* beim Anfahren zu berechnen. Sie sind Entwicklungsleiter dieser Firma. Was überlegen Sie sich?

Für das Anfahren ist die Beschleunigung *a* maßgebend, da man aus ihr sowohl den Weg *s* als auch die Geschwindigkeit *v* berechnen kann. Die nötige Kraft *F* steigt mit der gewünschten Beschleunigung; sie hängt aber auch vom Fahrzeug und seiner Beladung ab. Nun ist es ein Grundprinzip aller Forschung, solche Abhängigkeiten getrennt voneinander zu untersuchen. Sie stellen also zwei Arbeitsgruppen die folgenden Fragen:

Gruppe A: Wie hängt die nötige Kraft *F* bei ein und demselben Fahrzeug von der gewünschten Beschleunigung *a* ab? (Ziffer 2)

Gruppe B: Wie hängt die Kraft *F* vom Fahrzeug und seiner Beladung ab, wenn sich die Beschleunigung nicht ändern soll? (Ziffer 3)

2. Große Kraft – schneller Spurt

Die Arbeitsgruppe A weiß bereits, daß eine konstante beschleunigende Kraft *F* einem Körper auch konstante Beschleunigung *a* erteilt. Sie ändert also die Kraft *F*:

Versuch 15: a) Auf der Schiene (Reibung durch Neigen ausgeglichen) steht ein Wagen der Masse $m_1 = 0{,}50$ kg. Er wird durch 4 Wägestücke von $m_2 = 40$ g Masse beschleunigt.

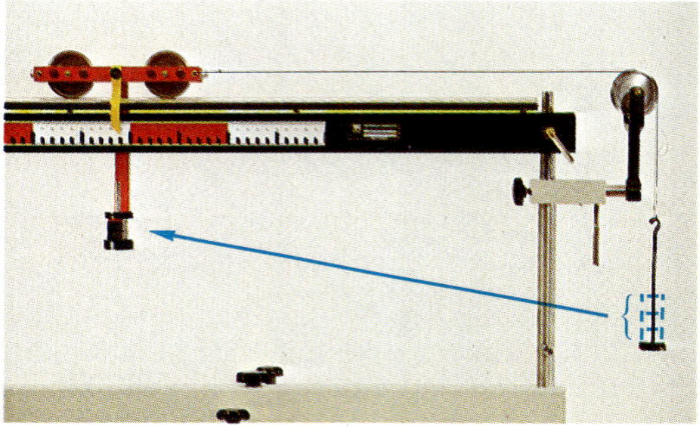

28.1 Verschiedene Kräfte am gleichen „Zug“

Sie wirken als „Lokomotiven“ des Zugs, angetrieben von der Gewichtskraft $G_2 = m_2\,g$, mit der die Erde an ihnen zieht. Nach $t = 1{,}65$ s hat der Zug den Anfahrweg $s = 1{,}00$ m zurückgelegt. Die Beschleunigung ist

$$a = \frac{2s}{t^2} = 0{,}726\,\frac{\mathrm{m}}{\mathrm{s}^2}.$$

b) Nun soll auf denselben Zug nur die halbe Kraft wirken. Wir nehmen von den 4 „Loks“ zwei weg; doch dürfen wir sie nicht beiseitelegen. Sonst hätten wir den Zug verkleinert, entgegen dem Untersuchungsauftrag der Gruppe A; wir hätten in den Auftrag der Gruppe B eingegriffen. Wir legen die beiden Loks auf den Wagen. Dort werden sie mitbeschleunigt, ohne daß ihre Gewichtskraft noch mitzieht: Ihr „Dampf“ ist weg, die Trägheit bleibt. Für 1 m Anfahrweg braucht der Zug jetzt die Zeit $t = 2{,}37$ s. Seine Beschleunigung ist auf $a = 0{,}36\ \mathrm{m/s^2}$ halbiert: Die halbe Kraft *F* gibt dem Zug auch nur die halbe Beschleunigung *a*.

c) Wenn wir ein weiteres Wägestück übertragen, sinkt mit der beschleunigenden Kraft auch die Beschleunigung auf den 4. Teil.

Die Beschleunigung *a*, die ein bestimmter Körper erfährt, ist der an ihm angreifenden Kraft *F* proportional: $F \sim a$.

3. Große Masse – träger Spurt

Die Arbeitsgruppe B geht davon aus, daß die zum Beschleunigen nötige Kraft auch von der *Gewichtskraft des Wagens* abhängt. Braucht man doch eine viel größere Kraft, um einen beladenen Wagen *mit gleicher Beschleunigung* anzuschieben wie einen leeren. Gegen diese Ansicht erhebt sich jedoch Widerspruch:

a) Die Gewichtskraft *G*, die der Wagen von der Erde erfährt, wird von der waagerechten Schiene durch eine Gegenkraft ausgeglichen (Seite 11). Also kann die Gewichtskraft *G* des Wagens die Beschleunigung längs der horizontalen Bahn weder unterstützen noch hemmen.

b) Auf Seite 12 sahen wir, daß das sich beim Beschleunigen zeigende *Trägsein* etwas anderes ist als das *Schwersein*. Auch im schwerefreien Raum brauchen Raketen zum Beschleunigen Kräfte, die um so größer sein müssen, je mehr sie geladen haben – obwohl sie dort nichts wiegen! Die Körper sind auch dort *träge*.

Man fragt sich also, ob man das *Trägsein* mit Hilfe der vom Ort unabhängigen *Masse* beschreiben kann. Zunächst wird geprüft, ob Körper *doppelter Masse* aus gleichem Material zur gleichen Beschleunigung die doppelte Kraft brauchen, ob sie auch *doppelt so träge* sind:

Versuch 16: **a)** An den in Versuch 15 benutzten Wagen wird nach *Bild 29.1*, links, ein zweiter, genau gleicher Wagen gehängt. Auch vor den Faden werden zwei Loks (20 g statt 10 g) gespannt. So ist nicht nur die Masse des Zugs, sondern auch die beschleunigende Kraft verdoppelt. Die Beschleunigung bleibt 0,726 m/s^2. Dies kann man leicht einsehen: Man hätte ja jeden Wagen für sich mit der Kraft 9,8 cN beschleunigen können.

b) Man fragt sich weiter, ob nicht auch Form, Volumen und vor allem das Material der Körper von Einfluß auf ihr Trägsein sind. Man ersetzt deshalb den zweiten Wagen etwa durch 5 Schokoladentafeln *(Bild 29.1)*. Vorher wurde ihnen auf der Waage die *gleiche Masse* (0,50 kg) gegeben wie dem weggenommenen zweiten Wagen. Erfreulicherweise erfährt der neue Zug durch die gleiche Kraft genau die gleiche Beschleunigung wie der alte: *Er ist auch gleich träge!* Dies wurde an den verschiedensten Orten mit großer Präzision bestätigt.

Zwei Körper seien am gleichen Ort gleich schwer, haben also die gleiche Masse.

Dann brauchen sie überall zur gleichen Beschleunigung dieselbe Kraft, selbst wenn sie aus verschiedenen Stoffen bestehen. Sie sind auch gleich träge.

Wenn ein Körper die Masse $m = 1$ kg hat, ist er *am gleichen Ort genau so schwer* wie das Urkilogramm und *überall genau so träge.*

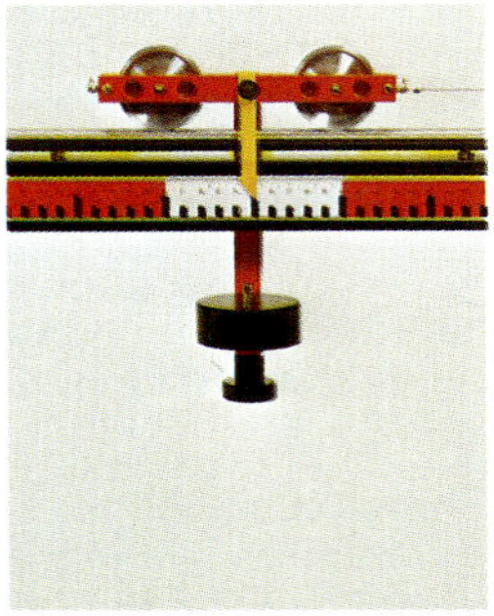

29.1 Gleich schwere Körper sind gleich träge.

Die Kraft F, die man zu einer bestimmten Beschleunigung braucht, ist der Masse m des zu beschleunigenden Körpers proportional, unabhängig vom Stoff: $F \sim m$.

Schwersein und Trägsein sind zwar als Eigenschaften verschieden. Sie können trotzdem durch den gleichen Begriff Masse erfaßt werden! Dies vereinfacht viele Gleichungen erheblich.

4. Eine Formel, in der alles steckt!

Die beiden Arbeitsgruppen fanden:

A: Bei konstanter Masse m ist $F \sim a$.
B: Bei konstanter Beschleunigung ist $F \sim m$.

Mit Proportionen gibt sich die Firmenleitung nicht zufrieden. Sie will eine Gleichung, mit der man Zahlenwerte für klar definierte Einheiten berechnen kann. Als Krafteinheit bietet sich 1 Newton an. Nach Seite 14 beschleunigt diese Kraft das Ur-Kilogramm in 1 s von $v = 0$ auf 1 m/s, also mit 1 m/s^2. Nach dem Erarbeiteten braucht man – unabhängig vom Stoff und vom Geschwindigkeitsbereich, in dem die Beschleunigung erfolgt –

bei $m = 1$ kg und $a = 1$ m/s^2 die Kraft 1 N,
bei $m = 1$ kg und $a = 3$ m/s^2 die Kraft 3 N,
bei $m = 5$ kg und $a = 3$ m/s^2 die Kraft 15 N.

Wir dehnen die Multiplikation der Zahlenwerte auch auf die Einheiten aus. Dann können wir die Krafteinheit 1 N auf bekannte Einheiten zurückführen. Für $a = 3$ m/s^2 und $m = 5$ kg folgt

$$F = 5\,\mathrm{kg} \cdot 3\,\frac{\mathrm{m}}{\mathrm{s}^2} = 15\,\frac{\mathrm{kg\,m}}{\mathrm{s}^2}.$$

Vorher erhielten wir $F = 15$ N. Also erklären wir 1 Newton als Abkürzung für die „abgeleitete“ Einheit 1 kg m/s^2:

$$\mathbf{1\,N = 1\,\frac{kg\,m}{s^2}.} \qquad \textbf{(29.1)}$$

Dann können wir auch für die Größen F, m und a die einfache, aber wichtige Gleichung schreiben:

$$\boldsymbol{F = ma.} \qquad \textbf{(29.2)}$$

So wie die Krafteinheit 1 N werden wir im Bereich der Mechanik alle weiteren Einheiten auf die 3 Basiseinheiten 1 m, 1 kg und 1 s zurückführen (Seite 35).

Die Fahrzeugfirma hätte sich diese Untersuchungen ersparen können. In Physikbüchern steht, daß bereits um 1686 *Isaak Newton (Bild 7.3)* die Gleichung $F=ma$ aufgestellt hat, allerdings zunächst an der Bewegung von Himmelskörpern. Dann übertrug er sie auch auf irdische Körper, z.B. auf fallende Äpfel. Jetzt wissen wir, daß sie nicht nur für Planeten und Fallobst, sondern auch für anfahrende Autos gilt. Außerdem: Selberfinden macht Spaß!

> ***Newtonsches Beschleunigungsgesetz als Grundgleichung der Mechanik:***
>
> **Beschleunigende Kraft gleich Masse mal Beschleunigung: $F = ma$ (30.1)**
>
> **Die beim Beschleunigen auftretende Geschwindigkeits*änderung* erfolgt in Richtung der beschleunigenden Kraft.**

Mit dieser Gleichung können wir nachprüfen, ob die schon auf der Mittelstufe benutzten Kraftmesser Kräfte richtig in der Einheit Newton anzeigen: Wir entnehmen Versuch 15:

Masse des beschleunigten Zugs	0,540 kg
Beschleunigung	0,726 m/s²

$$F = ma = 0{,}540\ \text{kg} \cdot 0{,}726\ \frac{\text{m}}{\text{s}^2} =$$
$$= 0{,}39\ \frac{\text{kg m}}{\text{s}^2} = 0{,}39\ \text{N}.$$

Der Kraftmesser gibt für die Gewichtskraft, mit der die Erde an den „Loks" zieht und so den Zug beschleunigt, 0,39 N an. Damit haben wir ein Meßgerät nach der vom Bundesgesetz für das Einheitenwesen von 1969 vorgeschriebenen Einheiten-Definition nachgeprüft.

Finden Sie es als Radfahrer nicht überraschend, daß nach $F=ma$ die Kraft F mit der Beschleunigung a, d.h. der Geschwindigkeits*änderung*, nicht aber mit der Geschwindigkeit v selbst, zusammenhängt? Sicher, beim Anfahren müssen Sie kräftig in die Pedale treten, wenn Sie schnell die Geschwindigkeit steigern wollen. Mit Ihrer Kraft bestimmen Sie aber auch die Endgeschwindigkeit. Diese wird nämlich erreicht, wenn die Luftwiderstandskraft F_L so groß geworden ist, daß sie der Antriebskraft F_A das Gleichgewicht hält: $F_A = F_L$. Dann ist die als beschleunigende Kraft wirkende Resultierende die Differenz $F = F_A - F_L = 0$. Mit ihr wird auch die Beschleunigung $a = F/m = 0$.

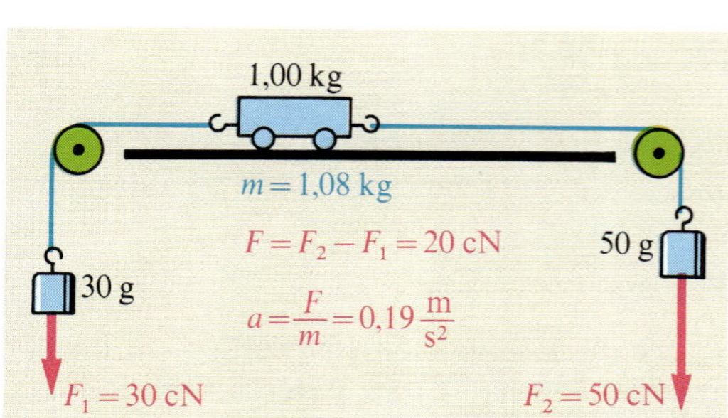

30.1 Zu Versuch 17

Versuch 17: Nach *Bild 30.1* zieht am Fahrbahnwagen (1,000 kg) nach rechts ein Wägestück mit 50 g, nach links mit 30 g Masse. Hätte das rechte auch nur 30 g Masse, so bestünde Gleichgewicht. So aber beschleunigt als resultierende Kraft die Differenz der Gewichtskräfte, nämlich

$$F = F_2 - F_1 = 50\ \text{cN} - 30\ \text{cN} = 20\ \text{cN}.$$

Die Gesamtmasse 1,080 kg des Zugs entsteht jedoch durch Addition. Er setzt sich nach rechts in Fahrt mit der Beschleunigung

$$a = F/m = 20\ \text{cN}/1{,}080\ \text{kg} = 0{,}19\ \text{m/s}^2.$$

Wirken auf eine Anordnung entgegengesetzte Kräfte F_1 und F_2, so beschleunigt die Differenz $F = F_2 - F_1$ in Richtung der größeren Kraft F_2. Bei Kräftegleichgewicht sind die resultierende Kraft F und die Beschleunigung Null.

> **Im Newtonschen Grundgesetz $F = m \cdot a$ ist die beschleunigende Kraft F die Resultierende der von außen einwirkenden Kräfte.**

5. $F=ma$ fährt immer mit

a) Ein Auto (Masse $m_1 = 1000$ kg) kommt bei rasantem Start in 2 s aus dem Stand auf die Geschwindigkeit $v = 36$ km/h $= 10$ m/s. Welche Kraft braucht es?

Zum Berechnen der Kraft $F=ma$ muß man nicht die Geschwindigkeit, sondern die Beschleunigung a kennen. Diese ist $a_1 = v/t = 5\ \text{m/s}^2$, die Kraft $F = m_1 a_1 = 1000\ \text{kg} \cdot 5\ \text{m/s}^2 = 5000\ \text{kg m/s}^2 = 5000\ \text{N}$. Die Motorkraft ist halb so groß wie die Gewichtskraft!

b) Das Auto in a) soll mit dieser Kraft $F = 5000$ N auch noch einen Anhänger der Masse $m_2 = 500$ kg ziehen oder 500 kg zuladen. Wie schnell ist es nach 2 s?

Wiederum müssen wir zunächst die Beschleunigung a_2 berechnen. Da sich die Masse von m_1 auf $m = m_1 + m_2$ erhöht hat, gilt für die verminderte Beschleunigung

$$a_2 = \frac{F}{m} = \frac{F}{m_1 + m_2}$$
$$= \frac{5000\ \text{N}}{1500\ \text{kg}} = \frac{5000\ \text{kg m/s}^2}{1500\ \text{kg}} = 3{,}3\ \text{m/s}^2.$$

Nach 2 s ist die Geschwindigkeit $v = a_2 t = 6{,}6$ m/s.

c) Ein Motorrad ($m_1 = 200$ kg mit Fahrer) entwickelt die Beschleunigung $a_1 = 3{,}0$ m/s². Welche Masse darf eine Beifahrerin höchstens haben, wenn a nicht unter $a_2 = 2{,}5$ m/s² sinken darf? Welche Strecke legt das Rad in den ersten 4 s ihretwegen weniger zurück?

Der Fahrer kann die Kraft $F = m_1 a_1 = 600$ kg m/s² = 600 N „sein eigen" nennen. Diese Kraft schmälert die Beifahrerin auf waagerechter Strecke nicht. Sie darf aber die Masse m höchstens auf

$$m = \frac{F}{a_2} = \frac{600\ \text{kg m/s}^2}{2{,}5\ \text{m/s}^2} = 240\ \text{kg}$$

erhöhen. Also kann nur die kleine Schwester (40 kg) mitfahren. Sie verkürzt den Anfahrweg in 4 s von 24 m auf 20 m.

d) Bei **Aufzügen** ist die Gewichtskraft G_1 des Fahrkorbs über Kette und Antriebsscheibe durch die Gewichtskraft G_2 eines Gegengewichts fast ausgeglichen. *Bild 31.1a* zeigt einen Modellversuch: Über einer ortsfesten Rolle liegt ein Faden (Reibung und Masse beider zu vernachlässigen). Wir dürfen nun nicht sagen, die Gewichtskraft $G_1 = m_1 g$ des rechten Körpers ($m_1 = 1{,}030$ kg) verleihe dem linken ($m_2 = 1{,}000$ kg) die Beschleunigung $a = G_1/m_2 \approx 10$ m/s². Die beschleunigende Kraft ist nämlich nur die Resultierende $F = G_1 - G_2 = (m_1 - m_2)\, g \approx 30$ cN. Die zu beschleunigenden Körper haben die Gesamtmasse $m = m_1 + m_2 = 2{,}030$ kg. Die Beschleunigung wird $a = F/m = 0{,}15$ m/s².

Nun werde der Aufzug durch einen Motor mit $a = 2$ m/s² beschleunigt. Das am Kraftmesser hängende Wägestück ($m = 1$ kg) in *Bild 11.1* braucht zum Beschleunigen *nach einer beliebigen Richtung* die Kraft $F = ma = 2$ N. Beim Beschleunigen nach *oben* muß der Kraftmesser diese 2 N zusätzlich zur Gewichtskraft 10 N aufbringen; er zeigt 12 N an. Beim Beschleunigen nach *unten* muß die Gewichtskraft mit 2 N die Federkraft überwiegen; der Kraftmesser zieht nur noch mit 8 N.

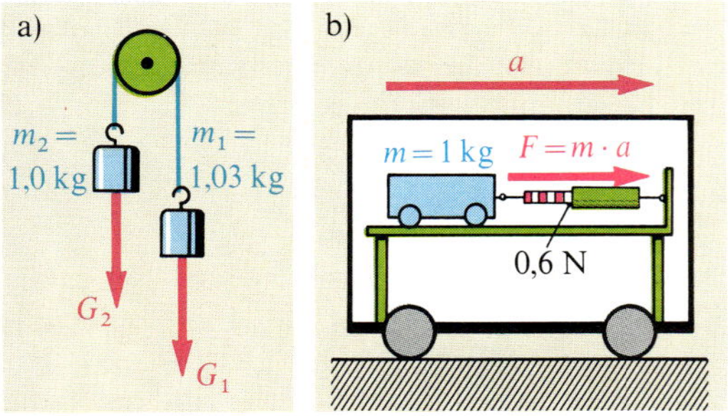

31.1 Links: Zu Ziffer 5d; rechts: zu 5e

e) *Beschleunigungsmessung über Kräfte.* Die Beschleunigung a ist der beschleunigenden Kraft $F = ma$ proportional. Deshalb kann man Beschleunigungen von Fahrzeugen und Aufzügen mit Kraftmessern bestimmen. In einem waagerecht anfahrenden Zug steht ein reibungsfreies Wägelchen der Masse 1 kg *(Bild 31.1b)*. Damit es nicht zurückbleibt, muß der Kraftmesser an ihm mit der Kraft $F = 0{,}6$ N ziehen. Also erfährt es – wie der Zug – die Beschleunigung $a = F/m = 0{,}6$ N/1 kg $= 0{,}6$ m/s² (Nach *Tabelle 25.2* eine schnell anfahrende U-Bahn).

Aufgaben (Beschleunigung a stets konstant):

1. *Ein Zug der Masse* 700 t *fährt mit der Beschleunigung* 0,15 m/s² *an. Welche Kraft braucht man zum Beschleunigen? Welcher Bruchteil seiner Gewichtskraft ist dies? Welche beschleunigende Kraft erfährt ein Mitfahrer (*90 kg *Masse)?*

2. *An einem Schlitten (*80 kg, *reibungsfrei auf Eis) zieht man mit der Kraft* 50 N. *Wie groß sind die Beschleunigung sowie Weg und Geschwindigkeit nach* 4,0 s *(Anfahrt aus Ruhe)?*

3. *a) Welche Kraft ist nötig, um ein Auto* (1000 kg) *in* 10 s *aus der Ruhe auf* 20 m/s *zu beschleunigen? b) Welche Kraft würde man brauchen, wenn es in* 10 s *nur den halben Weg zurücklegen sollte? Wie schnell wäre es dann?*

4. *a) Ein Fahrbahnwagen* (2,00 kg) *steht reibungsfrei auf waagerechter Unterlage. Über einen Faden beschleunigt ihn ein Körper der Masse* 100 g *(Bild 21.2). Wie groß sind die Beschleunigung und der nach* 2,00 s *zurückgelegte Weg sowie die erreichte Geschwindigkeit? b) Könnte man mit einem Antriebskörper von* 100 kg *Masse eine 1000mal so große Beschleunigung erreichen? c) Wie ändern sich die in a) berechneten Werte, wenn gemäß Bild 30.1 zusätzlich ein Körper* (80 g) *nach links zieht?*

5. *Wie groß ist im Beispiel 5c von Seite 31 die Masse der Beifahrerin, wenn sie den Anfahrweg in* 4 s *von* 24 m *auf* 10 m *verkürzt?*

6. *Ein Aufzug* (1,5 t) *wird aus der Ruhe auf* 2,0 m *Weg auf* 3,0 m/s *a) nach oben, b) nach unten beschleunigt. Mit welcher Kraft zieht das Aufhängeseil an ihm, solange die Beschleunigung konstant ist? c) Mit welcher Kraft belastet jeweils ein Fahrgast* (70 kg) *den Aufzug?*

7. *Wie groß müßte in Bild 31.1a die Masse* m_1 *des rechten Körpers sein, daß dieser in* 2,00 s *aus der Ruhe heraus* 30,0 cm *zurücklegt (der linke habe* 1,000 kg *Masse)?*

§ 9 Der freie Fall

1. Fällt Blei am schnellsten?

Gilt die Gleichung $F=ma$ nur für anfahrende Autos oder auch für so weltbewegende Ereignisse wie den Prager Fenstersturz (1618)? Dort wurden 3 Kaiserliche ihrer Gewichtskraft überlassen und landeten 15 m tiefer – erstaunlicherweise nur mit ein paar Schrammen. Kam der schwerste von ihnen zuerst unten an? Oder zeigte sich der dünnste als besonders „windschnittig" und bot weniger Luftwiderstand?

Ein Stück Blei fällt so schnell, daß wir kaum sagen können, ob seine Geschwindigkeit ständig zunimmt oder nach einer gewissen Anlaufstrecke konstant bleibt. Ein Blatt Papier taumelt langsam und unregelmäßig nach unten. Hat man es dagegen zusammengeknüllt, so fällt es wider Erwarten auf den ersten zwei Metern fast neben dem Bleistück her, bleibt dann allerdings zurück. Das Taumeln des ausgebreiteten Blatts rührt von Kräften her, welche die Luft ausübt. Sie erschweren unsere Betrachtung; deshalb wollen wir zunächst untersuchen, wie ein Körper ohne Einfluß der umgebenden Luft, d.h. frei, fällt.

Unter dem freien Fall versteht man die Fallbewegung eines Körpers, auf den allein seine Gewichtskraft einwirkt.

Wenn wir vom Luftwiderstand absehen, greift am fallenden Körper allein die Gewichtskraft G an, die er von der Erde erfährt. Sie wirkt voll als beschleunigende Kraft F; es gilt $F=G$. In Erdnähe, insbesondere innerhalb eines Zimmers, ist diese Gewichtskraft G hinreichend konstant. Nach dem Newtonschen Grundgesetz $F=ma$ erwarten wir, daß der Körper mit der Masse m in Richtung der Gewichtskraft G die konstante Beschleunigung

$$a=\frac{F}{m}=\frac{G}{m} \qquad (32.1)$$

erfährt. Hier steht die Gewichtskraft G im Zähler; deshalb sollte der schwerere Körper mit größerer Beschleunigung a fallen. Im Nenner steht aber die Masse m als Maß für die *Trägheit*. Nach den Fahrbahnversuchen ist sie der Gewichtskraft G proportional (Seite 29). Wenn ein Bleistück 1000mal so schwer wie eine Flaumfeder ist, dann ist es auch 1000mal so träge. Für die Beschleunigung a folgt:

$$a=\frac{F}{m}=\frac{G_{\text{Blei}}}{m_{\text{Blei}}}=\frac{1000\,G_{\text{Feder}}}{1000\,m_{\text{Feder}}}=\frac{G_{\text{Feder}}}{m_{\text{Feder}}}.$$

Die Fallbeschleunigung sollte bei beiden gleich groß sein – kaum zu glauben!

Versuch 18: Wir lassen Bleikugel und Flaumfeder in einer *Fallröhre* frei fallen *(Bild 32.1)*. Nachdem die Röhre luftleer gepumpt worden ist, drehen wir sie schnell um; beide Körper beginnen gleichzeitig zu fallen. Sie kommen auch gleichzeitig unten an, durchlaufen also in der gleichen Zeit $t_1=t_2$ die gleiche Strecke $s_1=s_2$. Nach $s=\frac{1}{2}at^2$ fallen sie mit der gleichen *Fallbeschleunigung*. – Nun lassen wir Luft in die Röhre. Sie hindert den Fall der Bleikugel fast nicht. Die Flaumfeder dagegen schwebt langsam nach unten!

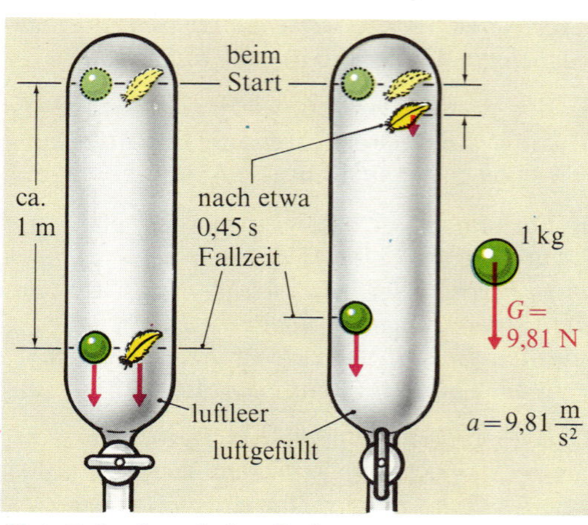

32.1 Fall mit und ohne Luft

2. Ortsfaktor als Fallbeschleunigung entlarvt

Versuchen wir, den Wert der Fallbeschleunigung vorherzusagen! Dazu setzen wir in *Gl. 32.1* den Ausdruck $G=mg$ für die Gewichtskraft ein *(Gl. 15.1)*. Wir erhalten für die Fallbeschleunigung a an einem beliebigen Ort und für einen beliebigen Körper

$$\boldsymbol{a=\frac{G}{m}=\frac{mg}{m}=g.} \qquad \textbf{(32.2)}$$

Bei uns ist der Ortsfaktor $g=9{,}81$ N/kg. Da $1\,\text{N}=1\,\text{kg m/s}^2$ ist, wird die Fallbeschleunigung $a=g=9{,}81\,\text{m/s}^2$. Der Ortsfaktor g hat seine Bedeutung erweitert: Er gibt auch die Fallbeschleunigung am betreffenden Ort an.

Beim freien Fall erfahren alle Körper am selben Ort die gleiche konstante Fallbeschleunigung. Sie ist gleich dem Ortsfaktor g. Stets gilt $G = mg$. (33.1)

Bei uns erfährt ein Kilogrammstück die Gewichtskraft $G = 9{,}81$ N und die Fallbeschleunigung

$$a = \frac{G}{m} = \frac{9{,}81\ \text{N}}{1\ \text{kg}} = 9{,}81 \frac{\text{m}}{\text{s}^2}.$$

An den Polen der Erde sind Ortsfaktor und Fallbeschleunigung größer. Zwischen 44° und 54° geographischer Breite haben sie den Wert

$$\mathbf{g = 9{,}81 \frac{N}{kg} = 9{,}81 \frac{m}{s^2}.} \qquad (33.2)$$

3. Die Fallgesetze, seit Galilei bekannt

Machten wir nicht einen Fehler, als wir Erkenntnisse, die wir an langsam anlaufenden Fahrbahnwagen gewonnen haben, auf schnell fallende Körper übertrugen? Messen wir doch einmal die Fallbeschleunigung einer Kugel:

Versuch 19: Die Eisenkugel K wird nach *Bild 33.2* vom Elektromagneten NS gehalten und gegen zwei Kontakte gedrückt. Der rot gezeichnete Stromkreis ist geschlossen, der elektronische Kurzzeitmesser zeigt $t = 0$ s an. Öffnet man mit dem Schalter S den Stromkreis des Magneten, so beginnt die Kugel zu fallen, der Kurzzeitmesser startet. Sobald die Kugel auf die Kontaktplatte P fällt, öffnet sie den blau gezeichneten Stromkreis und stoppt den Kurzzeitmesser. Die Fallstrecken s richten wir durch exakt vermessene Stäbe St ein. Sie sind zusammen mit den Fallzeiten t in *Tabelle 33.1* zusammengestellt. Wir sehen: Die Beschleunigung ist im benutzten Bereich praktisch konstant; die Fallwege s sind den Quadraten (t^2) der Fallzeiten proportional. Also stört der Luftwiderstand hier noch nicht merklich.

33.1 Diese Fallschirmspringer nennen sich „Freifaller". Tragen sie ihren Namen zu Recht?

Die Fallbeschleunigung hat nach *Tabelle 33.1* den vorhergesagten Wert $g = 9{,}8$ m/s² und ist gleich dem Ortsfaktor 9,8 N/kg. Damit ist das Gedankengebäude, das wir über Kräfte und Anfahrbewegungen entwickelt haben, hervorragend bestätigt. Es geht auf *Galilei* und *Newton* zurück, denen es allerdings unmöglich war, die Geschwindigkeit v eines fallenden Körpers zu bestimmen. Wir benutzen eine Lichtschranke:

s in m	t in s	g in m/s²
0,100	0,1428	$9{,}80_8$
$0{,}400_0$	0,28565	$9{,}80_4$
$0{,}900_0$	0,4287	$9{,}79_4$

Tabelle 33.1 Zu Versuch 19

Kiel	9,8146	Frankfurt	9,8108
Hamburg	9,8138	Stuttgart	9,8090
Berlin	9,8129	München	9,8073
Köln	9,8116	New York	9,8025

Tabelle 33.2 Fallbeschleunigung und Ortsfaktor g in einigen Städten. Siehe auch *Tabelle 15.3* und Seite 14. Von Nord nach Süd nimmt g ab.

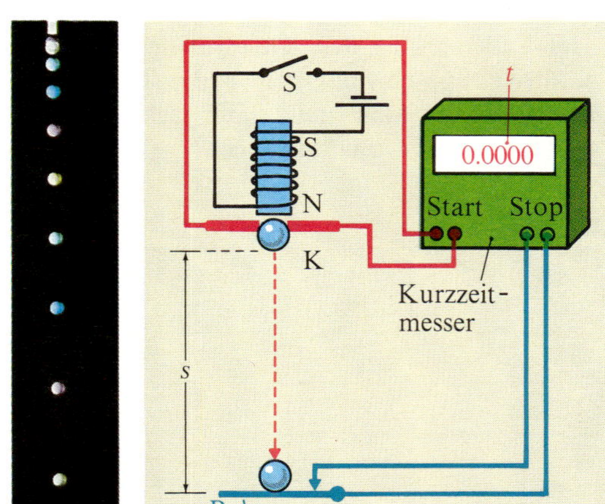

33.2 Stroboskopische Aufnahme einer fallenden Kugel in Zeitabständen von 0,05 s (links), Messung von Fallzeit t und Fallbeschleunigung $g = 2s/t^2$ (rechts)

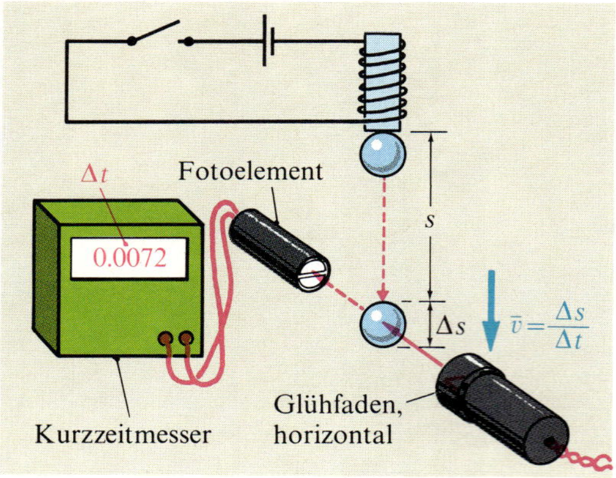

34.1 Messung der Geschwindigkeit einer fallenden Kugel mit einer Lichtschranke

Versuch 20: Die Geschwindigkeit v des frei fallenden Körpers soll nach einer Fallstrecke $s=$ 0,40 m, d.h. nach der Fallzeit $t=0{,}286$ s, gemessen werden. Dort sollte die Momentangeschwindigkeit $v=at=gt=2{,}81$ m/s sein. Zur Nachprüfung lassen wir die Kugel vom Durchmesser $\Delta s=2{,}0$ cm den waagerechten Strahl einer Lichtschranke unterbrechen (*Bild 34.1*). Die Dunkelzeit an der Fotodiode ist $\Delta t=$ 0,0072 s. Auf der Strecke $\Delta s=2{,}0$ cm hatte der Fallkörper also die Durchschnittsgeschwindigkeit $\bar{v}=\Delta s/\Delta t=2{,}8$ m/s. Da Δs gegenüber der Fallstrecke $s=40$ cm klein ist, gibt $\bar{v}$ die Fallgeschwindigkeit v nach 40 cm Fallweg an.

Fallgesetze für freien Fall aus der Ruhe:

Weg-Zeit-Gesetz $s=\frac{1}{2}gt^2$ **(34.1)**

Geschwindigkeits-Zeit-Gesetz $v=gt$ **(34.2)**

Der Fallweg s ist dem Quadrat der Fallzeit t, die Fallgeschwindigkeit v der Fallzeit t selbst proportional und erhöht sich in jeder Sekunde bei uns um 9,81 m/s.

Zeit t in s	Fallweg s in m	Geschwindigkeit v in m/s
0	0	0
1	5	10
2	20	20
3	45	30
4	80	40

Tabelle 34.1 Näherungswerte zum freien Fall

Die zuletzt genannten Zusammenhänge können Sie sich leicht an der *Tabelle 34.1* einprägen. Dort wurde für die Fallbeschleunigung der gerundete Wert $g=$ 10 m/s² benutzt. Die dabei auftretenden Fehler liegen bei 2%, also in der Größenordnung des Fehlers vieler Meßinstrumente (vgl. Seite 192). Beachten Sie: Der Fallweg in der 1. Sekunde ist 5 m und nicht 10 m!

4. Auch die Luft mischt mit

Versuch 21: Wir lassen eine Eisenkugel und einen Papierkegel gleichzeitig fallen und beleuchten sie dabei durch Lichtblitze in Zeitabständen von 0,09 s (*Bild 35.1*). Zu Beginn fallen sie noch nebeneinander; ihre Geschwindigkeit wächst nach $v=gt$ (Ursprungsgerade im v-t-Diagramm *35.2*). Doch dann bleibt der Papierkegel zurück. Die stark mit der Geschwindigkeit ansteigende Luftwiderstandskraft F_L macht sich bemerkbar. Bei $v=2{,}0$ m/s ist F_L so groß wie die Gewichtskraft G des Kegels. Dann tritt an ihm Gleichgewicht zwischen F_L und G ein: $F_L=G$. Die beschleunigende Kraft $F=G-F_L$ ist auf Null gesunken, desgleichen die Beschleunigung $a=F/m$. Der Kegel bleibt dann aber nicht etwa in der Luft stehen. Vielmehr fällt er jetzt mit konstanter Geschwindigkeit weiter (gleiche Abstände in *Bild 35.1*; waagerechter Teil im v-t-Diagramm; *Bild 35.2*). Bei der Eisenkugel tritt dieses Gleichgewicht erst bei etwa 50 m/s ein.

Schwere Regentropfen erreichen in Luft Geschwindigkeiten bis zu 8 m/s, kleine Nebeltröpfchen nur bis zu 0,08 m/s. Die Luftwiderstandskraft F_L ist nämlich der Querschnittsfläche $A=\pi r^2$, die sich der Luft „entgegenstellt", proportional, die nach unten ziehende Gewichtskraft G dagegen dem Volumen $V=\frac{4}{3}\pi r^3$ (Seite 47 und 86). Deshalb setzt sich die Gewichtskraft G um so besser durch, je größer der Quotient $G/F_L \sim r^3/r^2=r$, d.h. der Kugelradius ist. Dies läßt die großen Regentropfen so schnell fallen. Auf Seite 197 werden wir die Fallbewegung in Luft mit dem Computer berechnen. Dabei müssen wir uns mit veränderlichen Beschleunigungen befassen:

5. Auch die Beschleunigung kann sich ändern

Erinnern wir uns an die Definition $a=\Delta v/\Delta t$ auf Seite 24. Wir benutzten sie nur bei Bewegungen mit konstanter Beschleunigung. Wenn sich diese aber ändert, so liefert $a=\Delta v/\Delta t$ nur die *mittlere Beschleunigung* im Zeitintervall Δt. Analog zur Geschwindigkeit können wir dieses Zeitintervall Δt so klein machen, daß sich in ihm die beschleunigende Kraft F und damit auch die Beschleunigung kaum noch ändert.

Momentanbeschleunigung als Grenzwert:

$$a=\lim_{\Delta t\to 0}\frac{\Delta v}{\Delta t} \qquad \textbf{(34.3)}$$

Beobachten Sie einmal das „Stottern“ eines Fahrschulwagens, bei dem sich die Motorkraft dauernd ändert und damit die Momentanbeschleunigung $a = F/m$. Diese Gleichung gilt in jedem Augenblick. Aber erst dann, wenn der Fahrschüler zügig fahren kann, also die Beschleunigung über längere Zeit aus der Ruhe heraus konstant hält, gelten auch die Gleichungen $s = \frac{1}{2}at^2$ and $v = at$. Diese sind also viel spezieller als das Grundgesetz $F = ma$ der Mechanik.

6. Beschleunigungen werden mit *g* verglichen

Wenn ein Rennwagen mit der Beschleunigung $a = 8\ \text{m/s}^2$ anfährt, wirken auf den Wagen wie den Fahrer die Kräfte $F = ma = m \cdot 8\ \text{m/s}^2$. Dies sind jeweils 80% der Gewichtskraft $G = mg = m \cdot 10\ \text{m/s}^2$. – Der Mensch hält (quer zur Körperachse) die 18fache Fallbeschleunigung, also $a = 18g$ aus. Er erfährt dabei als Kraft das 18fache seines Körpergewichts! Längs der Körperachse erträgt man nur die Beschleunigung $4g$. Hier besteht die Gefahr, daß das Blut wegen seiner Trägheit dem Gehirn übermäßig entzogen oder zugeführt wird.

7. Die letzten Instanzen beim Streit ums Maß

Wir haben die Krafteinheit 1 N auf die Einheiten 1 m, 1 kg und 1 s zurückgeführt. Auch alle anderen Einheiten der Mechanik werden wir aus diesen **drei Basiseinheiten** der Mechanik ableiten. Man braucht also nur drei Einheitennormale international festzulegen. Als Einheiten für die *Längenmessung* benutzte man früher Elle oder Fuß. Sie waren durch einen Maßstab „verkörpert“, der meist auf dem Marktplatz zum Schlichten von Streitigkeiten zwischen Käufer und Kaufmann als letzte Instanz benutzt werden konnte. Heute ist im **S**ystème **I**nternational d'Unités, kurz **SI-System** genannt, als letzte Instanz zunächst die Basiseinheit 1 s für die *Zeit* festgelegt. Es ist die Dauer von 9192631770 Perioden gewisser Schwingungen in Cäsium-Atomen. Mit einer Präzision von 10^{-14} s „ticken“ in der Physikalisch-Technischen Bundesanstalt (PTB) in Braunschweig mehrere Atomuhren. Die Erde dreht sich nicht mit dieser Präzision. Differenzen zwischen der Atomzeit und dem Sonnenstand werden deshalb immer wieder durch „Schaltsekunden“ ausgeglichen.

Das *Meter* als Basiseinheit der *Länge* ist die Länge der Strecke, die Licht und Vakuum während der Dauer von (1/299792458) Sekunden durchläuft. Man hat nämlich die Lichtgeschwindigkeit exakt zu $c = 299792458$ m/s festgelegt! So kann man das Meter zu jeder Zeit und an jedem Ort mit Atomuhren reproduzieren.

Die Basiseinheit der *Masse*, 1 Kilogramm, wird auch heute noch durch das Ur-Kilogramm (Kilogramm-Prototyp aus Platin-Iridium in Paris) aus dem Jahre 1799 verkörpert. Kilogrammstücke, die damit bis auf 10^{-3} mg verglichen wurden, sind an alle Kulturnationen verteilt.

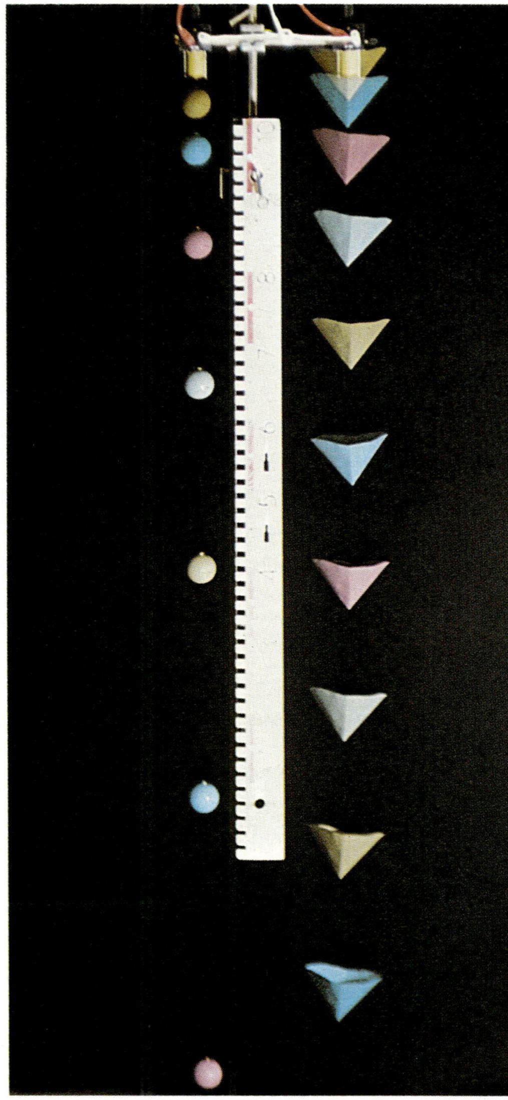

35.1 Stroboskopische Aufnahme einer Kugel und eines Papiertrichters beim Fall

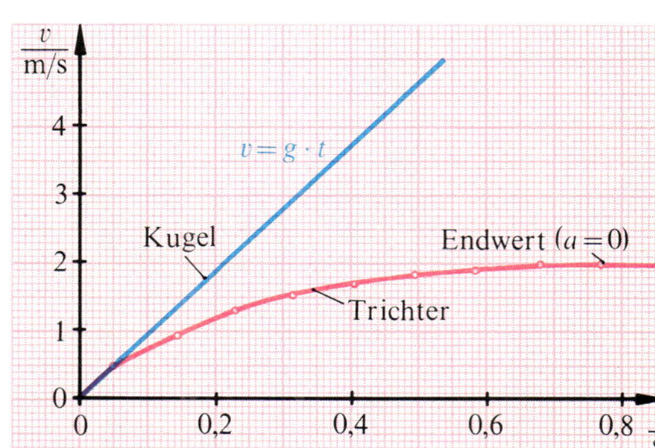

35.2 Geschwindigkeit-Zeit-Diagramm zu *Bild 35.1*

Aufgaben (Wenn nichts anderes angegeben ist, setze man $g = 10\ \mathrm{m/s^2}$ und sehe vom Luftwiderstand ab):

1. *Nach welchen Zeiten haben frei fallende Körper aus der Ruhe a) die Geschwindigkeit* 25 m/s, *b) den Fallweg* 10 m *erreicht? Welche Werte findet man jeweils nach der doppelten Zeit? Was gilt jeweils auf dem Mond?*

2. *Wie lange braucht ein Stein von der Spitze des Ulmer Münsters (*160 m *hoch), vom Eiffelturm* (300 m), *bis zum Boden? Mit welcher Geschwindigkeit kommt er dort an? Wie lange braucht er jeweils zum halben Weg?*

3. *Aus welcher Höhe müßte ein Körper fallen, damit er Schallgeschwindigkeit* (340 m/s) *erreicht (von Luftwiderstand absehen)?*

4. *Aus welcher Höhe müßte ein Auto frei fallen, damit es die Geschwindigkeit* 108 km/h *erreicht (Demonstration der Wucht bei Unfällen)?*

5. *Reaktionstest: Drücken Sie einen Maßstab mit dem Nullpunkt nach unten an eine glatte Wand! Die Testperson hält ihren Daumen – mit etwas Abstand – über diese Nullmarke und versucht, mit ihm den Stab an die Wand zu pressen, sobald sie erkennt, daß er unerwartet losgelassen worden ist. Der Daumen trifft erst die* 25 cm-*Marke. Wie groß war die Reaktionszeit?*

6. *Warum sind für den Menschen hohe Beschleunigungen, nicht aber hohe Geschwindigkeiten unmittelbar gefährlich? Welche Kraft erfährt ein Testpilot oder Astronaut, der mit* $4g$ *beschleunigt wird, angegeben als Vielfache seiner Gewichtskraft (hier ist g kursiv gedruckt, bedeutet also eine Größe, nicht die Einheit* 1 g*).*

7. *a) Aus welcher Höhe müßte man auf dem Mond herabspringen, um genau so schnell anzukommen wie auf der Erde beim Sprung aus* 1 m *Höhe? b) Wie groß sind die Geschwindigkeiten, mit denen man bei einem Sprung aus* 1,25 m *Höhe auf der Erde bzw. der Mondoberfläche ankommt?*

8. *a) Ein schwerer Stein fällt in einen* 17,0 m *tiefen Brunnen. Nach welcher Zeit hört man oben den Aufschlag, wenn die Schallgeschwindigkeit* 340 m/s *ist* ($g = 9{,}81\ \mathrm{m/s^2}$)*? b) Wie tief ist der Brunnen, wenn man den Aufschlag nach* 2,00 s *hört? (Hier brauchen Sie eine quadratische Gleichung; Lösung ohne Luftwiderstand).*

9. *Von einem hohen Turm läßt man zu den Zeitpunkten* $t = 0$ s, 1 s, 2 s, 3 s, 4 s *je einen Stein fallen. Welche Abstände haben sie im Zeitpunkt* 4 s*? Welches Verhältnis haben diese Abstände? (Siehe Aufgabe 8 von Seite 27.)*

10. *a) Zwei Äpfel, die an einem Baum* 1,25 m *übereinander hängen, beginnen gleichzeitig zu fallen. Verändert sich ihr Abstand beim Fallen? b) Der untere Apfel beginne nun genau dann zu fallen, wenn der obere an ihm vorbeifliegt. Fallen sie ständig nebeneinander? Wie groß ist ihr Abstand, wenn der untere Apfel* 1,0 s *lang gefallen ist?*

11. *Der Raketenmotor eines Raumschiffs wirbelt beim Landen auf dem Mond sehr viel Staub auf. Warum ist nach dem Abstellen des Motors die Sicht sofort wieder klar – im Gegensatz zur Landung auf der staubigen Erdoberfläche?*

12. *Stellen Sie eine Gleichung zwischen der Fallstrecke s und der dort erreichten Geschwindigkeit v auf, welche die Zeit t nicht mehr enthält (siehe Seite 25)! Darf man sagen, nach der doppelten Fallstrecke sei der Körper auch doppelt so schnell? (Fall aus der Ruhe)*

13. *Eine Kugel von* 2,00 cm *Durchmesser fällt nach* 1,00 m *Fallstrecke durch eine Lichtschranke. Wie groß ist die Dunkelzeit* Δt*?* ($g = 9{,}81\ \mathrm{m/s^2}$) *Wie lange wird der Lichtstrahl bei* 2,00 m *Fallhöhe verdunkelt?*

14. *Gibt es einen allgemeinen Zusammenhang zwischen der Geschwindigkeit am Ende eines Intervalls und der Durchschnittsgeschwindigkeit in diesem Intervall, a) wenn das Intervall bei* $v = 0$ *beginnt, b) wenn ein Intervall unterwegs herausgegriffen wird? Mit welcher Momentangeschwindigkeit stimmt diese Durchschnittsgeschwindigkeit überein? (Beim freien Fall)*

15. *Auf einem Flugzeugträger wird auf* 270 m *Weg ein Flugzeug auf* 150 m/s *beschleunigt. Wieviel g muß der Pilot aushalten? (Ziffer 6)*

16. *In Bild 31.1 a hängen Körper der Massen* m_1 *und* m_2 *am Faden* ($m_2 > m_1$)*. a) Wie groß ist die Beschleunigung, auch in Vielfachen von g? b) Welche Beschleunigung ergibt sich, wenn* $m_2 = k m_1$ *ist? c) Welchen Wert muß k haben, damit sich die Beschleunigung* $a = g/10$ *ergibt?*

17. *Ein Fahrbahnwagen mit Masse* m_1 *wird nach Bild 21.2 durch einen angehängten Körper 2 mit Masse* m_2 *beschleunigt. a) Wie groß muß das Massenverhältnis sein, wenn die Beschleunigung* $a = g/10$ *betragen soll? Gilt dies auch auf dem Mond? b) Welchem Wert nähert sich a, wenn* $m_2/m_1 \to \infty$ *geht (Körper 2 sei ein Panzerschrank,* $m_1 = 1$ kg*)?*

§10 Geschichte der Bewegungslehre

1. Trieb von innen oder Ursache von außen?

Der berühmte griechische Philosoph *Aristoteles* (um 350 v. Chr.) lehrte, ein Stein falle wegen eines ihm innewohnenden Triebs nach unten, zu seinem „natürlichen Ort" hin. Gewaltsam angestoßene Körper hätten dagegen den Trieb, von sich aus zur Ruhe zu kommen.

Der von *Galilei* und *Newton* aufgestellte *Trägheitssatz* sieht dagegen für alle Körper die gleichförmige Bewegung und den Zustand der Ruhe als gleichberechtigt an – der Unterschied hängt nur vom Bezugssystem des Beobachters ab. Jede Abweichung vom unbeschleunigten Zustand — sei es die Fallbewegung nach unten oder das Langsamerwerden eines angestoßenen Körpers — wird durch Ursachen von außen, Kräfte genannt, hervorgerufen, gemäß dem Newtonschen Grundgesetz $F = m a$.

2. Das Genie erkennt das Wesentliche

Aristoteles schloß aus der Erfahrung: *„Der schwere Körper fällt schneller als der leichte"*. *Galilei* konstruierte aus diesem Satz einen Widerspruch: Wenn man einen schweren (schnell fallenden) mit einem leichten (langsam fallenden) kombiniert, so müßte die Verbindung langsamer fallen als der schwere allein. Andererseits sind beide zusammen schwerer als der schwere für sich. Bei dieser Betrachtungsweise sollte die Kombination noch schneller fallen als der schwere Körper.

Galilei beobachtete und *überlegte* noch weiter: In Quecksilber sinkt Gold nach unten, während Blei steigt. In Wasser fallen Körper aus beiden Stoffen, das Gold aber voraus. In Luft dagegen sind die Unterschiede belanglos. Also *abstrahierte Galilei* sogar von der Luft und lehrte, alle Körper fallen gleich schnell. Auch beim Aufstellen des *Trägheitssatzes* sah er von *Nebenumständen* wie Auftrieb, Luftwiderstand und Reibung ab. Welche Vorteile bringt eine solche Abstraktion, wenn man später diese Nebenumstände doch wieder berücksichtigen muß?

3. Das Grundsätzliche zeigt sich im Gedankenversuch am einfachen Beispiel, am „reinen Fall"

Als wesentlich bei der Fallbewegung erkannte *Galilei* die ständige Zunahme der Geschwindigkeit. Dabei „spielte" er im **Gedankenversuch** einfache Möglichkeiten *mathematisch* durch: Nach einem Fehlschlag mit der Annahme, die Geschwindigkeit v sei dem Fallweg s proportional ($v \sim s$), stellte er die **Hypothese** auf, die Fallgeschwindigkeit v wachse proportional mit der Zeit t ($v \sim t$). Hieraus leitete er theoretisch (deduktiv) ab, daß dann der Weg s proportional t^2 sein müsse. Er benutzte eine *Mittelwertsbetrachtung,* die in unserer Sprechweise lautet: Wenn $v \sim t$ ist, hat der fallende Körper nach der Zeit t die Geschwindigkeit $v = a t$ von $v = 0$ aus erreicht. Seine mittlere Geschwindigkeit ist $\bar{v} = a t/2$. Mit ihr hätte ein gleichförmig bewegter Körper in der Zeit t die Strecke $s = \bar{v} t = a t^2/2 = \frac{1}{2} a t^2$ zurückgelegt. Dann erst zog *Galilei* wieder das Experiment heran. Da er frei fallende Körper nicht genauer untersuchen konnte, ließ er Kugeln längs einer schiefen Ebene *(Fallrinne)* hinabrollen und bestätigte das Quadratgesetz. Seine theoretischen Überlegungen hatten ihn darin bestärkt, daß man das Wesentliche seines Denkansatzes auch an rollenden Kugeln prüfen könne.

37.1 Galileis „Laboratorium" (Nachbildung im Deutschen Museum, München)

Galilei schälte also aus einfachen Beobachtungen den wesentlichen Kern heraus und stellte für ihn eine einfache *Hypothese* auf — hier zeigte sich das Genie des Forschers. Aus ihr zog er mit den Mitteln der Mathematik Folgerungen, die er dann im Experiment „dem Gericht der Natur" zur Bestätigung oder Widerlegung unterbreiten ließ. Dieses **hypothetisch-deduktive Vorgehen mit anschließender experimenteller Prüfung** wurde zur wesentlichen Forschungsmethode moderner Wissenschaften, nicht nur der Physik. Sie führt dazu, daß Wissenschaft nicht nur eine Summe von Einzeltatsachen ist, die beziehungslos nebeneinanderstehen, sondern ein in sich vielfältig verknüpftes Gedankengebäude, aus dem man neue Erkenntnisse durch Nachdenken gewinnen kann.

Galilei war es nicht vergönnt, das fertige Gebäude der Mechanik aufzustellen; dies vermochte erst *Newton. Galilei* zeigte aber an einem einfachen Sonderfall, an einem *Paradebeispiel* könnte man sagen, wie die „Neue Physik" aussehen kann. So leitete er vom Beispiel ausgehend eine *Revolution des Denkens* ein. Daß seine Methode allgemeinen Erfolg zeigen würde, konnte erst die Zukunft lehren. Ähnlich revolutionär waren seine Betrachtungen zur Astronomie (Seite 134).

§ 11 Kräfte als Vektoren

1. Welche Kraft beschleunigt einen Pfeil?

Die Sehne in *Bild 38.1* ist stets vom Bogen straff gespannt. Sie kann den Pfeil aber erst dann abschießen, wenn der Schütze sie in der Mitte abgewinkelt hat. Warum ist das so?

Versuch 22: Nach *Bild 38.2* ist eine „Sehne" über zwei Rollen gelegt und an beiden Enden durch Kräfte von gleichbleibendem Betrag $F_1 = F_2 = 5$ N gespannt. Je weiter wir diese „Sehne" in ihrer Mitte M nach unten ziehen, um so größer wird die Kraft $\vec{F}$, mit der sie einen Pfeil nach oben beschleunigen könnte. Wir halten dieser Kraft $\vec{F}$ durch ein angehängtes Wägestück das Gleichgewicht. Wie Sie aus der Mittelstufe wissen, setzt sich die nach oben gerichtete Kraft $\vec{F}$ als **Resultierende** aus den beiden längs der Seilhälften schräg nach oben ziehenden **Komponenten** $\vec{F}_1$ und $\vec{F}_2$ zusammen. Diese bilden die Seiten eines **Kräfteparallelogramms.** Seine Diagonale gibt nach Betrag und Richtung die *Resultierende* $\vec{F}$. Diese wird größer, wenn man den Winkel φ, den die Komponenten $\vec{F}_1$ und $\vec{F}_2$ einschließen, von 180° aus verkleinert (*Bild 39.1*). Das Kräfteparallelogramm setzt sich aus zwei **Vektordreiecken** zusammen. In ihnen wird der eine Vektorpfeil ($\vec{F}_1$) an den anderen ($\vec{F}_2$) gehängt (*Bild 41.1b*).

38.1 Wie entsteht die beschleunigende Kraft?

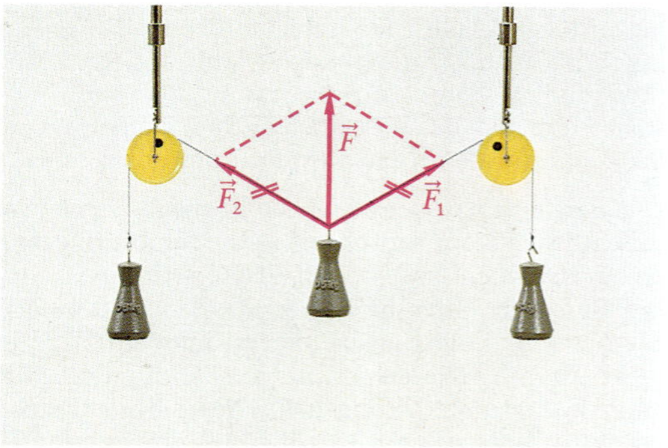

38.2 Kräfteparallelogramm

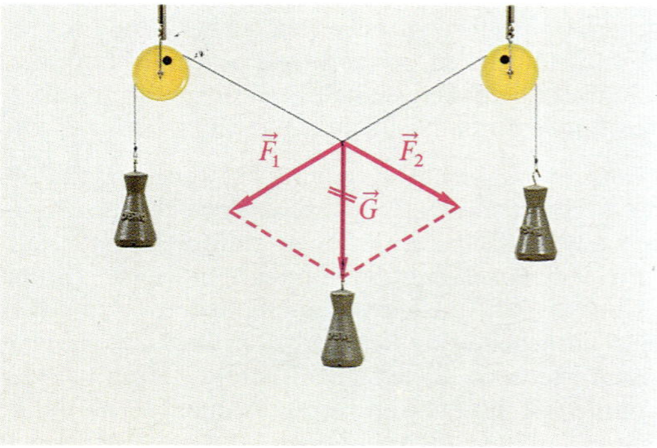

38.3 $\vec{G}$ wird durch $\vec{F}_1$ und $\vec{F}_2$ ersetzt.

Zwei Kräfte $\vec{F}_1$ und $\vec{F}_2$, die in einem Punkt zugleich angreifen, lassen sich durch eine einzige Kraft $\vec{F}$, ihre Resultierende, ersetzen. $\vec{F}$ ist Diagonale des Kräfteparallelogramms, dessen Seiten die Komponenten $\vec{F}_1$ und $\vec{F}_2$ bilden: $\vec{F} = \vec{F}_1 + \vec{F}_2$. (38.1)

Nach *Bild 39.1* ist der Betrag F der Resultierenden $\vec{F}$ höchstens so groß wie die algebraische Summe ihrer Beträge (ohne Vektorpfeil geschrieben): $F \leqq F_1 + F_2$. *Einige Sonderfälle:*

a) Sind $\vec{F}_1$ und $\vec{F}_2$ gleichgerichtet, so hat die Resultierende $\vec{F}$ den größtmöglichen Betrag $F = F_1 + F_2$ (Seite 14).

b) Bilden $\vec{F}_1$ und $\vec{F}_2$ den Winkel $\varphi = 180°$ und haben gleiche Beträge, so halten sie sich das Gleichgewicht. Die Resultierende ist $F = 0$.

c) Für einen beliebigen Winkel φ liefert der Cosinussatz der Trigonometrie:

$$F^2 = F_1^2 + F_2^2 + 2F_1 F_2 \cdot \cos\varphi. \qquad (38.2)$$

Wenn die Komponenten $\vec{F}_1$ und $\vec{F}_2$ aufeinander senkrecht stehen, ist $\varphi = 90°$, $\cos 90° = 0$. Dann folgt $F = \sqrt{F_1^2 + F_2^2}$ *(Pythagoras).*

Bei $\varphi = 0°$ ist $\cos\varphi = 1$ und $F = F_1 + F_2$.

Bei $\varphi = 180°$ ist $\cos\varphi = -1$ und aus *Gl. 38.2* folgt $F = F_1 - F_2$ (Seite 30).

All diese Fälle umfaßt die Vektorgleichung $\vec{F} = \vec{F}_1 + \vec{F}_2$ durch die Anweisung: *Zeichne das Vektorparallelogramm aus $\vec{F}_1$ und $\vec{F}_2$!* Dabei streichen wir die beiden Komponenten, die wir durch ihre Resultierende $\vec{F}$ *ersetzt* haben, durch.

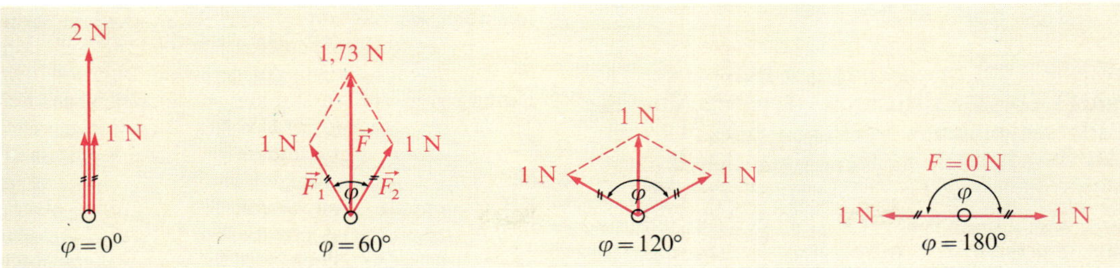

39.1 Vektoraddition zweier Kräfte mit Betrag 1 N unter verschiedenen Winkeln

2. Mit Komponenten läßt sich's leichter denken

In *Bild 38.3* zieht die Gewichtskraft G in der Mitte nach unten. Sie kann an den beiden seitlichen Fäden nur in deren Längsrichtung, also schräg nach unten ziehen. Wir zeichnen deshalb das Kräfteparallelogramm auf einen Karton. Diesen stellen wir mit dem Parallelogramm auf den Kopf. Damit kehren wir auch die Problemstellung um: Wir *ersetzen* $\vec{G}$ durch die beiden schräg nach unten zeigenden Komponenten $\vec{F}_1$ und $\vec{F}_2$, welche die beiden Fäden spannen. Wenn man ihre Beträge berechnen will, so beachte man, daß das Kräfteparallelogramm gleiche Winkel wie der Lageplan aufweist. Man findet in beiden ähnliche Dreiecke. Damit verhalten sich die Beträge von zwei Kräften wie die zu ihnen gleich liegenden Strecken *(Bild 38.3)*.

Eine gegebene Kraft $\vec{F}$ kann (als Diagonale eines Parallelogramms) durch zwei Komponenten $\vec{F}_1$ und $\vec{F}_2$ (Parallelogrammseiten) ersetzt werden. $\vec{F}$ wird in die Komponenten $\vec{F}_1$ und $\vec{F}_2$ zerlegt. Diese drei Kräfte müssen in einer Ebene liegen. Es gilt $\vec{F} = \vec{F}_1 + \vec{F}_2$.

Die Richtungen der Komponenten werden nach physikalischen Gesichtspunkten gewählt:

a) Nach *Bild 39.2* zieht der angehängte Körper (1 kg) mit der Kraft $F = 10$ N unter dem Winkel φ am rechten Teller A der Tafelwaage. Damit dieser nicht nach oben gezogen wird, belasten wir ihn mit einem 500 g-Stück. Dann kommt die Waage zum Einspielen, wenn die *vertikale Komponente* von $\vec{F}$ den Betrag $F_1 = 5$ N hat. Dann ist $\sin\varphi = F_1/F = 5\,\text{N}/10\,\text{N} = 0{,}5$, also $\varphi = 30°$ ist. Die *horizontale Komponente* $\vec{F}_2$ von $\vec{F}$ wird vom Kraftmesser angezeigt, der die auf Rollen gelagerte Waage hält. Es gilt $F_2 = F \cdot \cos 30° = 8{,}67$ N. Die beiden Komponentenrichtungen sind durch die Bewegungsmöglichkeiten der Waage (vertikal und horizontal) festgelegt.

b) Nach *Bild 39.3* ist der Stab AC bei C mit einem Gelenk an einer Mauer befestigt. Das waagerechte Seil AB hindert ihn am Abkippen. Die Gewichtskraft $\vec{G}$ des angehängten Ballens steht schräg zur Stange AC und erzeugt in ihr die Druckkraft $\vec{F}_2$. Sie muß *längs* des Stabs AC wirken, da dieser wegen des Gelenks bei C nur eine Kraft *in seiner Längsrichtung* aufnehmen, also nicht auf Biegung beansprucht werden kann. Das horizontale Seil dagegen kann nur die *horizontale* Kraftkomponente $\vec{F}_1$ erfahren (Aufgabe 10). Die beiden getönten Dreiecke des Kräfte- und Lageplans sind zueinander ähnlich, also die Quotienten entsprechend liegender Strecken bzw. Kräfte gleich.

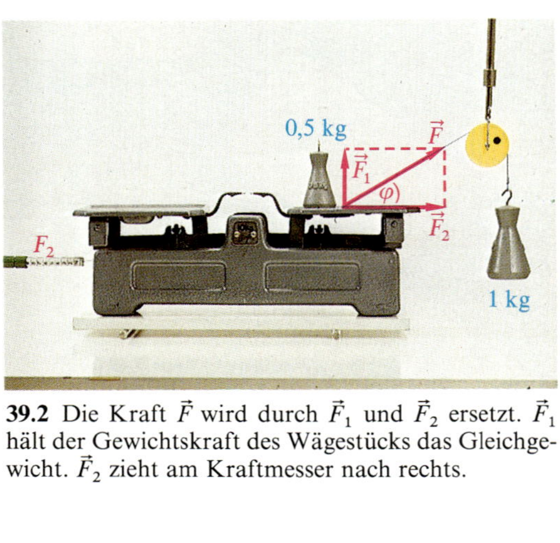

39.2 Die Kraft $\vec{F}$ wird durch $\vec{F}_1$ und $\vec{F}_2$ ersetzt. $\vec{F}_1$ hält der Gewichtskraft des Wägestücks das Gleichgewicht. $\vec{F}_2$ zieht am Kraftmesser nach rechts.

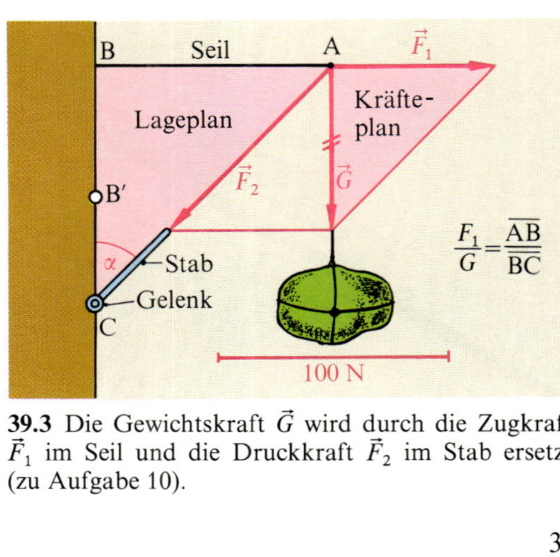

39.3 Die Gewichtskraft $\vec{G}$ wird durch die Zugkraft $\vec{F}_1$ im Seil und die Druckkraft $\vec{F}_2$ im Stab ersetzt (zu Aufgabe 10).

3. Bergab geht's leichter!

Welche Kraft beschleunigt Ihr Rad bei der Talfahrt? Die Gewichtskraft $\vec{G}$ würde ihm die Fallbeschleunigung g erteilen; dies wäre zuviel! Wir betrachten also die Gewichtskomponente, die *parallel* zur schiefen Ebene wirkt, die sog. **Hangabtriebskraft $\vec{F}_H$.** Die Komponente, die *senkrecht* zur möglichen Bewegungsrichtung steht, kann dagegen weder verzögern noch beschleunigen. Man nennt sie die *Normalkraft* $\vec{F}_N$ („Normale" bedeutet „Senkrechte"). Sie preßt das Fahrzeug senkrecht auf die Straße; ihr hält die Straße durch eine Gegenkraft das Gleichgewicht (Seite 11). *Also brauchen wir zum Beschleunigen nur noch die Hangabtriebskraft F_H zu betrachten.* Die Beträge F_H und F_N der Komponenten können wir berechnen, da der Neigungswinkel φ der schiefen Ebene im rot gezeichneten Kräfteparallelogramm wieder auftritt (Schenkel stehen paarweise aufeinander senkrecht). Im rechtwinkligen Dreieck gilt:

Hangabtriebskraft	$F_H = G \cdot \sin\varphi$	**(40.1)**
Normalkraft	$F_N = G \cdot \cos\varphi$	**(40.2)**

Versuch 23: Nach *Bild 40.1* hindern wir den Wagen der Gewichtskraft $G = 5$ N durch den Kraftmesser 1 daran, die schiefe Ebene mit Neigungswinkel $\varphi = 30°$ hinabzurollen. Er zeigt die Hangabtriebskraft an: $F_H = G \cdot \sin 30° = 5\text{N} \cdot 0{,}5 = 2{,}5\text{N}$. Die Normalkraft $F_N = G \cdot \cos 30° = 4{,}33$ N gibt der Kraftmesser 2 an, wenn wir mit ihm den Wagen ein wenig von der schiefen Ebene abheben; er wurde ja mit der Kraft $\vec{F}_N$ auf seine Unterlage gepreßt.

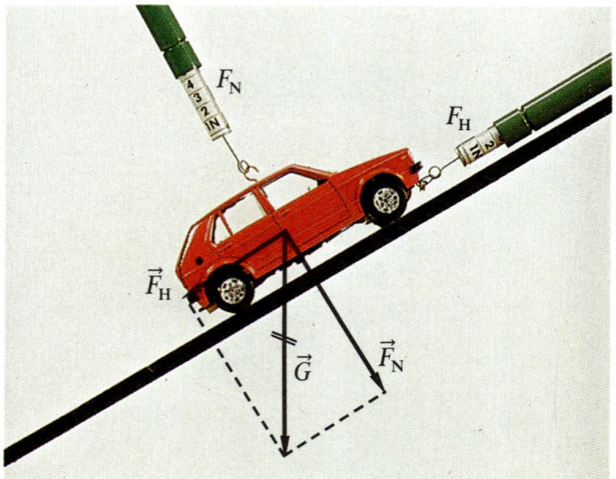

40.1 An der schiefen Ebene wird $\vec{G}$ durch Hangabtriebskraft $\vec{F}_H$ und Normalkraft $\vec{F}_N$ ersetzt.

Die alten Ägypter zogen beim Pyramidenbau Steinquader (bis 40 t) auf schiefen Rampen mit Schlamm als Schmiermittel hoch. Ausgerechnet kurz vor dem Umbiegen in die Horizontale soll bisweilen das Seil gerissen sein *(Bild 40.2)*. Um dies zu verstehen, ersetzen wir jetzt $\vec{G}$ durch anders gerichtete Komponenten: Das horizontale Seil nimmt die *horizontale* Komponente $\vec{F}_1$ von $\vec{G}$ auf. Sie ist größer als $\vec{F}_H$ in *Bild 40.1*. Auch ist jetzt die Normalkraft F_2 größer als F_N dort. Der Block wird ja vom waagerechten Seil noch zusätzlich auf seine Unterlage gepreßt.

4. Was ist eine negative Kraft $-\vec{F}$?

Zwei Kräfte $\vec{F}_i$ und $\vec{F}_k$ von gleichem Betrag ($F_i = F_k$) halten sich das Gleichgewicht, wenn sie einander entgegengesetzt gerichtet sind *(Bild 41.1a)*. Ihre Resultierende ist $\vec{F} = \vec{F}_i + \vec{F}_k = \vec{0}$. Wir schreiben $\vec{F}_k = \vec{0} - \vec{F}_i = -\vec{F}_i$. *Das Minuszeichen an $-\vec{F}_i$ bedeutet Richtungsumkehr ohne Betragsänderung.*

5. Es geht auch ohne Parallelogramm!

Beim Zusammensetzen und Zerlegen von Kräften bevorzugten wir das *Kräfteparallelogramm.* Bei ihm bleiben ja die Angriffspunkte der Komponenten $\vec{F}_1$ und $\vec{F}_2$ „am Platz". Einfacher ist jedoch die Addition von Vektoren nach dem **Vektordreieck** *(Bild 41.1b)*: Man hängt den einen Vektor $\vec{F}_2$ mit seinem Ende an die Spitze von $\vec{F}_1$. Dies gibt beim Addieren mehrerer Kräfte eine übersichtlichere Konstruktion, das **Kräftepolygon** nach *Bild 41.1c.* Dabei ist die Reihenfolge beliebig. Die Resultierende $\vec{F}$ ist der Vektor vom Ausgangspunkt A zum Ende E des Polygons.

$$\vec{F} = \vec{F}_1 + \vec{F}_2 + \vec{F}_3 + \cdots + \vec{F}_n = \Sigma\, \vec{F}_i.$$

Wenn der Endpunkt E auf den Anfangspunkt A fällt, ist das Polygon geschlossen, die Resultierende $\vec{F} = \vec{0}$.

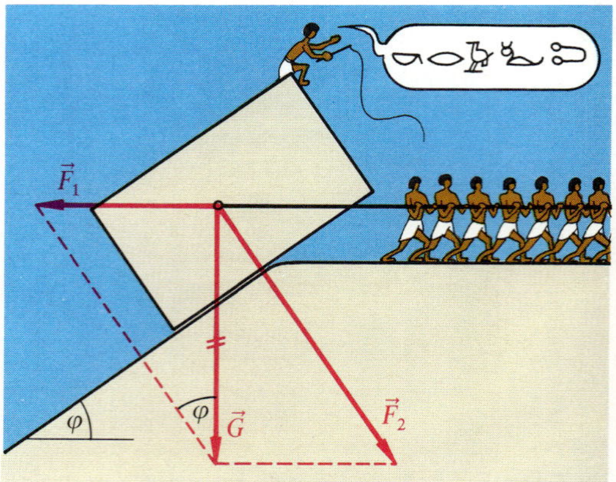

40.2 Wer an der schiefen Ebene horizontal zieht, muß mehr Kraft als nach *Bild 40.1* aufbringen.

Aufgaben ($g = 10\ \mathrm{m/s^2}$):

1. *Zwei gleich große Kräfte von je* 20 N *bilden den Winkel* 60° *miteinander und greifen am gleichen Punkt an. Ermitteln Sie die Resultierende durch Konstruktion und nach Gl. 38.2!*

2. *a) Wie groß sind Hangabtriebs- und Normalkraft an einer schiefen Ebene mit* 20° *Neigung bei einem Körper mit Masse* 30 kg? *Bei welchen Winkeln ist* $F_H = G/2$, $F_H = G$ *bzw.* $F_H = 0$? *b) Wie groß ist jeweils die Beschleunigung, wenn Reibung fehlt?*

3. *a) Ein reibungsfreier Wagen* (2,0 kg) *setzt sich auf einem geneigten Brett mit der Beschleunigung* $a = 0{,}50\ \mathrm{m/s^2}$ *nach unten in Bewegung. Wie groß sind Hangabtriebskraft und Neigungswinkel? b) Wie groß ist die Beschleunigung beim 3fachen Neigungswinkel?*

4. *Ein Anhänger* (1000 kg) *soll auf einer Straße bei* 15° *Neigung mit* $a = 1{,}0\ \mathrm{m/s^2}$ *bergauf gezogen werden. Welche Kraft ist insgesamt nötig?*

5. *Der Block in Bild 40.2 hat* 30 t *Masse, der Neigungswinkel ist* 30°. *Wie groß sind* F_1 *und* F_2? *Wie groß wären* F_H *und* F_N *nach Bild 40.1?*

6. *Im Versuch nach Bild 39.2 werden statt* 500 g *a)* 250 g, *b)* 750 g, *c)* 1000 g *auf die rechte Waagschale gelegt. Welche Winkel* φ *stellen sich bei Gleichgewicht ein? Wie groß ist* F_2?

7. *a) Eine Lampe* (20 kg) *hängt nach Bild 41.2a in der Mitte eines Seils zwischen zwei* 30 m *voneinander entfernten Masten, das den Durchhang* $h = 0{,}50$ m *bzw.* 0,10 m *erfährt. Wie groß sind die Zugkräfte im Seil? b) Wie groß muß der Durchhang h mindestens sein, wenn die Seilkräfte höchstens* 1000 N *betragen dürfen?*

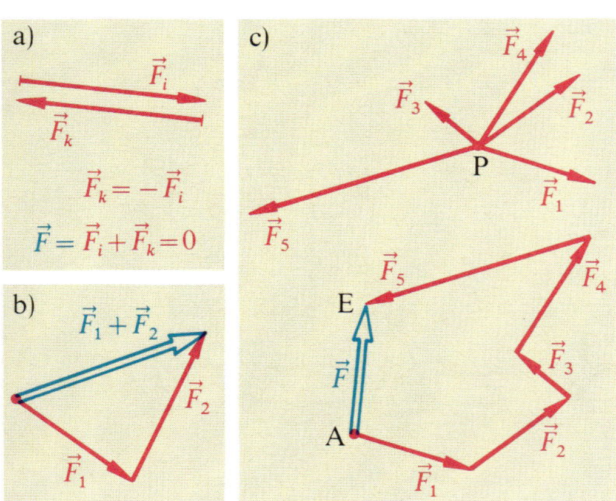

41.1 a) $\vec{F}_i$ und $-\vec{F}_i$ halten sich das Gleichgewicht; b) Kräftedreieck; c) Kräftepolygon

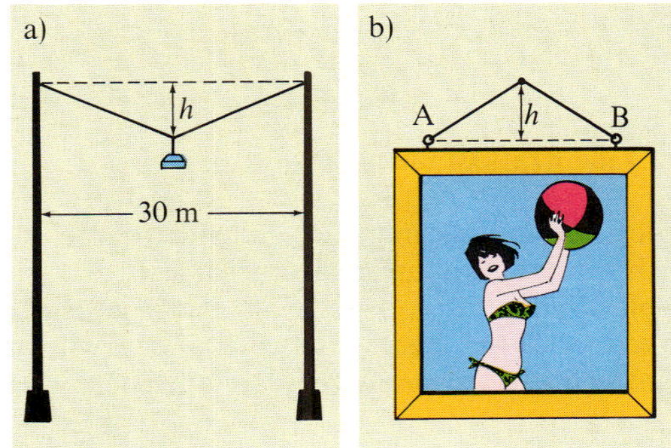

41.2 a) Zu Aufgabe 7; b) zu Aufgabe 8

8. *Wie groß ist die Kraft in der Aufhängeschnur, die nach Bild 41.2b das Bild* (5,0 kg) *hält, wenn die Ösen* A *und* B 40 cm *voneinander entfernt sind und* $h = 10$ cm ist?

9. *Ein Bogenschütze zieht mit der Kraft* 100 N *die Sehne so weit zurück, daß ihre beiden Hälften den Winkel* $\varphi = 135°$ *miteinander bilden. Wie groß sind die Kräfte in der Sehne (Bild 38.1)?*

10. *a) Das Seil* AB *nach Bild 39.3 ist* 3,00 m, *die Stange* AC 5,00 m *lang, der in* A *angehängte Körper hat* 30 kg *Masse. Wie groß sind die Kräfte in Seil und Stange? b) Bei welchem Winkel* α *ist die Seilkraft so groß wie die Gewichtskraft des angehängten Körpers, bei welchem doppelt so groß? c) Wie groß ist jeweils die Druckkraft in der Stange?*

11. *Der Pendelkörper in Bild 41.3 hat* 2,0 kg *Masse und wird um* $\alpha = 45°$ *ausgelenkt. Welche Kraft zeigt der Kraftmesser in Stellung 1 bzw. 2 an? Wie groß ist jeweils die Zugkraft im Faden (vergleichen Sie Bild 40.1 und 40.2)? Welche Richtung haben stets solche Zugkräfte in Fäden?*

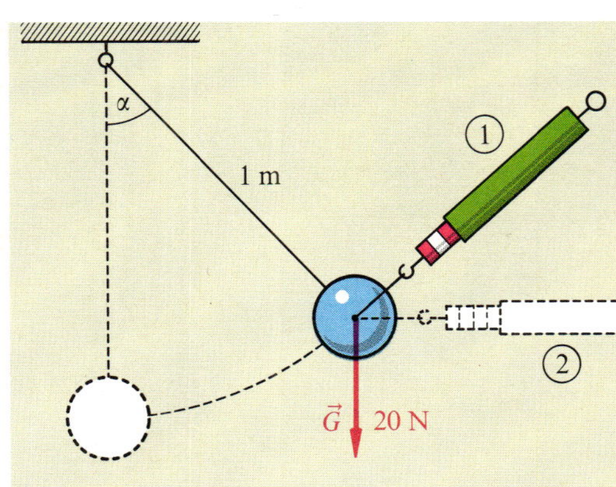

41.3 Zu Aufgabe 11: Der Kraftmesser muß je nach Stellung verschieden stark ziehen.

§ 12 Kraft und Gegenkraft

1. Eine Kraft ist nie allein

Die Erde beschleunigt den fallenden Apfel zu sich hin. Muß dann nicht auch die Erde zum Apfel hinfallen (von der Sonne aus gesehen; *Bild 43.1*)? Aus der Mittelstufe wissen wir ja, daß sich alle Körper *gegenseitig* anziehen.

Versuch 24: Ein Magnet A und ein Eisenstück B liegen je auf einem schwimmenden Styroporstück. Sie ziehen sich gegenseitig mit den Kräften $\vec{F}_A$ und $\vec{F}_B$ an und schwimmen beschleunigt aufeinander zu. Der Körper mit der größeren Masse erfährt die kleinere Beschleunigung. Ist die Beschleunigung der Erde nur deshalb unmerklich klein, weil sie eine viel größere Masse als der Apfel hat? Oder sind auch die Anziehungskräfte verschieden groß? Wir vertiefen einen Versuch aus der Mittelstufe:

Versuch 25: **a)** Hans und Max stehen auf Rollschuhen. Die *Wechselwirkung* zwischen beiden findet mit Hilfe eines Seils statt *(Bild 42.1)*. Auf Kommando ziehen sie gleichzeitig daran. Haben sie gleiche Masse, so kommen sie in der Mitte zusammen. *Auch wenn die Massen verschieden sind, zeigen die beiden Kraftmesser an, daß jeder auf den anderen eine gleich große Kraft ausgeübt hat.* Ist das immer so?

b) Hans möchte, daß nur er allein beschleunigt wird. Er hält sich am Seil fest, zieht es aber nicht zu sich her. Trotzdem fahren wieder beide zueinander hin. Hans gibt zu, dabei auch eine Kraft F_H ausgeübt zu haben, um das Seil nicht durch die Hand rutschen zu lassen. Es war wiederum die gleichgroße Gegenkraft $-\vec{F}_M$ (**reactio**) auf die Zugkraft $\vec{F}_M$ von Max.

c) Hans möchte die Natur überlisten und diese Gegenkraft $-\vec{F}_M$ (reactio) ganz vermeiden. Dies geht aber nur, wenn er das Seil losläßt. Es ist für den Umgang mit Kräften von fundamentaler Bedeutung, daß dann Max auch keine Kraft $\vec{F}_M$ ausüben kann, selbst wenn er wollte. **Kraft und Gegenkraft gehören zusammen! Kräfte treten immer paarweise auf!**

d) Hans befestigt das Seil an seinem Gürtel. Max zieht mit der Kraft $\vec{F}_M$. Die Kraftmesser zeigen, daß der nun gestreckte Gürtel von Hans eine gleich große Gegenkraft $-\vec{F}_M$ auf Max ausübt. Auch hier erfährt der Junge mit der größeren Masse die kleinere Beschleunigung.

Da Erde und Apfel gleich große Kräfte aufeinander ausüben, ist $F_A = F_B$. Für ihre Beschleunigungen a_A und a_B gilt: $m_A a_A = m_B a_B$ oder $a_A/a_B = m_B/m_A$; sie verhalten sich umgekehrt wie ihre Massen m_A und m_B *(Bild 43.1)*.

Versuch 26: Wir tauchen nach Bild *42.2* den am Kraftmesser hängenden Körper der Masse 80 g in ein mit Wasser gefülltes Gefäß. Es steht austariert auf einer Waage. Der Kraftmesser zeigt statt 80 cN nur noch 30 cN an; der Körper erfährt also vom Wasser eine Auftriebskraft F_A von 50 cN nach oben. Überraschenderweise senkt sich dabei die Waagschale; man muß auf der andern Seite 50 g auflegen. Der Körper wirkt nämlich ohne unser weiteres Zutun auf das Wasser mit der reactio $\vec{F}_B = -\vec{F}_A$ vom Betrag 50 cN nach unten zurück.

42.1 Auch bei verschiedenen Massen sind die Kräfte zwischen beiden gleich groß.

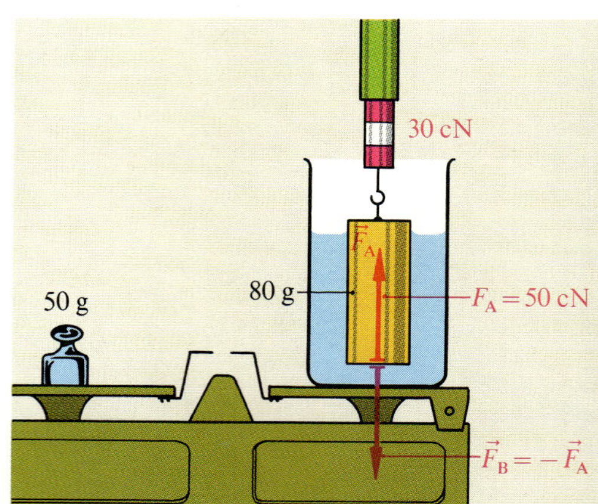

42.2 Kraft und Gegenkraft zwischen Körper und Wasser

Wechselwirkungsgesetz: Greift der Körper A mit der Kraft $\vec{F}_A$ am Körper B an, so übt B auf A die Gegenkraft (reactio) $\vec{F}_B$ aus. Sie hat den gleichen Betrag wie $\vec{F}_A$, aber die entgegengesetzte Richtung: $\vec{F}_A = -\vec{F}_B$.

Kraft und Gegenkraft (actio und reactio) greifen an verschiedenen Körpern an. Sie halten sich also nicht das Gleichgewicht.

2. Erst die reactio macht's möglich!

a) Fortbewegung zu Lande: Wenn ein Läufer startet, so üben seine Füße eine große Kraft auf den Boden nach *hinten* aus. Die *reactio* des Bodens setzt den Läufer in Bewegung; bei Glatteis fiele er auf die Nase! Je größer die actio der Beinmuskeln auf den Boden nach hinten ist, desto größer wird die beschleunigende reactio des Bodens auf den Läufer nach vorn.

Versuch 27: Die Schienen einer Spielzeugeisenbahn sind auf ein Brett montiert, das auf Rollen leicht läuft *(Bild 43.2)*. Wenn man über bewegliche Kabel Strom zuführt, setzt sich die Lokomotive nach vorn in Bewegung, die Schienen jedoch nach hinten. Die Räder üben nämlich auf die Schienen eine Kraft $\vec{F}_A$ nach hinten aus; erst deren reactio $\vec{F}_B = -\vec{F}_A$ bringt die Lokomotive in Fahrt. Wäre Eis auf den Schienen, so würden sich die Räder fast reibungsfrei drehen; die Lokomotive bliebe stehen: $F_A = F_B \approx 0$.

b) Fortbewegung im Wasser: Ein Junge sitzt in einem Boot. Wenn er Steine kräftig nach hinten schleudert, fährt das Boot nach vorn. Die *Gegenkraft* der beschleunigten Steine wirkt auf den Jungen und damit auch auf das Boot. Wenn er keine Steine hat, schöpft er Wasser und schleudert es nach hinten. Einfacher ist es, die Hände, ein Paddel oder eine motorgetriebene Schraube zu benutzen. Die Schiffsschraube wirkt also im Wasser nicht wie ein Korkenzieher! Vielmehr weckt sie die Gegenkraft des Wassers, indem sie es gegen die gewünschte Fahrtrichtung beschleunigt.

c) Fortbewegung in der Luft: Der Drehflügel eines *Hubschraubers* beschleunigt Luft nach unten und wird durch deren reactio gehoben. Im *Propellerflugzeug* schleudert die Luftschraube Luft nach hinten. Das *Strahltriebwerk* der Düsenflugzeuge erwärmt Luft, die vorn in die Düse strömt, stark und beschleunigt sie so, daß sie mit großer Geschwindigkeit – zusammen mit den Verbrennungsprodukten – hinten ausgeschleudert wird (Mittelstufenband, Seite 37). Die dabei auftretenden Gegenkräfte treiben das Flugzeug voran. Der *Auftrieb* entsteht dadurch, daß der Tragflügel die anströmende Luft nach unten beschleunigt. Die reactio der Luft wirkt auf den Tragflügel nach oben.

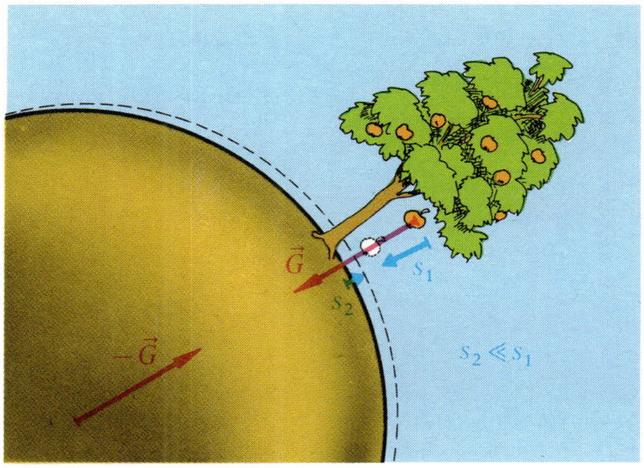

43.1 Die Erde wird auf den fallenden Apfel zu beschleunigt, getrieben von dessen reactio $-\vec{G}$.

d) Fortbewegung im Weltraum: Im leeren Weltraum findet man keine Materie, an der man sich „abstoßen" könnte. Die Rakete muß deshalb die hierzu nötige Materie mit sich führen und sie mit großer Kraft ausstoßen. Die reactio treibt sie voran.

3. Reactio muß, Gleichgewicht kann sein!

In Versuch 24 schwimmen Magnet und Eisen aufeinander zu, von actio und reactio beschleunigt. Wenn das Eisenstück beim Magneten angekommen ist, verformt es diesen ein wenig; deshalb erfährt das Eisenstück vom Magneten auch noch eine elastisch erzeugte Abstoßungskraft von gleichem Betrag. Sie hält am Eisenstück der magnetischen Anziehungskraft das Gleichgewicht. Auch am Magneten herrscht Gleichgewicht.

Kraft und Gegenkraft greifen stets an verschiedenen Körpern an. Sie können diese beschleunigen. Nur Kräfte, die am gleichen Körper angreifen, können sich das Gleichgewicht halten.

43.2 Ohne die reactio der Schienen bliebe die Lok stehen. Hält man sie fest, fahren nur die Schienen.

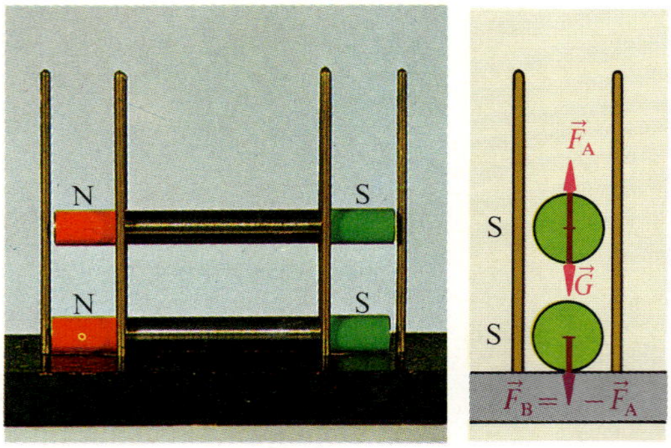

44.1 Wird der schwebende Magnet mitgewogen?

Versuch 28: **a)** Auf einer Waage schwebt ein Magnet über den gleichnamigen Polen eines zweiten. Messingstäbe hindern ihn, seitlich auszuweichen. Wenn wir den oberen Magneten wegnehmen, wird die Waagschale um seine Gewichtskraft $\vec{G}$ erleichtert. Also wurde er mitgewogen, obwohl er die Schale nicht berührt hat. Wie brachte er dies fertig? Beim Schweben nähert er sich dem unteren Magneten gerade so weit, bis dessen Abstoßungskraft $\vec{F}_A$ seiner Gewichtskraft $\vec{G}$ das Gleichgewicht hält. Am oberen Magneten gilt $\vec{F}_A = -\vec{G}$. Er wirkt auf den unteren und damit die Waage mit der Abstoßungskraft $\vec{F}_B = -\vec{F}_A = +\vec{G}$ (reactio) zurück. So wird er gewogen!

b) Nun heben wir den oberen Magneten etwas an. Weil sein Abstand zum unteren zunimmt, erfährt dieser – und damit die Waagschale – eine kleinere Abstoßungskraft; sie hebt sich. Pressen wir dagegen den Magneten nach unten, senkt sich die Waagschale. Nun steigt die Abstoßungskraft $\vec{F}_B$ über $\vec{G}$ um die Kraft hinaus, die wir von außen ausüben. Auch die Gewichtskraft $\vec{G}$ ist eine von außen kommende Kraft (Ziffer 4).

c) Nun lassen wir den oberen Magneten auf- und abschwingen. Wegen der ständigen Abstandsänderungen zum unteren Magneten ändern sich ihre Abstoßungskräfte $\vec{F}_A$ und $\vec{F}_B$ ständig. Beide schwingen auf und ab.

d) Wir stellen nun den oberen Magneten mit seinem Nordpol unmittelbar auf den eisernen Waagenteller. Er zieht an ihm mit großer Kraft nach oben. Dies hindert allerdings die Waage nicht im mindesten, seine Gewichtskraft $\vec{G}$ voll anzuzeigen. Denn mit der magnetischen reactio ihres Tellers zieht sie am Magneten nach unten und macht ihn scheinbar schwerer. Diese Überlegungen wollen wir nun vertiefen.

4. Es muß schon eine Kraft von außen sein!

Stellen Sie sich auf die Badezimmerwaage! Dann versuchen Sie – wie einst Münchhausen im Sumpf – sich durch Ziehen am Schopf leichter zu machen. Dies gelingt nicht. Zwar erfahren Ihre Haare eine Kraft $\vec{F}$ nach oben. Dabei üben sie aber eine reactio $\vec{F}_B = -\vec{F}_A$ auf die Hände nach unten aus. Diese gehören auch zu Ihrem Körper. Betrachten wir diesen als Ganzes, so halten sich an ihm $\vec{F}_A$ und $\vec{F}_B$ das Gleichgewicht; es sind **innere Kräfte.** Haben Sie Gewichtsprobleme, so lösen Sie diese nur scheinbar, wenn Sie auf der Waage stehend eine Kraft auf Ihre Umgebung nach unten ausüben. Deren reactio ist eine **äußere Kraft;** sie verkleinert Ihre Gewichtskraft (auch eine äußere Kraft) nur scheinbar – leider aber nicht Ihre Masse!

Kehren wir zur Waage in *Bild 44.1* zurück! Auch sie registriert nur die Gewichtskräfte der Magneten (und des Gestells), also äußere Kräfte. Dagegen spricht sie nicht auf die Reaktionskräfte $\vec{F}_A$ und $\vec{F}_B$ zwischen den Magnetpolen, d.h. auf innere Kräfte dieses **Systems von Körpern** an.

Die Explosionskräfte in einem Motor wirken auf die Kolben. Sie wirken aber auch auf die gegenüberliegenden Zylinderwände – in entgegengesetzter Richtung. So können sie das Auto als Ganzes nicht antreiben, nur Kolben und Getriebe. Für das Auto als Gesamtsystem sind es innere Kräfte.

Warum bleibt das Auto aber dann nicht stehen? Nun, der Motor bewegt die Räder. Wenn nicht gerade Glatteis auf der Straße liegt, können die Räder auf die Straße eine genügend große Kraft $\vec{F}_A$ nach hinten ausüben. Aber erst die reactio $-\vec{F}_A$ der Straße ist nach *Bild 43.2* eine äußere Kraft und treibt als solche das Auto voran.

Ein System bestehe aus mehreren Körpern. Zwischen ihnen wirken Kräfte, aber auch deren Gegenkräfte. Beide greifen insgesamt am gleichen System an. Sie können dieses System als Ganzes nicht beschleunigen. Es sind *innere* Kräfte.

Kräfte, die von Körpern ausgeübt werden, die nicht zum System gehören, sind *äußere* Kräfte. Sie können das System als Ganzes beschleunigen. Ihre Gegenkräfte greifen an Körpern außerhalb des Systems an.

§ 13 Reibungskräfte

1. Bremskraft durch Gleitreibung

Sie müssen auf Ihrem Rad bei voller Fahrt plötzlich stark bremsen. Die Räder drehen sich nicht mehr, sondern gleiten über die Straße. Steinchen oder Schnee „spritzen" nach vorn: Ihr Rad übt auf die Straße eine Kraft nach vorne aus. Die reactio der Straße wirkt als **Gleitreibungskraft F_{gl}** der Bewegung Ihres Rades entgegen. Wie diese Gleitreibungskraft zustandekommt, sehen Sie unmittelbar, wenn Sie zwei Bürsten – die Borsten ineinander verkeilt – gegeneinander verschieben. Bei dieser *Relativbewegung* der Bürsten gegeneinander erzeugen die verbogenen Borsten entgegengesetzt gerichtete Reaktionskräfte an beiden Bürsten. Wenn Körper sich enger berühren, so wirken dabei nicht nur die Rauhigkeiten der Oberflächen, sondern auch molekulare Anziehungskräfte *(Adhäsion)* mit. Öl vermindert als Flüssigkeit die Reibung (*Schmieren*).

Versuch 29: **a)** Zur Messung der Gleitreibungskraft ziehen wir den Körper an einem Kraftmesser mit konstanter Geschwindigkeit über die horizontale Unterlage. Kräfte, die man zum Beschleunigen braucht, sollen ja nicht stören.

b) Wir vermeiden beschleunigende Kräfte am Körper vollends, wenn wir ihn nach *Bild 45.1* auf ein horizontales Fließband legen und es unter ihm wegziehen. Ein Kraftmesser hält den Körper und zeigt die Gleitreibungskraft F_{gl} an. Sie ist von der Relativgeschwindigkeit zwischen den beiden aneinander reibenden Flächen fast unabhängig. Bei schneller Bewegung sinkt F_{gl} etwas; die Unebenheiten verzahnen sich nicht mehr so stark ineinander.

c) Wir pressen den Körper durch Auflegen von Wägestücken mit *n*-facher Normalkraft F_N auf seine Unterlage. Dann ver-*n*-facht sich auch die Gleitreibungskraft F_{gl}. Die Verzahnungen fassen jetzt fester ineinander.

d) Wir geben dem Fließband und damit der Unterlage in *Bild 45.1* die Neigung $\varphi = 60°$ senkrecht zur Bewegungsrichtung. Dann geht die Normalkraft gemäß *Gl 40.2* auf $F_N = G \cdot \cos 60° = G/2$ zurück. Man mißt auch nur noch die halbe Gleitreibungskraft. Diese hängt also nicht eigentlich von der Gewichtskraft *G*, sondern von der Normalkraft F_N ab und ist ihr proportional.

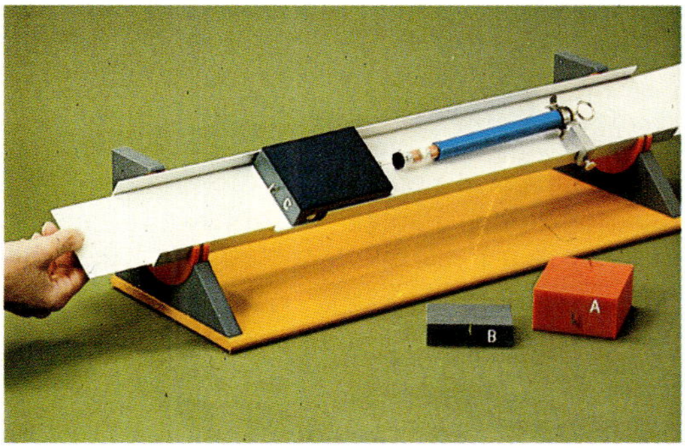

45.1 Das weiße Laufband wird unter dem Körper (blau) weggezogen. Der Kraftmesser zeigt die Reibungskraft an. Seitliches Neigen verkleinert sie.

e) Die Reibungskraft hängt kaum von der Größe der reibenden Flächen ab, wohl aber von deren Beschaffenheit. Dies zeigt sich, wenn wir den reibenden Körper auf seine verschiedenen Flächen legen.

2. Reibung auch ohne Bewegung (Haftkräfte)

Versuch 30: Wir ziehen das Fließband in *Bild 45.1* unter dem Körper vorsichtig nach links weg. Wenn er gerade noch auf ihm haftet, zeigt der Kraftmesser mehr an als nachher beim gleichförmigen Gleiten. Beim Haften können sich nämlich die Unebenheiten und Adhäsionskräfte stärker auswirken als beim raschen Hinweggleiten. Obwohl man beim „Reiben" zunächst nur an Bewegungsvorgänge denkt, entstammen die Reaktionskräfte beim Haften den gleichen Ursachen wie beim Gleiten. Die größte Kraft, mit der man am Fließband – oder am Körper – ziehen kann, bis das Gleiten einsetzt, nennt man die **maximale Haftkraft F_h**. Sie ist größer als die Gleitreibungskraft F_{gl}. – Wenn die Körper bei einer Zugkraft $F < F_h$ aneinander haften, so ist die reactio der Unterlage gleich der jetzt wirkenden Kraft *F*, nicht gleich dem Maximalwert F_h; andernfalls bestünde kein Gleichgewicht.

3. Man muß oft mit Reibung rechnen

Die Proportionalitätsfaktoren $f_{gl} = F_{gl}/F_N$ und $f_h = F_h/F_N$ zwischen den Reibungs- und Normalkräften heißen **Gleitreibungszahl f_{gl}** und **Haftzahl f_h**. Beide hängen stark von der Oberflächenbeschaffenheit ab und sind reine Zahlen. Sie finden ungefähre Werte in *Tabelle 46.1*.

Stoffpaar	Haften f_h	Gleiten f_{gl}
Stahl auf Stahl	0,15	0,05
Eichenholz auf Eichenholz parallel zu den Fasern quer zu den Fasern	 0,62 0,54	 0,48 0,34
Holz auf Stein	0,7	0,3
Schlittschuh auf Eis	0,03	0,01
Gummi auf Straße	0,65	0,3
Riemen auf Rad	0,7	0,3
Autoreifen: trocken naß Glatteis	 0,65 0,4 0,1	 0,5 0,3 0,05

Tabelle 46.1 Haftzahlen f_h; Gleitreibungszahlen f_{gl}

Gleitreibungskraft	$F_{gl} = f_{gl} F_N$	**(46.1)**
Maximale Haftkraft	$F_h = f_h F_N$	**(46.2)**
$F_h > F_{gl}$; $f_h > f_{gl}$		**(46.3)**

Ein Auto mit der Gewichtskraft $G = 10^4$ N übt an einem Hang mit $\varphi = 20°$ Neigung die Normalkraft $F_N = G \cdot \cos 20° = 9400$ N aus. Seine Räder sind durch die Bremsen blockiert. Solange sie noch haften, muß man mit der *maximalen Haftkraft* $F_h = f_h F_N = 0{,}65 \cdot 9400\,\text{N} = 6100$ N rechnen. Beim *Gleiten* sinkt die Reibungskraft auf $F_{gl} = f_{gl} F_N = 0{,}3 \cdot 9400\,\text{N} = 2800$ N, beim *Rollen* gar auf 1% von F_N, d.h. 94 N.

4. Haftkräfte treiben das Auto an!

Betrachten Sie nochmals die Radlinie in *Bild 9.1!* Sie zeigt, daß das rollende Rad ohne wesentlichen „Schlupf" die Straße berührt, also für einen Augenblick an ihr *haftet*. Das vom Motor angetriebene Lokomotivenrad übt dabei nach *Bild 43.2* eine Kraft auf die Schienen nach *hinten* aus. Deren reactio treibt die Lokomotive nach vorn. Als Haftkraft kann sie deren Maximalwert F_h nicht überschreiten. *Paradoxerweise ist es die Haftkraft, die — als äußere Kraft — rädergetriebene Fahrzeuge voranbringt!* Auf steilen Gebirgsstrecken ist F_h zu klein; man benutzt Zahnradbahnen. Bei Geländewagen mit Vierrad-Antrieb ist auf waagerechter Strecke die maximale Antriebskraft

$$F_{max} = F_h = f_h F_N = f_h G = f_h m g. \qquad (46.4)$$

Die Anfahrbeschleunigung kann deshalb den Wert

$$a_{max} = F_{max}/m = f_h g \qquad (46.5)$$

nicht überschreiten.

5. Am Skihang braucht man Mut!

Sie nutzen an einem Skihang mit dem Neigungswinkel $\varphi = 30°$ den Höhenunterschied $h = 5$ m aus *(Bild 46.1)*. Man warnt Sie mit der Begründung, unten hätten Sie genau so die Geschwindigkeit $v = 10$ m/s wie beim freien Fall aus 5 m Höhe *(Tabelle 34.1)*. Stimmt das?

a) *Ohne Reibung:* Als äußere Kraft wirkt nach Seite 40 nur die Hangabtriebskraft $F_H = G \cdot \sin\varphi$ und erteilt die Beschleunigung

$$a = \frac{F_H}{m} = \frac{m g \cdot \sin\varphi}{m} = g \cdot \sin 30° = \frac{g}{2}.$$

Wie aber soll die halbe Beschleunigung zur gleichen Geschwindigkeit wie der freie Fall führen? Nach *Bild 46.1* ist die Beschleunigungsstrecke s nicht h, sondern $s = h/\sin\varphi = 2h$. Dies vergrößert die Beschleunigungsdauer auf

$$t = \sqrt{\frac{2s}{a}} = \sqrt{\frac{2h}{g \cdot \sin^2\varphi}}.$$

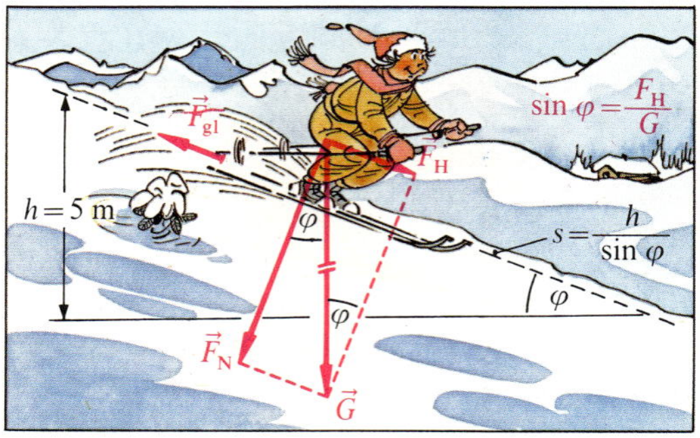

46.1 Kräfte an der schiefen Ebene

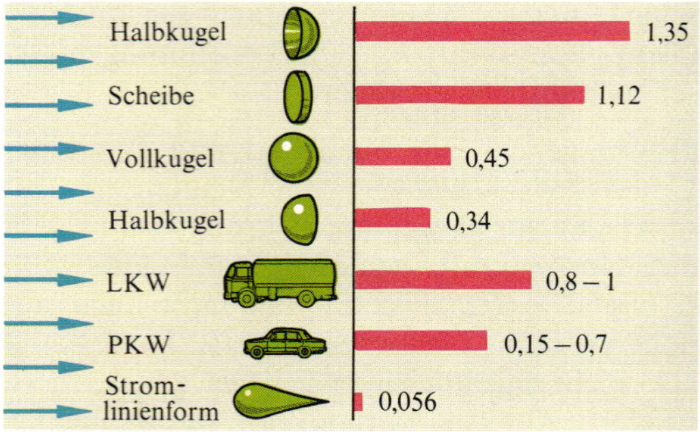

46.2 Widerstandsbeiwerte c_w

Für die Endgeschwindigkeit $v = at$ folgt

$$v = at = g \cdot \sin\varphi \cdot \sqrt{\frac{2h}{g \cdot \sin^2\varphi}} = \sqrt{2gh},$$

genau wie beim freien Fall nach *Gl. 25.1.*

Körper, die reibungsfrei schiefe Ebenen hinabgleiten, kommen – unabhängig vom Neigungswinkel – unten mit gleicher Geschwindigkeit wie beim freien Fall aus gleicher Höhe an.

b) *Mit Reibung:* Von der Hangabtriebskraft F_H wird die entgegenwirkende Gleitreibungskraft

$F_{gl} = F_N f_{gl} = mgf_{gl} \cdot \cos\varphi$ abgezogen:

Beschleunigende Kraft: $F = F_H - F_{gl}$

$= G \sin\varphi - mgf_{gl} \cdot \cos\varphi$

$= mg\,(\sin\varphi - f_{gl} \cdot \cos\varphi).$

Beschleunigung:

$$a = \frac{F}{m} = g\,(\sin\varphi - f_{gl} \cdot \cos\varphi).$$

Reibung verringert die Endgeschwindigkeit.

6. Widerstandskräfte in Wasser und Luft

Autos, Schiffe, Meteore und landende Flugkörper erfahren Strömungswiderstände im umgebenden Medium. Windmühlen werden von strömender Luft, Wasserräder vom Wasser angetrieben. Bei hinreichend großen Geschwindigkeiten bilden sich hinter diesen Körpern Wirbel. Man erkennt sie etwa am Staub, den ein schnelles Kraftfahrzeug aufgewirbelt hat, aber auch an der Wirbelstraße hinter einem Schiff oder an den Luftwirbeln, die eine Fahne im Wind zum Flattern bringen. Diese Wirbelbildung entzieht einem Fahrzeug Energie; wir werden die folgenden Aussagen auf Seite 86 begründen: Die Widerstandskräfte F_w sind dem größten Querschnitt A, den der Körper senkrecht zur Strömung aufweist, dem Quadrat der Geschwindigkeit v und der Dichte $\varrho = m/V$ des strömenden Stoffs proportional. Wie jeder weiß, hängen sie auch von der „Windschnittigkeit", also der Form des Körpers ab, gekennzeichnet durch dessen *Widerstandsbeiwert* c_w *(Bild 46.2).* Es gilt:

$$\boldsymbol{F_w = \frac{1}{2} c_w A \varrho v^2.} \qquad \textbf{(47.1)}$$

Die Widerstandsbeiwerte c_w sind reine Zahlen. c_w war bei einem offenen Auto um 1900 etwa 1,2 und liegt bei heutigen Limousinen um 0,35; c_w sinkt bei windschnittiger Verkleidung auf 0,15. Bei Motorrädern ist $c_w \approx 0{,}7$, bei Lastzügen um 1,5.

Beispiel: Eine Limousine ($c_w = 0{,}35$) hat die größte Querschnittsfläche $A = 2{,}0\ \text{m}^2$ und fährt mit 30 m/s bei Gegenwind der Geschwindigkeit 10 m/s. Die Luftdichte beträgt $\varrho = 1{,}25\ \text{g/dm}^3 = 1{,}25\ \text{kg/m}^3$. Die Strömungsgeschwindigkeit ist $v = 40$ m/s und die Luftwiderstandskraft

$$F_w = \frac{1}{2} c_w A \varrho v^2 =$$

$$\frac{1}{2} \cdot 0{,}35 \cdot 2\ \text{m}^2 \cdot 1{,}25\ \frac{\text{kg}}{\text{m}^3} \cdot \left(40\ \frac{\text{m}}{\text{s}}\right)^2 = 700\ \text{N}.$$

Beim Annähern an die Schallgeschwindigkeit steigt der Luftwiderstand stärker an, als es dem Quadrat der Geschwindigkeit entspricht. Man spricht ungenau vom „Erreichen der Schallmauer".

Aufgaben:

1. *Welche Kraft braucht man, um einen Schlitten* (80 kg) *mit Stahlkufen auf Eis in Bewegung zu setzen bzw. mit konstanter Geschwindigkeit zu ziehen?*

2. *Welchen Neigungswinkel muß man einer schiefen Ebene geben, damit ein auf ihr liegender Körper gerade zu gleiten beginnt? Gleitet er anschließend mit konstanter Geschwindigkeit oder beschleunigt weiter; wie groß ist seine Beschleunigung? Wie groß muß der Neigungswinkel sein, damit der Körper nach einem Stoß mit konstanter Geschwindigkeit gleitet? ($f_h = 0{,}6$; $f_{gl} = 0{,}45$; spielt die Masse des Körpers eine Rolle?)*

3. *Wie groß ist die Bremskraft eines Autos* (1000 kg) *bei blockierten Reifen, wenn die Straße trocken, naß oder vereist ist? – Welche Kraft würde man zum Anschieben im ersten Augenblick brauchen?*

4. *a) Wie groß ist die maximale Antriebskraft eines Autos* (1200 kg) *auf waagerechter trockener Straße bei Vierrad-Antrieb, wie groß die maximale Anfahrbeschleunigung? b) Wie groß werden diese Werte, wenn die Antriebsräder als Achslast* 60% *der Gewichtskraft erfahren?*

5. *Wie groß ist die maximale Anfahrbeschleunigung in Aufgabe 4 an einer Bergstraße mit* 10° *Neigungswinkel a) aufwärts, b) abwärts?*

6. *Die Antriebsräder eines Autos* (1200 kg) *erfahren* 60% *der Gewichtskraft als Achslast. Es zieht einen Anhänger* (400 kg), *dessen Bremsen blockiert sind. a) Wie groß ist die größte Anfahrbeschleunigung auf waagerechter Straße; b) bei* 10° *Neigungswinkel abwärts, c) bei* 5° *Steigungswinkel aufwärts? d) Bei welchem Steigungswinkel könnte es gerade noch bergauf anfahren?* ($f_h = 0{,}65$; $f_{gl} = 0{,}5$)

§ 14 Vektoraddition bei Bewegungen

a) Sind Sie schon einmal auf eine Ihnen entgegenlaufende Rolltreppe geraten? Auch laufend kamen Sie nur langsam an Ihr Ziel. Besser ergeht es dem Modellauto im Stroboskop-Bild *48.1a*. Es fährt auf dem Transportband eines Flughafens *in* dessen *Laufrichtung*. Das Band läuft mit $v_0 = 30$ cm/s nach rechts und transportiert das oben mitfahrende „Männchen" von Blitz zu Blitz um das gleiche Stück weiter. Relativ zu ihm fährt das Auto mit seiner „Eigengeschwindigkeit" $v_1 = 40$ cm/s auch nach rechts. *Relativ zum Bezugssystem* „Fußboden" (Maßstab) kommt es also in jeder Sekunde um 70 cm weiter. In diesem System ist seine Geschwindigkeit $v = s/t = 70$ cm/s.

In *Bild 48.1b* dagegen fährt das Auto gegen das Band nach links. Relativ zum Maßstab legt es in der Sekunde nur noch 40 cm − 30 cm = 10 cm zurück und hat die Geschwindigkeit $v' = 10$ cm/s.

Offensichtlich spielen hier die *Richtungen,* in denen Auto und Transportband verschoben werden, eine ausschlaggebende Rolle. Wir fassen deshalb Verschiebungen $\Delta\vec{s}$ – wie Kräfte – als Vektoren auf (Sie kennen dies von der Mathematik). Dann wird in der Definitionsgleichung für die Geschwindigkeit der Vektor $\Delta\vec{s}$ durch die Zeit Δt, die keine räumliche Richtung hat, dividiert. Diese Division $\boldsymbol{\vec{v} = \Delta\vec{s}/\Delta t}$ überträgt die Richtung von $\Delta\vec{s}$ auf die Geschwindigkeit und macht aus ihr einen Vektor in Richtung $\Delta\vec{s}$.

Definition: **Legt ein Körper bei gleichförmiger Bewegung in der Zeitspanne Δt die Wegstrecke $\Delta\vec{s}$ zurück, so ist seine Geschwindigkeit $\vec{v}$ ein Vektor in Richtung von $\Delta\vec{s}$. Es gilt:**

$$\vec{v} = \frac{\Delta\vec{s}}{\Delta t}. \qquad \textbf{(48.1)}$$

Für *Bild 48.1* und *2* schneiden Sie die Geschwindigkeitsvektoren $\vec{v}_1$ (Auto relativ zum Band) und $\vec{v}_0$ (Band relativ zum Maßstab) als Pfeile aus Pappe. Für die Fahrt in Bandrichtung legen Sie diese Pfeile hintereinander. Hier addieren sich die Geschwindigkeits*beträge* zu

$$v = v_1 + v_0 = 40 \text{ cm/s} + 30 \text{ cm/s} = 70 \text{ cm/s}.$$

Für die *Gegenbewegung* legen Sie die $\vec{v}$-Pfeile gegeneinander; v sinkt auf $v = v_1 - v_0 = 10$ cm/s. Die Vektorgleichung $\boldsymbol{\vec{v} = \vec{v}_1 + \vec{v}_0}$ umfaßt beide Fälle gleichermaßen mit der Anweisung:
Addiere die Geschwindigkeiten vektoriell!

b) Rolf möchte mit seinem Auto das Band möglichst schnell überqueren. Er setzt es – und damit dessen Geschwindigkeitsvektor $\vec{v}_1$ – quer zur Bandgeschwindigkeit $\vec{v}_0$ (in *Bild 49.1a* nach oben). Peter sagt: „Statt in B anzukommen, wirst du auf der längeren Strecke $\overline{AC}$ nach C abgetrieben." Bevor Sie den Versuch wagen, rechnen Sie: Das Band hat die Breite $\overline{AB} = 120$ cm. Wäre es in Ruhe, so hätte das Auto nach $t = 120 \text{ cm}/40 \frac{\text{cm}}{\text{s}} = 3$ s den Punkt B am gegenüberliegenden Bandrand erreicht ($\overline{AB} = v_1 t$; $v_1 = 40$ cm/s). Auch bei rollendem Band erreicht das Auto nach $t = 3$ s den anderen Rand.

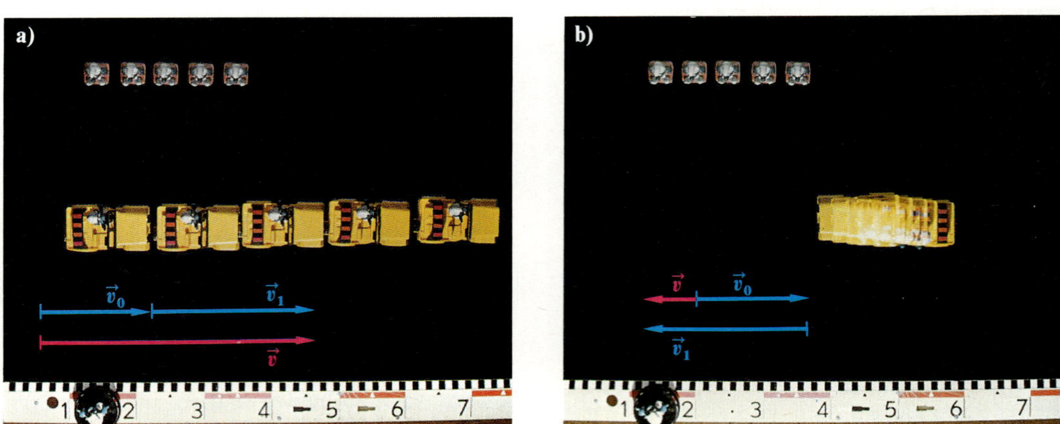

48.1 Das schwarze Band läuft mit $\vec{v}_0$ nach rechts und nimmt den 5mal geblitzten Mann (oben) mit. Das Auto ($\vec{v}_1$) fährt in a) nach rechts, in b) nach links. $\vec{v}$ ist die Geschwindigkeit relativ zum ruhenden Maßstab.

Doch wird es um $\overline{BC} = v_0 t = 30\,\frac{cm}{s} \cdot 3\,s = 90$ cm nach rechts mitgenommen und kommt in C an. Vom ruhenden Boden aus gesehen fährt es längs der Geraden AC, also schief zum Rand. Peter rechnet vor, daß dabei die Fahrtstrecke von 120 cm auf $\overline{AC} = \sqrt{\overline{AB}^2 + \overline{BC}^2} =$ 150 cm angewachsen sei, man also mehr Zeit brauche. Rolf kontert: „Da das Band mein Auto mitnimmt, hat das Auto relativ zum Boden auch die größere Geschwindigkeit

$v = \overline{AC}/t = 150$ cm/3 s $= 50$ cm/s."

Dies wird durch die Vektorpfeile in *Bild 49.1 a* bestätigt: Die aus $\vec{v}_0$ und $\vec{v}_1$ resultierende Geschwindigkeit $\vec{v}$ des Autos *relativ zum Boden* ist die Diagonale des Vektordreiecks aus $\vec{v}_0$ und $\vec{v}_1$. Dabei gilt genau so der Satz des *Pythagoras* wie im ähnlichen Dreieck ABC des Lageplans. In dem Maße, in dem die Strecke $\overline{AC} = 150$ cm länger als $\overline{AB} = 120$ cm ist, wächst auch die Geschwindigkeit v relativ zum Boden auf

$$v = \sqrt{v_1^2 + v_0^2} = \sqrt{(40\ \text{cm/s})^2 + (30\ \text{cm/s})^2} = 50\ \text{cm/s}.$$

c) Rolf möchte nun – in der Hoffnung auf eine noch kürzere Zeit – das Band auf dem kürzesten Weg überqueren. Wie, das zeigt er am Vektormodell: Er dreht nach *Bild 49.1 b* den Vektor $\vec{v}_1$ so um die Spitze von $\vec{v}_0$, daß die resultierende Geschwindigkeit $\vec{v}$ senkrecht zum Rand steht. Die Längsachse des Autos steht wiederum parallel zu seiner Eigengeschwindigkeit $\vec{v}_1$. Für den Geschwindigkeitsbetrag *v relativ zum Boden* gilt nunmehr

$$v = \sqrt{v_1^2 - v_0^2} = \sqrt{(40\ \text{cm/s})^2 - (30\ \text{cm/s})^2} = 26\ \text{cm/s}.$$

Zur Überfahrt braucht das Auto jetzt die Zeit $t = \overline{AB}/v = 4{,}6$ s, also länger als nach *Bild 49.1 a*. Es hat ja teilweise gegen die Bandbewegung anzukämpfen, während es sich nach *Bild 49.1 a* einfach mitnehmen ließ. Deshalb sollte ein Schwimmer, den die Kräfte in einer Strömung verlassen, nicht einen festen Punkt am Ufer (im Beispiel B) anzustreben suchen. Er kommt i.a. schneller ans Ufer, wenn er senkrecht zur Strömung schwimmt und nicht gegen sie!

Aufgaben:

1. *Ein Fluß strömt mit* $v_0 = 3$ m/s. *Längs seines Ufers ist die Strecke* $s = 140$ m *abgesteckt.*

a) Wie lange braucht ein Boot (Eigengeschwindigkeit $v_1 = 4$ m/s*) bei der Tal-, wie lange bei der Bergfahrt für s?*

b) Wie lange würde das Boot hin und zurück bei ruhendem Wasser brauchen? Ist es der Mittelwert zwischen den Ergebnissen in a)?

2. *Ein Flugzeug mit Eigengeschwindigkeit* $v_1 =$ 540 km/h *soll eine auf der Karte in Ost-West-Richtung ausgesteckte Strecke* $\Delta s = 1200$ km *hin und zurück fliegen. Wie lange braucht es bei Windstille, wie lange bei einem Westwind mit* $v_0 = 60$ km/h?

3. *Der Fluß in Aufgabe 1 ist* 150 m *breit.*

a) Das Boot fährt quer zur Strömung. Wie lange braucht es? Um wieviel wird es abgetrieben?

b) Wie lange würde die Fahrt auf der kürzesten Strecke $\overline{AB}$ *gemäß Bild 49.1 b dauern? Wie groß wäre dabei die Geschwindigkeit relativ zum Ufer?*

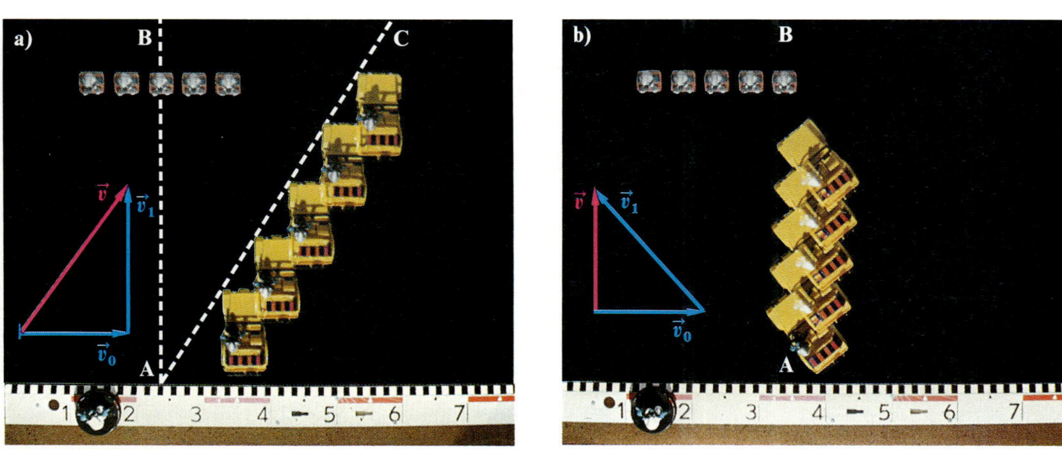

49.1 a) Das Auto ($\vec{v}_1$) fährt quer zum Band und wird um $\overline{BC}$ vom Band mitgenommen. b) Das Auto fährt quer zum Bandrand (Maßstab) längs AB, aber schräg zum Band.

§ 15 Wurfbewegungen

1. Wer fällt zuerst ins Wasser?

Zwei mutige Mädchen springen vom breiten 5 m-Turm. Anna (A) nimmt einen weiten Anlauf und legt einen großen Bogen zurück. Bettina (B) möchte schneller unten sein und läßt sich neben Anna einfach fallen, wenn diese abspringt *(Bild 50.1)*. Doch schlagen beide gleichzeitig auf. Merkwürdig – Anna legt doch einen viel längeren Weg als Bettina zurück! Wir ahmen diesen Sachverhalt mit zwei Kugeln A und B nach.

Versuch 31: Kugel A wird von einer Feder waagerecht mit der Anfangsgeschwindigkeit $\vec{v}_0$ abgeschleudert. Im selben Augenblick beginnt B aus gleicher Höhe senkrecht nach unten zu fallen *(Bild 50.2)*. Nun sind beide Kugeln nur ihrer Gewichtskraft überlassen (vom Luftwiderstand sei abgesehen). Obwohl Kugel A einen längeren Weg zurücklegt, schlägt sie gleichzeitig mit B am waagerechten Boden auf. Dies ist (ohne Luftwiderstand) unabhängig von:

a) der Höhe h über dem Boden,
b) der Abwurfgeschwindigkeit $\vec{v}_0$,
c) den Massen der Kugeln.

Beide Kugeln brauchen also zum Durchfallen gleicher Höhenunterschiede die gleiche Zeit t. Dies zeigt die Stroboskopaufnahme in *Bild 50.2* deutlich: Die Kugeln gleicher Farbe (gleicher „Blitz-Augenblick“) befinden sich jeweils in gleicher Höhe! Mit jedem Farbwechsel rückt B dabei um die gleiche Strecke nach rechts: Hätte Bettina bei ihrem Fall die Augen aufgemacht, so hätte sie *in ihrem Bezugssystem* gesehen, daß Anna mit ihr stets auf gleicher Höhe war. Dabei entfernte sich Anna von ihr mit der konstanten horizontalen Anfangsgeschwindigkeit v_0 um die Strecke $x = v_0 \cdot t$ in *gleichförmiger Bewegung*.

Bettina kann Annas Sprung auch *von oben* verfolgen, indem sie auf einem horizontalen „Laufsteg“ mit der konstanten Geschwindigkeit v_0 über Anna weiterläuft (B′ in *Bild 50.1*). Dabei gewinnt sie von der abwärts zeigenden y-Achse den wachsenden Abstand $\boldsymbol{x = v_0 \cdot t}$. Von ihrem neuen Bezugssystem aus sieht sie Anna ganz einfach senkrecht unter sich fallen, gemäß dem Fallgesetz $\boldsymbol{y = \frac{1}{2} g t^2}$ für die vertikale Fallstrecke y. Im Grunde sind wir auch beim freien Fall eines Steins in einen Brunnen in der Lage von Bettina. Bewegen wir uns doch – zusammen mit Brunnen und Stein – wegen der Erdrotation mit 300 m/s nach Osten. Dies haben wir früher nur nicht bedacht!

2. Warum ist die Wurfbahn krumm?

Die Kugel A werde relativ zum Erdboden waagerecht mit der Anfangsgeschwindigkeit $v_0 = 10$ m/s abgestoßen *(Bild 51.1)*. Anschließend wirke in der waagerechten x-Richtung keine Kraft; vom Luftwiderstand sehen wir ab. Im schwerefreien Raum würde die Kugel A nach dem Trägheitssatz die Abstoßgeschwindigkeit $\vec{v}_0$ beibehalten und in der Zeit t in x-Richtung die Strecke $x = v_0 \cdot t$ zurücklegen; sie würde für $t = 1$ s, 2 s,... die Punkte $x_1 = 10$ m, $x_2 =$

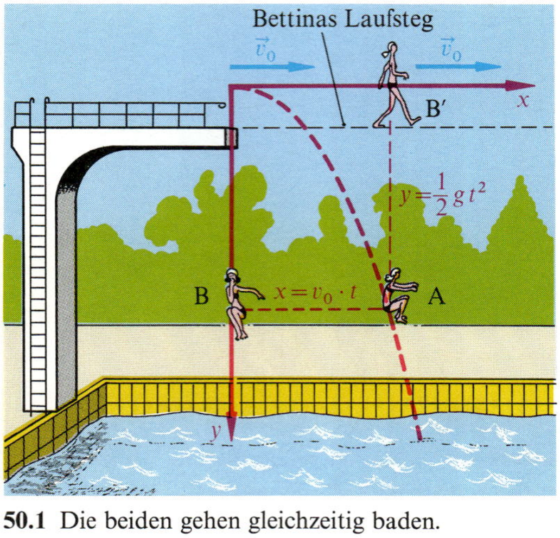

50.1 Die beiden gehen gleichzeitig baden.

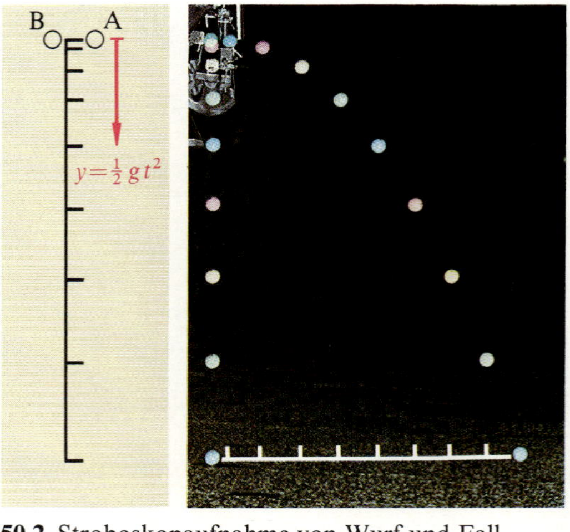

50.2 Stroboskopaufnahme von Wurf und Fall

20 m… auf der x-Achse erreichen – genau wie Bettina auf ihrem Laufsteg. Da aber die Gewichtskraft G nach unten wirkt, legt die Kugel A „unter Bettina" die Fallstrecke $y = \frac{1}{2}gt^2$ zurück, in 1 s 5 m, in 2 s 20 m… . Dies ist unabhängig von v_0. Vergleichen Sie mit *Bild 50.2*, links!

Ein *Beobachter am Beckenrand* erhält für $t = 1$ s den Punkt P_1 mit den Koordinaten $x_1 = 10$ m und $y_1 = 5$ m. Für $t = 2$ s hat A den Punkt P_2 mit den Koordinaten $x_2 = 20$ m und $y_2 = 20$ m erreicht. Aus diesen Punkten entsteht die gekrümmte Bahnkurve.

Ist die Bahnkurve bei diesem **waagerechten Wurf** eine Parabel? Für die Gestalt der Kurve

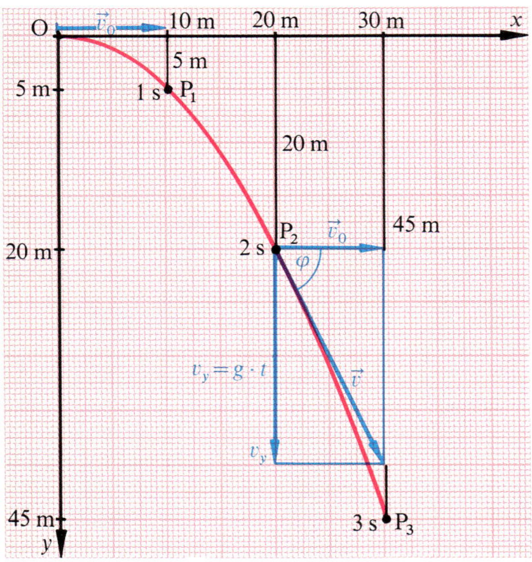

51.1 Konstruktion der Wurfparabel

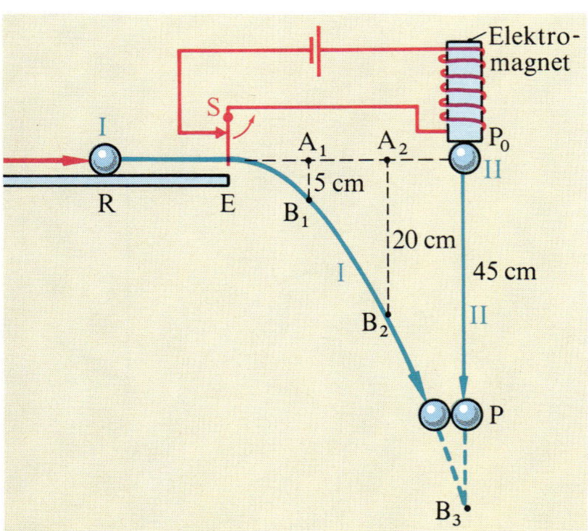

51.2 Die beiden Kugeln treffen sich in P.

spielt es keine Rolle, wo sich der Körper zur Zeit t befindet. Wir entnehmen deshalb der Gleichung $x = v_0 \cdot t$ für die x-Koordinate die Zeit $t = x/v_0$ und setzen sie in die Gleichung $y = \frac{1}{2}gt^2$ für die y-Koordinate ein. So erhalten wir die von t freie *Gleichung der Bahnkurve*

$$y = \frac{1}{2} g \frac{x^2}{v_0^2} = \frac{g}{2v_0^2} x^2.$$

Wir haben die *Parabelgleichung* $y = Cx^2$ erhalten, da $C = g/(2v_0^2)$ konstant ist.

Bild 51.1 zeigt im Punkt P_2 auch die *Geschwindigkeitsvektoren*: $v_x = v_0 = 10$ m/s ist der Betrag der konstanten *Horizontalkomponente*, $v_y = gt = 20$ m/s die vom freien Fall bekannte *Vertikalkomponente* für $t = 2$ s. Der daraus resultierende Geschwindigkeitsvektor $\vec{v}$ liegt nach der Zeichnung längs der *Tangente* an die Bahnkurve. Er gibt nämlich den Weg an, den der Körper in der nächsten Sekunde zurücklegen würde, falls er sich nach 2 s kräftefrei weiterbewegen könnte (Schwerkraft ausgeschaltet). Da die Gewichtskraft jedoch weiter angreift, ist die Bahn nach unten gekrümmt. In jedem Punkt gilt für den Winkel φ des $\vec{v}$-Vektors gegen die Horizontale:

$$\tan\varphi = \frac{v_y}{v_0} = \frac{gt}{v_0}. \quad \text{Für } t = 0 \text{ ist } \varphi = 0.$$

Der waagerechte Wurf eines Körpers A im luftleeren Raum erscheint für einen Beobachter B, der sich gleichförmig mit der Anfangsgeschwindigkeit $\vec{v}_0$ von A weiterbewegt, als freier Fall. – Ein außenstehender Beobachter erhält die Koordinaten x und y der Bahnkurve zu

$$x = v_0 \cdot t \qquad (51.1)$$

$$y = \tfrac{1}{2}gt^2 \qquad (51.2)$$

und die Geschwindigkeitskomponenten

$$v_x = v_0 = \text{konstant} \qquad (51.3)$$

$$v_y = gt. \qquad (51.4)$$

Die Gleichung der Wurfparabel lautet

$$y = \frac{g}{2v_0^2} x^2. \qquad (51.5)$$

Versuch 32: Wir stoßen nach *Bild 51.2* die Kugel I längs der horizontalen Rinne R mit der Hand an. Am Ende E der Rinne öffnet sie den elektrischen Kontakt S. Dabei wird der Strom unterbrochen, der die Kugel II an einer kleinen

Spule im Punkt P_0 genau in der Verlängerung der Rinne festhält. Im schwerefreien Raum ($g=0$) würde die Kugel II am Magneten bleiben und von der ebenfalls gewichtslosen Kugel I in P_0 getroffen. Wegen der Schwerkraft haben jedoch beide Kugeln gleichzeitig die gleiche Beschleunigung $\vec{g}$ nach unten. Sie treffen sich in P. Je schneller wir die Kugel I abgestoßen haben, desto höher liegt der Treffpunkt P.

Als denkender Mensch muß man sich in die Lage anderer hineinversetzen können: Ein Betrachter, der sich – wie Bettina auf dem Laufsteg – mit der konstanten Geschwindigkeit $\vec{v}_0$ längs EP_0 bewegt, sieht die Kugel I unter sich frei fallen. Dafür stellt er von seinem Bezugssystem aus fest, daß ihm die Kugel II entgegenfliegt und eine waagerechte Wurfbewegung nach links ausführt. – Was würde wohl Münchhausen berichten, der auf der Kugel I mitreitet?

Stellen Sie sich vor, Kugel II sei ein Faultier, das am Baum hängt und auf das der Jäger seinen Gewehrlauf genau längs der Rinne R richtet. Es sieht das Mündungsfeuer und läßt sich fallen – in der Hoffnung, die Kugel fliege über ihm vorbei. Leider wird es getroffen. Offensichtlich gibt es solche falsch denkenden Faultiere nicht mehr. Wie trifft aber der Jäger die richtig denkenden, die hängen bleiben? Nun, für ihn dachte der Büchsenmacher. Er richtete das Visier so aus, daß der Lauf vorn etwas angehoben wird. Dies untersuchen wir in Ziffer 4.

3. Im Brunnenstrahl steckt eine Wurfparabel

Versuch 33: Beim „Wasserwerfer" nach *Bild 52.1* strömt Wasser horizontal aus einer Düse. In ihre Verlängerung zeigt eine Latte. Daran hängen in Abständen von 20 cm Stäbe der Länge 5 cm, 20 cm, 45 cm und 80 cm. Wenn man die Ausströmgeschwindigkeit v_0 des Wassers richtig einstellt, streifen Tropfen bei ihrem waagerechten „Wurf" die Enden der Stäbe. Projiziert man den Strahl auf eine Wand, so erkennt man – wie im Brunnenstrahl – die Wurfparabel und in ihr das Fallgesetz. Wenn wir die früheren Überlegungen rückwärts verfolgen, so können wir v_0 berechnen: Zum Durchfallen der Länge $y_4=0{,}80$ m des letzten Stäbchens braucht das Wasser nach *Gl. 51.2* die Zeit $t_4=\sqrt{2y_4/g}=0{,}4$ s. In dieser Zeit hat es horizontal die Strecke $x_4=0{,}80$ m zurückgelegt, nämlich den Abstand des 4. Stäbchens von der Düsenöffnung. Nach *Gl. 51.1* ist $v_0=x_4/t_4=2$ m/s. Für die Wurfparabel gilt *Gl. 51.5*:

$$y = \frac{g}{2v_0^2}x^2 = 1{,}25\,\frac{1}{\text{m}}\cdot x^2.$$

In dieser Rechnung hat $t_4=0{,}4$ s 3fache Bedeutung:

- t_4 ist die Zeit, die ein Tropfen brauchen würde, um von der Latte weg die Länge $y_4=80$ cm des 4. Stäbchens aus der Ruhe frei zu durchfallen.
- In dieser Zeit würde ein längs der horizontalen Latte gleichförmig bewegter Beobachter (Bettina auf dem Laufsteg) die horizontale Strecke $x_4=0{,}80$ m zurücklegen.
- In der Zeit t_4 fliegt ein Tröpfchen tatsächlich von der Düse zum unteren Ende des 4. Stäbchens.

Versuch 34: Wir wollen nun ein Ziel vorausberechnen: 1,25 m über dem Boden ist eine Federkanone (statt der Rinne R in *Bild 51.2*) befestigt. Sie schießt eine Kugel von $\Delta s=2{,}00$ cm Durchmesser waagerecht weg. Bei E unterbricht die Kugel den Strahl einer Lichtschranke während der Dunkelzeit $\Delta t=6{,}7$ ms. Also ist $v_0=2{,}00\text{ cm}/6{,}7\text{ ms}=3{,}0$ m/s. Bis zum Boden,

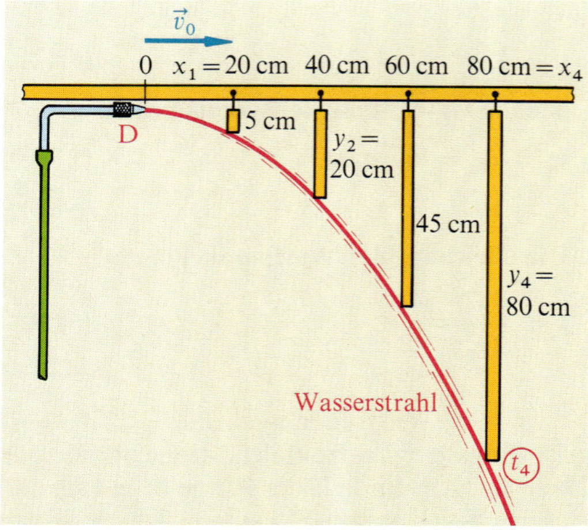

52.1 Wasserwerfer mit Lattenmodell

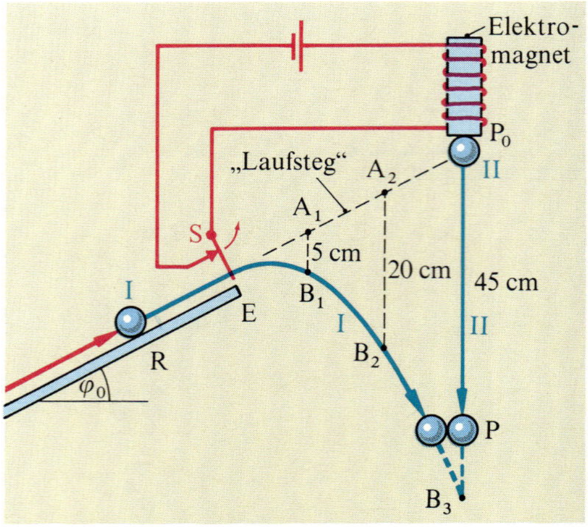

52.2 Rinne R oder Lattenmodell um φ_0 angehoben

der 1,25 m tiefer liegt, braucht die Kugel die Zeit $t=\sqrt{2\ \mathrm{s}/g}=0{,}50$ s. In dieser Zeit fliegt sie, in der Horizontalen gemessen, $x=v_0 \cdot t=$ 1,50 m weit. Dort stellen wir unser Ziel auf.

4. Wir haben jetzt ein höheres Ziel!

Jäger, Kugelstoßer und Speerwerfer zielen selten waagerecht, sondern meist unter einem *Erhebungswinkel* φ_0 gegen die Horizontale.

Versuch 35: Wir halten zunächst nur die Düse D des Wasserwerfers in *Bild 52.1* schräg nach oben. Die Wasserteilchen treffen nun die Enden der Holzstäbchen nicht mehr. Wir haben nicht bedacht, daß im schwerefreien Raum ($g=0$) das Wasser einen geraden Strahl längs der neuen Abspritzgeschwindigkeit $\vec{v}_0$ schräg nach oben bilden würde. In diese Richtung müssen wir deshalb auch die bislang waagerechte Latte drehen. Nun geht der „Laufsteg von Bettina" schräg nach oben (A_1-A_2 in *Bild 52.2* und *53.1*). Da die Stäbchen an der Latte gelenkig befestigt sind, bleiben sie vertikal. Sie markieren jetzt die von der schrägen Latte aus gesehenen Fallwege und werden unten naß – wie es sein soll. *Wiederum addieren sich die Vektoren der kräftefreien, geradlinigen Bewegung längs der Abwurfrichtung (Endpunkte* A_1, $A_2, \ldots$*) und die Vektoren der vertikalen Fallbewegung.* So geben sie die Bahnpunkte B_1, $B_2, \ldots$. Ihr Scheitel liegt jetzt schräg über der Abspritzdüse.

Versuch 36: Nun soll auch die von der schräg gerichteten Rinne R abgestoßene Kugel I die vom Magneten abfallende Kugel II treffen. Wir bringen sie vorher zusammen mit dem Magneten exakt in die Verlängerung der Rinne. Im schwerefreien Raum würde Kugel I geradlinig weiterfliegen und dort II treffen. Wegen der Schwerkraft durchfallen jedoch beide Kugeln – vom „Laufsteg" A_1A_2 aus gesehen – die gleichen vertikalen Wegstücke bis zum Treffpunkt P. Ein Gewehrlauf muß auf P_0 zielen.

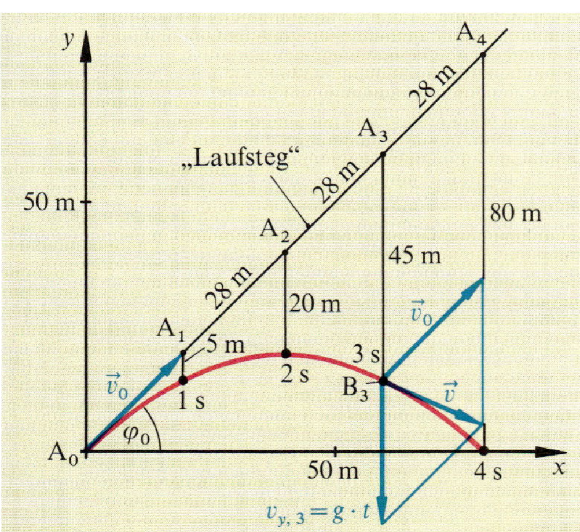

53.1 Schiefer Wurf; $v_0=28$ m/s, $\varphi_0=45°$

In *Bild 53.1* haben wir die Bahnkurve eines Körpers gezeichnet, der im luftleeren Raum mit der Anfangsgeschwindigkeit $v_0=28$ m/s unter dem Erhebungswinkel $\varphi_0=45°$ abgeworfen wird. Ohne Schwerkraft würde er in Abwurfrichtung längs des „Laufstegs" in jeder Sekunde die Strecke 28 m zurücklegen (A_1, $A_2, \ldots$). Infolge der Schwerkraft entfernt er sich hiervon in vertikaler Richtung nach unten, und zwar in der 1. Sekunde um 5 m, nach 2 Sekunden um 20 m usw. Im Punkt B_3 zum Zeitpunkt $t=3$ s haben wir seine Abwurfgeschwindigkeit $v_0=28$ m/s eingetragen, selbstverständlich unter $\varphi_0=45°$ nach oben gerichtet. Die Fallgeschwindigkeit $v_{y,3}=g\,t=30$ m/s zeigt dagegen vertikal nach unten. Die Resultierende $\vec{v}=\vec{v}_0+\vec{v}_{y,3}$ liegt – wie beim waagerechten Wurf – in Richtung der Bahntangente. Nach 4 s erreicht dieser Körper wieder die x-Achse.

Aufgaben ($g=10$ m/s^2):

1. *Zeichnen Sie die Bahn des waagerechten Wurfs mit Anfangsgeschwindigkeit* $v_0=20$ m/s *und die Geschwindigkeitsvektoren für* $t=2{,}0$ s *und* 4,0 s*! Längenmaßstab 1:1000; Geschwindigkeitsmaßstab* 1 cm $\hat{=}$ 10 m/s.

2. 1,5 m *über dem Boden wird eine Kugel waagerecht abgeschleudert und fliegt in horizontaler Richtung gemessen* 4,0 m *weit. Wie lange war sie unterwegs? Mit welcher Geschwindigkeit wurde sie abgeschossen? Unter welchem Winkel gegen die Horizontale trifft sie am Boden auf?*

3. *Ein unerfahrener Pilot läßt einen schweren Versorgungssack genau senkrecht über dem Zielpunkt aus der in* 500 m *Höhe horizontal fliegenden Maschine fallen. Der Sack schlägt* 1,0 km *vom Ziel entfernt auf. Welche Geschwindigkeit hatte das Flugzeug, welche hatte der Sack am Boden?*

4. *Zeichnen Sie entsprechend Aufgabe 1 die Bahnen von Körpern, die mit* $v_0=28$ m/s *unter den Erhebungswinkeln* $\varphi=30°$ *und* 60° *abgeworfen wurden. Vergleichen Sie mit Bild 53.1!*

§ 16 Mechanik in Vektorform

1. Beschleunigung auf krummen Bahnen

Beim waagerechten Wurf addieren wir zum Vektor $\vec{v}_0$ der Abwurfgeschwindigkeit die Zusatzgeschwindigkeit $\vec{v}_y$ mit dem Betrag $v_y = gt$ vektoriell. Sie rührt von der Fallbewegung her und ist nach unten gerichtet (*Bild 54.1a*). So erhalten wir die Geschwindigkeit $\vec{v}$ des Körpers K. Nun wollen wir am Vektordreieck in Bild *54.1b* verfolgen, wie sich $\vec{v}$ im Laufe der Zeit t ändert: Wir teilen die Zusatzgeschwindigkeit $v_y = gt$ rechts in 4 gleich große Teilgeschwindigkeiten $\Delta v = g \cdot \Delta t$ auf. Dann tragen wir die vom Körper K zu ihren Enden weisenden $\vec{v}$-Vektoren $\vec{v}_1, \vec{v}_2, \ldots \vec{v}_4$ ein. Betrachten wir das getönte Dreieck: Nach ihm addiert sich zum Geschwindigkeitsvektor $\vec{v}_1$ die Zusatzgeschwindigkeit $\Delta\vec{v}$ vom Betrag $g \cdot \Delta t$. Dies gibt den um Δt später geltenden Geschwindigkeitsvektor
$\boldsymbol{\vec{v}_2 = \vec{v}_1 + \Delta\vec{v}}$.

Nun fassen wir die Fallbeschleunigung als einen nach unten gerichteten Vektor $\vec{g}$ mit dem Betrag g auf. Dann können wir auch für die Geschwindigkeitsänderung $\Delta\vec{v}$ die Vektorgleichung $\Delta\vec{v} = \vec{g} \cdot \Delta t$ schreiben. Wir lösen sie nach $\vec{g}$ auf: $\vec{g} = \Delta\vec{v}/\Delta t$. Dies legt nahe, die Beschleunigungsdefinition $a = \Delta v/\Delta t$ von geradlinigen auf gekrümmte Bewegungen durch die *Vektorgleichung* $\boldsymbol{\vec{a} = \Delta\vec{v}/\Delta t}$ zu erweitern. Sollte sich dabei der Beschleunigungsvektor $\vec{a}$ ändern, machen wir gemäß Seite 34 das Zeitintervall Δt so klein, daß sich in ihm Kraft $\vec{F}$ und Beschleunigung $\vec{a} = \vec{F}/m$ kaum noch ändern. Dann erhalten wir endgültig:

Die Beschleunigung $\vec{a}$ ist ein Vektor in Richtung des Vektors der Geschwindigkeits*änderung* $\Delta\vec{v}$:

$$\vec{a} = \lim_{\Delta t \to 0} \frac{\Delta \vec{v}}{\Delta t}. \qquad \textbf{(54.1)}$$

Der Vektor $\vec{a}$ erfaßt sowohl Betrags- wie Richtungsänderungen der Geschwindigkeit.

In diese Beschleunigungsdefinition geht nur der Vektor $\Delta\vec{v} = \vec{v}_2 - \vec{v}_1$ der Geschwindigkeits*änderung* ein; $\vec{v}_1$ und $\vec{v}_2$ für sich spielen keine Rolle. So ist jedes Teildreieck in *Bild 54.1b* aus anderen $\vec{v}$-Vektoren gebildet worden. Gemeinsam aber ist allen die gleiche Geschwindigkeits*änderung* $\Delta\vec{v} = \vec{g} \cdot \Delta t$ und die gleiche Beschleunigung $\vec{g}$. Gemeint sind Änderungen der Geschwindigkeits*vektoren*, nicht der *Beträge!*

2. Newtons Grundgesetz in Vektorform

Wir bringen nun den Vektor der Fallbeschleunigung $\vec{g}$ auch in die Gleichung $G = mg$ ein und erhalten die Vektorgleichung $\vec{G} = m\vec{g}$. Gewichtskraft $\vec{G}$ und Fallbeschleunigung $\vec{g}$ sind ja gleichgerichtet, die Masse m ist eine richtungsunabhängige Größe, ein Skalar.

$\vec{G} = m\vec{g}$ wird zu einem Spezialfall des Newtonschen Grundgesetzes $F = ma$, wenn wir dieses in Vektorform $\vec{F} = m\vec{a}$ schreiben. Dabei ist die beschleunigende Kraft $\vec{F}$ die Resultierende $\vec{F} = \Sigma \vec{F}_i$ aller am Körper der Masse m angreifenden *äußeren* Kräfte $\vec{F}_i$. **Der Körper erfährt in Richtung dieser Resultierenden $\vec{F}$ die Beschleunigung $\vec{a}$.** Die Vektorpfeile drücken dies aus, sind also nicht weiter geheimnisvoll!

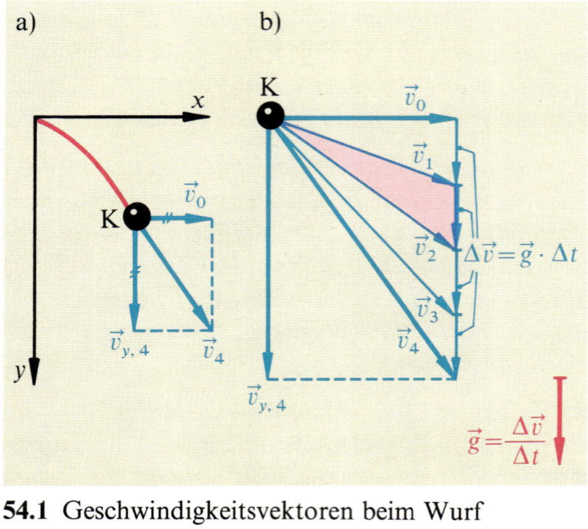

54.1 Geschwindigkeitsvektoren beim Wurf

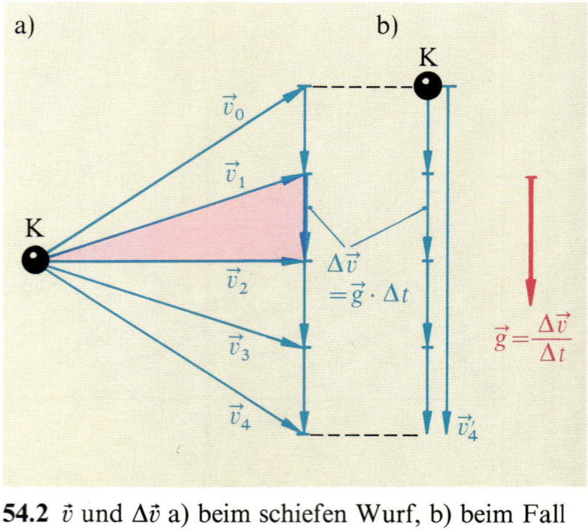

54.2 $\vec{v}$ und $\Delta\vec{v}$ a) beim schiefen Wurf, b) beim Fall

Grundgesetz der Mechanik für alle Bewegungen eines Körpers der Masse m unter dem Einfluß der äußeren Kräfte $\vec{F}_i$ in einem Inertialsystem:

$$\Sigma \vec{F}_i = m\vec{a}. \qquad (55.1)$$

Dieses Grundgesetz geht auf *Isaak Newton* (Seite 7) zurück. Es umfaßt an sich auch den *Trägheitssatz*. Fehlen nämlich äußere Kräfte, so ist die Beschleunigung $\vec{a}$ der Nullvektor: Der Körper ändert weder Betrag noch Richtung seiner Geschwindigkeit. So haben wir auf Seite 13 festgestellt, ob ein *Inertialsystem* vorliegt und das Grundgesetz anwendbar ist.

3. Was ändert sich beim Wechsel des Laufstegs?

Betrachten wir nochmals den Turmsprung von Anna in *Bild 50.1*. Für Bettina auf ihrem Laufsteg und für die Zuschauer auf der Tribüne erfährt Anna die gleiche Gewichtskraft $\vec{G}$. Dagegen ist die gekrümmte Bahn, die man von der Tribüne aus an Anna bewundert, für Bettina auf einen freien Fall zusammengeschrumpft! Bettina spricht Anna sogar die Anfangsgeschwindigkeit $\vec{v}_0$, überhaupt alle waagerechten Geschwindigkeitskomponenten ab! Für Bettina gilt *Bild 54.2b*, für die Zuschauer dagegen *54.1*. Beide finden aber gleiche $\Delta\vec{v}$-Vektoren und damit die gleiche Beschleunigung $\vec{g} = \Delta\vec{v}/\Delta t$. Für Beobachter aus anderen Inertialsystemen treten also zum freien Fall nur unterschiedliche $\vec{v}_0$-Vektoren, also gleichförmige Bewegungen mit den Wegstrecken $\vec{v}_0 \cdot t$ hinzu. Für alle diese Beobachter lauten die Bewegungsgleichungen von Würfen in vektorieller Form gleich:

$$\vec{v} = \vec{v}_0 + \vec{g}t \quad \text{und} \quad \vec{s} = \vec{v}_0 t + \tfrac{1}{2}\vec{g}t^2. \qquad (55.2)$$

Der rot gedruckte Teil ist vom Beobachter unabhängig; er beschreibt die beschleunigte Fallbewegung. Die von $\vec{v}_0$ abhängenden Terme dagegen hängen vom Inertialsystem des Beobachters ab. Solche Terme kommen in *Newtons Grundgleichung* nicht vor: Sie hängt vom Beobachter nicht ab.

Ein Wechsel des Inertialsystems ändert Strecken, Geschwindigkeiten und die Bahnkurve. Kräfte, Beschleunigungen und das Newtonsche Grundgesetz $\vec{F} = m\vec{a}$ dagegen bleiben unverändert.

55.1 Stroboskop-Foto eines Weitsprungs

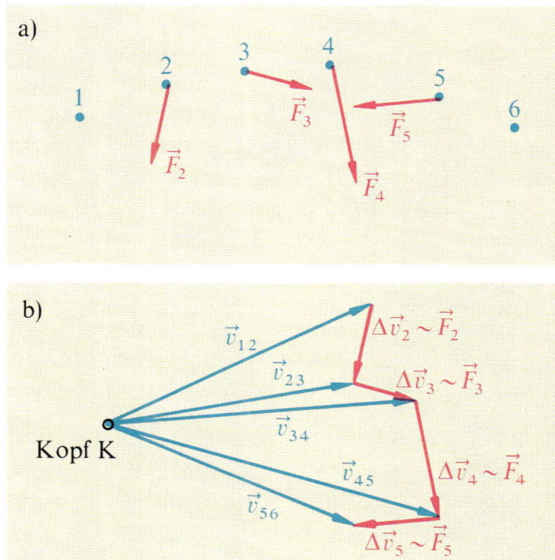

55.2 a) Kraftvektoren und b) Geschwindigkeitsvektoren zu *Bild 55.1*

4. Was kann man alles einem Stroboskop-Bild entnehmen?

Sie sehen in *Bild 55.1* den Sprung eines Sportlers. Für den Sportmediziner ist es wichtig zu wissen, welchen Kräften der Kopf beim Sprung ausgesetzt ist. Wir haben deshalb die Wegstrecken $\Delta s = \bar{v} \cdot \Delta t$ des Kopfes, die von Bild zu Bild ($\Delta t = 0{,}015$ s) zurückgelegt wurden, in *Bild 55.2a* herausgezeichnet. Die daraus berechneten Durchschnittsgeschwindigkeiten $\bar{v} = \Delta\vec{s}/\Delta t$ sind in *Bild 55.2b* vom Punkt K (Kopf) aus gemäß *Bild 54.1* blau eingetragen. Die rot gezeichneten Zusatzgeschwindigkeiten $\Delta\vec{v}$ sind jetzt aber nicht mehr gleich, weder nach Betrag noch nach Richtung. Hieraus schließen wir, daß die auf den Kopf der Masse $m = 10$ kg wirkende resultierende Kraft $\vec{F} = m\vec{a} = m \cdot \Delta\vec{v}/\Delta t$ nicht konstant ist. Die so aus den $\Delta\vec{v}$-Vektoren berechneten Kräfte $\vec{F}$ sind in *Bild 55.2a* rot eingetragen. Man erkennt in

Punkt 2: Ansteigende Wurfparabel; $\vec{F}_2 \approx \vec{G}$;
Punkt 3: Hockstellung beginnt; $\vec{F}_3$ nach vorn;
Punkt 4: $\vec{F}_4$ stark nach unten;
Punkt 5: Abbremsphase; $\vec{F}_5$ nach hinten.

§ 17 Bewegungsgleichungen für Würfe

1. Dieser Schuß geht nach oben los!

Versuch 37: Wir drehen den „Wasserwerfer" in *Bild 52.1* so, daß das Wasser (fast) senkrecht nach oben spritzt. Nach wie vor streifen die Tröpfchen an den Stabenden. So entwickelt sich der **senkrechte Wurf** aus dem schiefen.

Beim Wurf senkrecht nach oben würde ein Ball im *schwerefreien Raum* mit der Abwurfgeschwindigkeit v_0 gleichförmig nach oben steigen und nach der Zeit t die Höhe $y = v_0 \cdot t$ erreichen (y nach oben positiv). Würde Bettina in einem Aufzug mit v_0 nach oben fahren, so könnte sie den Ball stets neben sich in Ruhe sehen (2. Spalte in *Tabelle 56.1* für $v_0 = 30$ m/s). Im *Schwerefeld der Erde* dagegen sieht sie, wie der Ball unter ihr *frei* fällt (3. Spalte). Die 4. Spalte gibt die Höhe $h(t) = v_0 t - \frac{1}{2} g t^2$ des Balls für die Zeitpunkte t an, *gemessen vom Abwurfpunkt* aus. Diese Höhe $h(t)$ nimmt zunächst zu ($0 \text{ s} < t < 3$ s), dann wieder ab.

Liefert unser Denkansatz auch, daß der Ball aufwärts langsamer wird? Bettina hat in ihrem Aufzug die konstante Geschwindigkeit $v_0 = +30$ m/s nach oben. Relativ zu ihrem Bezugssystem fällt der Ball mit $v = -g t$ nach unten (5. Spalte). Vom Boden aus gesehen ist seine Geschwindigkeit also $v(t) = v_0 - g t$ (6. Spalte; *Bild 56.1 b*). Zunächst ist $v(t)$ positiv. Bei dieser *Aufwärts*bewegung nimmt $v(t)$ aber in jeder Sekunde gleichmäßig um 10 m/s ab, nämlich von $v_0 = +30$ m/s über 20 m/s auf Null. Hier liegt eine **gleichmäßig verzögerte Bewegung** vor. Die **Verzögerung** ist 10 m/s^2.

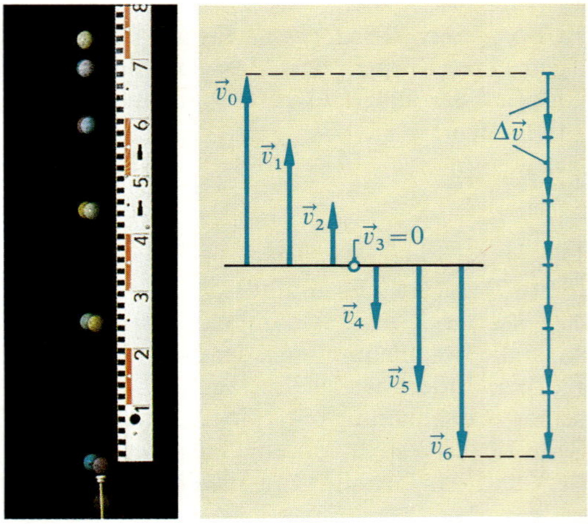

56.1 Wurf nach oben; links: Stroboskop-Bild, rechts: aufeinanderfolgende Geschwindigkeitsvektoren

Bei $t = 3$ s bleibt der Ball für einen Augenblick im höchsten Punkt stehen ($v = 0$). Die Rechnung läuft aber weiter und zeigt:

- Der Ball verliert wieder an Höhe.
- Das negative Vorzeichen der Geschwindigkeit zeigt die Abwärtsbewegung.
- Die Abwärtsbewegung läuft genau so ab, als ob man im Umkehrpunkt ($v_3 = 0$) den Ball aus der Ruhe losgelassen hätte.
- Auf- und Abwärtsbewegung sind zueinander völlig symmetrisch (*Bild 56.1*, links).

Unter dem Einfluß derselben Kraft ist die verzögerte Bewegung eine Umkehrung der beschleunigten, symmetrisch zum Umkehrpunkt.

Zeit t in s	Höhe von Bettina $y = v_0 t$ in m	Fallweg von Bettina gesehen $\frac{1}{2} g t^2$ in m	Höhe über Abwurfpunkt $h(t) = v_0 t - \frac{1}{2} g t^2$ in m	Fallgeschwindigkeit von Bettina gesehen: $-g t$ in m/s	Geschwindigkeit relativ zum Abwurfort $v(t) = v_0 - g t$ in m/s	
0	0	0	**0**	**0**	**+30**	verzögert
1	30	5	25	−10	+20	
2	60	20	40	−20	+10	
3	90	45	**45**	−30	**0**	Umkehrpunkt
4	120	80	40	−40	−10	beschleunigt
5	150	125	25	−50	−20	
6	180	180	**0**	−60	**−30**	
7	210	245	−35	−70	−40	

Tabelle 56.1 Wurf mit Anfangsgeschwindigkeit $v_0 = 30$ m/s nach oben

Verzögerung ist eine negative Beschleunigung; sie gibt die Abnahme der Geschwindigkeit je Sekunde an.

Bild 56.1 zeigt die Aufeinanderfolge der $\vec{v}$-Vektoren für $t=0$, 1 s, 2 s, ... Sie weisen zunächst nach oben, dann nach unten. Die rot gezeichneten Geschwindigkeits*änderungen* $\Delta\vec{v}$ dagegen zeigen stets nach unten, genau so wie beim waagerechten und beim schiefen Wurf *(Bild 54.2)*.

2. Wie hoch fliegt der Ball?

Im höchsten Punkt der Wurfbahn hat der Ball die Geschwindigkeit $v=0$. Wir suchen also im v-t-Gesetz (Spalte 6) den Zeitpunkt $t=T$, zu dem $v=0$ ist. Dieses Gesetz lautet für beliebige Werte der Zeit t (wir schreiben deshalb v als Funktion von t, kurz $v(t)$):

$$\boldsymbol{v(t) = v_0 - g t.} \qquad \textbf{(57.1)}$$

Für die Steigzeit T gilt $v(T)=0$, also $0=v_0-gT$.

Die **Steigzeit** ist $$\boldsymbol{T = \frac{v_0}{g}}. \qquad \textbf{(57.2)}$$

Dies hätten wir schon vorher sagen können: Bei der verzögerten Aufwärtsbewegung nimmt die Geschwindigkeit vom Anfangswert $v_0=30$ m/s in jeder Sekunde um 10 m/s ab. Nach $t=T=3$ s ist sie Null geworden.

Der vierten Spalte in *Tabelle 56.1* entnehmen wir die Höhe $h(t)$ für die einzelnen Zeitpunkte t:

$$\boldsymbol{h(t) = v_0 t - \tfrac{1}{2} g t^2.} \qquad \textbf{(57.3)}$$

Wenn wir hier für t die Steigzeit $T=v_0/g$ einsetzen, erhalten wir als Abschluß der Aufwärtsbewegung die **Wurfhöhe** $\boldsymbol{H}$:

$$\boldsymbol{H = h(T)} = v_0 T - \tfrac{1}{2} g T^2 = \boldsymbol{\frac{v_0^{\,2}}{2g}} \qquad \textbf{(57.4)}$$

Versuch 38: Von einer Federkanone wird eine Kugel mit $\Delta s=2$ cm Durchmesser vertikal hochgeschleudert. Sie durchsetzt nach Ablösung von der Kanone eine Lichtschranke während der Dunkelzeit $\Delta t=5{,}0$ ms. Die Abschußgeschwindigkeit ist $v_0=\Delta s/\Delta t=4{,}0$ m/s. Nach *Gl. 57.4* erwarten wir für die Wurfhöhe $H=v_0^2/2g=0{,}815$ m. In dieser Höhe bringen wir ein waagerechtes Brett an; es wird höchstens leicht berührt.

3. Der Schuß in die Tiefe

Wir können die Latte des Modells nach *Bild 52.1* auch senkrecht nach unten halten; die Stäbchen zeigen ebenfalls nach unten. Also addieren sich bei einem senkrechten Wurf nach unten nicht nur die Vektoren *(Gl. 55.2)*, sondern auch die Beträge für Weg s und Geschwindigkeit v aus der gleichförmigen und der beschleunigten Bewegung. Wenn wir beide nach unten als positiv annehmen, gilt in jedem Augenblick für den *senkrechten Wurf nach unten:*

$$\boldsymbol{v(t) = v_0 + g t} \quad \text{und} \quad \boldsymbol{s(t) = v_0 t + \tfrac{1}{2} g t^2} \qquad \textbf{(57.5)}$$

4. Wurfaufgaben haben oft zwei Lösungen

a) *Das Diagramm 57.1* zeigt die Geschwindigkeit $v(t)$ für den in *Tabelle 56.1* berechneten Wurf. Nach Seite 24 liefert die Fläche AB0 die Wurfhöhe $H=\frac{1}{2}\cdot 3\text{ s}\cdot 30\text{ m/s}=45$ m. Die sich rechts anschließende Fläche liegt unterhalb der t-Achse und ist wegen der negativen v-Werte negativ zu rechnen. Deshalb gibt die Fläche beider Dreiecke (AB0 und BCD) zusammen Null. Nach $t=6$ s hat der Körper zum zweiten Mal die Höhe $h=0$ m erreicht.

b) Wann kommt ein mit der Anfangsgeschwindigkeit v_0 senkrecht in die Höhe geworfener Ball wieder zurück? Ist seine Fallzeit so groß wie die Steigzeit $T=v_0/g$? Wir setzen in *Gl. 37.3* links $h(t)=0$ und klammern rechts t aus:

$$h(t) = 0 = v_0 t - \tfrac{1}{2} g t^2 = t(v_0 - \tfrac{1}{2} g t).$$

Diese für t quadratische Gleichung hat zwei Lösungen:

$$t_1 = 0 \quad \text{und} \quad (v_0 - \tfrac{1}{2} g t_2) = 0 \quad \text{oder} \quad t_2 = \frac{2v_0}{g} = 2T.$$

Die Wurfdauer ist also $t_2=2T$, d.h. gleich der doppelten Steigzeit T. Die 1. Lösung gibt den Abwurfzeitpunkt $t_1=0$. Zu diesem befand sich der Körper auch in der Höhe $h=0$, wie wir es im Ansatz verlangt haben.

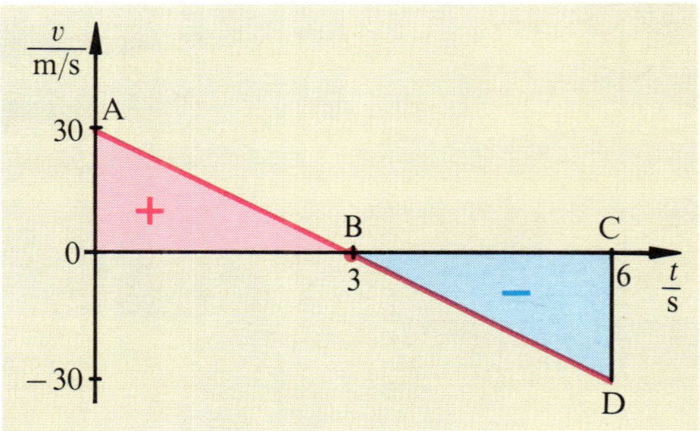

57.1 v-t-Diagramm zu Beispiel a

c) Ein Körper wird mit $v_0 = 40$ m/s senkrecht nach *oben* geworfen (*Bild 58.1a*; $g = 10$ m/s^2). Wann und wie schnell passiert er die Höhe $h = 10$ m? Wir setzen in *Gl. 57.3* $h(t) = 10$ m. Dann erhalten wir für die Zeit t die quadratische Gleichung

$$5\,\frac{\text{m}}{\text{s}^2}\cdot t^2 - 40\,\frac{\text{m}}{\text{s}}\cdot t + 10\text{ m} = 0, \text{ oder mit } t = x\text{ s}$$

$x^2 - 8x + 2 = 0$ (jetzt ohne Einheiten!).

Ihre beiden Lösungen sind $t_1 = x_1$ s $= 0{,}26$ s und $t_2 = x_2$ s $= 7{,}7$ s. Die erste Lösung $t_1 = 0{,}26$ s gibt den Zeitpunkt an, zu dem der Körper beim Hochsteigen die Höhe $h = 10$ m passiert. Seine Geschwindigkeit ist dann $v_1 = v_0 - g t_1 = +37$ m/s, also aufwärts gerichtet. Zur Zeit $t_2 = 7{,}7$ s hat der Körper dagegen die Geschwindigkeit $v_2 = -37$ m/s. Er durchläuft abwärts die gleiche Höhe $h = 10$ m gleich schnell wie aufwärts.

d) Man wirft in einen 10 m tiefen Brunnen einen Stein mit der Anfangsgeschwindigkeit $v_0 = 5$ m/s *abwärts* (*Bild 58.1b*; $g = 10$ m/s^2). Aus *Gl. 57.5* erhält man für $s(t) = 10$ m und die Zeit $t = x$ s die quadratischen Gleichungen $10\text{ m} = 5\,\frac{\text{m}}{\text{s}}\cdot t + \frac{1}{2} g t^2$ bzw. $5x^2 + 5x - 10 = 0$ mit $t_1 = x_1$ s $= 1$ s und $t_2 = x_2$ s $= -2$ s. Nach $t_1 = 1$ s trifft der Stein am Grund des Brunnens auf, und zwar mit der Geschwindigkeit $v_1(t) = v_0 + g t = +15$ m/s. – Was bedeutet aber die Lösung $t_2 = -2$ s, die vor dem Nullpunkt der Zeitmessung (Abwurf am Brunnenrand nach unten) lag? Nun, man hätte den Stein auch zur Zeit $t_2 = -2$ s am Grund des Brunnens in die Höhe werfen können (*Bild 58.1b*). Dann hätte er nach seiner Umkehr zur Zeit $t = 0$ am Brunnenrand die Geschwindigkeit $v_0 = +5$ m/s abwärts bekommen. Diese „Vorgeschichte" des Steinwurfs wird von der quadratischen Gleichung kostenlos mitgeliefert.

Falsch wäre folgender Schluß: Der Stein braucht für die Fallstrecke 10 m nach $s = \frac{1}{2} g t^2$ – also aus der Ruhe heraus – die Zeit $t = 1{,}4$ s und gewinnt $v = g t = 14$ m/s an Geschwindigkeit *zusätzlich*. Er kommt also mit $v' = 14$ m/s $+ 5$ m/s $= 19$ m/s unten an. – Wegen der Abwurfgeschwindigkeit v_0 ist er aber schneller unten! Man muß schon *Gl. 57.5* bemühen, in die die Anfangsgeschwindigkeit v_0 eingeplant ist.

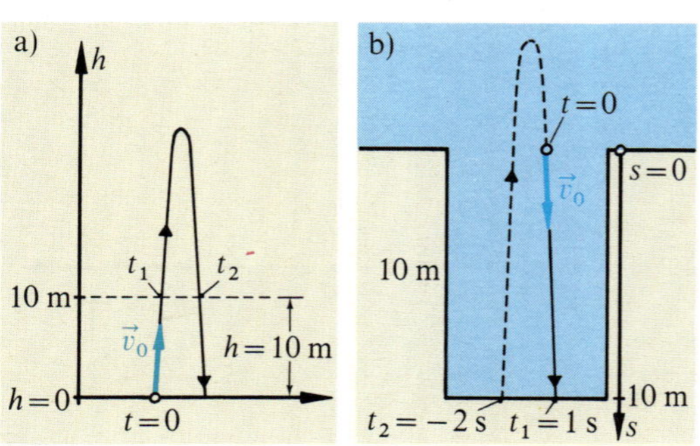

58.1 a) zu Beispiel 4c, b) zu 4d

5. Auch der schiefe Wurf ist berechenbar

Auf Seite 53 haben wir den schiefen Wurf zeichnerisch behandelt. Dabei hielten wir die Latte des „Wasserwerfers" in Richtung des Vektors $\vec{v}_0$ der Abspritzgeschwindigkeit schräg nach oben. Bettina müßte mühsam diesen schrägen „Laufsteg I" hocheilen, wollte sie die Wassertropfen frei unter sich fallen sehen. Nunmehr können wir ihr nach *Bild 59.1* einen bequemen, waagerechten „Laufsteg II" längs der x-Achse anbieten. Damit zeigen wir zugleich, wie man die *Vektorgleichungen 55.2* zum schiefen Wurf rechnerisch angeht: *Man beschreibt die Wurfbewegung in einem x-y-Koordinatensystem.* Hierzu zerlegt man den Vektor $\vec{v}_0$ im Abwurfpunkt O ($t = 0$) gemäß *Bild 59.1* in seine horizontale Komponente

$$\boldsymbol{v_{0x} = v_0 \cdot \cos\varphi_0} \quad (\cos\varphi_0 = v_{0x}/v_0) \qquad \textbf{(58.1)}$$

und in die vertikale $\vec{v}_0$-Komponente

$$\boldsymbol{v_{0y} = v_0 \cdot \sin\varphi_0} \quad (\sin\varphi_0 = v_{0y}/v_0). \qquad \textbf{(58.2)}$$

Bettina läuft jetzt mit der konstanten Geschwindigkeitskomponente $v_{0x} = v_0 \cdot \cos\varphi_0$ waagerecht und gleichförmig nach rechts. Im Zeitpunkt t hat sie den Punkt

$$\boldsymbol{x(t)} = v_{0x}\cdot t = \boldsymbol{v_0 \cdot \cos\varphi_0 \cdot t} \qquad \textbf{(58.3)}$$

erreicht. Dabei sieht sie den abgeworfenen Körper ständig senkrecht über sich. $x(t)$ ist also zugleich dessen x-Koordinate im jeweiligen Bahnpunkt.

Was ist die y-Koordinate des schräg geworfenen Körpers? Für Bettina führt dieser einen *senkrechten Wurf* nach oben aus (*Ziffer 1*), allerdings nur mit der vertikalen Komponente v_{0y} des $\vec{v}_0$-Vektors als Anfangsgeschwindigkeit. Zum beliebigen Zeitpunkt t gilt dann nach *Gl. 57.3*

$$\boldsymbol{y(t)} = v_{0y} t - \tfrac{1}{2} g t^2 = \boldsymbol{v_0 \cdot \sin\varphi_0 \cdot t - \tfrac{1}{2} g t^2}. \qquad \textbf{(58.4)}$$

Die vertikale Geschwindigkeitskomponente $v_y(t)$ beträgt nach *Gl. 57.1* im Zeitpunkt t

$$\boldsymbol{v_y(t)} = v_{0y} - g t = \boldsymbol{v_0 \cdot \sin\varphi_0 - g \cdot t}. \qquad \textbf{(58.5)}$$

Gl. 58.3 und *58.4* liefern zusammen die *Bahnkurve*. In *Bild 59.2* sind $x(t)$ und $y(t)$ für in $\Delta t \approx 0{,}1$ s aufeinanderfolgende t-Werte berechnet und aufgetragen ($v_0 = 15$ m/s; $\varphi_0 = 60°$). Die Punkte liegen auf der **Wurfparabel.** Zur **Steigzeit** $\boldsymbol{T}$ durchläuft der Körper den Scheitelpunkt mit der vertikalen Geschwindigkeitskomponente $v_y(T) = 0$; $v_x(T)$ ist dagegen nicht Null. Nach *Gl. 58.5* folgt

$$v_y(T) = v_0 \cdot \sin\varphi_0 - g T = 0.$$

Also gilt für die

$$\textbf{Steigzeit } \boldsymbol{T = \frac{v_0 \cdot \sin\varphi_0}{g}}. \qquad \textbf{(58.6)}$$

Beim senkrechten Wurf nach oben ist $\varphi_0 = 90°$, also $\sin\varphi_0 = 1$. Die Steigzeit wird $T = v_0/g$ (Seite 57).

Die **Scheitelhöhe H** beim schiefen Wurf erhalten wir, wenn wir den Wert T für die Steigzeit in *Gl. 58.4* einsetzen:

$$\boldsymbol{H = y(T) = \frac{v_0^2}{2g}\sin^2\varphi_0}. \qquad \textbf{(59.1)}$$

Beim senkrechten Wurf ($\sin\varphi_0 = 1$) wird dies zu $H = v_0^2/2g$ (Seite 57).

Die Zeit t, nach der der Körper wieder in die Abwurfhöhe $y=0$ (x-Achse) zurückkehrt, erhalten wir ebenfalls aus *Gl. 58.4,* wenn wir dort $y(t)=0$ setzen. Diese quadratische Gleichung wird leicht lösbar, wenn wir t vor die Klammer ziehen:

$t(v_0\cdot\sin\varphi_0 - \frac{1}{2}g\,t) = 0$. Sie gibt als 1. Wert für t den Abwurfzeitpunkt $t_1 = 0$. Der zweite Wert ist die

$$\textbf{Wurfdauer } \boldsymbol{T^* = \frac{2v_0}{g}\cdot\sin\varphi_0}. \qquad \textbf{(59.2)}$$

Sie ist – wie zu erwarten – doppelt so groß wie die Steigzeit $T = v_0\cdot\sin\varphi_0/g$. Die Abwärtsbewegung verläuft auch hier – ohne Luftwiderstand – symmetrisch zur Aufwärtsbewegung.

Um die **Wurfweite X** zu erhalten, setzen wir die Wurfdauer $T^* = 2v_0\cdot\sin\varphi_0/g$ in die *Gl. 58.3* für die horizontale Entfernung $x(t)$ ein:

$X = x(T^*) = v_0\cdot\cos\varphi_0\cdot T^*$ oder

$$\boldsymbol{X = \frac{v_0^2}{g}\cdot 2\sin\varphi_0\cdot\cos\varphi_0}.$$

Mit der Formel $2\sin\varphi_0\cdot\cos\varphi_0 = \sin 2\varphi_0$ folgt:

$$\textbf{Wurfweite } \boldsymbol{X = \frac{v_0^2}{g}\cdot\sin 2\varphi_0}. \qquad \textbf{(59.3)}$$

Beim Erhebungswinkel $\varphi_0 = 0$ ist diese Wurfweite $X=0$. Sie steigt an, wenn man φ_0 vergrößert. $\sin 2\varphi_0$ hat bei $2\varphi_0 = 90°$, also $\varphi_0 = 45°$, sein Maximum erreicht und nimmt dann wieder ab. Bei $\varphi_0 = 45°$ wird also die **maximale Wurfweite $X_{max} = v_0^2/g$** erreicht. Dies gilt aber nur, wenn Abwurfstelle und Ziel auf gleicher Höhe liegen. Beim *Kugelstoßen* dagegen liegt die Abwurfhöhe bei etwa 1,5 m. Die Wurfparabel beginnt nicht am Boden, sondern an einer Stelle, bei der der Winkel gegen die Horizontale schon kleiner als φ_0 ist. Folglich müssen Sie bei einem Winkel gegen die Horizontale abstoßen, der unter 45° liegt.

Die Funktion $f(\varphi_0) = \sin 2\varphi_0$ und damit die Wurfweite $X = (v_0^2/g)\cdot\sin 2\varphi_0$ hat für alle Winkel $2\varphi_0$, die symmetrisch zu 90° liegen, z.B. für $2\varphi_0 = 60°$ und 120°, den gleichen Wert. Die Winkel φ_0 selbst liegen dann symmetrisch zu 45° und haben die Werte 30° und 60°. Für diese Winkel ist deshalb die Wurfweite X bei gleicher Abwurfgeschwindigkeit v_0 gleich groß. Diese Bahnkurven sind für $v_0 = 15$ m/s in *Bild 59.2* vom Computer nach Seite 201 Schritt für Schritt berechnet und gezeichnet. Man unterscheidet einen *Flach-* und einen *Steilwurf.* Wir wenden auf den Steilwurf obige Gleichungen an.

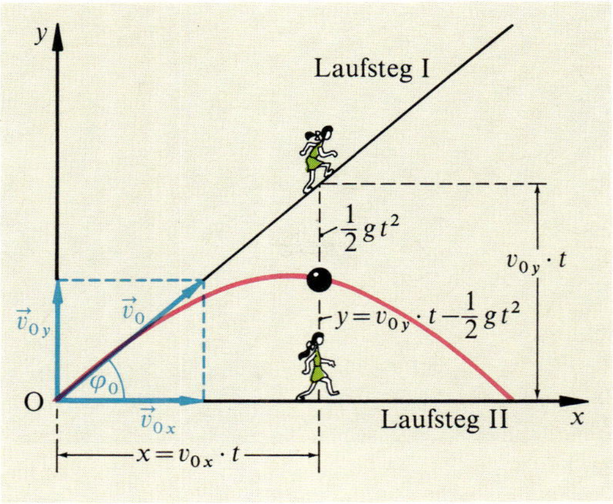

59.1 Zerlegung der Abwurfgeschwindigkeit $\vec{v}_0$. Mit $\vec{v}_{0y}$ beginnt die Vertikal-, mit $\vec{v}_{0x}$ die Horizontalbewegung. „Laufsteg II" ist für Bettina und die Rechnung bequemer.

Bei $v_0 = 15$ m/s; $\varphi_0 = 60°$ gilt:

Wurfweite

$$X = \frac{v_0^2}{g}\sin 2\varphi_0 = \frac{225\ \text{m}^2/\text{s}^2}{9{,}8\ \text{m/s}^2}\cdot\sin 120° = 19{,}9\ \text{m}$$

Wurfdauer

$$T = \frac{2v_0}{g}\cdot\sin\varphi_0 = \frac{30\ \text{m/s}}{9{,}8\ \text{m/s}^2}\cdot\sin 60° = 2{,}65\ \text{s}$$

Scheitelhöhe

$$H = \frac{v_0^2}{2g}\cdot\sin^2 60° = 11{,}5\ \text{m}\cdot(0{,}87)^2 = 8{,}6\ \text{m}$$

Beim Abschußwinkel $\varphi_0 = 60°$ ist die Wurfdauer $T = 2{,}65$ s. Der Computer druckte die Bahnpunkte für Zeitabstände von $\Delta t = 0{,}09$ s. Auf der Wurfbahn einschließlich des Startpunkts liegen also 30 solcher Punkte (2,65/0,09). Je enger die Punkte liegen, desto langsamer ist der Wurfkörper. Auch die oben berechnete Wurfweite und Scheitelhöhe stimmen mit den Computerwerten überein (Seite 202).

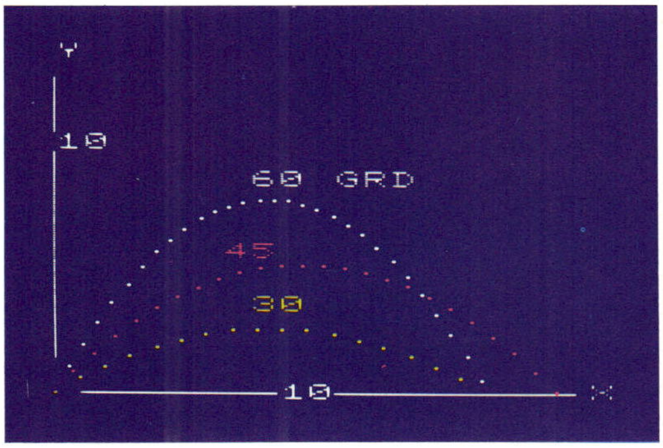

59.2 Wurfbahnen bei $v_0 = 15$ m/s ohne Luftwiderstand (Computer-Simulation)

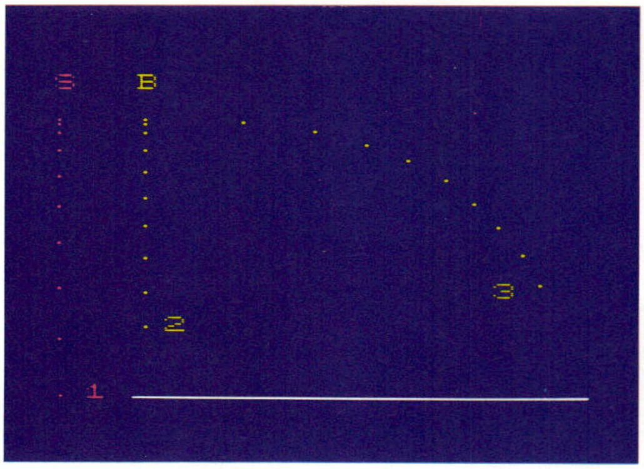

60.1 Während der Stein S bis 1 frei fällt, kommt der Tischtennisball von B nur bis 2. Der waagerecht geworfene Ball erreicht nur noch Punkt 3.

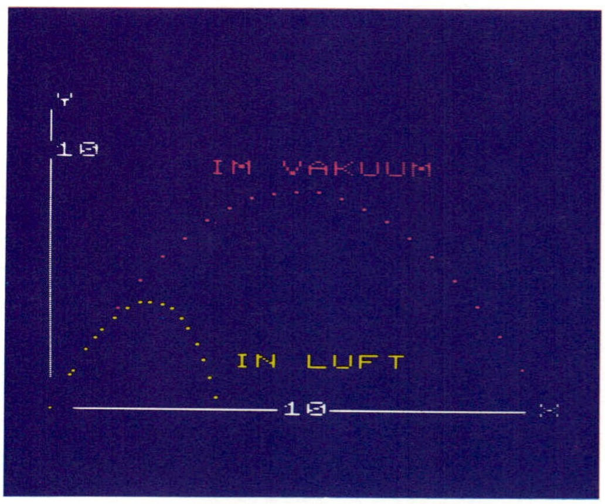

60.2 Computer-Simulation des Wurfs eines Tischtennisballs im Vakuum und in Luft bei gleicher Abwurfgeschwindigkeit 15 m/s unter 60°

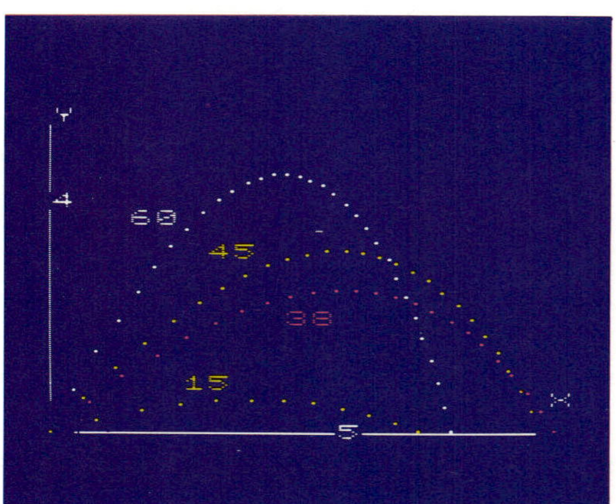

60.3 In Luft fliegt der Tischtennisball nicht bei 45°, sondern bei 38° am weitesten ($v_0 = 15$ m/s; Punktabstand 0,06 s). In Luft sind die Wurfbahnen nicht symmetrisch zum Scheitelpunkt.

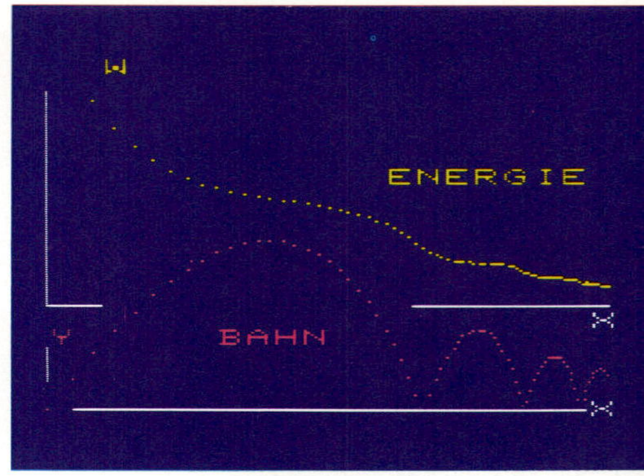

60.4 Hüpfender Tischtennisball; mit 15 m/s unter 50° abgeworfen; Punktabstand 0,06 s. Die Energie *W* sinkt um so rascher, je schneller der Ball ist.

6. Tennis wird nicht im leeren Raum gespielt

Versuch 39: Wir wiederholen Versuch 31 von Seite 50, lassen aber nicht zwei Stahlkugeln, sondern zwei Tischtennisbälle gleichzeitig los. Der eine fällt, der andere führt einen waagerechten Wurf mit großer Anfangsgeschwindigkeit v_0 aus. Der geworfene kommt deutlich später am Boden an als der fallende. Wegen seiner größeren Geschwindigkeit ist der Luftwiderstand erheblich größer. Dies verlangsamt auch die Fallbewegung! *Diese läuft also nicht mehr ungestört von der horizontalen Abwurfbewegung ab.* Es hätte deshalb wenig Sinn, eine ungestörte Überlagerung von Bewegungsabläufen zum Prinzip zu erheben.

Bild 60.1 zeigt die *Computer-Simulation* zu Versuch 39. Die Horizontalabstände werden – im Gegensatz zu *Bild 50.2* – nach rechts hin schnell kleiner. Die Horizontalbewegung des Balls wird vom Luftwiderstand verlangsamt; Bettina, die sich gleichförmig mit v_0 auf ihrem horizontalen Laufsteg weiterbewegte, würde sehen, daß der Ball hinter ihr zurückbleibt. Wegen des größeren Luftwiderstands fällt er auch langsamer als der andere Ball von B oder Stein S.

Solange wir den Luftwiderstand nicht berücksichtigt haben, konnten wir – analog zum Fertighausbau – „vorgefertigte" Weg-Zeit- und Geschwindigkeits-Zeit-Gesetze für die horizontale und die vertikale Bewegung zusammenfügen. Diese Bewegungsabläufe störten sich ja gegenseitig nicht. Beim Wirken des Luftwiderstands passen sie dagegen nicht mehr zusammen.

Hat damit die Newtonsche Mechanik ihr Ende gefunden? Keineswegs! *Newton* war klug genug, in seine Grundgesetze keine „vorgefertigten Bauteile", also etwa Weg-Zeit-Gesetze wie $s = \frac{1}{2}at^2$ oder $s = v_0 t$, die für längere Zeitintervalle gelten, aufzunehmen. Nach seinem Grundgesetz $\Sigma \vec{F}_i = m\vec{a}$ wird der Bewegungsablauf vielmehr in „konventioneller Bauweise", d.h. Stein um Stein, zusammengefügt: Man berechnet in *jedem Augenblick* aus den momentan wirkenden Kräften $\vec{F}_i$ die resultierende Kraft $\vec{F}$ und mit ihr die Momentanbeschleunigung $\vec{a}$. Dies ist etwa beim Wirken von Luftwiderstandskräften wichtig, da sich diese mit der Geschwindigkeit ändern, also in jedem Augenblick einen anderen Wert haben. Mit der sich dabei ändernden Beschleunigung $\vec{a}=\Delta\vec{v}/\Delta t$ nimmt dann auch die Geschwindigkeitsänderung $\Delta\vec{v}$ von Zeitintervall zu Zeitintervall einen anderen Wert an. Ein schnell rechnender Computer vermag diese Werte zu verarbeiten. Dies zeigen wir ausführlicher auf Seite 202.

Die Bilder auf Seite 60 zeigen vom Computer berechnete und gezeichnete Bewegungen eines Tischtennisballs, sog. *Computer-Simulationen*. Die Abstände der Punkte sind wie bei Stroboskop-Aufnahmen ein Maß für die Ballgeschwindigkeit. In *Bild 60.4* wurde sogar die Gesamtenergie des Balls berechnet (Seite 75). Ohne Luftwiderstand wäre sie konstant.

Aufgaben:

1. *Ein Wasserstrahl steigt* 80 cm *hoch. Mit welcher Geschwindigkeit verläßt er die Düse senkrecht nach oben? Man spritzt ihn nun gleich schnell waagerecht ab;* 1,25 m *tiefer trifft er den Boden. Wie weit kommt er in waagerechter Richtung? Unter welchem Winkel trifft er am Boden auf?*

2. *Wie hoch kann man Wasser spritzen, das mit* 15 m/s *die Düse verläßt? Zeichnen Sie das v-t-Diagramm und bestätigen Sie an ihm das Ergebnis! Wie hoch ist ein Wasserteilchen* 2 s *nach dem Abspritzen und welche Geschwindigkeit hat es?*

3. *Zeichnen Sie zu Tabelle 56.1 ein $s(t)$- und ein $v(t)$-Diagramm! Wann passiert der Körper die Höhe $h=10$ m (nach Diagramm und nach Rechnung)? Wie groß ist dort seine Geschwindigkeit?*

4. *a) Ein Körper wird mit der Geschwindigkeit v_0 senkrecht nach oben geworfen. Vergleichen Sie die Wurfhöhen auf Mond und Erde! b) Dann wird der Körper* 3 m *über dem Boden mit $v_0=$* 4 m/s *waagerecht abgeschleudert. Vergleichen Sie die Wurfweiten auf Mond und Erde ($g_{Mond}=\frac{1}{6}g_{Erde}$)!*

5. *Wasser wird mit* 20 m/s *unter* 60° *nach oben abgespritzt. Zeichnen Sie die Bahn und bestimmen Sie Wurfweite und Scheitelhöhe! Wo ist ein Wasserteilchen* 2 s *nach dem Abspritzen? Welche Geschwindigkeit und welche Richtung gegen die Horizontale hat es dort?*

§ 18 Bremsvorgänge; Verkehrsprobleme

1. Wann endlich steht das bremsende Auto?

Zwei Autofahrer fahren nebeneinander mit der gleichen Geschwindigkeit v_0. Zum Zeitpunkt $t=0$ muß der eine bremsen; auf ihn wirkt nach hinten die konstante Bremskraft F (Seite 45). Der nicht bremsende legt den Weg $s_0=v_0 t$ gleichförmig zurück. Er sieht im Rückspiegel, wie sich das bremsende Auto laut quietschend in einer beschleunigten Bewegung nach dem Gesetz $s_1=\frac{1}{2}at^2$ nach hinten „verabschiedet". Dabei gewinnt es – im Bezugssystem des weiterfahrenden – die Geschwindigkeit $v_1=at$ nach hinten. Die Bremsbeschleunigung $a=F/m$ wird von der Bremskraft F erteilt.

Für einen *Beobachter auf der Straße* handelt es sich um eine *verzögerte Bewegung* mit der Verzögerung $a=F/m$. Die Geschwindigkeit des bremsenden Autos (Masse m) nimmt für diesen Beobachter ab nach der Gleichung

$$v(t)=v_0-at. \qquad (61.1)$$

Nach der **Bremszeit $T=v_0/a$** ist v auf Null gesunken. (Man ersetze auf Seite 57 g durch a). Für den Fahrweg gilt bis zum Stillstand

$$s(t) = v_0 t-\tfrac{1}{2}at^2. \qquad (61.2)$$

Für $t = T = v_0/a$ folgt hieraus der **Bremsweg**

$$S = v_0\cdot T-\frac{1}{2}aT^2 = \frac{v_0^2}{2a}. \qquad \mathbf{(61.3)}$$

Versuch 40: Die Fahrbahn nach *Bild 61.1* wird nach *links* so geneigt, daß die Reibung ausgeglichen ist. Am Wagen der Masse $m_1=1000$ g hängt über einen Leinenfaden (Perlon würde sich verlängern) ein Körper der Masse $m_2=$ 100 g.

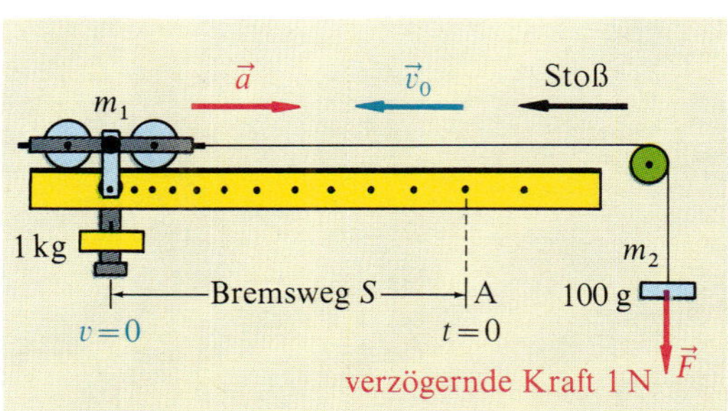

61.1 Nach dem Anstoß nach links führt der Wagen eine verzögerte Bewegung aus, da F verzögert.

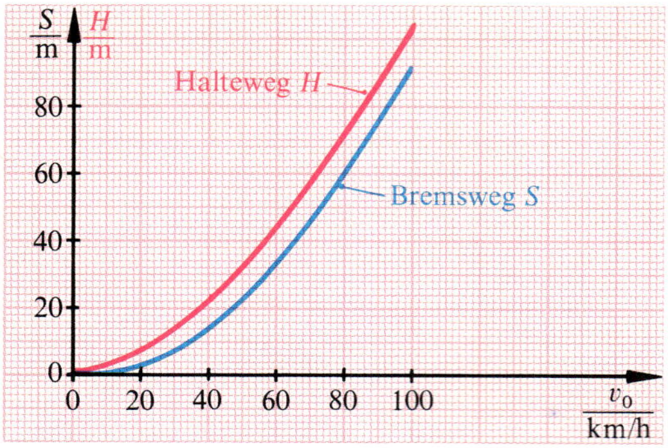

62.1 Bremsweg S und Halteweg H steigen schnell mit wachsender Geschwindigkeit ($f_{gl}=0{,}5$; Reaktionszeit $T_s=1$ s).

Man gibt dem Wagen einen Stoß nach links. Die Gewichtskraft $F=G=m_2 g$ des angehängten Körpers bremst anschließend den „Zug" mit der Bremsverzögerung

$$a = \frac{F}{m} = \frac{m_2 g}{m_1+m_2} = 0{,}89\,\frac{\mathrm{m}}{\mathrm{s}^2}.$$

Die Geschwindigkeit verringert sich also in jeder Sekunde um 0,89 m/s. An einer beliebigen Stelle A mißt man sie in einem kleinen Intervall zu $v_0=1{,}00$ m/s (Brandspuren auf Metallpapier; Zeitintervall $\Delta t=0{,}1$ s). Von hier ab berechnet man die Bremszeit $T=v_0/a=1{,}1$ s und den Bremsweg $S=v_0^2/2a=0{,}56$ m. Beide Werte werden am Registrierstreifen bestätigt.

2. Der Bremsweg verrät den Verkehrssünder!

a) Der *Deutsche Verkehrssicherheitsrat* empfiehlt Autofahrern, bei großer Gefahr mit voller Kraft auf die Bremse zu treten. Dann werden alle 4 Räder sicher blockiert. Sie gleiten, ohne zu rollen, quietschend über die Straße. Man kann zwar nicht mehr lenken; bei zu schwachem Bremsen würde aber vielleicht nur ein Teil der Räder blockiert; das Auto käme in die Gefahr zu schleudern, da die Bremskräfte rechts und links verschieden groß sein könnten.

Verkehrsmittel	Bremsverzögerung a in m/s²	
	Normalbremsung	Notbremsung
PKW	bis 3,0	bis 8
Omnibus	1,2 bis 1,5	bis 4,5
Straßenbahn	0,6 bis 1,2	bis 4
Personenzüge	0,6 bis 0,8	0,7 bis 1

Tabelle 62.1 Mittlere Bremsverzögerungen verschiedener Fahrzeuge

Als *Bremskraft* wirkt bei waagerechter Straße die Gleitreibungskraft

$$F_{gl} = f_{gl} F_N = f_{gl} G = f_{gl} m g \quad \text{(Seite 46)}.$$

Dann ist die

Bremsverzögerung $\boldsymbol{a = \frac{F_{gl}}{m} = f_{gl}\, g}$.

Sie hängt von der Fahrzeugmasse m nicht mehr ab. Die Polizei kann aus dem *Bremsweg* $S=v_0^2/2a=v_0^2/(2g\cdot f_{gl})$, d.h. der Länge der *Bremsspur*, auf die Geschwindigkeit v_0 vor dem Bremsen schließen, ohne den Beladezustand zu kennen. Dieser Bremsweg S ist proportional v_0^2, d.h. bei doppelter Geschwindigkeit 4fach. Fährt man in einem Ort mit 70 km/h statt mit 50 km/h, so ist der Bremsweg S bereits verdoppelt!

b) Wenn die Geschwindigkeit beim Bremsen schon erheblich reduziert ist, kann man den Fuß mehrmals kurz vom Bremspedal nehmen *(Intervallbremsen)*. Dann drehen sich kurzzeitig die Räder wieder; man kann eventuell noch an einem Hindernis vorbeilenken. Heute versucht man, mit *Antiblockiersystemen* jedes Rad für sich nur so stark abzubremsen, daß es gerade noch nicht blockiert wird, und zwar angepaßt an den jeweiligen f_h-Wert für die Haftreibung. Dann haftet das Rad am Berührpunkt und rollt ab. In die Gleichung für den Bremsweg S ist der größere Haftwert f_h statt f_{gl} einzusetzen. Der Bremsweg S wird paradoxerweise kürzer; man kann – auch auf Schneematsch – noch lenken.

c) Zwischen dem Auftreten des Hindernisses und dem Betätigen der Bremse vergeht eine vom Fahrer abhängende *„Schrecksekunde"* $T_s \approx 1$ s. Zum Bremsweg S wird noch der Weg $s \approx v_0 \cdot 1$ s addiert. Dies gibt den *Halteweg* $H \approx S + v_0 \cdot 1$ s bis zum Stehen des Fahrzeugs. Die Haltezeit ist um etwa 1 s verlängert *(Bild 62.1)*.

3. Der Zwei-Sekunden-Abstand im Verkehr

Wir sahen auf Seite 19, daß man bei einem 2-Sekunden-Abstand relativ sicher fahren kann. Diese **Zeitlücke** $\boldsymbol{t^* \approx 2}$ **s** kann auch leicht abgeschätzt werden: Wenn das vorausfahrende Auto eine markante Stelle überfährt, so zähle man langsam „21, 22"; dann erst sollte man diese Stelle erreichen. Warum wird dieser

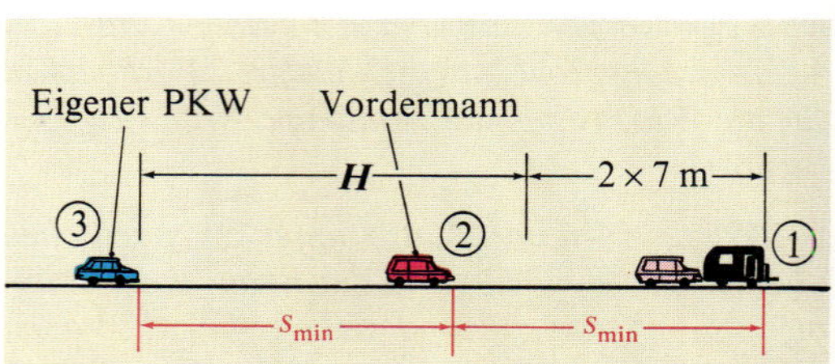

62.2 Fahrer 3 bezieht zu seinem Halteweg H noch einen Teil von s_{min} seines Vordermanns mit ein.

2-Sekunden-Abstand empfohlen? Nach *§ 4 der Straßenverkehrsordnung* muß der *Mindestabstand* s_{min} vom vorausfahrenden Auto so groß sein, daß man dann noch hinter ihm sicher halten kann, wenn es plötzlich *bremst* (mit einem plötzlich *stehenden* Hindernis braucht man dagegen im allgemeinen nicht zu rechnen). Man kann also nach *Bild 62.2* in den eigenen Halteweg H den Mindestabstand s_{min} des Vordermanns einbeziehen, vermindert um $2 \cdot 7$ m, nämlich den mittleren Platzbedarf von 2 PKW bei Kolonnenstau. So vermeidet man eine Massenkarambolage, selbst wenn Fahrer 2 auf den stehenden Anhänger 1 auffahren sollte. Für den Halteweg H schätzt man ab:

$$H \approx 2\,s_{\text{min}} - 2 \cdot 7\text{ m} \quad \text{oder} \quad s_{\text{min}} \approx H/2 + 7\text{ m}.$$

Bei der Bremsverzögerung $a = 5\text{ m/s}^2$ ist der Halteweg $H \approx S + v_0 \cdot 1\text{ s} = v_0^2/(10\text{ ms}^{-2}) + v_0 \cdot 1\text{ s}$. Dies gibt

$$s_{\text{min}} \approx \frac{v_0^2}{20\text{ ms}^{-2}} + v_0 \cdot 0{,}5\text{ s} + 7\text{ m}. \tag{63.1}$$

Diesen Mindestabstand s_{min} zeigt *Bild 63.2a;* er wird von v_0^2 geprägt, steigt also mit v_0 schnell an.

Zum ungebremsten Durchfahren dieses Mindestabstands s_{min} mit der Geschwindigkeit v_0 braucht man die *Zeitlücke* $\boldsymbol{t^* = s_{\text{min}}/v_0}$. Diese Zeitlücke t^* hat nach *Bild 63.2b* ein sehr flaches Minimum, das etwas unterhalb des empfohlenen 2 s-Abstands liegt. Doch sollte dieser sowohl bei langsamer Kolonnenfahrt (unter 30 km/h) wie auch bei schneller Fahrt deutlich überschritten werden. Nach der Rechtsprechung sollte die Zeitlücke t^* den Wert 1,5 s nicht unterschreiten.

4. Drosselt ein Tempolimit den Verkehrsfluß?

Wieviele Autos kann eine Fahrbahn in 1 h maximal befördern, genauer, wieviele passieren je h einen Zählposten? Wir denken an die elektrische Stromstärke I. Sie wird durch die Ladung Q gemessen, die in 1 s einen Leiterquerschnitt durchfließt. Es gilt $I = Q/t$. Ist z.B. die Zeitlücke $t^* = 2$ s, so fahren in 1 h = 3600 s an einem Zählposten 1800 Autos vorbei; die Verkehrsstromstärke beträgt $I = 1800$ PKW/h. Sie ist also der Kehrwert $I = 1/t^* = v_0/s_{\text{min}}$ der Zeitlücke t^*. Dies folgt auch aus *Bild 63.1*. Dort fahren n PKW mit Abstand s_{min} und bilden eine Kolonne der Länge $L = n\,s_{\text{min}}$. Sie fährt mit der Geschwindigkeit v in der Zeit $t = L/v$ am Zählposten vorbei. Dieser registriert die Stromstärke

$$I = \frac{n}{t} = \frac{L/s_{\text{min}}}{L/v} = \frac{v}{s_{\text{min}}} = \frac{1}{t^*}. \tag{63.2}$$

Man erwartet, daß diese Verkehrsstromstärke I, d.h. die Zahl der PKW, welche die Straße in 1 h „abführt", mit der Geschwindigkeit v steigt – analog zum elektrischen Strom: Die Stromstärke I ist ja der Elektronengeschwindigkeit v proportional. Dabei bleibt jedoch der Elektronenabstand konstant. Der PKW-Abstand s_{min} steigt aber nach *Bild 63.2a*

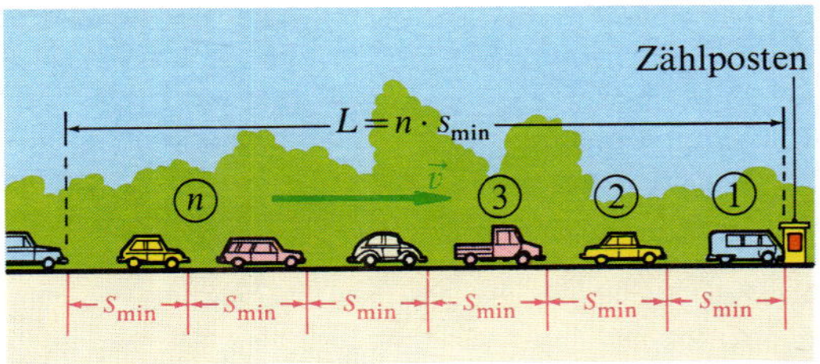

63.1 n PKW bilden mit Abstand s_{min} eine Kolonne der Länge $L = n\,s_{\text{min}}$.

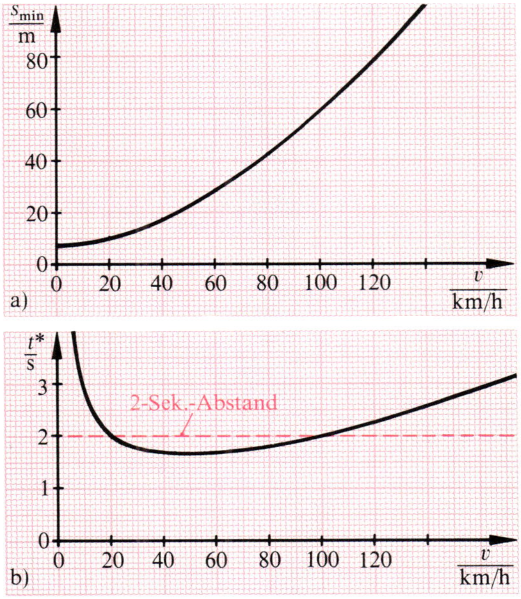

63.2 a) Der Mindestabstand s_{min} steigt schneller als die Geschwindigkeit v der Fahrzeuge an. b) Die Zeitlücke t^* soll etwa der 2-Sekunden-Abstand sein.

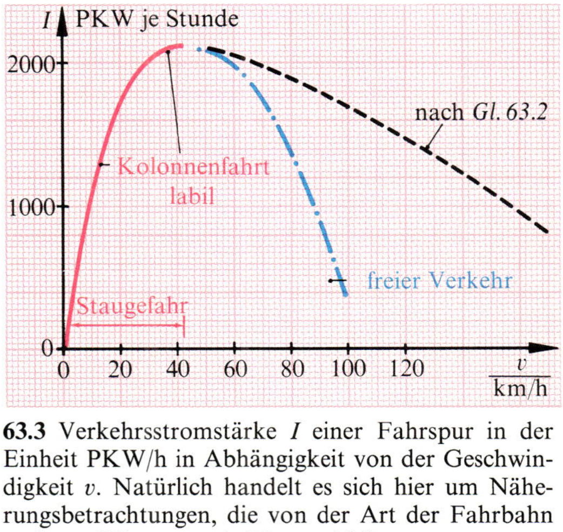

63.3 Verkehrsstromstärke I einer Fahrspur in der Einheit PKW/h in Abhängigkeit von der Geschwindigkeit v. Natürlich handelt es sich hier um Näherungsbetrachtungen, die von der Art der Fahrbahn und von Witterungseinflüssen abhängen.

schneller als v. Also zeigt die Stromstärke I ein Maximum. Es liegt nach *Bild 63.3* bei 40 km/h. Dort hat ihr Kehrwert $t^* = 1/I$ sein Minimum. Links vom Maximum des I-v-Diagramms ist die Verkehrsstromstärke I kleiner, weil die Autos – wegen zu großer Verkehrsdichte – in Kolonne langsam fahren müssen. Rechts von diesem Maximum, also bei schnellem Verkehr, wachsen die Abstände aufeinanderfolgender Autos nicht nur viel schneller als v an. Es bilden sich auch *Teilkolonnen* mit viel größeren Zwischenräumen. Dies läßt die Stromstärke I noch stärker absinken, als man nach *Gl. 63.2* erwartet (in *Bild 63.3* strichpunktiert).

Man könnte die Verkehrsstromstärke I, das heißt die „Durchlässigkeit" der Straße, erheblich steigern, wenn man Geschwindigkeit und Abstand bei dichter werdendem Verkehr einheitlich über Funk automatisch regeln würde. Diese „automatische Straße" ist aber noch ein Zukunftstraum. Vorläufig versucht man, die Stromstärke I auf Autobahnen zu erhöhen, indem man Richtgeschwindigkeiten (130 km/h) empfiehlt. An Sonntagen sorgt man für eine einheitliche Fahrweise durch Fahrverbote für LKW. Wie *Bild 63.3* eindringlich zeigt, kann man durch Tempo-Begrenzungen die Verkehrsstromstärke I erhöhen. Dies wird wichtig, wenn Staugefahr besteht:

5. Warum gibt es Verkehrsstaus aus dem Nichts?

Die Verkehrsstromstärke $I \approx 2000$ PKW/h bei $v = 40$ km/h erscheint optimal. Man könnte versucht sein, bei Staugefahr diese Geschwindigkeit auf Autobahnen vorzuschreiben, um die nachdrängenden PKW so schnell wie möglich weiterzuleiten. Doch ist dieses Maximum von den Verkehrsexperten gefürchtet, weil es kritische Zustände erzeugt: Bei einem schnellen Verkehr ($v > 60$ km/h) sind die Fahrzeugabstände verhältnismäßig groß. Wenn nun aus Nebenstraßen immer mehr Fahrzeuge zufließen, nimmt die Autodichte zu. Die mittlere Geschwindigkeit $\bar{v}$ sinkt, da sich die Autofahrer behindert fühlen. Zunächst steigt die Zahl der Fahrzeuge, die einen beliebigen Querschnitt passieren können, auf $I \approx 2000$ PKW/h. Die Autofahrer formieren sich dabei zu einer langen *Kolonne*. Wenn nun deren Geschwindigkeit nur wenig absinkt, so nimmt links vom Maximum die Stromstärke I rapid ab – obwohl immer mehr Autos nachdrängen. Die dringend nötigen Sicherheitsabstände schrumpfen im kilometerlangen Stau schnell zusammen. Wie zudem eingehende Untersuchungen zeigen, wird in diesem Bereich – also links vom Maximum der Stromstärkekurve – der Verkehr *labil,* so wie es *Bild 19.3* demonstriert. Die Fahrzeugabstände sind so klein geworden, daß sich eine kleine Störung in der Kolonne nach hinten verheerend auswirken kann. Nachfolgende Fahrer werden zu Schnellbremsungen veranlaßt. Es bildet sich ein *„Stau aus dem Nichts"*. Die Kolonne fährt nicht gleichmäßig, sondern geht in den gefürchteten *stop-and-go-Verkehr* über. Durch rechtzeitiges Schließen der Zufahrten, durch Stauwarnungen und Tempolimit kann man die Staugefahr vermindern.

6. Ein Auffahrunfall und anderes Mißgeschick

a) Sie sitzen neben einem Fahrer, der bei „nur" 50 km/h einen Baum zum Bremsen mißbraucht. Das Vorderteil des Wagens wird – als Knautschzone – um etwa 60 cm zusammengedrückt. Ihr *Gurt* dehnt sich zusätzlich um 20 cm. Also ist Ihr Bremsweg $S \approx 0{,}8$ m. Nach *Gl. 61.3* erfahren Sie die Bremsverzögerung $a = v_0^2/(2S) = 120\ \text{m/s}^2$. Ihr Brustkorb muß die verzögernde Kraft $F = ma = 70\,\text{kg} \cdot 120\,\text{m/s}^2 = 8400\,\text{N}$ aushalten. Dies ist kurzzeitig möglich; Sie überleben, vielleicht mit angebrochenen Rippen.

Ohne Gurt „fahren" Sie jedoch zunächst fast ungebremst weiter. Wenn der Wagen schon zerknautscht ist, sind Sie am Armaturenbrett angelangt. Dann erst beginnt für Sie der Bremsvorgang, aber nur auf $S \approx 5$ cm Bremsweg! Die Bremsverzögerung ist $a' = v_0^2/(2\,S') = 2000\ \text{m/s}^2$. Dies gibt Kräfte von etwa 10^5 N, die i.a. tödlich sind. Schlägt Ihr Kopf an den Dachrahmen, dann mit solcher Geschwindigkeit, als ob Sie aus dem 3. Stock mit dem Kopf voraus aufs Straßenpflaster fallen würden! Legen Sie also den Gurt auch bei Fahrten in der Stadt an!

Ihr *Sturzhelm* hat nicht nur die Aufgabe, den Schädelbereich vor spitzen Gegenständen und Abschürfungen zu schützen. Er verteilt eine einwirkende Kraft auf eine größere Fläche A. Dann wird der Druck $p = F/A$ kleiner. Bei einem Sturz vergrößert er zudem den Bremsweg S von vielleicht 1 mm bei direktem Aufprall auf 10 mm. Die Folgen untersuchen wir in Aufgabe 10.

b) Theorie der kaputten Uhr. Eine Taschenuhr mit Rädern (sie kann heute sehr wertvoll sein) habe die Masse $m = 100$ g. Sie fällt mit der Geschwindigkeit $v_0 = 5$ m/s auf einen harten Steinboden. An der Auftreffstelle wird ihr Gehäuse um 1 mm eingebeult. Der Bremsweg ist also $S = 1$ mm, die mittlere Bremsverzögerung $a = v_0^2/(2\,S) = 12\,500\ \text{m/s}^2$! Sie wird von der Bremskraft $F = ma = 1250\ \text{N} = 1250\ G$ verursacht. Jedes Teil in der Uhr, z.B. die empfindliche Unruhe, muß kurzzeitig eine Bremskraft aushalten, die das 1250fache seines Eigengewichts ist. Dabei brechen vor allem die dünnen Achszapfen der Unruhe. Ist der Bremsweg S der Uhr auf einem weichen Kissen 100fach, so sinkt die Kraft auf den 100sten Teil. In der Gleichung $a = v_0^2/(2\,S)$ steht ja S im Nenner!

c) Bremsen am Hang. Auf einer Gebirgsstraße mit Steigungswinkel $\varphi = 15°$ fährt ein Auto **bergauf** mit $v_0 = 20$ m/s. Beim Bremsen setzt sich die verzögernde Kraft F aus dem Hangabtrieb $F_H = G \cdot \sin 15°$ und der Gleitreibungskraft $F_{gl} = f_{gl} \cdot N = f_{gl} \cdot G \cdot \cos 15°$ zu

$$F = F_H + F_{gl} = mg\,(\sin 15° + f_{gl} \cdot \cos 15°)$$

zusammen. Vergleichen Sie mit Seite 47!

Die *Bremsverzögerung* ist bei $f_{gl}=0{,}5$

$a = F/m = g\,(\sin 15° + f_{gl} \cdot \cos 15°) = 7{,}4\ \text{m/s}^2$.

Der *Bremsweg* beträgt $S = v_0^2/(2a) = 27$ m, die *Bremszeit* $T = v_0/a = 2{,}7$ s.

Dasselbe Auto bremse **bergab.** Die Reibungskraft F_{gl} ist nach oben, also dem Hangabtrieb F_H, entgegengesetzt gerichtet. Da $F_{gl} > F_H$ ist, kann man überhaupt noch bremsen, aber mit der kleineren Verzögerung

$a' = F'/m = g(f_{gl} \cdot \cos 15° - \sin 15°) = 2{,}2\ \text{m/s}^2$.

Der Bremsweg $S' = 90$ m und die Bremszeit $T' = 9$ s sind viel größer geworden als bergauf. Vor allem in Gebirgsstraßen ist Vorsicht geboten.

Aufgaben:

1. *Ein Auto der Masse* 800 kg *wird durch Blockieren aller Räder gebremst. — a) Wie groß sind die verzögernde Gleitreibungskraft* ($f_{gl}=$ 0,50*), die Bremsverzögerung, die Bremszeit und der Bremsweg bei* $v_0 = 36$ km/h *bzw.* 72 km/h *auf waagerechter Straße? — b) Wie ändern sich diese Werte am Berg mit* 10° *Neigungswinkel auf- bzw. abwärts?*

2. *Die folgende Fahrschulregel gibt den Bremsweg in Metern: „Man streiche vom Zahlenwert der in* km/h *angegebenen Geschwindigkeit die Null und multipliziere das Ergebnis mit sich selbst". Bringen Sie diese Regel mit Gl. 61.3 in Einklang! Für welche Bremsverzögerung gilt sie? Beispiel: Bei* $v_0 = 70$ km/h *ist der Bremsweg* $7 \cdot 7$ m $= 49$ m.

3. *Skizzieren Sie in Diagrammen: a) Die Bremskraft F als Funktion des Bremswegs S bei konstanter Anfangsgeschwindigkeit* v_0*; b) den Bremsweg S als Funktion von* v_0 *bei konstanter Bremskraft! — Diagramm (a) erläutert die folgenden Aufgaben, Diagramm (b) die Gefahren bei hohen Geschwindigkeiten.*

4. *Ein Hammer der Masse* 500 g *schlägt waagerecht mit* 4,0 m/s *auf einen Nagel. Dieser gibt* 2 cm *nach. Wie groß ist die mittlere Kraft des Hammers? Wie groß ist sie, wenn der Nagel fester sitzt und nur um* 0,5 mm *nachgibt? Zeigen Sie, daß die Kraft des Hammers automatisch mit der Härte des Widerstands steigt! Formulieren Sie damit eine „Theorie des blauen Daumens"!*

5. *a) Eine Gewehrkugel von* 30 g *Masse wird im Lauf längs* 60 cm *Weg auf* 500 m/s *beschleunigt. Wie groß ist die mittlere Beschleunigungskraft? b) In einer Mauer wird sie von der gleichen Geschwindigkeit aus auf* 5 cm *Weg abgebremst. Vergleichen Sie die hierzu nötige Bremskraft mit der Beschleunigungskraft im Lauf! Wie ändert sich die Bremskraft, wenn die Kugel an einer Stahlplatte auf* 0,5 cm *Weg abgebremst wird?*

6. *Ein Auto bremst auf waagerechter Straße* ($f_{gl}=0{,}4$) *bei* $v_0 = 90$ km/h. *a) Welche Geschwindigkeit hat es noch nach* 2 s*? Welchen Weg hat es dann zurückgelegt? b) Es möchte — im Anblick eines Radarwagens — schnell von* 90 km/h *auf* 50 km/h *abbremsen. Wie lange und welche Strecke braucht es hierzu?*

7. *Auf einer schiefen Ebene mit* 30° *Neigungswinkel wird ein Körper* (10 kg) *mit* 6,0 m/s *nach oben angestoßen. Wie groß ist die Bremsverzögerung, wenn die Reibungszahl* $f_{gl} = 0{,}30$ *beträgt? Wie weit kommt er? Mit welcher Geschwindigkeit passiert er wieder die Abstoßstelle?*

8. *Die Schweiz schreibt vor, daß auf ihren Gebirgsstraßen der Bremsweg bei der Talfahrt unter* 6,0 m *liegen muß. Mit welcher Geschwindigkeit darf man also höchstens zu Tal fahren, wenn das Gefälle* 18° *und die Gleitreibungszahl auf* 0,40 *gesunken ist (Rollsplitt!)?*

9. *Beim Schrägaufzug nach Bild 65.1 soll der Wagen* (20 kg) *die Strecke* $\overline{AB} = 10$ m *in* 5 s *aus der Ruhe heraus zurücklegen. Welche Beschleunigung braucht er? Welche Masse muß der angehängte Körper haben, wenn die Reibungszahl* $f=$ 0,10 *ist?*

10. *Ein Mokickfahrer mit Helm prallt mit dem Kopf bei* 36 km/h *gegen ein festes Hindernis. Der Helm gewährt einen Bremsweg von* 3 cm. *Berechnen Sie die verzögernde Kraft (Masse des Kopfes* 8 kg*) und vergleichen mit der Kraft bei einem Sturz ohne Helm (Bremsweg* 1 mm*)!*

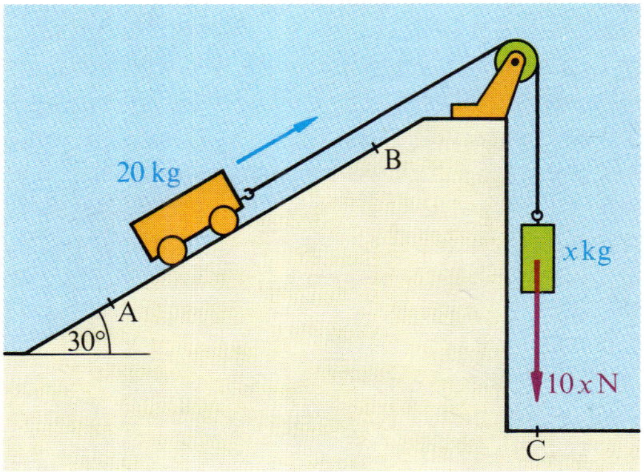

65.1 Zu Aufgabe 9

§ 19 Die Newtonschen Grundgesetze

1. Mechanik in vier Sätzen

Im Jahre 1687 erschien das Buch Newtons *„Philosophiae naturalis principia mathematica“* mit den folgenden vier mechanischen Grundgesetzen:

a) *Trägheitssatz.* Er legt fest, was man unter einem Inertialsystem versteht (Seite 11).

b) *Newtonsches Beschleunigungsgesetz* $F = ma$, für Inertialsysteme gültig

c) *Wechselwirkungsgesetz* (actio und reactio)

d) Gesetz über die *Vektoraddition von Kräften.*

Diese Grundgesetze sind mathematisch formuliert; aus ihnen können die mechanischen Vorgänge berechnet, also durch *logisches Schließen* deduziert werden. Die Grundgesetze selbst werden aber mathematisch (logisch) nicht weiter zurückverfolgt, sondern als gültig vorausgesetzt. Bei der *experimentellen Prüfung* bewähren sich diese Grundsätze und ihre Folgerungen im weiten Bereich der *makroskopischen Physik,* also in unserer Erfahrungswelt, hervorragend. Bei Annäherung an die Lichtgeschwindigkeit und in atomaren Bereichen müssen sie jedoch durch die *Relativitätstheorie* und die *Quantenmechanik* erweitert werden.

Newton hat diese Axiome für einen sehr weit gesteckten Bereich des Naturgeschehens aufgestellt. Deshalb mußte er sie von einzelnen konkreten Beispielen losgelöst, das heißt *abstrakt,* formulieren. Sie enthalten zwar *Begriffe,* die man an Körpern messen kann, wie Masse, Beschleunigung, Kraft, dagegen keine Hinweise auf *konkrete Körper,* wie „Stein“, „Planet“ oder Stoffe wie „Wasser“. Deshalb versteht man die Bedeutung dieses großartigen Gedankengebäudes „Mechanik“ nur dann, wenn man in den anschaulich ablaufenden Vorgängen das Allgemeingültige sieht, das in diesen Grundgesetzen niedergelegt ist. Die Möglichkeit, eine ungeheure Vielfalt von Erscheinungen auf wenige Sätze zurückzuführen, erregte in der wissenschaftlichen Welt großes Aufsehen. Es prägte fast alle Wissenschaften in mehrfacher Hinsicht durch

- Betonung des *quantitativen Aspekts,*
- Gedankliche Konstruktion vereinfachter *Modelle* (Ziffer 2),
- das *kausale Denken* (Ziffer 3).

2. Modelle als Gedankenkonstruktionen

Warum geht das bremsende Auto nach *Bild 67.1* in die Knie? Die Bremskraft wird — als *äußere Kraft* — von der Straße unten auf die Räder nach hinten ausgeübt. Die träge „Masse“ des Autos „sitzt“ aber viel weiter oben. Statt nun das Beharrungsvermögen all seiner Teilchen mühsam zu berücksichtigen, denkt man sich die Masse des Autos im **Massenmittelpunkt M** zusammengefaßt. Auf der Mittelstufe nannten wir ihn auch *Schwerpunkt.* Da die verzögernde Bremskraft weit unterhalb von ihm angreift, kommt es beim Bremsen zu der beobachteten Nickbewegung des Autos um diesen Massenmittelpunkt. So verstehen wir auch, warum sich das Motorrad beim „Kavalierstart“ in *Bild 67.2* vorne aufbäumt. Die reactio der Straße auf die von den Hinterrädern ausgeübte Kraft wirkt hier weit unterhalb des Massenmittelpunkts nach vorne.

Wir haben das *2. Newtonsche Grundgesetz* $F = ma$ an Fahrbahnversuchen entwickelt. Dabei sahen wir ebenfalls von Form, Größe und anderen Eigenschaften des Wagens ab. Wir berücksichtigten nicht einmal die Rotation seiner Räder. Im Grund beschränkten wir uns auf die im Massenmittelpunkt des Wagens vereinigt gedachte Masse und arbeiteten — ohne es ausdrücklich zu sagen — mit der *Modellvorstellung* **Massenpunkt.** Wir müssen sie später erweitern, wenn wir die *Rotation* eines Rades (Seite 150) betrachten. Dann sehen wir kleine Bezirke (sogenannte „kleinste Teilchen“) in diesen Körpern als Massenpunkte an.

„Massenpunkt“ ist die Modellvorstellung, die man sich von einem Körper macht, wenn man von Form, Größe und Drehungen absieht und nur die fortschreitende Bewegung des Körpers oder „kleinster Teilchen“ davon betrachtet.

Beim Benutzen von *Modellvorstellungen* vereinfacht man das oft sehr komplizierte Naturgeschehen. Man sieht — wie es *Galilei* trefflich gezeigt hat (Seite 37) — von Nebenumständen zumindest vorläufig ab, die man bei der vorliegenden Fragestellung als unwichtig ansieht. Dies bringt mehrere Vorteile:

- Das als wesentlich Erscheinende soll möglichst klar und einfach erkannt werden.
- Es soll mathematisch einfach behandelt werden können.

- An Modellen lassen sich Voraussagen einfacher treffen und experimentell nachprüfen.
- Eine einfache und einprägsame Modellvorstellung läßt sich oft auf andere, ähnlich gelagerte Naturvorgänge übertragen.
- Bei steigenden Anforderungen können Modelle oft erweitert und verfeinert werden. Sie bleiben aber Modelle, also Gedankengebilde.

Modelle bezeichnen wir als *Gedankengebilde*. So wollen wir verhindern, daß sie mit der Wirklichkeit gleichgesetzt werden. Sie gehören nämlich der Welt unseres Denkens und Vorstellens an. Gute Modelle geben in unserem Denken ein – für die betreffende Fragestellung – möglichst *getreues Abbild der Wirklichkeit* in unserem Bewußtsein. Auch wenn die Fotografie eines Gemäldes alle seine Einzelheiten genau wiedergibt, so ist sie mit ihm doch nicht identisch.

67.1 Der Massenmittelpunkt M liegt nicht auf der Linie der Bremskraft und geht in die Höhe.

67.2 Aufbäumen beim Kavalierstart

3. Nichts geschieht ohne Grund (Kausalität)

Den Wert der Fallbeschleunigung g kann man für einen bestimmten Ort mit großer Präzision angeben. Denn ein Körper verhält sich bei der Wiederholung eines Experiments unter gleichen Umständen stets genau gleich. Er gelangt aus dem gleichen Ausgangszustand in der gleichen Zeit in den gleichen Endzustand. *Die gleiche Ursache (lat.: causa) ruft die gleiche Wirkung hervor*. Man kann sie aus den mechanischen Gesetzen genau vorausberechnen. Soweit sich Vorgänge durch die Gesetze der *Newtonschen Mechanik* erfassen lassen, ist dieser kausale Zusammenhang zwischen Ursache und Wirkung streng erfüllt. Sie kennt innerhalb ihres Gültigkeitsbereichs kein willkürliches Walten des Zufalls. Das gleiche gilt für die anderen Gebiete der sogenannten **klassischen Physik**, für *Akustik, Wärmelehre, Magnetismus, Elektrizitätslehre* und *Optik*. In der *Atom-* und *Quantenphysik* werden wir später sehen, daß man diese kausale Betrachtung nicht mehr bei Einzelvorgängen in atomaren Bereichen durchgehend anwenden kann. Trotzdem gibt es auch dort strenge physikalische Gesetze.

In der klassischen Physik ist das Künftige eindeutig aufgrund der kausal formulierten Naturgesetze durch das Gegenwärtige bestimmt und im Prinzip berechenbar.

67.3 Nichts geschieht ohne Ursache – Kausalität, Schuld und Zufall im täglichen Leben

§ 20 Unsere bisherige kausale Strategie

Um den Bewegungsverlauf eines Körpers zu berechnen, benutzten wir folgende Strategie:

1. Wir faßten den Körper als *Massenpunkt* auf, sahen also etwa von Drehungen ab.
2. Wir benutzten ein geeignetes *Inertialsystem*.
3. Wir zeichneten alle Kräfte $\vec{F}_1, \vec{F}_2, \ldots$ am Körper ein, die auf ihn von außen wirkten. Sie kennen bis jetzt als *Kraftgesetze*
   - Gewichtskraft $\vec{G}=m\vec{g}$
   - Federkraft nach *Hooke* $F=Ds$
   - Reibungskräfte $F=fF_N$
   - Hangabtriebskraft $F_H=G\cdot\sin\varphi$
   - Luftwiderstandskraft $F_L=\frac{1}{2}c_w A\varrho v^2$.
4. Wir bildeten die *resultierende Kraft* $\vec{F}=\vec{F}_1+\vec{F}_2+\vec{F}_3+\ldots$ durch Vektoraddition.
5. Wir berechneten die *Beschleunigung* $\vec{a}$, die der Körper erfährt, mit Hilfe des zweiten Newtonschen Grundgesetzes $\vec{F}=m\vec{a}$.
6. Aus der Beschleunigung $a(t)$ bestimmten wir den *Geschwindigkeitsverlauf* $v(t)$, dann den *Wegverlauf* $s(t)$. Dabei gingen wir von der vorgegebenen *Anfangsgeschwindigkeit* v_0 und der *Anfangsposition* s_0 aus. Wir beschränkten uns bisher auf die folgenden beiden *Sonderfälle:*

   a) Wenn in einer bestimmten Komponentenrichtung *keine Kraft* wirkt, so läuft nach einem Anstoß in dieser Richtung eine gleichförmige Bewegung mit konstanter Anfangsgeschwindigkeit v_0 ab:

   $F_x=0$
   $v_x=v_0=\text{konstant}$
   $x=v_0 t+x_0$.

   b) Wirkt in einer bestimmten Komponentenrichtung eine *konstante Kraft*, so gelten längs dieser Richtung die Gesetze der gleichmäßig beschleunigten Bewegung.

Beispiel: Freier Fall

$$F_y=G=mg$$
$$a_y=\frac{F_y}{m}=g$$
$$v_y=a_y\cdot t+v_{0y}=gt+v_{0y}$$
$$y=\tfrac{1}{2}a_y t^2+v_{0y}t+y_0=\tfrac{1}{2}gt^2+v_{0y}t+y_0$$

Ist die Beschleunigung a nicht konstant, so nehmen wir *Computer* zu Hilfe. Sie berechnen aus der Beschleunigung $a(t)$ Geschwindigkeits- und Bahnverlauf (Seite 194).

Aufgaben:

1. *Verfolgen Sie die Kausalstrategie bei der verzögerten Bewegung, beim waagerechten und beim schiefen Wurf! Inwiefern wurde sie in Bild 55.2 umgekehrt?*

2. *Ein Körper bewegt sich längs einer Geraden mit konstanter Geschwindigkeit. a) Er steht unter dem Einfluß zweier äußerer Kräfte. Was kann man über diese aussagen? b) Auf ihn wirken 3 Kräfte, die in einer Ebene, aber nicht längs einer Geraden, wirken. Zeichnen Sie ein maßstäbliches Beispiel!*

3. *a) Jemand sagt: Trägheit bedeutet, daß ein Körper nur mit großer Kraft aus der Ruhe in Bewegung zu bringen sei. Anschließend brauche er zur weiteren Beschleunigung nur noch eine geringere Kraft. Er verweist auf das Wegrücken eines Möbelstückes. Was sagen Sie hierzu? b) Jemand behauptet, die Trägheit der Körper sei nichts anderes als die Gegenkraft zur beschleunigenden Kraft. Diese beiden Kräfte würden sich das Gleichgewicht halten. Zerpflücken Sie diese Aussage mit den Newtonschen Grundgesetzen!*

4. *Zwei Kraftmesser* A *und* B *sind gemäß Bild 14.1 zusammengehakt.* A *habe die 5fache Federhärte D. Dann zieht man beide nach rechts und links auseinander und liest an* B *die Kraft* 5 N *ab. Welche Kraft zeigt* A? *Vergleichen Sie die Verlängerungen der beiden Kraftmesser!*

5. *Ein Auto (Masse* 1000 kg*) beschleunigt im 1. Gang* 2 s *lang und erreicht die Geschwindigkeit* 3 m/s. *Im 2. Gang erreicht es nach weiteren* 2 s 5 m/s, *im 3. Gang nach* 4 s 7 m/s, *im 4. Gang nach weiteren* 20 s 14 m/s. *a) Berechnen Sie die jeweiligen konstanten Beschleunigungen und die beschleunigenden Kräfte! b) Zeichnen Sie ein v(t)-Diagramm, in dem Sie berücksichtigen, daß das Auto während der Schaltzeit von* 1 s *mit der jeweiligen Geschwindigkeit weiterfährt! Bestimmen Sie aus ihm den Gesamtweg!*

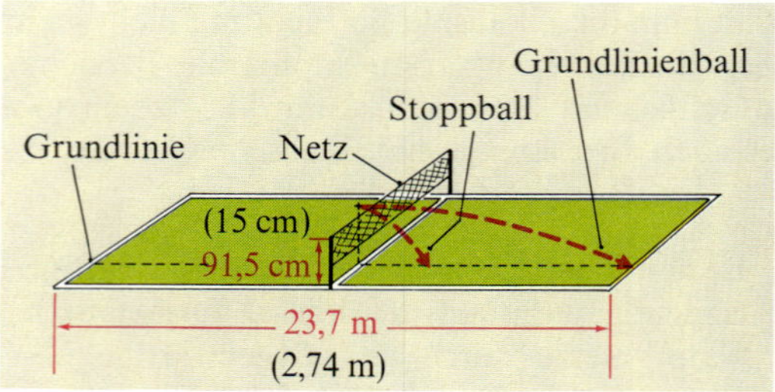

68.1 Zu Aufgabe 7: Maße eines (Tisch-)Tennisfelds

69.1 Zu Aufgabe 10: Warum der Weitspringer auch Hochsprung üben sollte. 1 cm ≙ 0,54 m

6. *Die Gewichtskraft des Wägestückes in Bild 69.2a hält dem links hängenden Affen (m =* 5,00 kg*) das Gleichgewicht, wenn er sich nicht bewegt. a) Was macht das Wägestück, wenn er sich beschleunigt nach oben bzw. nach unten in Bewegung setzt? b) Was macht es, wenn er mit konstanter Geschwindigkeit hochklettert? (Überlegen Sie vorher, was im schwerefreien Raum geschehen würde.) c) Der Affe schläft am Seil; das Wägestück rechts bekommt* 5,10 kg *Masse. Mit welcher Beschleunigung setzt sich die Anordnung in Bewegung, wenn man von der Masse der Rolle absieht? d) Wie muß sich der Affe am Seil bewegen, daß das Wägestück trotz des offenkundigen Ungleichgewichts in Ruhe bleibt?*

7. *Tennis: a) Ein Ball überquert das Netz beim Tennis- bzw. Tischtennisspiel horizontal in Längsrichtung des Feldes (Bild 68.1). Welche Geschwindigkeit darf er als „Grundlinienball" höchstens haben? Nach welcher Zeit schlägt er als „Grundlinienball", nach welcher als „Stoppball" auf? b) Warum spielen Anfänger meist weit über dem Netz? Ein Ball wird am Boden schräg nach oben abgeschlagen und erreicht die Höhe H. Berechnen Sie die Wurfdauer T*! Hängt sie vom Abschußwinkel und der Wurfweite ab? c) Zuschauer bewegen beim Tischtennis ihren Kopf mit größerer Frequenz hin und her als beim „weißen Sport". Kommt dies von der Netzhöhe oder der Spielfeldlänge? (Von Luftwiderstand absehen!)*

8. *Ein massiver Gummiball hüpft nach Bild 69.2b auf einem Steinboden. Tragen Sie in den Punkten 1 bis 6 die auf den Ball wirkenden Kräfte ein (gleich große Kräfte mit gleich langen Pfeilen; von Luftwiderstand absehen)! Für welche Punkte können Sie keine genauen Aussagen machen?*

9. *Aus dem Stand können Sie Ihren Schwerpunkt um* 0,4 m *über die Normallage anheben. Welche Vertikalgeschwindigkeit geben Sie sich?*

10. *Weitsprung: Lampen an Kopf, Hüfte, Händen und Füßen des Sportlers zeichneten in Bild 69.1 Leuchtspuren auf den Film. Der Schwerpunkt* S *(Hüfte) steigt aus* 1 m *Höhe in* B *(wo der Springer vom Boden abhob) auf seiner „Wurfparabel" um* 0,75 m *über* B. *Nach* 5,4 m *fiel* S *in* C *wieder auf das Niveau von* B *zurück. a) Berechnen Sie Vertikal- und Horizontal-Komponente v_y und v_x sowie den Absprungwinkel bei* B*! Wie lange braucht der Springer von* B *bis* C*? b) Berechnen Sie aus diesen Daten die zusätzliche Strecke, die der Springer durch Vorstrecken der Beine gewann! c) Bei welcher Vertikalgeschwindigkeit v_y wäre der Springer in* B *unter* 45° *abgesprungen (bei gleichem v_x)? d) Was verbessert die Weite?*

11. *Eine Münze mit Masse* 20 g *liegt auf einem Karton. Sie beginnt zu gleiten, wenn man diesen um* 35° *neigt. Verringert man die Neigung auf* 25°*, so gleitet sie nach einem Anstoß mit konstanter Geschwindigkeit weiter. a) Berechnen Sie die Gleit- und Haftreibungszahl! b) Man zieht am waagerechten Karton. Bei welcher Beschleunigung beginnt die Münze jetzt zu gleiten?*

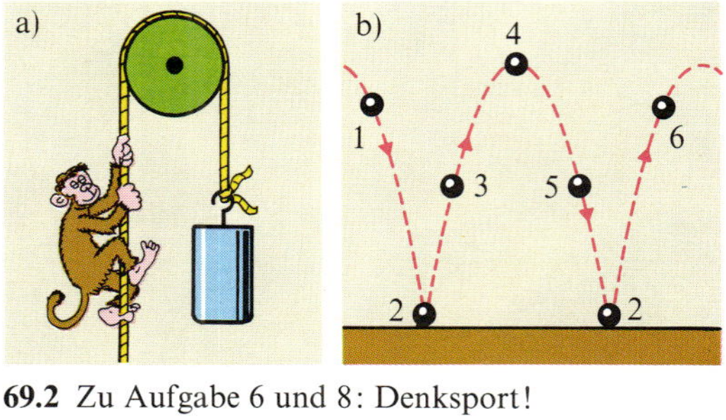

69.2 Zu Aufgabe 6 und 8: Denksport!

Erhaltungssätze

§ 21 Energie und Arbeit beim Heben

1. Was man sich so unter Energie vorstellt

Für den „Mann auf der Straße" – heute zumeist ein Autofahrer – ist Energie etwas, das er als Benzin oder Dieselöl teuer kaufen muß. Deshalb ist er über den Verbrauch und jeden Verlust von Energie besorgt. Da man mit Energie im Motor Kraft erzeugt, sagt er statt Energie oft Kraft. Doch ist dies falsch. Man kann ja mit Energie auch heizen. *Sie reicht also weit über die Mechanik hinaus.* Hier, in der Mechanik, müssen wir lernen, Energie und Kraft klar voneinander zu unterscheiden.

2. Zum Festhalten genügt Kraft, zum Hochheben braucht man auch noch Energie

Wir betrachten den Kran in *Bild 70.1a.* Das von ihm verbrauchte Dieselöl sehen wir zunächst als Maß für die vom Kran gelieferte Energie an. Solange die Last ruhig an seinem Seil hängt, braucht er kein Öl. Wenn er dagegen die Last gleichmäßig hebt, ist die verbrauchte Ölmenge der Hubstrecke $s=h$ proportional. Wenn nun eine Last doppelt so schwer ist, wie es die maximale Hubkraft des Krans zuläßt, so muß man zwei Kräne einsetzen *(Bild 70.1b)*. Zusammen üben sie die doppelte Kraft F_s in der Wegrichtung (s) aus und verbrauchen auch doppelt so viel Öl. – Wenn die Kraft doppelt ist und die Hubhöhe $s=h$ 4fach, braucht man die 8fache Ölmenge. Diese ist dem Produkt $F_s\,s$ proportional.

In der *Mechanik* betrachten wir die vom Motor abgeführte Wärme nicht. Wir beschränken uns auf die *mechanische Energie W*, die der Motor *mit Hilfe von Kraft* liefert. Man nennt sie auch **mechanische Arbeit W** und definiert sie durch das Produkt $W=F_s\,s$ mit der Einheit 1 Nm = 1 J (Joule; dʒu:l). Bevor wir uns mit weiteren Energieformen beschäftigen, betrachten wir die Definitionsgleichung $W=F_s\,s$ genauer:

a) Solange der Kran die Last auf gleicher Höhe hält, sind Verschiebung s wie auch Arbeit $W=F_s\,s=0$. Die Kraft zum Halten ist „arbeitslos".

b) Ein Körper bewege sich horizontal und ohne Reibung. Um diesen Bewegungszustand zu bewahren, braucht man *keine Kraft in der Bewegungsrichtung:* $F_s=0$. Man braucht kein Öl und nach $W=F_s\,s$ keine Arbeit. Die Gewichtskraft G steht hier senkrecht zum Weg s und ist „arbeitslos". Dies gilt für jede Kraft, die senkrecht auf dem Verschiebungsweg steht.

c) Ein Eisenträger ($G=10^4$ N) wird um die Strecke $s=h=10$ m langsam hochgezogen. Der Kran übt die Kraft $F_s=G=10^4$ N nach oben, also *längs der Wegrichtung,* aus. Diese Kraft ist „arbeitsam". Mit ihr liefert der Kran die mechanische Energie

$$W=F_s\cdot s=Gh=10^4\ \text{N}\cdot 10\ \text{m}=10^5\ \text{Nm}=10^5\ \text{J}.$$

Man sagt, er verrichtet die **Hubarbeit $W=Gh$.**

> ***Definition:* Arbeit ist mit Hilfe von Kraft zugeführte Energie; sie ist das Produkt aus der in Richtung des Verschiebungswegs s wirkenden Kraft F_s und s (wenn F_s konstant):**
>
> $$W=F_s\,s.$$
>
> **Einheit: $[W]=1$ Nm $=1$ J (Joule) (70.1)**

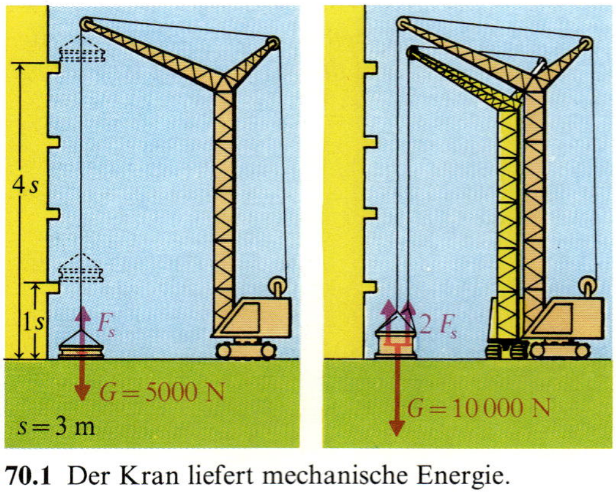

70.1 Der Kran liefert mechanische Energie.

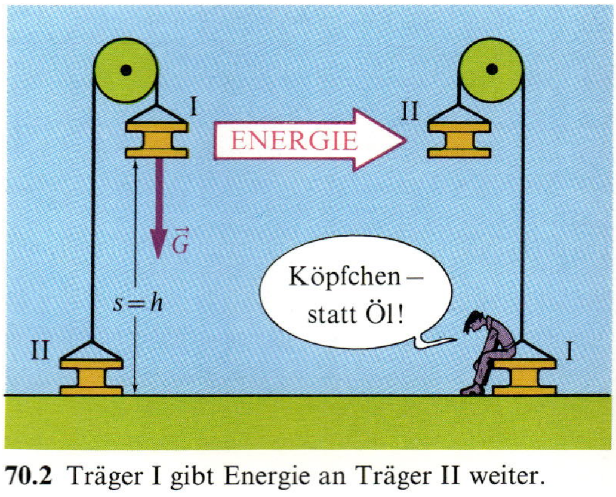

70.2 Träger I gibt Energie an Träger II weiter.

3. Schräge Kräfte arbeiten nur teilweise

Wir ziehen nach *Bild 71.2* an der Deichsel des Wagens schräg nach oben. Der Wagen fährt aber waagerecht. Ihn bringt nur die horizontale Komponente $\vec{F}_s$ vorwärts. Sie verrichtet mechanische Arbeit $W = F_s s$; F_s ist „arbeitsam". Die Komponente $\vec{F}_2$ dagegen zieht senkrecht zu $\vec{s}$, also weder nach vorn noch nach hinten; sie ist „nicht-arbeitsam". Sie hebt einen Teil der Gewichtskraft $\vec{G}$ des Wagens auf. Nach *Bild 71.2* ist die senkrechte Projektion $\vec{F}_s$ der Kraft F auf die Wegrichtung $F_s = F \cdot \cos\varphi$, also die Arbeit der schräg wirkenden Kraft $\vec{F}$

$$W = F_s\, s = F\, s \cdot \cos\varphi. \qquad (71.1)$$

71.1 Energie aus dem Erdinnern

4. Energieübertragung ohne Energieverlust

Arbeiter haben den falschen Träger I vom Kran hochziehen lassen *(Bild 70.2)*. Sie müssen ihn gegen den zweiten, gleich schweren Träger II austauschen. Dazu brauchen sie keinen Betriebsstoff mehr, wenn sie Träger II unten am Seil befestigen. Mit nur wenig Hilfe (wegen der Reibung müssen die Arbeiter schon ein wenig für ihre Nachlässigkeit büßen) senkt sich Träger I. Mit seiner großen Gewichtskraft G hebt er den Träger II. Dabei liefert er die gleiche Energie $W = Gh$, die er vom Kran bekommen hatte; denn auch die Wegstrecke $s = h$ ist die gleiche. Wir sagen also: *Der Träger I hat die vom Kran gelieferte Energie übernommen. Er speichert sie verlustlos als* ***Lageenergie*** W_L, *solange er im Zustand erhöhter Lage ist.*

In bestimmten Zuständen wird also Energie gespeichert – so wie Geld auf der Bank, „auf der hohen Kante". Man kann die Energie auch weitergeben – so wie man gespartes Geld in Umlauf setzt. Energie, die man mit Hilfe von Kraft *weitergibt,* nennt man auch *mechanische Arbeit.* So unterscheidet man sie von *gespeicherter Energie.* Vergleichen Sie Kontostand und Überweisungsbetrag; beides ist Geld!

Man mißt die Lageenergie des gehobenen Trägers durch die Energie $W = Gh$, die er vermöge seiner Gewichtskraft G beim Absinken um h liefern kann. Als **Nullniveau** NN für h und die Lageenergie haben wir hier den Boden festgelegt. Ihm gegenüber schreiben wir dem gehobenen Körper die Lageenergie $W = Gh$ zu. Dabei beziehen wir im Grunde die Erde mit ein; ohne die von ihr verursachte Gewichtskraft könnte man ja nicht von Lageenergie sprechen. Die Lageenergie gehört zum System Körper-Erde.

> ***Definition:*** **Die Lageenergie W_L eines Körpers in der Höhe h über einem Nullniveau NN ist die Energie, die er vermöge seiner Gewichtskraft G beim Absinken um die Höhe h liefern kann. Man nennt sie auch *potentielle Energie***
>
> $$W_L = G h = m g h. \qquad (71.2)$$

Wenn Träger I nur um $\frac{1}{4}$ seiner Höhe, also von h auf $\frac{3}{4}h$ absinkt, liefert er nur $\frac{1}{4}$ seiner Lageenergie, d.h. $\frac{1}{4}Gh$, an den andern. Er selbst behält $\frac{3}{4}Gh$. Was also der eine an Lageenergie verliert, gewinnt der andere.

Wir gehen nun einen wesentlichen Schritt weiter und fassen beide Träger (wenn Sie wollen, auch noch die Erde) zu einem **System** zusammen. In diesem System bleibt die *Summe der Energien* konstant. Man nennt dies die **Erhaltung von Energie in einem System.**

71.2 Projektion von Zugkraft $\vec{F}$ auf Wegrichtung $\vec{s}$. F_s ist „arbeitsam", F_2 dagegen „nicht-arbeitsam".

5. Energieerhaltung – auch auf Umwegen

a) Unser „Mann auf der Straße" ist durch das Beispiel in *Bild 70.2* noch nicht von der allgemeinen Energieerhaltung überzeugt. Er glaubt, in seinem Auto ein energiesparendes Getriebe zu haben. Es enthält Zahnräder. Wie diese wirken, wurde auf der Mittelstufe am *Wellrad (Bild 72.1)* erläutert. Links hängt die Last L und zieht mit der Kraft $F_1 = 6$ N. Damit sie um die Strecke s_1 gehoben wird, braucht man die Energie $W_1 = F_1\, s_1$. Dabei muß man am Rad mit dem 3fachen Radius nur mit der Kraft $F_2 = F_1/3 = 2$ N ziehen. Der Kraftweg $s_2 = s'''$ ist nämlich 3mal so lang wie der Lastweg $s_1 = s'$. Man muß also die gleiche Energie $W_2 = F_2\, s_2 = F_1/3 \cdot 3 s_1 = F_1\, s_1$ aufwenden wie ohne diese einfache Maschine.

Alle *Maschinenelemente* (Rollen, Flaschenzüge, Hebel, hydraulische Pressen usw.) liefern die aufgenommene Energie unverändert weiter. Deshalb braucht man sie bei Energiebetrachtungen nicht zu berücksichtigen. Sie verändern zwar die Kraft – ein Grund mehr, zwischen Kraft und Energie zu unterscheiden. Daß der 5. Gang im Autogetriebe als Spargang wirkt, liegt am Motor. Dieser braucht im 5. Gang auch bei schneller Fahrt nur langsam zu drehen. Dann nutzt er die Energie des Benzins mechanisch gesehen besser aus.

b) Die Pyramidenbauer im alten Ägypten hoben schwere Steinquader nicht senkrecht in die Höhe. Sie zogen diese auf Schlitten (mit geschmierter Unterlage) längs schräger Rampen nach oben. Dabei sparten sie viel an Kraft. Sparten sie auch Arbeit, d.h. Energie?

Die Zugkraft F_s in Wegrichtung ist nach *Bild 72.2* gleich der Hangabtriebskraft $F_H = G \cdot \sin\varphi$, also kleiner als G (von Reibung und Beschleunigung sehen wir zunächst ab). Um einen vorgegebenen Höhenunterschied h beim Neigungswinkel φ zu bewältigen, ist der Verschiebungsweg s, d.h. die Länge der schiefen Ebene, größer. Sie beträgt nach *Bild 72.2*

$$s = \frac{h}{\sin\varphi}, \quad \text{da} \quad \sin\varphi = \frac{h}{s} \quad \text{ist.}$$

Zum Hochziehen braucht man die Energie

$$W = F_s\, s = G \cdot \sin\varphi \cdot \frac{h}{\sin\varphi} = G h. \qquad (72.1)$$

Sie ist – im Gegensatz zur Kraft F_s – vom Winkel φ unabhängig und genau so groß, als ob man den Körper senkrecht hochgezogen hätte, nämlich Gh. Auch Gebirgsstraßen stellen solche schiefen Ebenen dar.

c) Nun kehren wir den Vorgang um und lassen nach *Bild 73.1* einen schweren Abschleppwagen die schiefe Ebene von C nach A reibungsfrei hinabrollen. Mit seiner Hangabtriebskraft $F_H = G \cdot \sin\varphi$ kann er einen leichteren Wagen der Gewichtskraft $G' = G \cdot \sin\varphi$ senkrecht hochziehen. Da dies nun auf der längeren Strecke $s = h/\sin\varphi$ geschieht, ist hierzu nach *Gl. 72.1* ebenfalls die Energie Gh nötig. Es ist die gleiche Energie, die man brauchte, um den schweren Wagen umgekehrt von A nach C hochzufahren. Diese Energie ging also nicht verloren.

Die Energieumsetzungen $W = Gh$ beim Heben oder beim Herabsinken von Körpern hängen also nur von ihrer Gewichtskraft G und dem Höhenunterschied h ab. Sie sind unabhängig vom Weg, auf dem die Körper dabei transportiert werden. Deshalb können wir mit der einfachen Gleichung $W = Gh$ die Lageenergie berechnen, auch wenn wir noch nicht wissen, wie sie später umgesetzt und ausgenutzt wird. Sie steht im gehobenen Zustand zur beliebigen Verfügung – so wie Geld auf einem Konto. – Wir fragen nun nach dem Energieaufwand für eine beliebige Bahn von A nach C in *Bild 73.2a*. Hierzu zerlegen wir diese in kurze Stücke aus schiefen Ebenen (blau) und diese

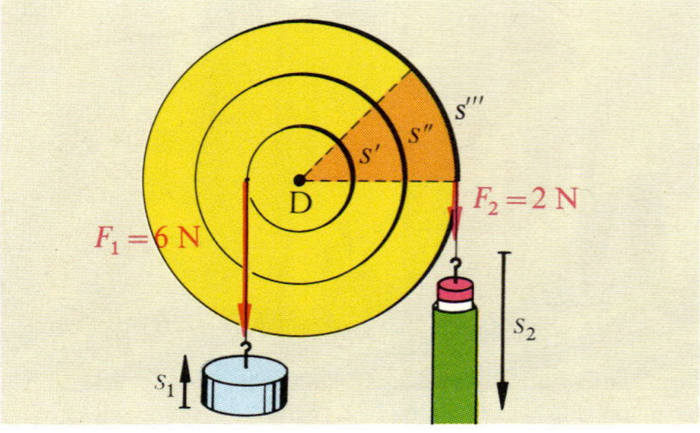

72.1 Räder geben Energie unverändert weiter.

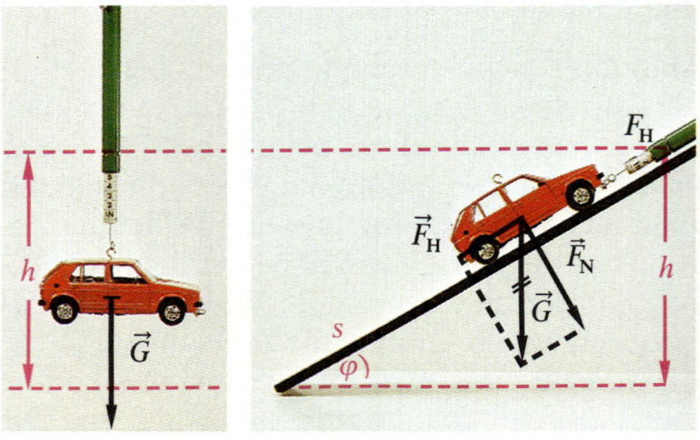

72.2 Gleiche Arbeit bei verschiedener Kraft

weiter in kleine Treppenstufen (rot). Die Summe der Hubarbeiten auf den vertikalen Strecken ist so groß wie die Arbeit von B nach C, nämlich $W = Gh$. Auf den waagerechten Teilstücken hat man dagegen keine Energie aufzuwenden. Sie sehen, wie einfach man mit der Energie rechnen kann!

Die Lageenergie $W_L = Gh$ ist unabhängig davon, wie der Körper in die erhöhte Lage gebracht worden ist oder wieder aus ihr zurückkehrt. Sie ist – nach Angabe des Nullniveaus – eindeutig bestimmt.

Aufgaben:

1. *Betrachten Sie bei der losen Rolle, dem Flaschenzug und der hydraulischen Presse die Weitergabe von Energie an Hand des Produkts Kraft mal Kraftweg! Warum darf man nicht die Summe dieser beiden Größen nehmen?*

2. *Ein Junge (*60 kg*) hat sich nach Bild 73.2b ein Seil um den Bauch gebunden, das über eine Rolle läuft. a) Mit welcher Kraft muß er am andern Ende mit den Händen ziehen, wenn er über dem Boden schweben will? Ist dies überhaupt möglich? b) Mit welcher Kraft zieht dann sein Bauch? c) Wieviel Seil muß er „durch die Hand" ziehen, damit er* 5 m *höher kommt? d) Welche Arbeit bringt er dabei mit den Händen auf, welche mit dem Bauch?*

§22 Energie in der Bewegung

1. Schnellerwerden erfordert Energie

Unser Mann auf der Straße beschleunigt sein Auto ($m = 1\,000$ kg) aus der Ruhe auf die Geschwindigkeit 20 m/s. Er nimmt an, daß man dazu bei mehr „Gas", also bei größerer Kraft, mehr Energie braucht. Wir rechnen: Mit der Kraft F_s steigt die Beschleunigung $a = F_s/m$. Dafür braucht man die kürzere Zeit $t = v/a$ und die kürzere Strecke $s = \frac{1}{2}v^2/a$, um auf die gewünschte Geschwindigkeit $v = 20$ m/s zu kommen. In *Tabelle 73.1* haben wir die nötigen mechanischen Energien $W_B = F_s s$ für verschiedene Kräfte berechnet. Die letzte Spalte zeigt, daß W_B von F_s unabhängig ist. Dies können wir auch allgemein beweisen:

$$W = F_s s = ma \cdot \tfrac{1}{2}at^2 = \tfrac{1}{2}m(at)^2 = \tfrac{1}{2}mv^2. \qquad (73.1)$$

Der Aufwand an mechanischer Energie beim Beschleunigen, also $W_B = \frac{1}{2}mv^2$, hängt nur vom Endergebnis ab, nämlich von der Geschwindigkeit v, auf die der Körper mit Masse m beschleunigt wird. Unabhängig von der Kraft F braucht man für das Auto nach *Tabelle 73.1* zum Beschleunigen auf 20 m/s die mechanische Energie

$$W_B = \tfrac{1}{2}mv^2 = \tfrac{1}{2} \cdot 1000\,\text{kg} \cdot \left(20\,\frac{\text{m}}{\text{s}}\right)^2 = 2 \cdot 10^5\,\text{J}.$$

Beschleunigende Kraft F_s in N	Beschleunigung a in m/s²	Zeit t in s	Weg s in m	nötige Energie $W_B = F_s \cdot s$ in J
100	0,1	200	2000	$2 \cdot 10^5$
1000	1,0	20	200	$2 \cdot 10^5$
10000	10,0	2	20	$2 \cdot 10^5$

Tabelle 73.1 Ein Auto der Masse 1000 kg wird durch verschiedene Kräfte auf 20 m/s beschleunigt.

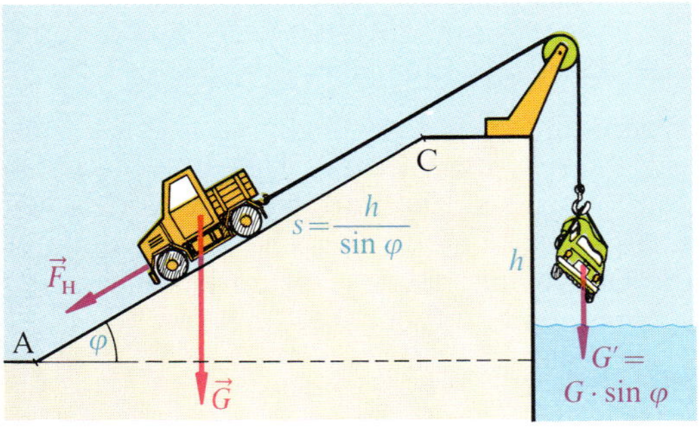

73.1 So braucht der Abschleppwagen kein Benzin!

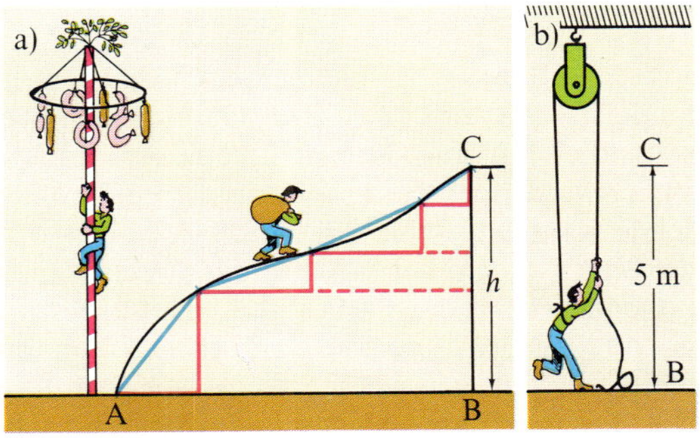

73.2 „Hocharbeiten" auf verschiedenen Wegen

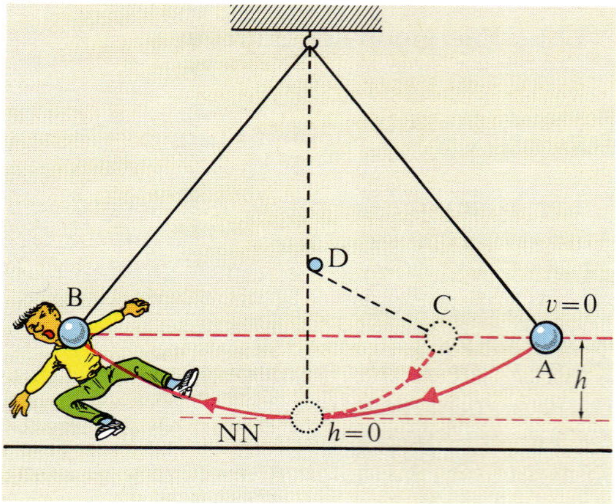

74.1 Er hat es gerade noch geschafft!

In der Praxis hat unser Mann auf der Straße recht: Wenn er zu viel Gas gibt, nutzt der Motor die Energie des Benzins ungünstiger aus; er liefert einen größeren Anteil an Wärme. Die zum Beschleunigen nötige mechanische Energie bleibt aber hiervon unberührt.

Was kostet die Energie $W = 2 \cdot 10^5$ J zum Anfahren? 1 l Benzin liefert insgesamt $46 \cdot 10^6$ J und kostet 1,5 DM. Davon gibt der Motor aber nur 17% an mechanischer Energie, d.h. $8 \cdot 10^6$ J, weiter. Das Anfahren kostet also 4 Pf.

2. Doppelte Geschwindigkeit – vierfache Energie

Ein schnell fahrendes Auto muß auch einmal gebremst werden. Heiße Bremsen setzen es aber nicht wieder in Gang! Ist also die zum Beschleunigen gebrauchte mechanische Energie verloren? Nun, der Fahrer könnte sie retten, indem er ungebremst und ohne Gas zu geben eine Steigung hinauffährt. Dann erhält er Lageenergie. Wir denken an die „Rettung" der Hubarbeit in *Bild 70.2*. Würde dabei alle Energie erhalten bleiben, wenn wir Reibung ausschließen?

Versuch 41: a) Wir hängen eine schwere Kugel an der Decke auf *(Bild 74.1)*. Dann lenken wir sie seitlich auf einer Kreisbahn aus. Am immer steiler werdenden Hang müssen wir eine wachsende Kraft ausüben. Im Punkt A haben wir die Kugel gegenüber NN um die Strecke h gehoben, ihr also als „Startkapital" die Lageenergie Gh gegeben. Diese ist nach Seite 72 unabhängig davon, wie wir die Kugel gehoben haben. Wenn wir sie loslassen, schwingt sie nach NN zurück. Dort hat sie die größte Geschwindigkeit, aber keine Lageenergie mehr. Wir dürfen nun sagen, die Kugel habe dafür eine gleich große **Bewegungsenergie** erhalten. Sie steigt nämlich auf der andern Seite gleich hoch zum Punkt B und gewinnt dort wieder die ursprüngliche Lageenergie ($v = 0$).

b) Nun befestigen wir bei D einen festen Balken und lassen die Kugel bei C am gespannten Draht los. Jetzt wird sie auf einem viel kürzeren Bogen beschleunigt. Trotzdem erreicht sie auf der andern Seite im Umkehrpunkt B wieder die Ausgangshöhe h. Am steileren Hang (von C aus) war zwar der Weg kürzer, aber die Kraft größer. Die Lageenergie Gh hängt eben nur von der Gewichtskraft G und dem Höhen*unterschied* h ab und nicht vom speziellen Weg, den der Körper im Schwerefeld zurücklegt!

c) Auch wenn die Kugel von B über NN nach C zurückschwingt, erreicht sie auf dem nun verkürzten Bogen rechts dieselbe Höhe h. Die hier gezeigten Umwandlungen von Bewegungs- in Lageenergie und zurück hängen also nicht vom eingeschlagenen Weg ab; die verzögernde Kraft braucht auch nicht gleich groß zu sein wie die beschleunigende. Deshalb können wir für die Energie leicht *Bilanzabrechnungen* aufstellen, ohne nachzudenken, was unterwegs geschieht.

Um einen Körper der Masse m aus der Ruhe auf die Geschwindigkeit v zu beschleunigen, braucht man die Energie

$$W_B = \tfrac{1}{2} m v^2. \qquad (74.1)$$

Sie steckt im Körper als Bewegungsenergie (kinetische Energie) und wird beim Abbremsen wieder frei.

Ein Auto hat – wegen v^2 in *Gl. 74.1* – bei 2facher Geschwindigkeit 4fache Energie. Diese wirkt sich bei Unfällen entsprechend verheerender aus. Wer in einer Ortschaft mit 70 km/h statt nur 50 km/h fährt, hat fast schon die doppelte kinetische Energie!

Wenn ein Körper zu Beginn der Beschleunigung bereits die Geschwindigkeit v_1 hatte, so baut man auf der vorhandenen kinetischen Energie $W_{B1} = \frac{1}{2} m v_1^2$ auf. Um ihn weiter auf die Geschwindigkeit $v_2 > v_1$ zu beschleunigen, braucht man nur noch die Energie

$$W_B = \tfrac{1}{2} m v_2^2 - \tfrac{1}{2} m v_1^2 = \tfrac{1}{2} m (v_2^2 - v_1^2).$$

Wir vertiefen dies auf Seite 78.

§ 23 Energieerhaltung in der Mechanik

1. Energie wandelt sich – und bleibt konstant

a) Wir heben einen Stein der Masse $m = 10$ kg um $H = 45$ m. Dabei wenden wir als Startkapital die Lageenergie $W = GH = 4500$ J auf. Beim Fallen nimmt seine Bewegungsenergie $\frac{1}{2}mv^2$ zu. Diese ist in *Tabelle 75.1* für aufeinanderfolgende Zustände aus der jeweiligen Geschwindigkeit $v = gt$ zusammen mit der zugehörigen Lageenergie Gh berechnet.

Wir vergleichen die 4. und 6. Spalte miteinander: Was der Körper an Lageenergie verliert, gewinnt er an Bewegungsenergie. Deshalb ist die Summe aus beiden konstant (4500 J; letzte Spalte). Dies können wir auch allgemein beweisen. Das Nullniveau NN sei der Boden, $s = \frac{1}{2}gt^2$ die jeweilige Fallhöhe, $h = H - s$ die Höhe über dem Boden. Die Energiesumme ist

$$\begin{aligned} W_{\text{ges}} &= mgh + \tfrac{1}{2}mv^2 = mg(H-s) + \tfrac{1}{2}m(gt)^2 \\ &= mgH - mg\cdot\tfrac{1}{2}gt^2 + \tfrac{1}{2}mg\cdot gt^2 \\ &= \boldsymbol{mgH}. \end{aligned} \qquad (75.1)$$

Wir sehen: A) Terme, in denen die Zeit t vorkommt, treten bei der *Energiesumme* am Schluß (mgH) nicht mehr auf. Diese ist konstant und damit unabhängig vom jeweiligen Zeitpunkt t und der zugehörigen Höhe h. Die Energie wandelt nur ihre Form.

B) Diese Energiesumme $W_{\text{ges}} = mgH$ ist gleich der Energie, die man beim Heben als Hubarbeit aufbrachte und in das System steckte. Sie bleibt beim freien Fall erhalten.

b) Wir werfen den Stein mit $v_0 = 30$ m/s vom Boden aus nach oben. Hier müssen wir ihm als Startkapital die Bewegungsenergie $W_B = \frac{1}{2}mv_0^2 = 4500$ J mitgeben. Er durchläuft dann die Zustände in *Tabelle 75.1* von unten nach oben und kommt in $h = 45$ m Höhe für einen Augenblick zur Ruhe (Seite 57). Wiederum bleibt die Energiesumme konstant. Obwohl die Geschwindigkeiten jetzt entgegengesetzt zu denen beim freien Fall gerichtet, also negativ sind, haben wir auch hier die Bewegungsenergie $\frac{1}{2}mv^2$ zur Lageenergie addiert. $\frac{1}{2}mv^2$ bleibt positiv, auch wenn das Vorzeichen von v negativ ist. Energie – als Skalar – hängt im Gegensatz von der Geschwindigkeit nicht von der Richtung ab (Aufgabe 1). Oder wollen Sie vielleicht der Energie von 10 l Benzin eine Richtung zuordnen? Dies erleichtert den Umgang und das Rechnen mit der Energie ungemein.

c) Der Körper der Masse m durchläuft im Schwerefeld der Erde gemäß *Tabelle 75.1* viele Zustände. Zu jedem gehört eine bestimmte Höhe ($h_1, h_2, \dots$) und ein Geschwindigkeitsbetrag ($v_1, v_2, \dots$). Dann gilt nach *Gl. 75.1* beim Fehlen von Reibung und Luftwiderstand der **Erhaltungssatz** für die Summe mechanischer Energieformen

$$\begin{aligned} \boldsymbol{W_{\text{ges}}} &= \boldsymbol{Gh_1 + \tfrac{1}{2}mv_1^2 = Gh_2 + \tfrac{1}{2}mv_2^2 = \dots} \\ &= \textbf{konstant.} \end{aligned} \qquad \textbf{(75.2)}$$

d) Diesen Erhaltungssatz für die Energiesumme entwickelten wir aus den Gesetzen der gleichmäßig beschleunigten Bewegung. Gilt er auch dann in jedem Augenblick, wenn die Kräfte sich ändern, also etwa bei einer Pendelschwingung? Bei ihr wächst die Kraft mit zunehmender Auslenkung (Versuch 41).

Versuch 42: **a)** Wir halten nach *Bild 76.1* die Pendelkugel der Masse $m = 0{,}500$ kg in der ausgelenkten Stellung mit einem Elektromagneten in völliger Ruhe. Gegenüber der tiefsten Stellung NN, die wir als Nullniveau für die Lageenergie wählen, wurde sie um $h_1 = 0{,}0815$ m gehoben. In diesem *Zustand 1* hat die Kugel die *Lageenergie* $W_{L1} = mgh_1 = 0{,}400$ Joule, die *Bewegungsenergie* $W_{B1} = 0$ und die *Energiesumme*

$$\boldsymbol{W_1} = mgh_1 + \tfrac{1}{2}mv_1^2 = 0{,}400\,\text{J} + 0\,\text{J} = \mathbf{0{,}400\,J}.$$

Zeit t in s	Fallweg s in m	Höhe h über dem Boden in m	Lageenergie Gh in Joule	Geschwindigkeit $v = gt$ in m/s	Bewegungsenergie $\frac{1}{2}mv^2$ in Joule	Lage + Bewegungsenergie $Gh + \frac{1}{2}mv^2$ in Joule
0	0	45	4500	0	0	4500
1	5	40	4000	10	500	4500
2	20	25	2500	20	2000	4500
3	45	0	0	30	4500	4500

Tabelle 75.1 Ein Körper (10 kg) fällt aus 45 m Höhe. Wie ändert sich dabei die Energie? (NN ist der Boden.)

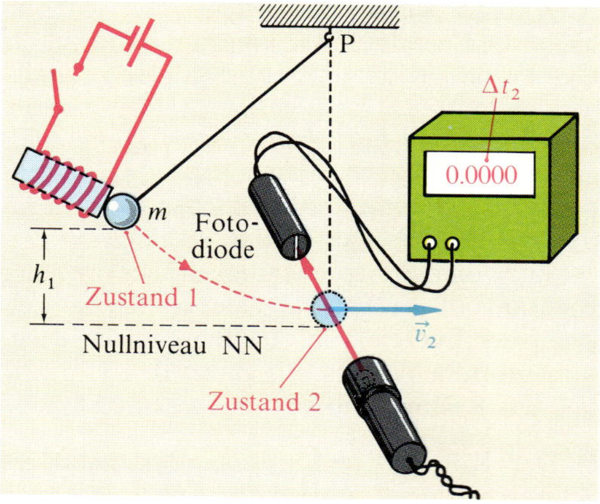

76.1 Messung der Energiesumme für Versuch 42

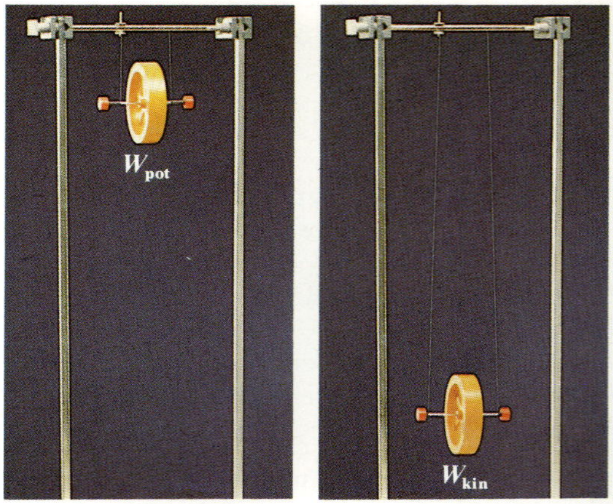

76.2 Beim *Maxwell-Rad* tritt Rotationsenergie auf.

Nachdem die Kugel vom Durchmesser $\Delta s =$ 5,0 cm losgelassen worden ist, durchsetzt sie im tiefsten Punkt, dem *Zustand 2*, eine Lichtschranke. Diese meldet die Dunkelzeit $\Delta t_2 = 0{,}0399$ s. Dort ist $v_2 = \Delta s / \Delta t = 1{,}25$ m/s, die Bewegungsenergie $W_{B2} = 0{,}391$ J.

Für die *Energiesumme* im *Zustand 2* ($h_2 = 0$) gilt:

$$\boldsymbol{W_2} = mgh_2 + \tfrac{1}{2}mv_2^2 = 0\,\text{J} + 0{,}391\,\text{J} = \mathbf{0{,}391\,J.}$$

Die Energiesumme 0,40 J bleibt also im Rahmen der Meßfehler konstant: $W_1 \approx W_2$.

b) Wir schwenken den Aufhängepunkt der Lichtschranke um den Befestigungspunkt P des Pendelfadens und damit den Lichtstrahl an eine andere Stelle der Pendelbahn. Dann erhalten wir die Meßwerte in *Tabelle 76.1*. Klarheit bringt die letzte Spalte. Sie zeigt, daß auch bei Pendelschwingungen die Energiesumme konstant bleibt. Sie ist eine *verläßliche Konstante* im Naturgeschehen. Wir wollen deshalb künftig auch bei noch komplizierteren Vorgängen nach dieser *konstanten Gesamtenergie* suchen. Hierzu greifen wir einige Zustände im Bewegungsablauf heraus – etwa Anfang und Ende – und bilden für diese die Energiesumme.

Höhe h in m	Dunkelzeit Δt in s	$v = \Delta s/\Delta t$ in m/s	mgh in J	$\frac{1}{2}mv^2$ in J	$mgh + \frac{1}{2}mv^2$ in J
0,085	–	–	0,400	0	**0,40**
0,062	0,0806	0,620	0,304	0,096	**0,400**
0,035	0,0523	0,956	0,172	0,226	**0,398**
0,015	0,0437	1,14	0,074	0,325	**0,399**
0	0,0395	1,25	0	0,391	**0,391**

Tabelle 76.1 Zu Versuch 42 und *Bild 76.1*

Versuch 43: Beim *Jo-Jo* (*Maxwell-Rad* nach *Bild 76.2*) wickeln sich beim Drehen beide Fäden um die Achse. Das Rad hebt sich und gewinnt Lageenergie. Beim selbständigen Absinken bekommt es aber nicht nur kinetische Energie wegen der geradlinigen Abwärtsbewegung, sondern vor allem wegen der Rotation. Beide Energieformen verwandeln sich beim Wiederhochsteigen fast ganz in Lageenergie zurück. Verluste durch Reibung und Luftwiderstand können nicht ausbleiben; das Rad erreicht die Ausgangslage nicht mehr ganz. Solche Verluste wollen wir nun betrachten und überlegen, ob die Energie irgendwie „abfließt“.

2. Ein Loch ist im Eimer…

Hat der Mann auf der Straße nicht doch recht, wenn er sagt, Energie geht verloren? Er bremst sein Auto (Masse m) bei v_0 mit der Verzögerung a scharf ab. Hat sich dabei die Bewegungsenergie $W_B = \frac{1}{2}mv_0^2$ am Ende des Bremswegs $S = v_0^2/2a$ in Nichts aufgelöst oder ist sie durch ein „Loch“ unbemerkt abgeflossen? Sie gab dem Auto zwar keine Lageenergie, hinterließ aber eine Bremsspur der Länge S. Wollten wir das Auto um diese Strecke S bei blockierten Rädern gegen die Bremskraft F_R verschieben, so müßten wir selbst die Energie $W_R = F_R\,S$ aufbringen. Statt dessen wurde die Bewegungsenergie $\frac{1}{2}mv_0^2$ aufgezehrt. Mit $F_R = ma$ (Seite 61) folgt nämlich:

$$F_R\,S = \tfrac{1}{2}mv_0^2 \text{ oder } S = \frac{mv_0^2}{2F_R} = \frac{v_0^2}{2a},$$

d.h. der schon bekannte *Bremsweg* $S = \dfrac{v_0^2}{2a}$.

Reibung mit der konstanten Kraft F_R entzieht dem System längs des Reibungswegs S die mechanische Energie $W_R = F_R S$. (77.1)

Diese Energie ist aber nicht verloren, genau so wenig wie die Energie, mit der wir auf der Mittelstufe Glyzerin gequirlt haben. Die *geordnete Bewegung* der Quirlstäbe ging dabei in *ungeordnete Bewegung* der Moleküle über. Deren Energie heißt **innere Energie.** Man erkennt sie an der *erhöhten Temperatur*. Warum spricht man dann trotzdem von einem Energieverlust? Nun, heißgelaufene Bremsen ersetzen mit ihrer inneren Energie Benzin nicht. Die ungeordnete Molekülbewegung kann – auch in Wärmeenergiemaschinen – nur zum Teil in mechanische Energie makroskopischer Körper, also in einen geordneten Zustand, zurückgeführt werden. Oder halten Sie es für wahrscheinlich, daß sich bei der *Brownschen Bewegung* in Milch plötzlich alle Fett-Tröpfchen nur nach rechts bewegen? Der Energiesatz wäre zwar nicht verletzt – aber beobachtet hat dies noch niemand.

Noch in anderer Hinsicht unterscheidet sich der Energieaufwand beim Reiben von dem beim Heben und Beschleunigen: Er hängt meist stark vom eingeschlagenen Weg ab. So kann ein Radfahrer sein Ziel auf einer guten Straße mit nur wenig Energieaufwand erreichen. Die Fahrt querfeldein wird aber bedeutend mühsamer.

3. Das abgeschlossene System – ein Energietresor

Energie ist ein Verwandlungskünstler:

a) Sie kann von einem Körper auf einen andern *übergehen,* z.B. vom Kran zum ersten Träger in *Bild 70.2* und von diesem zum zweiten.

b) Energie kann sich von einer Form in eine andere *umwandeln:* Beim fallenden Ziegel wird aus Lageenergie Bewegungsenergie.

c) Energie kann lange Zeit *gespeichert* sein, etwa als Lageenergie eines Ziegelsteins auf dem Dach oder im Mond, der um die Erde kreist.

d) Beim Reiben *verflüchtigt* sich Energie in **innere Energie** – in einen ungeordneten Zustand. In Wärmeenergiemaschinen wird sie zum Teil wieder in mechanischer Form „geordnet".

Wenn wir also den Erhaltungssatz für Energie aussprechen, so müssen wir genau angeben, welche Körper wir in Betracht ziehen und ob Reibung eine merkliche Rolle spielt. Wir müssen diese Körper zu einem *System* zusammenfassen, *das energetisch abgeschlossen ist.* Um dieses System können wir uns eine *Hülle* gelegt denken, durch die keine Energie tritt *(Bild 77.1)*. Sie darf weder von Körpern noch von Seilen durchsetzt werden, die Energie zu- oder abführen. Nur die Gewichtskraft darf durch die Systemhülle greifen. Wenn sie Arbeit verrichten sollte, so berücksichtigen wir dies durch die beim Absinken des Körpers frei werdende *potentielle Energie $G h$.*

Wollen wir uns – wie bisher – auf die mechanischen Energieformen beschränken und von der inneren Energie (Molekülbewegung usw.) absehen, so gilt der Erhaltungssatz nach *Gleichung 75.2* nur, wenn im System keine Reibung auftritt und keine Wärmeenergiemaschine (etwa aus Öl) mechanische Energie liefert.

Der Erhaltungssatz für mechanische Energieformen gilt in abgeschlossenen reibungsfreien Systemen.

Ist ein System nicht abgeschlossen, ändert sich die Energiesumme um die Energie, die dem System zugeführt oder entzogen wurde.

Die *Anlaufbahn AB einer Sprungschanze* ist eine schiefe Ebene mit 30° Neigung *(Bild 77.1)*. Vom Niveau NN des Sprungtischs aus steigt der Springer (Masse 80 kg) $h_1 = 40$ m hoch. So gewinnt er gegenüber diesem Nullniveau die

Lageenergie $W_{L1} = G h_1 = 800\,\text{N} \cdot 40\,\text{m} = 32\,000\,\text{J}$.

Zusätzlich gibt er sich in A durch Anlauf und Abstoß die Geschwindigkeit $v_1 = 5$ m/s und die

kinetische Energie $W_{B1} = \frac{1}{2} m v_1^2 = 1\,000$ J.

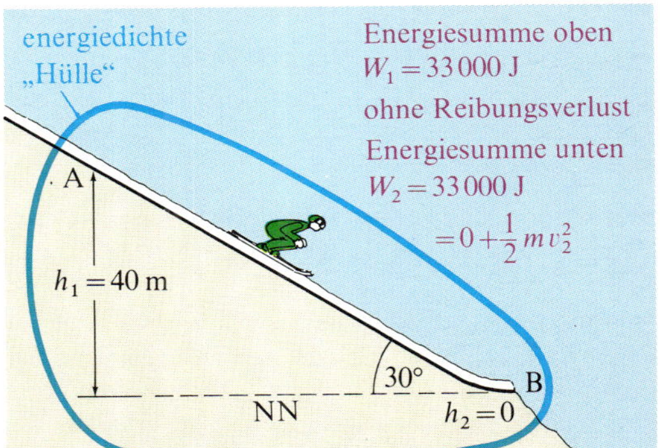

77.1 „Hülle" um die Anlaufbahn einer Sprungschanze

Sein Startkapital an Energie ist *im oberen Niveau die Energiesumme*

$W_1 = W_{L1} + W_{B1} = \mathbf{33000\ J.}$

Zunächst sehen wir von Reibungsverlusten ab. Dann hat der Springer am Sprungtisch (NN) die Lageenergie $Gh_2 = 0$. Seine Geschwindigkeit ist v_2, seine Bewegungsenergie $\frac{1}{2}mv_2^2$. Im *unteren Niveau* ist also die *Energiesumme*

$W_2 = Gh_2 + \frac{1}{2}mv_2^2 = 0 + \frac{1}{2}\mathbf{m}\mathbf{v}_2^2.$

Da im abgeschlossenen reibungsfreien System keine Energie verloren geht, gilt $W_2 = W_1$ oder

$\frac{1}{2}\mathbf{m}\mathbf{v}_2^2 = \mathbf{33000\ J,}$ d.h. $v_2 = 29$ m/s.

Für diese Energieumsetzungen brauchten wir Neigungswinkel und Länge S der Anlaufbahn nicht zu beachten. Dies wird anders, wenn wir die *Reibungsverluste* $W_R = F_{gl} S$ berücksichtigen: Wenn die Gleitreibungszahl $f_{gl} = 0{,}05$ ist, beträgt die Reibungskraft

$F_{gl} = f_{gl}\, F_N = f_{gl}\, G \cdot \cos 30° = 35$ N.

Der Reibungsweg S ist die Länge $\overline{AB}$ des Anlaufwegs $S = h/\sin 30° = 80$ m. Durch Reibung geht die Energie $W_R = F_{gl}\, S = 2800$ J verloren. *Energiesumme im unteren Niveau:*

$W_2' = W_1 - W_R = 33000\text{ J} - 2800\text{ J} = \mathbf{30200\ J.}$

Der Springer kommt mit $v_2' = 27{,}5$ m/s an.

4. Wie weit schlagen Pendel aus?

Der Pendelkörper der Masse m hängt nach *Bild 79.1* an einem Faden der Länge l. Im tiefsten Punkt erhält er in horizontaler Richtung durch einen Stoß die Geschwindigkeit v_1. Anschließend wird er um die waagerechte Strecke d ausgelenkt und steigt dabei um die Höhe h_2.

Energiesumme im tiefsten Punkt (NN):

$W_1 = Gh_1 + \frac{1}{2}mv_1^2 = 0 + \frac{1}{2}mv_1^2.$

Energiesumme im Umkehrpunkt U ($v_2 = 0$):

$W_2 = Gh_2 + \frac{1}{2}mv_2^2 = Gh_2 + 0 = mgh_2.$

Der Energieerhaltungssatz liefert $W_2 = W_1$:

$$mgh_2 = \tfrac{1}{2}mv_1^2,\ \text{d.h.}\ h_2 = v_1^2/(2g). \qquad (78.1)$$

Die horizontale Auslenkung d können wir viel genauer messen als den kurzzeitigen Höhengewinn h_2. Wenn wir in *Bild 79.1* um den Aufhängepunkt D des Pendels einen Halbkreis schlagen, erhalten wir das rechtwinklige Dreieck AUB. Der Höhensatz liefert in ihm die Beziehung

$$d^2 = h_2\,(2l - h_2) \approx h_2 \cdot 2l. \qquad (78.2)$$

Dabei haben wir näherungsweise die längere Kathete $(2l - h_2)$ durch die Hypotenuse $(2l)$ ersetzt. Wird z.B. ein Pendel mit Fadenlänge $l = 1{,}00$ m um $d = 20$ cm ausgelenkt, so ist $h_2 = 2$ cm. Wir machen einen Fehler von 1% (2 m statt 1,98 m).

Aus den *Gleichungen 78.1* und *78.2* folgt:

$$d^2 \approx h_2 \cdot 2l = \frac{l}{g}\, v_1^2 \ \text{oder}\ d \approx v_1 \sqrt{\frac{l}{g}}. \qquad (78.3)$$

Die Auslenkung d eines Pendels ist bei kleinen Ausschlägen proportional seiner Geschwindigkeit v_1 in der tiefsten Lage, unabhängig von der Masse.

5. Ein Perpetuum mobile durch Systemwechsel?

Die Lageenergie hängt vom Nullniveau ab. Benutzt man – etwa in einem andern Inertialsystem – ein anderes Nullniveau, so ändert sich die Energiebilanz nicht; in diese gehen ja nur Differenzen der Lageenergie, also Höhendifferenzen ein.

Anders ist es bei der *Bewegungsenergie*. Ein Zug fahre mit der Geschwindigkeit $v_0 = 20$ m/s. In ihm setze sich ein Mann mit der Masse $m = 80$ kg in Fahrtrichtung in Bewegung. Vom Zug aus gesehen beschleunigt er sich während 1 s aus der Ruhe ($v_0' = 0$ m/s) auf $v_1' = 1$ m/s. Durch die Kraft seiner Beinmuskeln gewinnt er also im Zug die

Bewegungsenergie $W_1' = \frac{1}{2}mv_1'^2 = \mathbf{40\ J.}$

Für einen Zuschauer am Bahndamm erhöht der Mann aber seine Geschwindigkeit von $v_0 = 20$ m/s auf $v_1 = 21$ m/s. Seine Bewegungsenergie steigt nach Seite 74 von $W_0 = \frac{1}{2}mv_0^2 = 16000$ J auf $W_1 = \frac{1}{2}mv_1^2 = 17640$ J, also um $\Delta W = \mathbf{1640\ J.}$ Dies ist viel mehr, als ihm seine Muskeln gegeben haben (40 J)! Wurde hier *Energie aus Nichts* gewonnen, haben wir ein **Perpetuum mobile** gefunden? So nennt man eine Maschine, die Energie aus Nichts schaffen soll. Sie war jahrhundertelang der Traum vieler Erfinder – ein vergeblicher Traum! Wir erwachen aus ihm, wenn wir an die Lokomotive denken: Der Mann erteilt sich selbst die Beschleunigung $a = 1$ m/s² mit der Kraft $F = 80$ N nach vorne. Die reactio übt er auf den Zug nach hinten aus und verzögert ihn etwas. Damit dieser aber seine Geschwindigkeit $v_0 = 20$ m/s beibehält, muß die Lokomotive längs der Strecke $s = 20$ m, die sie während der Beschleunigungszeit 1 s zurücklegt, die Energie $W = F\,s = 80\text{ N} \cdot 20\text{ m} = 1600$ J aufbringen. Dies ist genau die Differenz zwischen $\Delta W = 1640$ J und $W_1' = 40$ J, die wir unserem „perpetuum mobile" zu entnehmen gedachten. Schade!

Wir sehen an diesem Beispiel, daß der Gewinn an Bewegungsenergie vom Inertialsystem des Beobachters abhängen kann.

Weiter zeigt dieses Beispiel, daß man einem Körper nicht unbedingt einen Energiezuwachs „an sich" zuschreiben darf, der ihm „zugeflossen" sei. Man muß den Standpunkt des Beobachters berücksichtigen. Energie ist also im Grunde eine *Rechengröße*, der wir nicht einmal einen „absoluten Nullwert" zuschreiben können. Sie ist nicht die „handfeste Menge", als die sie der Mann auf der Straße ansieht. Ihr Wert liegt darin, daß man für die Energie einfache Bilanzrechnungen aufstellen kann – aber nur, wenn man den Standpunkt des Beobachters während der Rechnung nicht wechselt. Dann stimmt bei Naturvorgängen die Energiebilanz immer. Hier liegt die Bedeutung der Energie für Physiker.

Aufgaben:

1. *Ein Körper der Masse* $m = 10$ kg *wird in* 45 m *Höhe über dem Boden a) aus der Ruhe losgelassen, b) mit* 10 m/s *nach unten, nach oben bzw. waagerecht abgeworfen. Berechnen Sie die Geschwindigkeiten, mit denen er jeweils am Boden ankommt! (Energie ist nach Seite 75 ein Skalar!)*

2. *Ein Auto fährt mit* 72 km/h *eine Straße mit* 5° *Steigung aufwärts. Dann kuppelt der Fahrer den Motor aus. Wie weit fährt das Auto noch, von Reibung und Luftwiderstand abgesehen?*

3. *Ein Auto prallt mit* 108 km/h *gegen eine feste Mauer. Aus welcher Höhe müßte es frei herabfallen, um die gleiche zerstörende Energie zu bekommen?*

4. *Ein Radfahrer kommt mit* 10 m/s *an einen Abhang, an dem er, ohne zu bremsen,* 5 m *an Höhe verliert. Dann prallt er auf ein Hindernis. Aus welcher Höhe hätte er frei fallen müssen, um mit gleicher Geschwindigkeit aufzutreffen?*

5. *Ein Fadenpendel der Länge* $l = 1{,}0$ m *wird um* $\varphi = 10°$, *später um* 60° *ausgelenkt. Berechnen Sie in Bild 79.1 die Strecke* $\overline{CD}$ *und daraus die Lageenergie des Pendelkörpers* (1,0 kg) *gegenüber dem tiefsten Punkt! Welche Geschwindigkeit hat er dort, wenn man ihn aus der Ruhe losgelassen hat? Rechnen Sie zunächst ohne die Näherung in Gl. 78.3, dann mit ihr!*

6. *Ein Junge rennt mit* $v_1 = 3$ m/s *auf das Brett einer Schwingschaukel, das an* 4 m *langen Seilen hängt und dessen Masse vernachlässigt werden kann. Um welche Strecke d schwingt die Schaukel aus? Muß man die Masse des Jungen kennen?*

7. *a) Eine Kugel (*2,0 kg *Masse) hängt an einem* 1,0 m *langen masselosen Stab, der in D drehbar gelagert ist (Bild 79.1). Sie wird unten mit* $v_1 = 8{,}0$ m/s *horizontal angestoßen. Welche Geschwindigkeit hat sie im obersten Punkt B? b) Eine zweite Kugel wird mit ebenfalls* $v_1 =$ 8,0 m/s *senkrecht hochgeworfen. Welche Geschwindigkeit hat sie noch in* 2,0 m *Höhe?*

8. *Ein Körper der Masse* $m = 10$ kg *wird mit der Anfangsgeschwindigkeit* $v_1 = 20$ m/s *eine schiefe Ebene mit Neigungswinkel* 30° *aufwärts gestoßen. Wie hoch und wie weit kommt er a) ohne Reibung, b) bei* $f_{gl} = 0{,}40$? *c) Mit welcher Geschwindigkeit passiert er beim Zurückgleiten die Abstoßstelle mit bzw. ohne Reibung?*

9. *In einem Auto der Masse* 800 kg *werden bei* 72 km/h *Geschwindigkeit die Bremsen gezogen. Wie groß ist die anfängliche Bewegungsenergie? Nach welcher Wegstrecke ist die Energie aufgezehrt, wenn die Gleitreibungszahl* $f_{gl} = 0{,}5$ *beträgt? Kann man mit Energiebetrachtungen auch die Bremszeit berechnen?*

10. *Ein Lastzug von* 20 t *Masse vermindert auf* 50 m *Weg seine Geschwindigkeit durch Bremsen von* 30 m/s *auf* 20 m/s. *Wie groß ist die mittlere Bremskraft und die Gleitreibungszahl?*

11. *Ein Auto* (1000 kg) *wird von Null auf* 36 km/h, *dann von* 36 km/h *auf* 72 km/h *beschleunigt. Braucht man in beiden Abschnitten die gleiche Energie?*

12. *Ein Körper* (100 kg) *wird eine* 20 m *lange schiefe Ebene, die* 10 m *Höhenunterschied überwindet, mit der Anfangsgeschwindigkeit* 20 m/s *hochgestoßen. Wie groß ist die Gleitreibungszahl, wenn er oben mit* $v = 0$ m/s *ankommt? Welche Geschwindigkeit hat er in halber Höhe?*

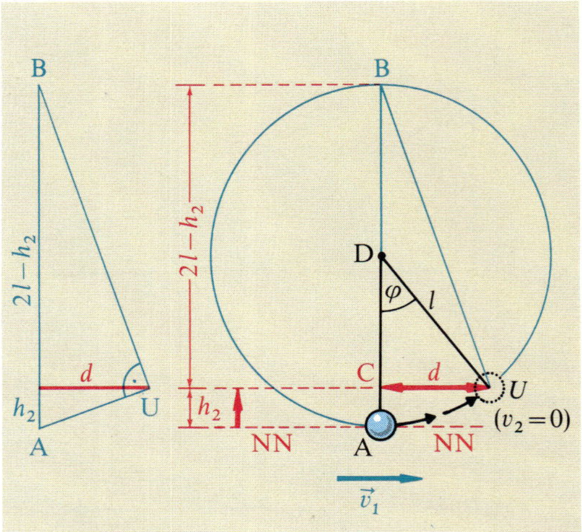

79.1 Der Pendelausschlag *d* ist näherungsweise der Geschwindigkeit v_1 im tiefsten Punkt proportional.

§ 24 Spannungsenergie

1. Ein flinker Energiespeicher

Versuch 44: Eine kleine Stahlkugel (3 mm Durchmesser; *Bild 81.1*) fällt auf eine dicke Glasplatte. Im tiefsten Punkt kehrt die Kugel um, ist also für einen Moment in Ruhe. Dort hat sie weder Bewegungs- noch Lageenergie. Woher nimmt sie die Energie für den nächsten Sprung?

Ein Trampolinspringer zeigt die Lösung. Er verformt im Sprungtuch Federn. Diese speichern seine Energie für kurze Zeit und schleudern ihn dann wieder in die Höhe.

Zum Spannen einer elastischen Feder braucht man nach dem *Hookeschen Gesetz* (Seite 15) die Kraft $F_s = Ds$ längs der Verformung, also Energie. Beim Entspannen wirken die gleichen Kräfte längs der gleichen Wegstrecken rückwärts. Deshalb wird die aufgenommene Energie ohne Verlust wieder frei. Sie war als **Spannungsenergie** in der Feder gespeichert. Wir wollen sie auch zu den mechanischen Energieformen zählen. Doch können wir bei ihr keine konstante Kraft voraussetzen. Wir benutzen zum Berechnen der Spannungsenergie deshalb einen Kunstgriff:

2. Energie aus einer Fläche berechnet

Wie sich eine Kraft F_s bei einer Verschiebung s ändert, erkennt man am besten, wenn man F_s über s aufträgt *(Bild 80.1)*.

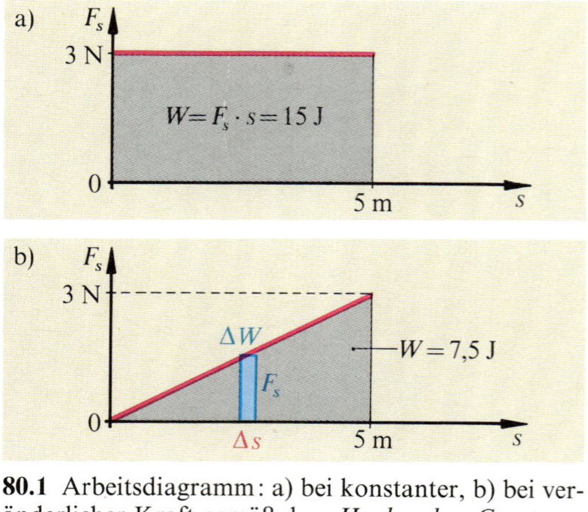

80.1 Arbeitsdiagramm: a) bei konstanter, b) bei veränderlicher Kraft gemäß dem *Hookeschen Gesetz*

a) Zunächst sei F_s konstant, das Schaubild ist eine Parallele zur s-Achse. Betrachten wir die Fläche darunter! Sie stellt die von der konstanten Kraft F_s verrichtete Arbeit $W = F_s s$ dar, wenn man die Einheiten (1 N und 1 m) an den Achsen beachtet (vergleiche mit *Bild 18.2*). Beim Maßstab 1 cm ≙ 1 N und 1 cm ≙ 1 m bedeutet 1 cm² dieser Fläche die Energieeinheit 1 J. In *Bild 80.1a* ist die Arbeit $W = 3\text{ N} \cdot 5\text{ m} = 15$ Nm dargestellt.

b) Das Spannen von Federn und Expandern geht am Anfang leicht, wird aber bald sehr mühsam. Wir wollen dies am **Arbeitsdiagramm** verfolgen: Die Feder gehorche dem *Hookeschen Gesetz,* dargestellt durch die Ursprungsgerade im *Bild 80.1b*. Betrachten wir das schmale blau getönte Rechteck! Wenn wir die Feder um die sehr kleine Strecke Δs, die Grundseite des Rechtecks, verlängern, können wir dessen Höhe F_s als hinreichend konstant ansehen. Das Flächenelement $F_s \cdot \Delta s$ gibt den Energiebeitrag beim Spannen der Feder um Δs. Alle Flächenelemente zusammen – also die grau getönte Dreiecksfläche mit der Grundseite s und der Höhe $F_s = Ds$ – liefern die Gesamtenergie zum Spannen

$$W_{Sp} = \tfrac{1}{2} s F_s = \tfrac{1}{2} D s^2.$$

Diese **Spannungsenergie** wird beim Entspannen wieder frei; Kräfte F_s und Wegelemente Δs sind nämlich bei elastischen Federn die gleichen.

Um eine zunächst entspannte Feder mit der Federhärte D um die Strecke s zu verlängern, braucht man die Energie

$$W_{Sp} = \tfrac{1}{2} D s^2. \qquad \textbf{(80.1)}$$

Sie steckt als Spannungsenergie in der Feder.

Ein zunächst entspannter Kraftmesser wird durch $F = 4$ N um $s = 0{,}04$ m verlängert. Seine Federhärte ist also $D = F/s = 100$ N/m. Zum Spannen braucht man die Energie

$$W_{Sp} = \tfrac{1}{2} D s^2 = \tfrac{1}{2} \cdot 100\text{ N/m} \cdot (0{,}04\text{ m})^2 = \mathbf{0{,}08\text{ J}}.$$

Verlängert man um weitere 4 cm auf die doppelte Länge $s = 8$ cm, so braucht man *insgesamt* 4fache Energie, d.h. **0,32 J**, da $W_{Sp} \sim s^2$. Die Verlängerung von $s = 4$ cm auf 8 cm forderte eine Erhöhung des Energiebetrags von 0,08 J auf 0,32 J, das heißt um 0,24 J. Dieses schnelle Anwachsen der Spannungsenergie wird von der schnell anwachsenden Dreiecksfläche im Arbeitsdiagramm sehr anschaulich dargestellt *(Bild 80.1b)*. Sie spüren es selbst, wenn Sie einen Expander zunächst 10mal um die einfache, dann 10mal um die doppelte Strecke verlängern.

3. Energieumwandlungen mit Federhilfe

Versuch 45: **a)** Wir lenken den Faden der Fahrbahn gemäß *Bild 81.2* an der Rolle nach oben um und hängen ihn an einen Kraftmesser. Die Reibung ist durch Neigen der Bahn sorgfältig ausgeglichen. Wenn wir den Wagen um 10 cm nach links ziehen, wird der Kraftmesser um $s_1 = 0{,}10$ m verlängert und zeigt $F = 2{,}0$ N an. Er hat also die Federhärte $D = 20$ N/m und in diesem *Zustand 1* die Spannungsenergie $W_{Sp,1} = \frac{1}{2} D s_1^2 = \mathbf{0{,}10\ J}$. Nach dem Loslassen beschleunigt sie den Wagen (1,50 kg) auf die mit einer Lichtschranke gemessene Geschwindigkeit $v_2 = 0{,}37$ m/s.

Er bekommt also die Bewegungsenergie

$$W_{B2} = \tfrac{1}{2} m v_2^2 \approx \mathbf{0{,}10\ J.}$$

Da die Energie der entspannten Feder ($s_2 = 0$) in diesem *Zustand 2* auf Null abgesunken ist, *blieb die Gesamtenergie des Systems Feder-Wagen konstant.* Sie wurde von der Feder auf den Wagen übertragen. Da die Anfangsgeschwindigkeit des Wagens $v_1 = 0$ m/s war, können wir für diese Energieerhaltung schreiben:

$$\begin{aligned} \tfrac{1}{2} m v_1^2 + \tfrac{1}{2} D s_1^2 &= \tfrac{1}{2} m v_2^2 + \tfrac{1}{2} D s_2^2 \qquad (81.1)\\ 0\,\mathrm{J} + 0{,}10\,\mathrm{J} &= 0{,}10\,\mathrm{J} + 0\,\mathrm{J}. \end{aligned}$$

Dabei haben wir die Lageenergie des Wagens nicht beachtet; sie hat sich ja nicht geändert.

b) Gilt der Erhaltungssatz *81.1* auch in dem Augenblick, in dem sich die Feder von $s_1 = 0{,}10$ m nur auf $s_2 = 0{,}040$ m entspannt hat? Wir messen bereits dort die Geschwindigkeit des Wagens $v_2 = 0{,}337$ m/s; sie ist kleiner als oben. Einsetzen der Meßwerte in *Gl. 81.1* gibt

$$0\,\mathrm{J} + \mathbf{0{,}100\ J} = 0{,}0852\,\mathrm{J} + 0{,}016\,\mathrm{J} = \mathbf{0{,}10\ J.}$$

Die Feder hat noch die Spannenergie 0,016 J behalten. Dieser Betrag fehlt dem Wagen.

c) Nun wollen wir auch noch *Lageenergie* in unsere Bilanz einbeziehen. Wenn wir den Kraftmesser mit dem Wagen wieder um $s_1 = 0{,}10$ m verlängert haben, hängen wir gemäß *Bild 81.2* (blau gestrichelt) ein Wägestück der Masse $m = 0{,}050$ kg an. Wenn sich dann der Kraftmesser von 0,10 m auf $s_2 = 0{,}040$ m entspannt hat, wurde das Wägestück um $h_2 = s_2 - s_1 = 0{,}060$ m gehoben. Gegenüber seinem Nullniveau NN gewann es also die Lageenergie $mgh_2 = 0{,}0294$ J. Für die Geschwindigkeit des Wagens und auch des Wägestücks erhalten wir den noch kleineren Wert $v_2' = 0{,}265$ m/s. Zusammen haben sie im Zustand 2 die Bewegungsenergie $\frac{1}{2} \cdot 1{,}55\ \mathrm{kg} \cdot (0{,}265\ \mathrm{m/s})^2 = 0{,}055$ J.

Die Energiebilanz lautet jetzt

$$\begin{aligned} Gh_1 + \tfrac{1}{2} m v_1^2 + \tfrac{1}{2} D s_1^2 &= Gh_2 + \tfrac{1}{2} m v_2^2 + \tfrac{1}{2} D s_2^2\\ 0 + 0 + \mathbf{0{,}100\ J} &= 0{,}0294\,\mathrm{J} + 0{,}055\,\mathrm{J} + 0{,}016\,\mathrm{J}\\ &= \mathbf{0{,}100\ J.} \end{aligned}$$

Im *Arbeitsdiagramm 81.3* stellt die ganze Fläche des Dreiecks die Anfangsenergie 0,10 J der Feder dar, der rot getönte Teil die von ihr abgegebene Energie 0,084 J. Sie behielt 0,016 J.

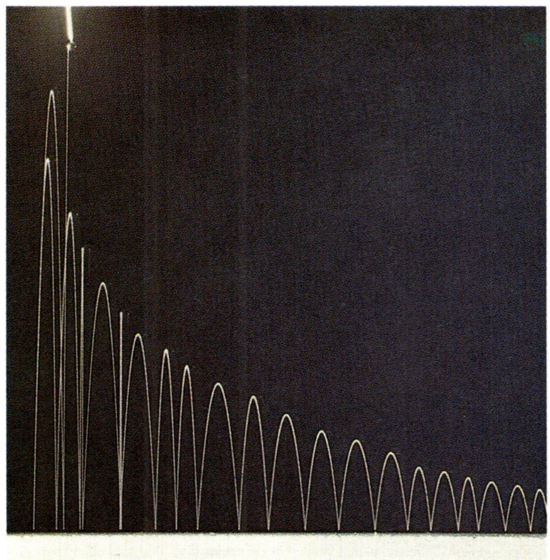

81.1 Tanzende Kugel (Versuch 44)

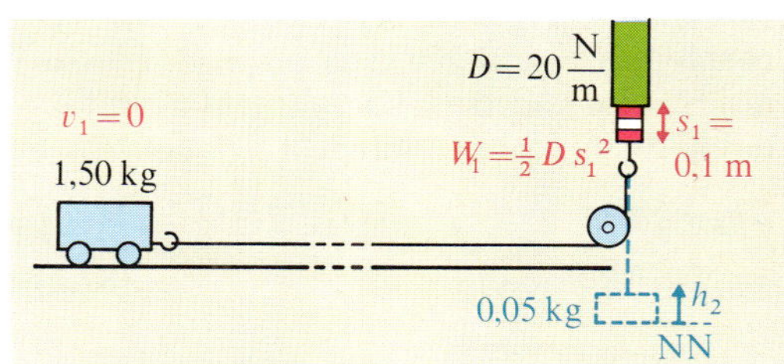

81.2 Die Feder gibt Spannenergie ab (Versuch 45).

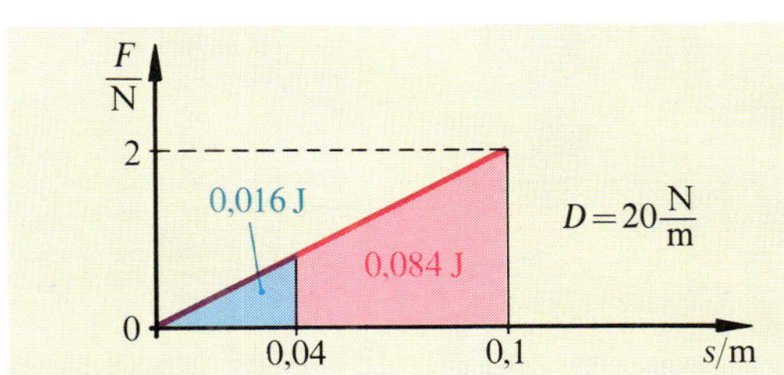

81.3 Arbeitsdiagramm zu Versuch 45c

4. Energieerhaltung in der Mechanik beweisbar

Ist es Zufall, daß die Summe der drei mechanischen Energiearten bei reibungsfreien Vorgängen konstant bleibt? Oder kann man dies einsichtig machen? Nach *Bild 82.1* zieht die Feder mit der Kraft F_{Sp} nach oben, die Gewichtskraft G nach unten. Die Differenz $F_b = F_{Sp} - G$ ist die beschleunigende Kraft. Auf einem hinreichend kleinen Stück Δs können wir die Spannkraft F_{Sp} als konstant ansehen. Nun multiplizieren wir die nach F_{Sp} aufgelöste Gleichung $F_{Sp} = F_b + G$ mit Δs:

$$F_{Sp} \cdot \Delta s = F_b \cdot \Delta s + G \cdot \Delta s. \qquad (82.1)$$

$F_b \cdot \Delta s$ gibt die von der beschleunigenden Kraft F_b längs Δs verursachte *Zunahme der Bewegungsenergie* an, $G \cdot \Delta s = G \cdot \Delta h$ die *Zunahme der Lageenergie* des gehobenen Körpers. $F_{Sp} \cdot \Delta s$ gibt an, um wieviel dafür die Spannungsenergie der Feder *abnimmt*. Nach *Gl. 82.1* ist diese *Abnahme* genau so groß wie die *Summe der Zunahmen* der beiden anderen Energieformen. Die Gesamtenergie bleibt also konstant. Ferner sind diese Energieumwandlungen vom speziellen Weg und der Art und Weise des Bewegungsablaufs unabhängig (Seite 72 und 73). Allerdings macht die Reibungsarbeit nach Seite 77 eine Ausnahme: Sie hängt vom eingeschlagenen Weg ab. Wir müssen deshalb Reibungskräfte ausschließen, wenn wir den **Energieerhaltungssatz der Mechanik** formulieren:

Die Summe aus Lage-, Bewegungs- und Spannungsenergie ist bei reibungsfreien mechanischen Vorgängen in einem abgeschlossenen System konstant. Energie geht nicht verloren, Energieformen wandeln sich um.

$$\boldsymbol{G h_1 + \tfrac{1}{2} m v_1^2 + \tfrac{1}{2} D s_1^2 = G h_2 + \tfrac{1}{2} m v_2^2 + \tfrac{1}{2} D s_2^2 = \ldots = \text{konstant}} \qquad \textbf{(82.2)}$$

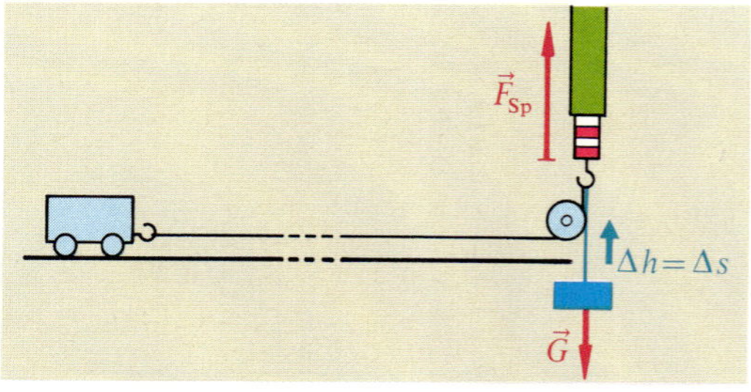

82.1 Beweis der Energieerhaltung: Was die Feder an Energie abgibt, gewinnen Wagen und Wägestück.

5. Das Denken mit Erhaltungsgrößen – eine neue Strategie (Bilanzdenken)

Mit diesem Erhaltungssatz für Energie verfolgen wir eine neue Strategie. Im Gegensatz zu der auf Seite 68 zusammengefaßten Strategie fragen wir nicht mehr nach den Kräften, also den *Ursachen* einer Bewegung. Die dort vertretene *kausale Betrachtungsweise* (Seite 67) wird durch die Frage nach der *Erhaltung einer Größe,* hier der Energie, ergänzt und teilweise abgelöst. Wir werden dieses Denken mit Erhaltungsgrößen bald auf einen weiteren Begriff, den Impuls, ausdehnen. Doch dürfen wir einen Nachteil nicht verschweigen: Da im Energieerhaltungssatz die Zeit t nicht auftritt, erfahren wir von ihm unmittelbar nichts über den zeitlichen Ablauf eines Vorgangs, wir erfahren nicht die Periodendauer des Pendels in *Bild 74.1.* Doch sind solche Bilanzrechnungen – wie beim Kaufmann – oft eine sehr wertvolle Kontrolle für die Richtigkeit einer Überlegung oder Rechnung. Wir können mit ihrer Hilfe sogar Voraussagen machen:

6. Verträgt sich das Hookesche Gesetz mit der Energieerhaltung?

Eine an sich törichte Frage! Naturgesetze können sich nicht widersprechen – es sei denn, man beachtet nicht die Voraussetzungen, unter denen sie gelten.

Uwe und Hans wollen eine Glaskugel von 2 kg Masse als Mobile mit einer Feder an die Decke hängen. Das untere Ende der noch entspannten Feder hängt nach *Bild 82.2* 2,0 m über dem Boden. Da Hans soeben das *Hookesche Gesetz* gelernt hat, bestimmt er die Federhärte zu $D = 20$ N/m. Nach seiner Rechnung kann die Feder von der Kugel ($G = 20$ N) nur um $s = F/D = 1{,}0$ m verlängert werden. Also hängt er die Kugel sorglos an und läßt los. Zu seinem Schreck

82.2 „Erstens kommt es anders, zweitens als man denkt."

schlägt die Kugel am Boden auf, statt auf halber Höhe stehen zu bleiben. Für diese Fehlkalkulation macht er den Schwung der Kugel verantwortlich.

Uwe versteht unter Schwung Bewegungsenergie und rechnet mit dem Energieerhaltungssatz. Nullniveau sei der Fußboden.

Oberer Zustand: Glaskugel in der Höhe h_1 an der entspannten Feder ruhend mit der

Lageenergie $W_{L1} = G \cdot h_1$

Energiesumme oben: $W_1 = G \cdot h_1 + 0 + 0 = G \cdot h_1.$

Unterer Zustand: Umkehrpunkt der Schwingung in der gesuchten Höhe $h_2 < h_1$ mit $v_2 = 0$:

Lageenergie $W_{L2} = G \cdot h_2,$

Bewegungsenergie $W_{B2} = 0,$

Spannungsenergie $W_{Sp2} = \frac{1}{2} D \cdot (h_1 - h_2)^2.$

Energieerhaltung: $G h_1 = G h_2 + \frac{1}{2} D \cdot (h_1 - h_2)^2$

oder $2G(h_1 - h_2) = D \cdot (h_1 - h_2)^2.$

Dividiert man beide Seiten durch $(h_1 - h_2) \neq 0$, so folgt $2G = D \cdot (h_1 - h_2)$

oder $\frac{2G}{D} = h_1 - h_2.$

Daraus folgt $h_2 = h_1 - \frac{2G}{D}.$

Mit $G = 20$ N und $D = 20$ N/m erhält man

$h_2 = 2\,\text{m} - 2\,\text{m} = 0\,\text{m}.$

Also geht unten die Kugel in Scherben!

Nach der Vorstellung von Hans soll die Feder nur um 1 m verlängert werden und dann in Ruhe sein. Um dies zu erreichen, muß man dem System Bewegungsenergie entziehen, indem man die Kugel langsam mit der Hand nach unten gleiten läßt. Dabei verrichtet die Gewichtskraft Arbeit an der nach oben drükkenden Hand: *Das System ist dann nicht abgeschlossen.* So gingen wir auf Seite 15 beim Bestimmen der Federhärte *D* vor! Die Bewegungsenergie wird auch durch Luftwiderstand entzogen, wenn man das Pendel längere Zeit schwingen läßt. Auch dann kommt es in 1 m Höhe, also in der Gleichgewichtslage, zur Ruhe.

Als Hans die Kugel mit seiner Muskelkraft $\vec{F}$ um die Strecke $\vec{s}$ nach *oben* hob, waren $\vec{F}$ und $\vec{s}$ gleichgerichtet: Er steckte Energie in die Kugel. Beim vorsichtigen Absenken zeigt $\vec{F}$ auch nach oben; $\vec{s}$ hat aber die Richtung gewechselt: Energie wird entzogen.

Aufgaben:

1. *Die vertikal gehaltene Feder einer Federpistole wird durch Auflegen von Körpern der Masse* 500 g *um* 5 cm *zusammengedrückt und rastet dann ein. a) Wie groß ist ihre Federhärte? b) Dann legt man einen Pfeil der Masse* 12 g *auf die Feder. Wie hoch wird er geschossen, wenn man von Reibung und der Masse der Feder absieht? c) Dann wird die Pistole in* 1,25 m *Höhe über dem Boden waagerecht gehalten. Wie weit fliegt der Pfeil? Mit welcher Geschwindigkeit verläßt er die Pistole? Mit welcher Geschwindigkeit kommt er am Boden an? Welchen Winkel hat er dann gegen die Horizontale?*

2. *In der Anordnung nach Bild 81.2 steigt die Fahrbahn nach rechts um* 2°. *Wie weit kommt der Wagen beim Entspannen der Feder, ohne bzw. mit dem angehängten Wägestück der Masse* 50 g?

3. *An eine Feder der Richtgröße* $D = 100$ N/m *wird ein Wägestück der Masse* 3 kg *gehängt und die Feder insgesamt um* 50 cm *verlängert. a) Welche Geschwindigkeit hat das Wägestück, wenn es von der Feder* 10 cm *hoch gezogen worden ist? b) In welcher Höhe kommt es vorübergehend zur Ruhe? c) In welcher Höhe hat es die Geschwindigkeit* 0,8 m/s? *Warum gibt es hier zwei Lösungen? d) In welcher Höhe hat es die größte Geschwindigkeit? (Überlegen Sie, in welchem Bereich die nach oben ziehende Federkraft größer als die Gewichtskraft ist!)*

4. *Die zwei Pufferfedern eines Eisenbahnwagens* (10 t *Masse*) *werden um je* 10 cm *eingedrückt, wenn dieser mit der Geschwindigkeit* 1 m/s *auf ein festes Hindernis prallt. Wie groß ist die Härte D einer jeden Feder?*

5. *Welche Geschwindigkeit hat die Kugel in Ziffer 6 beim Durchlaufen der Gleichgewichtslage (*1,0 m *über dem Boden)? Warum wird sie – von oben kommend – auf diese Gleichgewichtslage zu beschleunigt? Was geschieht anschließend mit der Geschwindigkeit?*

6. *Man hängt an eine Feder der Härte* $D = 50$ N/m *ein Wägestück von* 100 g *Masse und läßt es los. Wo kommt es für einen Augenblick zur Ruhe? Wo hat es seine größte Geschwindigkeit? Wie groß ist diese?*

7. *Zeigen Sie am Arbeitsdiagramm: Eine Feder sei durch die Kraft* F_1 *vorgespannt. Dann wird sie bis zur Kraft* $F_2 > F_1$ *weiter gespannt. Die zusätzliche Arbeit ist* $0{,}5\,(F_1 + F_2) \cdot \Delta s$, *wobei* Δs *die zusätzliche Verlängerung bedeutet.*

§ 25 Leistung; Ausnutzung von Energie

1. Wie schnell wird Energie abgegeben?

Wenn unser Mann auf der Straße sagt, sein Auto habe schon viel geleistet, meint er, es habe viele Kilometer hinter sich gebracht. Im Fahrzeugschein wird mit der Leistungsangabe 50 kW (Kilo-Watt) jedoch etwas anderes ausgedrückt, nämlich daß der Motor in der Zeit $\Delta t = 1$ s die mechanische Energie $\Delta W = 50$ kJ liefert (bei genormten Bedingungen). *Die Leistung P beschreibt also, wie schnell eine Maschine (ein System) Energie abgibt.* Geschieht dies ungleichmäßig, so unterscheidet man zwischen *mittlerer Leistung* $\bar{P}$ und *Momentanleistung P*:

> ***Definition:*** **Die mittlere Leistung $\bar{P}$ ist der Quotient aus der Energie ΔW und der Zeit Δt, in der sie abgegeben wird: $\bar{P} = \Delta W / \Delta t$.**
>
> **Der Grenzwert $P = \lim\limits_{\Delta t \to 0} \dfrac{\Delta W}{\Delta t}$ gibt die Momentanleistung an. (84.1)**
>
> **Leistungseinheiten: $1 \frac{\mathrm{J}}{\mathrm{s}} = 1$ W; 10^3 W $= 1$ kW.**

Früher war die Leistungseinheit 1 PS = 0,736 kW $\approx \frac{3}{4}$ kW üblich. Man sagte dafür Pferde*stärke* und verwechselte Leistung mit Kraft. Auch die „Stärke" von Glühlampen wird in Watt angegeben, ist also eine Leistung (1 W = 1 V · 1 A). Aus der Leistungseinheit 1 kW folgt:

Energieeinheit 1 kWh = 1 kW · h = $3{,}6 \cdot 10^6$ J.

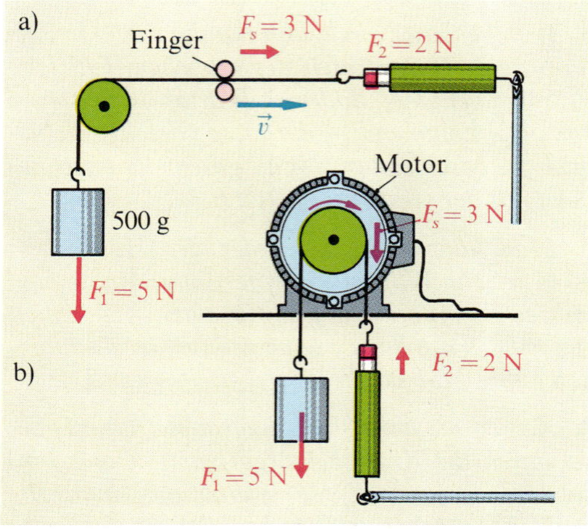

84.1 Leistungsmessung nach Versuch 46

2. Kraft haben ist noch keine Leistung!

Übt ein Motor bei großer Leistung (viele kW) nicht auch eine große Kraft aus? Betrachten wir einmal die *Definitionsgleichung 84.1* genauer. Dort setzen wir die abgegebene mechanische Energie (Arbeit) $\Delta W = F_s \cdot \Delta s$:

$$\bar{P} = \frac{\Delta W}{\Delta t} = \frac{F_s \cdot \Delta s}{\Delta t} = F_s \frac{\Delta s}{\Delta t} = F_s \cdot \bar{v}.$$

Wenn in einem genügend kleinen Intervall Δt Kraft und Geschwindigkeit hinreichend konstant sind, können wir $\bar{v}$ durch die Momentangeschwindigkeit v und $\bar{P}$ durch die

Momentanleistung $\quad P = F_s\, v \quad$ (84.2)

ersetzen. Diesen Zusammenhang kennt jeder Auto- und Radfahrer: Im 1. Gang setzt das Getriebe die gelieferte Leistung P (beim Anfahren oder am steilen Hang) mit großer Kraft F_s, aber nur kleiner Geschwindigkeit v ein. Im höchsten Gang braucht sich an der Leistung P des Motors nichts zu ändern. Sie wird nur anders zwischen Kraft und Geschwindigkeit aufgeteilt *(Bild 85.1)*: Bei großer Geschwindigkeit v wird nur wenig Kraft geliefert: Radler sind nur in der Ebene oder bergab schnell. – Aus der Krafteinheit 1 N wird gemäß $P = F_s\, v$ erst durch Multiplikation mit 1 m/s die *Leistungseinheit*

1 N · 1 m/s = 1 Nm/s = 1 J/s = 1 W.

Versuch 46: a) Nach *Bild 84.1 a* spannt die konstante Gewichtskraft $F_1 = 5$ N des Wägestücks (500 g) einen Kraftmesser. Wenn wir dann an der Schnur etwas nach rechts ziehen und seine Anzeige von 5 N auf $F_2 = 2$ N zurückgeht, so üben wir die Kraft $F_s = F_1 - F_2 = 3$ N aus. Bewegen wir dabei die Finger nicht ($v = 0$), so bringen wir auch keine Leistung auf ($P = F_s\, v = 0$). Anders, wenn wir mit den Fingern der Schnur entlang nach rechts reiben. Dann ist $v \neq 0$. Daß nunmehr Energie umgesetzt wird, spüren wir an der Reibungswärme. Kraft allein liefert also noch keine Leistung. Nach $P = F_s\, v$ müssen sich die Finger relativ zur Schnur bewegen.

b) Nun legen wir die Schnur nach *Bild 84.1 b* über die Schnurscheibe eines Elektromotors. Wenn wir ihn im Uhrzeigersinn rotieren lassen, geht die Anzeige des Kraftmessers von 5 N auf $F_2 = 2$ N zurück. Also reibt die Scheibe in ihrer Bewegungsrichtung an der Schnur mit $F_s = F_1 - F_2 = 3$ N. Um die Geschwindigkeit der Scheibe zu bestimmen, messen wir mit dem Stroboskop $n = 25$ Umdrehungen je Sekunde.

Der Rillenumfang ist $U = 0{,}20$ m, ihre Geschwindigkeit relativ zur Schnur $v = U\,n = 5{,}0$ m/s. Also ist die *mechanische Leistung*

$$P = F_s\,v = 3\text{ N}\cdot 5\text{ m/s} = 15\text{ Nm/s} = 15\text{ J/s} = 15\text{ W}.$$

Sie geht in Form von Wärme ab.

c) Wir erhöhen U und I. Die vom Motor *aufgenommene elektrische Leistung* $P_{el} = UI$ steigt, desgleichen v und damit auch $P = F_s\,v$.

d) Als wir in b) die mechanische Leistung $P_{mech} = 15$ W gemessen haben, lag am Motor die Spannung $U = 110$ V. Die Stromstärke im Anker war $I = 0{,}15$ A; er nahm die elektrische *Eingangsleistung* $P_{el} = UI = 16{,}5$ W auf. Die Differenz wurde schon im Motor in Wärme umgesetzt. Der Quotient aus der mechanisch entnehmbaren **Nutzleistung P_{mech}** und der **Eingangsleistung P_{el}** heißt **Wirkungsgrad η** (Eta).

$$\textbf{Wirkungsgrad } \eta = \frac{\textbf{Nutzleistung}}{\textbf{Eingangsleistung}} \qquad \textbf{(85.1)}$$

Unser Elektro-Motor hatte in diesem Versuch den Wirkungsgrad $\eta = P_{mech}/P_{el} = 90\%$. Große Elektro-Motoren zeigen Wirkungsgrade bis zu 95%.

3. Die Kraft eines Autos ändert sich beim Schalten

In *Bild 85.1* sind die Antriebskräfte F (rot) eines Kleinwagens (700 kg Masse) im 1. bis 3. Gang in Abhängigkeit von der Geschwindigkeit v aufgetragen. Jeder Gang zeigt ein für ihn ausgeprägtes Maximum. Anschließend sinkt die Kraft F schnell ab; bei Kleinwagen muß man bald in den nächsten Gang schalten. Man sagt, ihre Motoren seien wenig elastisch. Blau sind die zur Fortbewegung nötigen Kräfte eingetragen, unten (I) der von der Geschwindigkeit v kaum abhängige Rollwiderstand F_{Ro} (ca. 300 N). In Kurve II ist dazu die schnell ansteigende Luftwiderstandskraft addiert. Damit haben wir die Kraft, welche auf waagerechter Straße ($\varphi = 0$) zu überwinden ist. Unser Kleinwagen bringt sie im 3. Gang bei 90 km/h gerade noch auf. Schneller wäre er nur bei Rückenwind oder bergab. Darüber sind die Kräfte addiert, die bei Bergfahrten unter den angegebenen Neigungswinkeln φ hinzutreten ($F_H = G\cdot\sin\varphi$). Was unser Wagen im jeweiligen Gang darüber hinaus noch an Kraft zusätzlich aufbringt, kann er zum Beschleunigen verwenden. Es ist nicht allzuviel. Im 3. Gang hat er bei 40 km/h am Hang mit nur 5° Steigung nur noch 400 N übrig. Er kann mit 0,6 m/s² beschleunigen.

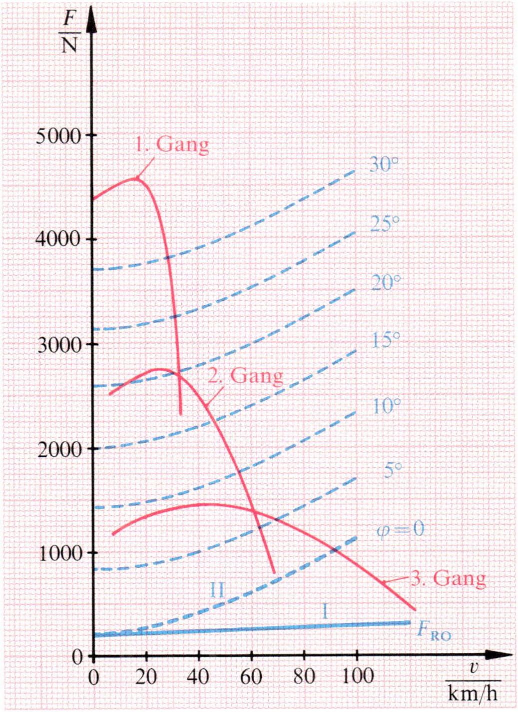

85.1 Rot: Kräfte, die ein Auto im 1. bis 3. Gang aufbringt; blau: Kräfte, die es (auch am Berg) braucht

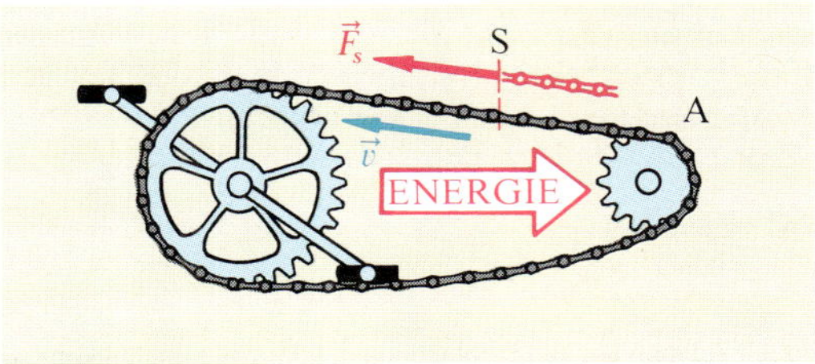

85.2 Wann überträgt die Kette nicht nur Kraft, sondern auch Energie? Auskunft gibt $P = F_s\,v$.

4. Wir denken auch an die Radfahrer

Sie treten nach *Bild 85.2* kräftig in die Pedale. Im unteren Teil läuft die Kette entspannt nach hinten und von A in gespanntem Zustand nach vorn. Selbst wenn sie bei A etwas Spannungsenergie durch Dehnung aufnimmt, kann dies nicht die Energie sein, die von den Pedalen zum Hinterrad „läuft". Der gespannte Kettenteil bewegt sich ja nach vorn. Nun gibt die Leistung $P = \Delta W/\Delta t = F_s\cdot v$ die Energie an, die je Sekunde weitergegeben wird. Jedes Kettenglied zieht am nächsten mit der Kraft F_s, die nach vorn gerichtet ist. Denken Sie sich in *Bild 85.2* an einer beliebigen Stelle S die Kette aufgeschnitten und am verbleibenden hinteren Teil mit der Kraft F_s – wie rot gezeichnet – gezogen. Wird nur gezogen, ohne daß sich die Kette weiterbewegt, so ist $v=0$, desgleichen die Leistung $P=F_s\,v=0$: Dem nach hinten führenden Kettenteil wird keine Energie zugeführt. Das Rad kommt ja dann auch nicht voran. Beim Fahren dagegen wird $P=F_s\,v$ um so größer, je größer Kraft F_s und Geschwindigkeit v sind; um so mehr Energie wird durch *jeden Querschnitt* der Kette auf die folgenden Teile und so zum Hinterrad übertragen. *Die Leistung $P=F_s\,v$ ist also auch ein Maß für die **Stärke des Energieflusses** in gespannten und zugleich bewegten Körpern, in Riemen, Seilen, Wellen usw.*

5. Warum wächst der Luftwiderstand mit v^2?

Ein schnell bewegter Körper wirbelt Luft auf (Seite 47). Diese bekommt kinetische Energie $W=\frac{1}{2}mv^2$. Wieviel Energie ist es? Bei der Geschwindigkeit v überstreicht der Körper in der Zeit t die Strecke $s=vt$. Wenn die angeströmte Querschnittsfläche des Körpers A ist, so schiebt er Luft vom Volumen $V=As=Avt$, also der Masse $m=Avt\varrho$, beiseite. Dabei ist ϱ die Dichte der Luft (1,25 kg/m³). Wir wollen nun annehmen, daß die Luftteilchen dabei eine Geschwindigkeit bekommen, die der Körpergeschwindigkeit v proportional ist. Damit ist die Energie der beiseitegeschobenen Luft

$$W_L \sim \tfrac{1}{2}mv^2 = \tfrac{1}{2}Avt\varrho v^2, \text{ oder } W_L = c_w\tfrac{1}{2}Avt\varrho v^2.$$

Der hier eingeführte Proportionalitätsfaktor c_w ist bei windschnittigen, stromlinienförmigen Körpern klein, da bei ihnen weniger Luft in die Verwirbelung einbezogen wird (*Bild 46.2*). – Zum Beschleunigen dieser verwirbelten Luftmassen muß der bewegte Körper die Leistung $P_L=F_L v$ aufbringen. Sie ist andererseits $P_L=W_L/t$. Durch Gleichsetzen folgt

$$F_L = \tfrac{1}{2}c_w A\varrho v^2.$$

6. Leistungsgesellschaft – in Watt gemessen

Der Mensch selbst braucht an Energie pro Tag beim Nichtstun etwa $1\,\text{kWh}=3{,}6\cdot10^6$ J, bei Schwerstarbeit 4 kWh. Die Intensität seines Energieumsatzes wird durch die Leistung $P=W/t$ gekennzeichnet. Bei Nichtstun sind das 40 W, bei Schwerstarbeit 160 W. Um dies zu veranschaulichen, denken Sie an *eine* bzw. 4 Lampen von je 40 Watt, die ständig leuchten.

Was liefert nun die *Technik,* also alle technischen Geräte, Fahrzeuge, auch Haushaltsgeräte, *zusätzlich?* Dies sind – je Einwohner – in Entwicklungsländern 200 Watt (fünf 40 W-Lampen), in Industrieländern 5000 W (125 solcher Lampen). Der Pro-Kopf-Verbrauch in den USA entspricht der Leistung von gar 250 solcher 40 W-Lampen! – Der Bundesbürger bezieht diese Energie zu etwa 20% aus Steinkohle, 10% aus Braunkohle, 50% aus Erdöl, 15% aus Erdgas, 1% aus Wasser„kraft" und 3% aus Kernenergie. Weiteres Seite 189.

Aufgaben:

1. *Ein Mann, der Schwerstarbeit gewohnt ist (*160 W*), hat mit Rucksack* 100 kg *Masse. Um wieviel steigt er im Gebirge in* 1 h *höher? – Mit welcher Geschwindigkeit kann er einen Wagen auf die Dauer waagerecht schieben, wenn man dazu die Kraft* 100 N *braucht?*

2. *Ein Auto von* 1000 kg *Masse fahre mit der konstanten Beschleunigung* 1,5 m/s² *an. Wie groß ist die Leistung, die beim Durchlaufen der Geschwindigkeiten* 18 km/h, 36 km/h *und* 72 km/h *allein zum Beschleunigen nötig ist? Wie groß ist die Durchschnittsleistung bei diesem Beschleunigen aus der Ruhe auf* 72 km/h*?*

3. *Ein Auto braucht* 22 s, *um aus dem Stand auf* 80 km/h *zu kommen. Welche Kraft müßte der Motor bei konstanter Beschleunigung aufbringen (Masse* 900 kg*)? Wie groß ist die Leistung zum Beschleunigen im Zeitpunkt* 5,0 s *und* 11 s*? Welche Arbeit ist dann verrichtet? Berechnen Sie hieraus die Leistung und vergleichen!*

4. *Ein Löschgerät spritzt* 30 dm³ *Wasser je Sekunde* 90 m *hoch. Welche Leistung ist nötig?*

5. *Welche Leistung kann einem* 50 m *hohen Wasserfall höchstens entnommen werden, der* 0,60 m³ *Wasser je Sekunde führt?*

6. *Durch den Querschnitt eines Flußbetts strömen* 20 m³ *Wasser je Sekunde mit* 2,0 m/s *Geschwindigkeit. Welche Leistung könnte man maximal entnehmen (Das Wasser werde ganz abgestoppt)?*

7. *a) Berechnen Sie nach Bild 85.1 die Leistung des Motors für die 3 Gänge bei ihrer größten Kraft! b) Welcher Anteil entfällt jeweils auf die Überwindung von Roll- und Luftwiderstand? c) Der Motor hat* 17% *Wirkungsgrad. Welche Eingangsleistung hat er? Wieviel* l *Benzin braucht er in* 1 h, *wieviel auf* 100 km, *wenn seine Geschwindigkeit* 90 km/h *ist? (*1 l *Benzin liefert maximal* $46\cdot10^6$ Joule*).*

8. *Ein PKW hat die Querschnittsfläche* 2,0 m² *und den Widerstandsbeiwert* $c_w=0{,}45$. *Welche Leistung braucht er bei* 72 km/h, *welche bei* 144 km/h, *zum Überwinden des Luftwiderstands? Mit welcher Potenz von v steigt P an?*

9. *In der Bundesrepublik fallen auf* $2{,}5\cdot10^5$ km² *jährlich im Mittel* 700 mm *Regen aus* 5 km *Höhe. Wie groß ist die mittlere freiwerdende Leistung? Wieviele* 40 W*-Lampen könnte man – bei vollständiger Ausnutzung – damit für jeden der 57 Millionen Einwohner betreiben?*

§ 26 Impulserhaltung

1. Restlos zufrieden mit dem Energiesatz?

Bisher ließen wir einzelne Wagen fahren oder Kugeln fallen. An Stöße zwischen mehreren Körpern, zwischen Billardkugeln, Münzen oder Autos wagten wir uns dagegen nicht heran. Was ist bei solchen Stößen anders?

Versuch 47: **a)** Auf dem Projektor lassen wir eine Kugel oder eine Münze auf eine andere, die noch ruht, stoßen. Beide fliegen nach dem Stoß i.a. nach verschiedenen Richtungen weg.

b) Stöße wie bei der *Kugelreihe* in *Bild 87.2* sind einfacher: Wir heben links eine Kugel an und lassen sie auf die andern prallen. Die äußerste fliegt in der gleichen Richtung weg. Hier liegen die Geschwindigkeitsvektoren $\vec{v}$ vor dem Stoß und $\vec{u}$ nach dem Stoß auf derselben Geraden. Wir beschränken uns vorerst auf solche **geraden Stöße.** – Die rechte Kugel fliegt gleich weit weg, hat also die gleiche Geschwindigkeit wie die linke (Seite 78). Also bleibt die *Energie erhalten.* Warum teilt sie sich aber nicht auf die andern Kugeln auf, sondern läuft einfach durch sie hindurch? – Noch merkwürdiger: Warum fliegen rechts zwei Kugeln weg, wenn wir von links zwei aufprallen lassen? Betrachten wir zunächst nur zwei Stoßpartner:

Versuch 48: Auf einer Fahrbahn ruht nach *Bild 87.1* Wagen 2 (Geschwindigkeit vor dem Stoß $v_2=0$) oder ein Luftkissengleiter. Er trägt links eine elastische Feder. Auf diese lassen wir von links Wagen 1 mit der gleichen Masse $m_1=m_2$ und der Geschwindigkeit $v_1=0{,}8$ m/s stoßen. Dabei kommt der stoßende Wagen 1 zum Stehen ($u_1=0$; Geschwindigkeiten nach dem Stoß bezeichnen wir mit u, solche vor dem Stoß mit v). Der gestoßene Wagen fährt mit $u_2=0{,}8$ m/s weiter. Er hat dem stoßenden alle Energie gestohlen. Offensichtlich gilt bei diesem **vollelastischen** Stoß die *Erhaltung mechanischer Energie:*

$$\tfrac{1}{2}m_1 v_1^2+\tfrac{1}{2}m_2 v_2^2 = \tfrac{1}{2}m_1 u_1^2+\tfrac{1}{2}m_2 u_2^2. \qquad (87.1)$$

Da $v_2=u_1=0$ und $m_1=m_2=m$ ist, folgt

$$\tfrac{1}{2}m v_1^2+0 = 0+\tfrac{1}{2}m u_2^2, \text{ also } u_2 = v_1.$$

Die Energiesumme wäre in *Gl. 87.1* aber auch dann erhalten geblieben, wenn der 1. Wagen nur die Hälfte seiner Energie an den zweiten weitergegeben und den Rest behalten hätte. Warum er dies nicht tat, sagt uns der Energiesatz nicht. Da er uns nur die *eine* Gleichung *87.1* für die *beiden* zunächst unbekannten Geschwindigkeiten u_1 und u_2 *nach* dem Stoß liefert, können wir diese mit ihm allein auch nicht berechnen. *Bei elastischen Stößen gilt zwar der Energieerhaltungssatz der Mechanik, er reicht aber für Berechnungen nicht aus.* Zudem gibt es Stöße, bei denen er nicht gilt:

Nur Auto-Skooter auf Rummelplätzen stoßen wegen ihrer Gummiwülste elastisch aufeinander, ohne Beulen zu hinterlassen. Richtige Autos dagegen verkeilen sich bei schweren Zusammenstößen. Die Bewegungsenergie verrichtet Deformationsarbeit. Wir ahmen solche **unelastischen Stöße** nach, indem wir die elastische Feder in Versuch 48 durch einen unelastischen Klumpen Klebwachs ersetzen. Er dient als *Knautschzone* (*Bild 87.1,* unten).

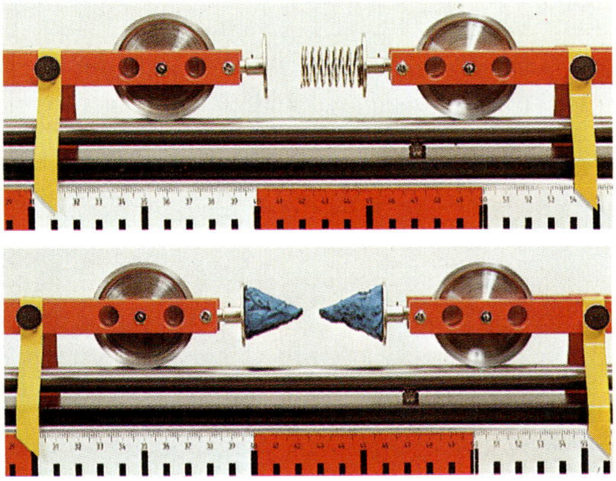

87.1 Beim elastischen Stoß ist zwischen den Wagen eine Feder, beim unelastischen Stoß Klebwachs.

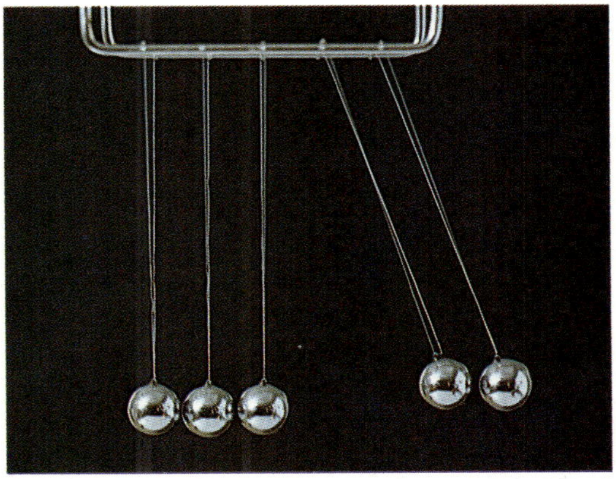

87.2 Wenn links n Kugeln auf die Reihe prallen, fliegen rechts auch n mit gleicher Masse weg.

Versuch 49: **a)** Wir stoßen beide Wagen gleicher Masse *gegeneinander* mit gleichem Betrag der Geschwindigkeit ($\vec{v}_2 = -\vec{v}_1$). Wäre eine elastische Feder zwischen ihnen, so würden sie gleich schnell zurückprallen. Das Klebwachs jedoch hält sie bei diesem unelastischen Stoß beisammen. Zudem kommen sie zur Ruhe. Die Reibung der Wachsteilchen aneinander führt alle mechanische Energie als Wärme ab. Mechanische Energie bleibt hier nicht erhalten.

b) Wir lassen nun Wagen 1 mit $v_1 = 0{,}8$ m/s auf den ruhenden Wagen 2 ($v_2 = 0$) prallen. Wieder hält das unelastische Klebwachs beide zusammen.

Diesmal fährt das Gespann jedoch mit der halben Geschwindigkeit $u_1 = u_2 = u = 0{,}4$ m/s $= v_1/2$ weiter. Das Geschwindigkeitsquadrat geht auf den 4. Teil zurück. Da sich die Masse m der bewegten Teile verdoppelt hat, wird die Bewegungsenergie $\frac{1}{2}mv^2$ halbiert. Der Rest fließt im Klebwachs als Wärme ab. Dagegen blieb das *Produkt* mv erhalten; m wurde ja verdoppelt, v halbiert. Gilt vielleicht für dieses Produkt mv, das uns bisher noch nicht begegnet ist, ein eigener Erhaltungssatz?

2. Noch ein Erhaltungssatz?

Nicht bei allen Stößen bleibt die mechanische Energie erhalten. Deshalb sehen wir vorläufig von der Energie ab und gehen wieder auf die Gleichung $\vec{F} = m\vec{a} = m \cdot \Delta\vec{v}/\Delta t$ zurück. Dazu betrachten wir die Geschwindigkeitsänderungen von Körper 1 und Körper 2

$$\Delta\vec{v}_1 = \vec{u}_1 - \vec{v}_1 \quad \text{und} \quad \Delta\vec{v}_2 = \vec{u}_2 - \vec{v}_2 \qquad (88.1)$$

(Geschwindigkeit ‚nachher' minus ‚vorher'). Zwar kennen wir nicht die Kräfte, die etwa zwei Billardkugeln aufeinander ausüben, auch nicht ihre Einwirkungsdauer Δt. Aber wir wissen: Die Kraft $\vec{F}_2 = m_2 \cdot \vec{a}_2$, die Körper 2 erfährt, ist in jedem Augenblick genau so groß, aber entgegengesetzt gerichtet zur Kraft $\vec{F}_1 = m_1 \cdot \vec{a}_1$ auf Körper 1 (actio-reactio; *Bild 88.1*): $\vec{F}_2 = -\vec{F}_1$. Also gilt

$$m_2 \cdot \Delta\vec{v}_2/\Delta t_2 = -m_1 \cdot \Delta\vec{v}_1/\Delta t_1. \qquad (88.2)$$

Dabei wirkt Körper 1 genau so lange auf Körper 2 wie Körper 2 auf 1. Wir können deshalb mit der gemeinsamen Stoßzeit $\Delta t_2 = \Delta t_1$ multiplizieren und erhalten – auch ohne Kenntnis dieser Stoßzeit[1]):

$$m_2 \cdot \Delta\vec{v}_2 = -m_1 \cdot \Delta\vec{v}_1 \qquad (88.3)$$

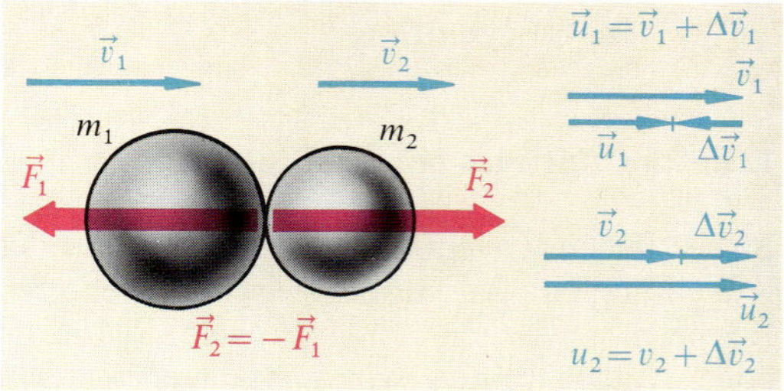

88.1 actio und reactio beim Stoß sind innere Kräfte.

oder mit *Gl. 88.1* (und dann geordnet):

$$m_2(\vec{u}_2 - \vec{v}_2) = -m_1(\vec{u}_1 - \vec{v}_1)$$

$$\boldsymbol{m_1 \cdot \vec{u}_1 + m_2 \cdot \vec{u}_2 = m_1 \cdot \vec{v}_1 + m_2 \cdot \vec{v}_2.} \qquad \textbf{(88.4)}$$

In dieser übersichtlich geschriebenen Gleichung kommen nur die Produkte *Masse mal Geschwindigkeit* vor. Wir geben der Vektorgröße $m\vec{v}$ den Namen **Impuls $\vec{p}$** (impellere, lat.: anstoßen).

Definition: **Unter dem Impuls p eines Körpers der Masse m, der sich mit der Geschwindigkeit $\vec{v}$ bewegt, versteht man die Vektorgröße $\vec{p} = m\vec{v}$ in Richtung des Geschwindigkeitsvektors $\vec{v}$.**

Die Einheit des Impulses ist 1 kg m/s = 1 Ns.

In *Gl. 88.4* steht links die Vektorsumme $m_1 \cdot \vec{u}_1 + m_2 \cdot \vec{u}_2$ der Impulse der stoßenden Körper *nach* dem Stoß, rechts $m_1 \cdot v_1 + m_2 \cdot v_2$ *vor* dem Stoß. Der **Gesamtimpuls** bleibt also wie erwartet erhalten. Dabei wirken auf die stoßenden Körper ausschließlich *innere Kräfte* (actio-reactio, Seite 44). *Das System ist nach außen abgeschlossen.*

Impulserhaltungssatz: **Die Vektorsumme der Impulse $\vec{p}_i = m_i \cdot \vec{v}_i$ eines abgeschlossenen Systems ist ein konstanter Vektor, nämlich der Gesamtimpuls $\vec{p}$. Auf die Körper des Systems wirken nur innere Kräfte.**

[1]) Diese Herleitung gilt zunächst nur für Zeitintervalle $\Delta t'$, während der sich die Kraft $\vec{F}$ kaum ändert, die also noch kleiner als die Stoßzeit Δt sind. Die in ihnen erzeugten kleinen Geschwindigkeitsänderungen $\Delta\vec{v}'$ addieren wir vektoriell zu den Größen $\Delta\vec{v}_1$ und $\Delta\vec{v}_2$ in *Gl. 88.2*. Wir können ja nur diese Gesamtänderungen messen.

3. Gilt die Impulserhaltung bei allen Stößen?

a) Vor dem *unelastischen Stoß* in Versuch 49 b hatte Wagen 1 einen Impuls vom Betrag

$p_1 = m_1 v_1 = 1\,\text{kg} \cdot 0{,}8\,\text{m/s} = \mathbf{0{,}8\,kg\,m/s}$;

der Impuls von Wagen 2 war $p_2 = 0$. Nach dem Stoß fuhr das zusammenhängende Gespann mit der doppelten Masse 2 kg aber nur mit der halben Geschwindigkeit $u_1 = u_2 = u = 0{,}4$ m/s weiter. Der Impuls des Systems nach dem Stoß hatte den Betrag $p' = mu = 2\,\text{kg} \cdot 0{,}4\,\text{m/s} =$ **0,8 kg m/s.** Also blieb der Gesamtimpuls nach Betrag und Richtung erhalten, allerdings wurde innerhalb des Systems Impuls von Wagen 1 auf Wagen 2 übertragen.

b) In Versuch 49 a kamen die mit gleichem Geschwindigkeitsbetrag einander *entgegenfahrenden* Wagen zum Stehen. Der Impuls war nach diesem unelastischen Stoß Null. Zwar hatte vorher jeder der beiden Wagen für sich Impuls. Doch waren diese Impulsvektoren einander entgegengesetzt gerichtet. Ihre Vektorsumme war wegen der gleichen Masse $m = m_1 = m_2$ und wegen $\vec{v}_2 = -\vec{v}_1$ schon vor dem Stoß Null:

$$m_1 \vec{v}_1 + m_2 \vec{v}_2 = m\vec{v}_1 - m\vec{v}_1 = \vec{0}.$$

Wir müssen den Vektorcharakter des Impulses ernst nehmen! Dann können wir sagen, daß auch bei diesem unelastischen Stoß der Gesamtimpuls erhalten blieb. – Anders verhielt es sich bei der *Energie*. Jeder Wagen hatte vor dem Stoß die Bewegungsenergie 0,32 J, beide Wagen zusammen 0,64 J. Energien werden ja wie Zahlen addiert. Nach dem Stoß war die Bewegungsenergie wegen der Reibung Null.

c) Bei den *elastischen Stößen* in Versuch 48 blieben *Energie und Impuls* erhalten. Der gestoßene Wagen nahm dem stoßenden gleicher Masse dessen gesamte Habe an Energie und Impuls ab und fuhr damit weiter. Energie wie Impuls wechselten zwar das „Pferd“, blieben aber unverändert! Zwar hätte sich – wie beim unelastischen Stoß in Versuch 49 – der Impuls auf beide „Pferde“ aufteilen können (v halbiert, m verdoppelt). Dann wäre aber die Summe der Bewegungsenergie halbiert worden (siehe Ende von Ziffer 1). Die Energiebilanz hätte nicht gestimmt. Beim hier vorliegenden elastischen Stoß müssen jedoch beide Bilanzen stimmen. Die Kugelreihe in *Bild 87.2* führt uns dies überzeugend vor Augen: Rechts fliegen genau so viele Kugeln gleicher Masse weg wie links aufprallen; die Zahl der „Pferde“, die Energie und Impuls tragen, ändert sich nicht (Seite 93).

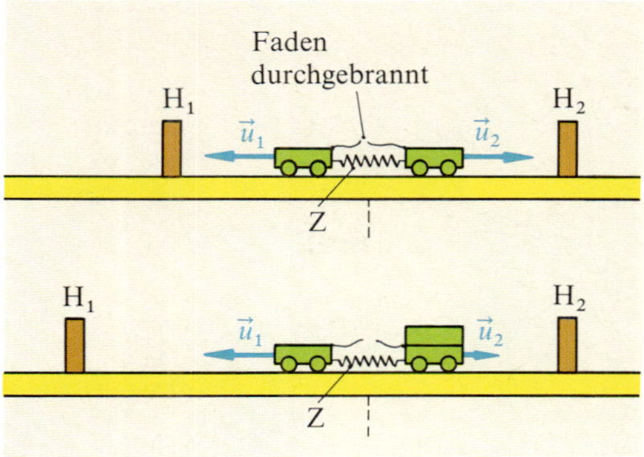

89.1 Hier bleibt der Gesamtimpuls Null.

4. Wieviel Impuls liefert eine Explosion?

Versuch 50: Ein ruhendes, abgeschlossenes System besteht aus zwei Wagen, welche die Feder Z auseinanderzudrücken sucht *(Bild 89.1)*. Der Faden F verhindert ihre „Explosion“; der Impuls ist Null. Wenn wir den Faden durchbrennen, stößt die Feder die Wagen mit zwei gleich großen, aber entgegengesetzt gerichteten Kräften auseinander. Jeder Wagen bekommt für sich zwar Impuls. Die Vektorsumme $\vec{p} = m_1 \vec{u}_1 + m_2 \vec{u}_2$ muß aber in diesem abgeschlossenen System Null bleiben. Es gilt

$$\vec{p} = \vec{0} = m_1 \vec{u}_1 + m_2 \vec{u}_2 \quad \text{oder}$$
$$m_1 \vec{u}_1 = -m_2 \vec{u}_2. \qquad (89.1)$$

Das Minuszeichen besagt, daß die Geschwindigkeiten $\vec{u}_1$ und $\vec{u}_2$ nach dem Stoß entgegengesetzt gerichtet sind. Ihre Beträge verhalten sich umgekehrt wie die Massen *(Bild 89.1)*

$$\frac{u_1}{u_2} = \frac{m_2}{m_1}. \qquad (89.2)$$

Hat der eine Wagen die doppelte Masse, so fährt er mit der halben Geschwindigkeit weiter. Er stößt auf einen Klotz H_2 im gleichen Augenblick wie der doppelt so schnelle Wagen auf den Klotz H_1 im doppelten Abstand. Wenn wir die Geschwindigkeiten $\vec{u}_1$ und $\vec{u}_2$ nach dem Stoß mit Spurenmarken (Seite 16) messen, liefert *Gl. 89.2* das Verhältnis der Massen. Man kann also mit solchen Stoßversuchen *Massen vergleichen*. Im Gegensatz zum Massenvergleich auf der Balkenwaage (Seite 14) wirkt sich dabei nicht das Schwersein, sondern das *Trägsein* der Körper aus. Doch führen beide Meßmethoden zum gleichen Ergebnis (Seite 29). Mit Stoßversuchen kann man jedoch Massen auch im schwerefreien Raum vergleichen; auch dort sind die Körper träge!

90.1 Die Leuchtpunkte des Feuerwerkskörpers gruppieren sich um den Schwerpunkt.

5. Das kann doch einen Schwerpunkt nicht erschüttern!

Versuch 51: Wir wiederholen Versuch 50 nach *Bild 90.2* auf einem dicken Brett. Es ist wie eine Wippe im Schwerpunkt gelagert, befindet sich also im Gleichgewicht. Die beiden Wagen stellen wir vor dem Durchbrennen des Fadens so auf, daß ihr Schwerpunkt S über der Drehachse D liegt. Auch nach der „Explosion" der Feder kippt das Brett nicht. Diese Explosion ist eine innere Kraft im System der beiden Wagen. Der Wagen mit doppelter Masse ($2\,m$) behält nach Versuch 50 gegenüber dem anderen Wagen (m) in jedem Augenblick die halbe Distanz ($d/2$) vom Schwerpunkt S, da er nur mit der halben Geschwindigkeit von ihm wegfährt. Deshalb halten sich die Drehmomente $M_1 = d\,G$ und $M_2 = \frac{d}{2} \cdot 2G$ beider Wagen in bezug auf S stets das Gleichgewicht. Ihr gemeinsamer Schwerpunkt bleibt in S. Die Distanz d der Drehachse von der Wirkungslinie der Kraft G heißt *Kraftarm*. Wir kennen ihn vom Hebelgesetz.

> ***Schwerpunktsatz:*** **Der Schwerpunkt eines abgeschlossenen Systems wird durch innere Kräfte nicht verschoben.**

Ein *Feuerwerkskörper* explodiert hoch in der Luft *(Bild 90.1)*. Farbige Leuchtpunkte tragen Impulse nach allen Richtungen, doch bleibt der gemeinsame Schwerpunkt erhalten. Ihm konnte die Explosion nichts anhaben. Die Vektorsumme der Zusatzimpulse ist gemäß Versuch 50 Null; der Gesamtimpuls wird also nicht verändert. Dabei haben wir vom Luftwiderstand als einer äußeren Kraft abgesehen.

Versuch 52: Wir haben nach *Bild 90.3* ein schweres Pendel auf einem Wagen ausgelenkt und durch einen Faden am Wagengestell festgehalten. Wenn wir ihn durchbrennen, kommt das Pendel zum Schwingen, ohne daß wir eine äußere Kraft ausüben. Dabei bewegt sich auch der Wagen hin und her. Nur so bleibt der gemeinsame Schwerpunkt des aus Wagen und Pendel bestehenden Systems in Ruhe. Er liegt auf der Lotlinie unter dem Schnittpunkt S.

Versuch 53: Ein Junge steht auf einem Skateboard und fuchtelt mit einem schweren Gegenstand hin und her. Der Schwerpunkt bleibt. Danach wirft er den Gegenstand nach hinten – und fährt dafür nach vorn. Wenn wir raffinierterweise den Gegenstand nach dem Abwurf immer noch zum System zählen, bleibt der gemeinsame Schwerpunkt in Ruhe. Die Kraft beim Werfen war dann eine innere Kraft!

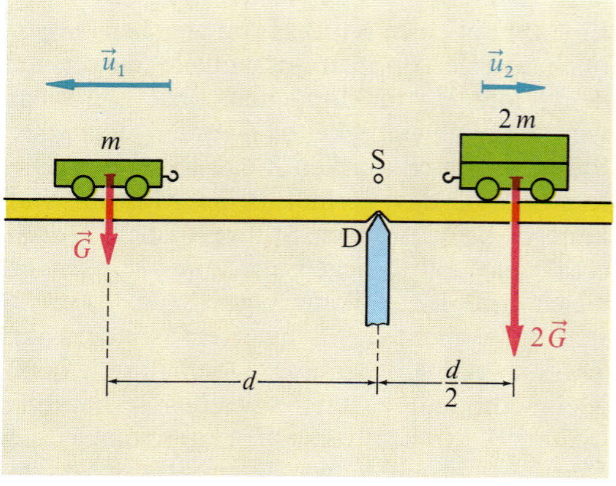

90.2 Der gemeinsame Schwerpunkt S bleibt.

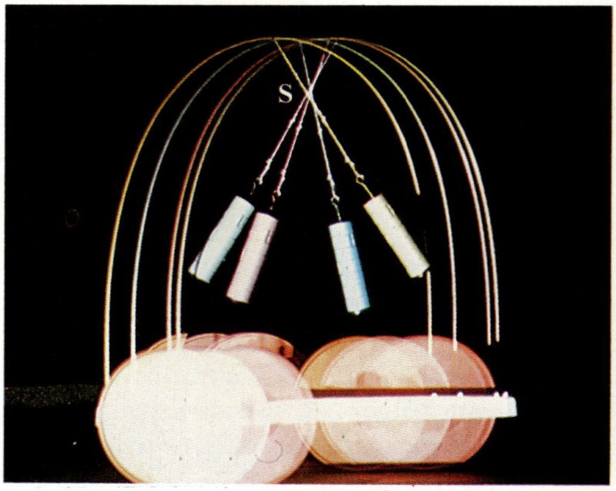

90.3 Auch hier bleibt der Schwerpunkt am Platz.

Versuch 51 gibt einen Hinweis, wie man die x-Koordinate x_S des Schwerpunktes S eines Systems von Massenpunkten berechnen kann: 0 sei der Nullpunkt des Koordinatensystems *(Bild 91.1)*. Stünde dort eine Drehachse D senkrecht zur Zeichenebene, so würden die Gewichtskräfte $\vec{G}_i$ der Massenpunkte m_i die Drehmomente $M_i = G_i\, x_i = m_i\, g\, x_i$ ausüben. An der gesamten Drehwirkung hinsichtlich dieser Achse würde sich aber nichts ändern, wenn man die Gesamtmasse $m = \Sigma m_i$ im Schwerpunkt S mit der Koordinate x_S vereinigte – so ist nämlich der Schwerpunkt definiert. Sein Drehmoment wäre $M_S = m g x_S$. Also muß gelten

$$m g x_S = \Sigma\, m_i g x_i \quad \text{oder} \quad x_S = \frac{1}{m} \Sigma\, m_i\, x_i. \qquad (91.1)$$

Wenn der Schwerpunkt S nicht auf der x-Achse liegt, drehen wir den Körper so, daß die y-Achse horizontal liegt und wenden die Überlegungen auf die Gewichtskräfte $m_i g$ an, die jetzt senkrecht zur y-Achse wirken. Wir erhalten für die y-Komponente von S:

$$y_S = \frac{1}{m} \Sigma\, m_i y_i.$$

Aufgaben:

1. *Eine Feder stößt nach Bild 90.2 zwei Wagen auseinander. Der linke hat die Masse* $m_1 = 1$ kg *und legt in* 1 s *anschließend* 50 cm, *der rechte* 1,5 m *zurück. Welche Masse hat der rechte? Welchen Impuls bekam jeder Wagen, welchen haben beide zusammen? Welche Energie wurde aus der Feder freigesetzt?*

2. *Auf einer als masselos angesehenen Stange sitzen vom linken Ende* 10 cm, 30 cm, 60 cm *und* 80 cm *entfernt die Massen* 1,0 kg, 2,0 kg, 0,5 kg *bzw.* 1,5 kg. *Wo liegt ihr Schwerpunkt?*

3. *In Bild 87.2 prallt von links eine Kugel mit v auf die Reihe der übrigen vier. Welcher Satz wäre verletzt, welcher erfüllt, wenn sie zusammen mit $v/5$ bzw. $v/\sqrt{5}$ weiterfliegen würden?*

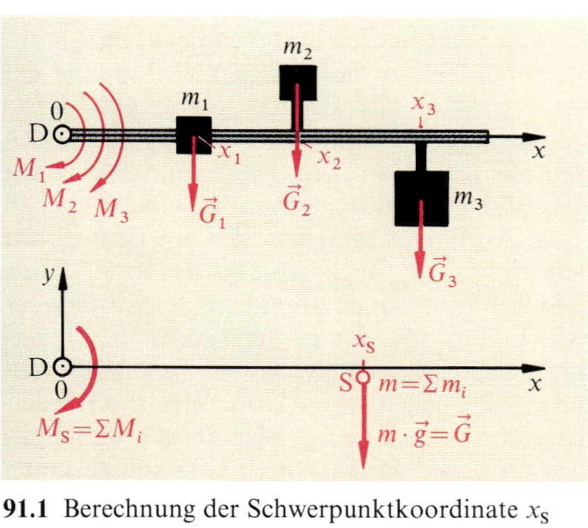

91.1 Berechnung der Schwerpunktkoordinate x_S

§ 27 Berechnung von Stößen

1. Was macht die Impulserhaltung so wichtig?

Was verschafft ausgerechnet dem Impulserhaltungssatz bei Stößen eine solche Bedeutung?

- Wir haben diesen Satz aus den allgemeingültigen *Newtonschen Axiomen* hergeleitet. Deshalb gilt er *unabhängig von Größe und Art der Stoßkräfte*. Er gilt auch, wenn sich magnetische Pucks auf dem Luftkissentisch abstoßen oder wenn schnelle Elektronen an Atomkernen vorbeifliegen, also in der Welt der Atome.
- Die Stoßkräfte zwischen den Stoßpartnern sind innere Kräfte und so groß, daß man ihnen gegenüber während der kurzen Stoßzeit äußere Kräfte wie Luftwiderstand und Gewichtskraft im allgemeinen vernachlässigen kann: *Beim Stoß bilden die Stoßpartner praktisch ein abgeschlossenes System.*
- Man braucht Größe und Einwirkungsdauer der Stoßkräfte nicht zu kennen. Der Impulserhaltungssatz kommt unserer neuen Strategie des *Bilanzdenkens bei Erhaltungsgrößen* in geradezu idealer Weise entgegen.
- Die großen Stoßkräfte erzeugen häufig starke bleibende Verformungen – begleitet von Reibung. Dann geht mechanische Energie verloren. Bei diesen unelastischen Stößen gilt der Energieerhaltungssatz der Mechanik nicht. Der Impulssatz beruht jedoch auf actio und reactio; er gilt also auch, wenn die *Stoßkräfte mit Reibung verbunden sind.*

2. Unelastische Stoßpartner kleben wie Kletten

Versuch 54: An langen Fäden hängen zwei Kugeln auf gleicher Höhe. Sie sind so von Klebwachs umgeben, daß sie sich nach einem Zusammenstoß – wie zusammengebacken – mit gleicher Geschwindigkeit weiterbewegen. Die Wachsteilchen haben sich aneinander gerieben und gegeneinander verschoben. Sie zeigen keinerlei elastische Kraft, um die erlittene Verformung wieder rückgängig zu machen und so die Kugeln auseinanderzutreiben. Wir haben einen völlig unelastischen Stoß wie in Versuch 49 mit Fahrbahnwagen und Klebwachs als Knautschzone. Dabei geht ein Teil der Bewegungsenergie verloren. Wir geben mit der Hand den

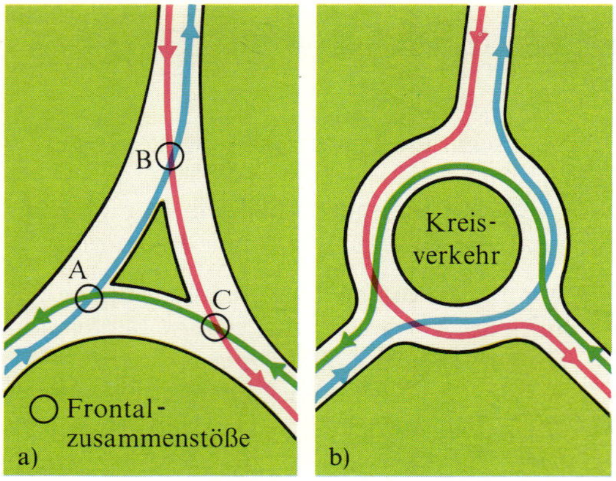

92.1 a) Das Verkehrsdreieck begünstigt Frontalzusammenstöße bei A, B und C. b) Der Kreisverkehr vermeidet sie.

beiden Kugeln vor ihrem Stoß beliebig große und beliebig gerichtete Geschwindigkeiten $\vec{v}_1$ und $\vec{v}_2$. Nach dem Stoß sind die Geschwindigkeiten $\vec{u}_1$ und $\vec{u}_2$ noch unbekannt, aber wegen des Zusammenklebens gleich: $\vec{u}_1 = \vec{u}_2 = \vec{u}$. Wir können sie also mit der einen Gleichung, die der Impulserhaltungssatz liefert, berechnen:

$$m_1\,\vec{v}_1 + m_2\,\vec{v}_2 = m_1\,\vec{u}_1 + m_2\,\vec{u}_2 = (m_1+m_2)\vec{u}$$

ergibt $\vec{u}_1 = \vec{u}_2 = \vec{u} = \dfrac{m_1\,\vec{v}_1 + m_2\,\vec{v}_2}{m_1+m_2}$. (92.1)

Bei einem *geraden Stoß* liegen alle Vektoren längs einer Geraden. Wir können auf die Vektorschreibweise verzichten, wenn wir Geschwindigkeiten nach rechts mit positivem, nach links mit negativem Vorzeichen versehen. Zudem beschränken wir uns auf *Sonderfälle:*

a) Zwei Kugeln gleicher Masse ($m_1 = m_2 = m$) prallen mit gleichem Geschwindigkeitsbetrag *gegeneinander* ($\vec{v}_2 = -\vec{v}_1$ wird $v_2 = -v_1$). Dann ist nach *Gl. 92.1* $\boldsymbol{u_1} = \boldsymbol{u_2} = \mathbf{0}$. Die Kugeln kommen beim Stoß zur Ruhe; alle Bewegungsenergie geht in innere Energie über oder verrichtet Deformationsarbeit wie beim Frontalzusammenstoß von Autos *(Bild 92.1 a)*.

b) Auf ein langsames Auto (v_1) fährt von hinten ein schnelles mit doppelter Geschwindigkeit ($v_2 = 2\,v_1$). Beide haben gleiche Masse *m*. Die ineinander verkeilten Wagen haben unmittelbar nach dem Stoß die Geschwindigkeit

$$u_1 = u_2 = u = \frac{m v_1 + m\cdot 2 v_1}{2\,m} = 1{,}5\,v_1.$$

Bei allen unelastischen Stößen gilt die *Energiegleichung 87.1* nicht mehr. Man erhält den *Verlust* ΔW *an Bewegungsenergie,* wenn man in ihre rechte Seite *u* aus *Gl. 92.1* einsetzt und beide Seiten voneinander abzieht:

$$\Delta W = \frac{1}{2}\,\frac{m_1\,m_2}{m_1+m_2}\,(v_1 \pm v_2)^2. \qquad (92.2)$$

Dabei gilt das Minuszeichen, wenn die Geschwindigkeiten v_1 und v_2 vor dem Stoß *gleichgerichtet* sind (*Bild 92.1 b,* Fall *b*, Auffahrunfall). Sind dagegen v_1 und v_2 *entgegengesetzt* gerichtet, gilt das Pluszeichen. Bei diesem Frontalzusammenstoß sind die freigesetzten zerstörerischen Energiebeträge viel größer. Deshalb baut man heute Straßeneinmündungen nach *Bild 92.1 a* wieder ab, da sie Frontalzusammenstöße begünstigen. Als besonders sicher gelten dagegen Verkehrsknoten, die zum *Kreisverkehr* ausgebildet wurden, da hier die Fahrzeuge beim Zusammenstoß fast die gleiche Richtung haben (round-abouts in England). Sie brauchen aber mehr Platz und haben eine geringere Durchlässigkeit. Signalgesteuerte Kreuzungen gelten heute – insbesondere bei „grüner Welle" – als günstiger.

Wir messen nun den Impuls einer Gewehrkugel mit einem **ballistischen Pendel** und berechnen daraus ihre Geschwindigkeit:

Versuch 55: Ein Geschoß (Masse m_1; noch unbekannte Geschwindigkeit v_1) wird in eine mit Sand gefüllte, als Pendel aufgehängte Kiste (Masse m_2, Geschwindigkeit $v_2 = 0$) geschossen und bleibt dort stecken. Man kann auch nach *Bild 92.2* aus der Federkanone eine Kugel in einen Auffänger schießen, der am Pendelbrett befestigt ist (v_1 nach Seite 57 bestimmt). Das Geschoß gibt seinen Impuls $m_1\,v_1$ an das zur Schwingung mit der gemeinsamen Geschwindigkeit *u* ansetzende Pendel ab. Es handelt sich um einen unelastischen Stoß. Weil die Pendelmasse ($m_1 + m_2$) viel größer als die Geschoßmasse m_1 ist, wird $u \ll v_1$. Diese gemeinsame, erheblich reduzierte Geschwindigkeit wird aus

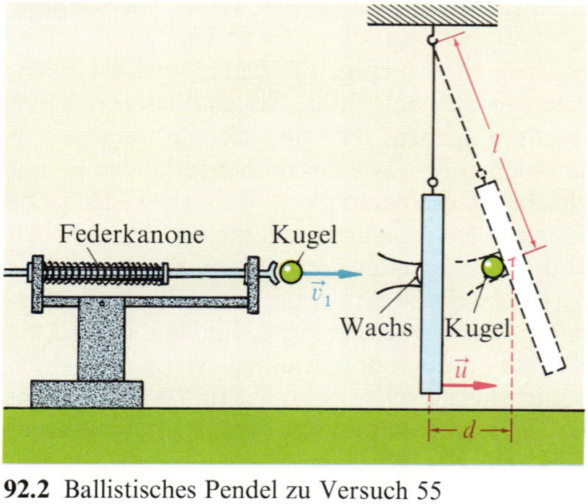

92.2 Ballistisches Pendel zu Versuch 55

dem Ausschlag d des Pendelschwerpunkts nach Seite 78 berechnet. Den Energieverlust durch den Luftwiderstand kann man beim ersten Ausschlag vernachlässigen. Siehe Aufgabe 1.

3. Stöße ohne mechanischen Energieverlust

Billard- und Stahlkugeln kleben beim Stoß nicht zusammen. Sie werden von elastischen Kräften mit verschiedenen Geschwindigkeiten $\vec{u}_1$ und $\vec{u}_2$ wieder auseinander getrieben. Diese beiden Unbekannten $\vec{u}_1$ und $\vec{u}_2$ können wir aber mit dem Impulserhaltungssatz allein (nur 1 Gleichung) nicht berechnen. Da aber kaum Verluste an mechanischer Energie auftreten, nehmen wir idealisierend an, die Bewegungsenergie bleibe vollständig erhalten. *Diese Idealisierung nennt man elastischen Stoß.*

Beim *elastischen* Stoß bleibt die kinetische Energie erhalten, die Stoßpartner trennen sich wieder.

Nach einem völlig *unelastischen* Stoß bewegen sich die Stoßpartner mit der gleichen Geschwindigkeit weiter; sie kleben zusammen, kinetische Energie geht verloren.

Zunächst sollen sich die Körper vor und nach dem Stoß längs einer horizontalen Geraden bewegen. Bei diesem *geraden Stoß* setzen wir die Lageenergie gleich Null. Geschwindigkeiten nach rechts bekommen das positive Vorzeichen, solche nach links das negative. Der *Impulserhaltungssatz* lautet nach *Gl. 88.4:*

$$m_1 v_1 + m_2 v_2 = m_1 u_1 + m_2 u_2. \qquad (93.1)$$

Hinzu tritt der *Energieerhaltungssatz*

$$\tfrac{1}{2}m_1 v_1^2 + \tfrac{1}{2}m_2 v_2^2 = \tfrac{1}{2}m_1 u_1^2 + \tfrac{1}{2}m_2 u_2^2. \qquad (93.2)$$

Um die unbekannten Geschwindigkeiten u_1 und u_2 nach dem Stoß zu bestimmen, bringen wir alle Terme, die zur Kugel 1 gehören, nach links:

$$\tfrac{1}{2}m_1(v_1^2 - u_1^2) = \tfrac{1}{2}m_2(u_2^2 - v_2^2) \qquad (93.3)$$

oder:

$$m_1(v_1+u_1)(v_1-u_1) = m_2(u_2+v_2)(u_2-v_2). \qquad (93.4)$$

Wir dividieren durch die gleichermaßen umgestellte Impulsgleichung („1 links, 2 rechts")

$m_1(v_1-u_1) = m_2(u_2-v_2)$ und erhalten
$v_1+u_1 = v_2+u_2$.

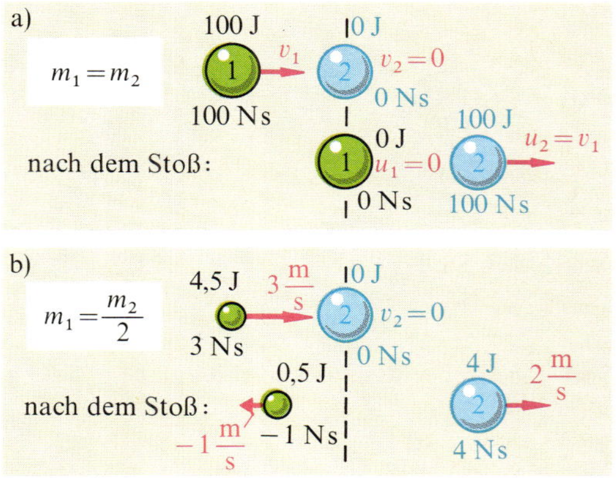

93.1 Stoß auf ruhende Körper: a) gleicher Masse, b) der stoßende hat halbe Masse ($m_1 = 1$ kg; $m_2 = 2$ kg). Energie in Joule, Impuls in Ns angegeben.

Die letzten beiden Gleichungen liefern die Geschwindigkeiten u_1 und u_2 nach dem Stoß. Geschwindigkeiten nach rechts sind positiv.

$$\boldsymbol{u_1 = \frac{2m_2v_2 + (m_1-m_2)v_1}{m_1+m_2}} \qquad \textbf{(93.5)}$$

$$\boldsymbol{u_2 = \frac{2m_1 \cdot v_1 + (m_2-m_1)v_2}{m_1+m_2}} \qquad \textbf{(93.6)}$$

Wir diskutieren Sonderfälle dieser *Gleichungen 93.5* und *93.6* für elastische, gerade Stöße.

***a)** Beide Massen gleich groß:* $m_1 = m_2$

In obigen Gleichungen verschwinden die Klammerterme; es folgt $u_1 = v_2$ und $u_2 = v_1$.

Körper gleicher Masse tauschen beim elastischen, geraden Stoß ihre Geschwindigkeiten aus. Impuls und der Transport von Energie behalten Betrag und Richtung bei; sie wechseln nur die „Pferde". – War der zweite Körper vor dem Stoß gar in Ruhe ($v_2 = 0$), so übernimmt er Geschwindigkeit, Impuls und Energie des ersten. Dieser kommt zur Ruhe: $u_1 = 0$, $u_2 = v_1$ (Versuch 48, *Bild 93.1a*).

Umgekehrt: Sollen $u_1 = 0$ und $v_2 = 0$ sein, so muß nach *Gl. 93.5* $m_1 = m_2$ gelten. Bei der *Kugelreihe* nach *Bild 87.2* kommen die links aufprallenden Kugeln nur dann zur Ruhe ($u_1 = 0$), wenn rechts Körper *gleicher Masse* gleich viel Impuls und Energie aufnehmen. Also fliegen rechts gleich viele Kugeln gleich schnell weg, wie wir links aufprallen lassen.

***b)** Ein Kleiner stößt auf einen ruhenden Großen*

Jetzt ist $m_2 > m_1$, $v_1 > 0$ und $v_2 = 0$ (Pfennig auf 5 DM-Stück; *Bild 93.1b*). In *Gl. 93.5* wird u_1 negativ: Der stoßende Kleine prallt zurück. Ist $m_1 = m_2/2$, so wird $u_1 = -v_1/3$ (nach links gerichtet). Der gestoßene Große setzt sich mit $u_2 = +\frac{2}{3}v_1$ in Bewegung und nimmt dem stoßenden Kleinen 8/9 von dessen Energie ab (sie ist $\sim mv^2$).

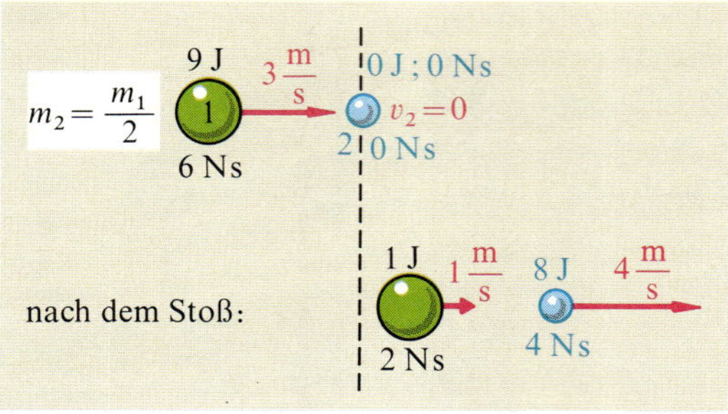

94.1 Ein Großer stößt auf einen Kleinen ($m_1 = 2$ kg; $m_2 = 1$ kg).

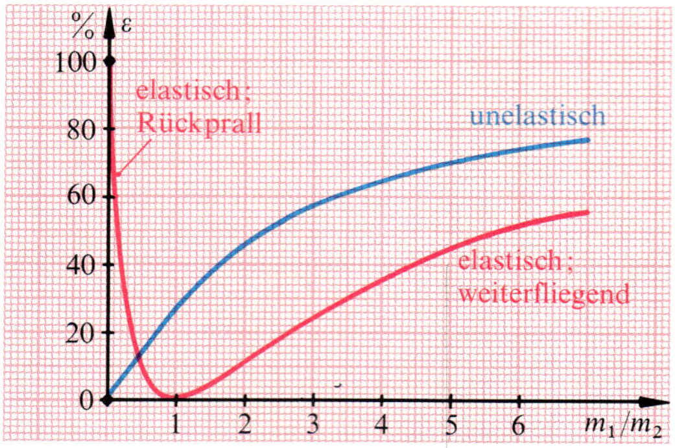

94.2 Der stoßende Körper behält den Energieanteil ε (in %).

Der Große bekommt sogar $\frac{4}{3}$ an positivem Impuls vom Kleinen. Dieser prallt dafür mit negativem Impuls zurück. Er hätte es lassen sollen (Aufgabe 9)!

c) *Ein Großer stößt auf einen ruhenden Kleinen*

Hier ist $m_1 > m_2$, $v_1 > 0$ und $v_2 = 0$. Schiebt der Große den Kleinen ständig vor sich her? Da $m_1 > m_2$, bleibt $u_1 > 0$: Der stoßende Große behält seine Richtung bei und wird langsamer, weil $(m_1 - m_2)/(m_1 + m_2) < 1$ ist ($u_1 < v_1$). Zudem ist $2\,m_1 > (m_1 + m_2)$ und $v_2 = 0$. Deshalb wird nach *Gl. 93.6* $u_2 > v_1$: Der Kleine fliegt schneller weg, als sich ihm der Große vor dem Stoß genähert hat; der Große hat hier das Nachsehen: In *Bild 94.1* ist $m_2 = m_1/2$ angenommen. Dann wird $u_2 = \frac{4}{3}\,v_1$. Der Kleine stiehlt also dem Großen $\frac{8}{9}$ an Energie und $\frac{2}{3}$ an Impuls und entfernt sich schnell damit.

Versuch 56: Zwei Stahlkugeln sind bifilar so aufgehängt *(Bild 87.2)*, daß sie sich gerade berühren. Die Aufhängefäden werden mit einer Punktlichtlampe an die Wand projiziert. Nach Seite 78 sind die Geschwindigkeiten v und u vor und nach dem Stoß im tiefsten Punkt proportional zur zugehörigen Auslenkung *d*. Diese kann man in der Projektion ablesen.

d) *Elastischer Ball fliegt senkrecht auf Wand*

Das Ergebnis kennen Sie: Der Ball (Masse m_1) prallt gleich schnell zurück. Läßt sich dieser Stoß zwischen so ungleichen Partnern auch mit *Gl. 93.5* behandeln? Dazu dividieren wir Zähler und Nenner mit der weit überwiegenden Masse m_2 der Wand. Den dabei auftretenden Quotienten m_1/m_2 können wir Null setzen. Da zudem die Geschwindigkeit v_2 der Wand vor dem Stoß Null ist, folgt

$$u_1 = \frac{(m_1/m_2) - 1}{(m_1/m_2) + 1}\,v_1 \approx -v_1 \quad \text{und}$$

$$u_2 = \frac{2m_1/m_2}{(m_1/m_2) + 1}\,v_1 \approx 0.$$

Der Ball behält also seine Energie ($u_1^2 = v_1^2$). Der Impuls dagegen ändert sich als Vektorgröße von $m_1\vec{v}_1$ über Null in $-m_1\vec{v}_1$, also um $\Delta\vec{p} = -2m_1\vec{v}_1$. Ist hier der Impulserhaltungssatz verletzt? Schauen wir uns die Wand an. Sie erhält für $m_1/m_2 \approx 0$ den Impuls

$$p_2 = m_2 u_2 = \frac{2m_1 v_1}{(m_1/m_2) + 1} \approx 2m_1 v_1 \qquad (94.1)$$

und die Energie

$$W_2 = \frac{1}{2} m_2 u_2^2 = \frac{1}{2}\,\frac{4m_1 v_1^2 \cdot (m_1/m_2)}{[(m_1/m_2) + 1]^2} \approx 0.$$

Die Impulsänderungen von Ball und Wand sind zwar groß, geben zusammen jedoch Null.

4. Wieviel Energie behält der stoßende Körper?

Bei der *Kernspaltung* entstehen schnelle Neutronen. Sie müssen im Kernreaktor in kürzester Zeit auf geringe Geschwindigkeit abgebremst werden. Dann fliegen sie an den Urankernen nicht so schnell vorbei. Deshalb steigt die Wahrscheinlichkeit, von einem solchen Kern eingefangen zu werden. Bei einem solchen Einfang wird der Kern gespalten und sendet neue, schnelle Neutronen aus (Mittelstufenband Seite 401). Wie entzieht man nun völlig regellos herumfliegenden Neutronen die Energie? Man läßt sie auf andere atomare Teilchen stoßen – übrigens bestehen die meisten atomphysikalischen Experimente aus Stoßprozessen *(Bild 96.1)*. *Bild 94.2* zeigt den *Bruchteil* ε an Energie (in %), den ein Teilchen der Masse m_1 behält, wenn es auf ein ruhendes der Masse m_2 geradlinig stößt. Beim Massenverhältnis $m_1/m_2 = 1$ gibt es bereits bei *einem elastischen Stoß* alle Energie ab *(Bild 93.1 a)*. Hat es kleinere Masse ($m_1/m_2 < 1$), prallt es elastisch zurück, für $m_1/m_2 > 1$ fliegt es weiter. Beim völlig *unelastischen Stoß* dagegen behält es bei $m_1/m_2 > 0{,}5$ viel mehr Energie. Die Kurven in *Bild 94.2* wurden aus den *Gl. 92.1* und *93.2* durch Berechnen von $\frac{1}{2}m_1 u_1^2/(\frac{1}{2}m_1 v_1^2)$ gewonnen.

Zum Energieentzug bringt man als **Moderator** (Mäßiger) Wasser in den Reaktor. Seine Wasserstoffkerne haben fast die gleiche Masse wie Neutronen; m_1/m_2 ist 1. Diese Protonen nehmen wie Neutronen beim Stoß keinerlei innere Energie auf; die Stöße sind elastisch. Da sie selten *gerade* sind, werden die Neutronen erst nach mehreren Stößen „langsam".

5. Schiefe elastische Stöße

a) *Billardkugel an der Bande*

Nach *Bild 95.1* wird ein Ball (m_1) unter dem „Einfallswinkel" α gegen das Lot schräg auf eine Wand mit sehr viel größerer Masse $m_2 \gg m_1$ geworfen. Da Geschwindigkeiten und Impulse Vektorgrößen sind, zerlegen wir $\vec{v}_1$ (vor dem Stoß) in eine zur Wand parallele Komponente $\vec{v}_{1,p}$ und eine senkrechte $\vec{v}_{1,s}$. Was gewinnen wir damit? Die senkrechte Komponente $\vec{v}_{1,s}$ kehrt sich nach Ziffer 3d in $-\vec{v}_{1,s}$ um. $\vec{v}_{1,p}$ dagegen bleibt konstant, falls wir von Reibung und damit einer Tangentialkraft zwischen Ball und Wand absehen dürfen. Wir bilden aus $\vec{v}_{1,p}$ und $-\vec{v}_{1,s}$ die resultierende Geschwindigkeit $\vec{u}_1$ nach dem Stoß:

$$\vec{u}_1 = \vec{v}_{1,p} + (-\vec{v}_{1,s}).$$

Sie hat den gleichen Betrag wie $\vec{v}_1$ und zeigt, daß der Ball in der Einfallsebene unter dem gleichen Reflexionswinkel $\beta = \alpha$ wie ein Lichtstrahl von der Wand zurückkommt. Solche Stöße findet man bei Billardkugeln an der Bande, wenn man von Drehungen absieht, die durch Reibung entstehen.

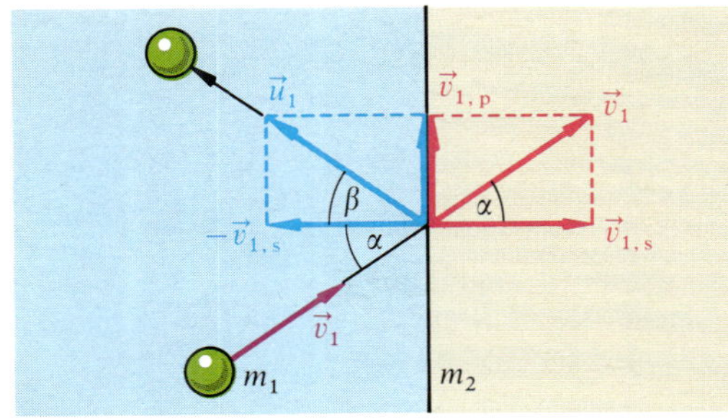

95.1 Ball prallt schief von einer Wand ab.

b) *Stoßpartner, die sich nur streifen*

Versuch 57: Zwei Kugeln *gleicher Masse m* werden am gleichen Punkt (hoch über A in *Bild 95.2*) an sehr langen Fäden aufgehängt. Man lenkt die linke Kugel stets um d_0 bis B aus und läßt sie los. Die rechte schwingt ein wenig um ihre Gleichgewichtslage in A senkrecht zu BA. Deshalb wird sie von der linken einmal mehr von rechts, einmal von links angestoßen; wir erhalten **schiefe Stöße.** Die Umkehrpunkte U_1 und U_2 beider Kugeln nach dem Stoß markieren wir sorgfältig. Sie liegen stets auf einem sich nach rechts anschließenden Kreis durch A mit dem Durchmesser $\overline{AC} = \overline{BA}$. Dabei sind die rot gezeichneten Auslenkungen d_0, d_1 und d_2 nach Seite 78 proportional zu den Kugelgeschwindigkeiten v_1, u_1 und u_2. Wir können deshalb den Geschwindigkeitsmaßstab (blau) so wählen, daß $\vec{u}_1$ auf d_1 und $\vec{u}_2$ auf d_2 liegt. Aus dem *Impulssatz* folgt:

$$m\vec{v}_1 + \vec{0} = m\vec{u}_1 + m\vec{u}_2 \quad \text{oder} \quad \vec{v}_1 = \vec{u}_1 + \vec{u}_2.$$

Deshalb gibt die Strecke $\overline{AC}$ im Geschwindigkeitsmaßstab die Vektorsumme $\vec{v}_1 = \vec{u}_1 + \vec{u}_2$, d.h. die stets gleich große Stoßgeschwindigkeit $\vec{v}_1$ von Kugel 1. Daß die Punkte U_1 und U_2 auf dem *Kreisbogen* über $\overline{AC}$ liegen, besorgt der *Energiesatz:*

$$\tfrac{1}{2}mv_1^2 + 0 = \tfrac{1}{2}mu_1^2 + \tfrac{1}{2}mu_2^2 \quad \text{oder} \quad v_1^2 = u_1^2 + u_2^2.$$

$\vec{u}_1$ und $\vec{u}_2$ sind also Katheten in rechtwinkligen Dreiecken über der Hypotenuse $\vec{v}_1$; U_1 und U_2 liegen auf dem *Thales-Kreis* über $\vec{v}_1$. Daß der Winkel bei U_1 und U_2 und damit auch bei A ein rechter ist, zeigt *Bild 95.2*, unten.

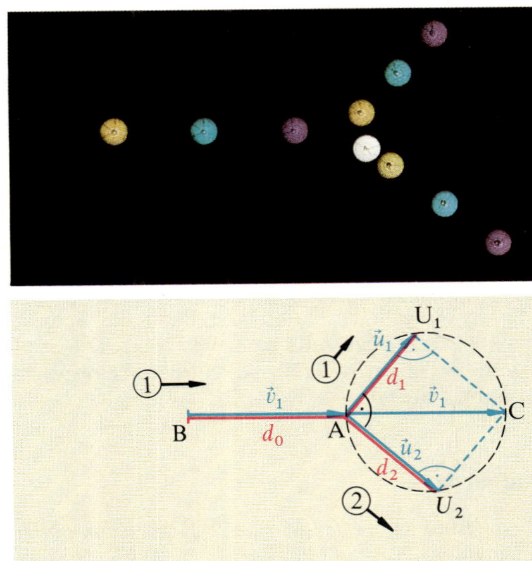

95.2 Schiefer Stoß zweier Kugeln gleicher Masse

Nach *Bild 95.3* stießen die Kugel 1 (100 g) mit $v_1 = 1{,}0$ m/s und dem Impuls $p_1 = 0{,}10$ kg m/s und die Kugel 2 (500 g) mit $v_2 = 1{,}0$ m/s und $p_2 = 0{,}50$ kg m/s von links kommend zusammen. Beim Stoß prallte

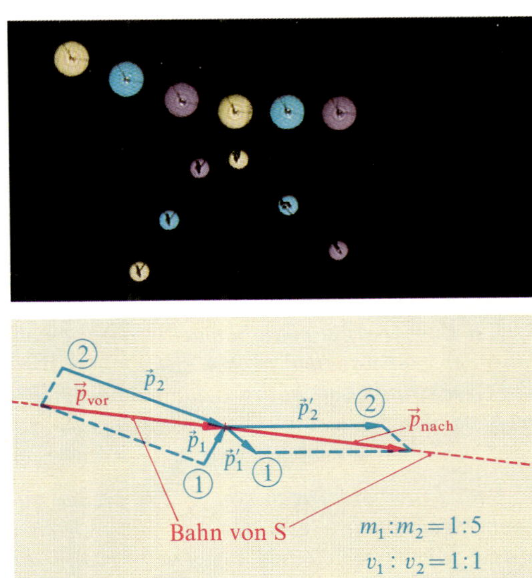

95.3 Schiefer Stoß zweier fliegender Kugeln

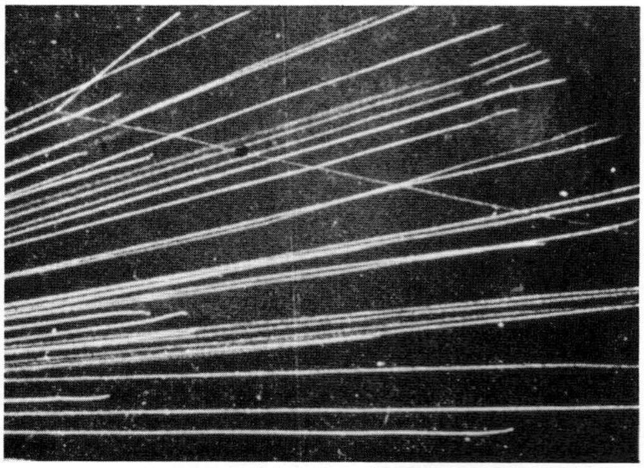

96.1 Billardspiel in der Nebelkammer: Der von links kommende Heliumkern (α-Teilchen) stößt einen Wasserstoffkern nach rechts unten und fliegt selbst nach rechts oben weiter.

1 nach unten, 2 etwas nach oben. Die rot gezeichneten Impulssummen $\vec{p}_{vor}$ und $\vec{p}_{nach}$ sind gleich. Ihre Vektoren geben zudem die Bahn des Schwerpunkts S beider Kugeln vor und nach dem Stoß. Die Lage des Schwerpunkts wurde aus dem Massenverhältnis 1:5 der Kugeln bestimmt. Die Bahn des Schwerpunkts wurde beim Stoß nicht verändert. Die Stoßkräfte sind ja innere Kräfte; es gilt der *Schwerpunktsatz* von Seite 90.

Aufgaben:

1. *a) Eine Kugel der Masse* 20,0 g *wird in einem ballistischen Pendelkörper* (2,00 kg) *abgebremst. Sein Schwerpunkt hängt* 2,00 m *unter dem Aufhängepunkt und schlägt um* 60,0 cm *aus. Welche Geschwindigkeit hatte das Geschoß? Wie groß war der Verlust an mechanischer Energie (in %)? b) Leiten Sie Gl. 92.2 her!*

2. *Prüfen Sie die Kurven in Bild 94.2 für die einbehaltene Energie ε bei den Massenverhältnissen $m_1/m_2 = 0{,}5$; 1; 3 nach! Was geschieht mit der abgegebenen Energie beim elastischen, was beim unelastischen Stoß? Warum kann beim unelastischen Stoß nie $\varepsilon = 0$ sein?*

3. *Ein Körper stößt völlig unelastisch mit einem ruhenden von n-facher Masse zusammen. Welche Geschwindigkeit haben beide nachher? Wie groß ist der Verlust an Bewegungsenergie (in %)?*

4. *Drei Eisenbahnwagen von je* 20 t *stehen zusammengekoppelt; ein vierter von gleicher Masse fährt mit* 5,0 m/s *auf. Dabei rastet die automatische Kupplung ein. Wie schnell rollen die 4 Wagen reibungsfrei weiter?*

5. *a) Mit einem Luftgewehr wird senkrecht in ein Brett* (100 g), *das an zwei* 2,0 m *langen Fäden bifilar hängt, geschossen. Wie schnell war das Geschoß* (1,0 g), *wenn das Brett* 30 cm *weit ausschlägt? b) Das Geschoß wird mit einem Einfallswinkel $\alpha = 60°$ (Bild 95.1) in das Brett geschossen und bleibt dort stecken. Wie weit schlägt dieses aus, wenn es durch die Fäden in der gleichen Richtung wie bei a) geführt wird? c) Das Brett sei durch eine Stahlplatte gleicher Masse ersetzt und das Geschoß von b) prallt mit dem Ausfallwinkel $\alpha = 60°$ elastisch ab. Wie stark schlägt jetzt das Pendel aus?*

6. *Zwei Kugeln mit den Massen $m_1 = 5{,}0$ kg und $m_2 = 10$ kg stoßen mit den Geschwindigkeiten $v_1 = 5{,}0$ m/s und $v_2 = 8{,}0$ m/s gerade gegeneinander. Wie schnell sind die Kugeln nach dem Stoß, wenn dieser a) elastisch, b) unelastisch ist? Beachten Sie die Vorzeichenregelung vor Gl. 93.1! Wieviel Bewegungsenergie ging verloren (%)?*

7. *Was ergibt sich in Aufgabe 6, wenn die schnellere Kugel auf die langsamere von hinten gerade stößt a) elastisch, b) unelastisch?*

8. *Ein Möbelwagen fährt mit $v_2 = 10$ m/s Geschwindigkeit. Auf seine starre Rückwand fliegt senkrecht ein elastischer Ball, der relativ zur Straße die Geschwindigkeit a)* 20 m/s, *b)* 25 m/s *hat. Welche Geschwindigkeit hat der Ball jeweils nachher zur Straße? Die Masse des Balls ist gegenüber der des Wagens zu vernachlässigen. c) Wie lautet das Ergebnis, wenn der Ball mit* 20 m/s *relativ zur Straße dem Möbelwagen entgegen senkrecht auf dessen starre Vorderfläche fliegt? Rechnen Sie im Bezugssystem des Möbelwagens und dem der Straße (Seite 99, Ziffer 4)!*

9. *a) Im Beispiel von Ziffer 3b gab der Kleine mehr Impuls an den Großen, als es selbst hatte. Warum ist dies bei der Energie unmöglich? b) Im Beispiel 3d gab die Kugel gar das Doppelte ihres Impulses an die Wand, dagegen keine Energie. Prüfen Sie Energie und Impulserhaltung!*

10. *Im Versuch 57 (Bild 95.2) wird die stoßende Kugel um 45° nach oben abgelenkt. Wo liegt der Umkehrpunkt der gestoßenen? Welche Geschwindigkeiten, Energien und Impulse haben beide Kugeln nach dem Stoß i. Vgl. zu vor dem Stoß? Prüfen Sie die Ergebnisse mit den Erhaltungssätzen für Impuls und Energie nach!*

11. *Ein Auto prallt unter einem Winkel von 30° auf eine Leitplanke und rutscht daran entlang. Welche Geschwindigkeit hat es dabei im 1. Augenblick und wie groß ist der Energieverlust bei diesem teilweise unelastischen Aufprall (in %)?*

§ 28 Impulsänderungen

1. Was gibt dem Auto Impuls?

Wer die Autotür hinter sich geschlossen hat, ist überzeugt, in einem abgeschlossenen System zu sitzen. Er läßt den Motor an; so erzeugt er in der Tat zunächst nur innere Kräfte. Bei Schneeglätte bleibt es dabei; Impuls bekommt das Auto erst von hilfreichen Passanten, also von äußeren Kräften. Das System ist nicht mehr abgeschlossen. Die Reaktionen auf diese äußeren Kräfte greifen nämlich an der Straße an, also nicht mehr am System „Auto". Wenn die Resultierende $\vec{F}$ aller äußeren Kräfte konstant ist, gilt für ein System mit der Masse m

$$\vec{F} = m\vec{a} = m\frac{\Delta\vec{v}}{\Delta t} \text{ oder } \vec{F}\cdot\Delta t = m\cdot\Delta\vec{v} = \Delta\vec{p}.$$

Das System erfährt die Impulszunahme $\Delta\vec{p} = \vec{F}\cdot\Delta t$. Sie ist der äußeren Kraft $\vec{F}$ und der Zeitdauer Δt ihrer Einwirkung proportional.

Wirkt während der Zeit Δt auf einen Körper (ein System) die konstante äußere Kraft $\vec{F}$, so erfährt er die Impulsänderung

$$\Delta\vec{p} = \vec{F}\cdot\Delta t. \qquad (97.1)$$

Das Produkt $\vec{F}\cdot\Delta t$ nennt man Kraftstoß.

Stoßversuche könnten den falschen Eindruck erwecken, man dürfe den Impuls nur auf schnell ablaufende Vorgänge anwenden. Betrachten wir deshalb eine Kugel ($m = 1$ kg), die während der Zeit $\Delta t = 2$ s fällt. Sie erfährt durch die Gewichtskraft $F = G = 10$ N den Kraftstoß $F\cdot\Delta t$ und so die Impulszunahme $\Delta p = F\cdot\Delta t = 10\text{ N}\cdot 2\text{ s} = 20$ Ns. Wurde dabei die Kugel aus der Ruhe losgelassen (Impuls $p = 0$), so erhält sie den Impuls $p = mv = 20\text{ Ns} = 20\text{ kg m/s}$. Damit können wir ihre Geschwindigkeit zu $v = p/m = 20$ m/s berechnen. Hatte die Kugel dagegen schon vorher den Impuls $\vec{p}_1$, so wird der Kraftstoß $\vec{F}\cdot\Delta t$ vektoriell addiert und gibt den Impuls $\vec{p}_2 = \vec{p}_1 + \vec{F}\cdot\Delta t$.

Diese Überlegungen lassen sich auch auf *veränderliche Kräfte* $F(t)$ übertragen: Auf ein zu Beginn ruhendes Auto wirke die Kraft $F(t)$ nach *Bild 85.1* und *97.2*. Während des kurzen Zeitabschnitts Δt sei $\vec{F}$ hinreichend konstant; der dunkel getönte Streifen gibt durch seine Fläche $F\cdot\Delta t$ die Impulsänderung Δp. Die ganze, hell getönte Fläche liefert die gesamte Impulszunahme beim Anfahren. Dabei ist $F(t)$ die reactio der Straße.

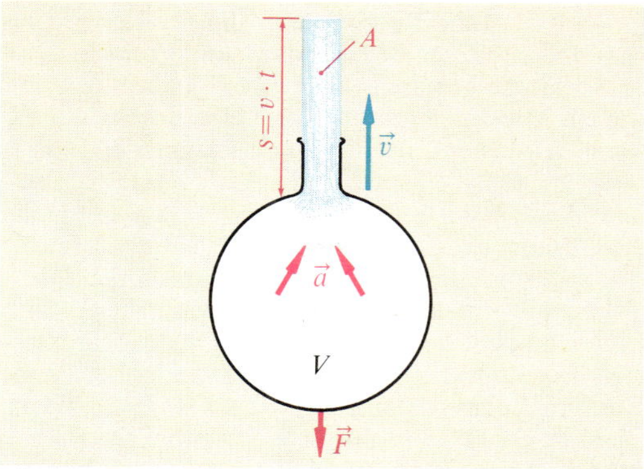

97.1 Messung der Rückstoßkraft ausströmender Luft

Im $F(t)$-Diagramm gibt die Fläche unter der Kurve die Impulsänderung Δp an.

Wir dürfen das $F(t)$-Diagramm nicht mit dem *Arbeitsdiagramm* in *Bild 80.1* verwechseln. Dort war die Kraft F_s über dem Weg s aufgetragen. Aus der Fläche konnten wir die Arbeit $\Delta W = F_s\cdot\Delta s$ und bei fehlender Reibung die Änderung der *Energie* berechnen. *So wie man mit dem Skalar Arbeit $\Delta W = F_s\cdot\Delta s$ eine Übertragung von Energie bezeichnet, beschreibt der Kraftstoßvektor $\vec{F}\cdot\Delta t$ die Übertragung von Impuls von einem Körper auf einen andern.*

2. Mechanik bei sich ändernder Masse

a) Wir blasen einen Luftballon auf und lassen ihn los. Durch Ausschleudern von Luft verliert er an Masse und schwirrt fort. Kann man die Rückstoßkraft berechnen? Mit dem Grundgesetz $\vec{F} = m\vec{a}$ nicht – es ist an konstante Masse gebunden. In der Gleichung $\Delta\vec{p} = \vec{F}\cdot\Delta t$ dagegen tritt die Masse m selbst nicht auf, auch nicht die Beschleunigung. Bringt uns das weiter?

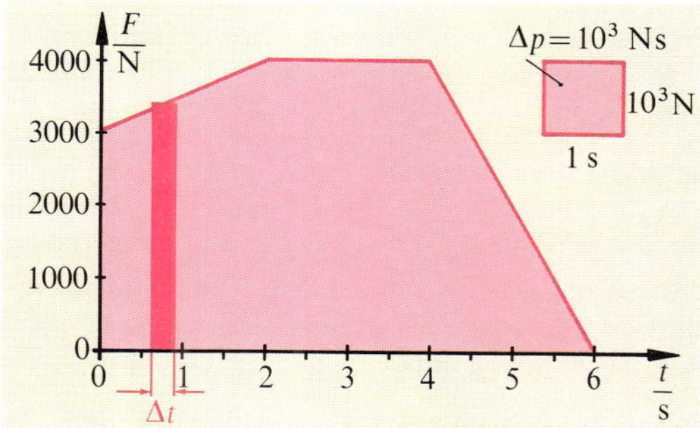

97.2 Das $F(t)$-Diagramm gibt die Impulsänderung an (idealisiert).

Versuch 58: Eine Fußballblase ohne Hülle wird bis zum Durchmesser 38 cm, also zum Volumen $V = 28{,}7\ \mathrm{dm}^3$, aufgeblasen *(Bild 97.1)*. Dabei bleibt – wie ein Manometer zeigt – der Überdruck 50 mbar ziemlich konstant. Bei diesem Druck und der Temperatur 20° C ist die Dichte der Luft $\varrho = 1{,}26\ \mathrm{g/dm}^3$, ihre Masse in der Blase also $m = \varrho V = 36$ g. Gibt man die Öffnung mit der Querschnittsfläche $A = 0{,}35\ \mathrm{cm}^2$ frei, so strömt die Luft infolge des konstanten Überdrucks mit der konstanten Geschwindigkeit v aus. Hierzu braucht sie $t = 16$ s. Die Luft bildet beim Strömen insgesamt den blaugetönten Zylinder der Länge $s = vt$ mit dem Volumen $V = As = Avt = 28{,}7\ \mathrm{dm}^3$. Hieraus ergibt sich ihre Geschwindigkeit zu $v = V/(At) \approx 50$ m/s. Auf den Ausströmvorgang können wir die bisher oft benutzte Gleichung $F = ma$ nicht anwenden. Wir wissen nämlich nicht, mit welcher Beschleunigung a die im Innern zunächst noch ruhenden Luftteilchen in die Strömung gerissen werden. Wir wissen aber, daß in der Zeit $\Delta t = t = 16$ s die ausströmende Luft der Masse $m = 36$ g aus der Ruhe auf die Geschwindigkeit $v = 50$ m/s gebracht wird. Sie erfährt so die Impulszunahme vom Betrag $\Delta p = m \cdot \Delta v = 1{,}8$ kg m/s. Auf die Luft muß dabei nach *Gl. 97.1* die Kraft $F = \Delta p/\Delta t = 0{,}11$ N ausgeübt werden. Dies bestätigt ein Kraftmesser, an den die Blase gehängt wird.

Der Kraftmesser mißt die reactio, welche die Fußballblase nach *Bild 97.1* von der in Richtung der Öffnung beschleunigten Luft erfährt. Diese Kraft ist entgegengesetzt gerichtet. Bei *Raketen* nennt man sie **Rückstoß.** In Weltraumraketen gibt man durch etwa 200 bar Druck den ausströmenden Gasen Geschwindigkeiten bis zu 4 km/s (Mittelstufenband Seite 38).

Allgemein: In der Zeit Δt strömt Luft der Masse Δm aus der Raketendüse mit der Geschwindigkeit v_r relativ zum ruhend gedachten Raketenkörper. Die Impulsänderung der Luft ist $\Delta p = \Delta m \cdot v_r$, die Rückstoßkraft

$$F = \Delta p/\Delta t = \Delta m \cdot v_r/\Delta t = v_r \cdot \Delta m/\Delta t = v_r D. \qquad (98.1)$$

Dabei gibt $D = \Delta m/\Delta t$ den *Durchsatz* der ausströmenden Materie (Masse je Sekunde) an:

Schubkraft F = Durchsatz mal Ausströmgeschwindigkeit: $\boldsymbol{F = v_r \cdot D}$. **(98.2)**

b) Bei Raketen ändert sich die Masse der beschleunigten Materie kontinuierlich; wir müssen die Gleichung $\vec{F} = \Delta\vec{p}/\Delta t$ benutzen. Ähnlich ist es in der *Relativitätstheorie,* da dort die Masse bei Annäherung an die Lichtgeschwindigkeit $c = 3 \cdot 10^8$ m/s steigt – trotz gleichbleibender Teilchenzahl.

Bemerkenswerterweise sagte schon *Newton* in seinem *zweiten Axiom,* daß die Kraft gleich der zeitlichen Impulsänderung ist und benutzte die umfassendere Gleichung $\vec{F} = \Delta\vec{p}/\Delta t$ mit der Impulsänderung $\Delta\vec{p} = m_2\vec{v}_2 - m_1\vec{v}_1$ für $m_2 \neq m_1$. Wenn die Masse des beschleunigten Körpers jedoch konstant bleibt, ist $m_2 = m_1 = m$ und $\Delta\vec{p} = m(\vec{v}_2 - \vec{v}_1)$. Hieraus folgt

$$\vec{F} = \frac{\Delta\vec{p}}{\Delta t} = \frac{m_2\vec{v}_2 - m_1\vec{v}_1}{\Delta t} = m\,\frac{\vec{v}_2 - \vec{v}_1}{\Delta t} = m\,\frac{\Delta\vec{v}}{\Delta t} = m \cdot \vec{a},$$

d.h. das bisher benutzte Grundgesetz $\vec{F} = m \cdot \vec{a}$.

Auch für die Beschleunigung von Körpern mit sich ändernder Masse gilt

$$\boldsymbol{\vec{p} = m\vec{v}} \ \textbf{und} \ \boldsymbol{\vec{F} = \frac{\Delta\vec{p}}{\Delta t}}. \qquad \textbf{(98.3)}$$

Die Gleichung $\boldsymbol{\vec{F} = m \cdot \vec{a}}$ ist ein bequem anzuwendender Sonderfall für konstante Masse.

3. Kraftberechnung nach der Bilanzstrategie

Hinter der Gleichung $\vec{F} = \Delta\vec{p}/\Delta t$ steht die Strategie des Bilanzdenkens. Zum Berechnen einer Kraft muß man nur wissen, wie sich der Impuls $\vec{p}$ des beschleunigten Systems während der Zeit Δt insgesamt ändert. Welche Beschleunigung $\vec{a}_i$ dabei die einzelnen Masseteilchen m_i erfahren, braucht nicht bekannt zu sein. Dies ist etwa beim Strömen von Flüssigkeiten von Vorteil:

Versuch 59: Ein waagerechter Wasserstrahl spritzt je Sekunde 25 g Wasser mit der Geschwindigkeit $v = 1{,}5$ m/s (nach *Bild 52.1* bestimmt) auf eine senkrecht hängende Platte. Das Wasser führt in der beliebigen Zeit Δt den waagerecht gerichteten Impuls

$$p = m \cdot v = (0{,}025\ \mathrm{kg/s}) \cdot (1{,}5\ \mathrm{m/s}) \cdot \Delta t = 0{,}038\ \mathrm{kg\,m/s^{-2}} \cdot \Delta t$$

an diese Platte heran. Da es anschließend senkrecht herabfließt, verliert es diesen horizontalen Impuls. Hierzu muß die Platte die horizontale Kraft $F = \Delta p/\Delta t = 0{,}038$ N ausüben. Man kann sie als reactio an der Platte messen.

Versuch 60: Wasser strömt nach *Bild 99.1* mit der Geschwindigkeit $\vec{v}_1$ auf den *Rohrkrümmer* zu. Sein Impuls $\vec{p}_1$ in Richtung von $\vec{v}_1$ wird dort in den nach rechts gerichteten Impuls $\vec{p}_2 = \vec{p}_1 + \Delta\vec{p}$ umgelenkt. Dabei erfährt das Wasser den nach rechts oben gerichteten Zusatzimpuls $\Delta\vec{p}$ und die Kraft $\vec{F}_W = \Delta\vec{p}/\Delta t = (\vec{p}_2 - \vec{p}_1)/\Delta t$ ebenfalls nach rechts oben. Die reactio $-\vec{F}_W$ nach links unten bekommt der Rohrkrümmer zu spüren. Handelt es sich um einen elastischen Schlauch, so kommt dieser in Bewegung. Krümmer in Abflußrohren von Stauseen müssen im Boden sehr gut verankert werden.

Aus dem Strahlrohr einer Feuerspritze mit 2 cm^2 Querschnittsfläche fließen 10 l Wasser in $\Delta t = 1$ s mit der Geschwindigkeit 50 m/s. Es hat die Masse 10 kg und führt den Impuls $p_2 = 500$ kg m/s. Der Schlauch hat die 20fache Querschnittsfläche 40 cm^2; dort ist also die Geschwindigkeit nur $v_1 = v_2/20 = 2{,}5$ m/s und der Impuls $p_2 = 25$ kg m/s. Die Impulszunahme an der Düse beträgt $\Delta p = 475$ kg m/s, die beschleunigende Kraft und der Rückstoß sind $F = \Delta p/\Delta t = 475$ N. Ein Feuerwehrmann allein kann das Rohr nicht halten.

Versuch 61: Eine Stahlkugel (50 g) fällt aus 1,25 m Höhe auf eine Stahlplatte und prallt mit gleicher Geschwindigkeit, also 5 m/s, wieder ab. Die Impulsänderung beträgt $\Delta p = m \cdot \Delta v = 2mv = 0{,}5$ kgm/s. Wir müssen nämlich beachten, daß die Kugel zuerst von $+\vec{v}$ auf Null verzögert und dann auf $-\vec{v}$ beschleunigt wird. Wenn man an die Kugel eine sehr flexible Leitung gelötet hat, kann man mit einem Kurzzeitmesser die Stoßzeit zu $\Delta t \approx 10^{-4}$ s bestimmen. Die Stoßkraft ist also im Mittel $F = \Delta p/\Delta t = 5000\ \text{N} = 10^4\ G$. Ein Holzboden oder gar ein Kissen würden erheblich nachgeben, die Stoßzeit wäre größer, die Kraft F viel kleiner. Zudem prallt vom Kissen die Kugel nicht mehr hoch; ihre Impulsänderung ist nur halb so groß.

4. Impuls beim Bezugssystemwechsel

Der Impuls $\vec{p} = m\vec{v}$ hängt wie die Geschwindigkeit $\vec{v}$ vom jeweiligen Bezugssystem ab. Bei der Impulserhaltung wie in der Gleichung $\Delta\vec{p} = \vec{F} \cdot \Delta t$ interessieren uns aber nur *Änderungen* des Impulses. Auf Seite 55 sahen wir, daß Änderungen $\Delta\vec{v}$ der Geschwindigkeit, genau so wie Kräfte, Beschleunigungen $\vec{a} = \Delta\vec{v}/\Delta t$ und Zeitintervalle Δt für jedes Inertialsystem gleich sind. Dies gilt nicht für Änderungen der kinetischen Energie (Seite 78):

Betrachten wir den mit 10 m/s fahrenden Möbelwagen aus Aufgabe 8 von Seite 96. Auf ihn prallt von hinten ein Ball der Masse $m = 2$ kg mit der Geschwindigkeit $v = 20$ m/s relativ zur Straße — und fällt dann zunächst ohne kinetische Energie nach unten. Dafür wurde der Möbelwagen etwas schneller. Der Ball verlor 100 J an Energie und 40 kg·m/s an Impuls. Im System des Möbelwagens flog der Ball mit nur 10 m/s an und prallte mit (fast) 10 m/s zurück, verlor also kaum Energie. Sein Impuls änderte sich von +20 kgm/s in −20 kgm/s, also auch in diesem System um 40 kgm/s.

Impulsänderungen hängen vom Inertialsystem nicht ab.

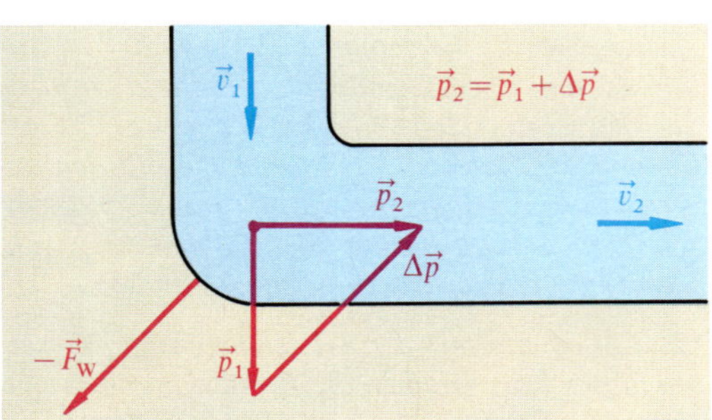

99.1 Kraft beim Umlenken von strömendem Wasser

Aufgaben:

1. *Unterscheiden Sie die Begriffe Impuls und Bewegungsenergie, Arbeit und Kraftstoß!*

2. *a) Ein Stein der Masse* 2,0 kg *wird mit* 5 m/s *nach unten abgeworfen. Welche Impulszunahme erfährt er in den nächsten* 3,0 s *infolge seiner Gewichtskraft? Welche Geschwindigkeit hat er dann? b) Welchen Kraftstoß erteilt er der Erde, wenn er aufprallt und liegen bleibt? Wird die Erde durch den ganzen Vorgang (wenn auch nur minimal) aus ihrer Bahn gelenkt?*

3. *a) Auf der Erde fahren plötzlich Tausende von Lokomotiven nach Osten an. Wie wirkt sich dies auf die Erddrehung aus? Was geschieht, wenn sie zur Ruhe kommen? b) Ein Raumfahrer hüpft in seiner Kabine in die Höhe. Wird hierdurch das Raumschiff nachhaltig aus seiner Bahn geworfen?*

4. *Ein Geschoß der Masse* 20 g *verläßt den Lauf eines Gewehrs der Masse* 4,0 kg *mit* 800 m/s *Geschwindigkeit. Wie groß ist die Rückstoßgeschwindigkeit des Gewehrs? Welche Kraft hat der Schütze auszuhalten, wenn er den Rückstoß in* 0,10 s *abfängt?*

5. *a) Beim Abbrennen einer Spielzeugrakete werden in* 5,0 s *etwa* 10 g *Substanz ausgestoßen und die Schubkraft* 1,0 N *gemessen. Wie schnell strömen die Gase aus? b) Aus der 1. Stufe der Saturn-V-Rakete strömen die Gase mit* 4,6 km/s *aus und erzeugen die Schubkraft* $3{,}4 \cdot 10^7$ N *während* 2,5 min. *Wie groß ist die Masse der ausgestoßenen Gase?*

6. *Aus einer Düse strömen je Sekunde* 10 cm^3 *Wasser mit* 1,0 m/s *Geschwindigkeit waagerecht aus. Welche reactio erfährt das Gefäß, wenn in ihm das Wasser praktisch in Ruhe ist?*

7. *a) Durch eine rechtwinklig gebogene Röhre von* 10 cm^2 *Innenquerschnitt strömt je Sekunde* 1,0 dm^3 *Wasser. Welche Geschwindigkeit hat es? Welche Kraft übt es auf den Krümmer aus? b) Um welchen Winkel gegen die Waagerechte ist in Bild 99.1 die Kraft* $\vec{F}$ *geneigt, wenn das rechte Rohrstück die halbe Querschnittsfläche gegenüber dem oberen Stück hat?*

100.1 Angst vor dem Elfmeter?

100.2 Der Kraftstoß $F \cdot \Delta t$ gibt Impuls $p = m \cdot v$.

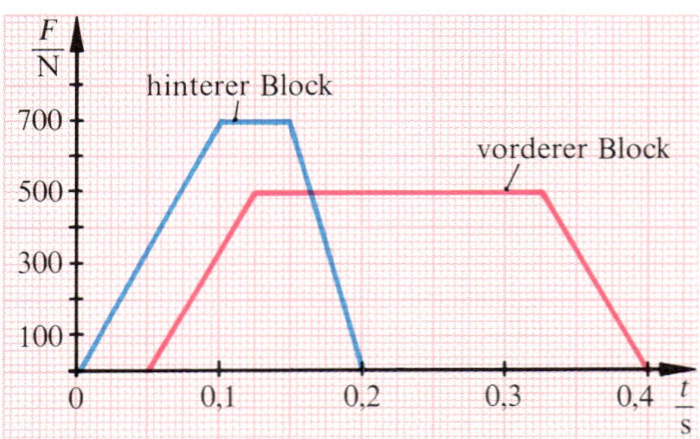

100.3 Kräfte beim Tiefstart auf die Startblöcke

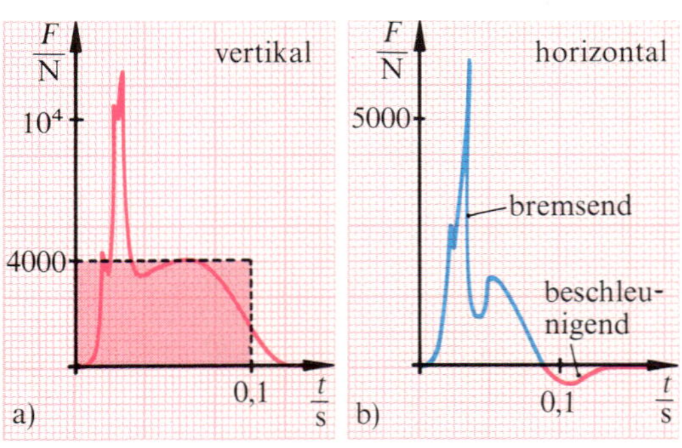

100.4 $F(t)$-Diagramme beim Weitsprung *(Bild 69.1)*

8. *Bild 100.3 zeigt die F(t)-Diagramme bei einem Tiefstart. a) Warum ist F am vorderen Block kleiner, wirkt aber länger? b) Berechnen Sie den Impuls p und die Geschwindigkeit v, die sich ein Sprinter* (75 kg) *bei diesem Absprung erteilt! Welcher Block ist wirkungsvoller?*

9. *Bild 100.4 zeigt die Vertikalkomponente der Kraft F(t) beim Weitsprung am Sprungbalken als Funktion der Zeit (Bild 69.1). a) Schätzen Sie die Fläche ab (rot getönt) und berechnen daraus die Vertikalgeschwindigkeit* v_y, *die ein Springer der Masse* 75 kg *erfährt! Vergleichen Sie mit dem Ergebnis aus Aufgabe 10 von Seite 69! b) In Bild 69.1 tritt der Springer zunächst mit gestrecktem Bein auf (1. Spitze im Diagramm); dann winkelt er das Sprungbein etwas ab und streckt es wieder (flacher Bogen im Diagramm). Was bedeutet dies für die Arbeitsverrichtung? c) Nach Bild 100.4 b tritt in horizontaler Richtung zunächst eine starke Bremskraft auf. Erklären Sie dies mit der Haltung des Sprungbeins in Bild 69.1! Was geschieht dabei mit der zur Horizontalbewegung gehörenden kinetischen Energie teilweise (denken Sie an den Stabhochsprung)?*

10. *Ein unbeladenes Verkehrsflugzeug* (43,1 t) *hebt nach dem Start mit* $v = 240$ km/h *ab. Die Startbahn ist* 1,2 km *lang. a) Wie lange dauert es bis zum Abheben, wenn man die Beschleunigung a als konstant voraussetzt? b) Welchen Impuls hat das Flugzeug beim Start und welche Kraft erfuhr es beim Beschleunigen? c) Um welche Zeit wird der Start verlängert, wenn das Flugzeug* 10,0 t *zugeladen hat und Abhebegeschwindigkeit wie auch beschleunigende Kraft gleich bleiben? Um wieviel muß dann die Startbahn verlängert werden?*

11. *Auf einen Körper wirkt eine konstante Kraft F. Er wird aus der Ruhe heraus beschleunigt und hat nach der Beschleunigungsdauer t einen bestimmten Impuls p und die kinetische Energie W. a) Sind die Größen p und W nach der doppelten Beschleunigungszeit auch doppelt so groß? Ziehen Sie die Gleichungen 97.1 und 70.1 für Impuls- und Energiezunahme heran und erklären Sie den Unterschied! Lesen Sie den Text am Ende von Ziffer 1! b) Erklären Sie mit den angeführten Gleichungen, warum Impulsänderungen vom Inertialsystem nicht abhängen, wohl aber Energieänderungen (Seite 78 und 55)!*

12. *Leiten Sie mit den Gleichungen und Gesetzen dieses Paragraphen die Bremsdauer* $T = v_0/a$ *eines Kraftfahrzeugs her! Wovon hängt die Bremsbeschleunigung a ab?*

Kreisbewegung eines Massenpunkts

§29 Beschreibung der Kreisbewegung

1. Masse – zunächst zum Punkt geschrumpft

Kreisbewegungen spielen in unserer Umwelt und in der Technik eine große Rolle. Man denke nur an die zahlreichen Räder in Maschinen aller Art, an Fahrzeuge, an Volksfeste usw. Als erstes Beispiel einer Kreisbewegung betrachten wir ein sich drehendes Rad mit fester räumlicher Achse, etwa das rotierende Hinterrad eines aufgebockten Mopeds. Die Teile nahe der Radachse bewegen sich viel langsamer auf ihrer Kreisbahn als die äußeren Teile. Wollen wir Kreisbewegungen untersuchen, haben wir es daher sicher leichter, wenn wir zunächst nur die Bewegung beobachten, die ein einzelnes Radteilchen für sich ausführt. Die *Rotation* des Rades als Ganzes um seine Achse beschreiben wir erst auf Seite 148. In diesem Abschnitt werden wir uns grundsätzlich auf Kreisbewegungen von Körpern beschränken, *deren Ausdehnung wir gegenüber dem Radius r der Kreisbahn als klein, sozusagen als punktförmig, ansehen können.* Mit dieser Vorstellung des rotierenden „Massenpunkts" erfassen wir aber genügend Beispiele aus unserer Umwelt.

Ein Auto etwa, das eine Kurve durchfährt, erscheint aus einem hochfliegenden Hubschrauber als bewegter Massenpunkt. Auch ein mit einem Kettenkarussell fahrender Volksfestbesucher kann als kreisender Massenpunkt betrachtet werden *(Bild 101.1)*. Ebenso läßt sich der Mond auf seiner Kreisbahn um die Erde als Massenpunkt idealisiert vorstellen.

2. Gleichförmig soll es kreisen

Versuch 62: Ein Junge schleudert einen Ball an einer Schnur über seinem Kopf möglichst waagerecht und gleichmäßig im Kreis herum. Wir beschreiben die Bewegung des Balls. Zuerst sagen Sie vielleicht: „Der Ball bewegt sich auf seiner Kreisbahn immer gleich schnell." Damit meinen Sie, daß er in gleichen Zeitabschnitten Δt gleich große Kreisbögen Δs durchläuft (*Bild 101.2*). Also ist hier der **Betrag der Bahngeschwindigkeit** $v = \Delta s/\Delta t$ konstant. Man spricht von einer **gleichförmigen Kreisbewegung.**

101.1 Kreisende „Massenpunkte" auf dem Volksfest

Die Zeit, die der Ball für einen Umlauf auf der Kreisbahn benötigt, bezeichnet man als **Umlaufdauer *T*.** Bei einer gleichförmigen Kreisbewegung läßt sich v einfach aus dieser Umlaufdauer $\Delta t = T$ und dem Kreisumfang $\Delta s = 2\pi r$ berechnen (r = Radius des Kreises). Es ist: $v = \Delta s/\Delta t = 2\pi r/T$.

> ***Definition:* Die Kreisbewegung eines Massenpunkts heißt gleichförmig, wenn der Betrag *v* seiner Bahngeschwindigkeit konstant ist. – Die Zeit, die der Massenpunkt für einen Umlauf auf der Kreisbahn braucht, wird Umlaufdauer *T* genannt.**
>
> **Hat der Kreis den Radius *r*, gilt:** $v = \dfrac{2\pi r}{T}$.

Je kleiner die Umlaufdauer T des Balls in Versuch 62 wird, desto öfter durchläuft er in einer Sekunde (oder Minute) den Kreis. Wir sagen,

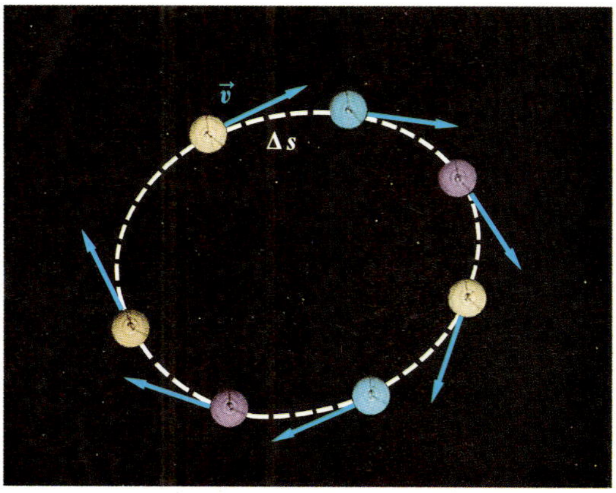

101.2 Die gleichförmige Kreisbewegung des Balls in Versuch 62, stroboskopisch betrachtet

seine **Drehfrequenz** f wird größer. Unter der Drehfrequenz versteht man allgemein den Quotienten $f=n/t$ aus der Zahl n der Umläufe des Balls und der dazu gebrauchten Zeit t. Ihre Einheit ist $1/\mathrm{s}=\mathrm{s}^{-1}$, da die Zahl der Umläufe eine reine Zahl ist. Man nennt diese Drehfrequenz auch manchmal *Drehzahl* oder *Tourenzahl*. Sie ist aber keine unbenannte Zahl, sondern eine Größe mit der Einheit s^{-1}.

Da die Umlaufdauer $T=t/n$ ist, gilt $f=1/T$. Der Betrag der Bahngeschwindigkeit v läßt sich daher bestimmen nach $v=2\pi r/T=2\pi rf$. Bei fest vorgegebener Drehfrequenz f ist v also dem Radius r der Kreisbahn proportional.

Beispiel: Der Ball in Versuch 62 führe in $t=10$ s insgesamt 30 Umläufe auf einem Kreis mit dem Radius $r=0{,}6$ m aus. Es ist:

$$f=\frac{n}{t}=\frac{30}{10\ \mathrm{s}}=3\ \mathrm{s}^{-1};\quad T=\frac{t}{n}=\frac{1}{3}\ \mathrm{s}$$

$$v=2\pi rf=2\pi\cdot 0{,}6\ \mathrm{m}\cdot 3\ \mathrm{s}^{-1}\approx 11\ \frac{\mathrm{m}}{\mathrm{s}}.$$

Den Ausdruck $2\pi f=2\pi/T$ faßt man oft zu einer neuen Größe $\omega=2\pi f$ zusammen, die man **Winkelgeschwindigkeit** nennt. Wichtig wird dieser Begriff aber erst bei der Rotation starrer Körper um eine Achse (Seite 148f.), so daß wir hier auf seine weitere Verwendung verzichten.

***Definition:* Die Drehfrequenz $f=n/t$ ist der Quotient aus der Zahl n der Umläufe eines Körpers auf der Kreisbahn und der dazu nötigen Zeit t. Es gilt $f=1/T$ und bei einer gleichförmigen Kreisbewegung $v=2\pi rf$.**

Aufgaben:

1. *Suchen Sie Beispiele von Kreisbewegungen aus der Umwelt, für die man das Modell eines Massenpunkts auf einer Kreisbahn anwenden kann!*

2. *Bestimmen Sie aus Bild 101.2 die Umlaufdauer T, die Umdrehungszahl pro Minute, die Drehfrequenz f und die Bahngeschwindigkeit v des kreisenden Balls! Das Stroboskop blitzt im Abstand von* 0,12 s, *r ist* 0,6 m.

3. *a) Welche Teilchen auf einer rotierenden Schallplatte haben gleichen Betrag der Bahngeschwindigkeit v, welche gleiche Umlaufdauer T? b) Wie groß ist bei Schallplatten mit 33 Umdrehungen je Minute die Drehfrequenz und wie groß ist v eines Punktes auf dem Plattenrand (Plattendurchmesser* 30 cm*)? c) Wo befindet sich der Tonabnehmer eines Plattenspielers nach der Hälfte der Spieldauer einer Schallplatte?*

4. *Die Erde bewegt sich in guter Näherung auf einer Kreisbahn um die Sonne* ($r=1{,}5\cdot 10^{11}$ m)*. Bestimmen Sie den Betrag der Bahngeschwindigkeit v der Erde!*

5. *Bei einem Fahrrad (Mittelstufenband, Seite 62) beschreibt das Pedal einen Kreis mit dem Radius* 18 cm, *das Hinterrad hat einen größten Reifendurchmesser von* 60 cm. *Bewegt man das Pedal* 10 cm *auf seiner Kreisbahn weiter, so bewegt sich ein Punkt auf dem Reifenrand, der die Straße berührt,* 50 cm *auf seiner Kreisbahn. Das Fahrrad bewegt sich auf Grund eines gleichmäßigen Pedaltritts des Radfahrers mit* 14 km/h. *a) Welche Drehfrequenz hat das Hinterrad (das Rad rolle ohne zu rutschen auf der Straße ab)? b) Bestimmen Sie den Betrag der Bahngeschwindigkeit v, die Drehfrequenz und die Umdrehungszahl pro Minute für das Pedal!*

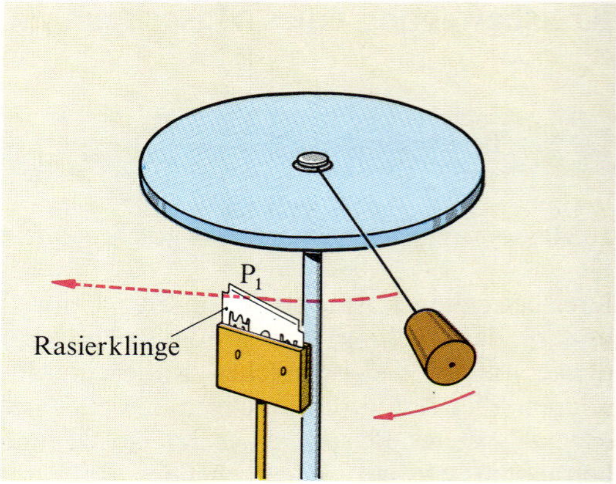

102.1 Zu Versuch 63: Nach dem Durchtrennen des Fadens fliegt der Gummistopfen tangential weg.

102.2 Die Funken am Schleifstein fliegen tangential weg.

§30 Die Zentripetalkraft

1. Welche Richtung hat der kreisende Körper?

Wenn der Junge in Versuch 62 seinen Ball auf die horizontale Kreisbahn zwingt, so bewegt sich der Ball mal auf uns zu, mal von uns weg. Die Bewegungsrichtung des Balls ändert sich also ständig. Was bedeutet diese Beobachtung physikalisch? Nun, wir haben bei den Wurfbewegungen gelernt, daß die Geschwindigkeit eine vektorielle Größe ist. Der Geschwindigkeitsvektor $\vec{v}$ gibt in jedem Punkt der Bahnkurve gerade die momentane Bewegungsrichtung des geworfenen Körpers an, denn er zeigt in die Richtung der jeweiligen Bahntangente. Demzufolge ändert sich bei einer gleichförmigen Kreisbewegung die Richtung des Geschwindigkeitsvektors $\vec{v}$ laufend. Er ist in jedem Punkt der Kreisbewegung tangential zur Kreisbahn gerichtet und steht immer senkrecht auf dem jeweiligen Kreisradius *(Bild 101.2)*. Der Betrag des Geschwindigkeitsvektors ist dagegen konstant und hat den Wert $v = 2\pi r/T$. In *Bild 101.2* sind daher alle eingezeichneten $\vec{v}$-Pfeile gleich lang. Die Richtung von $\vec{v}$ und damit die jeweilige momentane Bewegungsrichtung des Balls bestätigen wir mit dem folgenden Versuch:

Versuch 63: Wir zwingen einen an einen Faden gebundenen Gummistopfen auf eine Kreisbahn. Dazu befestigen wir den Faden an einer rotierenden horizontalen Scheibe *(Bild 102.1)*. Wir nähern dem Faden von unten eine schräg gehaltene Rasierklinge im Punkt P_1; sie schneidet den Faden durch. Der Gummistopfen fliegt tangential weg, genauso wie die Funken am Schleifstein *(Bild 102.2)*.

Wird der Faden durchschnitten, so kann er den Stopfen nicht mehr auf die Kreisbahn zwingen. Er kann keine Kraft mehr auf ihn ausüben. Also fliegt der Stopfen nach dem Trägheitssatz mit der Geschwindigkeit weiter, die er gerade besitzt – nach Betrag und Richtung.

Der Geschwindigkeitsvektor $\vec{v}$ eines Körpers, der eine gleichförmige Kreisbewegung ausführt, hat in jedem Kreispunkt denselben Betrag $v = 2\pi r/T$, ändert aber ständig seine Richtung. Er steht immer senkrecht auf dem jeweiligen Kreisradius r.

2. Ohne Kraft kein Kreis

Viele Autofahrer glauben, sie brauchten nur das Lenkrad nach rechts einzuschlagen und schon fahre ihr folgsames Auto in die Rechtskurve – bis sie bei Glatteis oder Aquaplaning *(Bild 103.1)* eines anderen belehrt werden. Dort fährt ihr Wagen geradlinig weiter. Er gehorcht nicht dem Steuer, sondern dem Trägheitssatz, genauso wie der Stopfen in Versuch 63 nach dem Durchschneiden des Fadens. Die Ursache ist jeweils das Fehlen äußerer Kräfte, die das Fahrzeug bzw. den Stopfen in die Kurve zwingen. *Damit also ein Körper eine Kreisbahn gleichförmig durchlaufen kann, muß auf ihn in jedem Punkt der Bahn eine äußere Kraft einwirken.* Wie groß ist diese Kraft und in welche Richtung zeigt sie? Beschleunigt diese Kraft den Körper? Diese wichtigen Fragen wollen wir nun klären.

Wir interessieren uns zunächst für die Richtung der Kraft. Wie Sie wissen, kann der Faden in Versuch 62 oder 63 seine Zugkraft nur in seiner Längsrichtung ausüben. *Die am Ball oder Stopfen angreifende Kraft ist daher ständig zum Kreismittelpunkt gerichtet.* Die Richtung der Kraft erkennen Sie auch an folgendem Versuch:

Versuch 64: Auf einem waagerechten Tisch rollt eine Kugel *(Bild 104.1)*. Vom Punkt A an soll sie auf Kommando eine Kreisbahn nach rechts beschreiben. Kommt die Kugel an Punkt A vorbei, pfeifen wir. Das kümmert sie wenig; infolge ihrer Trägheit rollt sie geradlinig weiter. Wollen wir sie auf die Kreisbahn zwingen, müssen wir auf sie ab A ständig eine Kraft in Richtung auf das Kreiszentrum zu, also *nach innen,* ausüben (vgl. *Bild 104.1*).

103.1 Das Auto schafft die Kurve nicht und fliegt tangential hinaus. Nur gut, daß es ein Test war.

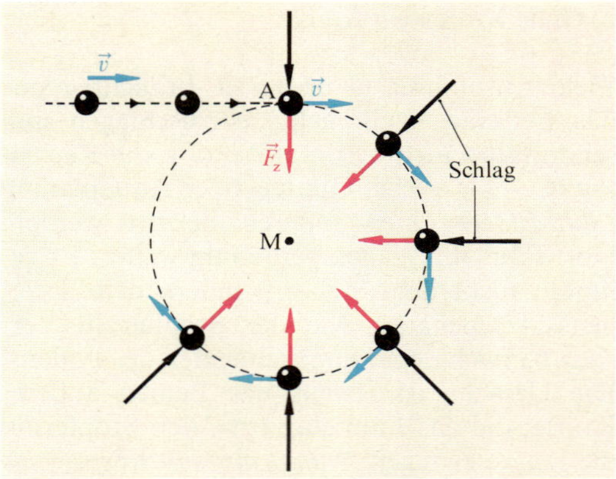

104.1 Die Kugel wird ständig durch eine Kraft nach innen auf das Kreiszentrum zu auf die Kreisbahn gezwungen.

Die äußere Kraft, die auf einen Körper einwirken muß, damit er eine Kreisbahn gleichförmig durchlaufen kann, nennt man **Zentripetalkraft** (petere; lat.: erstreben) und bezeichnet sie mit $\vec{F}_z$. Sie steht senkrecht zum jeweiligen Geschwindigkeitsvektor $\vec{v}$. Ihr Betrag F_z ist in jedem Punkt der Kreisbahn gleich groß:

In Versuch 62 oder 63 wird in den Faden ein Federkraftmesser eingebaut. Rotiert der Ball oder Stopfen gleichförmig, so zeigt der Federkraftmesser einen konstanten Ausschlag.

Damit ein Körper eine Kreisbahn gleichförmig durchlaufen kann, muß auf ihn in jedem Punkt der Kreisbahn eine zum Kreismittelpunkt hin gerichtete Zentripetalkraft $\vec{F}_z$ einwirken, deren Betrag F_z konstant ist.

3. Kurvenfahren erfordert eine neue Strategie

Unsere Versuche gaben uns bisher keine genaue Auskunft über die Größe der Zentripetalkraft, die z.B. auf ein Auto einwirken muß, damit es eine Kurve mit dem Radius r mit konstanter Geschwindigkeit v durchfahren kann. Wir wissen aber, daß $\vec{F}_z$ senkrecht zum jeweiligen Geschwindigkeitsvektor $\vec{v}$ steht. Dies erinnert an den waagerechten Wurf. Bei ihm wurden z.B. die waagerecht abgespritzten Wasserteilchen durch die nach unten gerichtete Gewichtskraft $\vec{G}$ in eine nach unten gekrümmte Bahn gezwungen. *Bild 54.1* zeigt, wie sich unter dem Einfluß dieser Gewichtskraft die $\vec{v}$-Vektoren nach unten drehen. Zu jedem $\vec{v}$-Vektor wurde eine Zusatzgeschwindigkeit $\Delta\vec{v}$ vektoriell addiert. Wir haben sie nach $\Delta\vec{v} = \vec{a}\cdot\Delta t$ mit $\vec{a} = \vec{g} = \vec{G}/m$ errechnet. Aus der Gewichtskraft $\vec{G}$ haben wir über $\vec{g} = \Delta\vec{v}/\Delta t$ auf $\Delta\vec{v}$ geschlossen. Bei der Kreisbewegung kennen wir nun weder die Größe der wirkenden Zentripetalkraft $\vec{F}_z$ noch eine entsprechende Beschleunigung $\vec{a}$, dafür aber den Bahnverlauf einschließlich der Geschwindigkeitsvektoren. Vielleicht können wir daher unser Strategiekonzept des waagerechten Wurfs umdrehen und aus der Richtungsänderung $\Delta\vec{v}$ der Geschwindigkeitsvektoren eine Beschleunigung $\vec{a}$ und dann mit Hilfe der Grundgleichung $\vec{F}_z = m\vec{a}$ die Zentripetalkraft $\vec{F}_z$ gewinnen! Aber erfährt ein Auto in der Kurve überhaupt eine Beschleunigung? Wer behauptet schon, daß ein Auto, das mit einer konstanten Geschwindigkeit von 30 km/h durch eine Kurve fährt, sich beschleunigt bewegt? Die Physik tut genau dies: Aufgrund der Definition des Vektors $\vec{a} = \lim\limits_{\Delta t \to 0} \Delta\vec{v}/\Delta t$ (vgl. Seite 54) müssen wir nämlich auch dann von einer Beschleunigung reden, wenn sich nur die Richtung des Geschwindigkeitsvektors $\vec{v}$ ändert und damit der Vektor $\Delta\vec{v} \neq \vec{0}$ ist.

Zur Bestimmung von $\vec{a} = \lim\limits_{\Delta t \to 0} \Delta\vec{v}/\Delta t$ betrachten wir zwei um das Kreisbogenstück $\overset{\frown}{P_1P_2}$ getrennte Punkte P_1 und P_2 *(Bild 105.1a)*. Zum Geschwindigkeitsvektor $\vec{v}_1$ in P_1 muß man den Zusatzvektor $\Delta\vec{v}$ addieren, um den neuen, **gleich langen** Geschwindigkeitsvektor $\vec{v}_2$ in P_2 zu erhalten. Dies wird deutlich, wenn wir – wie beim waagerechten Wurf – die beiden $\vec{v}$-Vektoren vom gleichen Punkt A aus zeichnen *(Bild 105.1b)*. Sie gehören ja zum gleichen Auto.

Wie groß ist nun diese Geschwindigkeitsänderung $\Delta\vec{v}$? Sie wird sicherlich umso kleiner, je kleiner wir das Zeitintervall Δt machen, das beim Übergang von $\vec{v}_1$ nach $\vec{v}_2$ verstreicht. In diesem Zeitintervall Δt durchläuft der Körper auf seiner Kreisbahn den Bogen der Länge $\overset{\frown}{P_1P_2} = v\cdot\Delta t$. Dabei dreht sich der $\vec{v}$-Vektor genau um den gleichen Winkel φ, um den sich der Radius r gedreht hat; denn beide stehen stets senkrecht aufeinander. Wenn wir nun den Bogen $\overset{\frown}{P_1P_2}$ durch die bei kleinen Winkeln nur wenig kürzere Sehne $\overline{P_1P_2}$ ersetzen, so erhalten wir ein gleichschenkliges Dreieck MP_1P_2 mit der Grundlinie $\overline{P_1P_2}$. Es ist dem Geschwindigkeitsdreieck mit der Grundlinie $|\Delta\vec{v}| = \Delta v$ ähnlich. Also gilt mit $v = |\vec{v}_1| = |\vec{v}_2|$:

$$\frac{\Delta v}{v} = \frac{\overline{P_1P_2}}{r} \quad \text{oder} \quad \Delta v = \overline{P_1P_2}\cdot\frac{v}{r}.$$

Wir dividieren durch Δt und erhalten:

$$\frac{\Delta v}{\Delta t} = \frac{\overline{P_1 P_2}}{\Delta t} \cdot \frac{v}{r}. \qquad (105.1)$$

Rechts steht als erster Bruch ein Näherungswert für die Bahngeschwindigkeit $v = \overset{\frown}{P_1 P_2}/\Delta t$, der umso besser mit v übereinstimmt, je kleiner Δt ist. Dann stimmt nämlich $\overline{P_1 P_2}$ immer genauer mit dem Bogen $\overset{\frown}{P_1 P_2}$ überein. Für $\Delta t \to 0$ ergibt sich somit für den Betrag von $\vec{a}$:

$$a = \lim_{\Delta t \to 0} \frac{\Delta v}{\Delta t} = \frac{v^2}{r}.$$

Der Betrag a der Beschleunigung eines Körpers, der sich gleichförmig auf einer Kreisbahn bewegt, ist also in jedem Kreispunkt gleich groß, da v und r konstant sind. *Doch ändert sich die Richtung von* $\vec{a}$. In *Bild 105.1 b* steht $\Delta\vec{v}$ senkrecht zur Achse AD des gleichschenkligen blauen Dreiecks. Diese Achse steht ihrerseits senkrecht zur Mittellinie des roten Dreiecks MP_1P_2. Also ist $\Delta\vec{v}$ stets parallel zu dieser Mittellinie und zeigt exakt auf den Kreismittelpunkt. Dies gilt unabhängig davon, wie klein wir Δt machen, also auch im Grenzfall $\Delta t \to 0$. *Somit zeigt die Beschleunigung* $\vec{a}$ *in jedem Bahnpunkt zum Kreismittelpunkt;* sie heißt **Zentripetalbeschleunigung** $\vec{a}_z$.

Man kann demnach mit dem Auto auf keinen Fall eine Kurve unbeschleunigt durchfahren. Auch wenn man kein Gas gibt (Tachoanzeige konstant) wird man zum Kurvenmittelpunkt hin beschleunigt.

Die gleichförmige Kreisbewegung ist eine beschleunigte Bewegung. In jedem Punkt der Bahn zeigt die Zentripetalbeschleunigung $\vec{a}_z$ zum Kreismittelpunkt und hat den Betrag $a_z = v^2/r$.

4. Die neue Strategie führt zum Erfolg

Stimmen unsere oben angestellten Überlegungen, so muß die Zentripetalbeschleunigung $\vec{a}_z$ durch die Zentripetalkraft $\vec{F}_z$ hervorgerufen werden. Wir nehmen ja an, daß auch für die Kreisbewegung die Grundgleichung der Mechanik $\vec{F} = m\vec{a}$ anwendbar ist. Die gleiche Richtung der beiden Vektoren $\vec{a}_z$ und $\vec{F}_z$ ist ein gutes Indiz. Für den noch nicht ermittelten Betrag F_z der Zentripetalkraft wird deshalb gelten:

$$F_z = m a_z = \frac{mv^2}{r}.$$

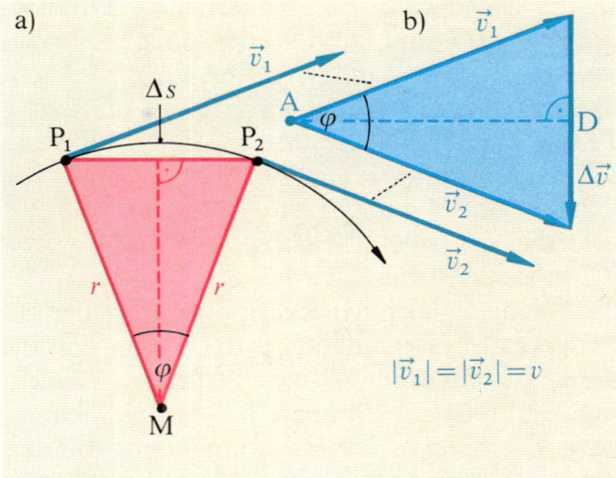

105.1 Die Geschwindigkeitsvektoren in (a) sind in (b) vom gleichen Punkt A aus aufgetragen, um die Geschwindigkeitsänderung $\Delta\vec{v}$ zu berechnen.

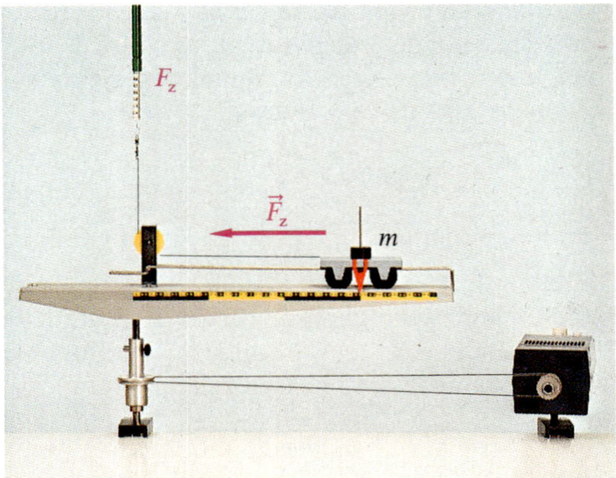

105.2 Messung der Zentripetalkraft

Versuch 66: Wir prüfen diese Behauptung nach. Der Wagen ($m = 0{,}10$ kg) in *Bild 105.2* kann sich auf einer Schiene bewegen und ist mit einem Faden über eine Umlenkrolle und ein Kugelgelenk an einem Federkraftmesser befestigt. Läßt man die Schiene rotieren, so beschreibt der Schwerpunkt des Wagens eine Kreisbahn. Dabei übt der Federkraftmesser über den Faden die nötige Zentripetalkraft F_z aus[1]). Der Kraftmesser zeigt zunächst, daß diese Kraft mit der Bahngeschwindigkeit v des Wagens steigt und bei einer gleichförmigen Kreisbewegung einen konstanten Betrag hat (vgl. Versuch 65). Der Radius r des Kreises

[1]) Beim Anfahren bewegt sich der Wagen zunächst auf einer Tangente, entfernt sich also von der Drehachse. Der Faden wird dadurch gespannt und verlängert den Federkraftmesser, bis er die notwendige Kraft F_z ausübt.

richtet sich nach der eingestellten Drehfrequenz $f=1/T$ und kann an der Schiene abgelesen werden. – Wir lassen den Wagen gleichförmig rotieren und messen $r=0{,}208$ m; $20\,T=19{,}0$ s; $F_z=0{,}92$ N. Bestätigen diese Meßwerte die Gleichung $F_z=mv^2/r$? Ja, denn mit $r=0{,}208$ m und $T=0{,}95$ s ist $v=2\pi r/T=1{,}38$ m/s und die Zentripetalbeschleunigung $a_z=v^2/r=9{,}2$ m/s². Damit wird $F_z=ma_z=mv^2/r=0{,}92$ N, also gleich der Kraft, die der gespannte Federkraftmesser angezeigt hat. Auch bei anderen Werten von r, T und m stimmen Vorhersage und Experiment überein. – Rückblickend zeigt dieser Versuch in Zusammenhang mit den obigen Überlegungen, daß $\vec{F}=m\vec{a}$ auch für gleichförmige Kreisbewegungen gilt.

Damit der Körper der Masse m bei der Geschwindigkeit vom Betrag v auf einen Kreis mit Radius r gezwungen wird, muß am Körper eine zum Kreismittelpunkt gerichtete Zentripetalkraft vom Betrag

$F_z = \dfrac{mv^2}{r}$ angreifen.

Beispiel: Ein Auto ($m=1000$ kg) fährt mit einer Geschwindigkeit von $v=72$ km/h $=20$ m/s durch eine Kurve mit dem Radius $r=200$ m. Wie groß sind a_z und F_z?

$$a_z = \frac{v^2}{r} = \frac{400\ \text{m}^2}{200\ \text{m}\cdot\text{s}^2} = 2\frac{\text{m}}{\text{s}^2};$$

$$F_z = ma_z = \frac{mv^2}{r} = 2000\ \text{N}$$

F_z beträgt 20% der Gewichtskraft $G=mg=10\,000$ N.

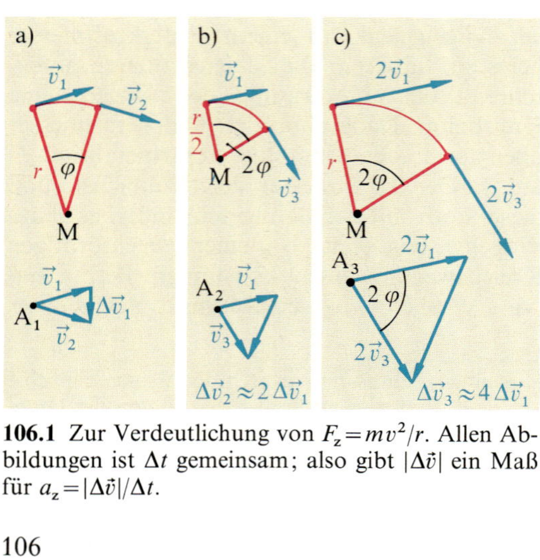

106.1 Zur Verdeutlichung von $F_z=mv^2/r$. Allen Abbildungen ist Δt gemeinsam; also gibt $|\Delta\vec{v}|$ ein Maß für $a_z=|\Delta\vec{v}|/\Delta t$.

5. Zur Strategie und andere Ergänzungen

a) Kennt man bei einer gleichförmigen Kreisbewegung die Geschwindigkeit v, so ist die Gleichung $F_z=mv^2/r$ zweckmäßig. Ist hingegen die Umlaufdauer T bekannt, ersetzt man v durch $2\pi r/T$ und erhält

$$F_z = \frac{4\pi^2 mr}{T^2}.$$

b) *Überdenken wir unsere Strategie!* Ausgehend vom bereits bekannten Bahnverlauf schlossen wir aufgrund der Definition des Beschleunigungsvektors $\vec{a}=\lim_{\Delta t\to 0}\Delta\vec{v}/\Delta t$, daß ein Massenpunkt in jedem Punkt einer gleichförmig durchlaufenen Kreisbahn mit $a_z=v^2/r$ zum Kreismittelpunkt hin beschleunigt wird, obwohl er gleich schnell bleibt. Der Sinn dieser ungewohnten Aussage wurde erst klarer, als wir mit Hilfe der Grundgleichung $\vec{F}=m\vec{a}$ Aussagen über die Zentripetalkraft abgeleitet hatten, die wir experimentell bestätigen konnten. Unser gesamtes Vorgehen war ein Beispiel für das *hypothetisch deduktive Verfahren* mit anschließender experimenteller Bestätigung in der Physik (Seite 37). Gleichzeitig haben wir die Gültigkeit von $\vec{F}=m\vec{a}$ für gleichförmige Kreisbewegungen bestätigt.

c) Die Gleichung $F_z=mv^2/r$ gibt an, wie groß die äußere Kraft ist, die auf einen Körper einwirken muß, damit er eine gleichförmige Kreisbewegung beschreibt. *Sie sagt aber nichts darüber aus, wie diese Kraft entsteht und wer sie aufbringt. Die Zentripetalkraft ist keine spezielle Kraftart* wie z.B. die Gewichtskraft. In den bisherigen Versuchen wirkt die Zugkraft einer Schnur als Zentripetalkraft. Andere Möglichkeiten zur Erzeugung von Zentripetalkräften werden wir auf Seite 108f. kennenlernen. Beim Mond wirkt die Anziehungskraft der Erde als Zentripetalkraft (vgl. Seite 119f.).

d) *Wir wollen die Gleichung $F_z=mv^2/r$ anhand der Bilder 106.1a bis c verdeutlichen:* Nach $F_z=mv^2/r$ wird bei gleichem Geschwindigkeitsbetrag v die nötige Zentripetalkraft F_z umso größer, je stärker die Bahn gekrümmt, je kleiner also der Radius r ist. In derselben Zeit Δt ändert sich nämlich bei stärkerer Krümmung auch die Richtung des Geschwindigkeitsvektors $\vec{v}$ stärker, der Winkel φ wird größer *(Bild 106.1a* und *b)*. Die Geschwindigkeitsänderung $|\Delta\vec{v}_2|$ *(Bild 106.1b)* ist deshalb größer als $|\Delta\vec{v}_1|$ *(Bild 106.1a)*. Damit ist $a_z=|\Delta\vec{v}|/\Delta t$ größer und somit auch $F_z=ma_z$.

Wenn man dagegen bei gleichem Radius r den Betrag der Geschwindigkeit v erhöht *(Bild 106.1a* und *c)*, so ist zum einen der in gleichen Zeiten Δt überstrichene Winkel φ größer, zum anderen werden die Geschwindigkeitspfeile länger. Also wird aus zwei Gründen die Geschwindigkeitsänderung $|\Delta\vec{v}_3|$ *(Bild 106.1c)* größer als $|\Delta\vec{v}_1|$. Die Zentripetalkraft F_z wächst insgesamt mit dem Quadrat der Geschwindigkeit.

6. Die Zentripetalkraft ist nicht arbeitsam

Der Betrag der Geschwindigkeit v eines Körpers und damit seine kinetische Energie $W_{kin} = \frac{1}{2}mv^2$ bleiben bei einer gleichförmigen Kreisbewegung konstant. Ist es nicht verwunderlich, daß am Körper dauernd eine Zentripetalkraft $\vec{F}_z$ angreift und er trotzdem nicht schneller wird? Nein, denn die Kraft $\vec{F}_z$ steht stets senkrecht auf dem Geschwindigkeitsvektor $\vec{v}$ und damit auf der momentanen Verschiebung $\Delta\vec{s}$ des Körpers. Die Arbeit von $\vec{F}_z$ ist somit nach Seite 70 Null. Will man aber den Körper *längs seiner Bahn* beschleunigen, also v und damit W_{kin} erhöhen, oder muß man den Luftwiderstand oder Reibung überwinden, so braucht man eine Kraftkomponente $\vec{F}_t$ in Richtung der Kreistangente. Denn eine Komponente $\vec{F}_t$ kann am Körper Arbeit verrichten und damit seine Energie erhöhen; sie wirkt ja in Richtung der momentanen Verschiebung $\Delta\vec{s}$. Wir können $\vec{F}_t$ beim Schleudern eines Balles (Versuch 62) auf einer Kreisbahn zusammen mit der zum Erzwingen der Kreisbewegung nötigen Zentripetalkraft $\vec{F}_z$ aufbringen. Hierzu brauchen wir nur mit der Hand H, welche die Schnur hält, einen kleinen Kreis zu beschreiben *(Bild 107.1)*. Dann steht die Zugkraft $\vec{F}$ der Schnur schräg zur Bahn und kann durch die Tangentialkomponente $\vec{F}_t$ und die zum Kreismittelpunkt M gerichtete Zentripetalkraft $\vec{F}_z$ ersetzt werden. Die Hand läuft auf ihrem kleinen Kreis um etwa 90° dem Ball voraus und zieht ihn stets etwas hinter sich her, sie verrichtet dabei Arbeit. Entsprechend macht ein Hammerwerfer *(Bild 129.2)* seinen Hammer immer schneller.

Bewegt sich ein Körper auf gekrümmter Bahn, so zerlegt man die an ihm angreifende Kraft $\vec{F}$ in die Tangentialkomponente $\vec{F}_t$ und die Normalkomponente $\vec{F}_z$. Die Tangentialkraft $\vec{F}_t$ verrichtet Arbeit, indem sie die Energie des Körpers ändert oder den Luftwiderstand oder die Reibung überwindet. $\vec{F}_z$ erzwingt die Bahnkrümmung, ohne Arbeit aufzubringen.

7. Haben wir nicht etwas falsch gemacht?

Diese Frage haben Sie sich vielleicht gestellt, als es um die Richtung der Zentripetalkraft ging. „Die Kraft ist doch nach außen gerichtet und heißt Zentrifugalkraft", werden Sie eventuell argumentiert haben. „Wenn ich im Auto durch eine Kurve fahre, drückt es mich doch nach außen. Wir haben es mit einer vom Kreismittelpunkt weg gerichteten Kraft zu tun." Vorsicht! Bedenken Sie, von wo aus Sie eine Bewegung beschreiben. Bisher haben wir sie immer von außen, d.h. von einem Inertialsystem aus beschrieben. *Als mitbewegter Beobachter erscheint vieles anders.*

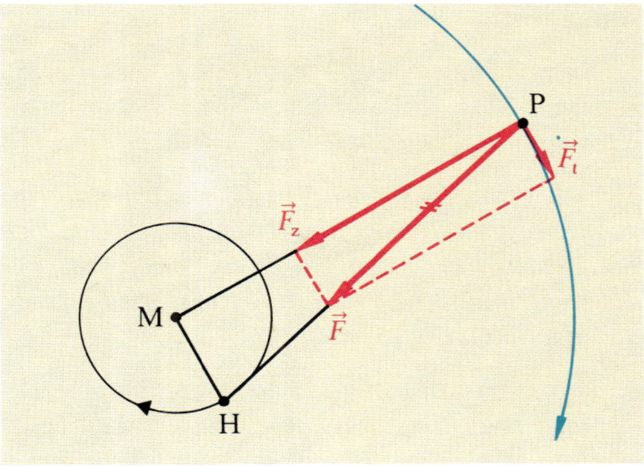

107.1 Die Hand verrichtet Arbeit beim Schleudern des Steins.

Um das genauer zu verstehen, betrachten wir nochmals den Stopfen in Versuch 63 kurz nachdem der Faden durchschnitten wurde. Er entfernt sich von der Mitte M der Scheibe (Punkt 1′, 2′, 3′ usw. in *Bild 107.2*). Ein auf der Scheibe mitrotierender Beobachter würde sich dabei auf dem Kreisbogen (Punkt 1, 2, 3, ...) bewegen und sagen, der Stopfen entferne sich von ihm aus gesehen nach außen und zwar beschleunigt (die roten Strecken $\overline{1'1}$, $\overline{2'2}$, $\overline{3'3}$, ... wachsen etwa wie die Quadratzahlen an). Dies führt zur Annahme einer nach außen gerichteten **Zentrifugalkraft.** Wir spüren sie als mitrotierender Beobachter, der stets von einer Bewegungsrichtung in die andere gezwungen wird. Dabei befinden wir uns in einem beschleunigten System, also *in keinem Inertialsystem.* Ein außenstehender Beobachter (z.B. der Zeichner von *Bild 102.1*) ist dagegen im Inertialsystem und sieht den Stopfen entsprechend dem Trägheitssatz tangential und unbeschleunigt wegfliegen. – Vorerst sind wir immer außenstehende Beobachter in einem Inertialsystem. *Eine Zentrifugalkraft gibt es für uns dann nicht* (Seite 115).

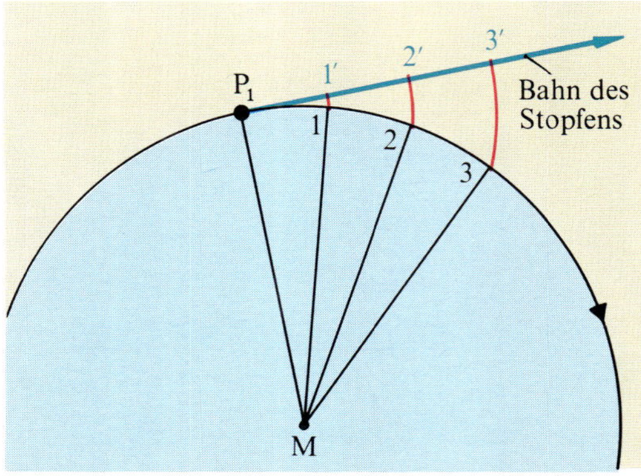

107.2 Ein auf der Scheibe des Versuchs 63 mitrotierende Beobachter (1, 2, 3 ...) sieht den Stopfen nach dem Durchtrennen des Fadens annähernd gleichmäßig beschleunigt wegfliegen (1′, 2′, 3′ ...).

Aufgaben:

1. *Suchen Sie Beispiele aus der Umwelt, bei denen man das Ablösen von Teilchen von einer Kreisbahn entlang einer Tangente beobachtet!*

2. *a) Begründen Sie, warum die Zentripetalkraft zum Kreismittelpunkt hin gerichtet ist! b) Geben Sie zu den Versuchen 62 bis 66 jeweils an, wie die Zentripetalkraft $\vec{F}_z$ aufgebracht wird und wo die reactio von $\vec{F}_z$ angreift!*

3. *Ist die gleichförmige Kreisbewegung eine Bewegung mit konstanter Geschwindigkeit oder eine mit konstanter Beschleunigung? Warum?*

4. *Eine Wäscheschleuder mit* 25 cm *Durchmesser dreht sich 40mal je Sekunde. a) Mit welcher Geschwindigkeit läuft die Trommelwand um? b) Wie groß ist die Beschleunigung a_z an der Wand? c) Mit welcher Kraft müßte dort ein Wasserteilchen ($m = 1$ g) vom Stoffgewebe festgehalten werden, um nicht wegzufliegen?*

5. *Ein Stein* (0,20 kg) *wird immer schneller an einer* 50 cm *langen Schnur in einem horizontalen Kreis herumgeschleudert. Bei welcher Drehfrequenz reißt sie, wenn sie* 100 N *aushält?*

6. *Aus der Gleichung* $F_z = \frac{mv^2}{r}$ folgt $F_z \sim \frac{1}{r}$; *aus der Gleichung* $F_z = \frac{4 \cdot \pi^2 \cdot m \cdot r}{T^2}$ folgt $F_z \sim r$.

Erklären Sie diesen scheinbaren Widerspruch!

7. *Ein Mensch ($m = 75$ kg) befindet sich am Äquator. Wie groß ist die Zentripetalkraft F_z, die nötig ist, damit er die Rotation der Erde mitmacht? Wer bringt F_z auf? Wird F_z zu den Polen hin größer oder kleiner? Warum? (Erdradius $r = 6378$ km). Wie groß ist F_z bei uns (49° Breite; Erde sei Kugel)?*

§31 Beispiele von Kreisbewegungen

1. Mit Fahrzeugen in die Kurve

Versuch 67: Wir lassen eine waagerechte Scheibe mit einem darauf liegenden Gummistopfen im Abstand r vom Kreismittelpunkt rotieren *(Bild 108.1)*. Erhöht man langsam die Drehfrequenz, bleibt der Stopfen zunächst liegen und fliegt erst bei einer ganz bestimmten Bahngeschwindigkeit v weg. Wie ist dies zu erklären? Der Stopfen würde ohne eine Zentripetalkraft $\vec{F}_z$ in jedem Augenblick tangential wegfliegen. Aber genauso wie der Wagen in Versuch 66 (vgl. auch Fußnote, Seite 105) durch die Kraft des gespannten Seils wird hier der Stopfen durch die *Haftkraft* $\vec{F}_h$ zwischen Scheibe und Stopfen auf die Kreisbahn gezwungen. *Die Haftkraft $\vec{F}_h$ liefert also die für die Kreisbewegung notwendige Zentripetalkraft $\vec{F}_z$* zum Zentrum hin *(Bild 108.1)*. Die Haftkraft hat einen maximalen Wert $F_{h\,max} = f_h F_N = f_h mg$ (hier ist $F_N = G$). *Der Stopfen bleibt also liegen, solange gilt:*

$$F_z \leqq F_{h\,max} \Rightarrow \frac{mv^2}{r} \leqq f_h mg \Rightarrow v \leqq \sqrt{f_h g r}.$$

Jetzt können wir angeben, wie groß die betragsmäßig konstante Geschwindigkeit v eines Autos höchstens sein darf, damit es eine *nicht überhöhte Kurve* durchfahren kann. Schlägt man das Lenkrad ein, so führen die Räder das Auto auf einer Kreisbahn. *Dabei erfahren sie quer zur Bewegungsrichtung eine Haftkraft $\vec{F}_h$* mit dem Maximalwert $F_{h\,max}$ (vgl. *Bild 108.2*), der von der Qualität des Reifenprofils abhängt.

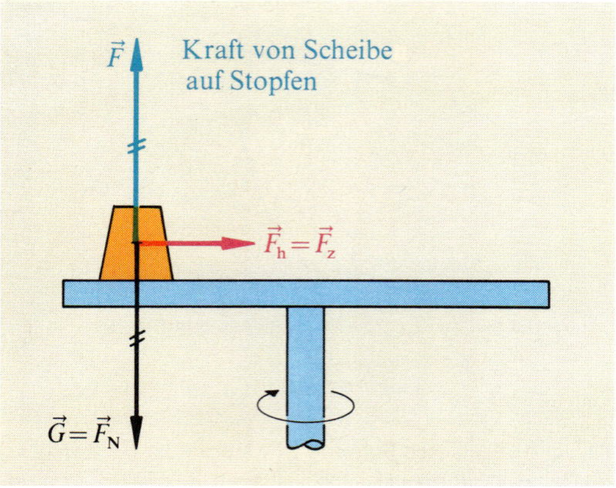

108.1 Zu Versuch 67: Die Haftkraft F_h liefert die notwendige Zentripetalkraft F_z.

108.2 Reifen bei einer schnell durchfahrenen Kurve. Quer zur Fahrtrichtung wirkt die Haftkraft F_h.

F_h liefert wie in Versuch 67 die notwendige Zentripetalkraft $\vec{F}_z$. Das Auto schleudert also nicht, solange gilt:

$$F_z \leqq F_{h\,max} \text{ oder } v \leqq \sqrt{f_h g r}.$$

Ohne Reibung kommt man nur durch die Kurve, wenn sie *überhöht* ist. Das Schnittbild *109.1* verdeutlicht die Situation in einer Rechtskurve. Welche Bedingungen müssen hier gelten? Grundsätzlich merke man sich: **Bildet man die Summe aller an dem Körper (hier dem Auto) angreifenden äußeren Kräfte, so muß die Zentripetalkraft $\vec{F}_z$ entstehen.**

Überdenken Sie noch einmal Versuch 67 und *Bild 108.1*: Dort wurde die Gewichtskraft $\vec{G}$ des Stopfens durch die nach oben gerichtete Kraft $\vec{F}$ der Unterlage ausgeglichen. Die Summe aller äußeren Kräfte an dem Stopfen ist die Haftkraft $\vec{F}_h$, die als Zentripetalkraft wirkt.

Die äußeren Kräfte, die bei der Kurvenfahrt nach *Bild 109.1* bei fehlender Reibung am Auto angreifen, sind die Gewichtskraft $\vec{G}$ und eine Kraft $\vec{F}$ der Straße auf das Auto. *Da keine Reibung vorhanden ist, kann diese Kraft $\vec{F}$ nur senkrecht zur Straßenoberfläche wirken.* $\vec{G}$ und $\vec{F}$ müssen zusammen die Zentripetalkraft $\vec{F}_z$ aufbringen: $\vec{F}_z = \vec{G} + \vec{F}$. Hat $\vec{F}$ einen solchen Betrag, daß $\vec{F}_z$ waagerecht verläuft, durchfährt das Auto (v = konst.) einen horizontalen Kreis in konstanter Höhe. Es gilt dann (vgl. in *Bild 109.1* das graue Dreieck):

$$\tan\alpha = \frac{F_z}{G} = \frac{mv^2}{rmg} \Rightarrow v = \sqrt{rg \cdot \tan\alpha}. \quad (109.1)$$

Ohne Reibung gibt es also bei vorgegebenem α nur *eine* Geschwindigkeit v, mit der das Auto durch die Kurve kommt.

In Wirklichkeit hilft bei einer Kurvenfahrt sowohl die Reibung als auch eine gewisse Kurvenüberhöhung. *Gl. 109.1* gibt dann die Geschwindigkeit v an, bei der zu vorgegebenem α die Straßenlage des Autos optimal ist (Haftkraft $F_h = 0$). Bei einem größeren v muß die Reibung zwischen Reifen und Straße verhindern, daß das Auto nach außen, bei kleinerem v, daß es nach innen rutscht.

Achtung: Kurvenfahrt!

a) Bei glatter Straße ist es lebenswichtig, langsam zu fahren! Da die Zentripetalkraft F_z quadratisch von der Geschwindigkeit v abhängt, setzt z.B. eine Halbierung der Geschwindigkeit die nötige Zentripetalkraft und damit die nötige Haftkraft auf den vierten Teil herab.

b) „Kurvenschneiden" (vgl. *Bild 109.2*) vergrößert zwar den Kurvenradius r und erlaubt bei gleichem F_z ein größeres v in der Kurve. Bei unübersichtlichen Kurven ist das aber sehr gefährlich und daher verboten (vgl. Aufgabe 4).

c) In der Kurve den Fuß weg vom Gaspedal und von der Bremse! Auch die Kräfte zum Beschleunigen oder Bremsen müssen von der Haftkraft aufgebracht werden. Sie verringern die für die Kurvenfahrt zur Verfügung stehende maximale Zentripetalkraft. Oft genug aber hat das Auto in der Kurve eine so große Zentripetalbeschleunigung, daß es die maximale Haftkraft voll als Zentripetalkraft beansprucht. Bremst oder beschleunigt man dann noch, so fliegt das Auto aus der Kurve. Bremsen soll man vor der Kurve! (*Leichtes* Gasgeben hilft allerdings oft beim Kurvenfahren; denn ohne Gas bremst der Motor.)

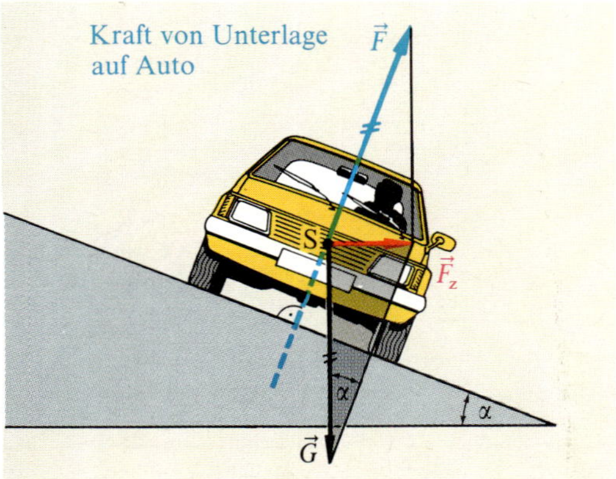

109.1 Ein Auto durchfährt ohne Reibung eine überhöhte Kurve (Schnittbild mit äußeren Kräften).

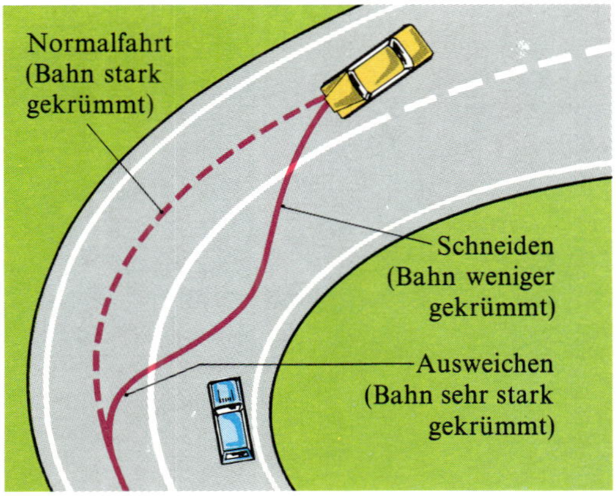

109.2 „Kurvenschneiden" ist gefährlich und daher verboten!

Ein **Radfahrer** durchfährt eine horizontale Kreisbahn in einer Rechtskurve, nachdem er das Vorderrad nach rechts eingeschlagen hat. Würde er dabei aufrecht bleiben, so bewegte sich sein Schwerpunkt S nach dem Trägheitssatz geradlinig weiter, und der Fahrer kippte nach links. Um das zu vermeiden, hat er sich um den Winkel φ gegen die Vertikale nach innen geneigt. Die Frage ist, wie groß φ bei vorgegebener Geschwindigkeit v sein muß und ob der Reifen bei diesem Winkel am Boden nicht wegrutscht.

Beim Geradeausfahren wird der Gewichtskraft $\vec{G}$ des aufrechten Fahrers, die im Schwerpunkt S nach unten angreift, das Gleichgewicht gehalten durch eine von der Straße im Auflagepunkt A nach oben gerichtete Kraft $\vec{F}'$ *(Bild 110.1a)*. Auch in der Schräglage *(Bild 110.1b)* gibt es eine von der Straße auf den Fahrradfahrer im Auflagepunkt A ausgeübte Kraft $\vec{F}=\vec{F}_v+\vec{F}_h$. Sie ist aber schräg nach oben gerichtet, denn zu der immer vorhandenen Kraft $\vec{F}_v$, die senkrecht zur Straßenoberfläche gerichtet ist, kommt die Haftkraft $\vec{F}_h$ hinzu. $\vec{F}_h$ weist nach innen, da der Reifen nach außen wegrutschen möchte. Auf das Fahrrad wirken also insgesamt die Kräfte $\vec{F}$ und $\vec{G}$. Ohne daß sich an der Wirkung etwas ändert, kann man sich $\vec{F}$ im Schwerpunkt S angreifend denken, da $\vec{F}$ bereits auf S hinzeigt *(Bild 110.1c)*. $\vec{F}$ und $\vec{G}$ bringen zusammen die notwendige Zentripetalkraft auf: $\vec{F}_Z=\vec{F}+\vec{G}$. Dabei muß $\vec{F}$ so groß sein, daß $\vec{F}_Z$ waagerecht verläuft. Dann beschreibt der Schwerpunkt S des Fahrers einen horizontalen Kreis. Man erkennt aus den schraffierten Dreiecken in *Bild 110.1b* und *c*, daß $F_z=F_h$ ist. Für den Neigungswinkel des Radfahrers gegen die Vertikale gilt:

$$\tan\varphi = \frac{F_z}{G} = \frac{mv^2}{rmg} \Rightarrow \tan\varphi = \frac{v^2}{rg}.$$

$\vec{F}$ hat den gleichen Betrag wie die Kraft $-\vec{F}$, mit der das Rad in A am Boden angreift *(Bild 110.1b)*. $\vec{F}$ ist ja die reactio des Bodens auf $-\vec{F}$. Die vertikale Komponente $-\vec{F}_v$ hat den Betrag $F_v=G$. Sie bestimmt als Normalkraft die maximale Haftreibungskraft $F_{h\,max}=f_h\,G$. Da $F_z=F_h$ ist, rutscht das Rad sicher nicht weg, solange gilt:

$$F_z < F_{h\,max} \Rightarrow F_z < f_h G \Rightarrow \frac{F_z}{G} < f_h \Rightarrow \mathbf{\tan\varphi < f_h}.$$

2. Physik auf dem Volksfest

Auf dem Volksfest *(Bild 111.1* und *3)* gibt es viele Kreisbewegungen, die in guter Näherung mit den Gesetzen der Kreisbewegung eines Massenpunkts behandelt werden können.

a) Als erstes Beispiel einer Kreisbewegung mit *vertikaler Achse* (die Kreisbahn verläuft dann horizontal) betrachten wir das *Kettenkarussell (Bild 110.2)*. Die Masse von Kette, Sitz und Fahrer denken wir uns in einem Schwerpunkt S vereinigt, der vom Aufhängepunkt A den Abstand l hat. A hat von der Rotationsachse den Abstand r_0. – Versetzt man das Karussell in Drehung, so heben sich die Sitze an. Rotiert es gleichförmig, bilden die Ketten einen konstanten Winkel φ mit der Vertikalen. Die Kette hält den Sitz mit Fahrer durch die schräg nach oben von der Aufhängung aufgebrachte Kraft $\vec{F}$. $\vec{F}$ und $\vec{G}$ ergeben die notwendige Zentripetalkraft $\vec{F}_z$ ($\vec{F}_z=\vec{G}+\vec{F}$). $\vec{F}$ ist so groß, daß $\vec{F}_z$ waagerecht verläuft. Es gilt (vgl. *Bild 110.2*):

$$\tan\varphi = \frac{F_z}{G} = \frac{mv^2}{rmg} = \frac{v^2}{rg} \quad \text{mit } r = r_0 + l\cdot\sin\varphi.$$

b) **Versuch 68:** Ein zylindrisches Gefäß rotiert um seine vertikale Achse. Wirft man an die Innenwand eine Streichholzschachtel im Drehsinn, so kreist sie mit, ohne herabzufallen.

Der Rotor auf dem Volksfest ist eine große um ihre vertikale Achse drehbare Trommel von etwa 4 bis 5 m Durchmesser *(Bild 111.2)*. Bei schneller Rotation werden Personen an die

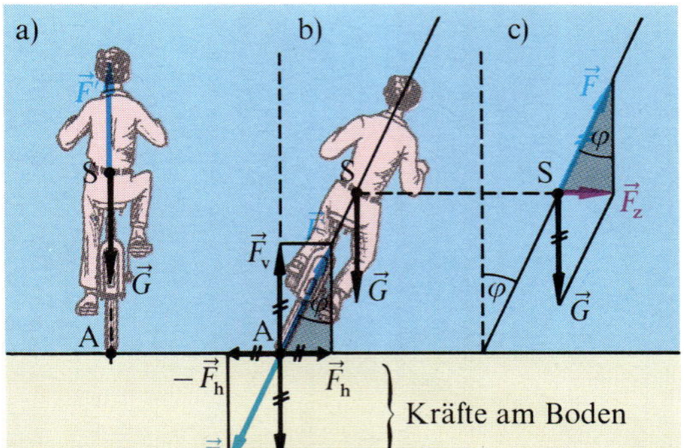

110.1 Radfahrer: Kräftebilanz bei Geradeausfahrt (a) und in einer Rechtskurve (b); c) $\vec{F}_z=\vec{G}+\vec{F}$

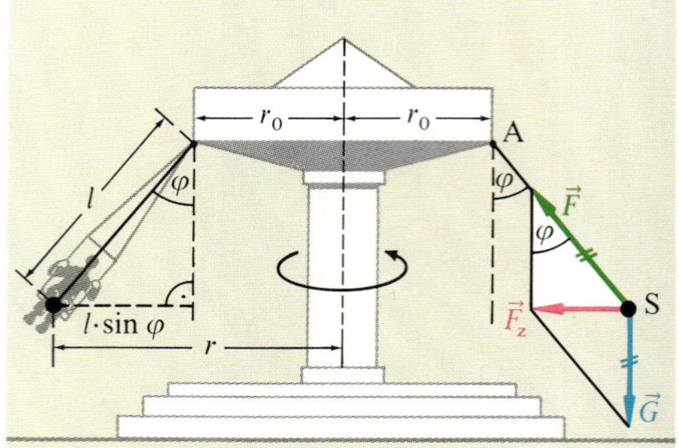

110.2 Kräftebilanz beim rotierenden Kettenkarussell; ähnlich wie in *Bild 109.1* und *110.1* ist $\vec{F}_z=\vec{G}+\vec{F}$.

111.1 Warum fallen die Wagen nicht herunter?

Wand gepreßt. Sie bleiben hängen, auch wenn sich der Boden senkt. Wegen ihres Beharrungsvermögens würden sie an sich tangential weiterfliegen und verformen deshalb etwas die Wand durch eine auf diese nach außen gerichtete Normalkraft $\vec{F}_N$ *(Bild 111.2)*. $\vec{F}_N$ greift an der Wand an. Die verformte Wand wirkt auf die Person nach innen durch die reactio $\vec{F}_z = -\vec{F}_N$. $\vec{F}_z$ greift an der Person an und ist die Zentripetalkraft. $\vec{F}_z$ und Normalkraft $\vec{F}_N$ haben also hier denselben Betrag. Infolge der Normalkraft $\vec{F}_N$ greift eine Haftkraft $\vec{F}_h$ an der Person an. Diese hält der Gewichtskraft $\vec{G}$ das Gleichgewicht. Die Person rutscht nicht ab, wenn $G \leqq F_{h\,max}$ ist, solange also gilt:

$$mg \leqq f_h F_N \Rightarrow mg \leqq f_h F_z \Rightarrow v^2 \geqq \frac{rg}{f_h}.$$

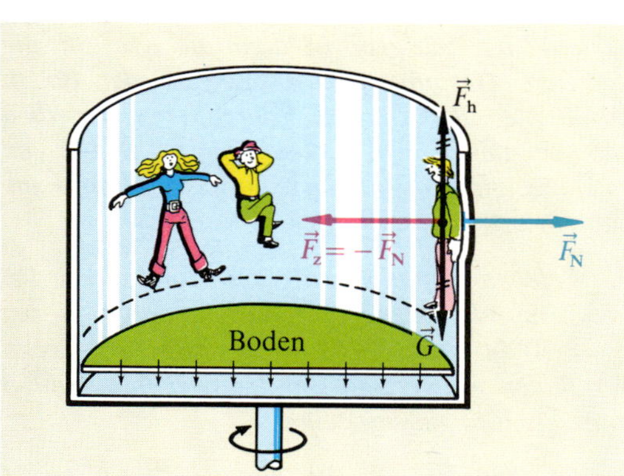

111.2 Rotor auf dem Volksfest; auf die rotierende Person wirkt als resultierende äußere Kraft nur $\vec{F}_z$.

111.3 Sind die Leute festgeklebt?

c) Das Durchfahren einer *„Todesspirale“ (Bild 111.1)* ist ein Beispiel für eine Kreisbewegung mit *horizontaler Achse* (Kreisebene vertikal). Versuch 69 verläuft analog dazu:

Versuch 69: Wir schleudern eine mit Wasser gefüllte Blechbüchse an einer Schnur in einem vertikalen Kreis *(Bild 111.4)*. Im obersten Punkt der Kreisbahn zeigt die Öffnung der Büchse nach unten. Trotzdem fließt bei nicht zu langsamer Rotation kein Wasser aus.

Damit die Büchse samt dem in ihr befindlichen Wasser auf einem Kreis läuft, muß sie andauernd in Richtung auf den Kreismittelpunkt beschleunigt werden, also fortwährend auf M zu „fallen“. Die dazu benötigte Zentripetalbeschleunigung a_z wächst mit der Drehfrequenz.

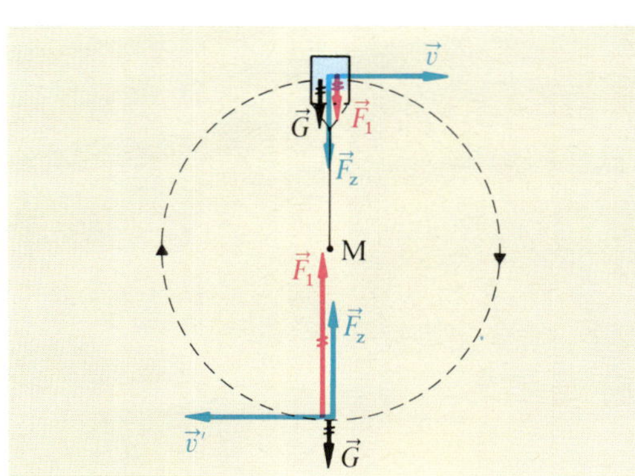

111.4 Zu Versuch 69: Im obersten Punkt fließt kein Wasser aus, wenn $F_z > G$ ist.

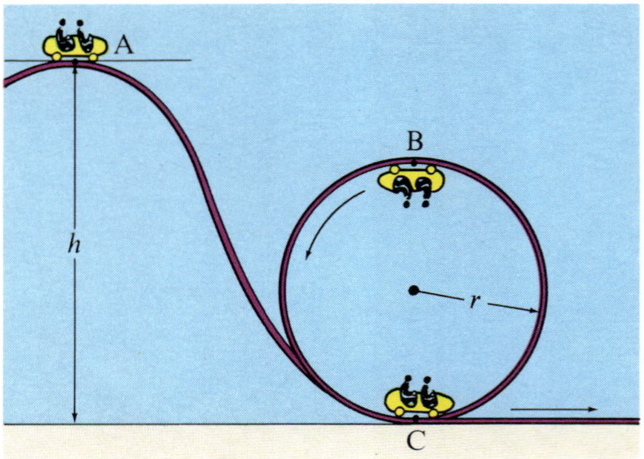

112.1 Zu Aufgabe 11: „Todesspirale" auf dem Volksfest. Der Wagen besitze keinen Motor.

Macht man diese so groß, daß $a_z = g$ ist, so wird im höchsten Punkt der Bahn die zur Kreisbewegung notwendige Zentripetalbeschleunigung gerade vom freien Fall geliefert. Man muß in diesem Augenblick überhaupt nicht an der Schnur ziehen: Büchse und Wasser fallen beide „von selbst" mit der richtigen Zentripetalbeschleunigung $a_z = g$ auf den Kreismittelpunkt zu. – Bei größerer Drehfrequenz muß $a_z > g$ sein: Jetzt muß man die wassergefüllte Büchse der Masse m im obersten Punkt der Bahn noch mit der zusätzlichen Kraft $F_1 = m(a_z - g) = F_z - G$ nach unten ziehen. – Im tiefsten Punkt des vertikalen Kreises ist die Seilspannung $F_1 = F_z + G$. Sie muß G das Gleichgewicht halten und dazu die Zentripetalkraft F_z aufbringen. Bei der Bestimmung von F_z in diesem Punkt muß man darauf achten, ob die Kreisbewegung gleichförmig erfolgt, oder ob sich $|\vec{v}|$ ändert (vgl. auch Aufgaben 10 und 12).

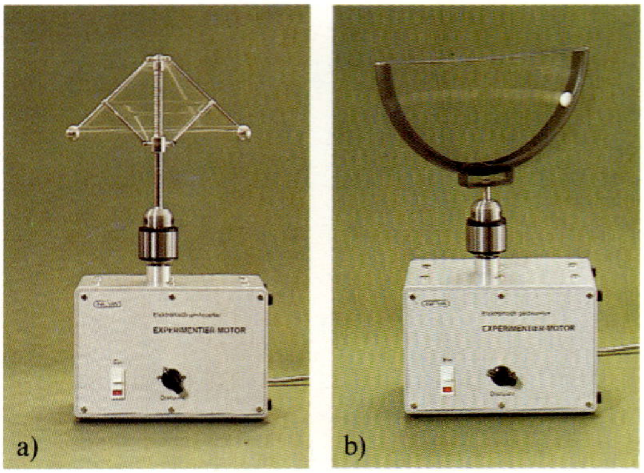

112.2 a) Zu Aufgabe 13: Drehfrequenzregler. Rotiert er, werden die Kugeln angehoben. b) Zu Aufgabe 14: Je größer f, um so höher steigt die Kugel.

Aufgaben (Rechnen Sie mit $g = 10\ \text{m/s}^2$):

1. *Bei welcher Drehfrequenz f fliegt ein Körper weg* ($m = 30$ g), *der* 20 cm *von der Achse der Scheibe nach Bild 108.1 entfernt liegt, wenn die Haftzahl* $f_h = 0{,}40$ *ist? Würde er bei einer Bahngeschwindigkeit von* 1,0 m/s *liegenbleiben? Wie ändert sich das Ergebnis mit m?*

2. *a) Welche Geschwindigkeit darf ein Auto in einer nicht überhöhten ebenen Kurve von* 100 m *Radius höchstens haben, wenn es bei der Haftzahl* $f_h = 0{,}40$ *nicht rutschen soll? b) Mit welcher Geschwindigkeit muß eine mit* $\alpha = 5{,}7°$ *überhöhte Kurve mit Radius* 100 m *durchfahren werden, so daß keine Haftkräfte quer zur Fahrtrichtung zwischen Rädern und Straße auftreten?*

3. *Wie stark muß die äußere Schiene überhöht sein, damit ein Zug mit* 216 km/h *in der Kurve von* 900 m *Radius senkrecht auf die Verbindungslinie der beiden Schienen drückt, so daß jegliche Kipp- und Schleudergefahr ausgeschlossen ist? (Spurweite* 1435 mm*).*

4. *a) Warum muß ein rasanter Autofahrer, der seine Geschwindigkeit nicht drosseln will, eine Kurve „schneiden"? (Bild 109.2) b) „Kurvenschneiden" ist deswegen so gefährlich und daher verboten, weil man zum Ausweichen vor einem nicht vermuteten Entgegenkommenden eine sehr enge Kurve fahren müßte (Bild 109.2). Begründen Sie, warum dies aber nicht möglich ist!*

5. *a) Um welchen Winkel muß sich ein Radfahrer gegen die Vertikale neigen, wenn er mit* 18 km/h *ein Kreisstück mit* 10 m *Radius durchfährt? b) Wie groß muß die Haftreibungszahl* f_h *mindestens sein, damit das Rad bei waagerechtem Boden nicht rutscht?*

6. *a) Der Radfahrer von Aufgabe 5 durchfährt dieselbe Kurve bei glattem Boden. Wie stark muß die Bahn geneigt sein, damit keine Rutschgefahr besteht? b) Wie groß ist dann die Kraft F, die das Rad (Gesamtmasse* 100 kg*) auf den Boden ausübt? c) Rutscht das Fahrrad bei derselben Bahnneigung wie in Teilaufgabe a) weg, wenn es spiegelglatt* ($f_h = 0$) *ist und der Fahrer seine Geschwindigkeit auf unter* 18 km/h *drosselt?*

7. *Welchen Radius hat ein Radfahrer bei* 36 km/h *mindestens einzuhalten, damit er bei* $f_h = 0{,}50$ *in einer Kurve nicht ausgleitet, wenn der Boden waagerecht ist? Um welchen Winkel muß das Rad geneigt sein?*

8. *Bei einem Kettenkarussell nach Bild 110.2 ist* $r_0 = 6{,}0$ m *und* $l = 5{,}0$ m. *Das Karussell dreht sich gleichförmig und der Winkel* φ *ist* 55°.

a) Wie groß ist die Bahngeschwindigkeit v? b) Wie groß sind Umlaufdauer T und Drehfrequenz f? c) Welche Kraft greift im Aufhängepunkt der Kette an (Fahrer mit Sitz 85 kg*)?*

9. *Von welcher Drehfrequenz f an bleibt eine Person (*75 kg*) an der Wand des Rotors nach Bild 111.2 hängen, wenn dieser* 4,2 m *Durchmesser hat und* $f_h = 0{,}50$ *ist? (Der Schwerpunkt der Person habe von der Wand* 10 cm *Abstand.)*

10. *Eine Milchkanne wird in einem vertikalen Kreis mit Radius* $r = 1{,}0$ m *geschwungen. Wie groß muß die Geschwindigkeit im höchsten Punkt sein, damit keine Milch ausläuft? Welches v hat dann die Kanne im tiefsten Punkt, wenn der Schleudernde keine Arbeit verrichtet? Mit welcher Kraft muß er die Kanne (*2,0 kg*) im tiefsten bzw. höchsten Punkt halten?*

11. *Bei der „Todesspirale" in Bild 112.1 hat der Kreis den Radius* $r = 5{,}0$ m. *a) Wie schnell muß ein Wagen im höchsten Punkt* B *sein, damit er auf der Bahn bleibt? b) Wie schnell ist er dann im tiefsten Punkt* C, *wenn man von der Reibung absieht? c) In welcher Höhe h über dem Niveau von* C *muß der Wagen losfahren, um sicher den Kreis zu durchlaufen (ohne Reibung; in* A *sei* $v = 0$*)? Betrachten Sie dazu auch Bild 111.1.*

12. *a) Von welcher Drehfrequenz f an könnte die Achse des Rotors nach Bild 111.2 horizontal gelegt werden, ohne daß die Personen im höchsten Punkt herabfallen, wenn der Rotordurchmesser* 5,2 m *beträgt? b) Welche Kraft übt bei dieser Drehfrequenz der Rotor im tiefsten Punkt auf eine Person (*75 kg*) nach oben aus?*

13. *Versetzt man den Drehfrequenzregler nach Bild 112.2a in Rotation, so heben sich die schweren Kugeln. So hat man früher über ein Gestänge an der inneren Führung Dampfturbinen geregelt. a) Bestimmen Sie den Winkel* φ *zwischen der Drehachse und den die Kugeln tragenden Stangen (Länge l) als Funktion der Drehfrequenz f! b) Zeigen Sie, daß* φ *mit zunehmendem f wächst! c) Zeigen Sie, daß die Kugeln erst für eine Frequenz* $f > f_0$ *mit* $f_0 = \frac{1}{2\pi}\sqrt{\frac{g}{l}}$ *angehoben werden (es ist* $\cos\varphi \leqq 1$*)!*

14. *Eine Glasrinne in Halbkreisform (*$l = 10$ cm *Radius) rotiert um ihre vertikale Achse 5mal je Sekunde (Bild 112.2b). In ihr kreist eine Kugel mit und beschreibt einen horizontalen Kreis. Welche Höhe über dem tiefsten Punkt der Schale nimmt sie ein? (Anleitung: Es liegen dieselben Verhältnisse wie beim Karussell vor, nur wird die Kraft* $\vec{F}$ *von der Schale aufgebracht.)*

§ 32 Trägheitskräfte

1. Auf den Standpunkt kommt es an

Uwe und Martin laden einen Leiterwagen mit Gummirädern auf einen Lastwagen. Sie stellen ihn hinters Führerhaus *(Bild 113.1)* und vergessen, ihn festzubinden. Martin setzt sich neben den Leiterwagen, während Uwe wieder aussteigt. Der Lastwagen setzt sich daraufhin mit konstanter Beschleunigung $\vec{a}$ nach rechts in Bewegung. *M*itfahrer *M*artin sieht dabei den Leiterwagen – wie von Geisterhand gezogen – auf dem Lastwagen beschleunigt von sich wegrollen. Der *u*nbeschleunigte *U*we dagegen, der auf einem erhöhten Podest dem abfahrenden Lastwagen nachsieht, stellt fest, daß der Leiterwagen relativ zu ihm in Ruhe bleibt. Erst als Martin ihn festhält, bewegt er sich für ihn mit der Beschleunigung $\vec{a}$. Uwe wundert sich darüber nicht, denn als ein außenstehender Beobachter ruht er in einem (unbeschleunigten) *Inertialsystem.* Für ihn gilt der Trägheitssatz und er weiß, daß der Leiterwagen erst dann beschleunigt wird, wenn Martin auf ihn die Kraft $\vec{F}$ nach rechts ausübt. Ist m die Masse des Leiterwagens, gilt für Uwe: $\vec{F} = m\vec{a}$.

Wie denkt Martin über den Vorgang? Nehmen wir an, er hat von der Anfahrbewegung des Lastwagens überhaupt nichts mitbekommen. Dann beschreibt er den Bewegungsablauf des Leiterwagens von einem beschleunigten System aus, das *kein Inertialsystem* ist. Das Wegrollen des Leiterwagens erfolgt für ihn, ohne daß er irgendeine Kraftwirkung auf den Wagen feststellen kann, die auf der Wechselwirkung mit

113.1 Wenn der Lastwagen anfährt, glaubt der mitbeschleunigte Beobachter Martin, der Leiterwagen würde von ihm wegfahren und die Kraft $\vec{F}^*$ erfahren.

einem anderen Körper beruht. *Der Trägheitssatz kann für ihn also nicht mehr gelten* (vgl. Seite 13) Martin möchte ihn aber trotzdem anwenden. Deswegen macht er für die Bewegungsänderung des Leiterwagens eine unbekannte nach links gerichtete Kraft $\vec{F}^*$ *(Bild 113.1)* verantwortlich, die allerdings keine reactio hat. Diese Kraft $\vec{F}^*$ kann Martin sogar messen. Er muß dazu nur den Leiterwagen festhalten und damit relativ zu sich in Ruhe halten. Seine nach rechts gerichtete Muskelkraft $\vec{F}$, die er unter Zwischenschaltung eines Federkraftmessers bestimmen kann, hält dann $\vec{F}^*$ das Gleichgewicht. Für Martin ist somit $\vec{F}^* = -\vec{F}$. Dieselbe Kraft $\vec{F}$ (Martin und Uwe können sich ihre Meßergebnisse zurufen) hat Uwe aber ganz anders interpretiert, nämlich mit $\vec{F} = m\vec{a}$. Also finden beide $\boldsymbol{\vec{F}^* = -m\vec{a}}$.

Die neu eingeführte Kraft $\vec{F}^*$ zeigt nach links und rührt daher, daß der Leiterwagen träge ist und ohne die von Martin ausgeübte Kraft $\vec{F}$ relativ zum beschleunigten System zurückbleiben würde. Man nennt $\vec{F}^*$ deshalb **Trägheitskraft** und kennzeichnet sie mit einem Stern. *Es gibt keinen Körper, der diese Trägheitskraft auf den Leiterwagen ausübt und eine reactio zu ihr erfährt*[1]). Trägheitskräfte kann nur ein in einem Nichtinertialsystem ruhender Beobachter einführen. Für einen Beobachter in einem Inertialsystem gibt es sie nicht.

Man kann Vorgänge auch von einem System aus beschreiben, das gegen ein Inertialsystem die Beschleunigung $\vec{a}$ erfährt. Soll in diesem Nichtinertialsystem der Trägheitssatz gelten, muß man die Trägheitskraft

$$\vec{F}^* = -m\vec{a}$$

einführen, die an den Körpern der Masse m angreift. Diese ist der Beschleunigung $\vec{a}$ entgegengerichtet und beschreibt das Beharrungsvermögen der Körper relativ zum beschleunigten System. Es gibt keinen Körper, der die Trägheitskraft ausübt und eine reactio zu ihr erfährt. Ein Körper ist relativ zum beschleunigten System in Ruhe, wenn der Trägheitskraft durch äußere Kräfte das Gleichgewicht gehalten wird.

[1]) Natürlich erfährt Martin die reactio $-\vec{F}$ des Leiterwagens auf seine Muskelkraft $\vec{F}$. Diese reactio greift an Martin, die Trägheitskraft jedoch am Leiterwagen an. Deshalb darf man die beiden Kräfte $-\vec{F}$ und $\vec{F}^*$ nicht verwechseln.

Man kann zeigen, daß mit der Einführung der Trägheitskräfte in einem Nichtinertialsystem nicht nur der Trägheitssatz, sondern auch die *Newtonsche Grundgleichung* anwendbar wird.

2. Beobachtungen im Aufzug

Uwe und Martin machen ein Experiment mit einem gläsernen Aufzug (vgl. Seite 11). Sie hängen im Aufzug ein Wägestück von 1 kg Masse an einen Kraftmesser. Martin setzt sich in den Aufzug, Uwe schaut von außen zu.

a) Ruht der Aufzug oder bewegt er sich mit konstanter Geschwindigkeit, so zieht der Kraftmesser mit $F_1 = 9{,}81$ N nach oben und hält damit der Gewichtskraft $\vec{G}$ das Gleichgewicht *(Bild 114.1a)*. Sowohl Uwe als auch Martin geben diese Erklärung, denn beide befinden sich in einem Inertialsystem (vgl. Seite 11 und 13).

b) Nun fahre der Aufzug mit der Beschleunigung $a = 2\ \mathrm{m/s^2}$ nach oben. Der Kraftmesser zeigt jetzt eine um 2 N größere Kraft $F_2 = G + 2$ N. Uwe, der sich nach wie vor in einem Inertialsystem befindet, sagt sofort, die zusätzliche Kraft $F = F_2 - G = 2$ N werde benötigt, um das Wägestück nach oben zu beschleunigen. Es ist ja $F = am = 2$ N *(Bild 114.1b)*.

Martin muß, wenn er die Beschleunigung nicht registriert, anders argumentieren. Er beobachtet, daß das Wägestück relativ zu ihm in Ruhe

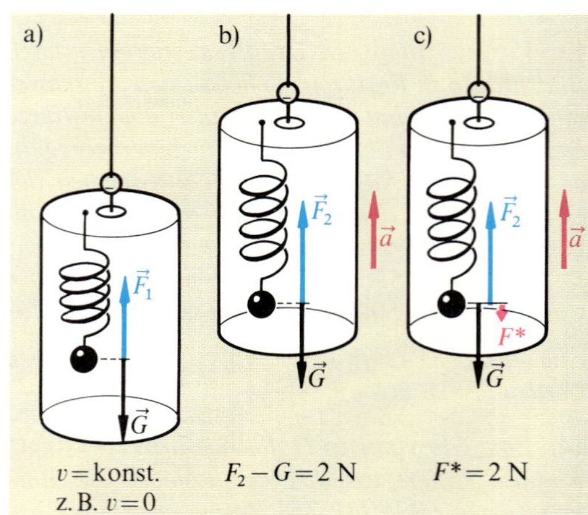

114.1 Kräfte im Aufzug: a) unbeschleunigt; b) nach oben beschleunigt; Kräfte von einem Inertialsystem aus beurteilt (Uwe); c) nach oben beschleunigt; der mitbeschleunigte Beobachter (Martin) führt die abwärts gerichtete Trägheitskraft $\vec{F}^*$ ein.

ist und trotzdem ohne erkennbare Ursache stärker nach unten zieht als bisher. Um den Trägheitssatz zu retten, sagt sich Martin, an dem Wägestück müsse zusätzlich zur Gewichtskraft G eine Trägheitskraft $F^* = 2$ N nach unten ziehen *(Bild 114.1 c)*. $\vec{F}^*$ und $\vec{G}$ halten zusammen der Federkraft $\vec{F}_2$ das Gleichgewicht.

Die Trägheitskraft $\vec{F}^*$ gibt an, daß das Wägestück infolge seiner Trägheit gegenüber dem nach oben beschleunigten Aufzug zurückbleiben „will". Ein mitbeschleunigter Beobachter wie Martin kann die bekannte unangenehme Empfindung in seiner Magengegend als Wirkung dieser Trägheitskraft deuten; er glaubt, schwerer geworden zu sein.

c) Fährt der Aufzug mit $a = 2\ \mathrm{m/s^2}$ beschleunigt nach unten, so zeigt der Federkraftmesser 2 N weniger als die Gewichtskraft an. Uwe meint, diese 2 N werden zur Beschleunigung des Wägestücks nach unten verwendet. Martin hingegen führt eine nach oben gerichtete Trägheitskraft von 2 N ein, die das Wägestück für ihn leichter erscheinen läßt.

d) Versagen alle Sicherheitsvorkehrungen und geschieht ein Unglück, so fällt der Aufzug frei nach unten. Für Uwe fällt er und alle darin befindlichen Körper mit derselben Beschleunigung zur Erde. Ihre Gewichtskräfte werden für ihn voll zum Beschleunigen gebraucht, deshalb zeigt der Federkraftmesser 0 N an. (Lassen Sie einen Federkraftmesser mit einem daran hängenden Wägestück frei fallen; der Federkraftmesser zeigt 0 N an. Vorsicht: weich auffangen!) – Wäre Martin noch im Aufzug und hätte er bei dem freien Fall noch den kühlen Kopf, an Physik zu denken, so würde er eine Trägheitskraft von

$$\vec{F}^* = -m\vec{a} = -m\vec{g} = -\vec{G}$$

postulieren. Sie hat den gleichen Betrag wie die Gewichtskraft, zeigt aber nach oben. Gewichtskraft und Trägheitskraft halten sich für Martin das Gleichgewicht. Die Körper erscheinen schwerefrei, folglich zeigt der Kraftmesser 0 N an. Auch Martin fühlt sich dann schwerelos. Dies mag zwar kurzfristig ein erhabenes Gefühl sein, infolge der zu erwartenden schrecklichen Folgen ist es aber nicht erstrebenswert. Raumfahrer dagegen können diesen **schwerefreien Zustand** längere Zeit erleben, wenn sie sich im Vakuum mit ihrer Raumkapsel ohne die Kraft eines Triebwerkes bewegen, also nur $\vec{G}$ und $\vec{F}^*$ ausgesetzt sind. Weiteres über Raumkapseln findet man auf Seite 122 und 146.

3. Kurvenfahrt, vom Auto aus gesehen

Martin durchfährt in einem Auto eine Rechtskurve mit konstanter Geschwindigkeit. Als Insasse ist er nicht fest mit dem Auto verbunden. Infolge seiner Trägheit möchte er sich in der alten Fahrtrichtung weiterbewegen. Von der linken Fahrzeugwand wird er aber daran gehindert; denn diese übt auf ihn eine Kraft $\vec{F}_z$ aus, welche als Zentripetalkraft wirkt und ihn auf die Kreisbahn zwingt. So wird Uwe den Vorgang beschreiben, wenn er am Straßenrand – d.h. als unbeschleunigter Beobachter in einem Intertialsystem – die Kurvenfahrt kommentiert. Dagegen empfindet Mitfahrer Martin als Beobachter in dem rotierenden System sein Beharrungsvermögen anders. Er glaubt, auf ihn wirke eine Kraft nach außen, obwohl er nichts entdecken kann, das diese Kraft ausübt. Er interpretiert diese Kraft daher als Trägheitskraft und nennt sie **Zentrifugalkraft $\vec{F}_z^*$** (vgl. Seite 107). Die Kraft $\vec{F}_z$, die für Uwe die Zentripetalkraft $\vec{F}_z = m\vec{a}_z$ ist, ist für Martin eine Kraft, die der Zentrifugalkraft $\vec{F}_z^*$ das Gleichgewicht hält (sie greift am gleichen Körper an). *Dann ist er selbst relativ zum rotierenden System Auto in Ruhe. Er betrachtet sich als unbeschleunigt.* Uwe und Martin finden zusammen:

$$\vec{F}_z^* + \vec{F}_z = 0 \quad \text{oder} \quad \vec{F}_z^* = -\vec{F}_z = -m\vec{a}_z.$$

Die Zentrifugalkraft ist der Zentripetalkraft entgegengesetzt gerichtet, d.h. an jeder Stelle der Kreisbahn vom Kreismittelpunkt nach außen gerichtet. Der Betrag von $\vec{F}_z^*$ ist derselbe wie von $\vec{F}_z$: $F_z^* = F_z = mv^2/r = 4\pi^2 mr/T^2$ (vgl. Seite 106). – Wie für jede Trägheitskraft, so gibt es auch für die Zentrifugalkraft keinen Körper, der diese Kraft ausübt und eine reactio zu ihr erfährt. Für einen außenstehenden Beobachter einer Kreisbewegung, der in einem Inertialsystem ruht, gibt es *keine* Zentrifugalkraft!

Martin ist im obigen Beispiel ein in einem rotierenden System *ruhender* Beobachter. Würde er auf einer rotierenden Scheibe auf dem Volksfest spazierengehen, sich also in einem rotierenden System *bewegen,* so würde er außer der Zentrifugalkraft eine weitere Trägheitskraft – die **Corioliskraft** – erfahren (Seite 137).

Nicht nur in rotierenden, sondern auch in – gegenüber einem Inertialsystem – beliebig beschleunigten Bezugssystemen kann man durch Einführung von Trägheitskräften erreichen, daß in diesen Bezugssystemen der Trägheitssatz und die *Newtonsche Grundgleichung* anwendbar sind. *Einstein* hat diese Überlegung in seiner allgemeinen Relativitätstheorie ausgebaut.

Führt ein Körper eine Kreisbewegung mit konstanter Bahngeschwindigkeit $v = 2\pi r/T$ aus, so erfährt er für einen mitrotierenden Beobachter eine Trägheitskraft – die Zentrifugalkraft $\vec{F}_z^*$ – vom Betrag

$$F_z^* = \frac{mv^2}{r} = \frac{4\pi^2 mr}{T^2}.$$

$\vec{F}_z^*$ ist vom Kreismittelpunkt nach außen gerichtet.

$\vec{F}_z^*$ beschreibt das Beharrungsvermögen des Körpers relativ zum rotierenden System. Wird $\vec{F}_z^*$ durch eine äußere Kraft $\vec{F}_z$ das Gleichgewicht gehalten ($\vec{F}_z^* = -\vec{F}_z$), so ist der Körper relativ zum rotierenden System in Ruhe. $\vec{F}_z$ ist für einen Beobachter in einem Inertialsystem die Zentripetalkraft.

4. Zusammenfassung

Früher haben wir Bewegungen immer von einem Inertialsystem aus beschrieben. Jetzt sahen wir an verschiedenen Beispielen, daß man sich auch auf den Standpunkt eines mitbeschleunigten Beobachters stellen kann, der sich in einem Nichtinertialsystem befindet. Wir stellen die beiden verschiedenen Betrachtungsweisen dynamischer Vorgänge einander gegenüber:

– Von einem Inertialsystem aus darf man nur die von außen auf die Körper wirkenden Kräfte einführen. Trägheitskräfte gibt es nicht. Dies entspricht der Newtonschen Mechanik.

– Begibt man sich (wenigstens in Gedanken) in ein beschleunigtes Bezugssystem, muß man Trägheitskräfte einführen, um den Trägheitssatz und die *Newtonsche Grundgleichung* anwenden zu können. Wenn den Trägheitskräften durch die äußeren Kräfte das Gleichgewicht gehalten wird, sind die Körper relativ zum beschleunigten System und damit zum Beobachter unbeschleunigt.

5. Wie denkt ein beschleunigter Beobachter?

Wir wollen einige dynamische Vorgänge an Körpern vom Standpunkt eines mitbeschleunigten Beobachters aus beschreiben.

a) In einem mit der Beschleunigung $\vec{a}$ anfahrenden Zug hängt ein Lot von der Decke herab. Für einen mitbeschleunigten Beobachter greifen nach *Bild 117.1a* an der Kugel die Gewichtskraft $\vec{G}$, die Trägheitskraft $\vec{F}^* = -m\vec{a}$ und die Kraft $\vec{F}$ des Fadens an. Der Faden stellt sich in Richtung der Resultierenden $\vec{F}_1 = \vec{F}^* + \vec{G}$ ein. Die Kraft $\vec{F}$ hält $\vec{F}_1$ das Gleichgewicht. Für den mitbeschleunigten Beobachter ist die Kräftesumme an der Kugel Null. Sie bleibt, wenn sie ausgelenkt ist, relativ zum Zug in Ruhe. – Der Beobachter im Inertialsystem sagt, die Kraft $\vec{F}$ und die Gewichtskraft $\vec{G}$ geben als Resultierende der äußeren Kräfte, die an der Kugel angreifen, die beschleunigende Kraft $\vec{F}_b = m\vec{a}$ in der Beschleunigungsrichtung des Zuges *(Bild 117.1b)*.

b) Als Beispiel einer Kreisbewegung betrachten wir das Auto, das eine überhöhte Kurve reibungsfrei mit konstanter Geschwindigkeit v durchfährt (vgl. Seite 109 und *Bild 109.1*). Die Zentrifugalkraft $\vec{F}_z^*$ und die Gewichtskraft $\vec{G}$ ergeben die resultierende Kraft $\vec{F}_1$ *(Bild 117.2)*. $\vec{F}_1$ muß senkrecht zur Straßenoberfläche gerichtet sein, damit ihr die Kraft $\vec{F}$ der Unterlage auf das Auto das Gleichgewicht halten kann. Die Summe der Kräfte auf das Auto ist Null. – Die Folgerungen von Seite 109 sind natürlich dieselben.

c) Durchfährt man eine „Todesspirale“ (Seite 111), so fällt man für einen mitbeschleunigten Beobachter im höchsten Punkt nicht herab, wenn die Zentrifugalkraft $F^* > G$ ist. $\vec{G}$ ist die Gewichtskraft. Die Resultierende $\vec{F} = \vec{G} + \vec{F}_z^*$ aus beiden ist nach *oben* gerichtet. Sie greift am Gleichgewichtsorgan im Innenohr an; deshalb hat man auch im höchsten Punkt der Bahn das Gefühl, „unten“ zu sein, man glaubt, die gegenüberliegenden Mitfahrer seien stets „oben“. Würde man als mitrotierender Beobachter die Fallbeschleunigung bestimmen, erhielte man nicht den Wert $\vec{g} = \vec{G}/m$ sondern $\vec{g}^* = \vec{F}/m = (\vec{G} + \vec{F}_z^*)/m$. Vektoriell gilt diese Gleichung in jedem Punkt der Kreisbahn.

d) Eine Flüssigkeit der Dichte ϱ_{FL} enthalte Teilchen mit der größeren Dichte ϱ'. Diese haben das Volumen V; sie erfahren neben ihrer Gewichtskraft $G = mg = V\varrho' g$ die Auftriebskraft $F_A = V\varrho_{Fl} g$ (Mittelstufenband, Seite 102; F_A ist nach *Archimedes* gleich dem Gewicht der verdrängten Flüssigkeit). Die Teilchen sinken in der Flüssigkeit um so schneller, je größer die Differenzkraft F ist:

$$F = G - F_A = V(\varrho' - \varrho_{Fl})g.$$

Bei geringem Dichteunterschied wird die Flüssigkeit nur langsam von den Teilchen getrennt.

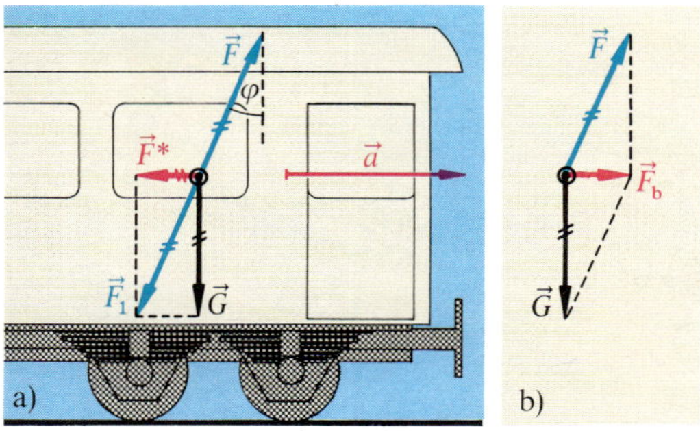

117.1 Pendel in einem nach rechts beschleunigten Zug; a) vom beschleunigten System b) vom Inertialsystem aus

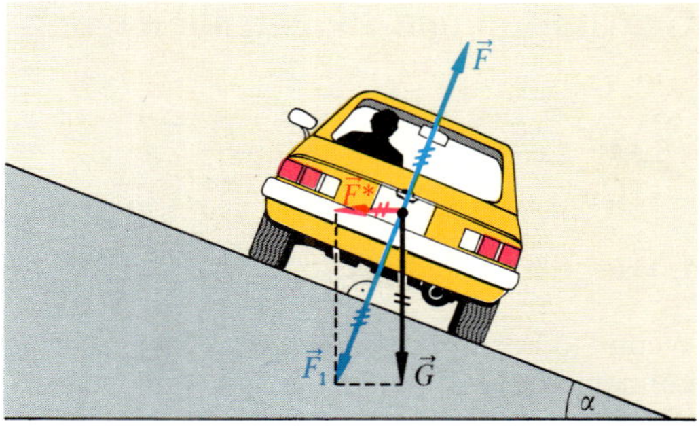

117.2 Auto in überhöhter Rechtskurve (ohne Reibung); Kräftebilanz für einen mitbeschleunigten Beobachter (vgl. mit *Bild 109.1*)

Im rotierenden System einer **Zentrifuge** hat nach Beispiel c) die Fallbeschleunigung den Wert $\vec{g}^* = \vec{F}/m = (\vec{G} + \vec{F}_z^*)/m$. Bei sehr schneller Rotation ist $F_z^* \gg G$; d.h. $\vec{g}^*$ hat praktisch die Richtung von $\vec{F}_z^*$ und zeigt somit senkrecht von der Achse weg nach außen. Bei der sogenannten **Ultrazentrifuge** (etwa 1000 Umdrehungen je Sekunde!) ist $g^* \approx 10^6$ m/s^2; die Entmischung von Flüssigkeiten und den in ihnen suspendierten Teilchen erfolgt 10^5mal so schnell wie bei ruhigem Stehen.

6. Rückblick

Trägheits-, insbesondere Zentrifugalkräfte, kennt man von Fahrzeugen und Volksfestvergnügungen her. Doch haben diese Kräfte in der Newtonschen Mechanik, die die Vorgänge stets von *Inertialsystemen* aus beschreibt, keinen Platz und führen zu Widersprüchen. Diese lösen sich für einen mitbeschleunigten Beobachter. Dabei drängt sich die Frage auf, ob es nun die Zentrifugalkraft „an sich“, also *„wirklich“* gibt. Diese Überlegungen werden gegenstandslos, wenn man bedenkt, daß Kräfte beim *gedanklichen Lösen von Problemen* genauso *Begriffe,* also Gedankenkonstruktionen, sind wie die Begriffe Masse, Dichte, Impuls usw. Man hat solche Begriffe eingeführt, um die Natur richtig und widerspruchsfrei zu beschreiben. Dabei muß man sich an die „Spielregeln“ halten, die bei der Definition der Begriffe eingeführt wurden. Eine dieser Spielregeln lautet, daß der Trägheitssatz zunächst nur in einem Inertialsystem gilt. Wendet man ihn in einem rotierenden System an, obwohl es beschleunigt ist, muß man als Korrektur die Zentrifugalkraft (und eventuell noch die *Corioliskraft*) einführen.

Aufgaben (Rechnen Sie mit $g = 10$ m/s^2):

1. *Bei einem Unfall kommt ein Fahrzeug von* 108 km/h *Geschwindigkeit auf* 2,0 m *Weg zum Stehen. Welche Kraft wirkt im Durchschnitt auf einen festgeschnallten Mitfahrer?*

2. *Welche Kraft $\vec{F}^*$ wirkt auf einen Weltraumfahrer, dessen Rakete mit* 3 g *beschleunigt wird?*

3. *Entwickeln Sie mit 2 Kraftmessern und einem reibungsfrei gleitenden Körper ein Gerät, das auf waagerechter Straße die Anfahr- und Bremsbeschleunigung im Innern eines Autos mißt.*

4. *In einem mit* 5 m/s^2 *anfahrenden Auto hängt ein Lot. In welcher Richtung und um welchen Winkel wird es aus der Vertikalen abgelenkt?*

5. *Eine Person* (75 kg) *steht in einem Aufzug auf einer Waage, die Kräfte durch Federdehnung anzeigt. Wie bewegt sich der Fahrstuhl, wenn man* 650 N *bzw.* 800 N *abliest (jeweils 2 Lösungen!)? Ist der Fahrstuhl in Ruhe, wenn die Waage* 750 N *anzeigt? Was zeigt eine Tafelwaage an, auf der die Person durch Wägestücke in unbeschleunigtem Zustand austariert wurde?*

6. *Ein Zug durchfährt mit* 72 km/h *eine nicht überhöhte Kurve ($r = 500$ m). Um welchen Winkel neigt sich im Innern ein aufgehängtes Lot gegen die Vertikale?*

7. *Lösen Sie die Beispiele von § 31 mit Hilfe der Zentrifugalkraft, indem Sie diese zu den äußeren Kräften vektoriell addieren!*

8. *Im höchsten Punkt eines großen Globus vom Radius R wird ein kleines, reibungsfreies Wägelchen losgelassen. Zeigen Sie, daß es nach Durchlaufen des Bogens mit dem Winkel α die Geschwindigkeit $v = \sqrt{2gR(1-\cos\alpha)}$ hat und daß es sich beim Winkel α_0 vom Globus löst, wenn $\cos\alpha_0 = \frac{2}{3}$ ist!*

Gravitation und Planetenbewegung

§33 Erde und Mond

1. Wie groß ist die Erde?

Wenn Sie hoch über Klippen am Meer stehen, können Sie die Vorstellung alter Völker nachempfinden, die Erde sei eine Scheibe, die im Meer schwimme. Der Grieche *Anaximander* (um 550 v. Chr.) ließ dann die ganze Erde – noch als Scheibe gedacht – frei in der Mitte der Himmelskugel schweben. Sonne, Mond und alle Sterne sollten dieses *Zentrum des Universums* während eines Tages umkreisen. Dieses **geozentrische Weltbild** (ge, griech.; Erde) entsprach der unmittelbaren Anschauung. Dabei faßte man seit 400 v. Chr. die Erde als Kugel auf, zumal der Schatten, den sie bei Mondfinsternissen auf den Mond wirft, *immer* kreisförmig ist.

Der Grieche *Eratosthenes* berechnete um 230 v. Chr. sogar den Umfang dieser Erdkugel: Nahe Assuan (Südägypten) scheint die Sonne jedes Jahr bei ihrem Höchststand bis auf den Grund eines tiefen Brunnens. Sie steht für dortige Beobachter nach *Bild 118.1* in der Verlängerung des Erdradius, im **Zenit,** dem dort höchsten Punkt der Himmelskugel. Zur gleichen Zeit jedoch wirft nördlich davon in Alexandria ein Obelisk einen Schatten nach Norden. Mit dem dortigen Erdradius bilden die Sonnenstrahlen einen Winkel α, der 1/50 des Vollkreises, also 7,2° beträgt. Da die Strahlen der sehr weit entfernten Sonne fast parallel einfallen (Ziffer 2), bilden auch die Erdradien für Assuan und Alexandria diesen Winkel α. Beide Orte sind $b = 800$ km voneinander entfernt. Also ist der Vollkreis, das heißt der *Erdumfang,* 50mal so groß. Er mißt somit $U = 50 \cdot 800\ \text{km} = 40\,000$ km, der **Erdradius** beträgt $R = 40\,000\ \text{km}/(2\pi) = 6400$ km.

2. Der Mond ist aufgegangen...

Bild 118.2 zeigt einen Teil des Erdäquators. Für einen Beobachter A in Südamerika geht soeben der Mond auf. Er erhebt sich über den dortigen *Horizont* im Osten – zusammen mit dem sehr weit entfernten Fixstern S. Beobachter B in Afrika ist um $\frac{1}{4}$ des Erdumfangs (90°) entfernt. Hätte der Mond ebenfalls einen riesi-

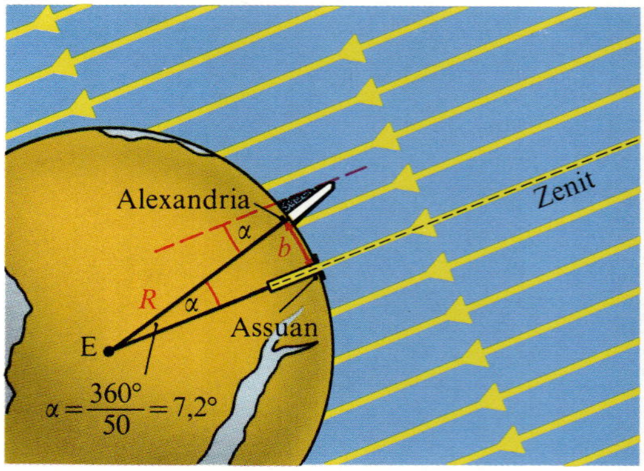

118.1 Erdradius R, von *Eratosthenes* gemessen

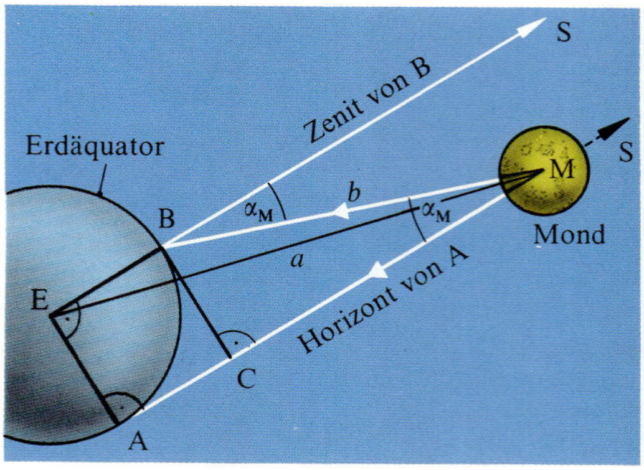

118.2 Zur Berechnung der Mondentfernung

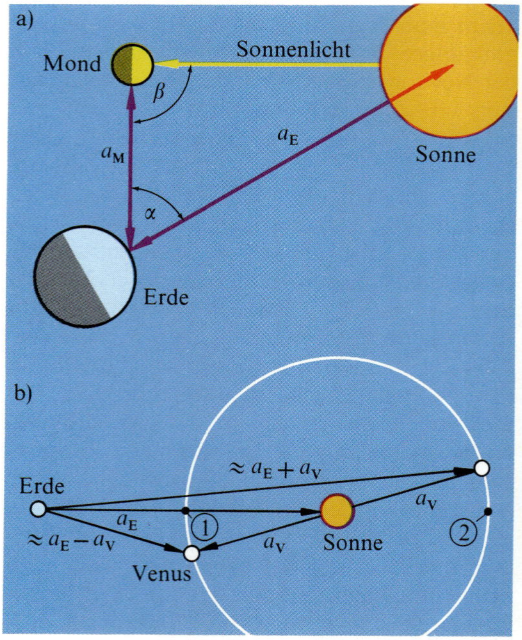

118.3 a) *Aristarchs* Abschätzung des Sonnenabstands, b) Radar mißt den Abstand zur Venus.

gen Abstand wie der Stern S, so müßte er in diesem Augenblick für B im *Zenit* neben S stehen. Doch sieht B den Mond um fast zwei Vollmondbreiten, um $\alpha_M = 0{,}967°$, von S entfernt. A und B sind die Blickfenster eines großen Entfernungsmessers. Aus dem bei C rechtwinkligen Dreieck BCM berechnen wir die Mondentfernung des Beobachters B zu $b = R/\sin\alpha_M \approx 59\ R$, den Mondabstand vom Erdmittelpunkt E zu $a \approx 60\ R = 384000$ km.

Der Mond ist vom Erdmittelpunkt also 60 Erdradien entfernt, 60mal so weit wie wir.

Astronauten sahen 1969 die Kugelgestalt der Erde zum erstenmal. Sie stellten auf dem Mond einen Spiegel auf. Aus der Laufzeit von Laserstrahlen, die von der Erde ausgesandt an ihm reflektiert werden, und deren Geschwindigkeit $c_0 = 2{,}997924580 \cdot 10^8$ m/s kann man heute die Bahn auf 1 Dezimeter genau vermessen.

Den *Monddurchmesser* können Sie nun selbst leicht bestimmen: Befestigen Sie in Richtung zum Vollmond ein Pfennig-Stück und stellen sich so auf, daß es die Mondscheibe für eines Ihrer beiden Augen genau zu decken scheint (zur Präzisierung halten Sie ein Papierblatt mit einem feinen Loch vor das Auge). Dann messen Sie den Abstand Lochblende-Pfennigstück und ermitteln mit dem Strahlensatz den Monddurchmesser!

3. Sonnenabstand – nicht direkt meßbar

Der Grieche *Aristarch* (um 250 v. Chr.) benutzte bei seiner Abschätzung des Sonnenabstands den Mond. Er sagte: Bei Halbmond ist der Winkel Sonne-Mond-Erde $\beta = 90°$ *(Bild 118.3a)*. Den Winkel Sonne-Erde-Mond (α) schätzte er zu 87° („90° minus 1/30 von 90°") und gab den Sonnenabstand zu $a_E = a_M/\cos 87° = 19\ a_M$ an (Mondabstand $a_M = 59$ Erdradien). In Wirklichkeit liegt α mit 89,853° so nahe bei 90°, daß diese Methode – schon wegen der Unsicherheit beim Abschätzen der Halbmondphase – ungenau bleibt. Immerhin folgerte *Aristarch,* daß die Sonne viel größer als die Erde sein müsse und deshalb unmöglich um uns kreisen könne. Als erster Mensch sprach er die Vermutung aus, die Erde kreise um die ruhende Sonne.

Auch heute nimmt man zur Messung des Sonnenabstands a_E einen dritten Himmelskörper zu Hilfe. Wenn der Planet Venus der Erde am nächsten (1) und später am fernsten (2) ist, so mißt man sehr präzise die Laufzeiten der scharfen Radarechos 1 und 2 von diesem Planeten (Sonnenechos sind ungenau). Sie liefern die Abstände $a_E - a_V$, $a_E + a_V$ *(Bild 118.3b)* und als arithmetisches Mittel den Radius der Erdbahn a_E, auch *astronomische Einheit* genannt, zu $a_E = 150 \cdot 10^6$ km. Die Sonne ist also 390mal so weit von uns entfernt wie der Mond.

§34 Die allgemeine Gravitationskraft

1. Guter Mond, du gehst so stille...

Man hat wohl nie bezweifelt, daß der Mond die Erde umkreist (von den Fixsternen aus gesehen in 27,322 Tagen; da sich die Erde um die Sonne bewegt, sehen wir ihn erst nach 29,5 Tagen wieder als Neumond). Früher glaubte man, der Mond gehe so von sich aus seine Bahn, vielleicht an eine um die Erde rotierende Kristallsphäre geheftet (Seite 133). **Newton dagegen hatte die revolutionäre Idee, daß der Mond für seine Kreisbahn genauso eine Zentripetalkraft braucht wie irdische Körper.** Da wir seine Masse noch nicht kennen, berechnen wir diese Kraft F_z für einen Stein oder Apfel der Masse $m = 0{,}10$ kg, der als Möndchen – vielleicht von einem Astronauten verloren – im Mondabstand $r = 384000$ km um die Erde kreist. Sie müßte nach Seite 106 den Betrag

$$F_z = \frac{4\pi^2 m r}{T^2} = 0{,}000272\ \text{N} \qquad (119.1)$$

haben. Woher rührt diese Kraft? Als Zentripetalkraft ist sie zum Kreiszentrum, also zum Erdmittelpunkt hin gerichtet. Es handelt sich um eine *Anziehungskraft durch die Erde.* Wir haben ja auf der Mittelstufe gesehen und werden es bald bestätigen, daß sich beliebige Körper gegenseitig anziehen.

Newton suchte nun das allgemeine Gesetz für diese Kraft. Bekanntlich zieht die Erde an ihrer Oberfläche, also im Abstand $R = 6370$ km vom Erdmittelpunkt entfernt, einen Apfel (0,10 kg) mit 0,98 N an. Die oben berechnete Anziehungskraft $F = 0{,}000272$ N, die dieser Apfel im 60-fachen Abstand zur Erde hin erfahren würde, ist hiervon der 3600te = 60^2te Teil. *Newton* erkannte, daß sie umgekehrt proportional zum Quadrat (r^2) des Abstands r ist: $F \sim 1/r^2$. Weiterhin folgerte er aus *Gl. 119.1,* daß diese Kraft F auch proportional zur Masse m des kreisenden Körpers ist; er nannte sie **Massenanziehungskraft $F \sim m/r^2$.**

2. Gilt die Massenanziehung auch für Planeten?

Die Erde hat nur *einen* natürlichen Trabanten, der sie umkreist, den Mond. Nach der **heliozentrischen Vorstellung** (helios, griech.: Sonne), der *Newton* zum Siege verhalf, wird die Sonne von 9 großen Trabanten umkreist. Man nennt sie **Planeten;** einer von ihnen ist unsere Erde (Umlaufdauer $T = 1\,\text{a}$; annus: Jahr; *Tabelle 120.1*). Wir sehen hier ihre Bahnen in guter Näherung als Kreise an. Dann können wir an 9 weiteren Himmelskörpern prüfen, ob die vermutete Anziehungskraft $F \sim m/r^2$ durch den *Zentralkörper,* hier die Sonne, auch die Zentripetalkraft $F_z = 4\pi^2 mr/T^2$ liefert. Hierzu müßte bei den Planeten $T^2 \sim r^3$ sein, also $r^3/T^2 = C$ oder $T^2 = r^3/C$. Wenn man nämlich dies in *Gl. 119.1* einsetzt, folgt

$$F = 4\pi^2 \frac{m}{r^2} C. \qquad (120.1)$$

In der rechten Spalte von *Tabelle 120.1* ist dieser Quotient $C = r^3/T^2$ berechnet. Wie schon der deutsche Astronom *Johannes Kepler* fand, ist er für alle Planeten konstant (Seite 127).

Die im System Erde-Mond vermutete Proportionalität $F \sim m/r^2$ bewährt sich also auch bei der Anziehung der Planeten durch die Sonne, also über noch viel größere Abstände hinweg. Allerdings hat der Faktor $C = r^3/T^2$ in der *Gl. 120.1* nach der *Tabelle 120.1* einen viel kleineren Wert, wenn die Erde Zentralkörper ist. Kann sie nicht so stark ziehen wie die viel größere Sonne? Stellen wir in Gedanken neben die Erde eine zweite, genau gleiche; dann dürfen wir erwarten, daß beide zusammen (doppelte Masse M) auf den Mond auch die doppelte Kraft F ausüben. Wir schreiben $C = C'\,M$ und erhalten das *Newtonsche Gravitationsgesetz*

$$F = (C' \cdot 4\pi^2)\frac{mM}{r^2}. \qquad (120.2)$$

Die beiden Körper sind nun im Produkt mM ihrer Massen gleichberechtigt vertreten; man kann m und M vertauschen. Die Erde (M) zieht gemäß dem Wechselwirkungsgesetz von Seite 42 den Mond (m) mit der gleichen Kraft an, mit der er auf sie zurückwirkt.

Newton zeigte mit seiner berühmten *Mondrechnung* (Ziffer 1), daß die Erde einen Apfel wie auch den Mond mit Kräften anzieht, die von gleicher Art sind und mit derselben *Gl. 120.2* berechnet werden. Dabei darf man sich die Masse eines kugelsymmetrischen Körpers in seinem Mittelpunkt vereinigt denken. Bei der Mondrechnung werden ja alle Entfernungen r vom Erdmittelpunkt aus gerechnet. Die noch unbekannte Konstante $C' \cdot 4\pi^2$ heißt **Gravitationskonstante G^*** (gravis; lat.: schwer; nicht mit Gewichtskraft G verwechseln):

Name	Bahnradius r in 10^6 km	Umlaufdauer T in Jahren	$C = r^3/T^2$ in $10^{18}\,\text{m}^3/\text{s}^2$
Merkur	57,91	0,2408	3,363
Venus	108,21	0,6152	3,362
Erde	149,60	1,0000	3,362
Mars	227,94	1,881	3,361
Jupiter	778,34	11,861	3,366
Saturn	1427,01	29,456	3,363
Uranus	2869,60	84,009	3,362
Neptun	4496,70	164,787	3,362
Pluto	5899	247,7	3,360
Mond	0,384	0,0748	$1{,}019 \cdot 10^{-5}$
Nachrichtensatellit	0,04215	1/366,26	$1{,}009 \cdot 10^{-5}$

Tabelle 120.1 Sonnen- und Erdtrabanten

Zeit t in s	Auslenkung S in mm	„Fall"-weg s in 10^{-6} m	Beschleunigung a in $10^{-8}\,\text{m/s}^2$
0	0	0	–
30	3,8	20	4,4
60	15	77	4,3
90	34	175	4,3
120	60	310	4,3

Tabelle 120.2 Meßwerte an der Gravitationswaage

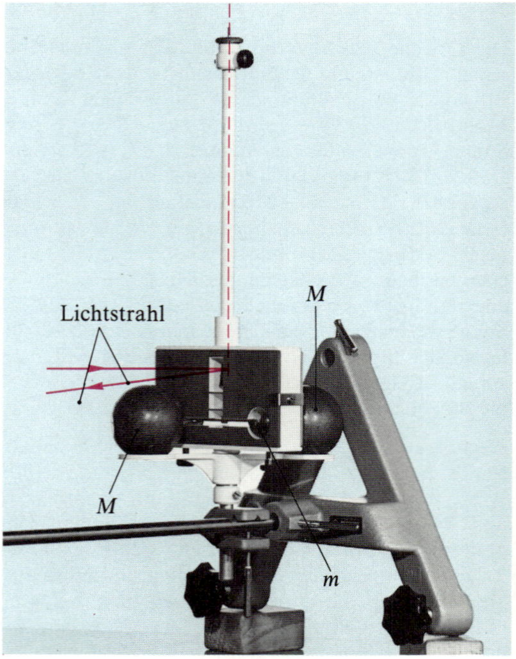

120.1 Gravitationswaage (Fa. *Leybold-Heraeus*). Die große Kugel (M) zieht die kleine (m) an.

Newtonsches Gravitationsgesetz: **Alle Körper üben aufeinander *Gravitationskräfte* aus. Zwei kugelsymmetrische Körper der Masse m und M, deren Mittelpunkte voneinander den Abstand r haben, ziehen sich mit der Gravitationskraft F an:**

$$F = G^* \frac{m \cdot M}{r^2}. \qquad (121.1)$$

3. Die Gravitation zwischen bekannten Massen liefert die Gravitationskonstante G^*

Der Wert der Gravitationskonstante G^* im *Newtonschen Gravitationsgesetz* wurde erst über 100 Jahre nach dessen Entdeckung bestimmt.

Hierzu ahmte der Engländer *Cavendish* 1798 im Laboratorium nach, was uns die Natur im Großen vormacht, nämlich die Anziehung zwischen Kugeln. Er baute eine Waage, die noch Kräfte von 10^{-10} N anzeigt:

Versuch 70: Ein waagerechter Stab trägt an seinen Enden zwei kleine Bleikugeln gleicher Masse $m = 15$ g. In *Bild 120.1* ist die hintere durch die große Kugel M verdeckt. Der Stab hängt in seiner Mitte an einem langen, sehr dünnen Draht (rot gestrichelt) und kann sich deshalb in dem durch Glas vor Luftzug geschützten Querschlitz der *Gravitationswaage* frei bewegen. Am Stab ist ein Spiegelchen befestigt, so daß die horizontalen Bewegungen der Kugeln (m) im Abstand $L = 4{,}85$ m durch einen Lichtzeiger stark vergrößert sichtbar werden *(Bild 121.1)*. Zunächst sind die großen Kugeln ($M = 1{,}50$ kg) symmetrisch zu den kleinen angebracht (gestrichelt). Der Aufhängedraht ist nicht verdrillt. Die Drehmomente der Gravitationskräfte, die von den großen Kugeln ausgeübt werden, halten sich das Gleichgewicht. Dann nähert man diese großen Kugeln den kleinen. Sie fallen auf die großen beschleunigt zu, im Prinzip genauso wie ein Apfel zur Erde.

Dieser Versuch ist also völlig analog zur bekannten Fallbewegung. Doch wird die Beschleunigung a sehr klein. Der Lichtzeiger registriert die Auslenkungen S als Funktion der Zeit *(Tabelle 120.2)*.

Wenn sich eine kleine Kugel um die Strecke s der großen nähert, dreht sich die horizontale Stange der Länge $2\,l = 10$ cm um den Winkel φ und mit ihr das Einfallslot für den reflektierten Lichtstrahl. Dieser wird um den Winkel $2\,\varphi$ ausgelenkt, für den gilt $\tan 2\varphi = S/L$. Bei den kleinen Winkeln ist mit großer Genauigkeit $\tan 2\varphi = 2 \tan \varphi$ (prüfen Sie am Taschenrechner). Mit $\tan \varphi \approx s/l$ folgt:

$$\frac{S}{L} = \frac{2s}{l} \quad \text{oder} \quad s = \frac{Sl}{2L}.$$

Die Fallwege s zeigt die 3. Spalte von *Tabelle 120.2*. Ihre 4. Spalte bringt nach $s = \frac{1}{2} a t^2$ die Beschleunigung $a = 2s/t^2$, mit der die kleinen Kugeln auf die großen zufallen. Sie ist fast konstant: Zum einen sind die Fallstrecken s gegenüber dem Mittelpunktsabstand $r = 4{,}6$ cm der Kugeln so klein, daß die Gravitationskraft F trotz des sinkenden Abstands kaum zunimmt. Zum andern gibt bei diesen kleinen Auslenkungen der Aufhängefaden keine merkliche Rückstellkraft; diese tritt erst später auf. Mit der Beschleunigung $a = 4{,}3 \cdot 10^{-8}$ m/s² berechnen wir die Kraft $F = ma = 6{,}5 \cdot 10^{-10}$ N, welche die kleine Kugel ($m = 15$ g) als Gravitationskraft $F = G^* m M/r^2$ erfährt:

$$G^* \frac{mM}{r^2} = ma.$$

Aus $M = 1{,}5$ kg und dem Abstand der Kugelmitten $r = 4{,}6 \cdot 10^{-2}$ m folgt die Gravitationskonstante zu

$$G^* = \frac{ar^2}{M} = 6{,}1 \cdot 10^{-11} \frac{\text{m}^3}{\text{kg}\,\text{s}^2}.$$

Dieser Wert ist etwas zu klein; denn jede der beiden großen Kugeln übt auf die entfernter liegende kleine die Kraft F' aus, die der beobachteten Drehbewegung entgegenwirkt. Wenn man dies berücksichtigt, nähert man sich dem Literaturwert $G^* = 6{,}672 \cdot 10^{-11}$ m³/(kgs²). Er stellt eine universelle Konstante dar.

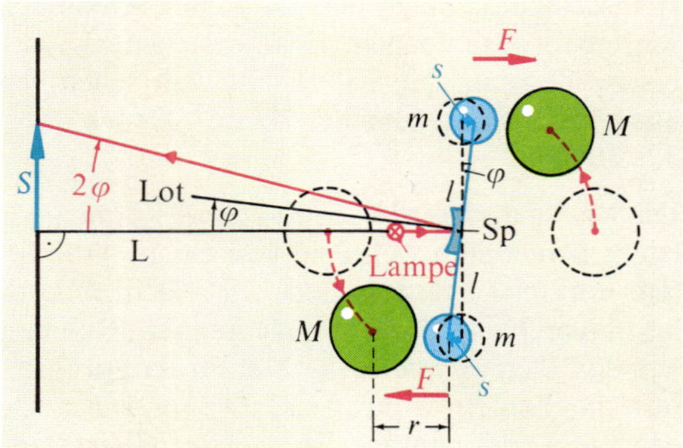

121.1 Wenn man die großen Kugeln nahe an die kleinen bringt, fallen diese auf sie zu.

Der Proportionalitätsfaktor im Gravitationsgesetz heißt Gravitationskonstante G^* und hat den Wert

$$G^* = 6{,}672 \cdot 10^{-11} \frac{\text{m}^3}{\text{kg}\,\text{s}^2}. \qquad (122.1)$$

Die im Versuch 70 gemessene Gravitationskraft von $6{,}5 \cdot 10^{-10}$ N entspricht etwa 1/15000 der Gewichtskraft eines Körpers der Masse 1 mg. Zwei Körper der Masse $m = 1$ kg ziehen sich im Abstand 1 m mit der meist vernachlässigbaren Kraft $F = 6{,}67 \cdot 10^{-11}$ N an. Kein Wunder, daß man die Gravitation, also die allgemeine Massenanziehung, erst so spät entdeckt hat.

4. Cavendish hat Erde und Sonne gewogen

Cavendish konnte bei seiner Drehwaage auch die Größe der Massen m und M sowie deren Abstand r ändern und so das Gravitationsgesetz *Newtons* im Laboratorium voll bestätigen. Seine Versuche bezeichnete er selbst aber als eine Methode zur Bestimmung der Dichte der Erde:

Wir wissen längst, daß ein Kilogrammstück ($m = 1$ kg) im Abstand $r = R = 6370$ km vom Erdmittelpunkt entfernt die Gravitationskraft $F = 9{,}81$ N erfährt. Aus dem Gravitationsgesetz folgt für die Erdmasse $m_E = M$

$$m_E = \frac{FR^2}{G^* m} = \frac{9{,}81\ \text{N} \cdot (6370 \cdot 10^3)^2\,\text{m}^2}{6{,}67 \cdot 10^{-11}\,\text{m}^3\,\text{kg}^{-1}\,\text{s}^{-2} \cdot 1\ \text{kg}},$$
$$= 6 \cdot 10^{24}\ \text{kg} \qquad (\text{genauer } 5{,}97 \cdot 10^{24}\ \text{kg}).$$

Aus dem Volumen der Erde $V = 1{,}08 \cdot 10^{21}\ \text{m}^3$ erhielt *Cavendish* ihre mittlere Dichte

$$\varrho = \frac{m}{V} = 5{,}5\,\frac{\text{g}}{\text{cm}^3}.$$

Die Dichte der uns zugänglichen oberen Gesteinsschichten liegt bei 2,7 g/cm³. Geologen schreiben deshalb dem Erdinnern eine Dichte bis zu 13 g/cm³ zu. Es besteht wahrscheinlich aus Eisen und Nickel beim Druck von $3{,}5 \cdot 10^6$ bar.

Die Masse anderer Himmelskörper können wir leicht berechnen, wenn sie von einem Trabanten umkreist werden und wir für ihn Umlaufdauer T und Bahnradius r kennen. Nehmen wir das Paar *Sonne-Erde*. Die Gravitation liefert die Zentripetalkraft $F_z = 4\pi^2 m_E r/T^2$, mit der die Sonne unsere Erde (angenähert) auf eine Kreisbahn zwingt. Der Abstand Erde-Sonne beträgt $r = 1{,}496 \cdot 10^{11}$ m (Seite 119), die Umlaufdauer $T = 365{,}26$ Tage $= 31{,}558 \cdot 10^6$ s. Aus *Gl. 119.1* und *121.1* folgt die Sonnenmasse

$$m_S = \frac{4\pi^2 r^3}{G^* T^2} = 1{,}99 \cdot 10^{30}\ \text{kg} = 333\,000\ m_E.$$

Die Masse des Mondes kennen wir heute sehr genau, gaben wir ihm doch 1969 mit der Mondfähre einen künstlichen Trabanten. Auch haben anschließend Astronauten auf ihm die Gewichtskraft von Körpern genau bestimmt (Aufgabe 5). Vorher schon hatte man seine Masse aus der Gravitationskraft, die er auf die Erde ausübt, bestimmt. Sie beeinflußt nämlich die Erdbahn ein wenig (Seite 128).

5. Erdsatelliten – künstliche Monde

Der Mensch hat mit *Sputnik I* am 4. Oktober 1957 den ersten künstlichen Himmelskörper auf eine Bahn um die Erde geschickt. Heute sind es Hunderte. Müssen sie alle auf der gleichen Bahn und in der gleichen Zeit umlaufen, sozusagen im Gänsemarsch, oder können wir ihre Bahn, ihre Geschwindigkeit, ihre Masse beliebig wählen? Nun – auch diese künstlichen Gebilde sind wie der Mond den Naturgesetzen unterworfen: Die Zentripetalkraft F_z, die sie für eine Kreisbahn brauchen, wird ausschließlich von der Gravitation geliefert. Dies bedeutet:

Die Gravitationskraft F ist zum Erdmittelpunkt gerichtet; dort liegt das Zentrum der Satellitenbahnen. Solche Kreise nennt man **Großkreise** *(Bild 123.1)*. Ein Satellit kann also über dem Äquator fliegen, ein anderer von Pol zu Pol, oder auf einem schrägen Großkreis. Er kann aber nicht ständig über dem Polarkreis fliegen (gestrichelt) oder die USA umkreisen.

Die Gravitationskraft hängt von der Erdrotation nicht ab. Der Satellit behält die Orientierung der von ihm mitgeschleppten Bahnebene relativ zu den Fixsternen bei. Die Erde dreht sich unter ihm. Der Satellit *Skylab* beschrieb einen *Großkreis,* dessen nördlichster Punkt den Breiten*kreis* durch Neufundland, dessen südlichster den durch die Falkland-Inseln berührte. Suchen Sie im Schulatlas den Streifen Erde, den Skylab also überstreichen konnte.

Für die Kreisbahnen von Erdsatelliten gilt nach *Gl. 119.1* und *121.1*

$$G^* \frac{mM}{r^2} = \frac{mv^2}{r} = \frac{4\pi^2 \cdot mr}{T^2}. \qquad (122.2)$$

Zunächst entfällt die *Satellitenmasse m.* Man kann also Satelliten beliebig mit Kameras zur friedlichen oder militärischen Beobachtung ausrüsten oder gar bemannen (*Skylab*).

Ihre Bilder lassen an Verfärbungen Luft- und Wasserverschmutzung, Schädlingsbefall an Pflanzungen und Ernteerträge erkennen. Daß sie Wolkenbilder aufnehmen, zeigt jeden Abend das Fernsehen.

An Gravitationskonstante G^* und Erdmasse M in *Gl. 122.2* können wir aber nicht rütteln. Also hängen Geschwindigkeit v und Umlaufdauer T zwangsläufig vom Radius r der Satellitenbahn ab. Ein größerer Radius r fordert eine größere Umlaufdauer T bei kleinerer Geschwindigkeit v. Dabei gilt $v \sim 1/\sqrt{r}$ und $T^2 \sim r^3$ (Seite 120).

Hoch über dem Indischen Ozean „steht" ein **Nachrichtensatellit.** Seine Bahn verläuft exakt über dem Äquator. Zudem gab man ihm genau die Höhe, bei der die Umlaufdauer $T=1$ Tag ist. Dann kreist er mit der Erde – stets über demselben Ort. Er nimmt Nachrichten oder Fernsehsendungen etwa von Japan auf und strahlt sie nach Europa ab. Die Energie für die Empfangs-, Verstärker- und Sendegeräte entnimmt er der Sonnenstrahlung mit Hilfe von Photoelementen, sogenannten *Sonnenzellen,* die bei 12% Wirkungsgrad maximal 160 Watt Leistung je m^2 liefern. Vielleicht haben Sie eines Tages eine Empfangsantenne für diesen und viele andere Nachrichtensatelliten auf Ihrem Haus und können TV made in USA genießen.

Warum sich die Wissenschaftler in Skylab, die mit Fernrohren ohne atmosphärische Störungen die Sterne beobachten konnten, schwerefrei fühlten, besprechen wir auf Seite 146.

Aufgaben:

1. *In welcher Höhe über dem Erdboden erfährt ein Kilogrammstück die Gewichtskraft* $\frac{1}{4} \cdot 9{,}8$ N? *Wie groß ist die Fallbeschleunigung in den Höhen* 2 *R,* 10 *R über dem Boden (R: Erdradius)?*

2. *Bestimmen Sie die Erdmasse aus der Umlaufdauer des Mondes und seiner Entfernung von der Erde!*

3. *Welche Geschwindigkeit muß ein in* 500 km *Höhe über dem Erdboden kreisender Satellit haben? Wie groß ist seine Umlaufdauer? – In welcher Höhe würde er als stationärer Nachrichtensatellit über dem Äquator „stehen"?*

4. *Kann sich die Bundesrepublik einen eigenen Satelliten leisten, der ständig über ihr schwebt? Können dies die USA? Kann es Ecuador (es ist doch viel kleiner und ärmer)?*

5. *a) Die Umlaufdauer der Mondfähre im Abstand* 1848 km *vom Mondmittelpunkt war* 7130 s. *Wie groß ist die Mondmasse? b) Welcher Ortsfaktor gilt für die Mondoberfläche, wenn der Mondradius* 1738 km *beträgt?*

6. *Warum ist die Konstante* $C = r^3/T^2$ *in Tabelle 120.1 für die Planeten etwa* 330000*mal so groß wie für den Mond oder andere Erdsatelliten? Wie groß wäre sie für Mondsatelliten?*

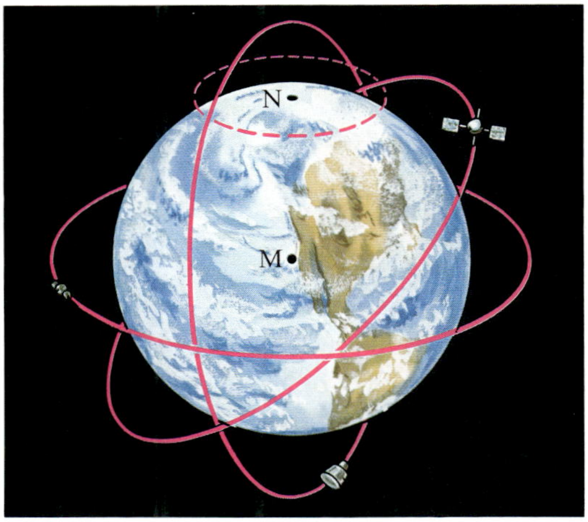

123.1 Unmögliche und mögliche Satellitenbahnen

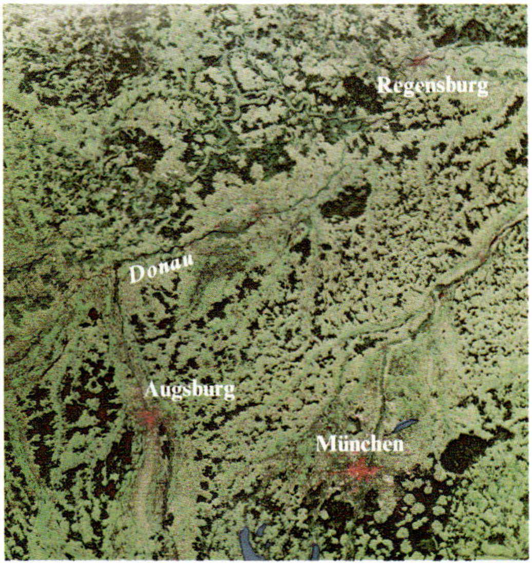

123.2 Satellitenfoto (Landsat) vom Großraum München

§ 35 Die Kepler-Ellipsen

1. Sind am Himmel nur Kreise erlaubt?

Was macht ein Satellit, der auf einer der großen Weltraumrampen (Cape Canaveral, Baikonur) aus Versehen eine andere Geschwindigkeit erhalten hat, als sie *Gl. 122.2* für eine Kreisbahn mit dem Radius r vorschreibt? Entflieht er ins All oder stürzt er sofort ab?

Wir können das Experiment nicht machen und verfügen in der Schule auch nicht über die mathematischen Hilfsmittel, mit denen *Newton* solche Bewegungen vollständig berechnete, nachdem er sich zunächst – wie wir – auf Kreisbahnen beschränkt hatte. Dafür haben wir einen *Computer*. Wir füttern ihn mit dem *Gesetz,* dem der *Satellit* und jeder *Planet* unterworfen ist, nämlich dem Gesetz für die *Beschleunigung* $\vec{a}=\vec{F}/m$ durch die Gravitationskraft $\vec{F}$. Wir sagen ihm weiterhin mit der Gleichung $\vec{v}_2=\vec{v}_1+\vec{a}\cdot\Delta t$, wie man aus der Geschwindigkeit $\vec{v}_1$ die nach dem kurzen Zeitschritt Δt gültige Geschwindigkeit $\vec{v}_2$ berechnet. Damit bestimmt er die neue Position $\vec{s}_2=\vec{s}_1+\vec{v}\cdot\Delta t$ des Satelliten (blaue Zeilen auf Seite 203; *Bild 126.3*). Wenn wir dann noch als *Anfangsbedingungen* Startpunkt und Startgeschwindigkeit eintippen, ahmt er schnell den Weg des Satelliten im All nach – Schrittchen um Schrittchen. Die Rechnungen werden um so genauer, je kleiner die Schrittdauer Δt ist.

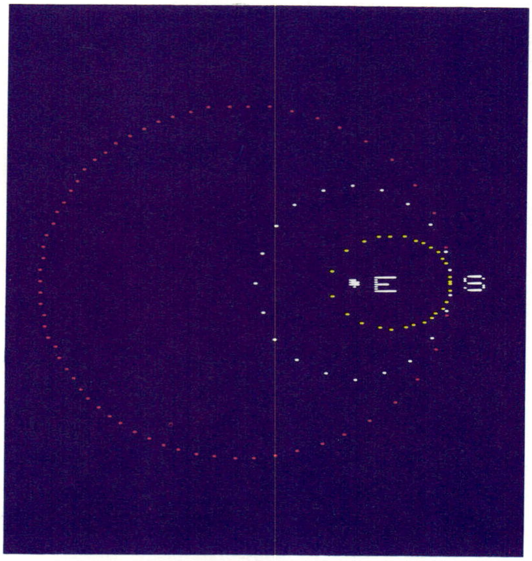

124.1 Satellitenbahnen, vom Computer gezeichnet

Prüfen wir das Verfahren an der Kreisbahn! In der Höhe $H=400$ km über dem Boden, also mit Radius $r=6770$ km, braucht er die Geschwindigkeit $v_0=7{,}671\cdot10^3$ m/s nach *Gl. 122.2*. Wenn wir sie dem Computer eingegeben haben, so baut sich auf dem Bildschirm der weiße Kreis nach *Bild 124.1* auf. Die Punkte werden nach jeweils gleicher Schrittdauer ausgegeben. Sie haben gleiche Abstände voneinander; der Betrag der Geschwindigkeit bleibt also gleich. Nach einem Umlauf gibt der Computer die Umlaufdauer $T=5545\ \text{s}\approx1{,}54$ h aus, in Übereinstimmung mit *Gl. 122.2*.

Bild 124.1 zeigt rot die Bahn bei der größeren Startgeschwindigkeit $v_0=9{,}5\cdot10^3$ m/s. Der Satellit entfernt sich vom Erdmittelpunkt E und wird langsamer. Vielleicht haben Sie es nicht erwartet: Er kehrt wieder an seinen Ausgangspunkt – sogar mit der Ausgangsgeschwindigkeit – zurück. Er beschreibt also auch hier wieder eine geschlossene, ebene Kurve, aber keinen Kreis. Dazu braucht er $T=17400$ s. – Bei der kleineren Startgeschwindigkeit $4{,}7\cdot10^3$ m/s müssen wir uns schon die Erdmasse im Mittelpunkt E vereinigt denken. Er kommt ihm bedenklich nahe, wird dabei schneller – und kehrt wieder zurück, nach $T=2700$ s (gelb). An sich würde er schon bald am Boden aufschlagen.

2. Das erste Gesetz von Kepler

Der Astronom *Kepler* (Seite 135) kannte das Gravitationsgesetz nicht. Er besaß aber – als unwahrscheinlich wertvollen Schatz – die für die damalige Zeit äußerst präzisen Messungen des Dänen *Tycho Brahe* (1546 bis 1601) an der Bahn des Planeten Mars. Nach mühsamen Zahlenrechnungen fand *Kepler*, daß dieser eine *Ellipse* durchläuft. Was ist das?

Versuch 71: Licht von einer punktförmigen Lichtquelle fällt durch eine kreisförmige Blende. Dahinter bildet es einen *Kreiskegel.* Sie können auch den Lichtkegel einer geeigneten Taschenlampe benutzen. Wenn er *senkrecht* auf eine Wand fällt, so erzeugt er einen *kreisförmigen* Lichtfleck. Bei schrägem Auffall nimmt dieser Fleck die Form einer *Ellipse* an, ist also ein *Kegelschnitt*. Sie hat eine große Achse, deren Hälfte **große Halbachse *a*** genannt wird. Senkrecht dazu steht die kleine Achse; ihre Hälfte heißt **kleine Halbachse *b*** *(Bild 125.1)*. Der Kreis ist ein Spezialfall einer Ellipse; bei ihm wird $a=b=r$.

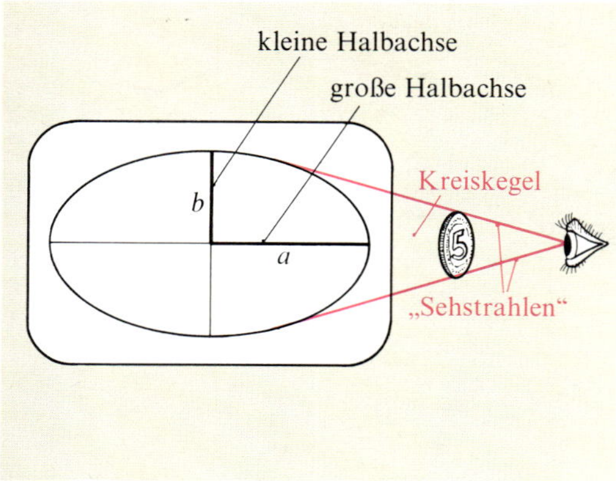

125.1 Ellipse, aus einem Kreiskegel geschnitten

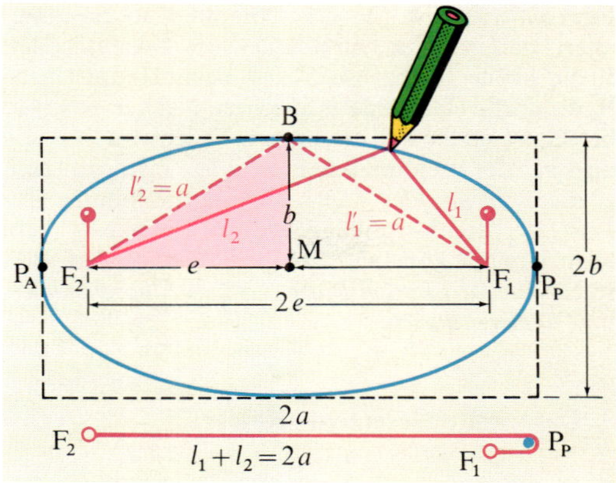

125.2 So können Sie selbst Ellipsen zeichnen.

Nun können Sie die Bahnkurven in *Bild 124.1* leicht als Ellipsen erkennen: Halten Sie gemäß *Bild 125.1* vor Ihr Auge ein Geldstück senkrecht zu Ihren „Sehstrahlen". Diese bilden um den Rand einen Kreiskegel (wie oben die Lichtstrahlen durch die Kreisblende). Wenn Sie in Richtung der großen Ellipsenachse schräg auf die Bahnkurven blicken, werden diese bei einer bestimmten Stellung vom Geldstück genau verdeckt, sind also auch Kegelschnitte.

Eine weitere Möglichkeit, Ellipsen herzustellen, benutzen Gärtner, wenn sie Blumenbeete in Ellipsenform anlegen. Sie schlagen zwei Pflöcke F_1 und F_2 im Abstand $2e$ ein (benutzen Sie Reißnägel). e heißt *lineare Exzentrizität.* Zwischen den Pflöcken knüpfen sie eine Schnur der Länge $2a$ und führen den „Schreibpflock" (Bleistift) nach *Bild 125.2* so, daß die Schnur stets gespannt bleibt. Alle Punkte der sich bildenden Ellipse liegen deshalb so, daß die *Summe der Entfernungen* l_1 *und* l_2 *von den beiden „Brennpunkten"* F_1 *und* F_2 *gleich der konstanten Schnurlänge* $2a$ *bleibt.* $2a$ gibt nach *Bild 125.2* auch die Entfernung der beiden *Hauptscheitel* P_P und P_A, also die Länge der großen Achse an. Aus der Lage des *Nebenscheitels* B erkennt man:

$$a^2 = e^2 + b^2. \qquad (125.1)$$

Läßt man beide Brennpunkte F_1 und F_2 in der Mitte M zusammenfallen, so beschreibt der Schreibpflock einen *Kreis* (Zirkelersatz!). Der Kreis ist also eine Ellipse mit $e=0$, $a=b=r$, $F_1=F_2=M$. Die Zahl e/a heißt *numerische Exzentrizität.* Bei langgestreckten Ellipsen liegt sie nahe bei Eins, beim Kreis ist sie Null. Sie gibt die Abweichung von der Kreisform an. F_1 und F_2 heißen *Brennpunkte,* weil Lichtstrahlen, die von F_1 ausgehen, an einer innen verspiegelten Ellipse nach F_2 reflektiert werden.

Der eine Brennpunkt der Ellipse hat große physikalische Bedeutung: *Kepler* fand wiederum an der Marsbahn, daß die Sonne in einem ihrer Brennpunkte steht. Bei Erdsatelliten liegt er im Erdmittelpunkt. Der andere Brennpunkt hat keine physikalische Bedeutung. Nach *Bild 124.1* steht die Mitte des Zentralkörpers in dem Brennpunkt, der näher beim Startpunkt liegt, wenn die dortige Abschußgeschwindigkeit v_0 größer ist als für die Kreisbahn nötig. Sonst liegt er im anderen Brennpunkt.

***Erstes Kepler-Gesetz:* Trabanten bewegen sich auf Ellipsen, in deren einem Brennpunkt der Zentralkörper (Sonne, Erde) steht.**

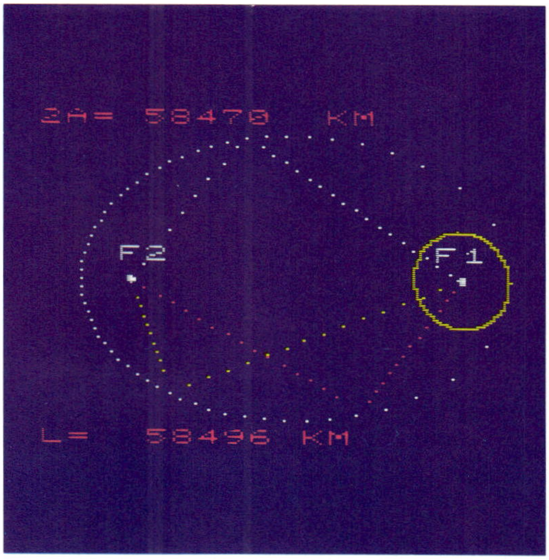

125.3 Der Computer zeichnet Brennstrahlen, berechnet deren Länge (L) und $2a$ (2A geschrieben).

Für *Bild 125.3* wurde der Computer so programmiert, daß er beim Durchlaufen des Nebenscheitels B die kleine Halbachse b und beim Hauptscheitel P_A die große Halbachse a speichert. Nach $a^2 = b^2 + e^2$ berechnet er daraus die lineare Exzentrizität e und die Lage der Brennpunkte F_1 und F_2. Zu diesen zieht er die *Brennstrahlen* und berechnet die Summe $L = l_1 + l_2$ der Brennstrahllängen. Diese Summe L bleibt beim Umlauf konstant und gleich der großen Achse $2a$: *Die Gravitationskraft erzwingt Ellipsenbahnen, sog.* ***Kepler-Ellipsen.***

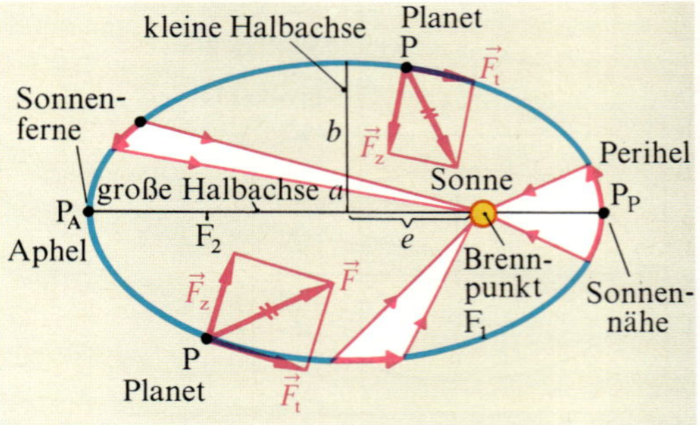

126.2 Zum Flächensatz

3. Das zweite Gesetz von Kepler

Kepler fiel auf, daß der Planet Mars in der *Sonnennähe* P_P (Perihel) am schnellsten, in der *Sonnenferne* P_A (Aphel) am langsamsten läuft. Der Computer zeichnet in *Bild 126.1* nur noch die sog. **Fahrstrahlen** vom Zentralkörper zur jeweiligen Position P des Trabanten. Sie haben große physikalische Bedeutung, da längs dieser Fahrstrahlen die Gravitationskraft zum Gravitationszentrum hin wirkt. Entfernt sich dabei der Trabant von diesem Zentrum, so zeigt die Gravitationskraft $\vec{F}$ schräg zur Bahn nach hinten. In *Bild 126.2* ist $\vec{F}$ durch ihre Tangentialkomponente $\vec{F}_t$ und die senkrecht zur Bahn stehende Komponente $\vec{F}_z$ ersetzt. $\vec{F}_t$ verzögert den Trabanten und entzieht ihm Bewegungsenergie. $\vec{F}_z$ verrichtet keine Arbeit, sondern krümmt an dieser Stelle die Bahn nach innen. $\vec{F}_z$ wirkt als Zentripetalkraft. Nähert sich der Trabant wieder dem Zentralkörper, so zeigt $\vec{F}_t$ in Richtung der Bahngeschwindigkeit und macht den Trabanten schneller. In den Punkten P_P und P_A ist nur $\vec{F}_z$ wirksam – wie auf Kreisbahnen.

Kepler kannte diese Kräfte nicht (Seite 135). Trotzdem erkannte er das Gesetz, nach dem die Planeten bei länger werdendem Fahrstrahl ihre Geschwindigkeit verkleinern; er betrachtete die Flächen, welche die Fahrstrahlen überstreichen und fand den sog. **Flächensatz:**

> ***Zweites Kepler-Gesetz:*** **Der vom Zentralkörper zum Trabanten gezogene Fahrstrahl überstreicht in gleichen Zeiten gleiche Flächen.**

Zeichnen Sie *Bild 126.1* auf durchsichtiges Papier, kleben es auf dicke Pappe und schneiden dann die Sektoren aus. Diese sind gleich schwer, haben also die gleiche Fläche. Nach

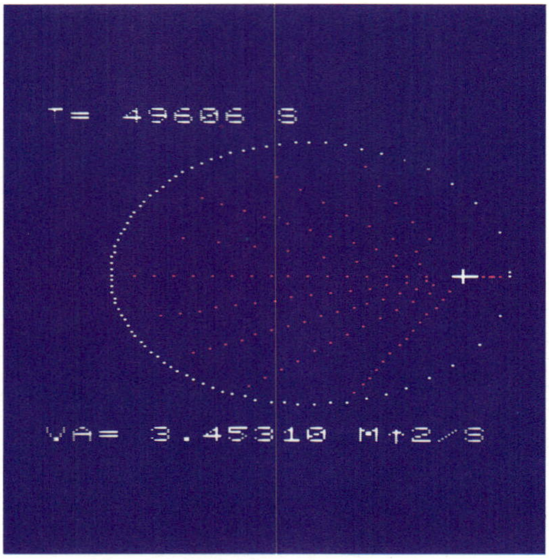

126.1 Der Computer zeichnet auf dem Bildschirm „Fahrstrahlen“ und gibt v_A in 10^{10} m²/s an.

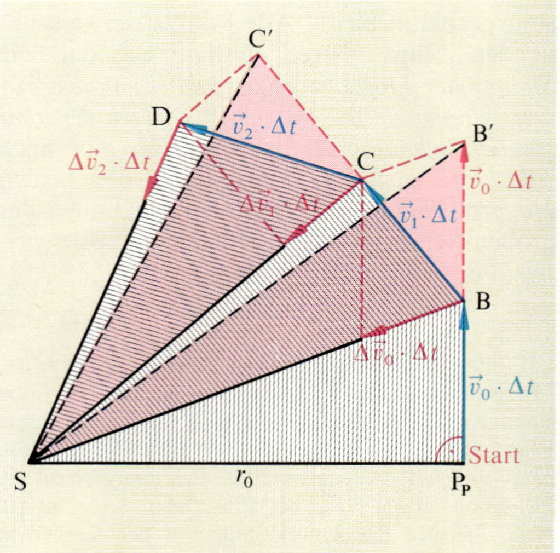

126.3 *Newtons* Erklärung des *Zweiten Kepler-Gesetzes* durch Vergleich flächengleicher Dreiecke

Bild 126.3 wird der Satellit in P_P mit der Geschwindigkeit $\vec{v}_0$ senkrecht zum Fahrstrahl $\overline{SP_P} = r_0$ abgeschossen. In der kurzen Zeit Δt legt er die Strecke $\vec{v}_0 \cdot \Delta t$ zurück; der Fahrstrahl überstreicht die untere Dreiecksfläche $\Delta A = \frac{1}{2} r_0 v_0 \cdot \Delta t$. Den Quotienten $v_A = \Delta A / \Delta t$ nennt man **Flächengeschwindigkeit.** Er gibt die in 1 s vom Fahrstrahl überstrichene Fläche an. Wenn $\vec{v}_0 \perp \vec{r}_0$ steht, ist $v_A = \frac{1}{2} r_0 v_0$.

Auf Seite 205 wird gezeigt, wie der Computer diese Flächengeschwindigkeit v_A auch bei beliebiger Stellung von $\vec{v}$ gegenüber $\vec{r}$ berechnet und ausdruckt. Bei Kreis- wie auch Ellipsenbahnen bleibt dabei der auch vom Taschenrechner ermittelte Anfangswert $v_A = \frac{1}{2} r_0 v_0$ mit großer Genauigkeit konstant.

Newton konnte dieses *2. Keplersche Gesetz* nach *Bild 126.3* erklären. Hierzu zerlegte er die Bahn in kleine Schrittchen – wie unser Computer. Die folgende Überlegung zeigt also so nebenbei, wie dieser vorgeht:

Der Planet (oder Satellit) bewege sich in der Zeit Δt von P_P nach B mit der Geschwindigkeit $\vec{v}_0$ um $\overline{P_P B} = v_0 \cdot \Delta t$ weiter. Im Punkt B werde ihm in Richtung auf den Zentralkörper S (Sonne oder Erde) ein Stoß versetzt. Dieser erteilt dem Planeten die zusätzliche Geschwindigkeit $\Delta\vec{v}_0$ zu S hin (rot). Also hat er im nächsten Zeitintervall die Geschwindigkeit $\vec{v}_1 = \vec{v}_0 + \Delta\vec{v}_0$ und bewegt sich statt nach B′ in Richtung von $\vec{v}_1$ nach C. Dabei ist $B'C \parallel \Delta\vec{v}_0$. Deshalb haben die Dreiecke ΔSP_PB (schraffiert) und $\Delta SBB'$ (rot) wie auch ΔSBC (schraffiert) gleichen Flächeninhalt (gleiche Grundlinie, gleiche Höhe). Erteilt man dem Planeten in C eine weitere Geschwindigkeitsänderung $\Delta\vec{v}_1$ (rot), *die wiederum auf* S *weist, aber durchaus einen anderen Betrag als* $\Delta\vec{v}_0$ *haben kann,* so geht $\vec{v}_1$ in $\vec{v}_2 = \vec{v}_1 + \Delta\vec{v}_1$ über (blau). Das dritte schraffierte Dreieck SCD ist mit den beiden andern schraffierten flächengleich – und so weiter. Denkt man sich kleinere Stöße in kürzeren Abständen Δt, so rundet sich die eckige Bewegung ab. An der Gleichheit der Flächen ändert sich nichts. Wir sehen: Das *2. Keplersche Gesetz* gilt, wenn auf den Trabanten eine *Kraft* wirkt, die *stets auf ein ruhendes Zentrum S gerichtet ist,* bei den Planeten zur Sonne hin.

So hat *Newton* ein schlagendes Argument für die Existenz der *Massenanziehung* und zugleich für das *heliozentrische System* erbracht. Die geschichtlichen Zusammenhänge vertiefen wir in § 37.

4. Das dritte Kepler-Gesetz

Auf Seite 120 haben wir das Gesetz $r^3/T^2 = C$ für Kreisbahnen kennengelernt. Bei diesen sind die kleine Halbachse b und die große a gleich dem Radius r. Was hat man bei Ellipsenbahnen statt des Radius r zu setzen? *Kepler* fand – wiederum aus Meßdaten an Planeten:

3. Kepler-Gesetz: **Die Quadrate der Umlaufzeiten T_1 und T_2 zweier Trabanten um den gleichen Zentralkörper verhalten sich wie die dritten Potenzen der großen Halbachsen a_1 und a_2:**

$$\frac{T_1^2}{T_2^2} = \frac{a_1^3}{a_2^3} \quad \textbf{oder} \quad \frac{a^3}{T^2} = C. \qquad \textbf{(127.1)}$$

Wir sehen daraus, daß der großen Halbachse a einer *Kepler-Ellipse* größere physikalische Bedeutung zukommt als der kleinen (b) oder dem Brennpunktabstand $2e$, die für sich ohne Einfluß auf die Umlaufdauer T sind. Die große Halbachse allein bestimmt die Umlaufdauer T. Deshalb ist T bei einer Kepler-Ellipse genau so groß wie bei einem Kreis über der großen Ellipsenachse ($r = a$). Wenn man dies weiß, kann man sofort nach *Gl. 122.2* die Umlaufdauer T berechnen, wenn man M und die große Halbachse a kennt und $r = a$ setzt. Der Computer bestätigt dies *(Bild 142.1)*.

5. Das wahre Zentrum der Keplerellipse

a) Der Mond zieht auch die Erde an. Stellen wir uns als Extremfall nach *Bild 128.1 a* zwei gleiche Erdkugeln vor, die im Abstand Erde-Mond ganz auf sich gestellt im Weltraum zunächst ruhen. Sie ziehen sich gegenseitig mit gleich großen Kräften an. Wegen der gleichen Masse fallen sie auch mit gleichen Beschleunigungen aufeinander zu. Sie treffen sich in der Mitte, im gemeinsamen Schwerpunkt S – wie der Computer zeigt, nach etwa 82 h.

b) Nun geben wir dem unteren Körper nur die halbe Masse *(Bild 128.1 b)*. Die Anziehungskräfte F sind wieder gleich groß, der untere erfährt aber jetzt die doppelte Beschleunigung $a = F/m$ und legt auch die doppelte Strecke zurück. Wieder treffen sie sich im Schwerpunkt S. Dieser ist nach oben gerückt; er hat ja nach *Bild 90.2* vom Körper halber Masse den doppelten Abstand. Dies muß nach dem Schwerpunktsatz von Seite 90 auch so sein: Die beiden Gravitationskräfte sind innere Kräfte dieses Systems. Sie verändern die Bewegung des Schwerpunkts S nicht. Seine vom Computer nach *Gl. 91.1* berechnete Position S bleibt erhalten (Seite 208).

c) Die beiden Körper können sich anziehen und trotzdem ihren Abstand beibehalten – so wie Erde und Mond – oder Hammer und Werfer in *Bild 129.2*. Dann müssen sie den gemeinsamen Schwerpunkt S mit verschiedenen Radien r_1 und r_2 umkreisen. Vom Schwerpunkt S aus gesehen stehen sie stets einander gegenüber; sie können dabei nicht außer Tritt fallen und brauchen die gleiche Umlaufdauer $T_1 = T_2$. An beiden Himmelskörpern greifen Gravitationskräfte von gleicher Größe an. Diese wirken als Zentripetalkräfte $F_{z1} = F_{z2}$ zum Zentrum S hin:

$$F_{z1} = \frac{4\pi^2 m_1 r_1}{T_1^2} = \frac{4\pi^2 m_2 r_2}{T_2^2} = F_{z2}.$$

Da die Nenner gleich sind ($T_1 = T_2$), gilt:

$$m_1 \cdot r_1 = m_2 \cdot r_2 \text{ oder } r_1/r_2 = m_2/m_1. \qquad (128.1)$$

Dies ist aber nach Seite 90 die Bedingung für den Schwerpunkt. Welche Geschwindigkeiten v_1 und v_2 müssen die beiden Himmelskörper der Masse m_1 und m_2 haben, wenn sie auf einer *Kreisbahn* um S laufen sollen? Für Körper 1 – und analog für 2 – gilt $F_z = F$ oder

$$\frac{m_1 v_1^2}{r_1} = G^* \frac{m_1 m_2}{(r_1 + r_2)^2}; \quad \frac{m_2 v_2^2}{r_2} = G^* \frac{m_1 m_2}{(r_1 + r_2)^2}.$$

Zum Berechnen der Zentripetalkraft F_z haben wir die Abstände r_1 und r_2 zum Kreiszentrum S eingesetzt. In die Gravitationskraft F geht dagegen der Abstand $r_1 + r_2$ der sich anziehenden Körper ein; im Schwerpunkt S sitzt ja keine Masse. Zusammen mit *Gl. 128.1* folgt

$$v_1 = \sqrt{G^* m_2 r_1/(r_1 + r_2)};$$
$$v_2 = \sqrt{G^* m_1 r_2/(r_1 + r_2)},$$

also $v_1/v_2 = m_2/m_1 = r_1/r_2$. (128.2)

Hieraus folgt $m_1 v_1 = m_2 v_2$, d.h. die Beträge $m_1 v_1$ und $m_2 v_2$ der *Impulse* beider Himmelskörper sind gleich groß. Da sie nach *Bild 128.2* entgegengesetzt gerichtet sind (siehe $\vec{v}_1$ und $\vec{v}_2$) ist die Vektorsumme der Impulse beider Körper und damit auch die des Schwerpunkts S Null. Dies gilt auch, wenn wir die beiden Anfangsgeschwindigkeiten $v_1 < 0$ und $v_2 > 0$ jeweils halbieren. Dann beschreiben die beiden Körper *Ellipsen* um S nach *Bild 129.1;* auch hier bleibt S in Ruhe (siehe *Bild 208.1*).

Beim Massenverhältnis 81:1 zwischen *Erde* und *Mond* liegt der gemeinsame Schwerpunkt S noch innerhalb des Erdkörpers im Abstand $\frac{3}{4}R$ vom Erdmittelpunkt. Dieser umkreist S auf einer kleinen, der Mond auf einer großen Ellipse – beide sind fast Kreise. Auch die *Sonne* steht nicht exakt im Zentrum des Sonnensystems. Dessen Schwerpunkt liegt i.a. noch im Sonneninnern.

Im Weltall erkennt man zahlreiche **Doppelsterne,** die entsprechend *Bild 208.1* um ihren gemeinsamen Schwerpunkt kreisen.

Aufgaben:

1. *In der Nähe eines Gebirges zeigt das Lot nicht zum Erdmittelpunkt. Wie verändert ein Gebirgsstock die Lotrichtung? Wie wirkt sich das auf den Wasserspiegel eines Teiches im niederen Vorland des Gebirges aus? Warum wachsen dort die Tannen mit ihren Wipfeln ein wenig vom Gebirge fort, obgleich sie doch dorthin gezogen werden?*

(Bei Bad Harzburg steht das Wasser in einem 153 m *langen Teich auf der Gebirgsseite um* 1 cm *höher.)*

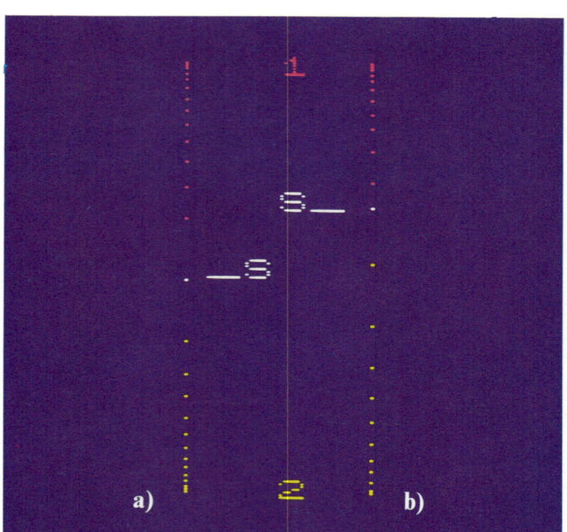

128.1 Computer-Simulation: Zwei Kugeln fallen aufeinander zu, a) $m_1 = m_2$, b) $m_1 = 2m_2$.

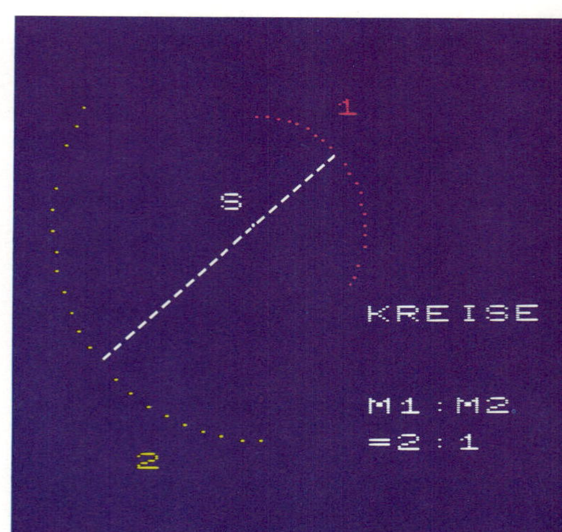

128.2 Körper 1 umkreist S im Uhrzeigersinn mit halber Geschwindigkeit wie Körper 2, da $m_1 = 2m_2$.

2. *Kann man auf der Erde nachweisen, daß die Gewichtskraft mit der Höhe abnimmt? Um wieviel wird ein* 1 kg-*Wägestück leichter, wenn es sich in einem Ballon* 1 km *oder* 10 km *über der Erde befindet? Entwerfen Sie einen Versuch zur Messung dieser Gewichtsabnahme! Warum nimmt die Gewichtskraft auf einem Berg der gleichen Höhe merklich weniger – nur etwa halb so viel – ab (z.B. im Harz auf* 500 m *Höhe nur um* 0,84 mN*)?*

3. *Entwerfen Sie ein Modell des Sonnensystems im Längenmaßstab* $1:10^9$ *(siehe im Tabellenanhang am Ende dieses Buches: Erde, Mond, Sonne, Planeten)! Wie groß werden die Modellkörper, in welchem Abstand laufen sie um? Welche Masse erhalten sie, wenn sie mit der Originaldichte angefertigt werden? Zeigen Sie: Im schwerelosen Raum würden die Modellplaneten unter der Anziehung der Modellsonne auf den verkleinerten Bahnen in denselben Zeiten umlaufen wie die Planeten im wirklichen Sonnensystem.*

4. *Der in Bild 126.1 dargestellte Satellit wurde mit* $v_0 = 10{,}2$ km/s *im Abstand* $r = 6770$ km *vom Erdmittelpunkt abgeschossen. Berechnen Sie die Flächengeschwindigkeit* v_A *des Satelliten und vergleichen mit der Angabe in Bild 126.1!*

5. *Zwei Doppelsterne umkreisen nach Bild 128.2 ihren gemeinsamen Schwerpunkt* S. *Sie haben das Massenverhältnis* $m_1 : m_2 = 2:1$ *und den Abstand* $r_1 + r_2 = 3{,}85 \cdot 10^8$ m. *Wie groß sind* r_1 *und* r_2, v_1 *und* v_2 *und die Umlaufdauer* T, *wenn* $m_1 = 5{,}976 \cdot 10^{24}$ kg *(= Masse der Erde)?*

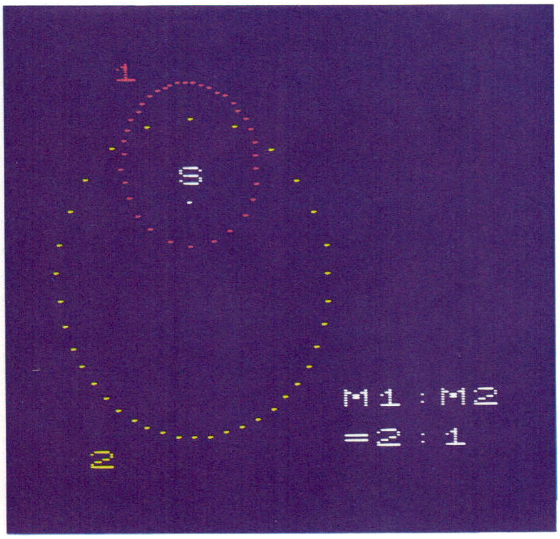

129.1 Zwei Doppelsterne umlaufen ihren Schwerpunkt S auf Ellipsenbahnen. Siehe auch *Bild 208.1*.

§36 Beobachtungen am Himmel

1. Sonne, steh still!

Wir beobachten, wie die Sonne im Osten aufgeht, im Süden ihren höchsten Punkt erreicht, um im Westen wieder unterzugehen. Bei Nacht sehen wir dies bei den Sternen. Die *Zirkumpolarsterne* in *Bild 130.1* und *9.2* führen unmittelbar vor Augen, wie alle Sterne den *Himmelspol*, in dessen nächster Nähe der Polarstern steht, umkreisen. Die Erde scheint still zu stehen und das Zentrum der Welt zu bilden. Diese geozentrische Auffassung wird also durch die unmittelbare Beobachtung gestützt und konnte nur schwer – nämlich durch die *Untersuchung der wirkenden Kräfte* – durch *Newton* gestürzt werden (Seite 127). Von dem dabei benutzten *heliozentrischen Standpunkt* aus muß man aber all diese Bewegungen am Himmel genau so beschreiben können. Dabei müssen wir uns aber immer wieder sagen: Sonne, steh still! Manches erscheint uns dann ungewohnt, anderes wird anschaulicher – eine reine Sache der Gewöhnung!

2. Wie lange dauert ein Tag?

Am Globus hat man Ihnen schon oft gezeigt, daß sich die Erde in einem Tag einmal um ihre Achse dreht. Deshalb sehen wir alles, was im Weltall um uns ausgebreitet liegt, im Laufe

129.2 Hammerwerfer: Hammer und Werfer umkreisen den gemeinsamen Schwerpunkt S.

eines Tages nacheinander am Himmel an uns vorüberziehen. So erklären wir die tägliche Bewegung der Gestirne als nur scheinbar. Oder bringt es für Sie mehr Befriedigung zu sagen, die ganze Welt drehe sich in einem Tag einmal um uns? Nun hat sich aber nach *Bild 130.2* während dieser Zeit die Erde auch ein Stück auf ihrer Ellipsenbahn um die Sonne weiterbewegt. Beide Bewegungen erfolgen in *Bild 130.2* gegen den Uhrzeiger. Bis wir also die Sonne wieder in der gleichen Richtung am Himmel sehen, muß sich die Erde um den Winkel φ über 360° hinaus drehen.

Während eines Jahres ist die Summe dieser Winkel auf 360° angewachsen; φ beträgt also (einen gleichförmigen Umlauf vorausgesetzt) $360°/365 = 0{,}9863°$ und wird von der Erde in 3 min 56 s überstrichen. Die Zeit, nach der wir die Sonne wieder genau an der gleichen Stelle sehen, **Sonnentag** genannt, ist also um 3 min 56 s länger als eine Erdumdrehung. Nach genau einer Erdrotation finden wir die sehr viel weiter als die Sonne entfernten Fixsterne wieder am gleichen Punkt. Man nennt diese kürzere Zeit einen **Sterntag.** Es wäre aber töricht, die Uhren nach den Sternen zu richten; man stellt sie – so gut es geht – nach der Sonne.

Da die Erde gemäß dem *2. Kepler-Gesetz* nicht gleichmäßig um die Sonne läuft, erfindet man hierzu eine „mittlere Sonne" (eigentlich eine „mittlere Erde"). Deren Lauf realisiert man durch Atomuhren (Seite 35). *Sonnenuhren* gehen ihnen gegenüber im Frühjahr bis zu $\frac{1}{4}$ h nach, im Herbst maximal um ebenso viel vor. Unsere Uhren geben die *Mitteleuropäische Zeit* (MEZ) an. Sie richtet sich nach dem mittleren Sonnenstand auf dem 15. Längengrad (Görlitz).

3. Das Jahr – ein Kulissenwechsel der Sonne

Könnten wir bei Tag von unserem Beobachtungsposten Erde aus an der Sonne vorbei die Sterne sehen, so würde sich nach *Bild 131.1a* der scheinbare Ort der Sonne vor dem Fixsternhintergrund ändern. Heute würden wir nach *Bild 130.2* die Sonne in Richtung 1, morgen in Richtung 2 sehen. Die Sonne bleibt täglich scheinbar um 1/365tel Tag (≈ 4 min) gegenüber den Fixsternen zurück. Sie scheint also in einem Jahr auf der Himmelskugel einen Kreis zu beschreiben, **Ekliptik** genannt (in *Bild 131.1a* blau). Auf ihm liegen 12 der Sternbilder, nach denen man die Fixsterne seit alters eingeteilt hat. Sie haben teilweise Tiernamen: Widder, Löwe, Stier, Krebs. Daher heißt dieser Kreis auch **Tierkreis** *(Bild 131.1a)*. Hier liegt ein Ausgangspunkt der *Astrologie.* Diese glaubt das Schicksal eines Menschen vorhersagen zu können, wenn man weiß, in welchen Tierkreiszeichen die Sonne sowie die Planeten standen, als er geboren wurde.

Bei Nacht blicken wir in die entgegengesetzte Richtung (1′ und 2′ in *Bild 130.2*). Während eines Jahres wechseln deshalb die Sternbilder, die wir nachts sehen.

4. Sind wir im Sommer näher an der Sonne?

Im Gegenteil! Die Erde ist auf ihrer *Keplerellipse* im Juli 3,4% weiter von der Sonne entfernt als im Januar. Dafür steht sie *im Sommer viel höher und beschreibt einen längeren Bogen am Himmel.* Es wird früher hell und später dunkel.

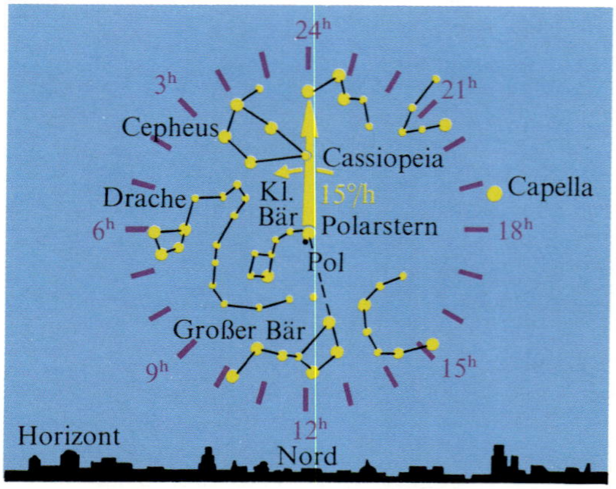

130.1 Sternbilder des nördlichen Himmels am 1. Oktober, 22 h

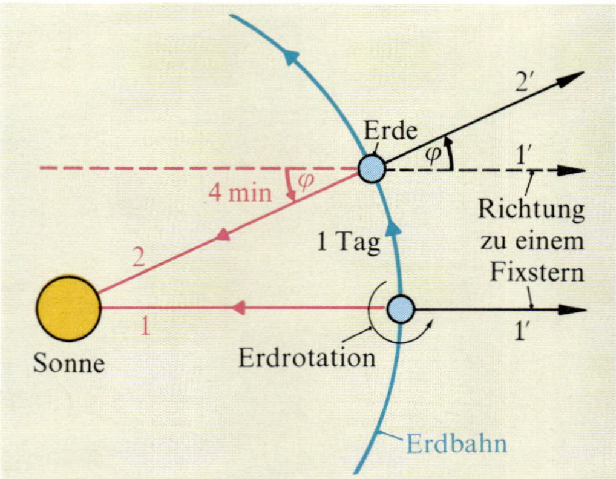

130.2 Der Sterntag ist 4 min kürzer als der Sonnentag.

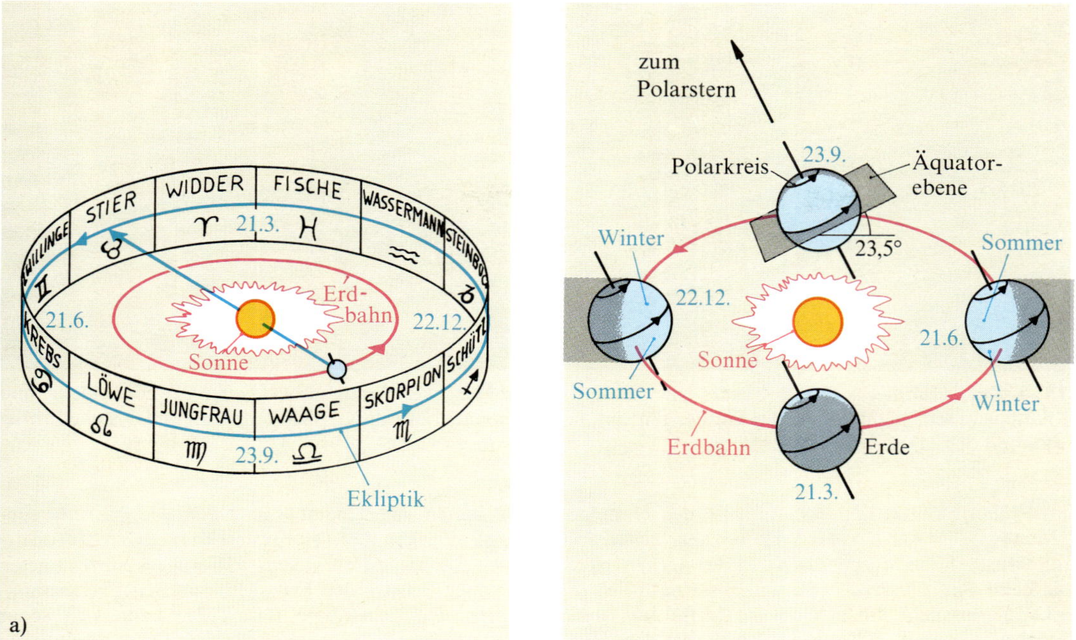

131.1 In jedem Monat hat die Sonne längs der Ekliptik ein anderes Sternbild zur Kulisse.

Die Sonnenstrahlen fallen steiler auf unsere nördliche Halbkugel und führen ihr an jedem Tag 10mal so viel Energie zu wie im Winter.

Woher rührt das? **Die Rotationsachse der Erde steht schräg zur Ebene der Keplerellipse;** sie ist zum Lot auf ihr um 23,5° geneigt *(Bild 131.1b). Deshalb steht der Globus schief!* Beim Umlauf um die Sonne behält die Erdachse ihre Richtung zum Himmelspol stur bei (Seite 166); dieser steht an der gleichen Stelle – ob Sommer oder Winter, ob am Tage oder nachts *(Bild 131.1b)*. Wir sehen die Sonne naturgemäß stets in der Ebene der Keplerellipse (rot) und projizieren diese an den Fixsternhimmel als *Ekliptik (Bild 131.1a, blau)*.

Stellen Sie zur Veranschaulichung in die Mitte eines großen Tischs eine Lampe; sie stelle die Sonne dar. Durch Rotation des Globus um seine Achse verdeutlichen Sie *Tag und Nacht*. Dann bewegen Sie Ihren Globus auf dem Tisch einmal um die Sonne auf einer Keplerellipse und simulieren so ein *Jahr (Bild 131.1b)*. Dabei muß die Globusachse nach Norden, zum Polarstern, zeigen. In unserem „Sommer" wird die nördliche, im „Winter" die südliche Erdhälfte stärker beleuchtet. An den Nordpol darf während unseres „Winters" kein „Sonnen"-Licht fallen. Während des „Sommers" dagegen hat er stets „Tag". Vom Globus aus gesehen wird die scheinbare „Sonnenbahn" auf die Zimmerwände projiziert. So entsteht dort die waagerechte *Ekliptik (Bild 131.1a, blau)*.

Betrachten Sie nun den *Globusäquator*. Er darf während dieses Umlaufs seine Orientierung im Raum nicht ändern (die Erdachse tut dies ja auch nicht). Denken Sie sich jetzt die Ebene des Erdäquators zu den Sternen (Zimmerwänden) verlängert. Dort schneidet sie den **Himmelsäquator** aus. Der Winkel 23,5° zwischen Erdachse und dem Lot auf der *Kepler-Ellipse* findet sich zwischen dem Himmelsäquator und der Ekliptik wieder. Wenn Sie deshalb im „Sommer" zur Sonne blicken, liegt der Himmelsäquator tiefer; die Sonne steht über ihm. Im „Winter" dagegen sehen Sie die Sonne unter dem Himmelsäquator. Am 21. März steht sie in einem der beiden Punkte der Ekliptik, in denen diese den Himmelsäquator schneidet, dem **Frühlingspunkt.** Dies bestimmt astronomisch den Frühlingsanfang.

Nun wollen wir dies in unser irdisches System übersetzen: Sie treten ins Freie und blicken nach Süden. Zunächst suchen Sie die Lage des *Himmelsäquators*. Dieser steht nämlich fest, senkrecht zur Erdachse, Tag und Nacht. Am Nordpol stehend kann man ihn mit dem Horizont gleichsetzen. Am Äquator dagegen ist er der im Osten senkrecht aufsteigende Großkreis durch den Zenit, der im Westen wieder den Horizont trifft. Bei uns liegt er dazwischen *(Bild 132.1, rot)*. An einem Ort mit der geographischen Breite $\varphi = 50°$ steht sein höchster Punkt im Süden $90° - \varphi = 40°$ über dem Horizont.

Die *Sonne* nimmt bei ihrer täglichen Bewegung auch ihre scheinbare Bahn relativ zu den Fixsternen, die *Ekliptik*, mit sich. Dort steht die Sonne am 21. März

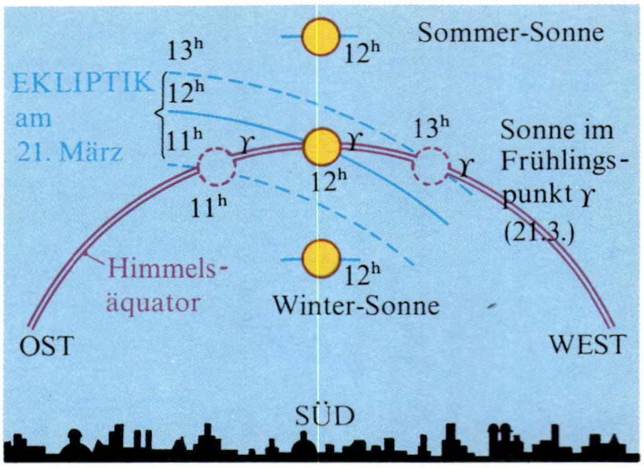

132.1 Der Himmelsäquator bleibt; die Ekliptik (blau) wandert täglich mit der Sonne, die auf ihr während des Jahres auf- und absteigt.

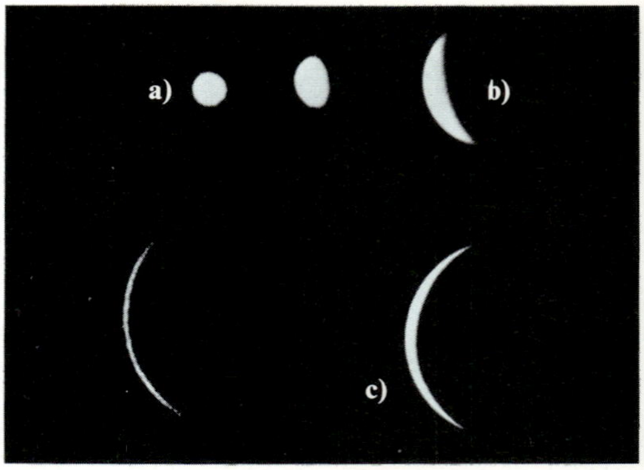

132.3 Die Venus sehen wir entweder klein und sonnenbestrahlt oder groß und sichelförmig *(Bild 132.2)*.

im Frühlingspunkt ♈, durchläuft also den Himmelsäquator *(Bild 132.1*, rot). Von ihm aus klettert sie allmählich höher (gegenüber den Fixsternen bleibt sie nach *Bild 130.2* zurück), wobei sie natürlich die Ekliptik mitzieht. So erreicht sie Mitte Juni ihren Höchststand und steht mittags 23,5° über dem Himmelsäquator (am Nordpol also über dem Horizont). Mitte Dezember dagegen steht sie mittags 23,5° darunter *(Bild 132.1)*.

5. Beobachtungen an Planeten

a) Alle Planeten laufen nahe der Ekliptik in gleicher Richtung. Ihre Keplerbahnen sind nur wenig gegen die der Erde geneigt. Die von der Sonne weiter entfernten Planeten (Mars, Jupiter usw.; siehe *Tabelle 120.1*) haben nach Seite 123 eine kleinere Geschwindigkeit v als die Erde ($v \sim 1/\sqrt{r}$). Überholt nun die schneller laufende Erde einen solchen *äußeren* Planeten, so erscheint er nach *Bild 132.2* für uns einige Zeit gegenüber den Fixsternen *rückläufig* (projizieren Sie die durch gleiche Ziffern gekennzeichneten blauen Sehstrahlen Erde-Mars an den Fixsternhimmel). Die scheinbare Bahnkurve kann sich sogar schneiden und eine *Schleife* bilden. Diese scheinbaren Zusatzbewegungen konnte man vom *geozentrischen* Standpunkt nur sehr gekünstelt durch willkürliche Zusatzannahmen erklären *(Bild 134.1)*.

b) Der *innere* Planet *Venus* lieferte schon *Galilei* einen Beweis für das heliozentrische System. Wenn Venus nach *Bild 118.3* die Sonne – und nicht die Erde – umkreist, muß sich ihr Abstand zur Erde erheblich ändern. Nach *Bild 132.2* sehen wir sie in *a)* aus Position 0 nicht nur klein, sondern – wie den Vollmond – voll sonnenbestrahlt. In *c)* erscheint sie uns zwar groß, aber – wie bisweilen der Mond – als schmale Sichel. Sie können es – wie *Galilei* – im Fernrohr am Abendstern Venus beobachten *(Bild 132.3)*.

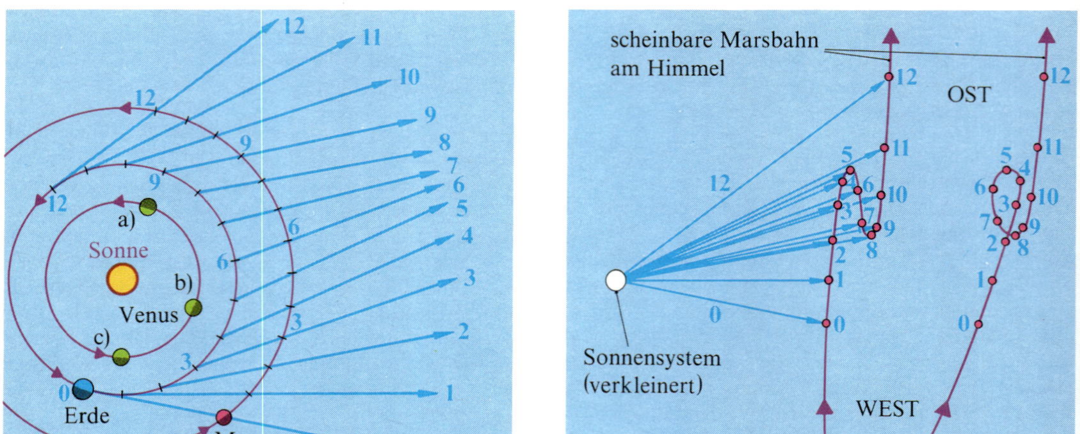

132.2 Links: Prinzip der Entstehung der verschiedenen Venusphasen und der Schleifenbildung beim Mars; rechts: Marsschleife 1956

§37 Die Kopernikanische Wende

1. Vom Mythos zur Wissenschaft

Seit Urzeiten rankten sich um das Geschehen am Himmel mythische Vorstellungen: Sonne und Mond werden bei ihrem Untergang im Westen von Ungeheuern verschlungen, müssen sich durch die Unterwelt kämpfen oder – wie bei den Azteken – durch Menschenblut am Leben gehalten werden. Fast alle Völker glaubten, das Schicksal der Menschen sei durch die Gestirne bestimmt. Man könne es vorhersagen, wenn man ihren Lauf im voraus kennt. So versteht man, daß seit etwa 5000 Jahren Ägypter, Babylonier, Chinesen und Inder die Vorgänge am Himmel systematisch beobachtet haben. Die Griechen gingen um 600 v.Chr. einen wesentlichen Schritt weiter: Sie bemühten sich, diese Erscheinungen aus allgemeinen Annahmen zu *erklären*.

Als *Aristarch* (um 250 v.Chr., Seite 119) erkannte, daß die Sonne viel größer als die Erde ist, sprach er als erster die Vermutung aus, Sonne und Fixsterne würden ruhen. Ihre Bewegung werde durch die Rotation der Erde um ihre eigene Achse vorgetäuscht. Doch war die unmittelbare Beobachtung, nach der die Erde ruht und sich die Gestirne bewegen, viel stärker. Noch im 16. Jahrhundert n.Chr. sagte man, daß bei einer (angenommenen) Rotation der Erde von West nach Ost eine Kanonenkugel nach Westen viel weiter fliegen müsse als nach Osten; beim Flug nach Westen würde ihr das Ziel von Westen her entgegenkommen (der Trägheitssatz als einer der Schlüsselsätze der Mechanik war ja noch nicht bekannt). Als Ersatz für das noch fehlende fundierte Gedankengebäude der Mechanik konnten sich über mehr als $1\frac{1}{2}$ Jahrtausende die folgenden Hypothesen halten:

2. Undurchdringliche Sphären gliedern das All

Die Erde mit den Menschen – als der Krone der Schöpfung – ist der Mittelpunkt des Universums. Alle Himmelskörper sind an durchsichtige **Sphären,** das heißt an Hohlkugeln, geheftet und umkreisen die Erde täglich einmal. Nach *Bild 133.1* ist uns die Sphäre des Mondes am nächsten; sie wird von der Sphäre, an die der Planet Merkur geheftet ist, völlig umschlossen. Nach außen folgen die Sphären von Venus, Sonne, Mars, Jupiter und Saturn. In diesem *geozentrischen System* kreisen am weitesten entfernt die Fixsterne, an ihre eigene Kristall-Sphäre geheftet, ebenfalls täglich einmal um die Erde. In diesem hierarchisch von unten (Erde) nach oben (Fixsterne) gegliederten System herrscht strenge Ordnung: Keine Sphäre darf eine andere schneiden.

3. Kreis und Kugel sind vollkommen

Die *Pythagoreer*, aber auch *Aristoteles* (um 350 v.Chr.) lehrten, daß sich die Himmelskörper auf der vollkommensten aller Bahnen, dem *Kreis,* bewegen müssen, und zwar stets gleich schnell. Diesem rein spekulativen Postulat unterwarfen sich sogar noch *Kopernikus* und *Galilei*. Erst *Kepler* rückte von ihm auf Grund der Meßergebnisse an der Marsbahn um 1609 ab. Abweichungen vom einfachen Kreis wurden zwar auch schon damals an der Schleifenbahn der Planeten (Seite 132) beobachtet. Der griechische Astronom *Ptolemäus* (um 150 n.Chr.) „rettete" aber die geheiligten Kreise, indem er sie vermehrte! Er heftete nach *Bild 134.1* die Planeten an *Epizykel-Kreise* (rot), deren Mittelpunkt M auf dem Trägerkreis (blau) weiterschreitet. So wird der Planet immer wieder „rückläufig". Die genauer werdende Beobachtung forderte eine noch größere Zahl von Kreisen.

133.1 Die Sphären des *ptolemäischen Systems* umschließen die Erde, um die sich alles dreht.

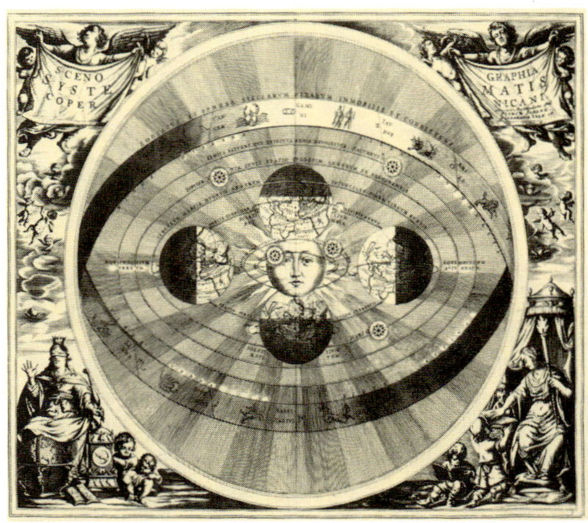

133.2 Im Weltbild des *Kopernikus* bleiben die Kreisbahnen. Im Zentrum steht aber die Sonne.

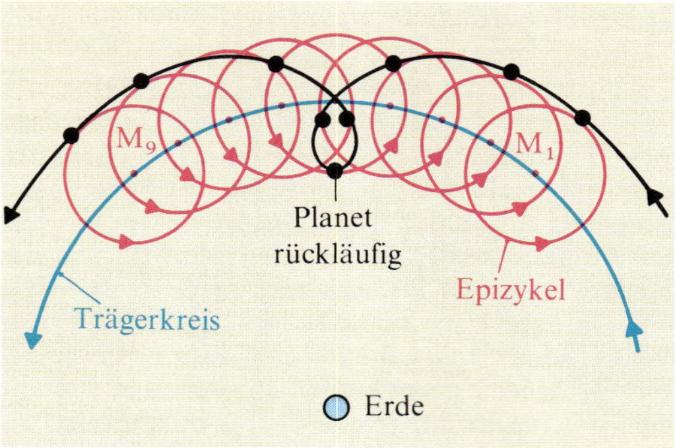

134.1 Vergleichen Sie diese Epizykel-Hypothese mit dem physikalisch begründeten *Bild 132.2!*

Das *Ptolemäische System* wurde immer komplizierter. *König Alfons X von Kastilien* soll gesagt haben: „Wenn unser Herrgott mich bei der Erschaffung der Welt um Rat gefragt hätte, hätte ich eine größere Einfachheit empfohlen." – Als *Galilei* zum ersten Mal im Fernrohr sah, daß der Mond genauso Gebirge hat wie die Erde, also nicht die *vollkommene Kugelgestalt* besitzt, die man den Himmelskörpern angedichtet hatte, glaubte man ihm nicht; man weigerte sich, ins Fernrohr zu sehen. Die Autorität des *Aristoteles* wurde höher geschätzt als die Beobachtung durch ein Instrument (Seite 6). Die Spekulation behielt den Vorrang.

Das Ptolemäische Weltsystem ist gekennzeichnet durch den geozentrischen Standpunkt und die Überlagerung von Kreisbewegungen für Sonne, Mond und Planeten.

4. Am griechischen Himmel galten andere Gesetze

Aristoteles (Seite 37) lehrte, daß auf der Erde alle Stoffe aus *vier Elementen* zusammengesetzt sind, aus der festen *Erde,* dem flüssigen *Wasser,* der gasförmigen *Luft* und dem glühenden *Feuer.* Erde und Wasser streben von sich aus nach „unten", das heißt zum Weltzentrum, Luft und Feuer nach „oben". Sie kommen dabei „von selbst" zur Ruhe (der Trägheitssatz war nicht bekannt). Demgegenüber sollen die Himmelskörper und ihre Sphären aus einem 5. Element, der „quinta essentia" bestehen, das völlig anderen Gesetzen gehorcht als die irdischen Körper. Seine „natürliche Bewegung" sei nicht das Fallen oder Aufsteigen, sondern die gleichförmige, in sich selbst zurücklaufende, ewige Kreisbewegung. Deshalb war es selbst für die Zeitgenossen *Keplers* noch völlig undenkbar, physikalische Gesetze, die auf der Erde gelten, auf die Bewegung der Himmelskörper anzuwenden. Hier hatte sogar noch *Newton* einen Kampf auszufechten und wurde verspottet.

5. Die kopernikanische Wende – zunächst nur ein Wechsel des Beobachterstandpunkts

Nikolaus Kopernikus (1473 bis 1543), Domherr von Frauenburg (Ostpreußen), gab in seinem berühmten Werk „De revolutionibus orbium coelestium" („Über die Umdrehungen der Himmelssphären", lateinisch geschrieben) den geozentrischen Standpunkt des *Ptolemäischen Systems* auf. Er beließ aber noch die Kreisbahnen. Sein heliozentrischer Standpunkt war für die meisten Gelehrten und die Theologen unannehmbar; er wurde im Vorwort des Buches – ohne Wissen von *Kopernikus* – als unbewiesene Hypothese bezeichnet. Zwar konnte er für den heliozentrischen Standpunkt keine schlüssigen Beweise beibringen. Doch zeigte er an ausführlichen und mühsamen Rechnungen, daß sich die von der Erde aus beobachteten Planetenbewegungen heliozentrisch einfacher beschreiben lassen. Damit überwand er die ichbezogene Enge der mittelalterlichen Betrachtungsweise und ermunterte weitere Forscher, Beweise für die Auffassung der Neuzeit zu suchen.

Doch konnte *Kopernikus* die genauer werdenden Beobachtungen auch nicht besser beschreiben und vorhersagen als die Anhänger des *Ptolemäus.* Denn er hing wie dieser starr an den Kreisbahnen. Der exakte Beobachter *Tycho Brahe* brachte sogar einen schweren Einwand gegen *Kopernikus* vor: Wenn die Erde um die Sonne läuft, so müssen wir die Fixsterne im Abstand von $\frac{1}{2}$ Jahr aus zwei weit entfernten Stellungen, und damit etwas gegeneinander verschoben, sehen (denken Sie an einen Flug über das Gebirge oder an *Bild 118.2*). Diese **Parallaxe** konnte jedoch wegen der großen Entfernung der Fixsterne erst 1839 gemessen werden. Sie beträgt beim nächsten Fixstern (10^{14} km von uns entfernt) etwa 0,3 Bogensekunden. Zu *Kopernikus'* Zeiten waren aber die Meßfehler 2000mal so groß. Man fand also keine Fixsternparallaxe und hielt das heliozentrische System für widerlegt. Ohne Fernrohr waren genauere Beobachtungen kaum möglich.

6. Galilei sucht Beweise mit dem Fernrohr

Der italienische Physiker *Galileo Galilei* (1564 bis 1642; Seite 37) führte einen temperamentvollen und tragischen Kampf um das neue heliozentrische Weltsystem. Mit seinem Fernrohr sah er, daß der Planet Jupiter von Monden umkreist wird, die Erde also nicht das einzige Zentrum von Bewegungen ist. Warum sollte dann nicht auch die Sonne ein solches Zentrum sein! Auch fand er die Phasen der Venus (Seite 132). Mit diesen Argumenten und Beweisen trat er öffentlich und in der Sprache des Volkes gegen das von den Gelehrten und der Kirche anerkannte Ptolemäisch-Aristotelische System auf. Da das heliozentrische System auch dem Wortlaut der Bibel widersprach, wurde *Galilei* der Ketzerei angeklagt, zum Widerruf der kopernikanischen Lehre und der Form nach zu Gefängnis verurteilt.

7. Erst Kepler konnte sich von Kreisbahnen lösen

Johannes Kepler wurde 1571 in Weil der Stadt (Württemberg) geboren und starb 1630. Nach einem Theologiestudium wandte er sich der Astronomie zu. Dabei wurde er insgeheim mit der Kopernikanischen Theorie vertraut gemacht. Religiösen Ideen folgend suchte er in seinem Buch „Mysterium cosmographicum" (Geheimnis des Weltbaus) die Verhältnisse der Planetenbahnradien, die er dem Werk des *Kopernikus* entnahm, in Übereinstimmung mit den Proportionen an den fünf regulären Körpern und später auch mit musikalischen Harmonien zu bringen. Er war überzeugt, daß die Vorgänge am Himmel wie auch die Gesetze der Mathematik Abbilder der Heiligen Dreieinigkeit seien: Die dem Menschen eingeborenen Urbilder erlauben die Vollkommenheit und Harmonie der von Gott geschaffenen Welt zu erkennen. Nach dieser Harmonie suchte er Zeit seines Lebens. *Im Gegensatz zu vielen anderen blieb er aber bei solchen Gedanken nicht stehen, sondern prüfte sie an möglichst genauem Beobachtungsmaterial.* Deshalb zog er zu *Tycho Brahe,* der in Prag als kaiserlicher Hofastronom einen großen Namen hatte, und wurde dessen Gehilfe und Nachfolger. In der *Astronomia nova* und der *Weltharmonik* (Harmonice mundi) schrieb er seine drei Sätze nieder, die zu den ersten mathematisch formulierten Naturgesetzen gehörten. Nun konnte er Planetenorte viel genauer vorausberechnen. Doch stieß er sogar bei den Fachgelehrten auf Ablehnung. Planeten, die Ellipsenbahnen durchlaufen, können nämlich nicht mehr von rotierenden Sphären geführt sein. Was schrieb dann dem sphärenlos gewordenen Planeten im leeren Weltraum die vom Kreis abweichende Ellipsenbahn vor? *Kepler* dachte an Kräfte; doch diese gehörten nach damaliger Auffassung zur irdischen Welt, nicht in den Bereich der Himmels„sphären"! Er dachte an magnetische Kräfte, die von der Sonne ausgehen und den Planeten je nach Lage der Pole anziehen oder abstoßen.

Da der Trägheitssatz noch unbekannt war, nahm *Kepler* zudem an, die rotierende Sonne reiße durch magnetische „Kraftstrahlen", die von ihr ausgehen und mit ihr umlaufen, die Planeten mit und sorge dafür, daß ihre Bewegung nicht zum Stillstand komme. *Kepler führte also in die Welt der Gestirne physikalische Betrachtungen ein, die man vor ihm nur auf die irdische Welt beschränkt wissen wollte.*

8. Newton sah Erde und Himmelskörper als Einheit an

Isaak Newton (Bild 7.3) stellte nicht nur die Grundgesetze der Mechanik auf. Er wandte sie auch sofort auf die Bewegungen der Himmelskörper an und leitete die *Keplerschen Gesetze* aus den Grundsätzen seiner Mechanik und dem von ihm aufgestellten Gravitationsgesetz ab. Seine Auffassung, das Gewicht sei nichts weiter als eine allgemeine Massenanziehung, erntete lange Zeit Widerspruch und Spott. Natürlich machte sich *Newton* auch Gedanken, warum sich beliebige Körper gegenseitig anziehen, vor allem, wie diese Anziehungskraft bei den riesigen Entfernungen, die zwischen den Himmelskörpern bestehen, zustande kommt. *Newton* selbst sah klar die Grenzen, die der damaligen physikalischen Erkenntnis gesetzt waren, und lehnte eine Antwort auf die Frage nach der Ursache der Gravitation mit den Worten ab: „Hypotheses non fingo" („Hypothesen ersinne ich nicht").

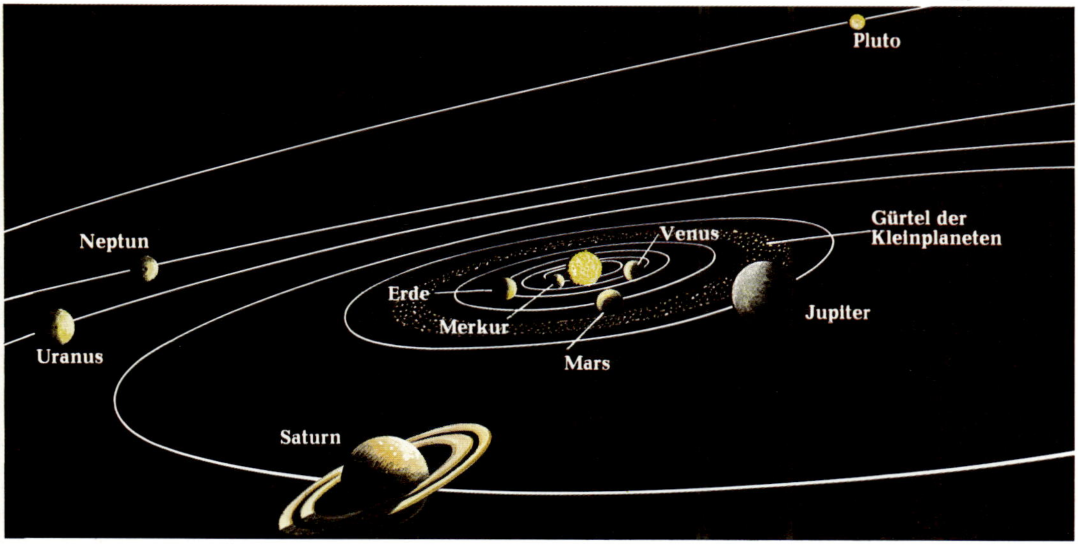

135.1 So sehen wir heute nach der Kopernikanischen Wende das Sonnensystem. Raumsonden stoßen bis zum Neptun und zum Pluto vor.

§ 38 Die Rotation der Erde

1. Das Gradnetz der Erde fiel vom Himmel

Durch den Dom von Mainz geht der 50° Breitengrad. Woher kennt man dessen Lage so genau? Es wäre viel zu mühsam und ungenau, die Strecke Äquator-Pol in 90 gleiche Stücke zu unterteilen, und wegen der Abplattung der Erde sogar falsch (Ziffer 2). Woher weiß man zudem die genaue Lage des Äquators? Man bestimmt die *geographische Breite* φ eines Orts, indem man die *Polhöhe* mißt, das ist der Winkel φ, unter dem man an diesem Ort den Himmelspol über dem Horizont sieht. φ beträgt am Nordpol 90°, am Äquator 0° und in Mainz 50°.

Seefahrer brauchen zur Positionsbestimmung auch noch die *geographische Länge*. Hierzu nahmen sie früher genau gehende Uhren mit, die die Ortszeit der Sternwarte *Greenwich* bei London angaben. Zeigten sie 12^{h}, stand die Sonne aber erst 6 h später in ihrem höchsten Punkt, so war das Schiff auf 90° westlicher Länge, vielleicht bei den Galapagos-Inseln. Heute benutzt man zur Positionsbestimmung Funksignale.

2. Warum ist die Erde keine genaue Kugel?

Nach *Bild 136.1* erfährt jeder Körper eine zur Erdmitte M gerichtete Gravitationskraft $\vec{F}$. Sie steht aber nicht voll als Gewichtskraft $\vec{G}$ zur Verfügung. Denn der Körper bewegt sich auf einem *Breitenkreis* mit dem Radius $r \approx R \cdot \cos\varphi$ um dessen Mittelpunkt M′. Hierzu braucht er ständig die auf M′ (nicht auf M) zu gerichtete Zentripetalkraft $\vec{F}_z$. Sie ist in *Bild 136.1* stark vergrößert eingetragen und wird von einer Komponente der Gravitationskraft $\vec{F}$ aufgebracht. Die andere Komponente $\vec{G} = \vec{F} - \vec{F}_z$ ist die uns geläufige Gewichtskraft $\vec{G}$. Der Vektor $\vec{G}$ gibt die Lotrichtung im betreffenden Punkt an. Er zeigt nicht exakt zum Erdmittelpunkt M. Deshalb ist die Erde abgeplattet. Die Pole liegen um 21 km näher an M als der Äquator. Da an ihnen zudem $F_z = 0$ ist, erreicht an den Polen der Ortsfaktor g seinen größten Wert $9{,}83\,\frac{\text{m}}{\text{s}^2}$ (Seite 33). Der in *Bild 136.1* eingetragene Winkel γ ist wegen der Abplattung der Erde nicht exakt gleich der geographischen Breite φ, sondern bei uns um 11′ kleiner. Wir setzen deshalb nur näherungsweise $r \approx R \cdot \cos\varphi$.

3. Unser Experimentiertisch rotiert

Wir rotieren mit – nicht aber ein Pendel, das nach Versuch 72 an der Decke aufgehängt ist und schwingt. Zwar verdrillt die Erdrotation den dünnen Faden ein wenig. Am Nordpol würde gemäß *Bild 136.2* die rot schraffierte Schwingungsebene des Pendels relativ zum Fixsternhimmel, also in einem Inertialsystem, ihre Stellung beibehalten. Welche Kraft sollte schon quer zur Schwingungsebene wirken! Am Nordpol würde sich die Erde von oben gesehen unter der Schwingungsebene gegen den Uhrzeiger drehen. Ein danebenstehender, mitrotierender Beobachter beschreibt dies als eine Drehung der Schwingungsebene im Uhrzeigersinn. Am Äquator allerdings wird nach *Bild 136.2* die Schwingungsebene von der Erde mitgenommen. Das Pendel bleibt in N-S-Richtung schwingend. Wie schwingt es bei uns?

Versuch 72: An der Decke ist in A senkrecht über A′ *(Bild 137.1)* ein langer Stahldraht rei-

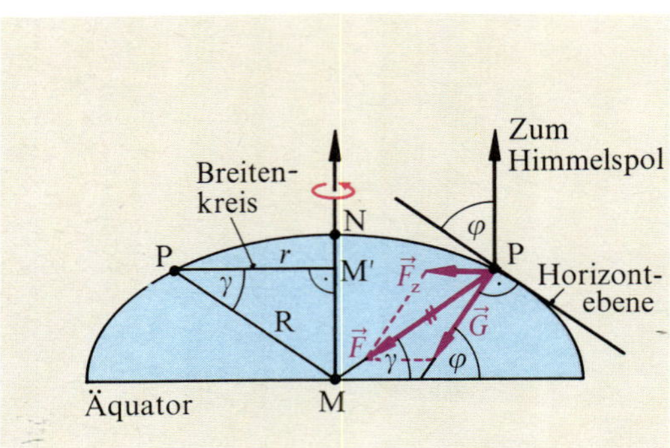

136.1 Die Gravitationskraft F liefert Zentripetalkraft F_z und Gewichtskraft G.

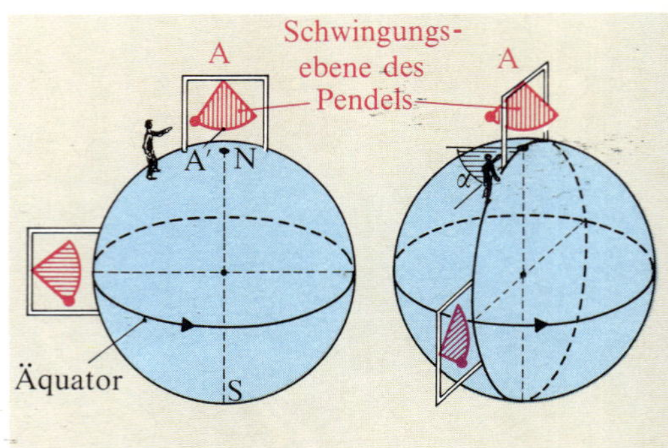

136.2 Das am Pol in A aufgehängte Pendel behält seine Schwingungsebene bezüglich der Fixsterne.

bungsfrei befestigt. Unten in A′ hängt an ihm eine schwere Kugel. In der Gleichgewichtslage A′ dieses Pendels wird der Draht durch einen dünnen Glühfaden zusammen mit dem Stab St an die Wand in 1 projiziert. Dann lenkt man die Pendelkugel nach links aus und läßt sie von einem Elektromagneten M so (über eine kleine Stahlkugel) halten, daß der Schatten des Drahts zusammen mit dem von St wieder auf die gleiche Stelle 1 der Wand fällt. Wenn man dann den Magnetstrom ausschaltet, beginnt das Pendel ohne seitlichen Stoß zu schwingen. Die Gerade A′St sollte also in der Schwingungsebene bleiben. Wegen der Erdrotation dreht sich aber für uns als mitbewegte Beobachter die Pendelebene im Uhrzeigersinn (relativ zu Tisch, Lampe und Wand). Tatsächlich wandert der Drahtschatten im lampennahen Umkehrpunkt U_2 schon nach wenigen Schwingungen von 1 nach 2 – die Erde rotiert! – Nach *Bild 136.2* behält ein Pendel am Äquator seine Schwingungsebene relativ zum Zimmer bei. Für Orte mit der geographischen Breite φ dreht sie sich während eines Tages relativ zum Beobachter nicht um 360°, sondern nur um $\alpha = 360° \cdot \sin\varphi$. Dies ist bei uns ($\varphi = 50°$) etwa $\alpha = 11°$ je Stunde.

4. Fallen Ziegel nach Osten?

Im windgeschützten Innern eines hohen Turms dürfen Steine nicht entlang eines frei hängenden Lots fallen. Denn die Turmspitze hat infolge ihrer größeren Entfernung von der Erdachse eine größere Umlaufgeschwindigkeit. Diese müßte der Stein – im Sinne des Trägheitsgesetzes – beibehalten und dem Fußpunkt des Lots um wenige Zentimeter nach Osten vorauseilen (aus 160 m Fallhöhe bei uns um etwa 2,7 cm). In hohen Türmen und in Bergwerksschächten wurde dies bestätigt.

5. Ein Spaziergang auf rotierender Scheibe

Vielleicht konnten Sie auf dem Volksfest längere Zeit auf einer waagerechten rotierenden Scheibe stehen bleiben. Dabei mußten sie sich nach innen neigen, um der Zentrifugalkraft standzuhalten (wir betrachten jetzt die Vorgänge vom mitrotierenden System, Seite 115). Wenn Sie dann aber spazieren gehen wollten, gab es neuen Kummer: Auf einer gegen den Uhrzeiger rotierenden Scheibe wurden Sie – wie von Geisterhand getrieben – nach rechts abgedrängt.

Versuch 73: Eine horizontale Scheibe rotiere um ihre vertikale Achse, und zwar von oben gesehen gegen den Uhrzeiger *(Bild 137.2)*. Dies entspricht der nördlichen Erdhälfte. Die Scheibe ist mit weißem Papier und darüber mit Kohlepapier belegt. Aus einer geneigten Rille rollt eine schwere Kugel vom Punkt A aus längs des Durchmessers AMB kerzengerade über die Scheibe (in *Bild 137.2* gestrichelt) und fällt bei B in eine Schachtel.

Die Spur auf dem mitrotierenden Papier zeigt, wie es dem Spaziergänger ergeht: Er beschreibt die gekrümmte Bahn AMD. Wir betrachten zunächst den Bogen MD von der Mitte M aus. Auf den roten Kreisbögen schieben sich die einzelnen Scheibenpunkte während des Abrollens an die von außen betrachtet geradlinige Bahn MB heran. Der mitrotierende Beobachter „rettet" die erlebte Abweichung vom Trägheitssatz; er führt die ihn von seiner Bewegungsrichtung nach *rechts* ablenkende *Trägheitskraft* C^* ein. Man nennt sie **Corioliskraft** (*G. Coriolis,* französischer Physiker um 1820). Sie wird als Grund für die stärkere Erosion der rechten Flußufer auf der nördlichen Halbkugel angegeben. Die Drehung der Pendelebene in *Bild 137.1* kann ebenfalls als Wirkung der Corioliskraft verstanden werden. Die wichtigste Folge dieser Corioliskraft ist die *Rechtsablenkung* aller *Winde* auf der *nördlichen* Halbkugel. Wie die Wetterkarte zeigt, strömen die Luftmassen an der Erdoberfläche vom Hoch zum Tief. Wegen der Rechtsablenkung wird das Tief gegen den Uhrzeigersinn, das Hoch dagegen im Uhrzeigersinn umlaufen. Auf der südlichen Halbkugel ist es gerade umgekehrt.

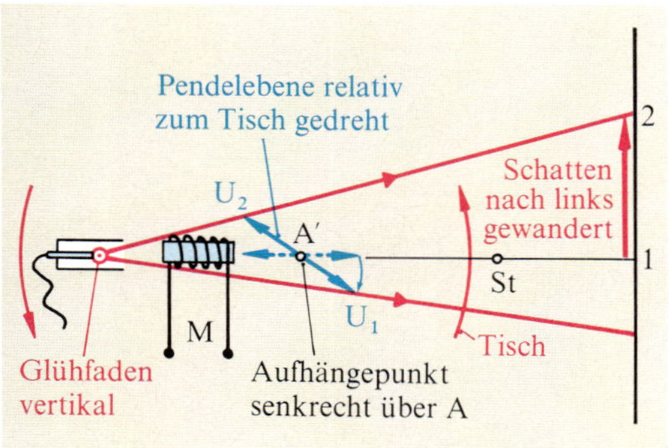

137.1 Versuch 72: vom Aufhängepunkt A aus gesehen (*J. Foucault,* 1851)

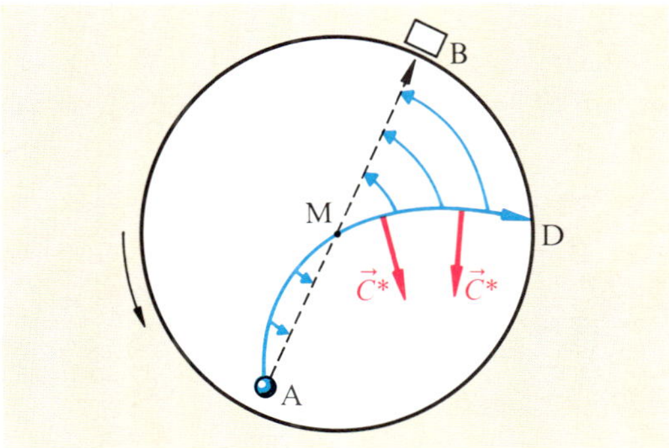

137.2 Was ein Spaziergänger auf einer rotierenden Scheibe erlebt

6. Gezeiten (Ebbe und Flut)

Natürlich zieht auch der Mond die Erde an. Wir sehen in *Bild 138.1 a* von der Tangentialbewegung (v_E) der Erde ab, da sie kräftefrei ist. Aus dem Abstand der Mittelpunkte E und M beider ($r = 3{,}84 \cdot 10^8$ m) und der Mondmasse $m_M = 0{,}733 \cdot 10^{23}$ kg berechnen wir die Beschleunigung des Erdkörpers zu $a_z = G^* m_M / r^2 = 3{,}316 \cdot 10^{-5}$ m/s². Dabei haben wir uns die Erdmasse im Erdmittelpunkt E vereinigt gedacht. Der nach *Bild 138.1 b* dem Mond um $R = 6370$ km näherliegende Punkt A erfährt die größere Beschleunigung

$$a_A = G^* m_M/(r-R)^2 = 3{,}429 \cdot 10^{-5} \text{ m/s}^2,$$

der um R entferntere Punkt B dagegen nur

$$a_B = G^* m_M/(r+R)^2 = 3{,}209 \cdot 10^{-5} \text{ m/s}^2.$$

Das Computer-*Bild 138.2* zeigt die Folgen: Mondzugewandte Wasserteilchen (Punkte rechts) bilden den zum Mond weisenden *Flutberg*; sie fallen sozusagen dem starren Erdkörper (massiver Kreis) voraus. Die mondabgewandten Teilchen bleiben wegen der geringeren Beschleunigung zurück und bilden einen zweiten Flutberg. Dazwischen ist *Niedrigwasser*. Unter beiden Flutzonen dreht sich die Erde im Laufe von 24 h 50 min einmal hindurch (der Mond bleibt täglich um etwa 50 min hinter der Sonne zurück). Jeder Punkt hat etwa zweimal am Tage **Hoch-** und zweimal **Niedrigwasser.** Um die dabei im Wasser auftretenden Strömungen genauer zu verstehen, ist für mehrere Punkte in *Bild 138.1 b* die gemeinsame Beschleunigung $\vec{a}_z$ der festen Erdkruste eingetragen (schwarze Pfeile) sowie die von Punkt zu Punkt verschiedenen Beschleunigungen $\vec{a}_A$, $\vec{a}_B$, $\vec{a}_C$, … für einzelne Wasserteilchen auf Grund der Mondanziehung. Die roten Differenzvektoren, vor allem $\Delta\vec{a}_C = \vec{a}_C - \vec{a}_z$ und $\Delta\vec{a}_E = \vec{a}_E - \vec{a}_z$, zeigen, wie die Wassermassen zu den Flutbergen hin getrieben werden. Diese bestehen also nicht etwa stets aus demselben Wasser, sondern aus Wasser, das zwischen Hoch- und Niedrigwasser hin und her schwingt.

Die *Sonne* übt auf der Erde auch eine fluterzeugende Wirkung aus, die etwa 40% von derjenigen des Mondes beträgt. Stehen Sonne und Mond in gleicher Richtung (Neumond) oder einander entgegen (Vollmond), dann addieren sich die Wirkungen beider; man erhält *Springflut*. Steht dagegen die Sonne bei Halbmond unter 90° zum Mond *(Bild 118.3)*, dann schwächen sich die Wirkungen beider; man hat *Nippflut*. Im freien Ozean beträgt der Höhenunterschied zwischen Hoch- und Niedrigwasser, der *Tidenhub*, 80 cm. In Flußmündungen kann er sich bis 12 m (Bucht von St. Malo) und 14 m (Fundybai) durch Aufstauen des Wassers vergrößern. In *St. Malo* wird Wasser bei Flut durch einen Damm eingefangen und treibt im Gezeitenkraftwerk bei Ebbe Turbinen mit der Leistung von 240 MW an.

Aufgaben:

1. *Suchen Sie in einer klaren mondlosen Nacht den Polarstern auf! Beobachten Sie durch ein auf einem Stativ befestigtes Fernglas oder durch Visieren über einen festen hohen Gegenstand seine unveränderliche Richtung, ebenso das Wandern anderer Fixsterne! Bei welchen Fixsternen ist die Bewegung am schnellsten zu bemerken?*

2. *Der Mond zeigt uns immer dieselbe Hälfte seiner Oberfläche. Wie lang ist ein Mondtag?*

3. *Bild 130.1 zeigt den Nordhimmel am 1. Oktober um 22 Uhr. Wann bietet er am 1. November denselben Anblick?*

4. *Wie würde sich das Bild der Jahreszeiten ändern, wenn die Neigung der Erdachse gegen das Lot auf der unveränderten Erdbahnebene kleiner oder größer als $23\frac{1}{2}°$ wäre? Wie verliefe das Jahr bei einer Neigung von 0°, wie bei 90°?*

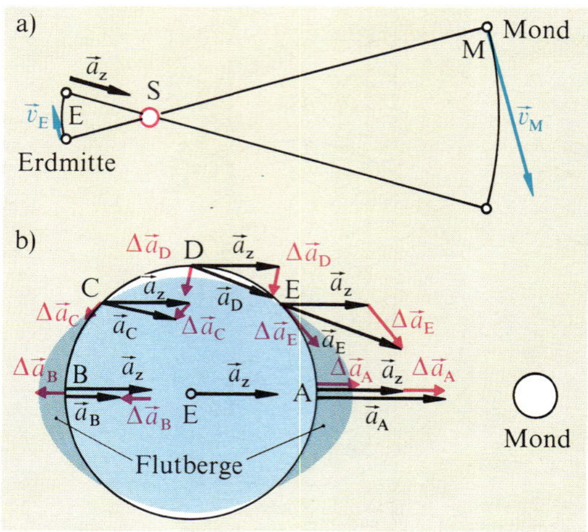

138.1 Zur Entstehung der Gezeiten

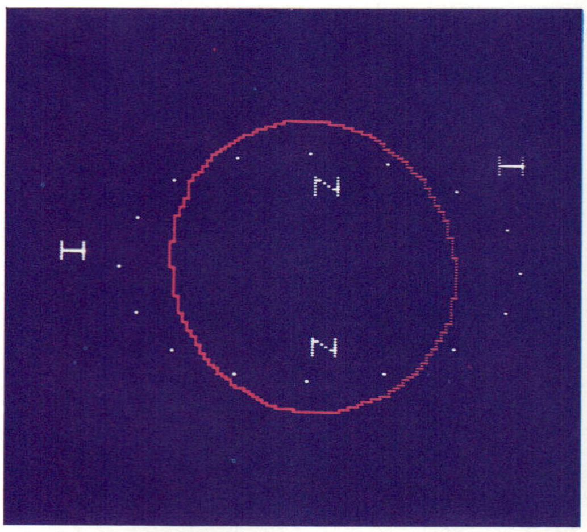

138.2 Computerbild zur Gezeiten-Entstehung

§39 Die Gravitation als Störenfried

a) Was sagt *Newtons* Theorie zum wohl rätselhaftesten Gebilde, das wir am Himmel sehen, dem **Saturnring-System** *(Bild 135.1* und *139.1)*? Es beginnt etwa 1 500 km über der Saturnoberfläche und erreicht das 2,3fache des Saturndurchmessers. Die Ringe sind nur etwa 2 km(!) dick und werden durch dunkle, kreisförmige Lücken unterteilt. Es kann sich nicht um massive Scheiben handeln. Solche wären in der Saturnnähe großen Gezeitenkräften ausgesetzt und längst geborsten. Führen Sie die Rechnungen zu Ebbe und Flut von Seite 138 auf der Erde unter der Annahme aus, der Mondmittelpunkt M habe nur den Abstand $r = 2R = 12\,740$ km vom Erdmittelpunkt! Ein massiver Saturnring hätte zudem außen eine größere Geschwindigkeit als innen. Man hat aber das Gegenteil beobachtet. Die Umlaufgeschwindigkeiten entsprechen an jeder Stelle genau *Newtons* Theorie ($v \sim 1/\sqrt{r}$; Seite 123). Also setzt sich der Ring aus ungeheuer vielen, voneinander völlig unabhängigen *Minimonden* zusammen. Nach Aufnahmen der *Voyager-Sonden (Bild 139.1)* reicht ihre Größe vom Staubkorn bis zu 1 m Durchmesser. Ihre gegenseitigen Gravitationskräfte, mit denen sie sich zu größeren Klumpen zusammenziehen könnten, sind kleiner als die soeben betrachteten auseinander treibenden Gezeitenkräfte durch den Saturn.

Umgekehrt würde ein Satellit, der näher als das 2,5fache des Saturn-Radius an den Planeten kommt, durch diese Gezeitenkräfte früher oder später zermahlen. Also dürfte der Saturnring aus einem solchen Satelliten entstanden sein.

Woher rühren die *dunklen Teilungen?* Teilchen, die auf der deutlich sichtbaren Teilung mit 117 000 km Bahnradius umlaufen würden, hätten nach dem *3. Kepler-Gesetz* die halbe Umlaufdauer wie der außerhalb des Ringsystems kreisende Saturnmond *Mimas*. Bei jedem zweiten Umlauf würden solche Teilchen dem Mimas nahe kommen und – zusätzlich zur Gravitationskraft durch den Saturn nach innen – eine starke *Störkraft* vom Mimas nach außen erfahren. Diese Störkräfte würden sich in einer Art *Resonanz* aufschaukeln und die Teilchen aus dieser Kreisbahn fegen. Computersimulationen (Lehrerheft) zeigen starke Störungen der Bahn, wenn die Umlaufzeiten im Verhältnis 2:1 oder 3:2 stehen. Auch bei Verhältnissen von 4:3; 5:3 u.ä. sind sie noch deutlich zu erkennen. Auf solche Weise hat auch der große Planet *Jupiter* im *Planetoidengürtel (Bild 135.1)* zwischen Mars und ihm bestimmte Bereiche der dort sonst zahlreich auftretenden *Kleinplaneten* leergefegt.

b) Die Umlaufzeiten der großen Planeten *Jupiter* und *Saturn* stehen fast im Verhältnis 5:2. Sie stören sich also auch gegenseitig durch *Resonanz*. Schon zu *Newtons* Zeiten wußte man, daß Jupiter seiner nach den *Kepler-Gesetzen* berechneten Position stets vorausläuft und Saturn ihr ein wenig nachhinkt. *Newton*

139.1 Der Planet Saturn und seine Ringe

konnte dies durch gegenseitige Anziehung dieser Planetengiganten erklären. Mußten solche Störungen aber nicht schließlich das Planetensystem durcheinanderbringen? Man diskutierte leidenschaftlich, ob nicht Gott selbst von Zeit zu Zeit in seine Schöpfung eingreife, um sie wieder in Ordnung zu bringen. Der französische Mathematiker *Laplace* zeigte 1799, daß sich die Störungen mit einer Periode von 883 Jahren verstärken und wieder abschwächen. Als er diese beruhigenden Rechnungen *Napoleon* vortrug, fragte dieser, ob man die Hypothese vom Eingreifen Gottes in das Weltsystem nun nicht mehr brauche. *Laplace* antwortete: „Sire, ich brauche diese Hypothese nicht." Das naturwissenschaftliche Denken, das bei *Kepler* und auch *Newton* noch theologisch fundiert war, hatte sich selbständig gemacht – nur noch fußend auf Erfahrung, Mathematik und Intuition, die wiederum vom Experiment kontrolliert wird.

c) Die Planetenbahnen sind also keine exakten Ellipsen, sondern erfahren kleine *Störungen*. Aus ihnen kann man die Planetenmasse berechnen, auch wenn der Planet keinen Mond hat. Dabei schloß 1846 der französische Astronom *Leverrier* aus Abweichungen des *Uranus* von der berechneten Bahn auf die Einwirkung eines noch nicht bekannten Planeten. Dessen *errechnete* Position teilte er dem Berliner Astronomen *Galle* mit, der auch sofort den bislang unbekannten Planeten *Neptun* fand. Diese Großtat der Astronomen stärkte das Vertrauen in die mechanischen Gesetze ungemein. Man kam im 19. Jahrhundert zur Überzeugung, daß alle Gesetze der Physik auf Mechanik zurückgeführt werden können und die Welt eine große Maschine sei.

§40 Lageenergie im Gravitationsfeld

1. Wir leben in Gravitationsfeldern

Seit Jahren sind Raumsonden bis ans Ende des Planetensystems unterwegs. Wenn solch eine Sonde die Gravitationskraft des Jupiter merklich „spürt", ändert sie ihre Bahn zu diesem Planeten hin. Dies erinnert uns an die magnetisierte schwimmende Stricknadel. Ihre Bahn zeigte uns die magnetischen Feldlinien. Mit geladenen Wattestücken haben wir die elektrischen Feldlinien der geladenen Pole eines Bandgenerators untersucht. Genauso zeigen uns frei fallende Körper durch ihre Bahn die *Feldlinien im Gravitationsfeld* der Erde an. Sie sind alle nach *Bild 140.1* radial zur Erdmitte hin gerichtet. Die Erde hat ein **radiales Feld.** Die Masse der Erde können wir uns in ihrem Mittelpunkt konzentriert denken. Diese Masse ist die „Gravitationsladung", welche die Stärke der Gravitationskräfte und damit des Gravitationsfeldes bestimmt. Diese Kräfte und damit die Stärke des Feldes nehmen mit wachsendem Abstand r proportional zu $1/r^2$ ab.

In einem Zimmer, also einem kleinen Ausschnitt aus *Bild 140.1,* können wir die Gravitationsfeldlinien als parallel und die Gravitationskräfte hinreichend genau als konstant ansehen. Dort sprechen wir vom *homogenen Gravitations-* oder *Schwerefeld.* Im Gravitationsfeld der Sonne kreisen die Planeten. Die Gezeiten entstehen im Gravitationsfeld des Mondes. Auch die großen Bleikugeln der Gravitationswaage haben um sich ein Gravitationsfeld. In ihm erfahren die kleinen Kugeln – als Sonden- oder Prüfkörper – Gravitationskräfte. *Jeder Körper hat um sich ein Gravitationsfeld.*

2. Energie, die vom Himmel fällt

Wieviel Lageenergie wird freigesetzt, wenn ein Meteor aus der „Unendlichkeit" des Alls auf die Erde fällt oder eine Raumkapsel zur Erde zurückkehrt? Wäre das Schwerefeld homogen, so brauchten wir nur die Abnahme der Lageenergie Gh aus dem Höhenunterschied Δh zu berechnen: Ein Apfel mit der konstanten Gewichtskraft $G = 1$ N falle aus dem oberen Punkt P_o mit der Höhe $h_o = 5$ m zum unteren Punkt U mit $h_u = 2$ m. Der Höhenunterschied (Endhöhe minus Anfangshöhe) ist $\Delta h = h_u - h_o = -3$ m. Er ist genau so negativ wie die Änderung (Abnahme!) ΔW der Lageenergie

$$\Delta W = G \cdot \Delta h = G \cdot (-3\,\text{m}) = -3\,\text{Nm} = -3\,\text{J}.$$

Nun falle ein Meteor nach *Bild 140.2a* längs einer Feldlinie des radialen Gravitationsfeldes vom oberen Punkt P_o über P_1, P_2, $P_3 \ldots$ zum unteren Punkt P_u. Die Gravitationskraft, die dabei arbeitet, ist nicht konstant, sondern nimmt zu nach $F = G^* m M \frac{1}{r^2}$ (m: Meteor-, M: Erdmasse). Deshalb unterteilen wir die Wegstrecke von P_o bis zum Endpunkt P_u in sehr viele Radienstücke Δr. Sie seien so klein, daß sich auf jedem von ihnen die Kraft F kaum ändert. Beim ersten, sich an P_o anschließenden Stück $\Delta r_1 = r_1 - r_o$ ist die Kraft

am Anfang in P_o $\quad F_o = G^* m M / r_o^2$,
am Ende in P_1 $\quad F_1 = G^* m M / r_1^2$.

Wir können $\Delta r_1 = r_1 - r_o$ so klein machen, daß sich F_1 und F_o beliebig wenig voneinander unterscheiden. Noch weniger unterscheiden sie sich vom dazwischenliegenden Wert $F_1' = G^* m M / (r_1 r_o)$. Bei ihm sind die Nenner r_o^2 und r_1^2 durch das zwischen beiden liegende Produkt $r_1 r_o$ ersetzt.

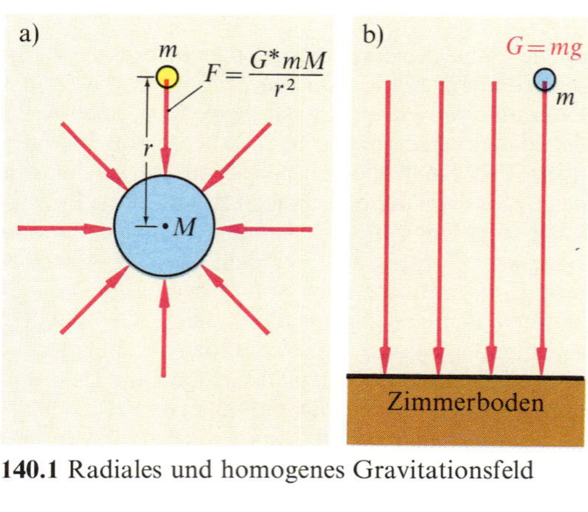

140.1 Radiales und homogenes Gravitationsfeld

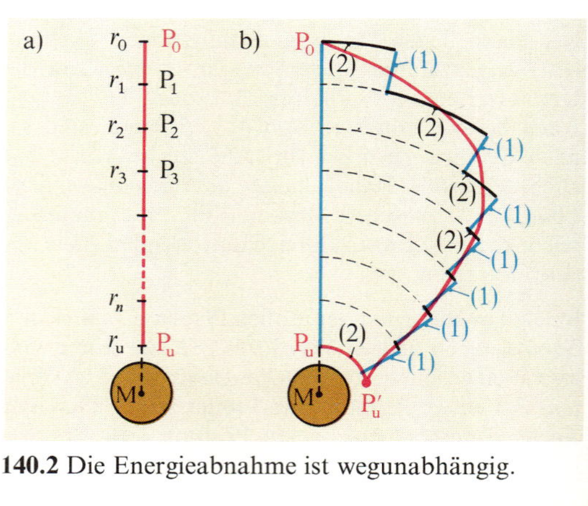

140.2 Die Energieabnahme ist wegunabhängig.

Die Änderung der Lageenergie – als Abnahme ist sie negativ – beträgt auf der Strecke $\Delta r_1 = r_1 - r_o$ mit guter Näherung

$$\Delta W_1 = F_1' \cdot \Delta r_1 = \frac{G^* m M}{r_1 \cdot r_o}(r_1 - r_o) = G^* m M \left(\frac{1}{r_o} - \frac{1}{r_1}\right).$$

Für die Radienstücke $r_2 - r_1$, $r_3 - r_2$, … $r_u - r_n$ erhalten wir die folgenden Energiebeiträge

$$\Delta W_2 = G^* m M \left(\frac{1}{r_1} - \frac{1}{r_2}\right),$$

$$\Delta W_3 = G^* m M \left(\frac{1}{r_2} - \frac{1}{r_3}\right), \ldots,$$

$$\Delta W_u = G^* m M \left(\frac{1}{r_n} - \frac{1}{r_u}\right).$$

Beim Addieren dieser Energieänderungen ΔW_1 bis ΔW_u bleiben nur die Terme mit den festen Eckwerten r_o und r_u übrig. Die als Hilfsgrößen eingeführten Zwischenradien $r_1, r_2, r_3, \ldots, r_n$ verschwinden. Als gesamte *Änderung der potentiellen Energie* bleibt

$$\boldsymbol{\Delta W_{pot} = G^* m M \left(\frac{1}{r_o} - \frac{1}{r_u}\right)}. \qquad \textbf{(141.1)}$$

Ein Meteor der Masse $m = 1\,000$ kg falle aus einer Entfernung $r_o = 10\,R$ auf die Erdoberfläche ($r_u = R = 6370 \cdot 10^3$ m) längs einer Schwerefeldlinie. Dann ist die *Änderung* seiner potentiellen Energie negativ:

$$\Delta W = G^* m M \left(\frac{1}{10R} - \frac{1}{R}\right) = -5{,}6 \cdot 10^{10}\ \text{J}.$$

Im allgemeinen fällt ein Meteor nicht längs einer Feldlinie; er kommt irgendwoher mit einer oft sehr großen Quergeschwindigkeit. Dann zerlegen wir nach *Bild 140.2b* seine Bahn $P_oP'_u$ (rot) in kleine Stückchen entlang den Feldlinien (1) und in Bogenstücke quer dazu (2). Nur längs den Feldlinien (1) arbeitet die Gravitationskraft; längs (2) ist sie arbeitslos. Die arbeitswirksamen Feldlinienstücke (1) sind insgesamt genau so lang wie das große Feldlinienstück P_oP_u; auch sind die Gravitationskräfte (nur von r abhängig) gleich groß. Also wird auf dem beliebigen Weg $P_oP'_u$ die gleiche Energie frei wie nach *Gl. 141.1* auf P_oP_u – oder auf $P_oP'_uP_u$, da auch P'_uP_u ein arbeitsunwirksames Bogenstück (2) ist.

Die potentielle Energie W_{pot}, die im Gravitationsfeld umgesetzt wird, ist unabhängig vom Weg zwischen Anfangs- und Endpunkt. Sie hängt nur von deren Mittelpunktsabständen r_o und r_u nach *Gl. 141.1* ab.

3. Wohin mit dem Nullniveau?

Das Nullniveau der potentiellen Energie können wir nicht in den Erdmittelpunkt legen (für $r = 0$ ist $\frac{1}{r}$ nicht definiert). Auch wollen wir nicht die potentielle Energie aller anderen, weit entfernten Himmelskörper berücksichtigen. Dies gelingt, wenn man den oberen Punkt P_o *und zugleich* das Nullniveau der potentiellen Energie weit weg von allen Himmelskörpern ins „Unendliche" legt, also setzt: $r_o \to \infty$; $1/r_o \to 0$. Dann ist die *Energieänderung* beim Fall von P_o nach P_u gemäß *Gl. 141.1* zugleich die potentielle Energie W_{pot} des Körpers im unteren Punkt P_u. Schreibt man $r = r_u$, so hat ein Körper der Masse m die stets negative potentielle Energie $W_{pot} = G^* m M \left(0 - \frac{1}{r}\right)$. Sie ist in *Bild 141.1* für einen Körper der Masse 1 kg im Schwerefeld der Erde dargestellt.

Das Nullniveau der potentiellen Energie legt man ins Unendliche. Ein Körper der Masse *m* hat im radialen Schwerefeld eines andern mit Masse *M* beim Mittelpunktsabstand *r* die stets negative potentielle Energie

$$\boldsymbol{W_{pot} = -G^* m M \frac{1}{r}}. \qquad \textbf{(141.2)}$$

Beispiel: Ein Satellit ($m = 1\,000$ kg) soll von der Erdoberfläche ($r_u = 6370$ km) durch eine Rakete um 6370 km höher ($r_o = 2R$) „gehoben" werden. Wie ändert sich dabei seine potentielle Energie?

Aus *Bild 141.1* ergibt sich: Beim Hochheben von $r = R$ auf $r = 2R$ steigt die potentielle Energie für 1 kg von $-6{,}28 \cdot 10^7$ J auf $-3{,}14 \cdot 10^7$ J, also um $3{,}14 \cdot 10^7$ J an. Bei einer Masse von 1000 kg ist die Zunahme $\Delta W = 3{,}14 \cdot 10^{10}$ J. Will man ins „Unendliche" schießen, braucht man nochmals $3{,}14 \cdot 10^{10}$ J,

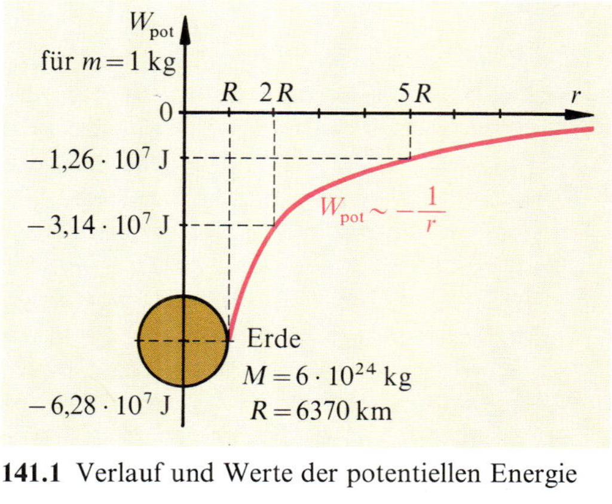

141.1 Verlauf und Werte der potentiellen Energie

also die doppelte Energie. Wegen $W_{pot} \sim 1/r$ ist das Heben im Weltraum billiger als erwartet. Hätte man beim Anheben von $r = R$ nach $r = 2R$ mit der konstanten Gewichtskraft $G = 9800$ N an der Erdoberfläche gerechnet, so wäre $W = Gh = GR = 6{,}24 \cdot 10^{10}$ J geworden (statt $\Delta W = 3{,}14 \cdot 10^{10}$ J). Ein Schuß ins Unendliche wäre nach dieser falschen Rechnung überhaupt nicht bezahlbar. Im radialen Feld ist ja die Kraft $F \sim 1/r^2$, nimmt also sehr schnell ab.

4. Die Fluchtgeschwindigkeit

a) Wir stellen uns vor, die Erde habe keine Atmosphäre. Nach Seite 122 können wir dann die Geschwindigkeit v_1 berechnen, mit der ein Satellit die Erde unmittelbar an ihrer Oberfläche ($r = R$) umkreisen würde. Unabhängig von m gilt:

$$\frac{v_1^2}{R} = G^* M \frac{1}{R^2} \quad \text{oder}$$

$$v_1 = \sqrt{G^* M/R} = 7{,}9 \text{ km/s}.$$

Damit tat Sputnik 1957 den ersten Schritt ins Weltall. v_1 ist die *Kreisbahngeschwindigkeit.*

b) Soll der Körper dagegen von der Erdoberfläche ins „Unendliche" fliegen, dann muß man ihm nach *Gl. 141.2* mindestens die Energie $W = G^* m M/R$ zuführen. Eine Kanone müßte ihm in *einem* Schuß die kinetische Energie $\frac{1}{2} m v_2^2$ geben (ohne Luftwiderstand). Hieraus folgt

$$\tfrac{1}{2} m v_2^2 = G^* m M \frac{1}{R};$$

$$v_2 = \sqrt{2 G^* M/R} = v_1 \sqrt{2} = 11{,}2 \text{ km/s}.$$

Man nennt v_2 die **Fluchtgeschwindigkeit.** v_2 heißt auch *zweite kosmische* und v_1 *erste kosmische Geschwindigkeit.*

Aufgabe:

a) Welche Geschwindigkeit hat ein Meteor (1 kg), der im Unendlichen praktisch ruhte, wenn er im Gravitationsfeld der Sonne die Erdbahn erreicht? — b) Welche Geschwindigkeit hat die Erde auf ihrer Bahn um die Sonne? — c) Welche Geschwindigkeit kann dieser Meteor also relativ zur Erde maximal haben (Beträge addieren)? d) Vergleichen Sie die zugehörige kinetische Energie mit derjenigen, die er allein durch die Gravitation der Erde an deren Oberfläche bekommen könnte! e) Woher rührt also die Reibungshitze des Meteors in der Atmosphäre in erster Linie?

§41 Gesamtenergie im Gravitationsfeld

1. Fliegt die Erde mit negativer Energie?

Jeder Erdsatellit hat im Gravitationsfeld der Erde nach *Bild 141.1* eine negative potentielle Energie $W_{pot} < 0$. Wir haben ja ihr Nullniveau ins Unendliche gelegt. Dies gilt auch für die Erde im Feld der Sonne. Doch haben kreisende Körper auch noch kinetische Energie, die wegen v^2 stets positiv ist. Gibt dies Körpern, die auf *Kreisbahnen* umlaufen, wenigstens eine positive Gesamtenergie W_{ges}? Wir addieren:

$$W_{ges} = W_{kin} + W_{pot} = \tfrac{1}{2} m v^2 - G^* m M \frac{1}{r}. \tag{142.1}$$

Bei Kreisbahnen ist $v = v_1 = \sqrt{G^* M/r}$ und

$$W_{ges} = \tfrac{1}{2} m G^* M \frac{1}{r} - G^* m M \frac{1}{r} = -\tfrac{1}{2} G^* m M \frac{1}{r} < 0.$$

Also ist auch die Gesamtenergie negativ. Seien wir froh darüber! Sonst könnte die Erde mit ihrer kinetischen Energie ins Nullniveau der potentiellen, d.h. ins Unendliche, hochsteigen und so der Sonne entfliehen. Lassen wir einen Computer die Kreisbahn eines Erdsatelliten simulieren ($m = 1$ kg); Bahn-Radius $R = 6370$ km; Geschwindigkeit $v_1 = 7910$ m/s; $M = m_E = 6 \cdot 10^{24}$ kg! Nach *Gl. 142.1* berechnet er für die Bahnpunkte stets die gleiche Energie $W_{ges} = -3{,}14 \cdot 10^7$ J (Seite 204). — Gilt dies auch auf Ellipsenbahnen, auf denen sich Geschwindigkeit v und Abstand r stark ändern?

Wir erhöhen bei der Computer-Simulation die Satellitengeschwindigkeit v_0 im Startpunkt über $v_1 = 7910$ m/s hinaus. Solange wir unter

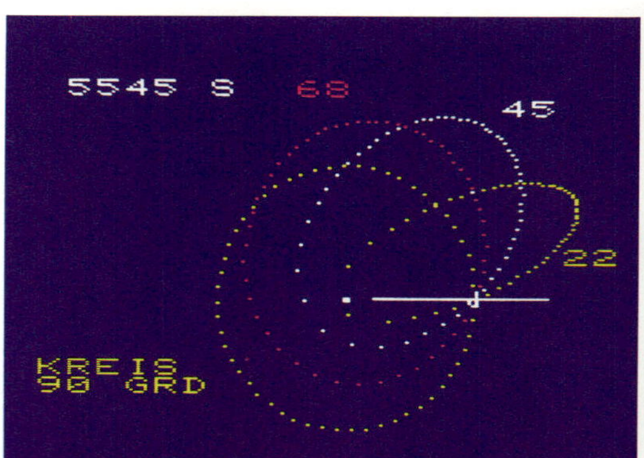

142.1 Beim Ändern des Abschußwinkels bleiben große Halbachse a und Umlaufdauer erhalten.

der Fluchtgeschwindigkeit $v_2 = 11{,}2$ km/s bleiben, beschreibt der Satellit *Ellipsen*. Mit steigender Anfangsgeschwindigkeit v_0 nimmt nach *Gl. 142.1* die – immer noch negative – Energie W_{ges} zu. Gleichzeitig wächst die große Halbachse a *(Bild 143.1)*. Nach Seite 205 hängt a nur von W_{ges} ab:

$$a = \frac{G^* m M}{-2 W_{ges}}. \qquad (143.1)$$

Also steigt a über jede Grenze, wenn sich W_{ges} von negativen Werten der Null nähert. *Kometen* durchlaufen solche langgestreckten Ellipsen mit der Sonne in dem uns benachbarten Brennpunkt. Alle bekannten Kometen gehören zu unserem Sonnensystem.

Bisher haben wir die Satelliten unter dem Winkel $\varphi_0 = 90°$ gegen den Fahrstrahl abgeschossen. Dies gab mit der Geschwindigkeit $v_1 = 7{,}9$ km/s die Kreisbahn in *Bild 142.1*. Nun ändern wir den Winkel φ_0, belassen aber Ort (r) und v_1. Dann bleiben nach *Gl. 142.1* die Energie W_{ges} und nach *143.1* die große Halbachse a unverändert. Dafür nimmt die kleine Halbachse b ab: Die Ellipse wird schlanker. Auch die Umlaufdauer T bleibt nach dem 3. Kepler-Gesetz erhalten (Seite 122). *Bild 142.1* zeigt Computer-Fotos. T war stets 5545 s.

2. Parabeln und Hyperbeln am Himmel

a) Wenn der Satellit mit der *Fluchtgeschwindigkeit* v_2 abgeschossen wird, erreicht er das Unendliche – ohne Wiederkehr. Die Ellipsenbahn geht in eine **Parabelbahn** über (Seite 206). Sie hat nur *einen* Brennpunkt; in ihm steht die Erde. In sehr großer Entfernung gibt der Computer für die Geschwindigkeit fast den Wert Null an. Im Unendlichen sind potentielle und kinetische Energie Null geworden, die potentielle von negativen, die kinetische von positiven Werten her. **Die Gesamtenergie ist jedoch auf dem ganzen Parabelflug Null.** – Lassen wir nach Seite 207 in einem fernen Punkt das Vorzeichen der Geschwindigkeit umkehren, so durchläuft der Satellit die Bahn zur Erde rückwärts, entfernt sich aber von ihr wieder im unteren Parabelteil: *Bewegungen am Himmel sind im Prinzip völlig umkehrbar (Bild 143.2)!*

b) Wenn wir die Abschußgeschwindigkeit v_0 über die Fluchtgeschwindigkeit v_2 erhöhen, bekommt der Satellit eine *positive Gesamtenergie*. Schon bald nach dem Entfernen von der Erde wird die *Bahn praktisch gerade*. Die konstante Gesamtenergie besteht dann fast nur noch aus Bewegungsenergie; die Satellitengeschwindigkeit nimmt kaum noch ab. Der schnell fliegende Satellit wird von der Gravitationskraft kaum noch beeinflußt. Er durchläuft einen **Hyperbelast** (in *Bild 143.3* mit Umkehr).

c) Auch Parabeln und Hyperbeln sind Kegelschnitte wie Ellipsen: Lassen Sie den Lichtkegel nach *Bild 125.1* immer schräger auf die Wand fallen! Die Ellipse wird immer länger und nimmt schließlich Parabel- und Hyperbelform an.

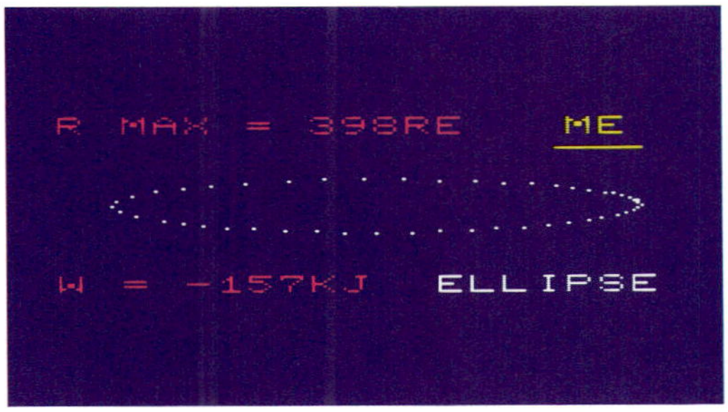

143.1 Satellit (1 kg) an der Erdoberfläche mit $v_0 = 11{,}17$ km/s abgeschossen; er hat die Energie -157 kJ und kehrt im Abstand 398 Erdradien um; ME: Mond-Erde. Prüfen Sie mit $m_E = 5{,}973 \cdot 10^{24}$ kg nach!

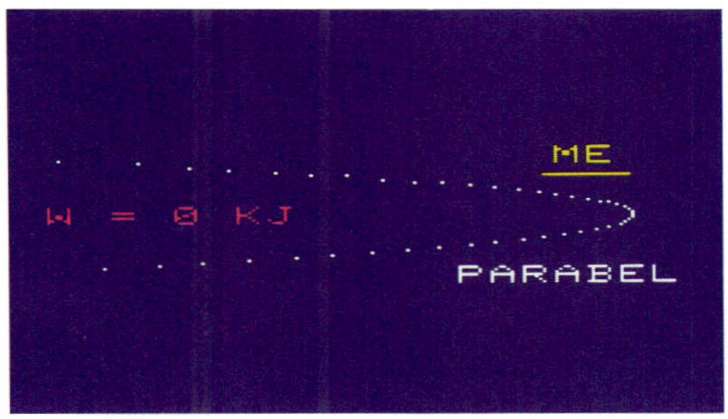

143.2 Bei der Fluchtgeschwindigkeit v_2 wird eine *Parabel* durchlaufen; $W = 0$ kJ; Schrittlänge Δt bei sinkender Beschleunigung erhöht (Seite 206).

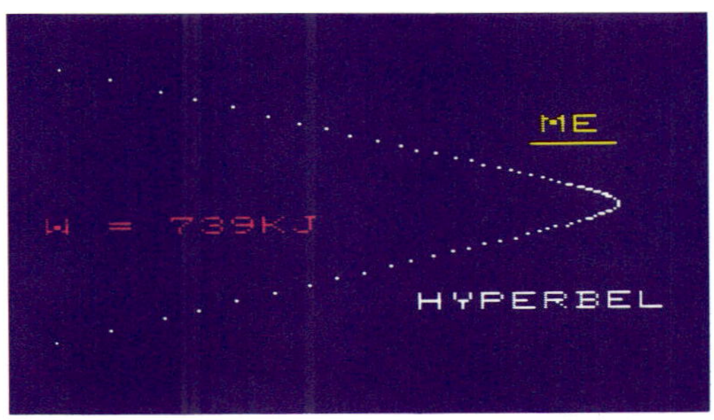

143.3 Bei $v_0 = 11{,}25$ km/s $> v_2$ wird eine *Hyperbel* durchlaufen. Die Gesamtenergie ist jetzt positiv. Die Bahn wird fast geradlinig. ME: Mond-Erde.

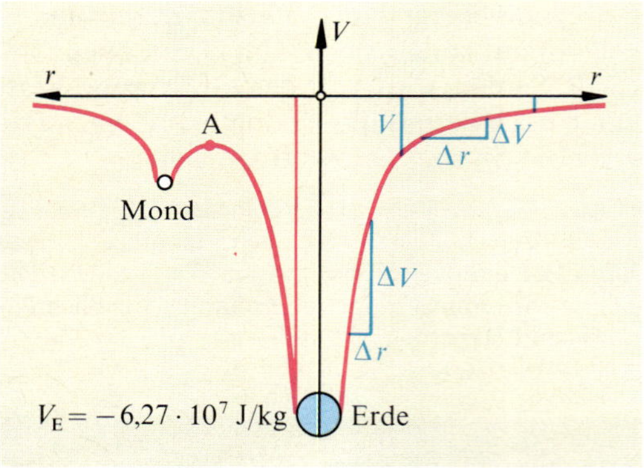

144.1 Potentialtrichter von Erde und Mond (nicht maßstäblich):

Potential	an Erdoberfläche:	$-6{,}26 \cdot 10^7$ J/kg;
	an Mondoberfläche:	$-0{,}39 \cdot 10^7$ J/kg;
	im Punkt A:	$-0{,}13 \cdot 10^7$ J/kg.

3. Potentialtrichter und Ortsfaktor

Die potentielle Energie W_{pot} eines Körpers ist in Gravitationsfeldern seiner Masse m proportional, der Quotient W_{pot}/m unabhängig vom Körper. Man kann ihn den Raumpunkten des Feldes zuschreiben, auch wenn sich in ihnen kein Körper befindet, und nennt ihn das **Potential V des Punktes:**

$$V = \frac{W_{pot}}{m} = -G^* M \frac{1}{r} \text{ (im radialen Feld).} \qquad \mathbf{(144.1)}$$

Aus dem Potential V eines Punktes wird die potentielle Energie eines Körpers der Masse m in diesem Punkt nach $W_{pot} = Vm$ berechnet. Die Zahlen in *Bild 141.1* links geben mit der Einheit J/kg (statt J) das Potential in den angegebenen Abständen r vom Erdmittelpunkt.

Der „Trichter", den nach *Bild 141.1* das Potential V um den Himmelskörper bildet, ist um so flacher, je weiter man sich von ihm entfernt hat. Dies hängt damit zusammen, daß mit zunehmendem Abstand r die vom Feld erzeugte Gravitationskraft $F = G^* mM/r^2$ sinkt. Wir haben auf Seite 140 die Gleichung für die Änderung ΔW_{pot} der potentiellen Energie aus der Arbeitsverrichtung $\Delta W_{pot} = F \cdot \Delta r$ gegen diese Gravitationskraft F hergeleitet. Δr war dabei ein kleines Wegstück in Richtung der Feldlinie. Also ist $F = \Delta W_{pot}/\Delta r$ zugleich die Steigung der Kurve für die potentielle Energie. Wenn wir durch die Masse m des bewegten Körpers dividieren, so erhalten wir links F/m, rechts $\Delta V/\Delta r$, also die *Steigung der Potentialkurve (Bild 144.1)*: $F/m = \Delta V/\Delta r$.

Die Gravitationskraft F erzeugt die Gewichtskraft G (wenn man von der Erdrotation absieht). Also ist $F/m = G/m = g$ der *Ortsfaktor g*, auch **Gravitationsfeldstärke** genannt. Nach $\Delta V/\Delta r = g$ wird g durch die Steigung des Potentialtrichters veranschaulicht. Der Ortsfaktor steigt mit Annäherung an die Erde.

4. Der Flug zum Mond

a) *Der schwerefreie Punkt zwischen Mond und Erde*

Wir sehen von der Bewegung des Mondes um die Erde ab. Dann gibt es auf der Verbindungslinie zwischen beiden einen Punkt A, in dem eine Raumsonde zu beiden hin Gravitationskräfte von gleichem Betrag erfährt. Die resultierende Kraft, der Ortsfaktor g und die Steigung der Potentialkurve in *Bild 144.1* sind dort Null. r_M und r_E sind die Abstände von A zum Mond- bzw. Erdmittelpunkt. Dann gilt

$$G^* m m_M / r_M^2 = G^* m m_E / r_E^2.$$

Nun ist die Mondmasse $m_M = m_E/81$ und $r_M = a - r_E$, wenn a den Abstand Mond-Erde bedeutet. Hieraus folgt

$$r_E^2 = 81\,(a - r_E)^2 \text{ d.h. } r_E = 9\,(a - r_E).$$

Der Abstand r_E des gesuchten schwerefreien Punkts A zwischen Mond und Erde ist $r_E = 9a/10$. Er hat von der Erde 9fache Entfernung wie vom Mond.

b) *Energie zum Mondflug*

Wenn man eine Rakete von der Erde zum (ruhenden) Mond schießt, hebt man sie bis zum schwerefreien Punkt A an. Von dort aus fällt sie von der Mondanziehung beschleunigt auf diesen zu. So braucht man am wenigsten Energie. Wie groß ist nun die Arbeit zum Anheben einer Rakete von der Erdoberfläche zum Punkt A? Wäre nur die Erdanziehung wirksam, so würde man einfach *Gl. 141.1* für die Arbeit im Gravitationsfeld der Erde allein benutzen. Wir müssen aber auch noch die Arbeit im Gravitationsfeld des Mondes berücksichtigen. Dabei kommt uns zustatten, daß Arbeit und Energie Skalare sind. Wir brauchen nur ihre Beträge zu addieren – nicht wie bei Kräften Vektoren. Auch liegt das Nullniveau der Energie für beide Körper an gleicher „Stelle", im Unendlichen. Die Energie je Masseneinheit (W_{pot}/m), also das *Potential V* in einem Punkt P des gemeinsamen Gravitationsfeldes von Erde (m_E) und Mond (m_M), ist gleich der Summe ihrer Einzelpotentiale:

$$\frac{W_{pot}}{m} = V = -\left(G^* m_E \frac{1}{r_E} + G^* m_M \frac{1}{r_M}\right). \qquad (144.2)$$

Dabei ist r_E die Entfernung des Punktes P vom Erdmittelpunkt und r_M die Entfernung des gleichen Punktes P vom Mondmittelpunkt. Sie sehen: Für $r_E = r_M \to \infty$ wird V zu Null; bei dieser Addition der Einzelpotentiale bleibt das Nullniveau im Unendlichen. In der Nähe der Erde, wie überhaupt in größeren Entfernungen vom Mond, überwiegt der Potentialanteil der Erde wegen ihrer 81fachen Masse bei weitem. Das Potential des Mondes wirkt sich nur in seiner Nähe aus. Er erzeugt nur eine kleine Potentialabsenkung im Potentialtrichter der Erde. Beim Mondschuß muß man die Rakete energetisch gesehen bis zum Punkt A „anheben". Die nötige Energie entnehmen Sie den Werten in *Bild 144.1*. Dann fällt die Rakete auf den Mond zu. Dabei wird wieder etwas potentielle Energie frei. Bei der Rückkehr vom Mond braucht die Mondfähre mit nur relativ wenig Energie über den durch A angedeuteten Potentialwall hinweg gehoben zu werden. Anschließend muß sie aber viel Energie durch Bremsraketen wie durch Luftreibung in der Erdatmosphäre (Hitzeschild) abführen. *Bild 145.1* zeigt eine Computersimulation der achtförmigen Bahn der Apollo-Mondflüge (siehe Lehrerheft). Wenn der Mond in Ruhe ist, bleibt dabei die Gesamtenergie konstant.

5. Der Flug zu fernen Planeten (swing by)

Im Jahre 1979 flogen zwei *Voyager-Sonden* am Jupiter vorbei und funkten hervorragend scharfe Nahbilder von diesem Planeten zur Erde. Vorher mußten sie im Potentialtrichter der Sonne von der Erde weg auf Jupiter-Niveau „klettern". Wegen der etwa 10^6fachen Masse der Sonne ist dieser Trichter viel tiefer als der der Erde, kein Wunder, daß diese Sonden langsam wurden! Damit eine von ihnen vor 1990 den fernsten Planeten *Pluto* erreicht, hat man sie so am großen Jupiter vorbeigelenkt, daß sie etwas von seiner Energie abzapfen konnte. Wie ist das möglich?

Die Sonde durchfliegt den Potentialtrichter des Jupiters vom einen Rand zum andern. Was sie dabei – vom Jupiter aus gesehen – an kinetischer Energie gewinnt, verliert sie an potentieller: Dies sahen wir, als wir in *Bild 143.3* einen Meteor auf einer Hyperbelbahn den Potentialtrichter der Erde durchfliegen ließen. Im *System des Jupiters* ist die Gesamtenergie der Voyager-Sonde konstant. Von der *Sonne* aus gesehen kann sie aber Energie gewinnen. Wir erinnern uns an den Mann im Eisenbahnzug (Seite 78). Wenn

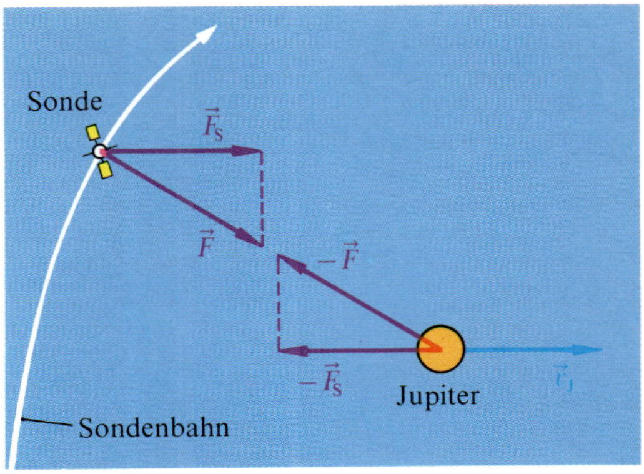

145.2 Die Raumsonde zapft Jupiter Energie ab.

er sich im Zug nach vorn beschleunigt, gewinnt er für einen äußeren Beobachter viel mehr Energie als für den Beobachter im Zug. Dieses Mehr verliert der Zug.

Jupiter fliegt nach *Bild 145.2* mit der von der Sonne aus gemessenen Geschwindigkeit v_J nach rechts. Die Sonde kreuze seine Bahn *hinter* ihm. Er übt auf sie eine Kraft $\vec{F}$ aus, die im wesentlichen nach rechts, also in Richtung von $\vec{v}_J$, wirkt. Ihre reactio $-\vec{F}$ wirkt auf Jupiter nach links, verzögert ihn also ein wenig. Sie entzieht ihm die Leistung (Energie/Zeit) $P_J = -F_S v_J$. Dabei ist $-F_S$ die Kraftkomponente gegen die Richtung von $\vec{v}_J$. Da die Energie des Gesamtsystems Sonde-Jupiter konstant bleibt, gewinnt die Sonde die Leistung $P_S = -P_J = F_S v_J$ und damit die Energie $\Delta W_S = P_S \cdot \Delta t = F_S v_J \cdot \Delta t$. Nun ist $\vec{F}_S \cdot \Delta t$ die Impulsänderung $\Delta \vec{p}_S$ der Sonde, projiziert auf die Jupitergeschwindigkeit $\vec{v}_J$. Da $\vec{v}_J$ hinreichend konstant ist, gewinnt die Sonde insgesamt die Energie $\boldsymbol{\Delta W_S = \Delta p_S v_J}$. Dies wird vom Computer hervor-

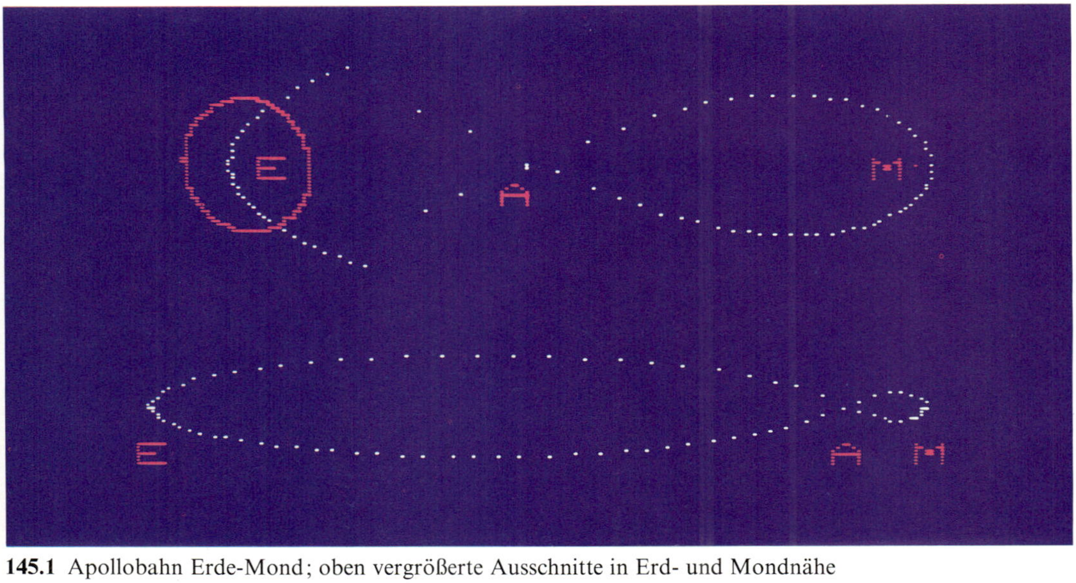

145.1 Apollobahn Erde-Mond; oben vergrößerte Ausschnitte in Erd- und Mondnähe ragend bestätigt. Man könnte auch die Leistung $P' = F'_S v_S$ der Gravitationskraftkomponente F'_S in Richtung der *Sonden*geschwindigkeit $\vec{v}_S$ berechnen. Dies lieferte aber nur die Änderung der kinetischen, nicht auch der potentiellen Sondenenergie. Wir bekamen dagegen unmittelbar die Änderung der *Gesamt*energie der Sonde in den Griff, weil wir mit $P_J = -F_S v_J$ berechnet haben, wieviel Energie sie dem Jupiter abzapft. Wäre die Sonde vor dem Jupiter vorbeigeflogen, hätte sie an ihn Energie verloren.

Aufgaben:

1. *Wie groß ist die Zentripetalkraft für einen Körper der Masse* 1 kg *am Äquator, wie groß unter der geographischen Breite* 50°? *Wieviel % der Gravitationskraft sind dies jeweils? Um welche Punkte der Erdachse rotieren diese Körper (Bild 136.1)?*

2. *Sie wollen genau die Höhe eines stationären Satelliten berechnen (Seite 123). Legen Sie den Stern- oder Sonnentag zugrunde (Seite 130)?*

3. *Gilt die Gravitationskonstante G^* nur für Blei, an dem sie gemessen wurde, oder auch für alle andern Stoffe? Überlegen Sie, wie die Massen in Versuch 70 bestimmt worden sind!*

4. *Zwei Doppelsterne gleicher Masse m umkreisen ihren gemeinsamen Schwerpunkt* S *jeweils im Abstand r mit der Umlaufdauer T. Wenn man r und T im Fernrohr bestimmt hat, berechnet man m zu $m = (16\pi^2 r^3)/(T^2 G^*)$. Zeigen Sie dies!*

5. *Einer der Jupitermonde läuft auf einem Kreis mit Radius* 420000 km *in* 1,77 d *um. Wie groß ist die Masse des Jupiter? Können Sie hieraus auch die Masse dieses Mondes bestimmen? – Ein anderer Jupitermond hat den Bahnradius* 670000 km *und die Umlaufdauer* 3,55 d. *Prüfen Sie das 3. Kepler-Gesetz, bestimmen Sie $C = r^3/T^2$ und vergleichen mit Tabelle 120.1!*

6. *Der Radius der Sonne ist* $6{,}95 \cdot 10^8$ m, *ihre Masse* $1{,}989 \cdot 10^{30}$ kg. *Wie groß ist die Fallbeschleunigung an ihren Polen?*

7. *In welchen Punkten hat ein Planet auf seiner Ellipsenbahn die Bahnbeschleunigung Null? Warum muß man zwischen Zentral- und Zentripetalkraft in Bild 126.2 unterscheiden?*

8. *Welche Geschwindigkeit hat ein Erdsatellit, der in* 1000 km *Höhe eine Kreisbahn beschreibt? Welche Bewegungsenergie hat er (*1000 kg *Masse)? Welche Energie braucht man also, um ihn von der ruhend gedachten Erdoberfläche in die Umlaufbahn zu bringen? Warum schießt man Satelliten nah am Äquator und nach Osten ab?*

§42 Drei Arten der Schwerelosigkeit

1. Am Ende des Gravitationsfeldes?

Wenn Raumfahrer schwerefrei durch ihre Kapsel schweben, sagt man häufig, sie haben das Schwerefeld der Erde verlassen und befinden sich im schwerefreien Raum. Soweit brachte es jedoch noch kein Raumfahrer! Das Schwerefeld der Erde reicht theoretisch ins Unendliche. Zudem ist der Potentialtrichter der Erde in den viel tieferen der Sonne eingelagert – und ihn hat noch kein Mensch verlassen. Für uns ist ein schwerefreier Raum nur in Gedanken erreichbar.

2. Der schwerefreie Punkt zwischen Erde und Mond

Einfacher wäre es, den schwerefreien Punkt A zwischen Erde und Mond aufzusuchen, in dem sich die Gravitationskräfte beider Himmelskörper das Gleichgewicht halten (Seite 144). Aber auch in ihm ist die Gravitationskraft der Sonne noch wirksam. Doch gibt es sicherlich einzelne Punkte, in denen Kräftegleichgewicht zwischen allen Gravitationskräften besteht. In ihnen ist die Resultierende dieser Kräfte Null. Dies ist gleichbedeutend mit echter Schwerelosigkeit (Ziffer 1) – aber nur in einzelnen Punkten.

3. Ein Sprung macht dich frei!

Steigen Sie auf den Tisch – oder den 5 m-Turm im Schwimmbad – und halten einen schweren Körper in der Hand. Beim Sprung in die Tiefe spüren Sie die Gewichtskraft des Körpers nicht mehr, auch nicht die Gewichtskraft Ihres Mageninhalts. Sie fühlen sich schwerefrei. Hierfür können Sie zwei Erklärungen angeben:

a) Ein *außenstehender Beobachter* in einem Inertialsystem sagt ganz einfach: Der Mageninhalt braucht seine ganze Gewichtskraft, um sich selbst zu beschleunigen. Er beschwert die Magenwände nicht mehr.

b) Als *mitbeschleunigter Beobachter* können Sie eine *Trägheitskraft* $\vec{F}^* = -m\vec{a}$ einführen (Seite 114).

Da $\vec{a} = \vec{g}$ ist, gilt $\vec{F}^* = -m\vec{g} = -\vec{G}$.

F^* und G halten sich in Ihrem beschleunigten Bezugssystem das Gleichgewicht; in diesem sind Sie schwerefrei. Dabei kommt es nur auf die *Beschleunigung* an. Diese ist nach Seite 55 beim freien Fall auf die Erde zu genauso groß wie auf der Wurfparabel des schiefen Wurfs – selbst auf ihrem ansteigenden Ast von der Erde weg. Auch bei Gravitationsbewegungen auf Ellipsen, Parabeln und Hyperbeln sind die Insassen eines Raumschiffs in diesem Sinne schwerefrei, gleichgültig, ob sie auf die Erde in freiem ungehemmtem Fall zustürzen, die Erde auf einer Kreisbahn umrunden oder auf der Kurve nach *Bild 145.1* ohne Raketenantrieb zum Mond fliegen. Von einer Besonderheit im schwerefreien Punkt A merken sie überhaupt nichts. Nur die Beobachtungsstationen auf der Erde registrieren, daß dort ihre Beschleunigung für einen Augenblick Null ist.

Man kann diese dritte Art von Schwerelosigkeit auf der Erde für einige Zeit simulieren, wenn man Flugzeuge auf Keplerellipsen fliegen und den Luftwiderstand genau durch die Triebwerke ausgleichen läßt. Dabei muß man nicht nur die richtige Bahnkurve, sondern auch die zugehörigen Geschwindigkeiten und vor allem Beschleunigungen präzise einhalten.

Diese dritte Art von Schwerelosigkeit rührt letztlich daher, daß man mit dem Begriff Masse m sowohl im Gravitationsgesetz das *Schwersein* eines Körpers wie auch in $F = ma$ bzw. $F^* = -ma$ dessen *Trägsein* beschreibt. Deshalb gilt sie nicht nur für das Raumschiff als Ganzes, sondern auch für dessen Teile – wie gesagt, auch für den Magen des Raumfahrers. Er muß sich daran gewöhnen, daß die Weichteile nicht mehr am Knochengerüst ziehen, sondern die gleiche Beschleunigung wie dieses erfahren, und zwar nur durch Gravitationskräfte, die an den einzelnen Teilchen unmittelbar angreifen. Bei uns Erdenwandlern dagegen müssen diese Gravitationskräfte durch Gegenkräfte über die Schuhe und Füße ausgeglichen werden. Dies macht bisweilen fußkrank und beansprucht die Bandscheiben.

4. Wasserwaage im Weltall

Wenn ein Maurer prüfen will, ob eine Mauerkante waagerecht liegt, benutzt er eine *Wasserwaage*. Sie besteht aus einem leicht gebogenen Röhrchen, das eine in Flüssigkeit gebettete Luftblase enthält. Diese Luftblase nimmt die höchste Stellung ein, zeigt also zum Zenit. Senkrecht dazu liegt die Horizontale. Um zu prüfen, ob eine solche Wasserwaage auch im schwerefreien Zustand Zenit und Horizont anzeigt, vergröbern wir sie nach *Bild 147.1*.

Versuch 74: a) Ein 1 m langes, gerades Kunststoffrohr wird mit Wasser gefüllt und enthält neben einer Luftblase eine leicht bewegliche Stahlkugel. Nach dem *Stroboskop-Bild 147.1a* steigt in der vertikal gehaltenen Röhre die Luftblase nach oben und kreuzt den Weg der schnell sinkenden Stahlkugel.

b) Nun bringen wir die Wasserwaage in den schwerefreien Zustand nach *Ziffer 3*. Wir werfen sie auf einer Wurfparabel weg, nachdem wir Luftblase und Stahlkugel vorher etwa in die Mitte gebracht haben (*Bild 147.1b*; oben mit Fangleine). Beide bleiben auf der Wurfparabel „stehen“. Im schwerefreien Zustand gibt es für den Weltraumfahrer weder oben noch unten; ihm fehlt auch jeglicher Horizont.

c) Da die Schwerelosigkeit auf sehr langen Raumflügen nicht leicht zu ertragen ist, liefern wir die Schwerkraft künstlich. Wir spannen die horizontal liegende Röhre in ihrer Mitte ein und versetzen sie in Rotation. Die trägen Wasserteilchen erfahren Zentrifugalkräfte nach außen und drängen die fast trägheitslose Luftblase zur Mitte hin – auch wenn die Röhre dabei frei fällt. Sie kennen diesen Zustand von der Todesspirale (Seite 116). Der Raumfahrer nennt unser „Außen“ jetzt sein „Unten“, unser „Innen“ sein „Oben“. In einem Bett, das in einer rotierenden Raumkapsel an der Außenwand „klebt“, kann er unangeschnallt schlafen – ihm gegenüber ein zweiter: Andere Zustände, andere Sitten!

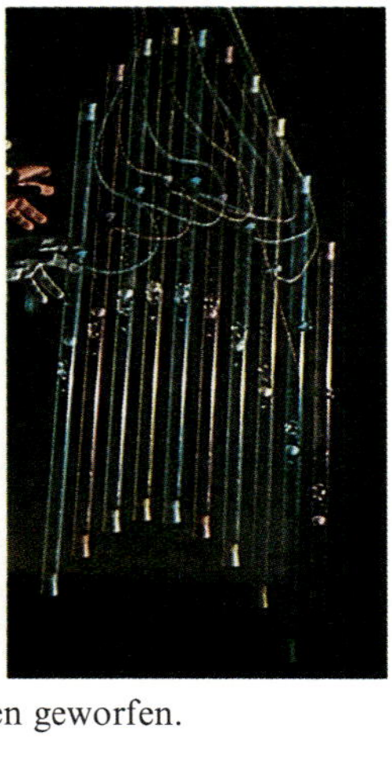

147.1 Wasserwaagen werden geworfen.

Der starre Körper

§43 Translation und Rotation

1. Ein Schraubenschlüssel wirbelt durch die Luft

Die bisherigen Versuche zur Bewegungslehre haben wir meist mit Kugeln ausgeführt, etwa den freien Fall oder den schiefen Wurf. Wie sieht eigentlich die Bewegung aus, wenn wir kompliziertere Körper nehmen, wenn wir also etwa einen Schraubenschlüssel werfen?

Versuch 75: Einem Schraubenschlüssel wird bei einem schiefen Wurf eine rotierende Bewegung quer zur Längsachse gegeben. *Bild 148.2* zeigt eine stroboskopische Aufnahme des fliegenden Schraubenschlüssels.

Betrachten wir das Foto! Auf den ersten Blick scheint es eine sehr komplizierte Bewegung zu sein. Das liegt daran, daß der Schraubenschlüssel ein ausgedehnter Körper ist, der sichtbar Drehungen *(Rotationen)* ausführen kann. Bisher haben wir stets von der möglichen Rotation der Körper abgesehen und nur ihre Verschiebung im Raum *(Translation)* untersucht. Die Masse eines Körpers haben wir uns dabei im Schwerpunkt vereinigt gedacht. Damit waren wir in der Lage, den Körper als *Massenpunkt* anzusehen und eine Mechanik von Massenpunkten zu betreiben (Seite 68). Wirkliche Körper des täglichen Lebens kann man jedoch meist nicht als Massenpunkt ansehen. Werden dadurch unsere Berechnungen unbrauchbar? *Bild 148.2* zeigt: Der eingezeichnete Schwerpunkt des Schraubenschlüssels bewegt sich wie der Golfball auf dem Titelbild dieses Buches

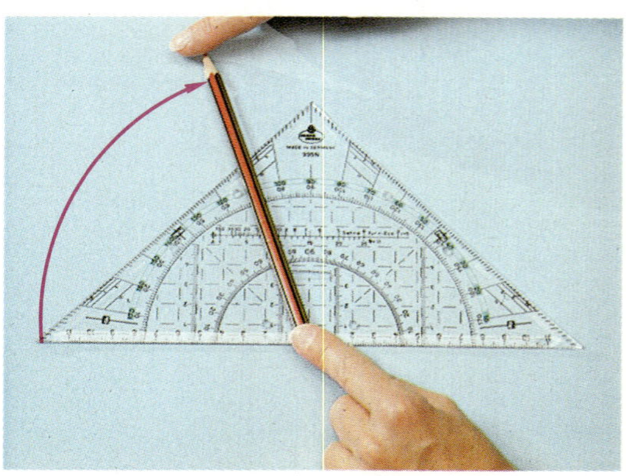

148.1 Zur Winkelgeschwindigkeit

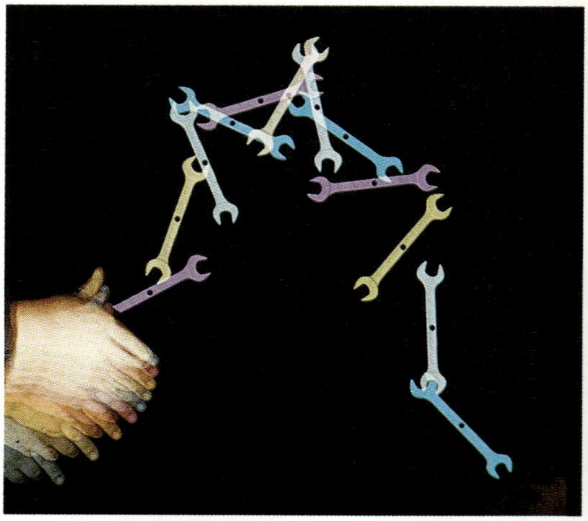

148.2 Schiefer Wurf eines Schraubenschlüssels

auf einer Wurfparabel. Er folgt entsprechend dem Schwerpunktsatz (Seite 90) den äußeren Kräften. Im *Bild 149.1* erkennt man, daß dieser Translation des Schwerpunkts (horizontal: gleichförmig, vertikal: beschleunigt mit $a_s = g$) eine Rotation des ganzen Körpers um eine Achse durch den Schwerpunkt ungestört überlagert ist. Diese Rotation ist gleichförmig: In den gleichen Zeiten Δt zwischen zwei Blitzen dreht sich der Schraubenschlüssel immer um den gleichen Winkel $\Delta\varphi$.

2. Wie schnell wachsen Winkel?

Wollen wir Drehbewegungen beschreiben, so ist dafür der Begriff Geschwindigkeit nicht gut geeignet. Denn die Geschwindigkeiten v_i der verschiedenen Punkte (i) des sich drehenden Körpers sind zu ihrem Abstand r_i von der Drehachse proportional. Ein ganz einfaches Beispiel soll uns zu einem neuen Begriff führen. Halten Sie einen Bleistift an seinem Ende an den Mittelpunkt der Winkelteilung Ihres Geodreiecks. Drehen Sie ihn wie den Zeiger einer Uhr nach *Bild 148.1* gleichförmig um diesen Punkt, so daß er – und jeder seiner Punkte – in 0,5 s den Winkel $\varphi = 180°$ überstreicht, sozusagen mit der „Geschwindigkeit" $\varphi/t = 180°/0{,}5\ \text{s} = 360°/\text{s}$. Man sagt, er habe die **Winkelgeschwindigkeit** $\omega = \varphi/t = 360°/\text{s}$.

Dabei legt jeder Punkt P in der Zeit t einen Kreisbogen b mit dem Radius r zurück. Wir können die Bogenlänge b leicht berechnen, wenn wir die Winkel nicht im altbabylonischen Gradmaß, sondern im sogenannten **Bogenmaß**

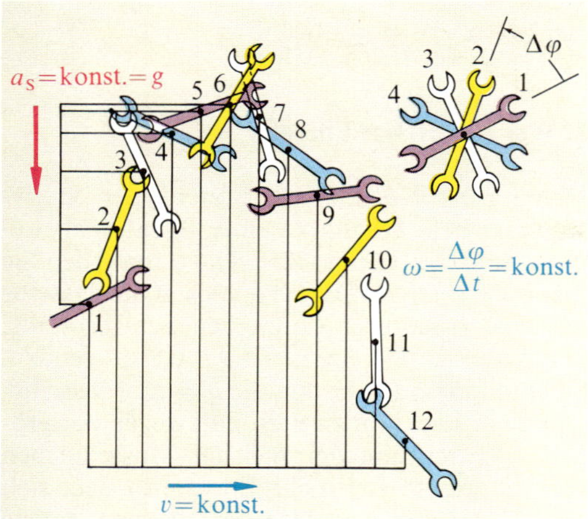

149.1 Die Rotation überlagert sich der Translation.

durch den Quotienten $\varphi = \frac{b}{r}$ angeben. Zum Winkel $\varphi = 360°$ gehört dabei der Bogen $b = 2\pi r$, also das Bogenmaß $\varphi = \frac{b}{r} = 2\pi$. Zu 180° gehört $\varphi = \pi$ usw. Als Quotient zweier Längen ist das Bogenmaß eine reine Zahl. Um es als Winkel zu kennzeichnen, kann man ihm die Einheit Radiant (Zeichen: rad) nachsetzen. Die Winkelgeschwindigkeit des Bleistifts ist

$$\omega = \frac{\varphi}{t} = \frac{\pi}{0{,}5\ \text{s}} \approx 6{,}28\ \frac{\text{rad}}{\text{s}}.$$

Mit Hilfe des Bogenmaßes $\varphi = \frac{b}{r}$ können wir nun leicht die Bahngeschwindigkeiten $v = \frac{b}{t}$ aller Bleistiftpunkte auf ihrer Kreisbahn berechnen: Mit der Bogenlänge $b = \varphi r$ ist

$$v = \frac{\varphi r}{t} = \omega r. \qquad (149.1)$$

Unter dem Bogenmaß eines Winkels φ versteht man das Verhältnis von Kreisbogen b und Radius r des Bogens:

$$\varphi = \frac{b}{r}\ (\text{rad}). \qquad (149.2)$$

Wenn ein Körper sich gleichmäßig dreht und einer seiner Radien in der Zeit t den Winkel φ (im Bogenmaß) überstreicht, hat er eine Winkelgeschwindigkeit

$$\omega = \frac{\varphi}{t}. \qquad (149.3)$$

Ein Punkt mit der Bahngeschwindigkeit $v = \omega r$ überstreicht in der Zeit t den Bogen

$$b = \varphi r. \qquad (149.4)$$

Beispiel: Bei einer Länge von $r = 14$ cm hatte die Spitze des Bleistifts, der sich mit der Winkelgeschwindigkeit $\omega = 2\pi\ \frac{\text{rad}}{\text{s}}$ drehte, eine Bahngeschwindigkeit $v = \omega r = 2\pi \cdot 0{,}14\ \frac{\text{m}}{\text{s}} \approx 0{,}88\ \frac{\text{m}}{\text{s}}$, sein Halbierungspunkt natürlich nur die halbe Bahn-, aber die gleiche Winkelgeschwindigkeit. Die Winkelgeschwindigkeit aller Punkte des Bleistifts ist ja gleich $\omega = \frac{\varphi}{t} = 2\pi\ \frac{\text{rad}}{\text{s}}$.

3. Der starre Körper als Modell

In der Himmelsmechanik haben wir die Planeten als Massenpunkte betrachtet, die eine Translationsbewegung auf Keplerellipsen um die Sonne ausführen. Ihre Rotation um eine Achse spielte dabei nicht herein.

Den Unterschied von *Translation* und *Rotation* erkennen Sie am besten an einfachen Beispielen: Beim Polieren oder Schmirgeln macht die Hand zwar kreisende Bewegungen, führt aber keine Rotation, sondern eine Translationsbewegung aus: Alle Schmirgelkörner machen, wenn auch an verschiedenen Stellen, dieselben Kratzkurven (klemmen Sie ein paar Bleistifte in eine Hand und führen Sie Bewegungen aus wie beim Polieren; *Bild 149.2)*. Will man dagegen eine Schraube festziehen, so muß man um den Schraubendreher als Achse eine Rotationsbewegung mit der Hand ausführen. Mehr als einen Dreher kann man mit der Hand nicht bedienen!

Der Schraubenschlüssel in Versuch 75 führte zugleich eine Translation und eine Rotation aus. Die Rotation wurde durch ein *Drehmoment* erzeugt. Die Translation trennen wir nun ab und untersuchen zunächst nur reine Rotationen um festgehaltene Achsen durch den Schwerpunkt.

149.2 Schmirgelspuren sehen ähnlich aus.

Beim Einwirken von Kräften und Drehmomenten verformen sich reale Körper mehr oder weniger. Auch von dieser Verformung wollen wir absehen und – idealisierend – annehmen, die Körper seien „starr", das heißt, der Abstand von zwei beliebigen Punkten bleibe konstant. So kommen wir zur **Modellvorstellung starrer Körper.**

Bei der Modellvorstellung „starrer Körper" bezieht man die Raumausdehnung des Körpers, also auch Drehungen, ein, sieht aber von seiner Verformbarkeit ab.

Aufgaben:

1. *Welche Bahnkurven bezüglich der Erdoberfläche beschreiben die Punkte eines Rads eines fahrenden Eisenbahnwagens a) zwischen Achse und Auflagepunkt auf der Schiene; b) auf dem Radkranz in noch größerer Achsentfernung?*

2. *Wie bewegt sich für einen auf der Erde stehenden Beobachter die Blattspitze eines sich drehenden Flugzeugpropellers und eines Hubschrauberrotors, a) wenn das Flugzeug am Boden steht; b) wenn es fliegt?*

3. *Berechnen Sie die Winkelgeschwindigkeit eines Propellers, der* 1500 *Umdrehungen je Minute ausführt! Welche Bahngeschwindigkeit v hat ein Punkt im Achsabstand* 1,5 m*?*

4. *Das Schwungrad der Hochstromanlage in Garching (Bild 150.1) hat einen Radius von* 1,7 m. *Erreicht ein Punkt auf seinem Umfang bei der „Schleuderdrehfrequenz"* 1980/min *Schallgeschwindigkeit?*

150.1 Das leistungsfähigste Schwungrad der Welt

§ 44 Rotationsenergie

1. Wer rotiert, hat Energie!

Nehmen Sie einen Bleistift oder einen Stativstab. Wirbeln Sie ihn zu einer Rotationsbewegung um seine Längsachse. Dazu brauchen Sie nicht viel Energie. Dann versuchen Sie dasselbe um eine Querachse durch den Schwerpunkt: Dazu müssen Sie viel mehr Arbeit aufwenden. Obwohl in beiden Fällen die gleiche Masse beteiligt ist, steckt im zweiten Fall wegen der größeren Entfernung der meisten Masseteilchen von der Achse viel mehr Energie in dem sich drehenden Körper. Man nennt eine solche Energie **Rotationsenergie** W_{rot}.

In der Technik speichert man Energie oft in Form von Rotationsenergie. Gegenüber einer Speicherung als kinetischer Translationsenergie hat man dabei den Vorteil, daß der Körper und damit die Energie an einem Ort bleiben.

Beispiele für Speicher von Rotationsenergie sind *Schwungräder,* etwa von Verbrennungsmotoren (sie liefern Energie in den Zeiten zwischen den Arbeitstakten) und von Generatoren, die für kurzfristige hohe Energieabgabe ausgelegt sind *(Bild 150.1).*

Bei manchem Spielzeugauto läßt sich ein kleines Schwungrad auf hohe Drehfrequenz bringen. Nachdem man losgelassen hat, kann es über beachtliche Strecken fahren und auch Steigungen überwinden.

Den *Girobus* treibt ein an Haltestellen angetriebenes Schwungrad bis zur nächsten „Ladestation".

2. Energie – ausgerechnet aus Trägheitsmomenten

Betrachten wir einmal einen solchen rotierenden Körper von innen *(Bild 151.1)*! Eines seiner Teilchen mit der Masse m_1 im Abstand r_1 von der Achse hat nach *Gl. 149.1* die Geschwindigkeit $v_1 = \omega r_1$; seine kinetische Energie ist also

$$W_1 = \tfrac{1}{2} m_1 v_1^2 = \tfrac{1}{2}\omega^2 (m_1 r_1^2). \qquad (150.1)$$

Für andere Teilchen mit der Masse $m_2, m_3 \ldots$ im Abstand $r_2, r_3 \ldots$ von der Drehachse gilt dieselbe Gleichung. Die Rotationsenergie des ganzen Körpers erhält man, wenn man über alle Teilchen der Massen $m_1, m_2, m_3, \ldots$ summiert, die den Körper ausmachen:

$$W_{rot} = \frac{1}{2}\omega^2(m_1 r_1^2 + m_2 r_2^2 + m_3 r_2^2 + \ldots) = \frac{1}{2}\omega^2 \cdot \sum_i m_i r_i^2. \quad (151.1)$$

Dabei wurde das Summensymbol $\sum_i m_i r_i^2$ als Abkürzung für den Klammerausdruck benutzt. Man nennt ihn auch **Trägheitsmoment** J bezüglich der Drehachse:

$$J = \sum_i m_i r_i^2. \quad (151.2)$$

Seine Einheit ist kg m^2.

Mit dem Trägheitsmoment J finden Sie aus *Gl. 151.1* für die **Rotationsenergie** eines sich drehenden Körpers:

$$W_{rot} = \frac{1}{2}J\omega^2. \quad (151.3)$$

Die Gleichung $W_{trans} = \frac{1}{2}mv^2$ für die kinetische Energie eines Körpers mit der Masse m und der Bahngeschwindigkeit v ist ganz ähnlich gebaut: Der hier vorkommenden Masse m entspricht bei der Drehbewegung das Trägheitsmoment J; J steht wie m für die Trägheit, wie es schon der Name zeigt. Das Wort Moment kennen Sie von früher auch im Zusammenhang mit Drehbewegungen: Das Produkt Kraft mal Kraftarm hieß Drehmoment. Es war Maß für die Drehwirkung einer Kraft um eine Achse.

Bei der Berechnung von Trägheitsmomenten zählen Teilchen, die weiter außen liegen, stärker. Ihre Masse m_i wird mit einem größeren Faktor r_i^2 multipliziert. Zur Angabe eines Trägheitsmoments gehört die Angabe der Achse, auf die es sich bezieht: Lassen wir zum Beispiel einen Bleistift statt um seine Längsachse um eine dazu senkrechte Achse durch den Schwerpunkt S rotieren, so liegen die meisten seiner Masseteilchen m_i viel weiter von der Drehachse entfernt. Sie haben deshalb bei gleicher Winkelgeschwindigkeit weit größere Bahngeschwindigkeiten $v_i = \omega r_i$. Das Trägheitsmoment J und die Rotationsenergie $W_{rot} = \frac{1}{2}J\omega^2$ sind im zweiten Fall einige 100mal so groß.

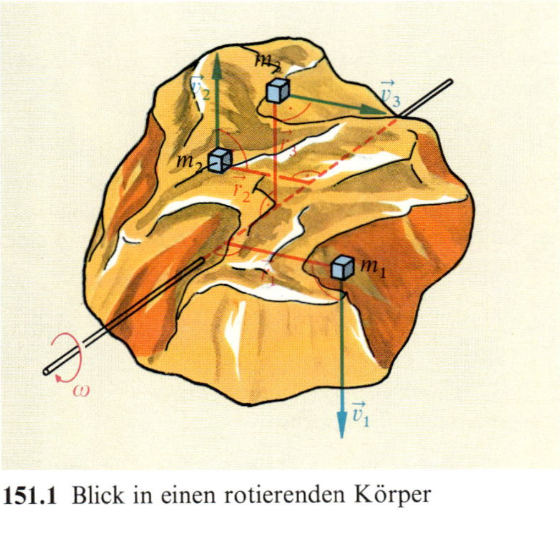

151.1 Blick in einen rotierenden Körper

Soll ein *Schwungrad* vorgegebener Gesamtmasse besonders viel Energie speichern können, so muß ein möglichst großer Teil seiner Masse außen im Radkranz konzentriert werden (Wulstform!) und der Radius dieses Kranzes muß möglichst groß sein.

Besteht ein Körper aus Masseteilchen m_i, die den Abstand r_i von der Achse haben, so nennt man

$$J = \sum_i m_i r_i^2 \quad (151.4)$$

das Trägheitsmoment um diese Achse.

Rotiert der Körper vom Trägheitsmoment J mit der Winkelgeschwindigkeit ω, so ist seine Rotationsenergie

$$W_{rot} = \frac{1}{2}J\omega^2. \quad (151.5)$$

Aufgaben:

1. *Eine Holzwalze und ein Stück Eisenrohr haben gleiche Abmessungen und gleiche Massen. Sind auch ihre Trägheitsmomente gleich?*

2. *2 Massenpunkte je mit der Masse m sind am Ende einer masselosen Stange befestigt. Diese Hantel rotiert um eine Achse, die senkrecht zur Stange durch ihren Mittelpunkt verläuft. Der Betrag der Geschwindigkeit der Massenpunkte nur auf Grund der Rotation sei* v_r. *Zudem verschiebt sich die Anordnung in Richtung der Drehachse mit der Geschwindigkeit* v_t. *Zeigen Sie, daß die gesamte kinetische Energie des Systems als Summe aus der kinetischen Energie infolge der translatorischen Bewegung des Schwerpunkts und der Rotationsenergie berechnet werden darf!*

3. *Das Schwungrad der Hochstromanlage in Garching (Bild 150.1) gibt bei der Verringerung seiner Drehfrequenz von* 1650/min *auf* 1275/min *in* 5 s *eine Energie von* 500 MWs *ab. a) Wie groß ist die durchschnittliche Leistung? b) Wie groß ist das Trägheitsmoment der rotierenden Massen?*

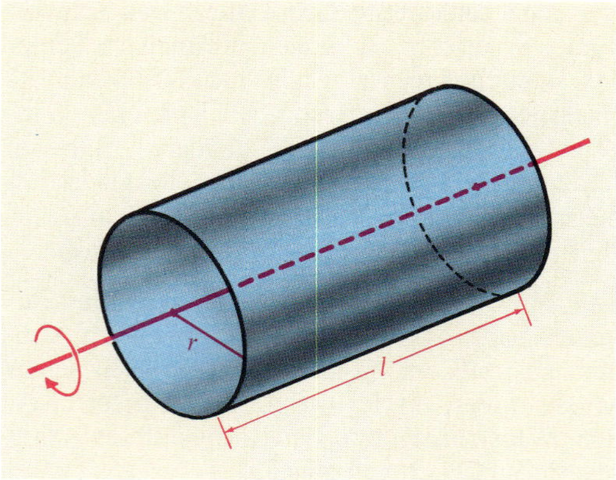

152.1 Zum Trägheitsmoment eines Rohres

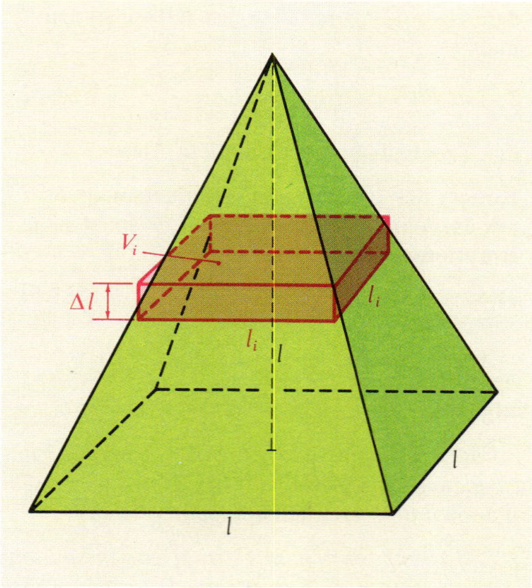

152.2 Zur Volumenberechnung einer quadratischen Pyramide

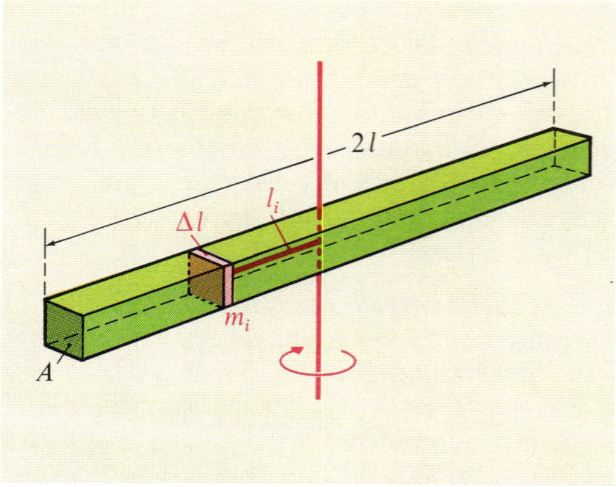

152.3 Zum Trägheitsmoment eines dünnen Stabes

§45 Berechnen von Trägheitsmomenten

1. Auf die Massenverteilung kommt es an!

a) *Das Trägheitsmoment eines Rohres bezüglich seiner Längsachse*

Ist die Wandstärke eines Ringes oder Rohres (Hohlzylinders) gering im Verhältnis zu seinem Halbmesser, so können Sie sein Trägheitsmoment einfach berechnen. Jedes Masseteilchen hat dann ja denselben Abstand r von der Drehachse *(Bild 152.1)*.

$$J = \sum_i m_i \cdot r_i^2 = \sum_i m_i \cdot r^2 = r^2 \sum_i m_i = m r^2. \quad (152.1)$$

b) *Das Trägheitsmoment eines dünnen langen Stabes bezüglich einer Achse senkrecht zum Stab durch seinen Mittelpunkt*

Ein günstiger Zufall erlaubt die Berechnung dieses Trägheitsmoments. Die dabei auftretende Summe $\sum l_i^2 \cdot \Delta l$ kennen Sie nämlich von der folgenden Volumenberechnung einer quadratischen Pyramide mit der Kantenlänge l und der Höhe l *(Bild 152.2)*: Als Volumenelement betrachten wir eine quadratische Scheibe parallel zur Grundfläche mit der Kantenlänge l_i und der Höhe Δl:

$V_i = l_i^2 \cdot \Delta l$. Also ist $V = \sum_i V_i = \sum_i l_i^2 \cdot \Delta l$, und dieses Volumen kennen Sie schon aus einer anderen Berechnungsart:

$$\sum_i l_i^2 \cdot \Delta l = \frac{l^3}{3}. \quad (152.2)$$

Nun zur Berechnung des Trägheitsmoments des Stabes *(Bild 152.3)*: Seine Länge sei $2l$, sein relativ kleiner Querschnitt A, seine Dichte ϱ. Sie dürfen so rechnen, als ob es sich um punktförmige Massenelemente $m_i = \varrho A \cdot \Delta l$ im Abstand l_i von der Achse handelte: $J = 2 \sum_i m_i l_i^2$, wobei die Summe nur über eine Stabhälfte zu berechnen ist:

$J = 2 \sum_i \varrho A \cdot \Delta l \cdot l_i^2 = 2 \varrho A \sum_i l_i^2 \cdot \Delta l$; nach *Gl. 152.2* ist

also $J = 2 \varrho A \frac{l^3}{3}$. Die Masse des Stabes ist $m = 2 \varrho A l$, also

$$J = \frac{1}{3} m l^2. \quad (152.3)$$

Setzen Sie schließlich für die Gesamtlänge $2l$ des Stabes die Bezeichnung L, das heißt $l = L/2$, so erhalten Sie für das Trägheitsmoment des Stabes um eine Querachse durch den Schwerpunkt.

$$J = \frac{m L^2}{12}. \quad (152.4)$$

c) *Das Trägheitsmoment eines Zylinders bezüglich seiner Längsachse*

Ein Zylinder habe den Halbmesser r, die Länge l und sei aus einem homogenen Stoff der Dichte ϱ.

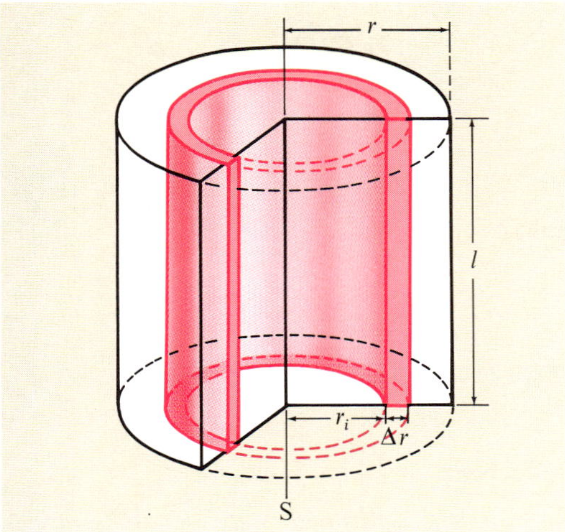

153.1 Zum Trägheitsmoment eines Zylinders

Als Volumenelement betrachten wir einen Hohlzylinder vernachlässigbar kleiner Wandstärke Δr mit dem Halbmesser r_i, dem Umfang $2\pi r_i$ und der Länge l *(Bild 153.1)*. Seine Masse ist $m = 2\pi \cdot r_i \cdot \Delta r \cdot l \cdot \varrho$. Für das Trägheitsmoment des ganzen Zylinders erhalten wir $J = \sum_i 2\pi r_i l \varrho r_i^2 \cdot \Delta r = 2\pi \varrho l \cdot \sum_i r_i^3 \Delta r$.

Mit Hilfe der Integralrechnung findet man

$\sum_i r_i^3 \cdot \Delta r = \frac{1}{4} r^4$. Damit wird

$$J = \frac{2\pi \varrho r^4 \cdot l}{4} = \frac{\pi \varrho r^2 l r^2}{2} = \frac{m r^2}{2}. \qquad (153.1)$$

d) *Das Trägheitsmoment einer Kugel*

Ebenfalls mit Hilfe der Integralrechnung kann man das Trägheitsmoment einer homogenen Kugel vom Radius r und der Masse m ermitteln. Als Ergebnis findet man für alle Achsen durch den Mittelpunkt

$$J = \frac{2}{5} m r^2. \qquad (153.2)$$

2. Das Trägheitsmoment macht Körper träger

Wir wollen die verschiedenen Werte für Körper mit gleicher Masse und gleichem Radius vergleichen.

Für den Stab fanden wir	$J = \frac{1}{3} m r^2$,
für die Vollkugel	$J = \frac{2}{5} m r^2$,
für den Vollzylinder	$J = \frac{1}{2} m r^2$,
und für den Hohlzylinder	$J = m r^2$.

Die Ausdrücke unterscheiden sich nur durch einen immer größer werdenden Faktor, der offenbar angibt, wie weit sich die Massenkonzentration aus der Nähe der Achse nach außen verlagert hat. Beim Hohlzylinder – und deshalb auch bei einem Ring vernachlässigbarer Dicke – ist schließlich der gleiche Wert erreicht, den ein im Abstand r um eine Achse kreisender Massenpunkt der Masse m besitzt; sein Trägheitsmoment ist auch $J = m r^2$.

Musteraufgabe: Ein Rohr vernachlässigbarer geringer Wandstärke und ein Vollzylinder rollen reibungsfrei eine schiefe Ebene hinab. Man bestimme die Geschwindigkeit v ihrer Schwerpunkte, wenn sich diese aus der Ruhe heraus um die Höhe h gesenkt haben! Es sollen gleiche Ausdehnung und gleiche Massen angenommen werden. Man bestimme auch den Wert für einen reibungsfrei gleitenden Körper!

Lösung: Beim reibungsfrei gleitenden Körper wird die Lageenergie in Bewegungsenergie überführt:

$$\tfrac{1}{2} m v^2 = G h = m g h \Rightarrow v_i = \sqrt{2 g h}.$$

Beim Rollen hängt die Winkelgeschwindigkeit nach $v = \omega r$ mit der Geschwindigkeit v der Translation des Schwerpunktes zusammen. Man sieht das leicht ein, wenn man sich vorstellt, die schiefe Ebene werde bei festgehaltener Achse des Rollkörpers reibend ohne „Schlupf" mit der Geschwindigkeit v an diesem vorbeigeführt. Die Winkelgeschwindigkeit beim Rollen ist also:

$$\omega = \frac{v}{r}. \qquad (153.3)$$

Bei den Rollkörpern wird die Lageenergie $m g h$ auf die kinetische Energie der translatorischen Bewegung $\frac{1}{2} m v^2$ des Schwerpunkts und die Rotationsenergie $\frac{1}{2} J \omega^2$ um die Längsachse durch den Schwerpunkt aufgeteilt. Energie darf man als Skalare addieren. Also gilt:

$$\tfrac{1}{2} m v^2 + \tfrac{1}{2} J \omega^2 = m g h;$$

$$\tfrac{1}{2} m v^2 + \tfrac{1}{2} J \left(\frac{v}{r}\right)^2 = m g h;$$

$$\tfrac{1}{2} v^2 \left(m + \frac{J}{r^2}\right) = m g h \Rightarrow v = \sqrt{\frac{2 m g h}{m + \frac{J}{r^2}}}. \qquad (153.4)$$

Die Trägheitsmomente sind nach *Gl. 152.1* für das Rohr $J = m r^2$, für den Zylinder nach *Gl. 153.1* $J = \frac{m r^2}{2}$. Man findet $v_{\text{Rohr}} = \sqrt{g h}$, $v_{\text{Zyl}} = \sqrt{\frac{4 g h}{3}}$. Bei fehlender Drehung, also bei $J = 0$, geht *Gl. 153.4* in die für den gleitenden Körper gefundene Gleichung $v = \sqrt{2 g h}$ über.

Die größte Geschwindigkeit erreicht der gleitende Körper, die geringste das rollende Rohr. Die erreichten Geschwindigkeiten sind unabhängig vom Radius und von der Masse. Eine besonders kleine Geschwindigkeit würde ein *Maxwellsches Rad (Bild 76.2)* erreichen, das mit den beiden dünnen Achsenden auf der schiefen Ebene aufliegt und dessen Radkörper in einen passend angebrachten Schlitz der schiefen Ebene hineinragt. Bei ihm ist r in *Gl. 153.3* klein und der Anteil der Rotationsenergie besonders groß.

3. Der Steinersche Satz

Bei allen berechneten Beispielen war die Drehachse eine Achse durch den Schwerpunkt. Jetzt wollen wir uns dem Fall zuwenden, bei dem die Drehachse im Abstand d parallel zu einer Schwerpunktachse verläuft.

In *Bild 154.1* ist eine Schnittebene durch einen Körper mit einem beliebig herausgegriffenen Masseteilchen m_i eingezeichnet. Der Körper dreht sich um eine durch D gehende Achse. Diese Achse steht senkrecht auf der Schnittebene. Die dazu parallele Schwerpunktachse geht durch S. Die übrigen Benennungen entnehmen Sie dem Bild. Die anderen Masseteilchen liegen in derselben oder in anderen dazu parallelen Schnittebenen des Körpers. (Die Umrißlinien müssen nicht gleich sein!)

Das Trägheitsmoment des Körpers bezüglich der Achse durch D ist nach dem *Cosinus-Satz*

$$J_D = \sum_i m_i l_i^2 = \sum_i m_i (r_i^2 + d^2 - 2 r_i d \cdot \cos \alpha_i) =$$
$$= \sum_i m_i r_i^2 + \sum_i m_i d^2 - 2d \sum_i m_i r_i \cdot \cos \alpha_i. \qquad (154.1)$$

Die erste Summe in *Gl. 154.1* ist das uns bekannte Trägheitsmoment des Körpers bezüglich der Schwerpunktachse. Die zweite Summe ist das Trägheitsmoment der im Schwerpunkt vereinigt gedachten Körpermasse m. Sie läuft ja im Abstand d um die Drehachse durch D. Zur Berechnung der dritten Summe stellen wir uns vor, $\overline{SD}$ liege waagerecht, was wir immer so einrichten können. Da $r_i \cdot \cos \alpha_i = x_i$ ist, gilt nach *Gl. 91.1* (S ist Schwerpunkt):

$$\sum_i m_i r_i \cdot \cos \alpha_i = \sum_i m_i x_i = 0.$$

Diese Gleichung gilt für jede Lage des Körpers bezüglich dieser Schwerpunktachse. Deshalb durften wir uns für unsere Überlegung AB als waagerecht vorstellen. Damit ist der Wert der dritten Summe Null. Wir haben den **Steinerschen Satz** gefunden:

Das Trägheitsmoment eines Körpers der Masse *m* bezüglich einer Achse, die im Abstand *d* parallel zu einer Schwerpunktachse verläuft, ist gleich dem Trägheitsmoment des Körpers um die Schwerpunktachse plus dem Trägheitsmoment der in S vereinigt gedachten punktförmigen Körpermasse *m*, die um die Achse umläuft:

$$J = J_S + m d^2. \qquad (154.2)$$

Beispiel: Das Trägheitsmoment einer Kugel bezüglich einer Achse, die die Kugel berührt: Wir haben für das Trägheitsmoment einer Kugel bezüglich einer Achse durch den Mittelpunkt mitgeteilt: $J_m = \frac{2}{5} m r^2$. Das Trägheitsmoment der Körpermasse m im Abstand r als Massenpunkt ist $J_r = m r^2$. Das gesuchte Trägheitsmoment ist also $J = J_m + J_r = \frac{7}{5} m r^2$.

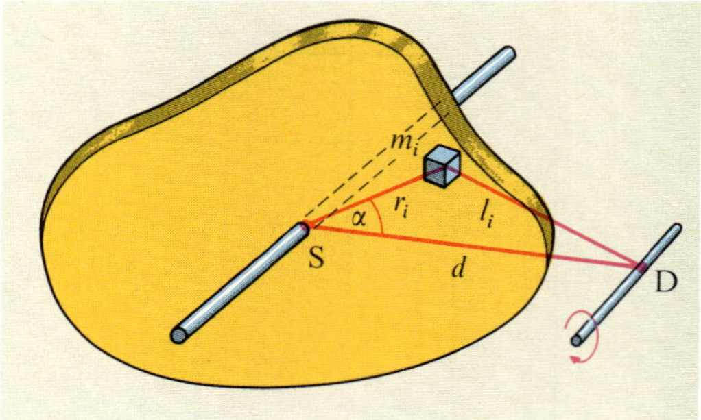

154.1 Zum *Steinerschen Satz*

Aufgaben:

1. *In welchem Abstand* r_0 *von der Achse müßte man die Masse m einer Scheibe punkt- oder ringförmig vereinigen, damit das Trägheitsmoment bezüglich der Figurenachse erhalten bleibt?*

2. *Wie groß ist das Trägheitsmoment einer runden Eisenscheibe von* 10 t *Masse und* 0,50 m *Dicke, wenn sie um ihre Figurenachse rotiert* ($\varrho = 7{,}86$ g/cm³)*? Welche Rotationsenergie hat sie bei der Drehfrequenz* $n = 50 \frac{1}{s}$*?*

3. *Rechnen Sie die Angabe auf Seite 151 nach, das Trägheitsmoment eines Bleistifts sei in der Maximallage etwa* 1000*mal so groß wie in der Minimallage! (Länge* $L = 16$ cm, *Durchmesser* $2r = 7$ mm, *aus homogenem Stoff).*

4. *Berechnen Sie nach Bild 154.2 das Trägheitsmoment eines Quaders um die y-Achse, indem Sie Volumenelemente* V_i *annehmen und die Teilmomente der Massenelemente* $m_i = \varrho b c \cdot \Delta x$ *summieren! Überlegen Sie, warum für das Trägheitsmoment einer solchen Teilmasse (bezüglich einer Drehachse durch ihren Schwerpunkt parallel zur eingezeichneten y-Achse) dieselbe Gleichung wie für einen dünnen Stab gilt!*

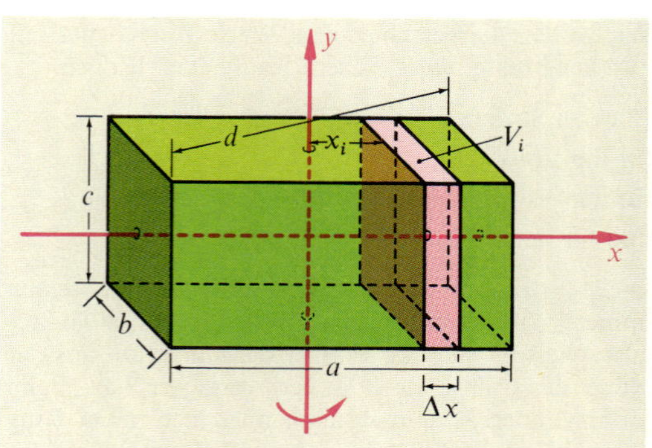

154.2 Zum Trägheitsmoment eines Quaders

§46 Drehmoment und Rotation

1. Wir lernen vom Fahrradreifen

Ein *Reifen* (Fahrradfelge) ist nach *Bild 155.1* über drei gleich lange Schnüre an einem Metallhütchen aufgehängt. Das Hütchen ruht auf einer Kugellagerkugel, die sich fast reibungslos in einer Achatschale drehen kann. Auf den zylindrischen Umfang des Hütchens ist ein dünner Faden gewickelt, an dem über eine Rolle ein angehängtes Massestückchen zieht. Es übt mit seiner Gewichtskraft G am Reifen das konstante Drehmoment $M = Fr = Gr$ aus (Mittelstufenband, Seite 57). Damit es zunächst den Reifen nicht in Rotation versetzt, ist am Reifenumfang ein kleiner Stift angebracht. Er liegt vor dem Start an einem Haltestab mit Fuß an und verhindert eine Drehbewegung. Zum Starten nimmt man die Haltevorrichtung vorsichtig weg.

Versuch 76: Der Reifen beginnt sich um seine vertikale Symmetrieachse zu drehen. Wir bestimmen zu verschiedenen Zeiten t den kreisbogenförmigen Weg b, den ein Punkt seines Umfangs aus der Ruhe heraus zurückgelegt hat. Wir finden mit großer Genauigkeit $b \sim t^2$ oder mit der konstanten Bahnbeschleunigung a:

$$b = \tfrac{1}{2} a t^2. \qquad (155.1)$$

Jeder Punkt des Reifens macht also nach Seite 24 eine gleichmäßig beschleunigte Bewegung auf einer Kreisbahn. Er erreicht in der Zeit t nach *Gl. 24.2* die Bahngeschwindigkeit

$$v = a t. \qquad (155.2)$$

Seine Winkelgeschwindigkeit zur Zeit t ist

$$\omega = \frac{v}{r} = \frac{a t}{r}. \qquad (155.3)$$

Sie ist bei konstantem a und r proportional zu t. Es gilt:

$$\omega = \alpha t. \qquad (155.4)$$

Der Proportionalitätsfaktor

$$\alpha = \frac{\omega}{t} \qquad (155.5)$$

heißt **Winkelbeschleunigung;** Einheit: rad/s^2.

Nach den beiden *Gl. 155.5* und *155.3* ist

$$\alpha = \frac{a}{r}; \qquad a = \alpha r. \qquad (155.6)$$

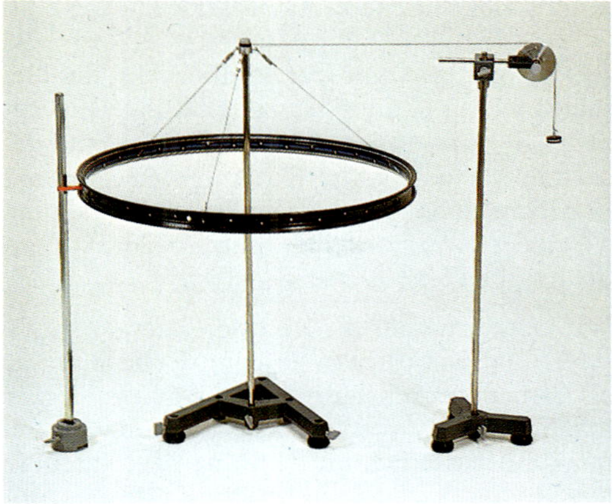

155.1 Reifenapparat

Durch das konstante Drehmoment $M = Fr$ ist der Reifen in unserem Versuch zu einer Drehung mit konstanter Winkelbeschleunigung α veranlaßt worden.

Nun interessiert noch der Winkel φ, um den sich der Reifen aus der Ruhe heraus in der Zeit t dreht. Nach *Gl. 155.1* ist der zurückgelegte Bogen $b = \frac{1}{2} a t^2$.

Division durch r ergibt $\frac{b}{r} = \frac{1}{2} \frac{a}{r} t^2$. Nach *Gl. 149.2* und *155.6* ergibt dies

$$\varphi = \frac{b}{r} = \frac{1}{2} \alpha t^2. \qquad (155.7)$$

Unter der (konstanten) Winkelbeschleunigung α eines Körpers, der aus der Ruhe heraus in eine Drehbewegung versetzt wird, versteht man den Quotienten aus erreichter Winkelgeschwindigkeit ω und Zeit t:

$$\alpha = \frac{\omega}{t}. \qquad \textbf{(155.8)}$$

Jeder Radius des Körpers überstreicht in dieser Zeit den Winkel

$$\varphi = \tfrac{1}{2} \alpha t^2. \qquad \textbf{(155.9)}$$

Beispiel: Hat der Reifen die Winkelbeschleunigung $\alpha = \frac{\omega}{t} = \frac{\pi}{100} \frac{\text{rad}}{\text{s}^2}$, so kommt er aus der Ruhe heraus in $t = 10$ s auf die Winkelgeschwindigkeit $\omega = \alpha t = \frac{\pi}{10} \frac{\text{rad}}{\text{s}} = 18° \frac{1}{\text{s}}$. Er hat dann einen Winkel $\varphi = \frac{1}{2} \alpha t^2 = 0{,}5\pi$ rad $= 90°$ zurückgelegt.

2. Drehmoment und Winkelbeschleunigung

Bei Translation gilt bekanntlich für die Beschleunigung a eines Massenpunktes die Gleichung $F = ma$ *(Gl. 30.1)*. Gibt es eine entsprechende Gleichung für Rotationsbewegungen? Wie berechnen wir die Winkelbeschleunigung α bei der Rotation eines starren Körpers um die festgehaltene Achse?

Wir kennen bereits die Rotationsenergie $W_{rot} = \frac{1}{2}J\omega^2$ und wissen, wie sie beim Reifenapparat als Arbeit in den zunächst ruhenden Körper hineingesteckt wurde: Dort hatte das angehängte Massestück am Umfang des Hütchens mit Radius r eine tangentiale Kraft bewirkt. Dreht sich der Reifen aus der Ruhe heraus um den Winkel φ, so wird die Arbeit $W = Fb = Fr\varphi = M\varphi$ verrichtet. Nach *Gl. 155.9* folgt

$$W = \tfrac{1}{2}M\alpha t^2. \tag{156.1}$$

Gleichsetzen mit W_{rot} liefert:

$$\tfrac{1}{2}M\alpha t^2 = \tfrac{1}{2}J\omega^2 = \tfrac{1}{2}J\,(\alpha t)^2$$
$$\Rightarrow M = J\alpha. \tag{156.2}$$

Mit dem Produkt $M = Fr$ bezeichneten wir auf der Mittelstufe das Drehmoment beim ruhenden Wellrad und Hebel. Jetzt sehen wir, daß es auch proportional zur Winkelbeschleunigung ist, wenn ein Körper um eine festgehaltene Achse durch ein Drehmoment zur Rotation gebracht wird. Als Trägheitsfaktor tritt nicht die Masse, sondern das ihr bei Drehungen adäquate Trägheitsmoment J auf.

Wirkt auf einen drehbaren Körper ein Drehmoment M bezüglich einer festgehaltenen Achse, so entsteht eine Drehbewegung mit der Winkelbeschleunigung α nach

$$M = J\alpha. \tag{156.3}$$

Mißt man das Drehmoment M und die Winkelbeschleunigung α, so kann man aus dieser Gleichung ein noch unbekanntes Trägheitsmoment J um eine festgehaltene Achse berechnen.

Gl. 155.4, $\omega = \alpha t$, stellt die Winkelgeschwindigkeit-Zeit-Beziehung der entstehenden Drehbewegung mit konstanter Winkelbeschleunigung dar; *Gl. 155.7*, $\varphi = \frac{1}{2}\alpha t^2$, gibt ihre Winkel-Zeitbeziehung wieder. Wir sehen, daß die Gleichungen für Drehbewegungen um festgehaltene Achsen mit konstantem Drehmoment genau den Gleichungen für Verschiebungen bei konstanter Kraft entsprechen.

Musteraufgabe: Ein Reifen hat eine Masse $m = 0{,}8$ kg und einen Radius $r = 0{,}3$ m. Seine Dicke kann vernachlässigt werden. Am Hütchen wirkt tangential die Gewichtskraft 20 cN eines angehängten Massestücks. Der Kraftarm ist $r_0 = 1$ cm. (Die Reibung ist durch ein zusätzlich angehängtes Massestückchen ausgeglichen.)

a) Wie groß ist die Winkelbeschleunigung α?

b) Welche Winkelgeschwindigkeit ω erreicht der Reifen aus der Ruhe heraus nach $t = 30$ s?

c) Um welchen Winkel φ dreht sich der Reifen in dieser Zeit?

Lösung: a) Trägheitsmoment des Reifens:
$J = mr^2 = 0{,}8\ \text{kg}\cdot 0{,}3^2\ \text{m}^2 = 0{,}072\ \text{kg m}^2$.

Aus $Fr_o = J\alpha$ folgt $\alpha = \dfrac{Fr_o}{J} =$

$\dfrac{0{,}2\ \text{N}\cdot 0{,}01\ \text{m}}{0{,}072\ \text{kg m}^2} \approx 0{,}028\ \text{rad s}^{-2} = 1{,}59°\ \text{s}^{-2}$.

b) $\omega = \alpha t = 0{,}028\ \text{rad s}^{-2}\cdot 30\ \text{s} \approx 0{,}84\ \text{rad s}^{-2}$
$\approx 48{,}1°\ \text{s}^{-1}$.

c) $\varphi = \frac{1}{2}\alpha t^2 = 0{,}5\cdot 0{,}028\ \text{rad s}^{-2}\cdot 900\ \text{s}^2$
$\approx 12{,}6\ \text{rad} \approx 722°$.

Bemerkung: φ kann leicht gemessen werden. ω findet man, wenn man nach $t = 30$ s die Masse m_o abhebt und den in einer vorgegebenen Zeit zurückgelegten Drehwinkel bestimmt. Die Drehbewegung ist dann mit der erreichten Winkelgeschwindigkeit gleichförmig geworden. Der Versuch bestätigt unsere Ableitungen!

3. Vektorielles zur Drehbewegung

Bei $\vec{v} = \dfrac{\vec{s}}{t}$ hatten die Vektoren $\vec{v}$ und $\vec{s}$, bei $\vec{F} = m\vec{a}$ die Vektoren $\vec{F}$ und $\vec{a}$ die gleiche, aus dem Augenschein folgende Richtung. Auch die für Drehbewegungen um Achsen maßgebenden Größen M, ω und α sind außer durch ihre Zahlenwerte durch die Lage dieser Achsen im Raum festgelegt. Sie haben Vektorcharakter. Aber welche Richtung sollen diese Vektoren haben? Dazu folgende Überlegung: Sie drehen einen Korkenzieher in einen Flaschenkorken *(Bild 157.1)*. Ihre Kräfte zeigen längs der Schraubenbahn in die verschiedensten Richtungen. Einheitlich ist aber, daß der Korkenzieher bei Drehung im Uhrzeigersinn sich längs der Drehachse in den Korken bohrt. Also legen wir sinnvollerweise den $\vec{M}$-Vektor in die Achse, und zwar auf die Flasche zu gerichtet. Würden

157.1 Drehmomente am Korkenzieher

wir mit einem solchen Drehmoment ein Schwungrad antreiben, so wäre es auch sinnvoll, dem Vektor der Winkelbeschleunigung $\vec{\alpha}$ die gleiche Achsenrichtung zu geben. Wir können dann schreiben: $\vec{M}=J\vec{\alpha}$. Trägt man auch den Vektor $\vec{\omega}$ der Winkelgeschwindigkeit so ein, so darf auch *Gl. 155.4* als Vektorgleichung geschrieben werden: $\vec{\omega}=\vec{\alpha}\,t$. Es hat sich gezeigt, daß man bei dieser Festlegung auch bei Drehbewegungen um feste Achsen Vektorgrößen einsetzen und die Gleichungen nach den Gesetzen der Vektorrechnung behandeln darf. So zeigt das entgegengesetzt gleiche Drehmoment $-\vec{M}$ der die Flasche haltenden anderen Hand aus der Flasche heraus und kann dem der drehenden Hand das Gleichgewicht halten.

Das Drehmoment $\vec{M}$, die Winkelgeschwindigkeit $\vec{\omega}$ und die Winkelbeschleunigung $\vec{\alpha}$ sind Vektorgrößen. Ihre Vektoren werden in der Richtung in die Drehachse eingezeichnet, in der sich ein Korkenzieher in der Achse fortbewegen würde, wenn er im Sinne der Rotationsbewegung gedreht würde. Es gilt:

$\vec{\omega}=\vec{\alpha}\,t$ und $\vec{M}=J\vec{\alpha}$.

4. „Gleichgewicht" am starren Körper

Ein Massenpunkt ist im Gleichgewicht, wenn die Vektorsumme aller auf ihn wirkenden Kräfte Null ist. Diese Bedingung für den Zustand der Ruhe reicht beim starren Körper offenbar nicht aus: Zwei gegengleiche Kräfte, ein sogenanntes Kräftepaar, haben zwar die Vektorsumme Null, können aber trotzdem ein Drehmoment ausüben. Das sehen Sie zum Beispiel am Kräftepaar, das in *Bild 157.1* auf den Griff des Korkenziehers wirkt. Die starre Flasche ist erst dann in Ruhe, wenn auch die Vektorsumme der auf sie wirkenden Drehmomente Null ist. In *Bild 157.1* wird dies durch das entgegengerichtete Drehmoment der die Flasche haltenden Hand bewirkt. Bereits in der Mittelstufe haben wir beim ruhenden Hebel nicht vom Kräftegleichgewicht, sondern vom Drehmomentenausgleich gesprochen.

Ein starrer Körper bleibt in Ruhe, wenn die Vektorsumme aller auf ihn wirkenden Kräfte und die aller auf ihn wirkenden Drehmomente Null ist.

Aufgaben:

1. *Eine hölzerne Fadenrolle liegt auf rauher waagerechter Unterlage. Diskutieren Sie, was eintritt, wenn Sie ein Stück Faden abwickeln und an seinem Ende vorsichtig ziehen,*

a) bei waagerecht liegendem Faden, der vom unteren Teil der Rolle wegläuft;

b) wenn Sie daraufhin den Neigungswinkel des Fadens immer mehr vergrößern!

Bedenken Sie, daß die Momentandrehachse die Verbindung der Auflagepunkte der Rolle ist!

2. *Auf ein Schwungrad (Radius* $r=0{,}50$ m; *Trägheitsmoment* $J=5$ kg m^2*) ist ein Seil gewickelt, an dem man mit der konstanten Kraft* 300 N *zieht. Wie groß ist die Winkelbeschleunigung* α*? Welche Winkelgeschwindigkeit* ω *und welche Rotationsenergie* W_{rot} *hat das Rad nach* $t=10$ s *erreicht? Nach welcher Zeit hat es eine Umdrehung, nach welcher vier Umdrehungen ausgeführt? Wieviel Umdrehungen hat es in den ersten* 10 s *ausgeführt?*

3. *Eine Tür mit Trägheitsmoment* $J=16$ kg m^2 *erfährt über einen Hebelarm von* 0,8 m *die Kraft* $F=30$ N. *Welche Winkelbeschleunigung* α *erfährt sie? Welche Winkelgeschwindigkeit* ω *hat die Tür nach* 1 s? *Um welchen Winkel* φ *hat* *sie sich dann gedreht, nach welcher Zeit t hat sie sich um* 90° *aus der Ruhe heraus gedreht? Von Bewegungswiderständen sei abgesehen.*

4. *Ein Propeller führt* 1500 *Umdrehungen je Minute aus. Welche konstante Winkelbeschleunigung hat er, wenn diese Drehfrequenz aus der Ruhe heraus nach* 3 s *erreicht ist? Wie viele Umdrehungen hat er dann ausgeführt?*

5. *Ein Schwungrad hat nach* 100 *Umläufen die Drehfrequenz* $50\,\frac{1}{\mathrm{s}}$. *Wie groß sind die als konstant angenommene Winkelbeschleunigung* α *und die zum Anfahren nötige Zeit* t?

6. *Hängt der Vektor der Winkelgeschwindigkeit des Sekundenzeigers einer Uhr von der Länge des Zeigers ab? Gib Größe und Richtung an!*

7. *a) Bei Translationen gilt für die Leistung die Gleichung* $P=\frac{W}{t}=\frac{Fs}{t}=Fv$. *Wie wird sie mit Größen der Rotationsbewegung geschrieben lauten? b) Leiten Sie sie streng ab, indem Sie* v *durch* ω *ausdrücken und dann* F *durch* M*! Beim Garchinger Hochstromgenerator (Bild 150.1 und Aufgabe 4 auf Seite 150) bringt ein Elektromotor ein Schwungrad auf hohe Drehfrequenz, dessen Rotationsenergie dann für wenige Sekunden einen Generator treibt. Der Motor gibt bei* $f=$ 1650/min *eine Leistung von* 7,5 MW *ab. Das Trägheitsmoment der drehenden Massen ist* $J=82\cdot 10^3\ \mathrm{m^2\,kg}$. *c) Welches Drehmoment* M *übt der Motor auf das Schwungrad aus? d) Welche Winkelbeschleunigung* α *erfährt dabei das Schwungrad? e) Wie lange braucht der Motor, um das Schwungrad von einer Drehfrequenz von* 1275/min *auf* 1650/min *zu bringen, vorausgesetzt sein Drehmoment und daher die Winkelbeschleunigung bleiben konstant? f) Welche durchschnittliche Leistung gibt das Schwungrad an den Generator ab, wenn* f *in* 5 s *von* 1650/min *wieder auf* 1275/min *absinkt?*

§47 Drehimpuls und seine Erhaltung

1. Ein neuer Dreh: der Drehimpuls

Wir haben bisher Drehbewegungen um Achsen untersucht, die festgehalten wurden und zudem Symmetrieachsen waren (Reifen). Dabei fanden wir Rotationsgrößen, die den translatorischen entsprechen. In diesem speziellen Fall war zum Beispiel die Gleichung $\vec{F}=m\vec{a}$ der Beziehung $\vec{M}=J\vec{\alpha}$ analog. Haben wir ähnliche Parallelen, wenn es sich nicht um eine Symmetrieachse handelt, wenn zum Beispiel im extremen Fall nur ein Massenpunkt – wie bei der Planetenbewegung – eine **Zentralkraft** erfährt?

Versuch 77: Wir befestigen ein starkwandiges enges Glasrohr mit glattgeschmolzenen Enden in lotrechter Lage. Durch das Rohr führen wir einen kräftigen Perlonfaden, den wir unter dem Rohr festklemmen. Am anderen Ende wird eine Metallkugel angebracht. Mit der Hand erteilen wir der Kugel bei (fast) waagerecht gespanntem Faden eine solche Anfangsgeschwindigkeit, daß sich die Kugel auf waagerechter Kreisbahn mit konstanter Winkelgeschwindigkeit bewegt *(Bild 158.1)*. Nun ziehen wir an dem festgeklemmten Fadenende nach unten und halten es dann wieder fest. Wir bemerken, daß jetzt die Kugel viel rascher umläuft. Unsere erste Vermutung, die Bahngeschwindigkeit sei erhalten geblieben und nur die Winkelgeschwindigkeit wegen des kleineren Halbmessers gewachsen, erweist sich als falsch:

Erinnern wir uns an die *Keplerbewegung (Bild 126.2)*. Dort zieht die Gravitationskraft den Planeten von der Sonnenferne P_A zur Sonnennähe P_P heran. Sie steht schräg zur Bahn. Wir betrachten ihre Tangentialkomponente $\vec{F}_t$ längs der Bahn. Sie macht den Körper schneller, erhöht also seine Bewegungsenergie. Die senkrecht zur Bahn stehende Komponente wirkt als Zentripetalkraft $\vec{F}_z$ und erzwingt die Krümmung der Bahn. Auf Seite 126 erkannten wir, daß der von S ausgehende Fahrstrahl in gleichen Zeiten

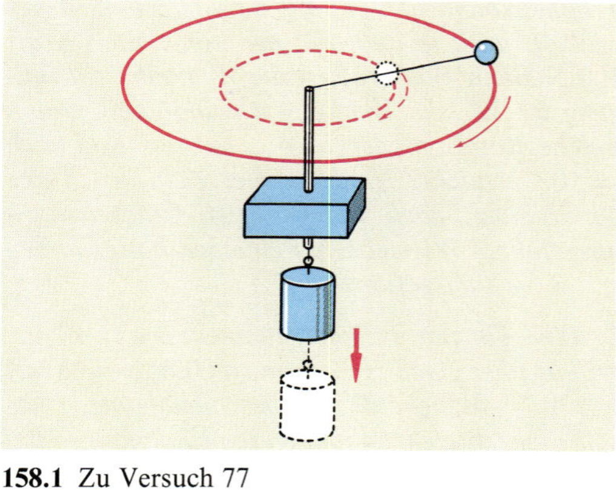

158.1 Zu Versuch 77

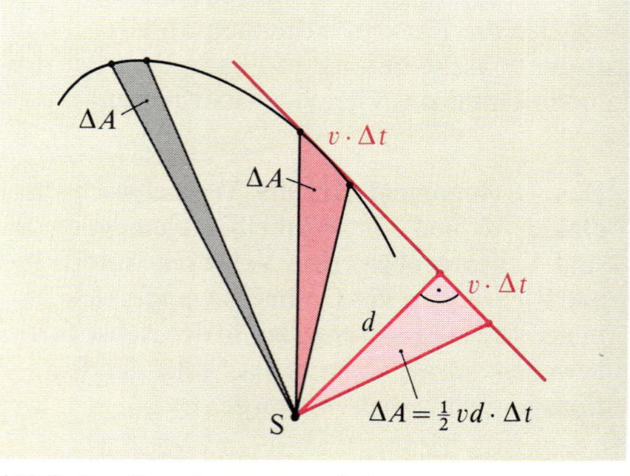

158.2 Zur Berechnung von ΔA

gleiche Flächen überstreicht. Das heißt: Die „Flächengeschwindigkeit" bleibt immer gleich,

$$\frac{\Delta A}{\Delta t} = \text{konst.} \qquad (159.1)$$

An die Bahnkurve in *Bild 158.2* sind zwei solcher gleichen Flächen ΔA für kurze Zeiten Δt eingezeichnet, die eine grau, die andere rot getönt. Sie können als sehr spitzwinklige Dreiecke mit der kleinen Seite $v \cdot \Delta t$ angesehen werden. In das hellrote Dreieck ist die Höhe d als Lot vom Kraftzentrum S auf die kleine Seite eingetragen. Die gleichbleibende Fläche ΔA berechnet sich zu $\Delta A = \frac{1}{2} v \cdot \Delta t \cdot d$. Damit ist

$$\frac{\Delta A}{\Delta t} = \tfrac{1}{2} v d = \text{konst.} \qquad (159.2)$$

Die einzige Voraussetzung für die Richtigkeit dieser Gleichung ist, daß es sich um eine Zentralkraft handelt; diese Voraussetzung ist bei der Bewegung nach Versuch 77 erfüllt. Über die Größe und zeitliche Änderung der Zentralkraft mußte nichts vorausgesetzt werden. *Ihr Drehmoment ist stets Null.*

Aus der translatorischen Größe Kraft F bekommen wir durch Multiplikation mit dem Kraftarm d die rotatorische Größe Drehmoment $M = Fd$. Der Vektor $\vec{M}$ wird nach der Korkenzieherregel in Richtung der Drehachse eingezeichnet. Ganz analog dazu multiplizieren wir nun die translatorische Größe Impuls $p = mv$ mit ihrem „Arm" d. So erhalten wir die rotatorische Größe

Drehimpuls $\boldsymbol{L = p\, d = m\, v\, d}$ **(159.3)**

mit der Einheit kg m² s⁻¹. Dabei ist der Impulsarm d der Abstand der Geraden, in der der Impulsvektor $\vec{p} = m\vec{v}$ liegt, vom Kraftzentrum S. Der Vektor $\vec{L}$ steht im Bezugspunkt senkrecht auf der Bahnebene. Seine Richtung bestimmt die Korkenzieherregel. Um eine dem Impulserhaltungssatz entsprechende Aussage zu finden, multiplizieren wir *Gl. 159.2* mit $2m$:

$$2m \frac{\Delta A}{\Delta t} = mvd = pd = L = \text{konst.} \qquad (159.4)$$

Da sich die Bahnebene nicht ändert, heißt das: Bei Zentralbewegungen ändert sich der Drehimpulsvektor $\vec{L}$ nach Betrag und Richtung nicht.

Bei der Zentralbewegung gibt es eine Größe Drehimpuls $L = pd$ mit der Einheit kg m^2 s^{-1}. Dabei ist p der Impuls mv und d der Arm, analog zum Kraftarm beim Drehmoment verstanden.

Erhaltungssatz für den Drehimpuls: Bei der Zentralbewegung ist der Drehimpuls konstant und proportional zur Flächengeschwindigkeit. Sein Vektor $\vec{L}$ steht senkrecht auf der Bahnebene im Kraftzentrum und ändert sich nicht, da das Drehmoment M Null ist.

2. Wie man den Drehimpuls hochdrehen kann

Ein Massenpunkt P sei nach *Bild 159.1* mit einer masselosen Stange der Länge d rechtwinklig an einer Drehachse befestigt. Um diese führt er eine Kreisbewegung aus, bei der $\vec{v}$ und somit auch $\vec{p} = m\vec{v}$ ständig senkrecht auf $\vec{d}$ stehen; d ist der Impulsarm. Nun wirke eine Kraft $\vec{F}$ auf P in Richtung der Kreistangente. P erhält nach *Gl. 99.2* den Zusatzimpuls $\Delta\vec{p} = \vec{F} \cdot \Delta t$. Aus $L = pd$ folgt $\Delta L = d \cdot \Delta p = d \cdot F \cdot \Delta t = M \cdot \Delta t$;

$$M = \frac{\Delta L}{\Delta t}. \qquad (159.5)$$

$\vec{M}$ und $\Delta\vec{L}$ sind gleichgerichtete Vektoren; also

$$\vec{M} = \frac{\Delta \vec{L}}{\Delta t}. \qquad (159.6)$$

Diese Gleichung gilt nicht nur in dem zur Ableitung benutzten einfachen Fall der Kreisbewegung, sondern für alle Drehbewegungen, selbst für die kompliziertesten Kreiselbewegungen. Sie ist von zentraler Bedeutung wie die Gleichung $\vec{F} = m \cdot \vec{a} = \Delta\vec{p}/\Delta t$ für translatorische Bewegungen.

Wirkt auf einen drehbaren Körper ein Drehmoment $\vec{M}$, so ändert sich sein Drehimpuls $\vec{L}$ um den Vektor

$$\Delta\vec{L} = \vec{M} \cdot \Delta t. \qquad \textbf{(159.7)}$$

Wirkt kein Drehmoment, so ist $\vec{L}$ konstant.

3. Wie dreht man einen Freiballon?

Wir wollen nun den Begriff des Drehimpulses auf den starren Körper übertragen.

Versuch 78: Nehmen Sie das Vorderrad Ihres Fahrrades aus der Gabel! Halten Sie die Achse an beiden Enden fest! Lassen Sie das Rad durch Ihren Freund in rasche Umdrehung versetzen!

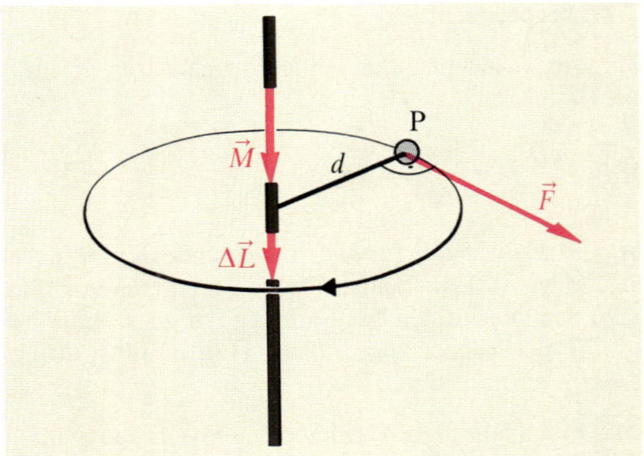

159.1 Drehimpulserhöhung

Translationsbewegung	Verbindende Gleichung	Rotationsbewegung
Weg s	$s = r\,\varphi$	Drehwinkel φ
Geschwindigkeit $v = \frac{\Delta s}{\Delta t}$	$v = r\,\omega$	Winkelgeschwindigkeit $\omega = \frac{\Delta \varphi}{\Delta t}$
Beschleunigung $a = \frac{\Delta v}{\Delta t}$	$a = r\,\alpha$	Winkelbeschleunigung $\alpha = \frac{\Delta \omega}{\Delta t}$
Masse $m = \sum_i m_i$		Trägheitsmoment $J = \sum_i m_i r_i^2$
Kraft $F = ma$	$F\,r = M$	Drehmoment $M = J\,\alpha$
Bewegungsenergie $W_{\text{kin}} = \frac{1}{2} m v^2$		Rotationsenergie $W_{\text{rot}} = \frac{1}{2} J\,\omega^2$
Impuls $p = mv$		Drehimpuls $L = pd$

Tabelle 160.1 Übersicht über die analogen Gleichungen der Translation und der Rotation sowie über ihre Beziehungen

Wenn Sie selbst keine Drehmomente auf die Achse ausüben, will das Rad weder springen noch „eiern". Es ist ausgewuchtet, weil die Achse Symmetrieachse eines Drehkörpers ist, wenigstens in sehr guter Näherung. Bei sehr rascher Drehung stört allerdings das nicht symmetrisch angebrachte Ventil ein wenig!

Der Drehimpuls L kann in unserem Spezialfall als Summe der Drehimpulsbeiträge L_i der einzelnen Massenpunkte des Rades berechnet werden, weil alle L_i in Richtung der Drehachse liegen. Die Geschwindigkeit steht in jedem Fall senkrecht auf der Speichenrichtung, dem Fahrstrahl, dessen Länge einfach der (mittlere) Radius r ist. Nach *Gl. 159.3* finden wir:

$$L = \sum L_i = \sum r p = \sum r m_i v = \sum m_i r^2 \omega$$
$$\Rightarrow\; L = J\omega. \qquad (160.1)$$

Die Vektorgleichung

$$\vec{L} = J\vec{\omega} \qquad (160.2)$$

gilt nur in einfachen Fällen wie bei Drehungen von Rotationskörpern um ihre Symmetrieachse oder bei Zentralbewegungen. Andere Fälle werden auf Seite 161 f. besprochen.

Für das Andrehen des Rades durch Ihren Freund gilt *Gl. 159.6*

$$\vec{M} = \frac{\Delta\vec{L}}{\Delta t} = J\,\frac{\Delta\vec{\omega}}{\Delta t} = J\vec{\alpha}.$$

Gl. 160.2 gilt auch für die umlaufende Kugel nach *Bild 158.1*. Für die beiden Drehbewegungen vor und nach dem Verkürzen des Fadens folgt also: $J_1 \cdot \omega_1 = J_2 \cdot \omega_2$. Bei Verkürzung auf die Hälfte fällt J auf $\frac{1}{4}$, ω steigt auf das 4fache!

Ein Eiskunstläufer verkleinert sein Trägheitsmoment, indem er die vorher ausgestreckten Arme an den Körper anzieht. Dadurch erhöht sich seine Winkelgeschwindigkeit erheblich *(Pirouette)*. Umgekehrt kann ein Springer nach einem schnell drehenden *Salto* in Hockstellung seine Drehung vor dem Eintauchen ins Wasser oder dem Aufkommen auf dem Trampolin durch Streckung stark abbremsen. – Noch einen Versuch in diesem Zusammenhang:

Versuch 79: Wir lassen uns auf einem Drehschemel nach *Bild 160.1* in Rotation versetzen (größte Vorsicht!). Verkleinern wir durch langsames Einziehen der Hanteln unser Trägheitsmoment, so beginnen wir schneller zu rotieren, obwohl von außen weder neue Kräfte noch Drehmomente wirken. Unser Drehimpuls $\vec{L}$ ist konstant. Mit abnehmendem Trägheitsmoment J muß also unsere Winkelgeschwindigkeit ω wachsen. Im Gegensatz zu Versuch 77, bei dem äußere Kräfte an der umlaufenden Kugel Arbeit verrichteten, waren es diesmal unsere eigenen, also innere Kräfte, die die Rotationsenergie vergrößerten: Das Einziehen der Hanteln (Verschieben längs der Zentripetalkraft) erfordert Arbeit *(Bild 160.1)*!

160.1 Zu Versuch 79

Führen wir bei zunächst ruhendem Drehschemel kreisende Bewegungen mit einer Hantel über unserem Kopf aus, so beginnt sich der Schemel in der entgegengesetzten Richtung zu drehen. Hören wir mit der kreisenden Bewegung der Hantel auf, so dreht sich auch der Schemel nicht mehr! Der gesamte Drehimpuls ist in allen Phasen des Versuchs Null. Der Drehimpuls von Hand, Arm und Hantel wird durch den entgegengesetzten Drehimpuls von Körper und Schemel genau ausgeglichen.

Man kann die Stellung eines schwebenden *Freiballons* gegen die Sonne ändern, wenn man einige Zeit in der Gondel rundläuft oder sich um sich selbst dreht. Im letzten Fall durchschaut man leicht, daß das Reaktionsdrehmoment auf die beginnende Körperdrehung die Gondel in entgegengesetzte Drehung versetzen muß. Während der gleichmäßigen Drehung selbst sind keine Drehmomente mehr wirksam. Mann und Ballon drehen sich je mit konstantem ω weiter. Die Rotation des Ballons hört erst auf, wenn sich der Mann nicht mehr dreht. Zu seinem Abbremsen braucht er ja ein Gegendrehmoment!

4. Unwucht am Rad

Versuch 80: Klemmen Sie an gegenüberliegenden Stellen des Rades von Versuch 78 je eine kleine Schraubzwinge fest, so daß die Drehgriffe nach verschiedenen Seiten schauen! Wenn Sie nun das Rad wieder andrehen lassen, können Sie auch mit großem Kraftaufwand die Achse nicht mehr ruhig halten. Es ist **unwuchtig** geworden, obwohl die Achse nach wie vor durch den Schwerpunkt geht.

Ein Autorad kann durch ungleichmäßige Reifenabnutzung – auf der einen Hälfte innen, auf der andern außen – *unwuchtig* werden. Man spürt dies als sehr unangenehme schnelle *Schüttelbewegungen* des Lenkrades und des ganzen Wagens. Selbst die stabile Lagerung eines Autorades kann das rasch veränderliche Drehmoment nicht aufbringen, das für einen ruhigen Radlauf nötig wäre: es schüttelt. Das beansprucht die Radlager und verkürzt zudem die Lebensdauer der Bereifung. Durch richtig angebrachte Massenstücke an der Felge kann man die Räder **auswuchten.** Man braucht dazu einen Prüfstand, der das Rad in Drehung setzt und die Unwucht sucht. Bei nicht drehendem Rad läßt sich die Unwucht nicht bestimmen, sondern nur feststellen, ob der Schwerpunkt auf der Drehachse liegt.

Ehe wir das Kräftespiel bei der Drehung eines unwuchtigen Rades theoretisch durchdringen, stellen wir uns einen Gedankenversuch vor: Denken Sie sich eine runde Holzscheibe um ihre Symmetrieachse in schnelle Rotation versetzt *(Bild 161.1)*. Neben der zunächst benutzten Achse (schwarz) sei noch eine zweite (rot) vorhanden, die auch durch den Schwerpunkt geht und einen spitzen Winkel mit ihr einschließt. Sie läuft mit dem Rad schnell um. Hätten Sie den Mut, die schwarze Achse loszulassen und die rote festzuhalten? Sie müßten plötzlich ein starkes Drehmoment aufbringen, das zudem mit der „eiernden" Scheibe rasch umliefe und Sie durchschüttelte!

Betrachten wir dies an einem einfachen Modell *(Bild 161.2)!* Zwei Massenpunkte 1 und 2 mit gleicher Masse m sind durch eine masselose Stange zu einer *Hantel* verbunden. Sie dreht sich mit konstanter Winkelgeschwindigkeit $\vec{\omega}$ um eine festgehaltene Achse, die senkrecht zur Stange durch den Massenmittelpunkt S der beiden Massen geht. Die Achse und die Bahn der Punkte sind schwarz eingezeichnet. Durch die Bewegung werden in der Hantelstange Kräfte $\vec{F}_1$, $\vec{F}_2$ geweckt, die als Zentripetalkräfte die Massenpunkte auf die gemeinsame Kreisbahn zwingen. Da der Kraftarm Null ist, wird auf die rotierende Hantel kein Drehmoment ausgeübt: Der Drehimpulsvektor ist ein konstanter Vektor.

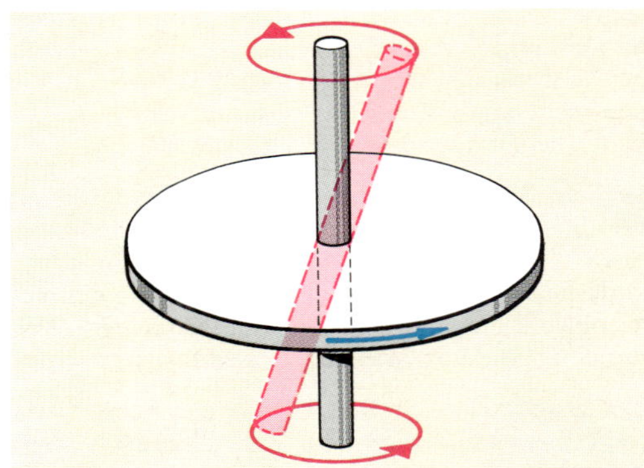

161.1 Rotierende Holzscheibe mit Zusatzachse

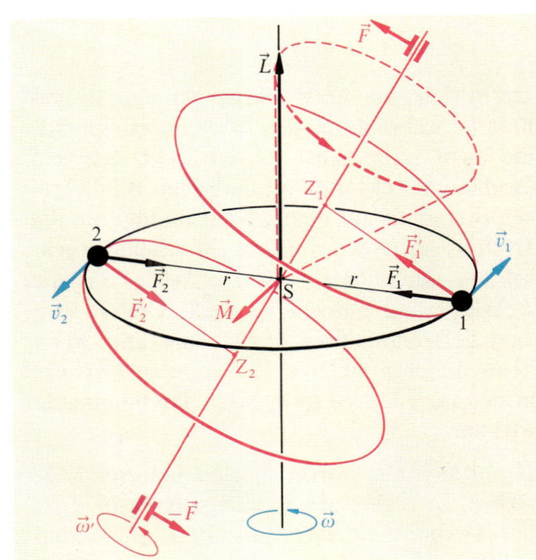

161.2 Die Massenpunkte 1 und 2 laufen erst auf der schwarzen, dann auf den roten Kreisbahnen um.

Jetzt halten wir in der gezeichneten Lage die rot eingetragene Achse fest und zwingen so die Hantelkugeln zum Umlauf mit der Winkelgeschwindigkeit ω' auf den ebenfalls rot eingezeichneten Kreisbahnen. Diese werden mit derselben Bahngeschwindigkeit v und in diesem Augenblick noch in derselben Richtung durchlaufen: Beide roten Kreisbahnen berühren die schwarze. Der Drehimpulsvektor $\vec{L}$ ist noch derselbe, weil der Wechsel der Achse weder die Lage noch den Impuls $m\vec{v}$ der Hantelkugeln verändert hat. Anders die Kräfte: Mit dem Wechsel der Achse zielen die Zentripetalkräfte $\vec{F}_1'$, $\vec{F}_2'$ auf die neuen Zentren Z_1, Z_2 der beiden Kreisbahnen. Der Kraftarm ist dann nicht mehr Null, die Hantelstange übt auf die Kugeln ein Drehmoment $\vec{M}$ aus. Dieses Drehmoment müssen die Achslager aufbringen: Sie üben die sich rasch drehenden Kräfte $\vec{F}$ und $-\vec{F}$ auf die Achse aus. Der Vektor $\vec{M}$, der momentan von S nach vorn weist, läuft mit der Hantel um.

Das ständig angreifende Drehmoment $\vec{M}$ ändert nach *Gl. 159.6* den Drehimpuls um $\Delta\vec{L} = \vec{M} \cdot \Delta t$. Der Vektor $\Delta\vec{L}$ hat die Richtung des Momentvektors. Der Drehimpuls $\vec{L}$ wird durch $\Delta\vec{L}$ nach vorn geneigt. Er rotiert mit der Winkelgeschwindigkeit $\vec{\omega}'$ um die neue nicht ausgewuchtete Achse auf einem *Kegelmantel*, behält aber den gleichen Betrag.

Beachten Sie: Die neue Winkelgeschwindigkeit $\vec{\omega}'$ liegt als Vektor in der neuen Achse, der Drehimpulsvektor $\vec{L}'$, wie wir einsahen, jedoch nicht. Wir konnten deshalb den Drehimpuls $\vec{L}$ nicht als $J\vec{\omega}$ definieren, obwohl diese Gleichung für *ausgewuchtete Achsen* richtig ist. Dort ist eben vieles einfacher:

Beim ausgewuchteten Rad erfährt die Achse *keine* Schüttelbewegung. Man hätte die Achse auch „freigeben" können. Man nennt solche Achsen deshalb **freie Achsen.** Bei schnell umlaufenden Maschinenteilen wie Rotoren von Generatoren und Turbinen ist es unerläßlich, daß die Achsen *freie* Achsen sind.

Dreht sich ein starrer Körper um eine festgehaltene Achse durch den Massenmittelpunkt, die nicht freie Achse ist, so dreht sich sein Drehimpulsvektor $\vec{L}$ mit derselben Winkelgeschwindigkeit auf einem Kegelmantel um die Drehachse. Dies erfordert ein ständig wechselndes Drehmoment an der Achse, das die Achslagerung aufbringen muß. Der Betrag L des Drehimpulses bleibt konstant, wenn keine anderen äußeren Drehmomente als die in den Achslagern geweckten Drehmomente wirken.

Dreht sich ein starrer Körper um eine freie Achse, so bleibt der Drehimpulsvektor $\vec{L}$ in der Drehachse. Auch sein Betrag ist konstant, wenn kein äußeres Drehmoment wirkt. Dann ist $\vec{L}$ ein konstanter Vektor.

Aufgaben:

1. *Versuchen Sie zu erklären, warum sich beim Ausfließen von Wasser aus lotrechten Abflußöffnungen Strudel bilden, wenn im Gefäß eine kaum merkliche kreisende Bewegung ist!*

2. *Berechnen Sie das Verhältnis der Winkelgeschwindigkeiten in Versuch 77, wenn sich die Radien vor und nach der Veränderung wie* 3:2 *beziehungsweise wie* 3:4 *verhalten! Wie verhalten sich die kinetischen Energien der umlaufenden Kugel in diesen beiden Fällen? Wie erklärt sich der im zweiten Fall festgestellte Energieverlust?*

3. *Wie würde sich ein eventuelles Schrumpfen des Erdhalbmessers auf die Länge des Tages auswirken?*

4. *Beim Bodenturnen erfordert ein gestreckter Salto wesentlich mehr Geschicklichkeit als ein angehockter. Warum?*

5. *Wenn ein Stern zum weißen Zwerg schrumpft, so verkleinern sich zunächst alle Abmessungen auf* $\frac{1}{100}$. *Wie ändert sich die Rotation des Sterns? Wie verändert sich die Rotationsenergie? Woher stammt diese?*

6. *Warum kann die Definitionsgleichung 159.3 für den Drehimpuls nicht vektoriell als* $\vec{L} = d\,m\vec{v}$ *geschrieben werden?*

7. *Suchen Sie in Tabelle 160.1, welche der sich bei Translation und Rotation entsprechenden Größen auch die gleiche Einheit besitzen!*

8. *Ein Maxwellsches Rad (Bild 76.2) besteht aus einer Kreisscheibe aus Metall mit einem Radius* $r = 10$ cm *und einer Masse* $m = 800$ g. *Die Masse der* 2 mm *dicken Achse darf vernachlässigt werden. Man zieht den Stab, der die Aufhängefäden hält, mit einer solchen Geschwindigkeit nach oben, daß das sich immer schneller drehende Rad immer auf gleicher Höhe bleibt.*

a) Wie liegt der Drehimpulsvektor? b) Wie groß ist sein Betrag nach $t = 6$ s? *(*$g = 10\ \text{ms}^{-2}$*)*

c) Wie groß ist dann die Winkelgeschwindigkeit ω *und die Drehfrequenz* f?

9. *Auf ein Schwungrad (Radius* $r = 0{,}5$ m; *Trägheitsmoment* $J = 50\ \text{kg m}^2$*) ist ein Band gewickelt, an dem man mit der konstanten Kraft* $F = 300$ N *zieht. a) Wie ist der Drehimpulsvektor* $\vec{L}$ *einzutragen? b) Warum dürfen Sie hier Gl. 159.7 in der Form* $L = M\,t$ *benutzen? Wie groß ist* L *nach einer Anlaufzeit* $t = 3$ s? *c) Gilt die Ableitung für Gl. 160.1 auch in diesem Fall? Berechnen Sie* L *über* ω!

§48 Der Kreisel

1. Noch einmal: freie Achsen

Jeder Körper hat im Sinne von Seite 162 „freie“ Achsen. Um ganz „freie“ Achsen drehen sich Geschosse, nachdem sie den Lauf verlassen haben. Auch ein Diskus dreht sich auf seinem Flug um seine freie Figurenachse. Zur weiteren Klärung machen wir Versuche:

Versuch 81: Ein Bleistift ist in seinem Schwerpunkt schräg an einem sehr dünnen Draht aufgehängt *(Bild 163.1)*. Wenn wir den Bleistift um den Draht als vertikale Achse drehen, so sucht er sich mit seiner Längsachse horizontal zu stellen. Die rotierenden Masseteilchen wollen sich infolge ihrer Trägheit längs der Tangenten nach außen bewegen. Zu jeder neuen Lage gehört ein anderes Trägheitsmoment und deshalb eine andere Winkelgeschwindigkeit: Der Bleistift führt eine *Torkelbewegung* aus, wenn man ihn in seiner schrägen Lage um die nicht freie Achse zu Drehungen veranlaßt.

Versuch 82: Wir versuchen, einem Quader, zum Beispiel einer Zigarrenkiste oder einer Streichholzschachtel, beim Werfen eine solche Drehung zu geben, daß eine seiner drei Symmetrieachsen freie Achse wird und es auch bleibt. Das gelingt nur bei der längsten und der kürzesten Achse *(Bild 163.2)*, den Achsen mit dem kleinsten und dem größten Trägheitsmoment. Die Rotation um die Achse durch die Mittelpunkte der mittelgroßen Flächen geht immer in eine torkelnde Bewegung um den Schwerpunkt über. Diese Achsenlage ist nicht stabil.

Versuch 83: Hängt man einen Stab, eine Kreisscheibe oder eine zum Ring geschlossene Kette an einem Draht oder einem steifen Perlonfaden wie in *Bild 163.3* unter einen kleinen Elektromotor, so nehmen sie bei raschem Drehen die eingezeichneten Lagen ein. Bei Stab und Platte finden wir zwei stabile Lagen, bei dem Kettenring eine. In den angehobenen Lagen haben sich die Achsen mit dem größten Trägheitsmoment eingestellt. Zirkusartisten benutzen den bei der Kette gefundenen Effekt zur Ausführung von Seil- oder Lassoschaunummern.

Alle diese Versuche zeigen, daß als freie Achsen nur solche mit kleinstem oder größten Trägheitsmoment auftreten können. Alle anderen Achsen sind instabil, die Körper „torkeln“.

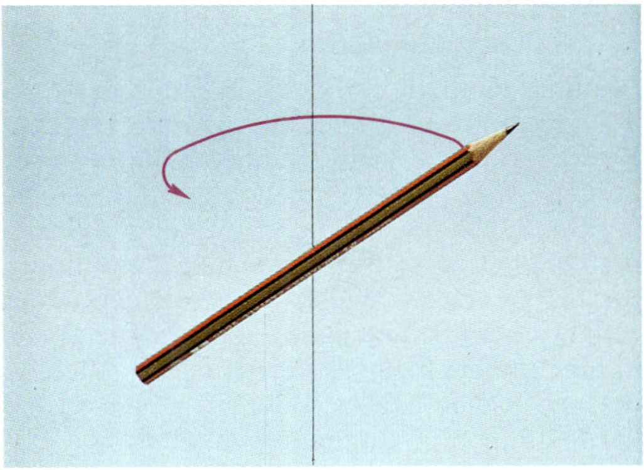

163.1 Rotation eines nicht ausgewuchteten Bleistifts um eine Schwerpunktachse

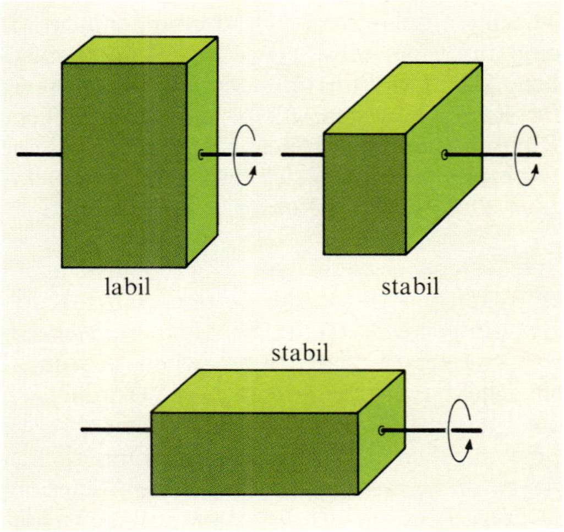

163.2 Zu Versuch 82

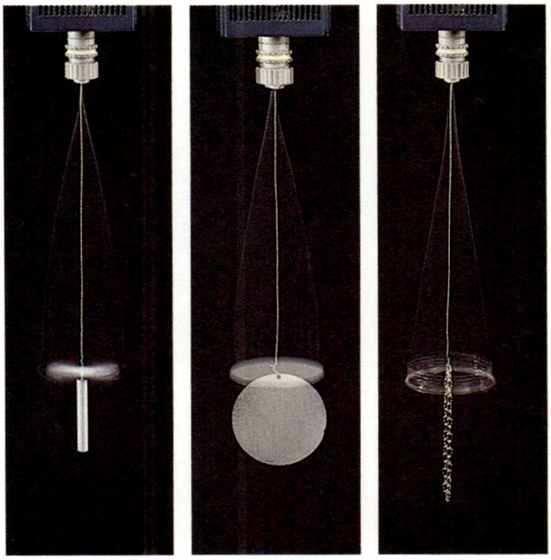

163.3 Rotation um freie Achsen

2. Der Kreisel, ein interessantes Spielzeug

Als Spielzeug, aber auch in Wissenschaft und Technik, werden oft Kreisel eingesetzt. Das sind Drehkörper, die sich um ihre Figurenachse, also eine freie Achse, schnell drehen lassen. Die Kreisel haben ein möglichst großes Trägheitsmoment. Meist sind es runde Scheiben mit außen aufgesetztem Wulst. Man setzt entweder eine in ihrem Schwerpunkt angebrachte Spitze in eine muldenförmige Vertiefung eines geeignet gehalterten Stabes, oder man benutzt die kardanische Aufhängung nach *Bild 164.1.* Sie ist benannt nach *G. Cardano,* einem italienischen Mathematiker des 16. Jahrhunderts.

Versuch 84: Wir setzen einen kardanisch gelagerten Kreisel in rasche Umdrehung, indem wir eine auf seine Achse gewickelte Schnur abziehen. Wenn wir uns mit dem Kreisel beliebig im Raum bewegen, bleibt die ursprüngliche Richtung seiner Drehachse erhalten; seine Drehfrequenz ändert sich natürlich auch nicht: $\vec{L}$ ist ein konstanter Vektor.

Solche Kreisel werden in Flugzeuginstrumenten, zum Beispiel bei der automatischen Kurssteuerung, eingesetzt. Sie behalten ihre Achsenrichtung relativ zum Raum, wenn sie einmal eingestellt ist, unverändert bei. Verdreht sich das Flugzeug durch äußere Kräfte, wie sie etwa Böen ausüben, gegenüber der unveränderlichen Kreiselachse, so wird dadurch die Steuerung so lange betätigt, bis die Ausgangslage wieder hergestellt ist. Auch die Steuerung von Raumschiffen benutzt als Bezugssystem schnelllaufende drehmomentfrei gelagerte Kreisel.

Stabil bleibende freie Achsen von sich schnell drehenden Körpern sind solche mit größtem oder kleinstem Trägheitsmoment. Kardanisch gelagerte Kreisel behalten die Richtung ihrer Drehachse unverändert bei und können daher als richtungsfestes Bezugssystem dienen.

3. Ein Kreisel kreiselt nicht nur

Das demontierte Vorderrad eines Fahrrads wird zum handlichen Kreisel, wenn man seine Achse durch aufgeschraubte Rohrstücke verlängert. Sein Trägheitsmoment wird vergrößert, indem man die Felge mit Draht bewickelt.

Versuch 85: Wir halten einen solchen Kreisel an den Griffen fest und versetzen ihn in rasche Rotation. Er behält seine Achsenrichtung bei. Wenn wir nun versuchen, die Achse des Kreisels zu kippen, so zeigt er ein unerwartetes Verhalten: Die Achse folgt nicht dem kippenden Moment, sondern weicht senkrecht dazu aus.

Zur Erklärung betrachten wir *Bild 164.2.* Wenn der Kreisel um seine vertikale Achse rotiert, läuft der vordere Punkt P nach rechts. Ein äußeres Kräftepaar ist aber bestrebt, das obere Ende nach vorn, das untere nach hinten zu kippen. Hierdurch erhält der jeweils in P befindliche Massenpunkt eine zusätzliche Geschwindigkeit $\Delta\vec{v}$ nach unten. Sie ist im Bild übertrieben groß eingezeichnet. Der Vektor der resultierenden Geschwindigkeit $\vec{v}$ des Punktes P weist nach rechts unten. Der gegenüberlie-

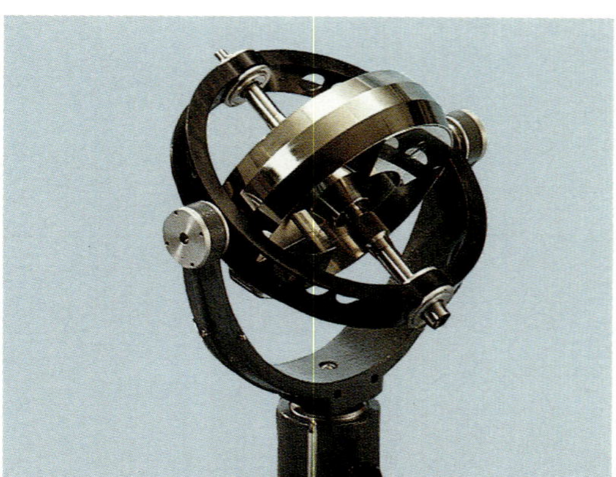

164.1 Der äußere Rahmen kann gegenüber dem kardanisch aufgehängten Kreisel beliebig gedreht werden. Die Richtung der Kreiselachse bleibt konstant.

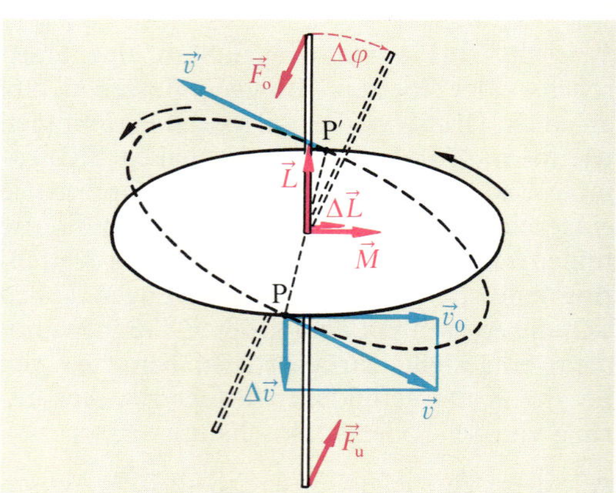

164.2 Die Kreiselachse weicht senkrecht zur Kraft aus. Der Drehimpulsvektor $\vec{L}$ sucht sich parallel zum Drehmomentvektor $\vec{M}$ zu stellen.

gende Punkt P′ bewegt sich entsprechend nach links oben in Richtung von v'. Die Kreiselachse kippt also oben nach rechts, unten nach links um den Winkel $\Delta\varphi$: Sie weicht senkrecht zu den wirkenden Kräften aus. Diese erzeugen ein Drehmoment $\vec{M}$, das wie im Bild eingezeichnet nach rechts weist. Es gibt nach $\Delta\vec{L} = \vec{M} \cdot \Delta t$ einen zusätzlichen Drehimpuls $\Delta\vec{L}$ auch nach rechts und dreht $\vec{L}$ nach rechts. Der Vektor des Drehimpulses $\vec{L}$ sucht sich also zum Vektor des störenden Drehmoments $\vec{M}$ gleichsinnig parallel zu stellen. Dazu ist ein Zusatzdrehimpuls $\Delta\vec{L}$ in Richtung $\vec{M}$ nötig. *Gl. 159.5* darf also tatsächlich auch hier als Vektorgleichung $\Delta\vec{L} = \vec{M} \cdot \Delta t$ geschrieben werden, wie auf *Seite 159* schon angegeben wurde. Während der Kippung handelt es sich bei unserem Kreisel um keine Zentralbewegung in gleichbleibender Ebene.

Wie verhält sich ein Kreisel, wenn dauernd ein kippendes Moment auf ihn einwirkt?

Versuch 86: Nach *Bild 165.1* ist ein Kreisel drehbar in einem Ring gelagert, um ihn besser handhaben zu können. Der Ring wird mit einer Spitze auf die Pfanne Q am Ende eines vertikalen Stabes gesetzt. Bei nicht drehendem Kreisel kippt ihn die Gewichtskraft, die an seinem Schwerpunkt angreift, sofort nach unten, wenn seine Achse nicht genau vertikal steht. Rotiert der Kreisel aber, so weicht seine Achse immer senkrecht zu der erwarteten Kippbewegung aus und beschreibt so langsam einen Kegelmantel, wie er im *Bild 165.1* angedeutet ist. Der Drehmomentvektor der Gewichtskraft steht horizontal. Man nennt dies eine Präzessionsbewegung (praecedere, lat.: voranschreiten).

4. Kleiner Radfahrkursus

Bild 165.2 gibt etwa wieder, wie ein Radfahrer sein Vorderrad von oben sieht. Der Drehimpulsvektor $\vec{L}_0$ dieses Rades weist nach links, da sich das Rad nach vorn abrollt. Kippt das Rad, gewollt oder ungewollt, etwas nach rechts, so wirkt auf das Vorderrad ein Drehmoment $\vec{M}$ nach vorn. In die Richtung von $\vec{M}$ will nun der Drehimpulsvektor $\vec{L}_0$ einschwenken. Der Lenker dreht sich also automatisch nach rechts. Solange das Rad noch weiter kippt, schlägt auch der Lenker noch weiter nach rechts aus. Erst wenn eine stabile Rechtskurvenlage erreicht ist, bleibt er in seiner Lage. Das ist der Fall, wenn die Resultierende aus Zentrifugalkraft $\vec{F}_z^*$ (Seite 115) und Gewichtskraft $\vec{G}$, beide auf den Massenmittelpunkt wirkend, von vorn gesehen durch den Auflagepunkt des Fahrrads auf der Straße geht. Dann wirkt kein kippendes Drehmoment mehr! Daß man freihändig fahren kann, ist also mit eine Folge der Kreiselpräzession.

Versuch 87: Wir schieben ein Fahrrad auf einem freien Sportplatz an und lassen es los. Es fährt eine immer enger werdende Kurve und fällt erst um, wenn es fast keine Geschwindigkeit mehr hat (es kann vorher leicht aufgefangen werden, damit es nicht beschädigt wird).

Sucht ein Drehmoment $\vec{M}$ eine Kreiselachse zu kippen, so weicht diese aus. Der Drehimpulsvektor $\vec{L}$ sucht sich in die Richtung des Vektors des Drehmoments $\vec{M}$ zu stellen (Satz vom gleichsinnigen Parallelismus von Drehimpuls- und Drehmomentvektor).

Bei einem aufgestellten Kreisel führt das zu einer Präzessionsbewegung, wenn die Kreiselachse nicht genau vertikal steht: Die Kreiselachse beschreibt einen Kegelmantel.

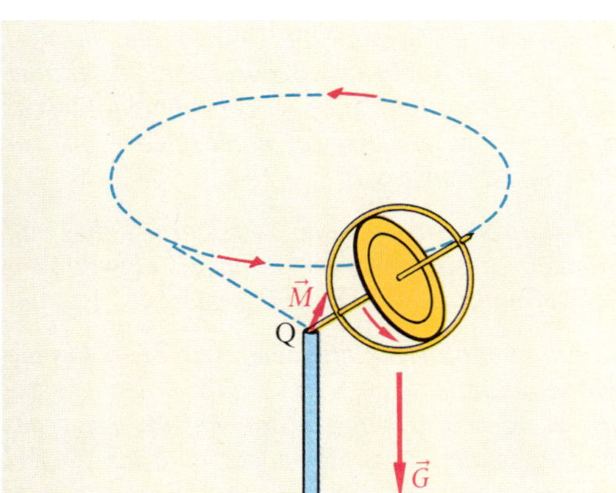

165.1 Präzession eines Kreisels. Von oben gesehen erfolgen beide Drehbewegungen im gleichen Drehsinn: gegen den Uhrzeiger.

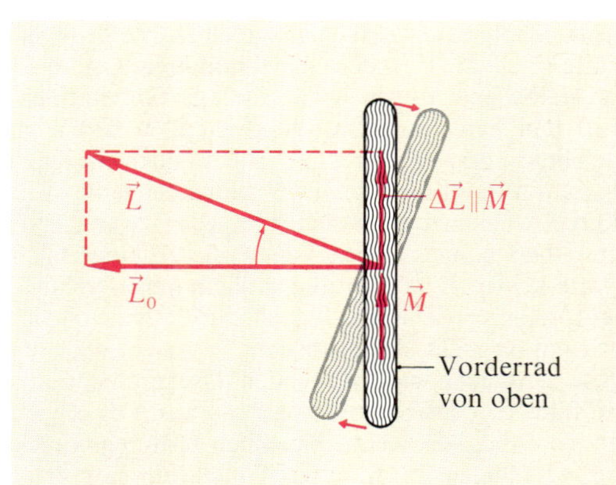

165.2 Kippen des Fahrrads nach rechts bewirkt eine Drehung des Vorderrades nach rechts: Rechtskurve ($\vec{L}$ schwenkt in Richtung auf $\vec{M}$).

5. Ein besserer Kompaß

Ein Kreisel besitze eine waagerechte Achse. Die Horizontalebene, die den Begriff waagerecht festlegt, behält aber ihre Stellung nicht bei, weil sie von der Erde bei ihrer Drehung mitgenommen wird. Dabei werden auf die Kreiselachse Kräfte ausgeübt, die wir in einem besonders einfachen Fall untersuchen wollen: *Bild 166.1* zeigt einen Äquatorschnitt der Erde vom Südpol aus betrachtet. Ein am Äquator in D in West-Ostrichtung aufgehängter Kreisel will die Richtung seiner Achse AB im Raum beibehalten. Bei der Drehung der Erde erfährt er aber durch sein Gewicht ein Drehmoment um die Achse, die senkrecht auf der Zeichenebene durch D geht. Das führt zu einer Präzessionsbewegung. Der Kreisel weicht so lange in einer Drehbewegung um die Achse CD aus, bis sein Drehimpulsvektor $\vec{L}$ parallel zum Moment $\vec{M}$ steht. In Lage III ist dieser Zustand erreicht. Von jetzt an wird die Kreiselachse durch die Erddrehung nur noch parallel zu sich verschoben und bleibt deshalb in der erreichten Nord-Südrichtung stehen. Ein solcher **Kreiselkompaß** funktioniert auch in anderen Breiten. Nur in Polnähe versagt er, wenn auch aus anderen Gründen als der Magnetkompaß. In seiner technischen Ausführung wird er nicht pendelnd aufgehängt, sondern er schwimmt. Er hat den Magnetkompaß auf Schiffen weitgehend verdrängt, weil er keine Mißweisung besitzt und durch Eisenmassen nicht gestört wird.

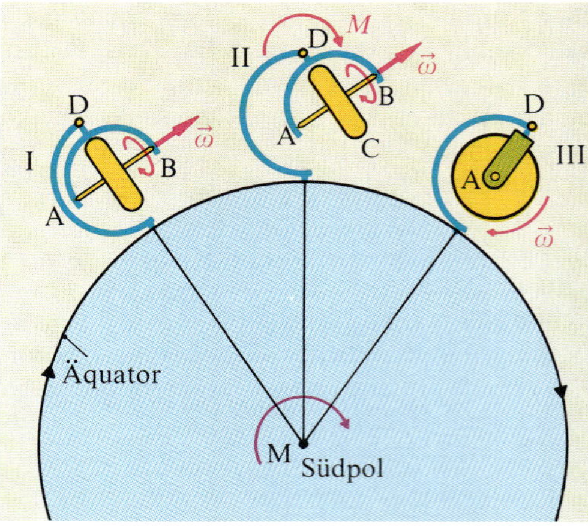

166.1 Die Achse des Kreiselkompasses stellt sich in Richtung Nord.

6. Nicht einmal auf die Erdachse ist Verlaß

Unsere Erde kann als Kugel mit aufgesetztem Äquatorwulst angesehen werden *(Bild 166.2)*. Ihre Achse ist um 23,5° gegen das Lot auf ihrer Umlaufbahn geneigt. Der der Sonne zugewandte halbe Wulst erfährt, weil er ihr näher steht, eine etwas größere Gravitationskraft als der ihr abgewandte. Wir sehen für die nächste Überlegung von der Rotation der Erde ab; dann laufen alle ihre Punkte auf gleichgeformten Bahnkurven; sie erfahren also, wenn wir als mitbewegte Beobachter urteilen, dieselben Zentrifugalkräfte (Seite 115). In den Schwerpunkten S_1 und S_2 der Halbwülste tragen wir je die aus Gravitationskraft und Zentrifugalkraft resultierenden Kräfte F_1 nach links und F_2 nach rechts ein. Sie bilden ein Kräftepaar, das die Erdachse aufzurichten versucht. (Für die halbkugeligen Teile der Erde gelten zwar dieselben Überlegungen, doch haben die resultierenden Kräfte keinen Kraftarm und deshalb kein Drehmoment.) Als Kreiselachse – jetzt dürfen wir von der Erdrotation nicht länger absehen – weicht die Erdachse senkrecht zum wirkenden Drehmoment aus und führt eine Präzessionsbewegung aus. Der Kegel, den sie dabei beschreibt, hat einen Öffnungswinkel von 47° und wird in etwa 26000 Jahren einmal durchlaufen. In 12000 Jahren wird sie auf den Fixstern *Wega* in der *Leier* weisen. Er ist dann Polarstern. Der heutige Polarstern bekommt seine Funktion erst nach weiteren 14000 Jahren wieder.

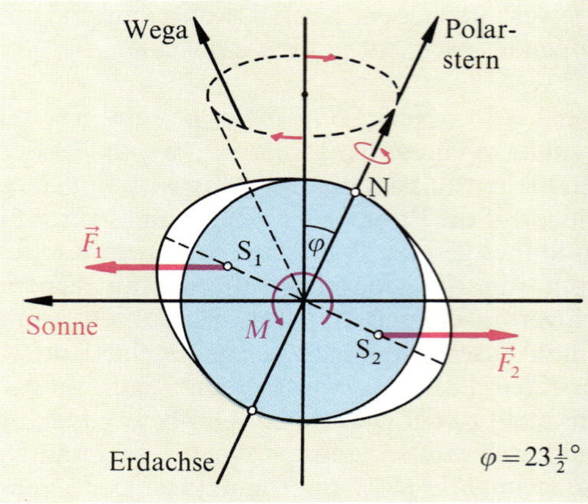

166.2 Präzession der Erdachse (Stellung im Winter)

Aufgaben:

1. *Versetzen Sie auf einem zunächst ruhenden Drehschemel sitzend (Bild 160.1) den in Versuch 85 beschriebenen Kreisel bei vertikaler Achse in Rotation! Was wird beobachtet? Was erfolgt, wenn der Kreisel dann wieder bis zur Ruhe abgebremst wird?*

2. *Erklären Sie, warum Jongleure Teller auf Stöcken kreisen lassen können, obwohl der Schwerpunkt nicht unterstützt ist!*

3. *Ein einmotoriges Flugzeug muß beim Landeanflug „durchstarten"; es wird rasch Vollgas gegeben. a) Wie wirkt sich dies auf die Lage des Flugzeugs aus? (Der Propeller muß als Kreisel angesehen werden, der dabei rasch auf größere Drehzahl gebracht wird.) b) Wie verhält sich das Flugzeug, wenn die Nase des Flugzeugs beim Starten oder Landen hochgezogen wird?*

Mechanische Wärmetheorie

§ 49 Teilchenmasse und Teilchenzahl

1. Wärmelehre und Mechanik

Vorgänge aus den Gebieten der Mechanik und der Wärmelehre haben auf den ersten Blick nichts miteinander zu tun. Überlegen wir aber einmal, wie sogenannte Kraftmaschinen in Gang kommen, allen voran das Auto oder Motorrad, so erkennen wir schnell, daß ausnahmslos als Ursache ein „heißer Ofen", irgendein Gegenstand von hoher Temperatur, gefunden werden kann *(Bild 167.1)*. Sogar unser eigener Körper muß, ehe er sich in Bewegung setzt, mit Brennstoff, nämlich Nahrung, gefüttert werden und erzeugt ununterbrochen Wärme.

Temperatur und Bewegung hängen in zweifacher Weise zusammen. Ein heißer Körper, insbesondere ein heißes Gas, vermag sich *auszudehnen* und dabei Arbeit zu verrichten; das geschieht in jedem Verbrennungsmotor. Wir wissen aber auch, daß sich bei hoher Temperatur die Moleküle eines Körpers *schneller* bewegen als bei niedriger. Beide Aspekte der Temperatur, ihre Bedeutung für die Arbeitsverrichtung und für die Molekülgeschwindigkeit, wollen wir nun näher untersuchen und miteinander verbinden.

Zur Vorbereitung erinnern wir uns an einige Begriffe der Atomistik sowie an die Grundtatsachen über Gase.

2. Wie schwer sind Atome?

Jeder Körper besteht aus Teilchen (Atomen oder Molekülen) von unvorstellbar geringer Masse. Man kann sie heute mit der Methode der „Massenspektroskopie" (Prinzip: Mittelstufenband, Seite 388) bestimmen.

Im Wasserstoff befinden sich die leichtesten aller existierenden Atome. Ihre Masse ist $m(\mathrm{H}) = 1{,}67 \cdot 10^{-24}$ g. Denken wir uns jedes Atom zu einer kleinen Kugel von 1 mm Durchmesser aufgeblasen, so gehen auf 1 m^3 etwa 10^9 Kugeln. Füllen wir ein ganzes Schwimmbad (500 m^3) mit solchen Kugeln, so ist die Gesamtmasse erst $500 \cdot 10^9 \cdot 1{,}67 \cdot 10^{-24}$ g $= 8{,}5 \cdot 10^{-13}$ g, also noch weit unter der Grenze, bei der die feinste Waage anspricht!

167.1 Die ältesten Wärmemaschinen benutzten heißen Wasserdampf.

Zu jedem Element gibt es Atome mit verschiedenen Massen. Man nennt diese einzelnen Atomsorten (Nuklide) die *Isotope* des Elements (Mittelstufenband, Seite 389). Die meisten Elemente kommen in der Natur als Isotopengemische vor. Beispielsweise besteht natürlicher Kohlenstoff zu 99% aus Atomen der ungefähren Masse $12m(\mathrm{H})$ und zu 1% aus Atomen mit $13m(\mathrm{H})$ Masse. Man bezeichnet diese Kohlenstoffisotope als $^{12}\mathrm{C}$ und $^{13}\mathrm{C}$. Genauer gilt: $12m(\mathrm{H}) = 1{,}008\,m(^{12}\mathrm{C})$. Wegen der Winzigkeit der Teilchenmassen verwendet man im atomaren Bereich eine hinreichend kleine Masseneinheit, damit die Zahlenwerte handlicher werden. $m(\mathrm{H})$ als kleinste Atommasse würde sich anbieten. Aus mehreren Gründen einigte man sich auf die davon etwas verschiedene Masse

$$\tfrac{1}{12}\, m\,(^{12}\mathrm{C}) = 1{,}66 \cdot 10^{-24}\ \mathrm{g}.$$

> ***Definition der atomaren Masseneinheit* u (von engl. unit):**
>
> **1 u ist gleich $\frac{1}{12}$ der Masse eines Atoms des Nuklids ^{12}C.**
>
> **Präzisionswert: 1 u = $1{,}6606 \cdot 10^{-24}$ g.**

Gibt man die Masse von Atomen in der Einheit u an, so wird ihr Zahlenwert für alle Atome recht genau ganzzahlig. Man nennt den auf eine ganze Zahl gerundeten Wert die *Massenzahl* des Atoms und schreibt ihn links oben an das Elementsymbol, so wie bei der Bezeichnung ^{12}C. Beispiele: $m(^{1}\mathrm{H}) = 1{,}007825$ u; $m(^{37}\mathrm{Cl}) = 36{,}978$ u. Diese annähernde Ganzzahligkeit rührt davon her, daß die Atomkerne aus Nukleonen (Protonen und Neutronen) aufgebaut sind, die annähernd gleiche Masse haben, und daß die Masse der Elektronen der Atomhülle im Vergleich dazu sehr klein ist. Es gilt daher für jedes Atom: Massenzahl gleich Nukleonenzahl.

In den Tabellen des Periodensystems wird die Atommasse nicht für ein bestimmtes Isotop angegeben, sondern gemittelt für die Isotopenmischung des betreffenden Elements, wie sie in der Natur vorkommt. Daher weicht der Zahlenwert dieser mittleren Atommasse oft grob von der Ganzzahligkeit ab. Beispielsweise findet man beim Chlor: $m(\mathrm{Cl}) = 35{,}46$ u. Natürliches Chlor besteht nämlich zu 75% aus $^{35}\mathrm{Cl}$ und zu 25% aus $^{37}\mathrm{Cl}$; $0{,}75 \cdot 35 + 0{,}25 \cdot 37 = 35{,}5$.

3. Atome zählen – eine langwierige Sache

Entsprechend der Kleinheit der Teilchenmassen m ist die Teilchenzahl N in wägbaren Körpern ungeheuer groß. Zum Beispiel ist die Zahl der Atome in 1,008 g Wasserstoff gleich

$$\frac{1{,}008\ \mathrm{g}}{1{,}67 \cdot 10^{-24}\ \mathrm{g}} = 6{,}02 \cdot 10^{23}.$$

Ebenso viele Atome sind wegen $m(\mathrm{C}) \approx 12m(\mathrm{H})$ in 12 g Kohlenstoff enthalten. Die schnellsten Computer können heute in der Nanosekunde (10^{-9} s) einen Rechenschritt ausführen. Hätte ein solcher Computer die Atome in 1 g Wasserstoff zu zählen, so brauchte er dazu $6 \cdot 10^{14}$ s = 19 Millionen Jahre! Zur Angabe von Teilchenzahlen verwendet man daher eine hinreichend große Zähl-Einheit, damit die Zahlenwerte handlicher werden. Zähleinheiten des täglichen Lebens wie Dutzend, Million oder Milliarde sind für diesen Zweck viel zu klein. Man verwendet stattdessen die Atom-Anzahl von 12 g Kohlenstoff, also eine Zahl vom ungefähren Betrag $6 \cdot 10^{23}$, als Zähleinheit. Sie wird 1 Mol genannt. Die in Mol angegebene Teilchenzahl eines Körpers nennt man seine *Stoffmenge* ν:

Definition: **Ein Körper hat die Stoffmenge $\nu = 1$ mol, wenn er aus ebenso vielen Teilchen besteht, wie Atome in 12 g des Nuklids $^{12}\mathrm{C}$ enthalten sind.**

Präzisionswert: 1 mol enthält $6{,}022 \cdot 10^{23}$ Teilchen.

Beispiele: 12 g Kohlenstoff haben die Stoffmenge $\nu = 1$ mol an Atomen und enthalten $6{,}02 \cdot 10^{23}$ Atome. 1 g Wasserstoffgas enthält zwar auch etwa 1 mol an Atomen, jedoch nur $\frac{1}{2}$ mol an Molekülen (H_2), da die Wasserstoffmoleküle zweiatomig sind. Man muß bei der Angabe der Stoffmenge stets dazu sagen, welche Art von Teilchen gemeint ist, also welche Teilchen „zählen"!

Masse und Stoffmenge eines Körpers darf man nicht miteinander verwechseln; es sind ganz verschiedene Größen. Sie hängen aber natürlich eng zusammen. Wie, sehen wir am schnellsten wieder an Beispielen ein:

1 mol Kohlenstoffatome hat die Masse 12 g.
1 Kohlenstoffatom hat die Masse 12 u.
1 mol Wasserstoffmoleküle hat die Masse 2 g.
1 Wasserstoffmolekül hat die Masse 2 u usw.
Es gilt die einfache Merkregel:

Beträgt die Teilchenmasse x u, so beträgt die Masse eines Mols dieser Teilchen x Gramm. (168.1)

Aufgaben:

1. *Beantworten Sie ohne Rechnung: Welche Masse ist gleich* $6{,}02 \cdot 10^{23}$ u?

2. *Berechnen Sie die Stoffmenge von*
a) 17 g *atomarem Wasserstoff (es zählen* H-*Atome),*
b) 40 g *Wasser (es zählen Moleküle* H_2O*),*
c) 1 kg *Benzol (es zählen Moleküle* C_6H_6*)!*

3. *Eine Lösung heißt x-molar, wenn sie auf* 1 l *Lösung x* mol *gelösten Stoff enthält. Wie viele* g *Kochsalz braucht man für* 2,5 l $\frac{1}{10}$*-molare Kochsalzlösung? (Dabei sollen* 1 Na-*Atom und* 1 Cl-*Atom zusammen als ein Teilchen gezählt werden, obwohl sie in der Lösung getrennt sind.)*

4. 1 g *gewöhnlicher Wasserstoff* $(^1_1\mathrm{H})_2$ *wird mit* 1 g *Deuterium* $(^2_1\mathrm{H})_2$ *gemischt. Welche mittlere Teilchenmasse hat das Isotopengemisch?*

5. *Beim Wasser folgt aus der Masse* 18 u *seines Moleküls und den Massen des Wasserstoff- und des Sauerstoffatoms bereits zwangsläufig die chemische Formel* H_2O. *Man zeige dies! – Beim Acetylen (Molekülmasse* 26 u*), das aus Kohlenstoff und Wasserstoff besteht, ist das Entsprechende nicht der Fall. Welche chemischen Formeln könnte Acetylen allein aufgrund der Teilchenmassen haben?*

§ 50 Ideale Gase

1. Kraft und Druck nicht verwechseln!

Unter Druck versteht man den Quotienten aus Kraft und Fläche. Im gesetzlichen Einheitensystem ist daher die SI-Einheit des Drucks gleich $1\ \text{N} \cdot 1\ \text{m}^{-2} = 1\ \text{Pascal} = 1\ \text{Pa}$.

Dies ist ein sehr kleiner Druck. Der Schweredruck der Atmosphäre ist in Meereshöhe ungefähr gleich $10\ \text{Ncm}^{-2} = 10^5\ \text{Pa}$. Deshalb verwendet man auch die Druckeinheit 1 bar:

$$1\ \text{bar} = 1000\ \text{mbar} = 10\ \text{Ncm}^{-2} = 10^5\ \text{Pa};$$
$$1\ \text{mbar} = 1\ \text{cNcm}^{-2}.$$

Als *Normdruck* bezeichnet man in Physik und Chemie den Druck $p_0 = 1013\ \text{mbar} = 1{,}013\ \text{bar}$. Er ist gleich dem mittleren Druck der Erdatmosphäre in Meereshöhe.

Früher gebräuchliche Druckeinheiten wie Atmosphäre (at), Torr (Schweredruck einer 1 mm hohen Quecksilbersäule), mm WS (Schweredruck einer 1 mm hohen Wassersäule) dürfen seit 1978 im geschäftlichen und amtlichen Verkehr nicht mehr verwendet werden. Der Druck 1 at ist um 2% kleiner als 1 bar.

2. Das Gas — die ideale Zustandsform

Gase können sich chemisch sehr verschiedenartig verhalten. Für den Physiker ist interessant, daß aber bei allen Gasen die drei Größen Volumen V, Druck p und Temperatur T auf die gleiche einfache Weise zusammenhängen (Mittelstufenband Seite 124):

Für eine gegebene Gasportion hat die Größe $\frac{pV}{T}$ immer den gleichen Wert:

$$\frac{pV}{T} = \text{konstant.} \qquad (169.1)$$

V: Volumen; p: Druck; T: Kelvin-Temperatur

Wir erinnern uns an den Begriff der *Kelvin-Temperatur* T: Ihr Zahlenwert ist stets um 273,15 höher als bei der im Alltag verwendeten Celsius-Temperatur ϑ:

$$T = \vartheta + 273{,}15\ \text{K}. \qquad (169.2)$$

In der Physik ist T weitaus wichtiger als ϑ; deshalb wollen wir künftig unter „Temperatur" immer die Kelvin-Temperatur T verstehen, wenn nicht ausdrücklich (etwa durch die Benennung °C) etwas anderes angegeben ist.

Gl. 169.1 ist nun allerdings nur ein Grenzgesetz: Es gilt zwar für alle Gase, aber immer erst bei hinreichend kleinen Drücken und nicht zu tiefen Temperaturen. Für (trockene) Zimmerluft ist es hervorragend genau erfüllt. Wenn *Gl. 169.1* für ein Gas in einem Bereich von Zuständen gilt, so sagt man, es verhalte sich dort *„ideal"*. Kennt man für einen einzigen Zustand eines idealen Gases die Größe $\frac{pV}{T}$, so sind damit alle Zustände, in denen das Gas noch hinreichend ideal ist, berechenbar. Wie hängt nun $\frac{pV}{T}$ von der Menge und der Art des Gases ab? Betrachten wir verschiedene Mengen der gleichen Gasart bei gleichem Druck p und gleicher Temperatur T! Die doppelte (dreifache ...) Stoffmenge nimmt das doppelte (dreifache ...) Volumen V ein. Die Größe $\frac{pV}{T}$ ist also der Stoffmenge ν proportional:

$$\frac{pV}{T} = \nu R. \qquad (169.3)$$

Der Proportionalitätsfaktor R könnte nun höchstens noch von der Art des Gases abhängen, also etwa für Luft und Sauerstoff verschieden sein. Um diese Frage zu entscheiden, muß man Teilchenzahlen bestimmen — eine schwierige Aufgabe, die nur mit modernen Apparaten zu bewältigen ist. Die Natur kommt uns aber hier zu Hilfe: Wenn zwei Gase chemisch miteinander reagieren, so bleibt gewöhnlich von dem einen der beiden ein Rest übrig — es sei denn, die Teilchenzahlen passen genau in der Weise zusammen, wie sie von der Art der Verbindung gefordert wird. Zum Beispiel verbindet sich im Wasser jedes Sauerstoffatom mit genau 2 Atomen Wasserstoff. So vergleicht die Natur automatisch Teilchenzahlen, also Stoffmengen! Aus den Volumenänderungen bei solchen Gasreaktionen zog man schon lange vor unserem Atomzeitalter einen weitreichenden Schluß. *Amedeo Avogadro* (1776 bis 1856, ital. Jurist und Physiker) vermutete bereits, was sich später immer wieder als richtig erwiesen hat:

***Satz von Avogadro:* Gasportionen, die in Volumen, Temperatur und Druck übereinstimmen, enthalten stets gleich viele Moleküle, ohne Rücksicht auf deren Beschaffenheit. Sie haben also gleiche Stoffmenge. (169.4)**

Schreiben wir nun *Gl. 169.3* für zwei verschiedene Gase an, die in V, p und T übereinstimmen. Auf der linken Seite steht beide Male das gleiche, und auf der rechten Seite stehen wegen Satz *169.4* die gleichen Werte für ν. Folglich hat auch die Konstante R für beide Gase den gleichen Wert, ist also von der chemischen Natur eines Gases unabhängig. Wir formen *Gl. 169.3* um und schreiben als allgemeine thermische Zustandsgleichung für ideale Gase:

$$pV = \nu RT.$$

Allgemeine thermische Zustandsgleichung idealer Gase:

$$\boldsymbol{pV = \nu RT} \qquad \textbf{(170.1)}$$

ν: Stoffmenge; R: universelle Gaskonstante

Den Wert der Gaskonstante können wir berechnen, wenn wir für irgendein ideales Gas in einem gegebenen Zustand die Stoffmenge ν kennen. Nun entnehmen wir aus Regel *168.1*, daß 1 mol Wasserstoffatome die Masse 1,008 g besitzen. Sehen wir es als erwiesen an, daß die Moleküle des Wasserstoffgases aus zwei Atomen bestehen, so ist die Masse eines Mols Wasserstoffmoleküle gleich 2,016 g. Wir müssen nun für irgendeinen Druck und eine Temperatur das Volumen dieser Gasmenge bestimmen. In Tabellen wird stets das sogenannte *Normvolumen* V_0 angegeben, das ein Gas im *„Normzustand"*, das ist beim Druck $p_0 = 1{,}013$ bar und der Temperatur $T_0 = 273{,}15$ K ($\hat{=}\,0\,°C$), annimmt. Es beträgt für 1 mol aller idealen Gase $V_0 = 22{,}4$ l. Also folgt aus *Gl. 170.1*: $p_0 V_0 = 1\,\text{mol} \cdot RT_0$, oder

$$R = \frac{22{,}4 \cdot 10^{-3}\,\text{m}^3 \cdot 1{,}013 \cdot 10^5\,\text{Nm}^{-2}}{273{,}15\,\text{K} \cdot \text{mol}}$$
$$= 8{,}31\,\frac{\text{J}}{\text{K} \cdot \text{mol}}$$

Gaskonstante: $R = 8{,}31\,\frac{\text{J}}{\text{K} \cdot \text{mol}}$.

Im Normzustand nimmt 1 mol eines idealen Gases das Volumen $V_0 = 22{,}4$ l ein. (170.2)

Musteraufgabe zur Anwendung der Gasgleichung:

Eine Stahlflasche von 50 l Volumen ist für den Maximaldruck 200 bar zugelassen. Mit wieviel Gas darf sie gefüllt werden, wenn mit Temperaturen bis zu 50 °C zu rechnen ist? – Aufgrund der Gasgesetze wissen wir, daß wir – unabhängig von der Gasart – nur eine bestimmte maximale Teilchenzahl, also eine bestimmte Stoffmenge ν, in die Flasche füllen dürfen. Wir berechnen diese Stoffmenge:

$$\nu = \frac{pV}{RT} = \frac{200\,\text{bar} \cdot 50\,\text{l}}{8{,}31\,\text{Nm} \cdot \text{mol}^{-1}\,\text{K}^{-1} \cdot 323\,\text{K}}$$
$$= 373\,\text{mol}.$$

Die zugehörige Masse ist z.B. bei Wasserstoff

$$m = 373 \cdot 2{,}016\,\text{g} = 751\,\text{g},$$

bei Sauerstoff dagegen

$$m' = 373 \cdot 32\,\text{g} = 11{,}9\,\text{kg}.$$

Aufgaben:

1. *Luft hat im Normzustand die Dichte* 1,293 g dm^{-3}. *Berechnen Sie ihre Dichte bei Normdruck und den Temperaturen* 20 °C, 100 °C, −70 °C.

2. *Das „Hochvakuum" in einer Fernsehröhre hat bei* 0 °C *einen Druck von etwa* 10^{-6} mbar. *Wie viele Gasmoleküle sind in jedem* cm^3 *enthalten? (Zum Vergleich: Im Raum zwischen den Planeten befindet sich etwa 1 Molekül im* cm^3.*)*

3. *Ein Zimmer hat* 100 m^3 *Rauminhalt und abends bei* 960 mbar 25 °C *Lufttemperatur. Da nicht geheizt wird, herrschen am nächsten Morgen bei* 960 mbar *nur mehr* 5 °C. *Wieviel Luft (in* kg*) ist zugeströmt? Wie groß wäre die Kraft auf* 1 m^2 *Fensterfläche, wenn man diesen Zustrom durch Abdichten verhindert hätte?*

4. *a) Nach welchem Gesetz ändern sich Druck und Temperatur einer Gasmenge, wenn man das Volumen konstant hält (sogenannte isochore Zustandsänderung; chorion, griech.: Raum(inhalt))? Formulieren Sie in Worten und in Zeichen!*
b) Skizzieren Sie ein Gasthermometer, das mit der isochoren Zustandsänderung nach a) arbeitet! Der Druck soll mit einem Quecksilbermanometer gemessen werden.
c) Wenn man bei der Eichung die Ausdehnung des Gasgefäßes nicht berücksichtigt, zeigt das Thermometer nach b) falsch an. Ist die Anzeige zu groß oder zu klein?

5. *Folgern Sie direkt aus Avogadros Satz 169.4: Bei gleichem Druck und gleicher Temperatur verhalten sich die Dichten zweier idealer Gase wie ihre Teilchenmassen.*

§51 Gasdruck und Molekülbewegung

Bei hohen Temperaturen und genügender Verdünnung gelangt jede Materie schließlich in den idealen Gaszustand. Ihr Verhalten hinsichtlich Druck, Volumen und Temperatur ist dann völlig einheitlich. Weder die chemische Beschaffenheit der Teilchen noch ihre Masse, nur ihre Anzahl spielt eine Rolle. In diesem Sinne ist das Gas die einfachste Form, die Materie überhaupt annehmen kann.

Der Physiker möchte die Natur „erklären"; d.h. er möchte aus wenigen einfachen Prinzipien die Mannigfaltigkeit der Erscheinungen herleiten. Die Gesetze der Mechanik sind solche Prinzipien. Gelten sie auch im Reich der Gasmoleküle? Dann müßte sich doch das Verhalten des Gases als Ganzes mit der Mechanik erklären lassen! Wir wollen versuchen, diesen Weg zu beschreiten und eine *kinetische Theorie der Gase* aufzustellen.

1. Ein Modell wird ernst genommen

Wir haben uns schon auf der Mittelstufe eine konkrete Vorstellung vom Verhalten der Moleküle im Gas gebildet *(Bild 171.1)*. Der *Modellversuch* mit kleinen Kugeln erklärte uns, wie der Gasdruck durch den Aufprall der Moleküle zustande kommt *(Bild 171.2)*. Können wir weitergehen und die Größe des Drucks zahlenmäßig mit der Geschwindigkeit der Moleküle in Zusammenhang bringen? Wir müssen das Kugelmodell dazu etwas genauer mit dem wirklichen Gas vergleichen.

a) Die Materie ist im idealen Gaszustand stark verdünnt. Beim Verdampfen nimmt die Dichte etwa auf den 1000. Teil ab, beispielsweise bei Wasser von 0,9 gcm^{-3} (Eis) auf 0,00028 gcm^{-3} (Dampf von 500 °C und 1 bar). Wenn also im Festkörper die Teilchen den Raum fast ganz ausfüllen, so hat im Gaszustand jedes Teilchen etwa sein 1000faches Eigenvolumen als Bewegungsspielraum zur Verfügung. Man kann daher annehmen, daß ein Teilchen im Mittel eine Strecke *(freie Weglänge)* von einem Vielfachen seines eigenen Durchmessers dahinfliegt, ehe es durch einen Stoß abgelenkt wird.

b) Ein Teilchen übt auf ein anderes nur dann eine Kraft aus, wenn es ihm sehr nahe kommt. Wir wollen ausschließen, daß die Teilchen etwa elektrisch geladen sind und sich deshalb schon in größerer Entfernung beeinflussen.

c) Das Kugelmodellgas braucht einen Antrieb, die vibrierende Grundplatte. Ohne Antrieb würden die Kugeln bald am Boden liegen bleiben. Ihre kinetische Energie würde durch die Reibung bei den Stößen untereinander und mit den Wänden aufgezehrt. Die wirklichen Gasteilchen liegen aber nicht auf dem Boden des Gefäßes, brauchen also keine ständige Energiezufuhr. *Demnach gibt es im Mikrobereich der Atome keine Reibung.* Vielmehr teilen bei den Stößen die Teilchen ihre kinetische Energie neu untereinander auf, ohne daß etwas davon verloren geht. Bei den Stößen mit der Wand geben sie zwar oft Energie an die Wandatome ab, erhalten aber in anderen Fällen Energie von ihnen zurück, so daß im Mittel die Gesamtenergie der Gasmoleküle konstant ist. Voraussetzung dafür ist, daß die Wand die gleiche Temperatur wie das Gas besitzt.

171.1 Märchen oder Wirklichkeit?

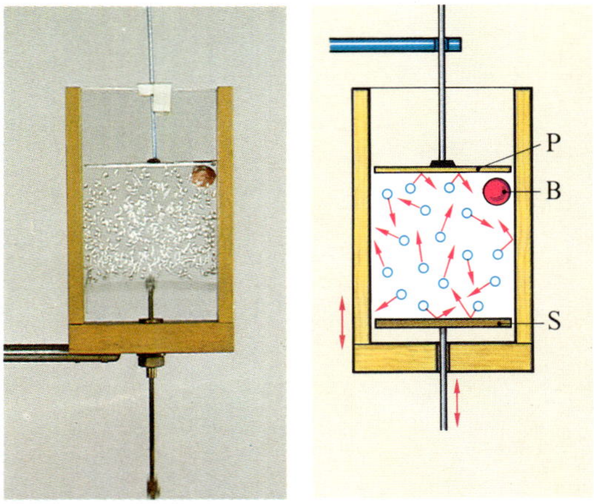

171.2 Aufprallende Kugeln erzeugen Druck.

Warum gibt es bei den Gasteilchen keine Reibung? Um dies zu verstehen, müssen wir uns klar machen, was bei der Reibung geschieht. Die „geordnete" kinetische Energie etwa eines fahrenden Autos wird beim Bremsen in ungeordnete kinetische Energie der Wärmebewegung von Atomen in den Bremsen verwandelt. – Die Bewegung der Teilchen im Gas ist schon völlig ungeordnet. Eine weitere Verzettelung von Energie könnte höchstens noch im Innern der Teilchen selbst stattfinden. Nach den Gesetzen der Quantenphysik ist dies aber unmöglich. Atome können nicht aneinander „reiben".

Wie spielen sich nun die Stöße mit der Wand ab? Von einem Molekül aus gesehen ist die Wand keineswegs glatt, denn sie besteht ja selbst aus etwa ebenso großen Teilchen. Stellen wir uns eine Geröllhalde vor, auf die ein einzelner Stein geworfen wird! Er wird in irgendeiner Richtung zurückspringen. Entsprechend werden die Gasteilchen an der Wand völlig unregelmäßig reflektiert; keine Richtung ist bevorzugt. Ein ungeordneter Teilchenschwarm, der auf die Wand abgeschossen wird, kommt als Ganzes ebenso ungeordnet zurück. Dies wäre nun aber in gleicher Weise der Fall, wenn die Wand ideal glatt wie ein Parkettboden und die Gasteilchen ideale glatte Kugeln wären, die elastisch reflektiert werden. Daher sind wir berechtigt, für jedes einzelne Teilchen eine solche „reguläre" Reflexion vorauszusetzen.

d) Die Teilchenbewegung ist ein völliges Durcheinander. Dafür sorgen die Reflexionen an der Behälterwand und die Zusammenstöße der Teilchen. Könnte man aus einer Momentaufnahme des Gases alle die Teilchen herausgreifen, deren Geschwindigkeit einen ganz bestimmten Betrag v hat, und alle diese Geschwindigkeitsvektoren von einem Punkt aus abtragen, so erhielte man *Bild 172.1,* das man sich noch räumlich ergänzt denken muß. Die Geschwindigkeiten sind kugelsymmetrisch oder *isotrop* verteilt.

Wir fassen unsere Idealisierungen zusammen:

Mechanisches Modell des idealen Gases:

a) Das gesamte Eigenvolumen der Gasteilchen ist viel kleiner als das Behältervolumen.

b) Die Gasteilchen erfahren nur beim Zusammenstoß Kräfte. Die Stöße sind elastisch.

c) Die Teilchen werden an der Behälterwand so reflektiert, wie das bei einer ideal glatten Kugel an einer ideal glatten Wand der Fall wäre.

d) Die Teilchen bewegen sich völlig ungeordnet. Ihre Geschwindigkeitsvektoren sind gleichmäßig auf alle Richtungen verteilt.

(172.1)

2. Jetzt hagelt es Moleküle

Auch ohne besondere Vorrichtungen können wir nachahmen, wie der Gasdruck durch das Geprassel der Teilchen zustande kommt:

Versuch 88: *(Bild 172.2):* Wir lassen Stahlkugeln in größeren zeitlichen Abständen auf die schräg gestellte Platte einer Briefwaage fallen. Jeder Aufprall erzeugt einen kurzen Ausschlag. Folgen die Kugeln in kürzeren Abständen aufeinander, so zittert der Zeiger nur noch ganz fein um einen konstanten Skalenwert. Die große Zahl der Stöße wirkt wie eine dauernde Kraft.

Unser Ziel ist nun eine Gleichung, die angibt, wie der Druck von Anzahl, Masse und Geschwindigkeit der Teilchen abhängt.

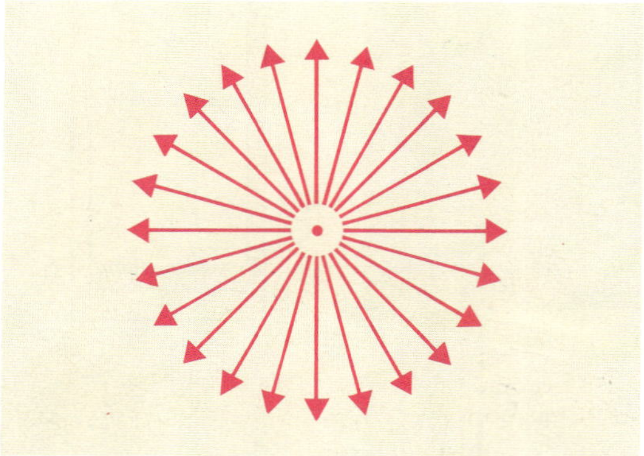

172.1 Isotrope Geschwindigkeitsverteilung

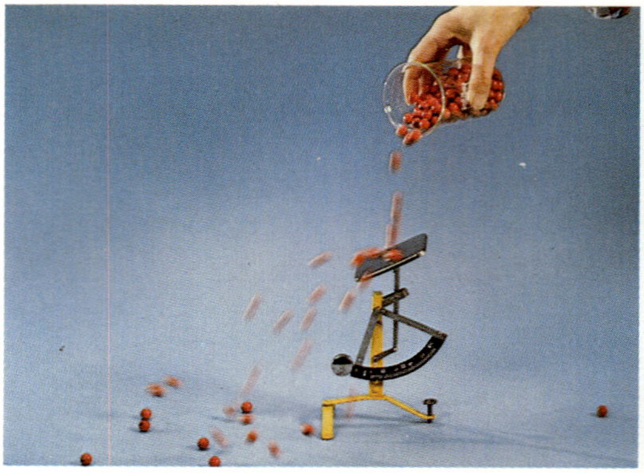

172.2 Gasdruck als Folge der Molekülstöße

Die Kraft F auf ein kleines Stück der Wand mit dem Flächeninhalt A ist in Wirklichkeit der zeitliche Mittelwert einer sich fortwährend ändernden Kraft. Bewegt sich ein Teilchen der Masse m mit der Geschwindigkeit v genau senkrecht auf die Wand zu, so ändert sich beim Abbremsen sein Impuls von $m\vec{v}$ auf Null und anschließend beim Beschleunigen von Null auf $-m\vec{v}$. Die Wand erhält den Impuls $2mv$ (Seite 94). Innerhalb einer gewissen Beobachtungszeit Δt erhält die Wand den Impuls

$$\Delta P = 2mv \cdot (\text{Anzahl der Stöße während } \Delta t).$$

(Um eine Verwechslung mit dem Gasdruck p zu vermeiden, bezeichnen wir hier den Impuls mit P.)

Für die mittlere Kraft F auf die Wand gilt dann:

$$F = \frac{\Delta P}{\Delta t}.$$

Wir müssen nun berechnen, wie viele Teilchen in der Zeit Δt auf das Wandstück treffen. Jedes Teilchen legt während dieser Zeit die Strecke $v \cdot \Delta t$ zurück. In *Bild 173.1* sind einige solche Strecken für Teilchen, die sich senkrecht auf die Wand zu bewegen, eingezeichnet. Trifft eine Strecke das Wandstück, so führt das Teilchen einen Stoß auf die Wand aus. Mit dem Wandstück stoßen also alle Teilchen zusammen, die sich zu Beginn der Beobachtungszeit in dem Quader von *Bild 173.1* mit dem Volumen $Av \cdot \Delta t$ befinden und senkrecht auf die Wand zu fliegen. Würden wir nun annehmen, daß sich die Hälfte aller in dem Quader befindlichen Gasteilchen senkrecht auf die Wand zu bewegt und die andere Hälfte von ihr weg, so erhielten wir sicher ein falsches Ergebnis. Die Geschwindigkeiten der Teilchen sind ja isotrop verteilt. Richtig wird es dagegen, wenn wir jeder der sechs Koordinatenrichtungen im dreidimensionalen Raum gleich viele Teilchen zuweisen. Senkrecht auf die betrachtete Wand fliegt also sozusagen nur $\frac{1}{6}$ der im Quader befindlichen Teilchen. Ist N die Gesamtzahl der Teilchen im Gasvolumen V, so befinden sich im betrachteten Quader $\frac{N}{V} Av \cdot \Delta t$ Stück. Wir berechnen demnach die Kraft zu

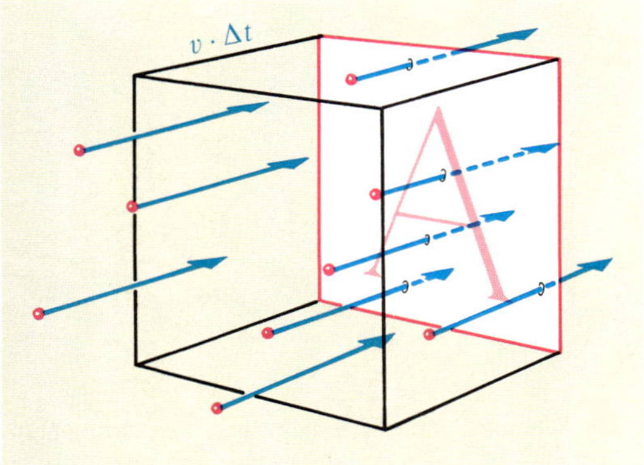

173.1 Was geschieht, wenn ein Pfeil Fläche A trifft?

$$F = \frac{2mv}{\Delta t} \cdot \frac{1}{6} N \frac{Av \cdot \Delta t}{V}.$$

Hieraus folgt für den Gasdruck $p = \frac{F}{A}$:

$$p = \frac{1}{3} m v^2 \frac{N}{V}. \qquad (173.1)$$

Damit ist unser Ziel erreicht! *Gl. 173.1* verbindet den Gasdruck p mit der Molekülgeschwindigkeit v. Die Gleichung läßt sich noch einfacher schreiben, wenn wir beachten, daß mN die gesamte Masse des Gases, $\frac{mN}{V}$ also seine *Dichte* ϱ ist:

Haben die Gasteilchen die einheitliche Geschwindigkeit v, so erzeugen sie den Gasdruck

$$p = \tfrac{1}{3} \varrho v^2 \qquad \textbf{(173.2)}$$

(ϱ: Dichte des Gases).

Diese Gleichung kommt auch dann heraus, wenn man in einer etwas komplizierteren Rechnung berücksichtigt, daß die Teilchen meist schief auf die Wand treffen. Sie wurde erstmals von *Daniel Bernoulli* (1700 bis 1782, schweizerischer Mathematiker) hergeleitet. Wir erkennen aus ihr unmittelbar: Werden die Teilchen bei unveränderter Gasdichte schneller gemacht, so erhöht sich der Druck. Bei doppelter Geschwindigkeit ist er schon viermal so hoch. Wir können auch die atomistische Größe v aus *rein makroskopischen* Angaben berechnen. Für den Normzustand von Luft hat z.B. die Dichte den Wert $\varrho = 1{,}29 \text{ kg m}^{-3}$. Es folgt

$$v = \sqrt{\frac{3p}{\varrho}} = \sqrt{\frac{3 \cdot 1{,}013 \cdot 10^5}{1{,}29} \frac{\text{m}}{\text{s}}} = 485 \text{ m s}^{-1}.$$

Können Moleküle so schnell sein? Wir wissen, daß der Schall in der gleichen Luft 330 m in der Sekunde zurücklegt. Schall ist eine sich ausbreitende Störung in der Luft. Sie kann nicht schneller laufen als die Moleküle, die es ja einander „weitersagen" müssen, daß da eine Störung vorliegt. Dazu paßt unser Rechenergebnis: Die Moleküle sind im ganzen etwas schneller als der Schall.

3. Je heißer desto schneller?

In *Gl. 173.1* erinnert uns das Produkt mv^2 an die kinetische Energie. Die Größe $W_{kin} = \frac{1}{2}Nmv^2$ ist die gesamte kinetische *Translationsenergie* der Teilchen. Eine eventuelle Energie der Drehbewegung (Rotationsenergie) oder inneren Schwingung von Molekülen ist darin nicht enthalten. Aus *Gl. 173.1* folgt nun:

Für die gesamte Translationsenergie der Teilchen eines idealen Gases gilt

$$W_{kin} = \tfrac{3}{2} p V. \qquad (174.1)$$

In dieser Form läßt sich die Gleichung von *D. Bernoulli* auch dann noch herleiten, wenn (wie in der Wirklichkeit) die Gasteilchen nicht alle gleich schnell sind. Sie dürfen außerdem sogar verschiedene Massen haben, wie dies ja z.B. schon bei der Luft der Fall ist.

Das Produkt pV auf der rechten Seite der *Gl. 174.1* können wir nach der allgemeinen Gasgleichung durch νRT ersetzen:

$W_{kin} = \frac{3}{2}\nu RT$: Die Translationsenergie ist der Temperatur proportional. Damit haben wir zum zweiten Mal eine atomistische Größe (W_{kin}) mit einer makroskopisch meßbaren (T) verbunden. Wir rechnen die Energie noch auf das einzelne Teilchen um:

$$\frac{W_{kin}}{N} = \frac{3}{2}\frac{\nu R}{N} T.$$

Ist die Stoffmenge $\nu = x$ mol, so ist die Teilchenzahl $N = x \cdot 6{,}02 \cdot 10^{23}$. Es folgt

$$\frac{\nu R}{N} = \frac{8{,}31\ \mathrm{J/K}}{6{,}02 \cdot 10^{23}} = 1{,}38 \cdot 10^{-23}\ \frac{\mathrm{J}}{\mathrm{K}} = k.$$

k heißt *Boltzmann-Konstante* (*Ludwig Boltzmann,* 1844 bis 1906, österreichischer Physiker).

Die mittlere Translationsenergie eines Gasteilchens ist gleich $\frac{3}{2}kT$ mit der Boltzmannkonstanten $k = 1{,}38 \cdot 10^{-23}\ \frac{\mathrm{J}}{\mathrm{K}}$. (174.2)

Wir betonen hier nochmals, daß dies für Atome und Moleküle beliebiger Art gilt, wenn sie nur einem idealen Gas angehören! Mit *Gl. 174.2* kann man die Teilchengeschwindigkeit aus der Temperatur berechnen, wenn man wie in Ziffer 2 annimmt, alle Teilchen des Gases hätten den gleichen Geschwindigkeitsbetrag, den wir jetzt $\tilde{v}$ nennen. Es folgt dann

	$\frac{m}{\mathrm{u}}$	$\frac{T}{\mathrm{K}}$	$\frac{\tilde{v}}{\mathrm{m\,s^{-1}}}$
Wasserstoff von 20 °C	2	293	1900
Sauerstoff von 20 °C	32	293	480
Kaliumdampf von 157 °C	39	430	520
Silberdampf von 1100 °C	108	1373	560
Luft von 0 °C		273	485

Tabelle 174.1 Ungefähre Teilchengeschwindigkeit für verschiedene Gase und Temperaturen

$$\tfrac{1}{2} m\tilde{v}^2 = \tfrac{3}{2} kT \quad \text{oder} \quad \tilde{v} = \sqrt{\frac{3kT}{m}}. \qquad (174.3)$$

Da in der Gleichung die kleine Teilchenmasse m vorkommt, wollen wir in der *Boltzmannkonstanten* k die atomare Masseneinheit $\mathrm{u} = \frac{1}{6{,}02 \cdot 10^{23}}$ g statt der Einheit kg verwenden:

$$k = \frac{8{,}31}{6{,}02 \cdot 10^{23}} \frac{\mathrm{kg\,m^2}}{\mathrm{s^2\,K}} = 8{,}31 \cdot 10^3\ \mathrm{u}\frac{\mathrm{m^2}}{\mathrm{s^2\,K}};$$

$$3\frac{k}{m} T = 2{,}49 \cdot 10^4 \frac{\mathrm{u}}{m} \frac{\mathrm{m^2}}{\mathrm{s^2}} \frac{T}{\mathrm{K}};$$

$$\tilde{v} = 100 \frac{\mathrm{m}}{\mathrm{s}} \sqrt{\frac{2{,}5\ T/\mathrm{K}}{m/\mathrm{u}}}. \qquad (174.4)$$

Tabelle 174.1 zeigt einige hiernach berechnete Geschwindigkeiten, zuletzt das Ergebnis aus Ziffer 2.

Alle Gleichungen der kinetischen Gastheorie sind bis jetzt nur Folgerungen aus plausiblen Hypothesen. Sie müssen im Experiment quantitativ überprüft werden, und zwar durch die unmittelbare Messung von Teilchengeschwindig-

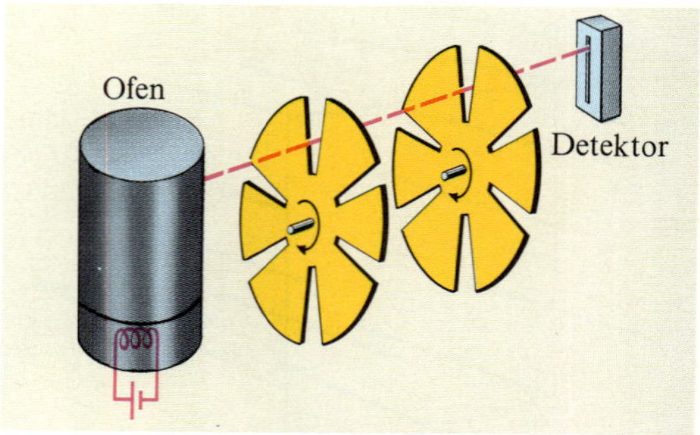

174.1 Messung der Geschwindigkeitsverteilung in Kaliumdampf. Die ganze Apparatur befindet sich im Hochvakuum.

keiten. Erst zweihundert Jahre nach *Bernoulli* gelang dies *Otto Stern* (1888 bis 1974, deutscher Physiker, im Exil in USA seit 1933, Nobelpreis für Physik 1943). Eine moderne Weiterentwicklung seines Versuchs zeigt *Bild 174.1*.

In einem geschlossenen luftleeren Ofen wird Kalium erhitzt und auf konstanter Temperatur gehalten. Durch einen feinen Schlitz von 0,06 mm Breite fliegen Kaliumatome geradlinig in das umgebende Vakuum. In einem Detektor am anderen Ende der Apparatur werden die auftreffenden Kaliumatome ionisiert; man kann über den Ionisationsstrom ihre Anzahl bestimmen. Auf seinem Weg vom Ofen zum Detektor muß ein Atom zwei geschlitzte Scheiben passieren. Diese drehen sich gleich schnell mit der Umlaufzeit 7,5 ms. Ein Teilchen, das einen Schlitz der linken Blende durchflogen hat, gelangt nur dann zum Detektor, wenn es auch bei der Ankunft an der rechten Blende einen Schlitz vorfindet. Es muß dazu die Strecke zwischen den Scheiben in einer ganz bestimmten Zeit durchlaufen. Diese Laufzeit ist durch die gegenseitige Stellung der Schlitze in den Scheiben vorgegeben. In *Bild 174.1* müßte sie gleich Null sein (oder gleich $\frac{1}{6}$, $\frac{2}{6}$, ... der Umlaufszeit, doch kommen derart langsame Teilchen in dem Kaliumdampf praktisch nicht vor). Verdreht man die Scheiben ganz wenig gegeneinander, so erreichen den Detektor die schnellsten Teilchen; mit zunehmender Verdrehung werden immer langsamere Teilchen erfaßt. *Bild 175.1* zeigt die gemessenen Zählraten in Abhängigkeit von der durch die Schlitzstellung ausgewählten Geschwindigkeit v. Als Einheit ist dabei die Geschwindigkeit $\tilde{v}$ gewählt, die man nach *Gl. 174.1* für die Ofentemperatur 157 °C berechnet *(Tabelle 174.1)*. Man sieht, daß die Teilchengeschwindigkeiten stark streuen. Die Kurve hat aber ihr Maximum bei $\tilde{v}$.

Wir können also mit Recht sagen, daß die nach der kinetischen Gastheorie errechnete Geschwindigkeit $\tilde{v}$ die wirklich vorkommenden Teilchengeschwindigkeiten gut repräsentiert. Die Theorie wird durch das Experiment gestützt.

4. Je leichter desto schneller!

Zwei Gase mit verschiedener Teilchenmasse m mögen die gleiche Temperatur besitzen. Dann müssen die leichteren Teilchen im Mittel eine größere Geschwindigkeit haben, da sie ja nach *Gl. 174.2* in der mittleren Energie mit den schwereren Teilchen übereinstimmen. Grenzen zwei Gase unmittelbar ohne Trennwand aneinander, so vermischen sie sich allmählich allein infolge der Molekülbewegung, ohne daß eine makroskopische Strömung zu beobachten wäre (*Diffusion,* Mittelstufenband, Seite 127). Vermutlich wird nun ein Gas um so schneller in ein anderes hineindiffundieren, je schneller seine Moleküle sind. Wir erproben dies im Experiment.

Versuch 89: Wir schließen einen porösen Tonzylinder durch ein wassergefülltes U-Rohr ab, stülpen ein Becherglas darüber und leiten von unten Erdgas oder noch besser Wasserstoff ein *(Bild 175.2)*. Der Druck im Zylinder steigt sofort beträchtlich an und geht erst im Verlauf einer halben Minute wieder auf den alten Wert zurück. Schließt man statt des Manometers eine Spritzflasche an, so spritzt das Wasser beim Einleiten des Gases in das Becherglas in hohem Bogen heraus. Nimmt man das Becherglas dann nach einiger Zeit weg, so entsteht im Tonzylinder Unterdruck. Man beobachtet an auftretenden Blasen, daß Luft in die Spritzflasche eindringt.

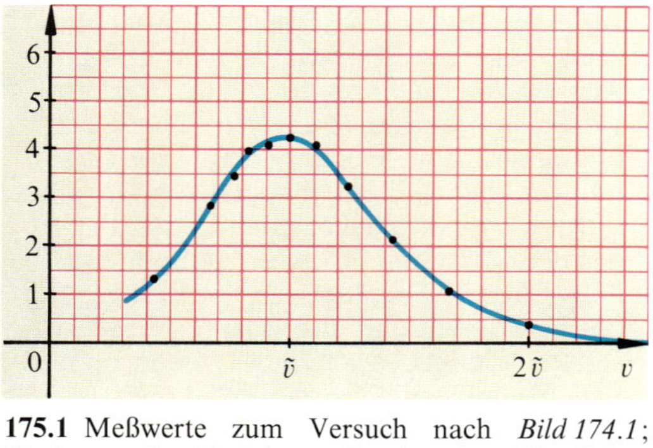

175.1 Meßwerte zum Versuch nach *Bild 174.1*; Hochwert: Strahlstärke am Detektor in willkürlichen Einheiten

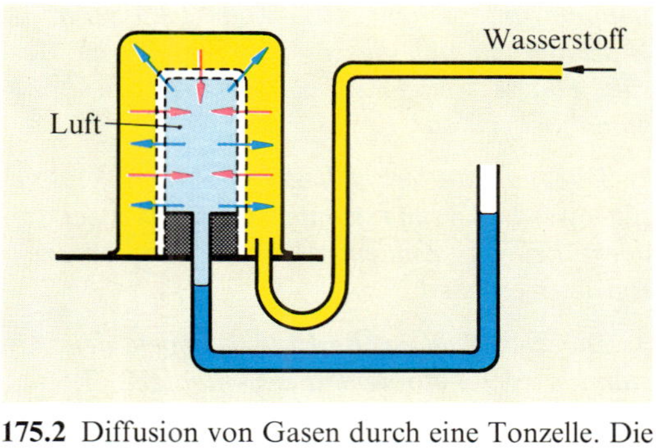

175.2 Diffusion von Gasen durch eine Tonzelle. Die Poren verhindern eine schnelle Vermischung durch Strömung und einen sofortigen Druckausgleich.

Deutung des Versuchs: Infolge ihrer höheren Geschwindigkeit dringen die Wasserstoffmoleküle durch die Poren schneller in den Zylinder ein, als die Stickstoff- und Sauerstoffmoleküle hinausgelangen. Dadurch entsteht zunächst ein Überdruck, der sich durch die Poren hindurch infolge des Strömungswiderstands erst allmählich ausgleichen kann. Wenn man das Becherglas wegnimmt, diffundieren zuerst die schnellen Wasserstoffmoleküle heraus; so entsteht ein Unterdruck.

5. Mittlere freie Weglänge

Die Gasteilchen stoßen bei ihrer heftigen Bewegung häufig zusammen. Je dicker die Teilchen sind und je größer ihre

Anzahldichte = Anzahl/Behältervolumen

ist, um so kürzer wird im Mittel die freie Bahn, die ein Teilchen zwischen zwei Stößen durchlaufen kann. Man kann diese *mittlere freie Weglänge* $\bar{l}$ aus Teilchendurchmesser und Anzahldichte abschätzen und findet für ein Gas im Normzustand 10^{-7} m, also einen sehr kleinen Wert. Mit fallendem Druck nimmt die Anzahl der Teilchen je cm^3 ab und deshalb $\bar{l}$ zu. Im Hochvakuum (Druck 1 µbar) erreicht $\bar{l}$ die Größenordnung 1 m. Die Teilchen fliegen dann praktisch frei von Wand zu Wand.

Aufgaben:

1. *Die Brownsche Bewegung (Mittelstufenband, Seite 13) kann man auch an winzigen Öltröpfchen in Luft beobachten. Dabei besitzt ein Tröpfchen die gleiche mittlere kinetische Energie wie jedes der umgebenden Luftmoleküle (es ist gleichsam ein Super-Riesen-Molekül eines fremden Gases). Welche Geschwindigkeit $\tilde{v}$ errechnet man für ein Tröpfchen von* 2 µm *Durchmesser? (Verwenden Sie Gl. 174.3; es herrsche Zimmertemperatur; Dichte des Öls* $0{,}9\,g\,cm^{-3}$*). Warum kann man diesen Wert nicht durch Messung von Weg und Zeit bei der Tröpfchenbewegung nachprüfen?*

2. *Wie muß der Versuch 89 auf Seite 175 ausgeführt werden, wenn man anstelle von Wasserstoff oder Erdgas Kohlendioxid verwendet? Was würde er ergeben?*

3. *Die Scheiben in Bild 174.1 haben den Abstand* $d = 19{,}4$ cm *und die Umlaufzeit* 7,5 ms. *Um welchen Winkel müssen sie gegeneinander verdreht werden, um gerade die „$\tilde{v}$-Atome" durchzulassen?*

§52 Der allgemeine Energiesatz

1. Alle reden von der Energie

Der Begriff der Energie begegnet uns heute auf Schritt und Tritt, im Alltag und im politischen Leben ebenso wie in allen Gebieten der Physik und Technik. Warum reden die Leute von Energie, wenn sie doch Erdöl, Strom, Kohle, aufgestautes Wasser oder sogar Nahrungsmittel meinen *(Bild 176.1)? — Was wissen wir von der Energie?*

a) *Jeder Körper und jedes System von Körpern enthält Energie.* Wenn in der Natur irgendetwas geschieht, ändert sich fast immer auch die Energie der beteiligten Körper: Es wird Energie von einem Körper auf einen anderen übertragen. Beispiel: Wir verbrennen im Winter 1 Liter Heizöl, damit sich unser warmes Wohnzimmer nicht abkühlt. Die Energie des Systems „1 l Heizöl plus 10 m^3 Luft" nimmt um 37 MJ ab, die Energie der Außenluft wächst nach einiger Zeit um ebensoviel. In einer langen Übertragungskette geht Energie von den heißen Flammengasen auf das Kesselwasser, zugleich vom Heizkörper auf die Zimmerluft, ... von der Hauswand auf die Außenluft über.

b) *Energie ist ein Verwandlungskünstler.* Sie tritt in verschiedenen Formen auf. In diesem Buch haben wir die *mechanischen* Energieformen genauer kennen und berechnen gelernt: potentielle Lageenergie, Federspannungs- und Bewegungsenergie. Beim Schwingen eines Pendels beispielsweise wandeln sich Lage- und Bewegungsenergie dauernd ineinander um. Oder denken Sie ans Trampolinspringen! Hier spielt auch Federspannungsenergie mit.

> Energie ist eine wesentliche Voraussetzung für die wirtschaftliche Entwicklung unseres Landes. Die industrielle und landwirtschaftliche Produktion, das Verkehrswesen und alle anderen Wirtschaftsbereiche sind auf ausreichende Energieversorgung angewiesen. Aber auch jeder einzelne Bürger braucht Heizöl oder Kohle, Benzin oder elektrischen Strom für seinen persönlichen Bedarf. So hängt von der Versorgung mit Energie nicht nur unsere Volkswirtschaft, sondern auch der Lebensstil und Lebensstandard der Bevölkerung ab.

176.1 Der Bundesminister für Forschung und Technologie (Hg.): Was geht uns Forschung an? (1980)

Von früher kennen wir auch die *innere Energie* der Körper. Wenn sie sich vermehrt, wird der Körper wärmer, oder er schmilzt bzw. verdampft. Schon auf der Mittelstufe vermuteten wir aufgrund der *Brownschen Bewegung,* daß die innere Energie wenigstens zu einem Teil aus der ungeordneten Bewegungsenergie der Moleküle besteht, also insofern eine mechanische Energieform ist. Diese Vorstellung wurde durch die kinetische Gastheorie im vorigen Paragrafen bestätigt. Ein anderer Teil der inneren Energie ist die potentielle Energie der gegenseitigen Anziehung bzw. Abstoßung der Teilchen eines Körpers, also ebenfalls durch die Mechanik erfaßbar. Die Gültigkeit der Mechanik erstreckt sich so bis in die „Mikrowelt" der Atome hinein und bleibt nicht auf greifbare makroskopische Körper beschränkt.
Allerdings passen andere wichtige Energieformen nicht ins Konzept der *Newton-Mechanik,* wie die Energie der *Lichtstrahlung* oder die *chemische Energie* eines geladenen Akkus. Sie zeigen uns, daß der Begriff der Energie noch über die Mechanik hinausreicht.

c) *Energie ist eine Erhaltungsgröße.* Sie kann nicht erzeugt und nicht zerstört werden. – In der makroskopischen Mechanik konnten wir diesen Satz immer nur unter dem Vorbehalt fehlender Reibung aussprechen. Dies war unbefriedigend, denn ganz läßt sich die Reibung ja nie vermeiden. Hier hat uns die kinetische Gastheorie nun einen gewaltigen Schritt weitergebracht: Durch Reibung wird mechanische Energie nicht vernichtet! Sie wird zwar auf chaotische Molekülbewegungen verzettelt, bleibt aber ohne jeden Abstrich als mechanische Energie erhalten (falls nicht in Extremfällen Strahlung oder chemische Umsetzungen eine Rolle spielen). Eine Mechanik unter Einschluß aller individuellen Molekülbewegungen kennt keine Reibungsverluste mehr!

Warum also müssen wir uns mit der Energie so intensiv beschäftigen? Es ist wegen des *absolut strengen Erhaltungssatzes,* der für sie gilt. Alle Vorgänge werden von der Natur von selbst so bemessen, daß die Energiebilanz stimmt. Freilich sind nicht alle Vorgänge von der Natur erlaubt, wenn bei ihnen nur die Energie und die anderen Erhaltungsgrößen wie z.B. die Masse, konstant bleiben. Dieser Aspekt wird uns später noch eingehend beschäftigen. Zuvor wollen wir die Energieerhaltung am Beispiel der Gase noch näher studieren. Mit den *Gleichungen 170.1* und *174.1* können wir ihre Reaktion auf äußere Einflüsse vorausberechnen.

2. Energie im Grenzverkehr

Volkszählungen waren in alten Zeiten eine schwierige Sache. Die Einwohnerzahl einer Großstadt konnte man nur schätzen. Um so genauer nahm man es aber mit *Änderungen* der Bevölkerungszahl. Geburten und Todesfälle wurden so wie heute sorgfältig registriert, und an den Stadttoren wurde über jeden Zu- und Abgang Buch geführt.

Mit der Energie verhält es sich oft ähnlich. Woher sollen wir die innere Energie einer Gasportion kennen? Wir können zwar die Translationsenergie der Moleküle messen oder berechnen; aber auch in der Rotation und vielleicht in inneren Schwingungen der Atome gegeneinander steckt Energie. Wie kann man unter diesen Umständen die Erhaltung der Energie prüfen? Man muß an den Grenzen des Körpers Wachen aufstellen und den Energieübergang kontrollieren. Die Energie kennt viele Wege, um in einen Körper zu gelangen, offene und Schleichwege. Wenn eine Kraft wirkt oder wenn elektrischer Strom durch den Körper geschickt wird, können wir die Energiezufuhr berechnen (Kraft mal Weg bzw. Spannung mal Ladung). Wir sprechen dann von *Arbeitsverrichtung* und nennen die zugeführte Energie selbst auch mechanische bzw. elektrische *Arbeit W.* Hier geht die Energie gleichsam handgreiflich über. Sind dagegen keine derartigen makroskopischen Mechanismen am Werk, so kann dennoch Energie übergehen: Ein heißer Körper erwärmt einen kälteren bei Berührung oder sogar durch den leeren Raum hindurch mit seiner Strahlung. Die Moleküle übertragen dann Energie allein aufgrund ihrer ungeordneten Bewegung. Wir nennen dies *Wärmeübergang,* die dabei zugeführte Energie selbst auch *Wärme Q.* Will man den Wärmeübergang verhindern, so muß man Isoliermaterial (Schaum- oder Faserstoffe) und Reflektoren für die Strahlung (Metallfolie) anbringen.

Energie, die allein aufgrund eines Temperaturgefälles mittels ungeordneter Teilchenbewegung von einem Körper auf einen anderen übergeht, heißt Wärme *Q*. Alle auf andere Art, also durch eine makroskopische Wechselwirkung übertragene Energie, heißt Arbeit *W*. Vorgänge, bei denen keine Wärme übertragen wird, heißen adiabatisch[1]).

[1]) adiábatos, griech.: undurchlässig

Es ist nicht immer leicht, Wärme und Arbeit klar zu unterscheiden. Wir betrachten ein *Beispiel:* Beim Reiben verrichtet man *Arbeit;* die rauhen, reibenden Flächen gleiten aneinander; ihre Moleküle stoßen sich gegenseitig an. Dies erhöht ihre ungeordnete Bewegung (Vergleich mit der Bürste, Mittelstufenband, *Bild 40.3*). Die Temperatur der Reibflächen steigt. Das Temperaturgefälle bewirkt, daß *Wärme* von den Reibflächen ins Körperinnere abfließt. Je nachdem, wohin wir in Gedanken die Übergangsfläche legen, durch welche Energie hindurchtritt, haben wir also Arbeitsverrichtung oder Wärmezufuhr.

3. Der erste Hauptsatz der Wärmelehre

Weil sich die Energie beim Wärmeübergang im Gewimmel der Teilchen versteckt, ist es dann gar nicht mehr leicht, ihre Erhaltung nachzuprüfen. Es hat lange Jahre gedauert, bis sich *Robert Mayer* (1814 bis 1878, deutscher Arzt) mit seiner Erkenntnis von der allgemeinen Erhaltung der Energie durchsetzen konnte. Inzwischen gibt es in diesem Punkt keine Zweifel mehr. Wir formulieren den Energiesatz nun so, wie ihn *Hermann v. Helmholtz* (1821 bis 1894, deutscher Arzt und Physiker) als **ersten Hauptsatz der Wärmelehre** bezeichnet hat:

Ein System besitzt in jedem Zustand eine bestimmte Energie U. Wird ihm beim Übergang vom Zustand 1 in den Zustand 2 die Arbeit W und die Wärme Q zugeführt, so gilt

$$W+Q = U_2 - U_1 = \Delta U. \qquad (178.1)$$

Falls Arbeit und/oder Wärme von dem System weggeführt wird, sind W bzw. Q negative Größen. *Bild 178.1* veranschaulicht diese Vereinbarung über die Vorzeichenwahl.

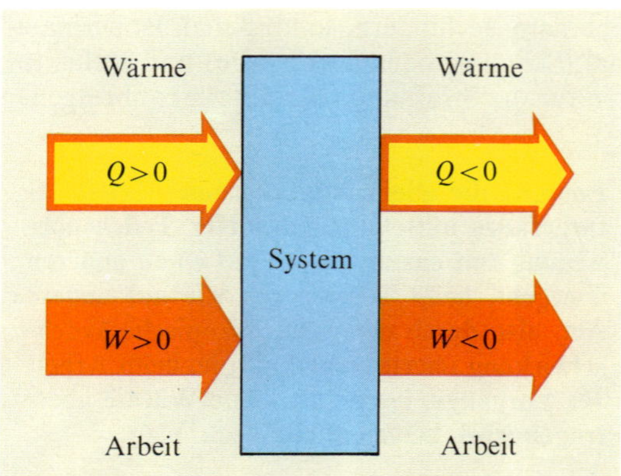

178.1 Zum Vorzeichen von Q und W

§53 Die Energie der Gase

1. Die kinetische Theorie wird erneut geprüft

Die innere Energie eines Körpers setzt sich aus der potentiellen Energie der Kräfte zwischen den Teilchen und den kinetischen Teilchenenergien zusammen. Bei idealen Gasen erwarten wir besonders einfache Verhältnisse: Sollte die kinetische Gastheorie (§ 50) zutreffen, so ist die innere Energie gleich der Summe aus Translations- und Rotationsenergie der Teilchen:

$U = W_{trans} + W_{rot}$, oder nach *Gl. 174.1*:

$$U = \tfrac{3}{2} p V + W_{rot}. \qquad (178.2)$$

Wenn die Gasteilchen nicht rotieren ($W_{rot} = 0$), folgt $U = \frac{3}{2} p V$. Erhöhen wir bei einem solchen Gas die Energie von U_1 auf $U_2 = U_1 + \Delta U$, wobei wir das Volumen konstant halten, so steigt der Druck von p_1 auf $p_2 = p_1 + \Delta p$ gemäß der Gleichung

$U_2 - U_1 = \frac{3}{2} p_2 V - \frac{3}{2} p_1 V$ oder

$$\Delta U = \tfrac{3}{2} \cdot \Delta p \cdot V \quad (V = \text{konst.}). \qquad (178.3)$$

Wir wollen nun im Experiment einem Gas kontrolliert Energie zuführen. Wir sperren das Gas in einen starren Behälter ein. Damit ist $V=$ konst. gewährleistet und eine Arbeitsverrichtung durch Ausdehnung ausgeschlossen. Sehr viel schwieriger ist es, den unkontrollierten Wärmekontakt mit dem Behältermaterial zu verhindern. Mit Isoliermaßnahmen kommt man hier nicht weit. Wir lassen das Gas sich selber isolieren, indem wir ihm die Energie in der Mitte, möglichst weit von den Wänden entfernt, zuführen.

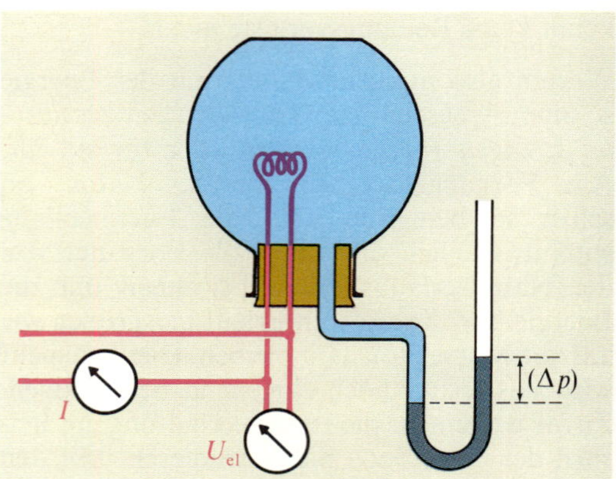

178.2 Gaserwärmung bei konstantem Volumen

Versuch 90 *(Bild 178.2)*: Durch einen dünnen Heizdraht im Innern eines Glasballons von etwa 50 l Inhalt wird etwa $t = 0{,}5$ s lang Strom geschickt. Es steigt (unsichtbar) ein erwärmtes Gaswölkchen auf. Noch ehe es oben seine Energie an das Glas abgeben kann, liest man am Manometer die Druckerhöhung Δp ab. Die Öffnung des Gefäßes muß nach unten zeigen, damit das Gas seine Energie nicht an die Zuführungsdrähte verliert.

Die zugeführte Energie wird nach $\Delta U = U_{el} I t$ aus den elektrischen Daten und der Heizzeit bestimmt. Man findet, daß stets Δp proportional zu ΔU ist, wie es die *Gl. 178.2* verlangt. Die genaueren Versuchsergebnisse für verschiedenartige Gase entnehmen wir aus Tabellenwerken. Dort ist üblicherweise das Produkt $\Delta p \cdot V$ nach der Gasgleichung *170.1* ersetzt:

$$\Delta p \cdot V = (p_2 - p_1) V = \nu R (T_2 - T_1) = \nu R \cdot \Delta T.$$

Gl. 178.2 lautet hiermit:

$$\Delta U = \tfrac{3}{2} \nu R \cdot \Delta T. \qquad (179.1)$$

Den Quotienten $\frac{\Delta U}{\Delta T}$ nennt man bei allen Körpern *Wärmekapazität*. Teilt man ihn durch die Stoffmenge ν, d.h. gibt man die Wärmekapazität für ein Mol der betreffenden Substanz an, so hat man die *molare Wärmekapazität* $c_{V\mathrm{m}}$:

$$c_{V\mathrm{m}} = \frac{\Delta U}{\nu \cdot \Delta T}. \qquad (179.2)$$

Der Index V erinnert ausdrücklich daran, daß beim Erwärmen das Volumen konstant zu halten ist. Die kinetische Gastheorie sagt also für ein ideales Gas aus nicht rotierenden Teilchen vorher *(Gl. 179.1* und *179.2)*:

$$c_{V\mathrm{m}} = \tfrac{3}{2} R = 12{,}5\ \mathrm{JK^{-1}\,mol^{-1}}.$$

Die molaren Wärmekapazitäten wirklicher Gase nennt *Tabelle 179.1*. Der vorhergesagte Wert wird von den Edelgasen genau erreicht – eine gänzende Bestätigung für die Theorie! Wie steht es aber bei den mehratomigen Gasen? Hier wird der theoretische Wert überschritten. Diese Gase benötigen also je Molekül mehr Energie als die Edelgase, um ihre Temperatur um einen bestimmten Betrag zu erhöhen. Wir deuten dies so: Die Edelgasatome nehmen bei Energiezufuhr nur Translationsenergie auf. Die zwei- und mehratomigen Moleküle stecken einen Teil der zugeführten Energie in Rotations- und evtl. innere Schwingungsbewegungen *(Bild 179.1)*, und zwar um so mehr, je komplizierter sie gebaut sind. Warum die Einzelatome der Edelgase keine Rotationsenergie

Gas	$\frac{c_{V\mathrm{m}}}{\mathrm{JK^{-1}\,mol^{-1}}}$	$\frac{c_{V\mathrm{m}}}{R}$
Helium	12,5	1,50
Argon	12,5	1,50
Neon	12,6	1,52
Sauerstoff	21,0	2,52
Stickstoff	20,8	2,50
Wasserstoff	20,4	2,46
Luft	20,7	2,49
Kohlendioxid	28,3	3,40
Ammoniak	27,4	3,30
Ethan	43,4	5,2

Tabelle 179.1 Molare Wärmekapazitäten von Gasen im Normzustand

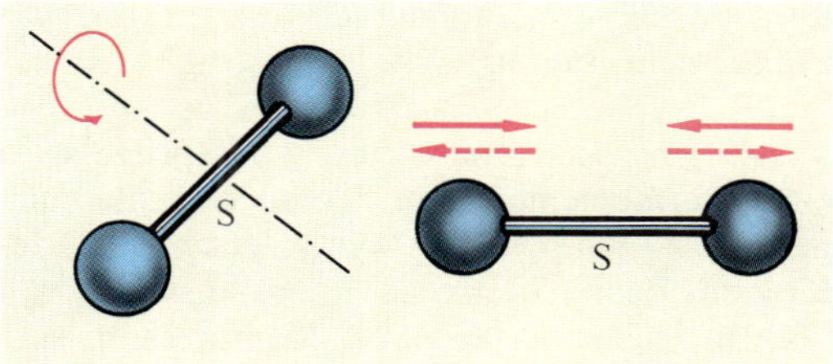

179.1 Beispiele für Rotation und innere Schwingung eines zweiatomigen Moleküls. Der Schwerpunkt bleibt dabei in Ruhe (keine Translation).

aufnehmen können, war ein Rätsel, das wie die anderen Einzelheiten über die Wärmekapazität der Gase erst die Quantentheorie lösen konnte.

2. Physik der Fahrradpumpe

Versuch 91: Wir pumpen einen Fahrradreifen schnell auf: Die Pumpe erwärmt sich beträchtlich! Die Reibung des Kolbens scheidet als Ursache aus – wir haben ihn zuvor eigens geschmiert. Ist die Reibung im engen Ventilkanal schuld? Kaum, denn das Ventil wird nicht heißer als die übrigen Teile. Die Energie, die ja aus unserer Arbeitsverrichtung beim Pumpen stammt, wird der Luft also direkt zugeführt.

Im molekularen Bild läßt sich dies leicht verstehen. Wenn sich der Kolben nach innen bewegt, erhalten die auf ihn stoßenden Moleküle im Mittel eine größere Geschwindigkeit, als sie vor dem Stoß hatten. Man denke an einen Tennisschläger, der dem ankommenden Ball entgegen bewegt wird! Die zusätzliche kinetische Energie verteilt sich sehr schnell auf alle Gasmoleküle.

Es handelt sich um eine *adiabatische* Energieänderung. Die Energie wird zwar durch Molekülstöße zugeführt, aber die Bewegung der Kolben-Moleküle ist *geordnet*.

Versuch 92: Wir lassen die Luft aus dem aufgepumpten Reifen schnell ausströmen (Ventil abschrauben). Am Ventilschaft spüren wir deutlich eine Abkühlung. Diesmal verrichtet das Gas Arbeit an der Umgebung. Der „Kolben" ist die Außenluft, die durch das ausströmende Gas weggeschoben werden muß. Die nötige Energie entnimmt das Gas sich selbst (Aufgabe 5). (Der Wärmeübergang von der Reifenwand ist wegen der Schnelligkeit des Vorgangs unbedeutend.) Die ungeordnete Molekülbewegung des ruhenden Gases wird zu einem kleinen Teil in geordnete Bewegung des strömenden Gases umgewandelt. Beide Richtungen der adiabatischen Volumenänderung führen wir nun gemeinsam aus:

Versuch 93: Ins Innere einer Glasspritze wird ein Thermoelement zur Temperaturmessung gebracht *(Bild 180.1)*. Beim Verschieben des Kolbens beobachtet man einen Ausschlag am Galvanometer. Er zeigt bei Kompression eine Zunahme, bei Expansion eine Abnahme der Temperatur an. Eine Wärmeisolation ist bei dem Versuch unnötig, da während der raschen Zustandsänderung kein merklicher Wärmeübergang zwischen Wand und Gas stattfinden kann.

Die adiabatische Temperaturänderung der Luft wird beim *Dieselmotor* zur Entzündung des Treibstoffs ausgenutzt (Mittelstufenband, Seite 162). Sie ist außerdem für viele *Wettervorgänge* wesentlich. So sinkt z.B. im Zentrum eines Hochdruckgebiets die Luft nach unten, wird dabei adiabatisch zusammengedrückt und daher erwärmt. Mitgeführte Wolken lösen sich auf. Es herrscht sonniges Wetter.

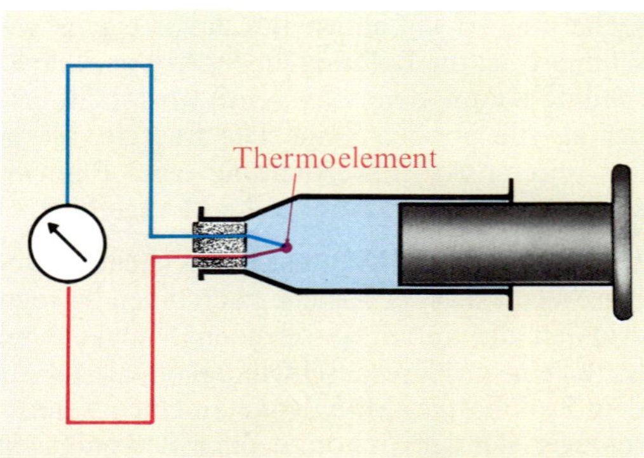

180.1 Adiabatische Zustandsänderung

Ein Gas kann sich aber auch adiabatisch ausdehnen, ohne seine innere Energie zu ändern. Man braucht es nur ins Hochvakuum ausströmen zu lassen; dann kann es keine Arbeit an einem Kolben oder sonst an der Umgebung verrichten. Mit $W=0$ und $Q=0$ gilt in *Gl. 178.1* dann auch $\Delta U=0$. *Gay-Lussac* (1778 bis 1850, französischer Chemiker und Physiker) führte den entsprechenden Versuch aus und untersuchte dabei sorgfältig die Temperatur des Gases. Er fand bei hinreichend idealen Gasen keine Temperaturänderung. Bei ihnen können wir von Anziehungskräften zwischen den Molekülen absehen. Dann haben diese auch keine sogenannte innere Arbeit gegen solche Kräfte zu verrichten, wenn sich bei der Expansion die Molekülabstände vergrößern. Die Moleküle werden also nicht langsamer.

Zu einer bestimmten inneren Energie gehört also im idealen Gas eine ganz bestimmte Temperatur und umgekehrt, unabhängig vom Volumen oder vom Druck:

Die innere Energie einer Portion eines idealen Gases ist durch die Temperatur völlig bestimmt. (180.1)

3. Keine Regel ohne Ausnahme?

Viele Gesetze der Physik haben einen begrenzten Gültigkeitsbereich, zum Beispiel das Gesetz von *Ohm* oder die Gesetze der idealen Gase. Beim Energieerhaltungssatz verhält es sich grundsätzlich anders. Immer wenn seine Gültigkeit verletzt schien, zum Beispiel in der Mechanik bei Reibung, gelang es, eine neue Energie-Art aufzuspüren (die innere Energie), so daß der Satz wieder „gerettet" war.

Der Energiesatz ist kein Naturgesetz im üblichen Sinne. Er ist vielmehr ein „Rahmengesetz". Wenn der Physiker neuartige Phänomene untersucht, wird er immer sogleich nach der Energieerhaltung fragen. Er wird eher eine ganze Theorie verwerfen, als an der Gültigkeit des Energiesatzes zu zweifeln.

Das Vertrauen der Naturwissenschaftler auf den Satz von der Erhaltung der Energie gründet sich nicht zuletzt auf die zahllosen vergeblichen Bemühungen von Erfindern seit dem Altertum bis in die Gegenwart hinein, die Natur zu überlisten und ein **Perpetuum mobile** zu bauen (perpetuus, lat.: ewig; mobilis, lat.: beweglich). Solche Maschinen sollten nicht nur von selbst ewig weiterlaufen, sondern dabei auch noch Energie abgeben. Mit einiger Übung im physikalisch-technischen Denken sieht man diesen Konstruktionen *(Bild 181.1)* meist sehr schnell an, daß sie nur mechanische Energie umwandeln und dabei einen Teil davon durch Reibung verlieren.

Aufgaben:

1. *Eine Flasche mit Wasserstoff von* 20 bar *Druck und* 50 l *Volumen soll von* 0 °C *auf* 100 °C *geheizt werden. Welche Energie ist allein zur Erwärmung des Gases nötig, wieviel für den Behälter (Stahl,* 10 kg*)?*

2. *Das Zimmer der Aufgabe 3 von Seite 170, das am Morgen kalt ist, soll bei unverändertem Luftdruck wieder auf* 25 °C *geheizt werden. Welche Energie ist nötig? Rechnen Sie der Einfachheit halber so, als müßte die bei der Ausdehnung abströmende Luft auch bis auf die Endtemperatur aufgeheizt werden! Vergleichen Sie Anfangs- und Endenergie der Zimmerluft! Deuten Sie das merkwürdige Ergebnis!*

3. *Wie dachte sich der Erbauer der Maschine von Bild 181.1 wohl ihr Funktionieren? Wie wird sie sich aber in Wirklichkeit verhalten?*

4. *In Versuch 90 wird nur ein Wölkchen Gas erwärmt. Zeigen Sie: Würde die Energie sich gleichmäßig auf das ganze Gas verteilen, so wäre der Druck der gleiche.*

5. *Erklären Sie die adiabatische Abkühlung eines Gases (Versuch 92) mit der Vorstellung eines Tennisschlägers, der in der Richtung des ankommenden Balls bewegt wird!*

181.1 Ein Perpetuum mobile von 1550 (Nachbau)

§54 Der 2. Hauptsatz der Wärmelehre

1. Warum müssen wir Energie einkaufen?

Energie läßt sich bekanntlich nicht erzeugen – werden Sie antworten. Aber ist nicht Energie überall reichlich vorhanden, im Wasser der Seen, im Erdboden und in der Luft? Offenbar ist diese Energie für uns ohne Nutzen. *Es gibt brauchbare und unbrauchbare Energie.* Die brauchbare müssen wir teuer kaufen *(Bild 181.2)*. Die nützlichsten Formen der Energie, die wir bisher kennen gelernt haben, sind die *mechanischen* Energieformen. Sie lassen sich nämlich im Prinzip restlos in jede beliebige andere mechanische oder nicht mechanische Energieform umwandeln. Eine Energiequelle ist also um so wertvoller, je mehr mechanische Energie man aus ihrem Energieinhalt gewinnen kann. Wieviel ist das?

Wir beschränken uns auf die Art von Energiequelle, die in den größten Energieversorgungswerken angezapft wird: das heiße Wasser bzw. den Dampf im Kessel des Wärmekraftwerks *(Bild 182.1)*. Die Arbeitsmaschine – heute meist eine Dampfturbine – setzt einen Teil der inneren Energie dieses *„Reservoirs“* in mechanische Energie um; der Rest geht als Abwärme an das Kühlwasser oder in die Atmosphäre und belastet die Umwelt. *Muß das sein??*

2. Ein Kraftwerk im eigenen Heim

Versuch 94: Wir saugen in eine Glasspritze etwas Ether, eine sehr leicht verdampfende Flüssigkeit. Dann tauchen wir die Spritze in heißes Wasser. Der Kolben bewegt sich nach außen,

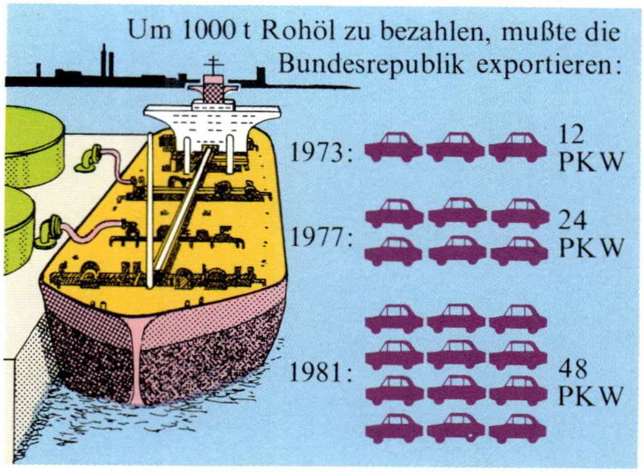

181.2 Gute Energie wird immer teurer.

182.1 Modernes Wärmekraftwerk

während ein Teil der Flüssigkeit verdampft. Wir tauchen die Spritze nun in kaltes Wasser. Der Dampf im Innern kondensiert sich wieder; der Kolben wird vom äußeren Luftdruck hineingedrückt, also dabei auch Energie aus der Luft entnommen.

Mit einem geeigneten Mechanismus könnte man bei beiden Kolbenbewegungen eine Last ein Stückchen höher heben, also mechanische Energie gewinnen. Woher kommt diese Energie? Aus dem Ether kann sie nicht stammen, denn nach einem Hin- und Hergang ist dessen Zustand genau wieder der alte. Unsere „Maschine" arbeitet **periodisch.** Während des Eintauchens ins heiße Wasser wurde aber diesem *Wärme* entzogen. Ein Teil davon ging später beim Abkühlen an das kalte Wasser über; der Rest ist gleich der als Arbeit gewonnenen Energie. Aus einem kleinen Teil der ungeordneten Energie durcheinander bewegter Wassermoleküle wurde die geordnete, wertvolle Energie einer gehobenen Last.

182.2 Demonstrationsmodell eines Heißluftmotors

Die allerersten Dampfmaschinen um 1700 arbeiteten nach dem Prinzip von Versuch 94. Bald wurden Verbesserungen erfunden. So ist es z.B. sehr unpraktisch, den ganzen Zylinder fortwährend zu heizen und zu kühlen. Bei dem um 1800 erfundenen *Stirling-* oder *Heißluftmotor* wird der eine Teil des Zylinders dauernd geheizt und der andere dauernd gekühlt. Dafür muß dann das Gas im Zylinder (Luft oder Helium) abwechselnd vom heißen in den kalten Teil und zurück geschoben werden. Dies besorgt ein mit Bohrungen versehener Hilfskolben, der *Verdränger*.

Versuch 95: Der Modellmotor *Bild 182.2* wird elektrisch durch eine Drahtspirale im Zylinderkopf geheizt und durch einen Wassermantel um die untere Zylinderhälfte gekühlt. Wir heizen ihn kurz vor und werfen ihn dann an. Der Motor läuft, kann aber leicht angehalten werden. Sein *Wirkungsgrad* ist wegen der zwar übersichtlichen, technisch aber ungünstigen Bauweise gering.

Der Heißluftmotor war vor der Entwicklung des Diesel- und Ottomotors recht verbreitet. Er wird auch heute für Sonderzwecke wieder gebaut. Der Wirkungsgrad ist bei den industriellen Ausführungen so hoch wie beim Dieselmotor. Vorteile sind saubere Abgase, Sparsamkeit und ruhiger Lauf, da der Brennstoff nicht explosionsartig im Innern, sondern kontinuierlich außerhalb des Zylinders verbrannt wird.

3. Innere Energie in der Sackgasse

Auch unser kleines Modell-Kraftwerk von Versuch 94 liefert unerwünschte Abwärme bei niedrigerer Temperatur – wie die großen Kraftwerke. Wollte man sie vermeiden, so müßte man auf die Kondensation des Dampfes bei der tieferen Temperatur verzichten. Man könnte ihn natürlich bei der höheren wieder kondensieren lassen, indem man den Stempel unter Aufwand der gerade gewonnenen Arbeit wieder hineindrückt. Das Wasser würde seine Wärme zurückerhalten, nichts wäre gewonnen.

Der Etherdampf müßte schon irgendwie, also „so ganz von selbst" flüssig werden, ohne Abwärme an ein kälteres Reservoir zu liefern. Dies wäre ideal: Wir hätten Wärme aus einem Reservoir bestimmter Temperatur genommen und diese *restlos – ohne einen Temperaturunterschied auszunutzen* – in Arbeit umgesetzt. Es gibt Flüssigkeiten, bei denen schon die Temperatur des Meerwassers zum Verdampfen ausreicht. Das Meer ist ein praktisch unerschöpfliches Reservoir an innerer Energie – nur fehlt das genügend große kältere Reservoir zur Aufnahme der Abwärme. Eine Maschine, die ohne dieses kältere Reservoir funktioniert, wäre ebenso viel wert wie ein Perpetuum mobile, obwohl sie nicht gegen den Energiesatz verstieße. Leider hat niemand je ein solches *„Pertuum mobile zweiter Art"* zustande gebracht, obwohl sich auch hierum viele Erfinder bemüht haben. Von dieser gesicherten Erfahrung müssen wir ausgehen.

Zweiter Hauptsatz der Wärmelehre, formuliert nach Max Planck [1]):

Es ist unmöglich, eine periodisch arbeitende Maschine zu bauen, die weiter nichts bewirkt als die Hebung einer Last und die Abkühlung eines Körpers. (183.1)

Die Umkehrung des im zweiten Hauptsatz beschriebenen Vorgangs ist nun sehr wohl möglich und kommt jeden Tag vor: Ein hochgehobener Stein fällt herab und bleibt am Boden liegen. Seine Lage-Energie ist verschwunden; der Boden hat sich dafür ein wenig erwärmt. Sonst ist keine Veränderung in der Natur vorgegangen.

***Definition:* Man nennt Vorgänge, die nur in einer Richtung ablaufen können, ohne daß sonstige Veränderungen in der Natur zurückbleiben, irreversible Prozesse.**

Das Fallen des Steins mit anschließender Erwärmung des Bodens ist also ein irreversibler (nicht umkehrbarer) Prozeß. Wir können noch viele andere solche Prozesse angeben. Zum Beispiel hat man noch nie beobachtet, daß ein kalter Gegenstand von selbst, das heißt ohne sonstige Veränderungen in der Natur, noch kälter und dafür ein warmer Gegenstand noch wärmer wurde, obwohl vom Energiesatz her nichts dagegen einzuwenden wäre, wenn nur die Energiebilanz dabei stimmt. Es gilt also der

***Erfahrungssatz:* Der spontane Wärmeübergang von einem wärmeren Körper auf einen kälteren ist ein irreversibler Prozeß (spontan: von selbst ablaufend). (183.2)**

Man kann sich überlegen, daß dieser Satz dem zweiten Hauptsatz gleichwertig ist. *R. Clausius* (1822 bis 1888, deutscher Physiker) bezeichnete *Satz 183.2* als den zweiten Hauptsatz.

4. Das Heimkraftwerk wird perfekt

Nach dem zweiten Hauptsatz *183.1* oder *183.2* hat es den Anschein, als seien Vorgänge mit Beteiligung von Wärme grundsätzlich irreversibel. Dem ist aber nicht so. Wir wollen das einsehen, indem wir das „Kraftwerk" von Versuch 94 verbessern – zwar nur in Gedanken, aber im Einklang mit den Erfahrungssätzen der Physik.

[1]) 1858 bis 1947, deutscher Physiker, Nobelpreis für Physik 1918

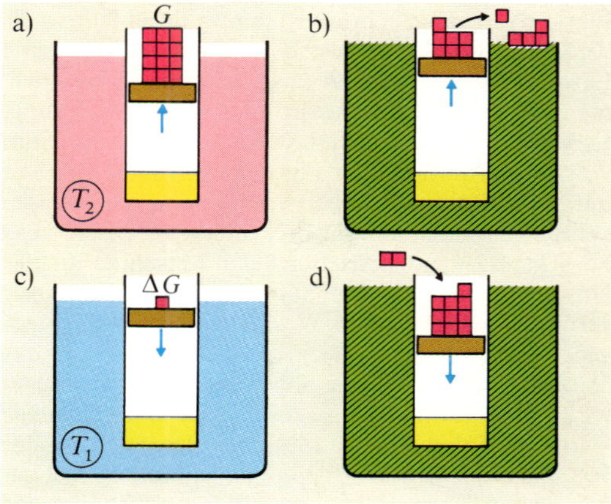

183.1 Vier Phasen des „perfekten Kraftwerks"

Bild 183.1a: Wir nutzen die volle Tragkraft des Kolbens aus, wählen also die Last G so groß, daß der Kolben gerade noch herausgedrückt wird.

Bild 183.1b: Die Spritze einfach ins kalte Wasser zu tauchen ist Energieverschwendung! Wir umhüllen sie stattdessen mit wärmeisolierendem Material und verringern die Last allmählich. Der Etherdampf dehnt sich *adiabatisch* aus und kühlt sich dabei ab (Versuch 92). Der Druck sinkt. Bei $T_1 < T_2$ ist der äußere Luftdruck erreicht, die Last ganz abgebaut.

Bild 183.1c: Wir geben dem kalten Wasser diese Temperatur T_1. Dann genügt bei eingetauchter Spritze eine ganz kleine Last ΔG, um den Kolben zu senken. Der Vorgang wird beendet, noch ehe der ganze Dampf kondensiert ist.

Bild 183.1d: Der restliche Dampf wird adiabatisch kondensiert, um wieder auf T_2 zu kommen: Das Wasserbad wird mit dem Wärmeisolator vertauscht und die Last allmählich erhöht. Dadurch steigen Temperatur (Versuch 91) und Druck, während das Volumen sinkt. Durch vorheriges Ausprobieren haben wir es so eingerichtet, daß gerade bei der Temperatur T_2 wieder alles zu Flüssigkeit geworden ist und ein neuer Zyklus beginnen kann.

Was bringt uns diese Verfeinerung des Versuchs? Würde es sich lohnen, sie technisch auszuführen? Gewiß – während der Abkühlung des Ethers in Phase b) wird jetzt Arbeit gewonnen, im Gegensatz zu früher. Aber es muß auch in Phase d) während der Erwärmung Arbeit aufgewandt werden, was früher nicht nötig war. Eine genaue Rechnung unter Verwendung der Daten des Ethers könnte uns zeigen, daß die neue „Maschine" mehr Arbeit liefert als die alte. Wichtiger ist aber eine andere Erkenntnis:

Die verbesserte Maschine kann auch umgekehrt laufen, und zwar unter nur ganz geringfügigen Änderungen! Beginnen wir mit dem Zustand, in dem der gesamte Ether flüssig ist (*Bild 183.1,* links oben). Wir legen den Wärmeisolator herum und verringern die Last auf dem Kolben allmählich. Dann wird die

Phase d) in umgekehrter Richtung durchlaufen. Es verdampft Ether, Druck und Temperatur sinken. Die Last ist dabei in jedem Augenblick nur ein klein wenig geringer als bei der ursprünglichen Laufrichtung. Es wird Arbeit gewonnen, die sich im Betrag kaum von der vorhin in dieser Phase aufgewandten Arbeit unterscheidet. Ganz entsprechend ist es beim umgekehrten Durchlaufen der drei anderen Phasen. Was bewirkt die neue Betriebsart der Maschine an der Umwelt? Bei einem Umlauf wird insgesamt Arbeit verbraucht. Dem kalten Wasser wird Wärme entzogen. Die Summe dieser beiden Energien wird an das heiße Wasser als Wärme abgegeben. Ganz genau so wirkt eine *Kältemaschine* oder eine *Wärmepumpe* (Mittelstufenband, Seite 150). Das Besondere an der von uns erdachten Wärmepumpe ist, daß sie fast genau die gleichen Energieumsetzungen bewirkt wie eine Arbeitsmaschine, nur mit entgegengesetztem Vorzeichen. Die noch bestehenden Unterschiede können im Prinzip so klein gemacht werden, wie man nur will. Alle Veränderungen in der Natur, die beim Betrieb der Arbeitsmaschine entstanden sind, können durch den Wärmepumpenbetrieb (im Prinzip beliebig genau) wieder rückgängig gemacht werden. Man nennt eine solche Maschine **reversibel.**

Wir fassen zusammen:

Zwischen zwei Reservoirs der Temperaturen T_1 und T_2 kann man eine reversible Maschine betreiben. Als Arbeitsmaschine entzieht sie dem heißen Reservoir die Wärme Q_2 und gibt an das kalte die Wärme Q_1 ab. Die Differenz $Q_2 - Q_1 = W$ wird als Arbeit gewonnen. Als Wärmepumpe verbraucht sie die Arbeit W, um dem kalten Reservoir die Wärme Q_1 zu entziehen und an das heiße die Wärme $Q_2 = Q_1 + W$ abzugeben.

In den *Bildern 184.1* und *2* sind die Energieumsetzungen für beliebige Arbeitsmaschinen und Wärmepumpen (nicht notwendig reversible) schematisch dargestellt. Der *Stirlingmotor (Bild 182.2)* ist ebenfalls eine Maschine, die sich als Arbeitsmaschine *und* Wärmepumpe betreiben läßt. Im Idealfall arbeitet er reversibel, in der konkreten Ausführung gilt das nur in sehr grober Annäherung.

Versuch 96: Wir bauen in den Stirlingmotor (*Bild 182.2*) oben statt der Heizspirale ein Thermometer ein. Dann treiben wir ihn verkehrt herum an, von Hand oder mit einem Elektromotor. Das Thermometer zeigt, daß die obere Zylinderhälfte heiß wird! Es handelt sich nicht etwa um Reibungswärme; diese ist bei dem sorgfältig konstruierten Motor verschwindend gering. Die Wärme stammt aus dem Wasser, das die untere Zylinderhälfte umspült, und aus der Kompressionsarbeit, die der Antrieb verrichtet.

Für einen idealen reversiblen Stirlingmotor, der mit einem idealen Gas gefüllt ist, läßt sich aus den Gasgesetzen auch berechnen, welche Energiemengen bei einem Umlauf umgesetzt werden. Wir wollen die Rechnung nicht durchführen, uns aber das sehr einfache Ergebnis merken: Die Wärmemengen Q_1 und Q_2 verhalten sich genau wie die *Kelvintemperaturen* T_1 und T_2 der beteiligten Reservoirs.

Es gibt eine reversible Maschine, die beim Betrieb zwischen Reservoirs der Temperaturen T_1 und T_2 Wärmemengen umsetzt, die sich wie die Reservoirtemperaturen verhalten:

$$\frac{Q_2}{Q_1} = \frac{Q_2'}{Q_1'} = \frac{T_2}{T_1}. \qquad \textbf{(184.1)}$$

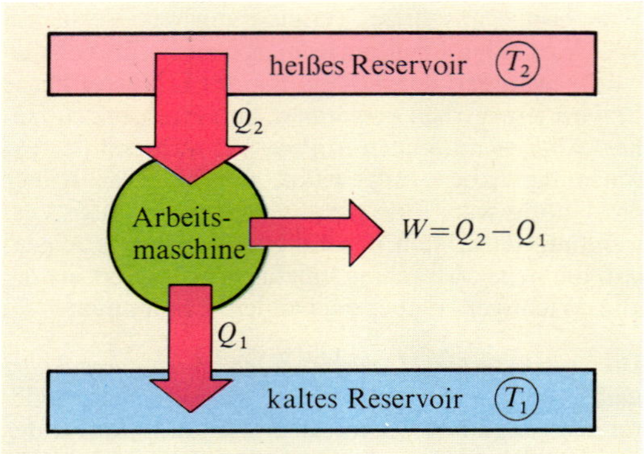

184.1 Wir bilanzieren die Energieflüsse bei einer Arbeitsmaschine.

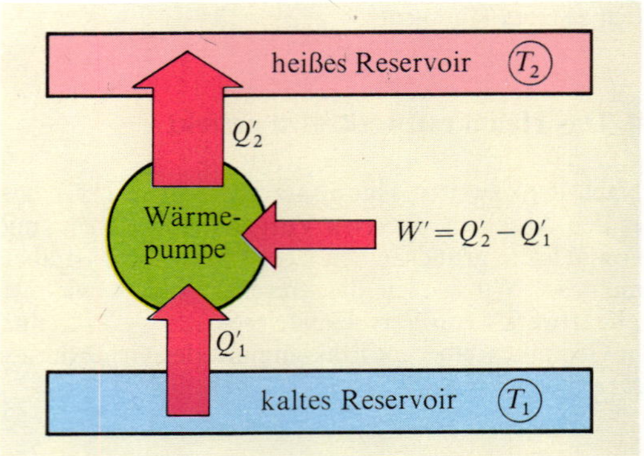

184.2 Energieflüsse bei einer Wärmepumpe bzw. Kältemaschine

Hat man also z.B. ein heißes Reservoir von 500 °C (hoch überhitzter Wasserdampf) und ein kaltes von 20 °C (Fluß), so kann man „dazwischen“ eine Maschine M_r betreiben, die den Reservoirs Wärmemengen im Verhältnis $\frac{273+500}{273+20}=\frac{2,6}{1}$ entzieht bzw. zuführt. Entzieht sie als Arbeitsmaschine dem Dampfkessel $Q_2=2600$ kJ, so führt sie dem Fluß $Q_1=1000$ kJ Wärme zu und liefert dabei $W=1600$ kJ Arbeit. Ihr Wirkungsgrad ist

$$\eta = \frac{W}{Q_2} = \frac{1600}{2600} = 0,62 = 62\%.$$

Beim umgekehrten Lauf als Wärmepumpe kann die Maschine alle diese Veränderungen wieder rückgängig machen. Es werden 1600 kJ Arbeit verbraucht, um dem Fluß 1000 kJ Wärme zu entziehen und 2600 kJ Wärme an den heißen Kessel abzuführen.

5. Grenzen des Wirkungsgrads

Unsere modernsten Kraftwerke mit Kohleverbrennung arbeiten mit ähnlichen Reservoirtemperaturen wie im Beispiel der vorigen Ziffer. Sie haben geringere Wirkungsgrade, um 30% *(Bild 185.1)*. Ihre Dampfturbinen sind aber keine schlechteren Konstruktionen als der Heißluftmotor. Wir haben nur im Rechenbeispiel von Reibungs- und sonstigen Verlusten abgesehen, die bei einer technischen Anlage unvermeidbar sind. Müssen die Wirkungsgrade so niedrig sein? Fehlt es hier noch an den richtigen Erfindungen, an der zündenden Idee? Diese Frage beantwortete der französische Physiker *S. Carnot* schon zu Beginn des 19. Jahrhunderts, also in der Frühzeit der Dampfmaschine. Wir wollen seine einfache und geniale Überlegung nachvollziehen.

Gegeben seien zwei Reservoirs der Temperaturen 500 °C und 20 °C. Lassen wir den idealen Heißluftmotor M_r zwischen ihnen arbeiten, so ergeben sich die in der vorigen Ziffer berechneten Energieumsetzungen. Nehmen wir stattdessen irgendeinen anderen Motor M und lassen ihn so lange laufen, bis er ebenfalls $Q_1=1000$ kJ Wärme an den Fluß abgeführt hat, so werden die übrigen Energiebeträge i.a. anders lauten. *Beliebig anders?* Angenommen, die Maschine M entziehe dabei dem heißen Reservoir 3000 kJ Wärme, liefere also nach dem Energiesatz 2000 kJ Arbeit *(Bild 185.2)*. Sie wäre damit eine bessere Arbeitsmaschine als M_r, mit dem Wirkungsgrad $\frac{2000}{3000}=0,67$.

Wir schalten nun die ideale Heißluftmaschine M_r auf Wärmepumpenbetrieb und entziehen dem Fluß die 1000 kJ wieder. Was bleibt danach zurück? Ein unveränderter Fluß, ein um 400 kJ „erleichtertes“ heißes Reservoir und dementsprechend 400 kJ gewonnene mechanische Energie. Sonst hat sich nichts in der Welt verändert. Das Perpetuum mobile zweiter Art ist geboren; die Energiesorgen der Menschheit sind behoben! Leider kann das nicht sein. Die Maschine M kann also höchstens 2600 kJ Hochtemperaturwärme entziehen; ihr Wirkungsgrad kann nicht größer sein als jener der reversiblen Maschine M_r. Sollte die Maschine M zur *reversiblen* Sorte gehören, so darf sie auch nicht *schlechter* als M_r sein. Sonst würden wir sie nämlich sofort als Kühlmaschine und M_r als Arbeitsmaschine laufen lassen und wieder ein Perpetuum mobile zweiter Art erhalten.

Der Grenzwert des Wirkungsgrads für die Maschine M beträgt in unserem Beispiel 62%. Wir lesen aus dem Beispiel ab, daß allgemein für den höchstmöglichen Wirkungsgrad gilt:

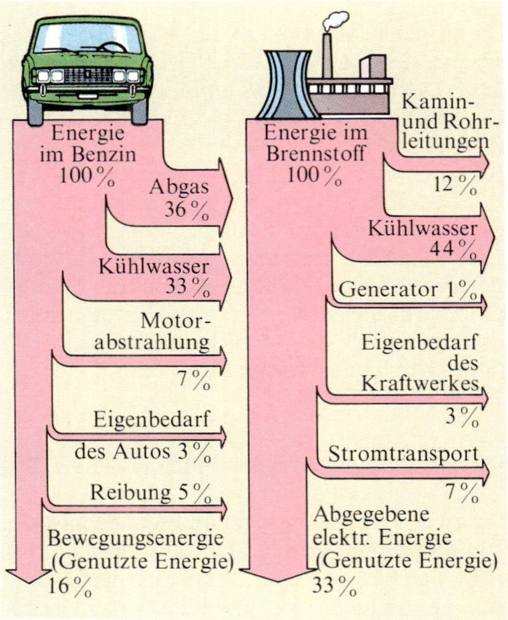

185.1 Geringe Wirkungsgrade, beim Auto wie beim Kraftwerk

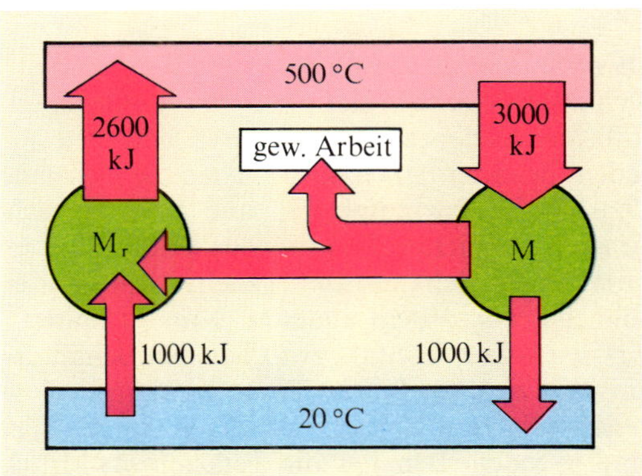

185.2 Annahme, die Arbeitsmaschine M sei besser als die reversible Maschine M_r

$$\eta_{\text{grenz}} = \frac{W}{Q_2} = \frac{Q_2 - Q_1}{Q_2} = 1 - \frac{Q_1}{Q_2} = 1 - \frac{T_1}{T_2}.$$

Es ist der Wirkungsgrad jeder reversiblen Maschine, auch der Ether-Maschine von *Bild 183.1,* und die reversiblen Maschinen sind die besten!

Alle reversiblen Maschinen, die zwischen zwei Reservoirs der Temperaturen T_1 und T_2 arbeiten, haben den gleichen Wirkungsgrad $\eta_{\text{grenz}} = 1 - \frac{T_1}{T_2}$; *keine* Arbeitsmaschine hat einen höheren Wirkungsgrad. (186.1)

Damit sehen wir ein, daß den Wirkungsgraden unserer Kraftwerke natürliche Grenzen gesetzt sind. Das *Gesetz 186.1* enthält zugleich eine Anweisung, wie man Wirkungsgrade verbessern kann: Man wähle hohe Verbrennungstemperaturen T_2 und niedrige Kühlertemperaturen T_1. Die Konstrukteure haben sich natürlich längst an diese Anweisung gehalten. Man verwendet bei den Turbinen Schaufeln aus hochtemperaturfesten Legierungen, um die Dampftemperatur steigern zu können. Mit den Kühlertemperaturen geht man so nahe wie möglich an die Umgebungstemperatur heran.

6. Was steckt hinter dem zweiten Hauptsatz?

Der zweite Hauptsatz setzt unseren technischen Wunschträumen ein hartes „bis hierher und nicht weiter“ entgegen. Versuchen wir wenigstens zu verstehen, warum in der Natur ein solches unerbittliches Prinzip gilt! Den Schlüssel dazu liefert der Aufbau der Materie aus Atomen. Gehen wir dazu von folgender Situation aus.

In zwei thermisch isolierten Behältern mögen sich zwei Portionen des gleichen idealen Gases auf verschiedenen Temperaturen befinden. In jedem Behälter haben die Teilchen die verschiedensten Geschwindigkeiten und bewegen sich in allen möglichen Richtungen; jedoch sind in dem einen Behälter die Teilchen im Mittel schneller als in dem anderen. Nun „schalten“ wir den Wärmekontakt zwischen den Behältern ein. Wir ziehen z.B. eine Trennwand aus isolierendem Schaumstoff heraus. Nach einiger Zeit sind in jedem Behälter die Teilchen im Mittel gleich schnell, entsprechend dem beobachteten Temperaturausgleich.

Diese Aussage ist aber nicht unbedingt richtig. Sind nur wenige Teilchen in den Behältern, so kommt es infolge der regellosen Teilchenbewegung sicherlich bisweilen vor, daß im einen Behälter zufällig im Mittel etwas schnellere Teilchen sind als im anderen. Könnte man einen solchen Augenblick abpassen und dann schnell die isolierende Wand zwischen die Behälter schieben, so hätte man wieder Gase von verschiedenen Temperaturen, im Widerspruch zu dem *Satz 183.2.* Es leuchtet aber ein, daß bei den in solchen Behältern üblichen ungeheuer großen Teilchenzahlen diese zufälligen Schwankungen der mittleren Teilchenenergie im allgemeinen sehr klein sein werden. Eine makroskopisch meßbare Ungleichheit, wie sie dem Ausgangszustand unmittelbar nach dem Einschalten des Wärmekontakts entspricht, ist **extrem unwahrscheinlich.** Bestimmen wir zu irgendeinem Zeitpunkt die Energie in jedem Behälter, so werden wir mit erdrückend hoher Wahrscheinlichkeit keinen meßbaren Unterschied in der mittleren Translationsenergie pro Teilchen finden. Man müßte länger warten, als das Alter der Welt beträgt, um einmal eine Schwankung zu erleben, die einem merklichen Temperaturunterschied entspräche. Wir können also in diesem Gedankenversuch den zweiten Hauptsatz folgendermaßen deuten:

In einem abgeschlossenen System sind nur solche Vorgänge möglich, die von einem Zustand niedriger Wahrscheinlichkeit zu einem Zustand höherer Wahrscheinlichkeit führen. (186.2)

Diese Deutung des zweiten Hauptsatzes trifft auch für alle anderen Naturvorgänge zu.

Wenn in einem von zwei Behältern die Gasteilchen im Mittel schneller sind als im anderen, so wird man diesem Zustand beider Behälter einen höheren Grad von *Ordnung* zuschreiben als dem Zustand mit gleicher mittlerer Geschwindigkeit in ihnen. Die Teilchen sind ja dann wenigstens teilweise nach der Geschwindigkeit *sortiert.* Verstehen wir allgemein unter einem Zustand von höherer Ordnung einen solchen von geringerer Wahrscheinlichkeit, so können wir den *Satz 186.2* auch so aussprechen:

Ein abgeschlossenes System strebt stets einem Zustand maximaler Unordnung als dem wahrscheinlichsten zu.

Der zweite Hauptsatz und damit auch der begrenzte Wirkungsgrad unserer Maschinen beruht also nicht allein auf den Gesetzen der Mechanik – diese würden den umgekehrten Ablauf jedes überhaupt möglichen Prozesses zulassen. Wesentlich ist vielmehr der Umstand, daß alle makroskopischen Körper aus ungeheuer vielen Teilchen bestehen, die sich völlig ungeordnet bewegen. Die Richtung des Geschehens wird so zwangsläufig vom Streben nach größter Unordnung bestimmt.

Aufgaben:

1. *Vervollständigen Sie die auf Seite 184 begonnene Erklärung der Ether-Wärmepumpe!*

2. *Was erwarten Sie, wenn Sie den Stirling-Demonstrationsmotor (mit Thermometer statt Heizung) in der Motor-Laufrichtung antreiben?*

3. *Bei einer Kältemaschine (Bild 184.2) verwendet man den Quotienten* $\eta_{\text{Kälte}} = Q'_1/W'$ *als „Leistungszahl" (Wirkungsgrad). Warum ist dies sinnvoll? Wie berechnet man* $\eta_{\text{Kälte}}$ *aus den Temperaturen im Idealfall?*

4. *Ein Kühlschrank ist auf die Innentemperatur* 2 °C *eingestellt und steht in einer Küche mit* 20 °C *Lufttemperatur. Man stellt* 5 l *Wasser von* 60 °C *hinein. Was kostet die Abkühlung des Wassers, wenn* $\eta_{\text{Kälte}}$ *ein Viertel vom Idealwert der Aufgabe 3 beträgt? Wieviel von diesen Kosten hätte man sparen können? (*1 kWh *elektrische Arbeit koste 20 Pfennig.)*

5. *Für eine Abschätzung betrachten wir einen Ottomotor als Maschine, die zwischen Reservoirs von* 600 °C *(Verbrennungsgase) und* 80 °C *(Auspuff) arbeitet. Welcher maximale Wirkungsgrad errechnet sich hieraus?*

6. *Was geschieht, wenn man die Tür des Kühlschranks über Nacht offen läßt?*

7. *Ein Gas dehnt sich ins Vakuum aus (Versuch von Gay-Lussac, Seite 180). Zeigen Sie durch einen Gedankenversuch, daß dies ein irreversibler Prozeß ist!*

8. *Vergleichen Sie eine Kompressor-Kühlmaschine (Mittelstufenband, Seite 149) mit der Ether-Wärmepumpe (Bild 183.1, Bewegungsrichtungen umgekehrt)! Welche Teile sind analog zu den Phasen a) bis d)?*

9. *Ein Erfinder behauptet, seine Wärmepumpe sei besser, als es Gl. 186.1 entspricht. Weisen Sie nach, daß man damit den zweiten Hauptsatz verletzen könnte!*

§55 Energiequellen der Zukunft

1. Tatsachen, die man nüchtern sehen muß

Unser Leben, so wie wir es zu führen gewohnt sind, beruht auf dem Verbrauch fossiler Brennstoffe: Kohle, Erdöl, Erdgas. Andere Energiequellen spielen eine sehr geringe Rolle (Holz, Wasserkraft, Kernenergie). Es gibt heute noch keine mächtige Bewegung, die hieran etwas ändern wollte. Vergleichen wir also einmal die Vorräte mit dem derzeitigen Verbrauch. Als passend große Einheiten verwenden wir das Terawatt $1\ \text{TW} = 10^{12}\ \text{W} = 1$ Billion Watt für die Leistung und das Terawattjahr $1\ \text{TWa} = 3{,}15 \cdot 10^{19}\ \text{J}$ für die Energie.

Der Weltverbrauch an Primärenergie wird für 1985 auf 11,3 TWa geschätzt. Würde dieser Verbrauch nicht mehr überschritten, was sehr unwahrscheinlich ist, so könnten die Vorräte *(Tabelle 187.1)* noch 957 Jahre : 11,3 = 85 Jahre reichen. Diese Rechnung ist sehr pauschal. Als Faktum müssen wir trotzdem anerkennen:

In einigen Jahrzehnten sind die heute verfügbaren Brennstoffreserven der Erde erschöpft, wenn die bisherige Energiewirtschaft beibehalten wird.

Die Zahlen zeigen übrigens, daß dieses Ergebnis von einer Entscheidung für oder gegen die umstrittene Kernenergiewirtschaft ziemlich unabhängig ist. Lediglich eine weltweit eingeführte Technik der *Brutreaktoren* könnte die Frist wesentlich hinausschieben (Mittelstufenband, Seite 407). Dieser Gedanke hat aber beim gegenwärtigen Diskussionsstand um die Kernenergie den Charakter einer Utopie. Natürlich wird sich der Begriff des „ökonomisch

Kohle	507
Erdöl	131
Erdgas	89
Uran und Thorium (ohne Brutreaktoren)	230
Fossile und Kernbrennstoffe insgesamt	957

Tabelle 187.1 Gesicherte ökonomisch gewinnbare Vorräte (Stand von 1980) in TWa

gewinnbaren" Brennstoffs im Laufe der Zeit und mit steigenden Energiepreisen ändern. Die Abschätzung der ohne Rücksicht auf die Wirtschaftlichkeit „technisch gewinnbaren" Vorräte ergibt rund 4mal so große Zahlen wie oben. Es wäre aber nicht vernünftig, sich auf diese Restbestände zu verlassen, an die man vielleicht nur unter enorm großem Aufwand (auch an Brennstoff!) herankommen kann.

Das Versiegen der Brennstoffquellen bedeutet das Ende von Industrie und Wohlstand, wahrscheinlich angesichts der sozialen Probleme auf der Erde das Ende der Menschheit überhaupt. Was kann man für die Zukunft tun? Hat es überhaupt einen Sinn, Pläne zu machen?

2. Unerschöpfliche Energiequellen

Wir wissen, daß alle aus fossilen Brennstoffen gewonnene Energie im Grunde gespeicherte Sonnenenergie ist. Erdwärme und Gezeitenenergie sind nur an einzelnen Orten verwertbar. Die Sonnenstrahlung selbst können wir als ewig fließende Energiequelle ansehen. Die Leistung, die sie der Erde dauernd zuführt, ist gewaltig groß. Sie beträgt $1{,}7 \cdot 10^{17}$ W, also mehr als das 10000fache des derzeitigen Energieumsatzes der Menschheit. Aber diese Leistung ist über einen Strahlquerschnitt von $13 \cdot 10^7$ km^2 gleichmäßig verteilt. **Ein Sonnenstrahlbündel von 1 m^2 Querschnitt liefert die Leistung 1,35 kW.** Diese sogenannte **Solarkonstante** sollte man sich merken. Sie ist wahrscheinlich die für die Menschen in Zukunft wichtigste physikalische Größe!

Die Solarkonstante gilt für einen Ort oberhalb der Atmosphäre. Am Erdboden kommt eine je nach Lage und Sonnenstand verschiedene kleinere Leistung an. Eine Übersicht gibt *Tabelle 188.1;* die Zahlenwerte sind wie folgt zu verstehen: Würde man in Deutschland eine 1 m^2 große Platte ein Jahr lang stets senkrecht zu den Sonnenstrahlen stellen, so könnte man auf ihr die Energie 0,11 kWa = 964 kWh = 3,5 GJ einfangen. Zum Vergleich ist auch die Leistung für 1 m^2 „Kraftwerksfläche" angegeben. So wird das Problem deutlich: Die Leistung der Sonnenstrahlung ist sehr „dünn" verteilt. Eine bequeme Energietechnik benötigt eine viel höhere Leistungsdichte. Solartechnik wird immer unbequem bleiben. Man kann mit ihr heute noch keine großen Sprünge machen. Trotzdem muß diese Technik entwickelt werden, denn es bleibt auf lange Sicht keine andere

Wüste in Afrika und USA	0,26 kW
Mittelmeergebiet	0,18 kW
Deutschland	0,11 kW
Skandinavien	0,08 kW
Zum Vergleich: Leistung, die durch 1 m^2 Kesselfläche im Kraftwerk tritt	500 kW

Tabelle 188.1 Leistung der Sonnenstrahlung am Erdboden für 1 m^2 Strahlquerschnitt, gemittelt über ein Jahr

Wahl. Daneben gilt es, die Brennstoffe besser auszunutzen. Die Kenntnis der physikalischen Zusammenhänge ist dazu das unentbehrliche Rüstzeug.

3. Wer verbraucht den meisten Brennstoff?

„Natürlich die Industrie!" werden Sie antworten. Weit gefehlt! *Bild 188.1* zeigt, daß heute die Haushalte, also wir alle, die meiste Energie verbrauchen. – Wie kann man wirkungsvoll sparen? Darüber informiert uns sofort *Bild 189.1*. Es wäre witzlos, am Licht zu sparen. Fast der ganze Brennstoff (heute vorwiegend Öl) geht in die Heizung und Warmwasserbereitung. Dies stimmt auch dann noch, wenn man berücksichtigt, daß die elektrische Energie ebenfalls aus Brennstoffen gewonnen wird und dabei das Dreifache ihres Betrages an Brennstoffenergie erfordert (Wirkungsgrad des Kraftwerks 33%). Unsere Heizung bietet die wirkungsvollsten Möglichkeiten, Brennstoff zu sparen. Welche Sparmaßnahmen sind möglich, welche sind vernünftig?

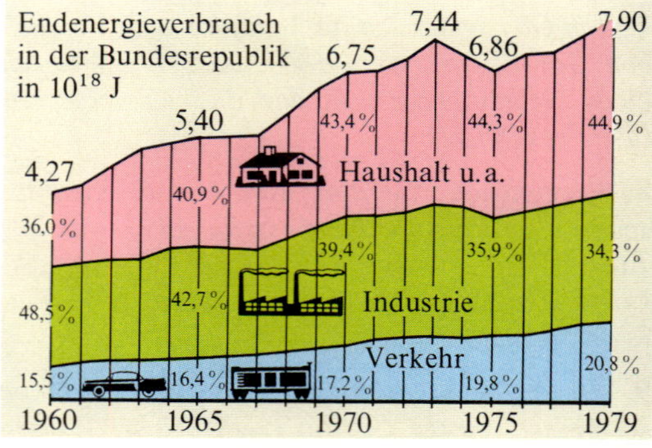

188.1 Struktur des Endenergieverbrauchs in der Bundesrepublik Deutschland

a) *Isolation* der Wände und Fenster, Abdichtung gegen Zugluft (Mittelstufenband, Seite 153). Hier gibt es an älteren Häusern noch viel nachzuholen. Nach Möglichkeit sollte die Isolierschicht (Schaumstoff, Steinwolle, Glaswolle) an der Außenseite der Wand angebracht werden, damit die Wand selbst im Winter warm bleibt.

b) *Beschränkung der Raumtemperatur* auf 20 °C. Warme Kleidung kostet kein Heizöl.

Mehr physikalische Einsicht erfordern die folgenden weitergehenden Maßnahmen:

c) *Wärme-Kraft-Kopplung.* Die großen Kraftwerke entlassen ihre Abwärme üblicherweise auf einer möglichst tiefen Temperatur, um nach *Gl. 186.1* einen hohen Wirkungsgrad zu erzielen. Dies ist vernünftig, so lange man nur an den unmittelbaren Zweck des Kraftwerks denkt, nämlich elektrische Arbeit bereitzustellen. Im Zusammenhang der Gesamtwirtschaft ist es aber günstiger, die Abwärme auf einer so hohen Temperatur abzugeben, daß sie nutzbringend verwertet werden kann dort, wo man gar keine Arbeit, sondern eben nur Wärme benötigt, also vor allem zur Heizung. Diese Wärme-Kraft-Kopplung wird bei neueren Kraftwerken schon vielfach durchgeführt. Natürlich ist zur Fernwärmeversorgung dann ein hochisoliertes Rohrleitungsnetz erforderlich. Das Kraftwerk muß deshalb nahe bei einem dicht besiedelten Gebiet liegen, was wieder nicht nach jedermanns Geschmack ist...

d) *Wärmepumpen.* Heizwärme ist Niedertemperaturwärme. Wenn man die Heizkörper großflächig anlegt (Fußbodenheizung), genügt eine Heizwassertemperatur von 45 °C. Beim Verbrennen von Öl entstehen Temperaturen von über 1000 °C. In unseren üblichen Heizanlagen geht die Wärme von den heißen Verbrennungsgasen ohne weiteres auf das viel kältere Heizungswasser über. Hier wird Energie verschwendet! Wärme auf dem 1000 °C-Niveau ist wertvollere Energie als solche auf dem 45 °C-Niveau! Wir wissen, daß man zwischen zwei Reservoirs von 1000 °C und 45 °C eine Arbeitsmaschine vom maximalen Wirkungsgrad $1-\frac{273+45}{273+1000}=75\%$ betreiben kann *(Gl. 186.1)*. Das kalte Reservoir (das Heizungswasser) erhält dann zwar nicht mehr die volle Verbrennungsenergie. Aber mit dem als Arbeit abgezweigten Rest kann man eine Wärmepumpe antreiben. Sie benutzt als kaltes Reservoir die Außenluft, das Erdreich oder das Grundwasser von z.B. 0 °C Temperatur, als heißes Reservoir das Heizwasser *(Bild 189.2)*. Die übertragenen Wärmemengen verhalten sich im Idealfall nach *Gl. 184.1* wie 273+45 zu 273. Das Verhältnis $\frac{\text{gewonnene Heizenergie}}{\text{aufgewandte Arbeit}}$ beträgt demnach $\frac{273+45}{45}=7{,}1$. Aus *Bild 189.3*

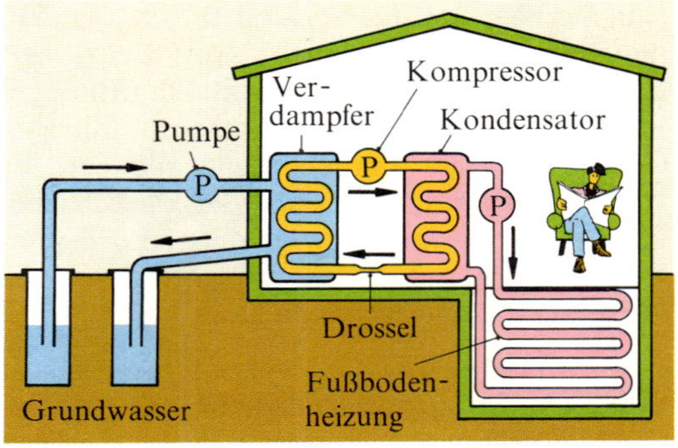

189.2 Wärmepumpenanlage zur Beheizung eines Hauses

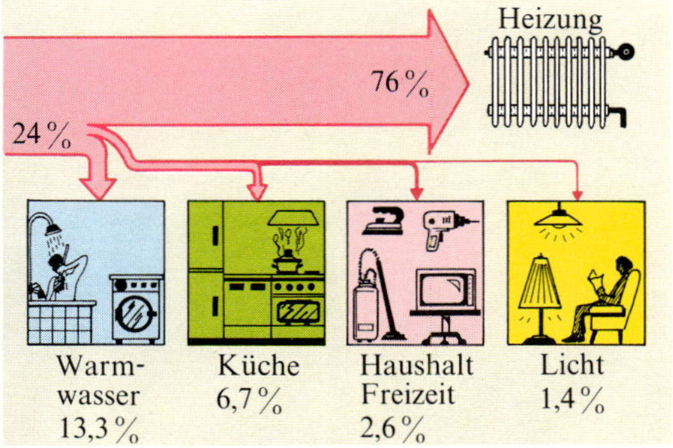

189.1 Struktur des Endenergieverbrauchs in den Haushalten (Bundesrepublik Deutschland 1981)

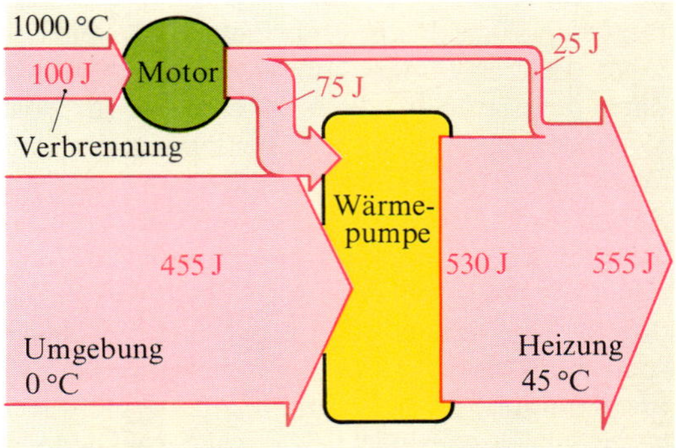

189.3 Energiebilanz für den Idealfall einer Ölheizung mit Wärmepumpe geht hervor, daß man so für 100 J Verbrennungsenergie nicht weniger als 555 J Heizenergie bekommen könnte! Dies ist natürlich ein Idealwert, den die Naturgesetze als äußerste Grenze gestatten würden, wenn alle Verluste vermeidbar wären. Für die Praxis schätzen Fachleute, daß man mit Wärmepumpensystemen aus 100 J Verbrennungsenergie bis zu 147 J Heizenergie gewinnen kann.

Wärmepumpen sind als Kühlmaschinen längst technisch durchentwickelt. Für Heizungssysteme kann man noch mit Verbesserungen rechnen, sobald dies einmal als lohnender Produktionszweig erscheinen wird.

e) *Sonnenkollektoren* nutzen die direkte Sonnenstrahlung *(Bild 190.1)*. Unter einer doppelten Glasscheibe befindet sich ein schwarzer Boden, in dem Leitungsrohre für Wasser oder eine andere Kühlflüssigkeit verlaufen. Darunter kommt eine Isolierschicht. Die schwarze Fläche („Absorber") erhitzt sich im Sonnenlicht. Die Doppelscheibe verhindert, daß Wärme durch Luftströmung abgeführt wird. Durch Auswahl besonderen Oberflächenmaterials (z.B. Kupferoxid auf Aluminium) erreicht man, daß die heiße schwarze Fläche auch durch eigene Abstrahlung nur wenig Energie verliert. Wenn der Sonnenschein senkrecht auf den Kollektor fällt, erhitzt sich dieser ohne Wärmeentnahme auf 150 bis 200 °C. Das Röhrenmaterial und die Isolation müssen diese Temperatur im Störfall aushalten können. Sonnenkollektoren liefern also die Wärme bei Temperaturen, die für Heizung und Warmwasserbereitung ausreichen – allerdings nur bei schönem Wetter! Eine Alternative ist das *Energiedach* (die Energiewand, der Energiezaun). Hier verzichtet man auf die Abdeckscheiben. Die Absorberfläche und das Kühlmittel nehmen bei bewölktem Himmel ungefähr die Temperatur der Außenluft an. Bei Sonnenschein erhitzt sich auch das Energiedach, aber weit weniger als der Sonnenkollektor. Das Energiedach dient nun als kaltes Reservoir für eine Wärmepumpe. Je nach Außentemperatur und Wetterlage muß diese mehr oder weniger Arbeit aufbringen, um die Wärme von der Temperatur des Energiedachs auf die gewünschte Heiztemperatur zu „pumpen". Die direkte Sonnenstrahlung wird dadurch zwar schlechter als beim Sonnenkollektor, die diffuse Himmelsstrahlung und die in warmem Regenwasser gespeicherte Sonnenenergie jedoch optimal genutzt. In unseren Breiten mit ihrer geringen Sonnenscheindauer ist dies oft das

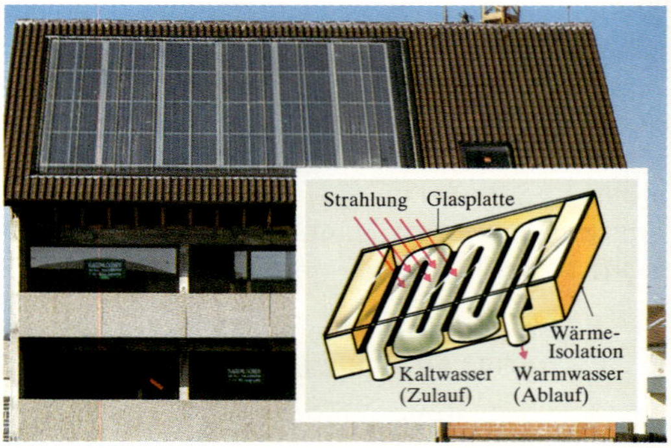

190.1 „Sonnenhaus"; Aufbau des Sonnenkollektors

günstigere Verfahren. Die Praxis ergibt, daß man mit einer Absorberfläche, die ungefähr gleich der halben Wohnfläche ist, in einem gut isolierten Haus an etwa 90% der Heiztage die Heizung voll betreiben kann. Für die 10% extrem kalten Tage wird eine Zusatzheizung benötigt („bivalenter Betrieb").

4. Welche Energiepolitik sollen wir uns wünschen?

Noch sind die natürlichen Brennstoffe nicht verbraucht. Die Aufgabe der nächsten Jahrzehnte wäre es, mit ihrer Hilfe eine leistungsfähige Solartechnik aufzubauen. Wenn man aus Sonnenstrahlung Niedertemperaturwärme herstellt, so ist das im Grunde immer noch verschwenderisch. Theoretisch ließe sich die Temperatur der Sonne selbst, das sind an die 6000 °C, herstellen! Im Sonnenofen von *Odeillo* (Pyrenäen) kommt man mit Hohlspiegeln immerhin auf 3900 °C *(Bild 190.2)*. Diese

190.2 Das Sonnenlaboratorium in den Pyrenäen

Anlage dient nur zu Forschungszwecken. Echte Sonnenkraftwerke, bei denen das Licht aus zahlreichen der Sonne automatisch nachgeführten Spiegeln auf eine Turmspitze konzentriert wird, sind in der Erprobung. Sie werden aber wohl nur in äquatornahen Ländern sinnvoll sein. Im übrigen wird man sich für die indirekten Wirkungen der Sonnenstrahlung interessieren müssen:

- *Wasserkraft:* Bereits im großen Stil ausgenutzt. Die damit verbundenen ökologischen Probleme sind bekannt.
- *Windenergie:* Nur an der Meeresküste in größerem Maßstab verwertbar. Versuchsanlagen sind im Bau.
- *Energie der Meereswellen:* Nur im kleinen Maßstab (z.B. Stromversorgung einer Leuchtboje) verwertbar.
- *Photosynthese* organischer Substanz („Biomasse"): Jahrtausendelang war das Holz der einzige Brennstoff für den Menschen und ist es – sehr zum Schaden der Umwelt – in den Länder der Dritten Welt weitgehend noch heute. Bei uns arbeitet man an Verfahren zur Vergasung von Müll; Kläranlagen können mit dem dort anfallenden Methangas ihre Motoren betreiben.

Ist der Weg über die Wärme überhaupt das Richtige, wenn man mechanische oder elektrische Energie benötigt? Alle Wärmequellen – auch der Kernfusionsreaktor, wenn seine Verwirklichung einst gelingen sollte! – gestatten die Energiegewinnung nur um den Preis großer Mengen von Abwärme mit all ihren Problemen. Dies haben wir auf Seite 183 erkannt. Daher widmet man mit Recht allen Energietechniken große Aufmerksamkeit, bei denen keine hohen Temperaturen gebraucht werden:

- *Solarzellen* (Mittelstufenband, Seite 207) wandeln Lichtenergie unmittelbar in elektrische Arbeit um. In der Raumfahrt werden sie umfassend verwendet; für die Großtechnik sind sie noch viel zu teuer.
- *Brennstoffzellen* arbeiten nach dem Prinzip der Taschenlampenbatterie: Eine chemische Reaktion führt unmittelbar zu einer Ladungstrennung und kann damit elektrische Arbeit liefern. In der Raumfahrt verwendet man Brennstoffzellen, in denen Wasserstoff mit Sauerstoff zu Wasser oxidiert (aber nicht verbrannt!) wird. Weil keine hohen Temperaturen auftreten, kann man die chemische Energie sehr viel besser ausnutzen. Auch die Brennstoffzellen sind heute noch für eine breite Anwendung zu teuer, d.h. letzten Endes: in der Herstellung zu energieaufwendig. Die intensive Forschung läßt aber auf größere Fortschritte hoffen.

Was können wir von der Sonnenenergie im Idealfall erwarten? – Eine grobe Abschätzung möge es verdeutlichen. Die Sonne strahlt uns beständig $1{,}7 \cdot 10^{17}$ W Leistung zu. Am Erdboden kommen unter günstigen Bedingungen (klare Luft) 70% davon an. 30% der Erdoberfläche sind Land, davon 0,2% Wüsten, die optimal bestrahlt und anderweitig nicht genutzt werden. Würde man die auf sie entfallende Leistung zu 20% nutzen können, so wären das

$$1{,}7 \cdot 10^{17}\,\text{W} \cdot 0{,}7 \cdot 0{,}3 \cdot 0{,}002 \cdot 0{,}2 = 14 \cdot 10^{12}\,\text{W},$$

also nicht wesentlich mehr, als heute schon verbraucht wird! Was bedeutet dies? Die Menschheit könnte allein mit Sonnenenergie im Prinzip beliebig lange existieren. Sie müßte diese aber global umfassend ausnutzen – die Anlagen dazu wären erst noch zu schaffen – und dürfte ihren Aufwand über das heutige Maß hinaus nicht mehr wesentlich steigern. Bei den gegenwärtigen krassen Unterschieden zwischen den Lebensbedingungen der Industrie- und Entwicklungsländer kann das für die reichen Nationen, zu denen auch wir gehören, nur Verzicht und Einschränkung bedeuten.

Technische Verbesserungen auszudenken, müssen wir den Fachleuten überlassen. Den Konsum an wertvoller Energie einzuschränken ist die Sache eines jeden von uns.

Aufgaben:

1. 84,7% *der im Haushalt umgesetzten Energie stammen direkt aus Heizöl,* 15,3% *aus elektrischer Arbeit, die ihrerseits mit* 46% *Wirkungsgrad aus dem gleichen Heizöl gewonnen werde. Wie viele % des gesamten für die Haushalte verbrannten Öls entfallen auf die Heizung?*

2. *Vergleichen Sie folgende Alternativen:*
a) Sie verbrennen Heizöl mit dem feuerungstechnischen Wirkungsgrad 85% *zur Schwimmbadheizung.*
b) Sie treiben mit dem gleichen Heizöl über einen Dieselmotor ($\eta = 40\%$) *eine Wärmepumpe an, die das 4fache der mechanischen Arbeit als Heizenergie liefert. Die Abwärme des Motors wird ebenfalls zur Hälfte für die Heizung verwendet. Um wieviel ist der Ölverbrauch geringer als bei a)?*

Höhere Mechanik vom Computer

§56 Physiker rechnen mit Meßfehlern

1. Der Taschenrechner ist zu genau

Prospekte für Taschenrechner und Computer preisen eine Genauigkeit von 10 geltenden Ziffern an. Messungen dagegen sind lange nicht so genau: Wenn Sie mit einem Maßstab eine Strecke zu $s = 0{,}983$ m gemessen haben, sind die Millimeter noch erfaßt. Sie hätten auch $s = 98{,}3$ cm oder 983 mm schreiben können: Das Ergebnis hat stets *3 geltende Ziffern*. Die Angabe $s = 98{,}30$ cm dagegen würde behaupten, daß auch die $\frac{1}{10}$ mm gemessen worden sind und wäre hier unehrlich. Trauen Sie niemandem, der einen Kreisradius zu $r = 1{,}82$ cm mißt und die Kreisfläche mit $A = 10{,}40621151\ \text{cm}^2$ angibt. $10{,}4\ \text{cm}^2$ wäre ehrlicher gewesen! Berechnen Sie A einmal mit $r = 1{,}81$ cm, dann mit 1,83 cm!

2. Woher rühren die Meßfehler?

a) An Meßfehlern ist stets der *Zufall* beteiligt. Mit einem Geodreieck kann man die $\frac{1}{10}$ mm nur schätzen. Bei elektrischen Zeigerinstrumenten stört die Reibung der Zeigerachse in den Lagern; manchmal schwingt der Zeiger zu weit, manchmal bleibt er zu früh stehen. Wenn man also dieselbe Größe x mit dem gleichen Meßgerät unter gleichen Bedingungen mißt, so streuen die einzelnen Meßwerte x_i um einen **Mittelwert** $\bar{x}$. Er ändert sich mit jeder weiteren Messung ein wenig. Doch dürfte er mit der Zahl der Messungen immer zuverlässiger werden, zumal Einflüsse von unnötig großen Abweichungen (Ausreißer) zurücktreten. Den wahren Wert erhält man aber auch mit noch so vielen Einzelmessungen nicht. Statt seiner gibt man den Mittelwert $\bar{x}$ der Meßreihe an, in *Tabelle 192.1* $\bar{x} = 53{,}9_4$ cm. Dort wurde die Länge einer alten Holzkiste gemessen, deren Kanten stark zerstoßen waren.

Wie zuverlässig ist der Mittelwert? Dies erkennt man an den *Schwankungen* der einzelnen Meßwerte x_i in *Tabelle 192.1*. Hierzu sind in der 2. Spalte die Beträge $|x_i - \bar{x}|$ der Abweichungen eines jeden der $n = 9$ Meßwerte x_i vom Mittelwert $\bar{x} = 53{,}9_4$ cm berechnet. Den mittleren Betrag $\Delta x = 0{,}18\ \text{cm} \approx 0{,}2$ cm dieser Abweichungen sehen wir bei unserer vereinfachten Betrachtung als den **absoluten Fehler** des Mittelwerts $\bar{x}$ an. Wir runden seinen Wert $\bar{x} = 53{,}9_4$ cm im Hinblick auf diesen absoluten Fehler $\Delta x = 0{,}2$ cm auf 53,9 cm und schreiben

$x = (53{,}9 \pm 0{,}2)$ cm.

Der Wert von x liegt also mit einiger Wahrscheinlichkeit im **Vertrauensintervall**

53,7 cm … 54,1 cm.

Man darf erwarten, daß bei Messungen der Mittelwert in diesem Intervall liegt.

Der **relative Fehler** r der Messung ist $r = \Delta x / \bar{x} = 0{,}2\ \text{cm}/53{,}9\ \text{cm} = 0{,}4\%$. Relative Fehler von Schulexperimenten liegen bei 2% bis 10%.

$$\textbf{Relativer Fehler } r = \frac{\textbf{absoluter Fehler } \Delta x}{\textbf{Mittelwert } \bar{x}}.$$

b) Zu den zufälligen Fehlern aus a), die statistischen Schwankungen unterliegen, kommen noch die *systematischen Meßfehler*. Sie liegen im „System" der Messung. Bei Fallversuchen bremst der Luftwiderstand und verkleinert bei längeren Fallstrecken den Wert der Fallbeschleunigung g. Auch könnte der Maßstab zu kurz oder die Uhr zu langsam sein. Man müßte den Maßstab und die Uhr wie jedes Fieberthermometer auf einem staatlichen Eichamt oder bei der Physikalisch-Technischen Bundesanstalt (PTB) prüfen lassen.

3. Wie wirken mehrere Fehler zusammen?

Messungen an unserer Kiste haben ergeben:

Länge $l = (53{,}9 \pm 0{,}2)$ cm; $r = 0{,}4\%$
Breite $b = (24{,}7 \pm 0{,}2)$ cm; $r = 0{,}8\%$
Höhe $h = (12{,}5 \pm 0{,}1)$ cm; $r = 0{,}8\%$

x_i in cm	$\lvert x_i - \bar{x}\rvert$ in cm
53,7	0,24
54,2	0,26
53,9	0,04
53,6	0,34
54,1	0,16
53,8	0,14
54,0	0,06
53,9	0,04
54,3	0,36
$\bar{x} = 53{,}9_4$	$\Delta x = 0{,}18_2 \approx 0{,}2$

Tabelle 192.1 Längenmessungen an einer alten Kiste

Der absolute Fehler der Höhe ist kleiner; offensichtlich waren obere und untere Kante weniger beschädigt. Dagegen sind die relativen Fehler bei Höhe und Breite gleich groß.

a) *Fehler einer Summe:* Wir berechnen aus Länge l und Breite b den halben Umfang $U/2$ der Kiste. Dabei dürfen wir nicht hoffen, daß sich die absoluten Fehler von etwa 0,2 cm zufällig aufheben. Sie können sich genau so gut addieren. Aus dem Vertrauensintervall für l: $53{,}7\text{ cm} < l < 54{,}1\text{ cm}$ und dem für die Breite b: $24{,}5\text{ cm} < b < 24{,}9\text{ cm}$ ergibt sich dieses Intervall für $\frac{U}{2}$ zu

$$78{,}2\text{ cm} < \tfrac{U}{2} < 79{,}0\text{ cm}$$

Also gilt $\frac{U}{2} = (78{,}6 \pm 0{,}4)$ cm.

Die *absoluten Fehler* der Einzelmessungen haben sich beim Addieren ebenfalls addiert. Dagegen liegt der *relative Fehler* von $\frac{U}{2}$ mit 0,6% zwischen den relativen Fehlern 0,8% und 0,4% von Länge l und Breite b.

b) *Fehler einer Differenz:* Hat die Kiste einen doppelten Boden? Ein Zöllner mißt innen die Tiefe der Kiste zu $t = (11{,}9 \pm 0{,}1\text{ cm})$. Mit der außen gemessenen Höhe $h = (12{,}5 \pm 0{,}1)$ cm berechnet er das Vertrauensintervall für die Dicke d des Kistenbodens *mit größtem Mißtrauen* zu

$$0{,}4\text{ cm} < d < 0{,}8\text{ cm, also } d = (0{,}6 \pm 0{,}2)\text{ cm.}$$

Auch bei der Differenzbildung haben sich die *absoluten Fehler* von 0,1 cm auf 0,2 cm *addiert.* Der relative Fehler ist von 0,8% auf 33% gestiegen! Würden Sie als Zöllner den Boden aufbrechen, um absolute Gewißheit zu bekommen?

Beim Addieren und Subtrahieren fehlerhafter Größen addieren sich die absoluten Fehler. Beim Subtrahieren können die relativen Fehler erheblich zunehmen.

c) *Fehler eines Produkts:* Für die Fläche A des Kistenbodens berechnet man das Vertrauensintervall aus Länge l und Breite b zu

$$53{,}7 \cdot 24{,}5\text{ cm}^2 < A < 54{,}1 \cdot 24{,}9\text{ cm}^2 \quad\text{oder}$$
$$1315{,}65\text{ cm}^2 < A < 1347{,}09\text{ cm}^2.$$

Es liegt (fast) symmetrisch zum Produkt $\bar{A} = \bar{l} \cdot \bar{b} = 1331{,}33\text{ cm}^2$ der Mittelwerte.

Der *relative Fehler* des Produkts ist nach beiden Seiten etwa $\frac{16}{1331} \approx 1{,}2\%$. Er ist – wie man allgemein beweisen kann – die *Summe der relativen Fehler der Faktoren.*

d) *Fehler eines Quotienten:* Für das Seitenverhältnis l/b erhalten wir wieder mit größtem Mißtrauen das Vertrauensintervall

$$\frac{53{,}7}{24{,}9} < \frac{l}{b} < \frac{54{,}1}{24{,}5} \quad\text{oder}\quad 2{,}157 < \frac{l}{b} < 2{,}208.$$

Auch dies liegt fast symmetrisch zum Quotienten $\bar{l}/\bar{b} = 2{,}182$ der Mittelwerte. Der absolute Fehler ist 0,026. Der relative Fehler $0{,}026/2{,}182 = 1{,}2\%$ ist auch hier die Summe der relativen Fehler von Zähler und Nenner (0,4% und 0,8%).

Beim Multiplizieren und Dividieren addieren sich die relativen Fehler.

e) *Der Fehler eines Quadrats:* In Ziffer 1 wurde ein Kreisradius zu $r = (1{,}82 \pm 0{,}01)$ cm angegeben, also mit dem relativen Fehler 0,54%. Wenn wir daraus mit dem Taschenrechner die Kreisfläche $A = \pi r^2$ berechnen, so können wir π als fehlerfrei ansehen. Das Quadrat $r^2 = r\,r$ ist ein Produkt und enthält den doppelten relativen Fehler, also 1,1%. Es gilt $A = 10{,}4\text{ cm}^2 \pm 1{,}1\% = (10{,}4 \pm 0{,}1)\text{ cm}^2$. Das Vertrauensintervall der Kreisfläche ist $10{,}3\text{ cm}^2 < A < 10{,}5\text{ cm}^2$.

f) *Fehler einer Wurzel:* Die Umkehrung des Quadrierens ist das Wurzelziehen. Sie können am obigen Beispiel nachprüfen, daß sich dabei die relativen Fehler halbieren.

4. Wozu überhaupt Fehlerrechnung?

Sie haben in Versuch 19 von Seite 33 die Fallbeschleunigung $g = 2s/t^2$ aus

Fallhöhe $s = (0{,}1000 \pm 0{,}0001)$ m mit 0,1% und

Fallzeit $t = (0{,}1428 \pm 0{,}0001)$ s mit 0,06%

Fehler gemessen. t^2 hat nach Ziffer 3e) den relativen Fehler $2 \cdot 0{,}06\% = 0{,}12\%$, g somit nach Ziffer 3d) $0{,}12\% + 0{,}1\% = 0{,}22\%$. Für die Fallbeschleunigung g folgt: $g = (9{,}81 \pm 0{,}02)\text{ m/s}^2$. Ihr Wert dürfte also zwischen $9{,}79\text{ m/s}^2$ und $9{,}83\text{ m/s}^2$ liegen.

Nun messen Sie mit kleineren relativen Fehlern die Werte bei einer Fallhöhe von 0,900 m und erhalten $g = (9{,}79 \pm 0{,}01)\text{ m/s}^2$. Daß das Ergebnis kleiner ist, erklären Sie mit dem Anwachsen des Luftwiderstands bei der nun größeren Fallgeschwindigkeit. Da sich die Vertrauensintervalle $(9{,}79 \ldots 9{,}83)\text{ m/s}^2$ und $(9{,}78 \ldots 9{,}80)\text{ m/s}^2$ beider Messungen aber überschneiden, ist dieser Schluß recht voreilig. Genauere Messungen sind nötig!

§57 Fallbewegung per Computer

a) Computer-Dialog: Computer sind dafür bekannt, daß sie lange Tabellen „wie der Blitz" mit Zahlen füllen können. Erproben wir diese Fähigkeit an einem einfachen Beispiel: Ein Stein wird mit der Anfangsgeschwindigkeit v_0, etwa mit 5 m/s, in einen Brunnen geworfen. Der Computer soll für Zeitschritte von $\Delta t = 1$ s die Geschwindigkeit $v(t)$ des Steins berechnen und als *Tabelle 194.1* ausdrucken. Wie aber sagen wir dem Computer, der nur die Programmiersprache BASIC versteht, daß v in jeder Sekunde um 9,8 m/s zunimmt, im Zeitintervall Δt also um $\boldsymbol{\Delta v = g \cdot \Delta t}$? Beim Taschenrechner würden Sie drücken: 9.8 | STO | 5 | + | RCL | = | ... | + | RCL | = | ... | + ...

b) Programmierphase: Schalten Sie den Computer ein und tippen auf seinem Tastenfeld die rechts stehenden **Programmzeilen 3∅** bis **9∅∅** samt diesen Nummern ein. *Sie haben große Abstände voneinander, um Erweiterungen einfügen zu können.* Die Zahl ∅ dürfen Sie nicht mit dem Buchstaben O verwechseln. Beim Tippen geht der blinkende *Cursor* (CRSR) mit und markiert den Ort für das nächste Zeichen. Beim Drükken der DEL-Taste[1]) (delete) wird das zuletzt geschriebene Zeichen ausradiert. Die Tasten CRSR⇒ und CRSR⇓ verschieben den Cursor nach rechts oder unten[1]) (Gegenbewegung: gleichzeitiges Drücken der SHIFT-Taste).

Wenn Sie eine Zeile geschrieben haben, müssen Sie die RETURN-Taste drücken[1]):

– Die soeben geschriebene Zeile wird unter ihrer Nummer als **Programm-Befehl** gespeichert und in der *RUN-Phase*, also beim Rechnen, in der Reihenfolge dieser Nummern abgearbeitet. Wenn Sie die RETURN-Taste vergessen, ist die ganze Zeile vergessen!

– Der Cursor springt in die nächste Zeile.

t in s	v in m/s
∅	5
1	14.8
2	24.6
...	...

Tabelle 194.1 Dies soll der Computer ausdrucken!

```
3∅  INPUT "GESCHW. (5)"; V
4∅  INPUT "BESCHL. (9.8)"; G
5∅  INPUT "ZEITSCHRITT (1)"; D
35∅ PRINT T,V
52∅ T=T+D
55∅ V=V+G*D
59∅ PRINT T,V
9∅∅ END
```

Erklärung dieser Programmzeilen:

3∅ Wenn Sie später in die RUN-Phase umschalten, fordert der Computer als *Eingabe* (INPUT) mit der stets durch "..." gekennzeichneten „wörtlichen Rede" von Ihnen den Zahlenwert der Geschwindigkeit v zu Beginn des Wurfs. Der Computer kennt nur steil gedruckte Großbuchstaben, wir schreiben also V; diese V-Zahl wird im V-*Speicher* aufbewahrt und in Zeile **55∅** dort abgelesen. Der Wert 5 ist nur ein Vorschlag.

4∅ Hier geben Sie den Zahlenwert der Beschleunigung G ein (1∅; 9.8; 1.6 auf dem Mond). Er wird im G-Speicher aufbewahrt und von dort in Zeile **55∅** abgerufen.

5∅ D steht für Δt. Sie geben 1 oder ∅.5 ein (auf ∅,5 folgt ERROR; dagegen ist .5 erlaubt).

35∅ Zahlenwerte der Zeit T und der Geschwindigkeit V werden aus ihren Speichern geholt und auf dem Bildschirm „gedruckt". Das Komma trennt die Zahlenreihen wie der Tabulator einer Schreibmaschine voneinander[1]). Zu Beginn ist der Wert für T – wie der aller Speicherplätze – Null. Für V, G und D dagegen haben Sie in den INPUT-Zeilen Werte eingegeben.

52∅ Hier stellt der Computer die „Uhr" (T) weiter. Er holt den T- und D-Wert aus ihren Speichern und rechnet die Summe *rechts* vom Gleichheitszeichen. Aus T=∅ und D=1 macht er T=1. Diese Summe weist er dem T-Speicher zu und vergißt den vorangehenden Wert (zunächst T=∅). T=T+D *ist eine Zuweisung und keine mathematische Gleichung*. Diese wichtigen **Rechenzeilen** sind **blau** gedruckt so wie die INPUT-Zeilen, die die benutzten Größensymbole (V, G, D) definieren.

55∅ Die augenblicklichen Werte für V, G und D werden aus ihren Speichern geholt und die *rechte* Seite berechnet. Das Ergebnis wird wieder dem V-Speicher zugewiesen.

59∅ Die neuen Werte von T und V, nämlich 1 und 14,8 werden auf dem Schirm „gedruckt", und zwar unterhalb von den in Zeile **35∅** gedruckten Anfangswerten.

9∅∅ Setzt den Rechner mit der Meldung READY[1]) zur Ruhe.

---

[1]) Legen Sie eine Übersetzungsliste in die Programmiersprache BASIC an; unterscheiden Sie zwischen dem buchstabenweisen *Eintippen* (etwa von INPUT) und dem *Tastendruck* (etwa von RETURN)!

c) RUN-Phase: Tippen Sie RUN[1]) ein und drücken die RETURN-Taste. Tippen Sie die verlangten Zahlen ein und speichern sie durch Drücken der RETURN-Taste. Auf dem Schirm steht das sehr magere Ergebnis:

```
Ø      5
1      14.8
READY
```

d) Fehlerkorrektur: Leuchtet ERROR auf, so tippen Sie LIST[1]) und drücken die RETURN-Taste. Ihr Programm wird aufgelistet. Zum Korrigieren kurzer Zeilen setzen Sie einfach den CURSOR an den Anfang einer leeren Zeile und geben die fehlerhafte nochmals samt Nummer ein. Wenn Sie RETURN drücken, wird die alte ersetzt. Prüfen Sie dies durch Auflisten nach! Das Anleitungsbuch bringt weitere Korrekturtips. So erzeugt INST[1]) (insert) mit SHIFT zusammen links vom Cursor eine Lücke, um etwas einzufügen.

e) Sprungbefehl zur Schleifenbildung: Der Computer soll nun mit großem Fleiß eine lange Tabelle von T- und V-Werten ausspuken. Hierzu geben Sie den *Sprungbefehl:*

```
59Ø GOTO 35Ø
```

Durch Druck auf die RETURN-Taste wird die alte Zeile **59Ø** durch die neue ersetzt. Der Rechner springt nach Zeile **35Ø** zurück und gibt das letzte Rechenergebnis aus. Dann durchläuft er die **Rechenschleife** zwischen **35Ø** und **59Ø** nochmals – endlos. Um sich vor der Zahlenflut zu retten, drücken Sie die STOP-Taste oder verlangsamen durch Drücken von CTRL bzw. RVS. Einen gestoppten Ablauf setzen Sie durch Eintippen von CONT[1]) mit Druck auf RETURN fort.

f) Tabellenkopf: Die Zahlenkolonnen brauchen einen „Kopf". Löschen Sie den Schirm mit SHIFT und CLR[1]) und tasten ein:

```
31Ø PRINT
32Ø PRINT "T IN S", "V IN M/S"
33Ø PRINT
```

Kontrollieren Sie durch Auslisten, ob Sie auch nach jeder Zeile RETURN gedrückt haben!

31Ø und **33Ø** erzeugen Leerzeilen zur optischen Abtrennung.

32Ø Da "T in S" und "V IN M/S" zwischen "..." stehen, werden die *Buchstaben* in „wörtlicher Rede" als *Zeichenketten* (Strings) ausgedruckt und nicht ihre *Zahlenwerte* aus den T- und V-Speichern wie in Zeile **35Ø**.[1])

g) Wann hat der Stein $v_e = 58$ m/s erreicht?

Schreiben Sie das bisherige Programm zunächst mit der Hand und fügen als *Programmabschluß* ein:

```
7Ø   INPUT "ENDGESCHW. (58)"; VE
58Ø  IF V> =VE THEN 131Ø
131Ø T=T-(V-VE)/G
132Ø PRINT
134Ø PRINT "FALLZEIT:" T; "S"
135Ø END
```

7Ø Eingabe der gewünschten Endgeschwindigkeit $VE = v_e$.

58Ø Solange $V < VE$, ist diese **IF-THEN-Bedingung** nicht erfüllt. Der Rechner ignoriert „THEN 131Ø" und springt in die nächste Zeile (**59Ø** GOTO 35Ø), setzt also mit **59Ø** seine Schleifenarbeit fort. Wenn zum ersten Mal $V \geqq VE$ ist, wird die Zeile **58Ø** zu Ende geführt und der Rechner nach Zeile **131Ø** katapultiert.

131Ø Hier wird die „überschüssige Geschwindigkeit" $v - v_e$ durch g dividiert. Dies gibt die Zeit, um die der in großen Zeitschritten $D = \Delta t$ vorgehende Rechner über sein Ziel v_e hinausgeschossen ist. Diese Zeit wird vom letzten T-Wert abgezogen und nach der Leerzeile **132Ø** in **134Ø** mit Text und Einheit (je in "...") ausgedruckt.

h) Runden von Zahlenwerten

Wenn Sie für G 9.8 gesetzt haben, erhalten Sie in Zeile **134Ø** die Fallzeit T = 5.40816327 S. Dies ist entschieden zu genau und wenig übersichtlich. Zum Runden auf 1 Dezimale fügen Sie Zeile **133Ø** ein:

```
133Ø TR = .1*INT(1Ø*T+.5)
```

Dabei bildet der getippte Befehl INT(...) die nächstkleinere ganze Zahl[1]) (integer). Vergessen Sie die Klammer nicht! Diese Zeile formt um:

T = 5.408... → 54.08... → 54.58... → 54 → 5.4.

Sie rundet *ab*. Die Zahl 5.453... hätte sie auf 5.5 *auf*gerundet. Auf 2 Kommastellen würde durch TR = .Ø1*INT(1ØØ*T+.5) gerundet. Der gerundete Wert TR wird in Zeile **134Ø** nur dann ausgedruckt, wenn Sie dort T durch TR ersetzen. Der T-Wert vor der Rundung bleibt erhalten. Sie können ihn nachher mit ?T und Drücken der RETURN-Taste erhalten. „?" ist dabei eine Abkürzung für PRINT.

i) Der Computer als Taschenrechner

Um 2*3 außerhalb eines Programms, also „von Hand" zu berechnen, tippen Sie ohne Programmnummer **?2*3** ein und drücken die RETURN-Taste. Nach ?SIN 3Ø erscheint nicht das erwartete Ø.5, sondern ERROR! Sie müssen den Winkel in Klammern setzen und mit dem Faktor $\pi/180$ ins Bogenmaß umrechnen (Seite 149). Tippen Sie also ein:

?SIN(3Ø*π/18Ø)

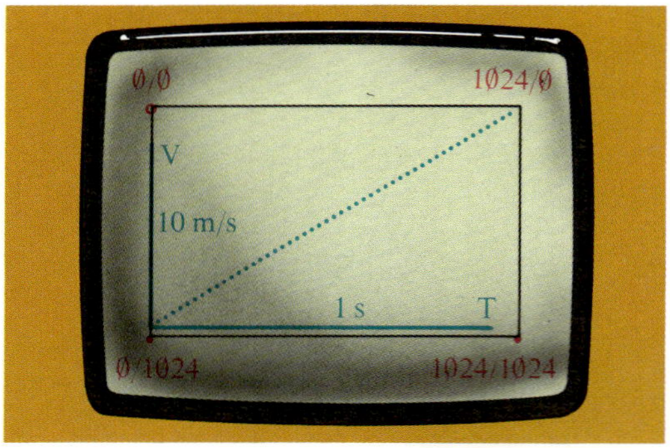

196.1 Achsen des Geschwindigkeits-Zeit-Diagramms. Rot: Bildschirmkoordinaten; Ursprung oben links

Die Wurzel (square-root) aus 25 erhalten Sie mit **?SQR(25)** und Drücken der RETURN-Taste.

?4↑3 liefert 64, d.h. die Potenz 4^3.

?ABS(−5) liefert 5, d.h. den Absolutwert von −5.

k) Der Computer kann zeichnen:

Geben Sie beim VC20 ein:

```
1Ø  REM *** V-T-SCHAUBILD FUER
    FALL ******************************
2Ø  REM ** EINGABE ** EINGABE *****
    ** EINGABE *********************
3Ø  INPUT "GESCHW. (Ø-2Ø)"; V
4Ø  INPUT "BESCHL. (9.8)"; G
5Ø  INPUT "ZEITSCHRITT (.Ø2)"; D
4ØØ REM * GRAPHIK ** GRAPHIK
    ** GRAPHIK *********************
41Ø GRAPHIC 2                 (Einschalten der Graphik)
42Ø DRAW 1, Ø, Ø TO Ø, 1ØØØ          (Hoch-Achse)
43Ø DRAW 1, Ø, 1ØØØ TO 1ØØØ, 1ØØØ
                                     (Rechts-Achse)
44Ø CHAR Ø, Ø, "V"             (V an Hoch-Achse)
45Ø CHAR 19, 19, "T"           (T an Rechts-Achse)
46Ø TS=4ØØ*T                         (T-Maßstab)
47Ø VS=1ØØØ−5Ø*V                     (V-Maßstab)
475 IF VS<Ø THEN END                 (Notbremse)
48Ø POINT 1, TS, VS                  (Punkt-Druck)
5ØØ REM ** RECHNUNG **
    RECHNUNG ** RECHNUNG *******
52Ø T=T+D                            („Uhr")
55Ø V=V+G*D                          (Geschw.)
59Ø GOTO 46Ø
```

Die rot gedruckten **REM-Zeilen** geben Bemerkungen (remark) für den Programmleser, die der Rechner ignoriert. Deshalb können Sie alle REM-Zeilen weglassen; doch bereuen Sie dies später, wenn Sie das auf Band oder einer Diskette gespeicherte Programm nach längerer Zeit wieder lesen und verstehen wollen.

Die ganze Physik steckt in den beiden blau gedruckten Rechenzeilen **52Ø** und **55Ø**.

41Ø Der VC20 schaltet die Feingraphik ein, wenn der Erweiterungsmodul eingesteckt ist. Andere Maschinen brauchen hierfür und für das folgende ähnliche Befehle.

42Ø Dem Bildschirm ist nach *Bild 196.1* ein Koordinatensystem zugeordnet, dessen *Nullpunkt links oben* liegt. Nach rechts wie nach unten folgen je 1024 ($=2^{10}$) Koordinatenpunkte. Mit DRAW 1 wird eine *schwarze* Linie gezogen. Sie läuft wegen Ø,Ø TO Ø,1ØØØ von links oben (Ø, Ø) senkrecht nach unten (Ø,1ØØØ), liefert also die Hochachse (hier V-Achse).

43Ø liefert unten die Rechtsachse (T-Achse)

44Ø Links oben (Ø,Ø) wird ein "V" gedruckt (character: Schriftzeichen).

45Ø Rechts unten (19,19) kennzeichnet "T" die T-Achse.

46Ø Bei T=2,5 s soll der Bildpunkt die *Schirmkoordinate* TS=1ØØØ erhalten (rechter Schirmrand). Die Zahl 4ØØ bestimmt also den T-*Maßstab* des Schaubilds. Durch diese Umrechnung von T auf die Schirmkoordinate TS werden die T-Werte im Rechenteil nicht verändert.

47Ø Für V=Ø m/s entsteht unten auf der T-Achse der Bildpunkt mit der Schirmkoordinate VS=1ØØØ. V=2Ø m/s soll dem oberen Schirmrand (VS=Ø) zugeordnet sein. Die Zahl 5Ø ist also der V-*Maßstab*.

475 Der Rechner meldet ERROR, wenn VS<Ø in 48Ø auftritt. Vorher ziehen wir die Notbremse!

48Ø Mit POINT 1 wird ein schwarzer Punkt gedruckt: Er erscheint an den Schirmkoordinaten TS und VS, also TS Einheiten vom linken und VS Einheiten vom oberen Rand entfernt *(Bild 196.1)*.

59Ø erzeugt Rechenschleife zwischen **46Ø** und **59Ø**.

Mit **435** CHAR9,Ø,"1ØM/S" können Sie den Wert V=1Ø m/s an der V-Achse und mit **445** CHAR19,7,"1S" den Wert T=1s an der T-Achse *ungefähr* markieren. DRAW-Befehle geben die Einheiten an den Achsen durch Querstriche *exakt* an. – Der Rechner geht mit RUN (getippt) und RETURN (gedrückt) in die RUN-Phase über. Aus ihr kehrt er mit **GRAPHIC4** (getippt) in die Programmierphase zurück.

Wenn Sie wieder eine *Tabelle* haben wollen, so überspringen Sie die Graphik-Befehle mit **399**GOTO52Ø und tippen den *Tabellenkopf* **31Ø** bis **33Ø** ein. Ihm können Sie die Überschrift **3ØØ** REM**TABELLE** geben. Wichtig sind:

```
345 VR=.Ø1*INT(1ØØ*V+.5)  (Runden von V)
35Ø PRINT T,VR            (Druck von T,VR)
59Ø GOTO 345              (Schleifenbildung)
```

§58 Wie bremst die Luft den Fall?

Am fallenden Ball greift neben der Gewichtskraft G die nach oben gerichtete Kraft des Luftwiderstands (Seite 47 und 86)

$$F_w = \frac{1}{2} c_w A \varrho v^2 \qquad (197.1)$$

an. Der Widerstandsbeiwert c_w ist bei einer Kugel $c_w = 0{,}45$. Die Querschnittsfläche $A = \pi r^2$ eines *Tischtennisballs* mit Radius $r = 1{,}83$ cm ist $10{,}5 \cdot 10^{-4}\,\mathrm{m}^2$, die Luftdichte $\varrho = 1{,}25\,\mathrm{kg/m}^3$. Beim Fall nach unten wird die beschleunigende Kraft $F = G - F_w$, die Beschleunigung $a = F/m$. Bei der Masse $m = 2{,}5$ g gilt also

$$\boldsymbol{a} = \frac{mg - \frac{1}{2} c_w \varrho A v^2}{m} = g - \left(0{,}12 \frac{1}{\mathrm{m}}\right) v^2 = \boldsymbol{g - C \cdot v^2}.$$

Die Beschleunigung a wird also um so kleiner, je schneller der Ball fällt. Für ein solches Verhalten können wir in der Schule kein v-t-Gesetz aufstellen. *Hier kommt uns nun sehr entgegen, daß der Computer die Fallbewegung in kleine Zeitschritte zerhackt. Wir wählen diese Intervalle D so klein, daß sich in ihnen die Geschwindigkeit v und damit auch die Beschleunigung $a = g - Cv^2$ kaum ändern.* Dann läßt sich die Geschwindigkeitszunahme mit guter Näherung durch $\Delta v = a \cdot \Delta t$ berechnen. Wir brauchen das bisherige Programm nur durch wenige Zeilen zu erweitern. Zunächst geben wir die **Widerstandskonstante C** in Zeile **6Ø** ein:

6Ø INPUT "WIDERSTAND (.12)";C
53Ø A = G − C*V*V (*a*-Berechnung)
55Ø V = V + A*D (*v*-Änderung)

6Ø Ohne Luftwiderstand ist C = Ø.
55Ø Die bisherige Fallbeschleunigung G wird durch die in **53Ø** berechnete Beschleunigung A ersetzt.

RUN-Phase: Steigern Sie die Anfangsgeschwindigkeit von V = Ø m/s über 5; 9; 15 auf 2Ø m/s. Was ändert sich? Berechnen Sie die sich einstellende Geschwindigkeit mit dem Taschenrechner aus dem Beschleunigungsgesetz in Zeile **53Ø** unmittelbar und setzen Sie diesen Wert für v_0! Den Beschleunigungsverlauf *a(t)* liefert

495 AS = 1ØØØ − 5Ø*ABS(A) (AS-Maßstab)
498 POINT 1,TS,AS (Punktdruck)

In **495** wird mit ABS(A) der Absolutwert von A gebildet, damit auch bei Verzögerung (A < Ø) das Schaubild oberhalb der T-Achse bleibt.

Im Tabellenprogramm wäre – nach Rundung von A auf AR – zu ändern:

35Ø PRINT T,VR,AR

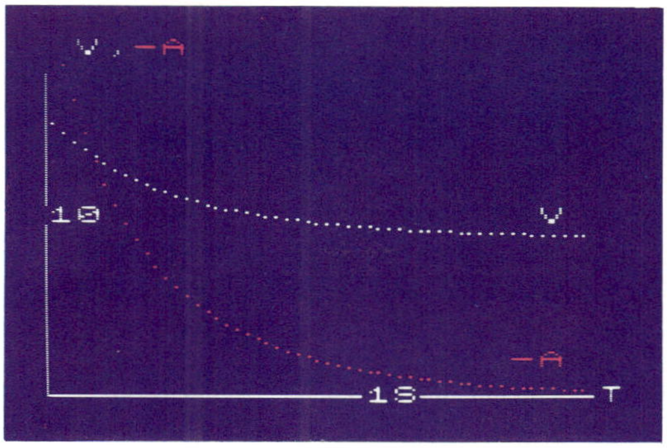

197.1 Geschwindigkeits- und Beschleunigungsverlauf bei $v_0 = 15$ m/s. Nähert sich die Verzögerung −A dem Wert Null, so wird $v = \sqrt{g/C} \approx 9$ m/s.

Wir wollen gemäß Ziffer 1 g) die Zeit t_e ins Schaubild drucken, zu der eine vorgegebene Geschwindigkeit v_e erreicht worden ist, etwa $v_e = 10$m/s. Geben Sie **7Ø**, **58Ø**, **131Ø** und **135Ø** ein! Nimmt v ab, so muß in Zeile **58Ø** von Seite 195 V < = VE stehen. Ändern Sie (zusätzlich) ab:

132Ø T$ = "TE = " + STR$(T) + "S"
134Ø CHAR Ø,3,T$

In das Graphik-Feld druckt der VC-20-Computer keine Zahlen, sondern nur Zeichenketten, sog. *Strings*, durch $ gekennzeichnet. In **132Ø** wird durch STR$(T) die Zahl T = 1.28 in einen String T$ der Zeichen "1", ".", "2", "8" verwandelt und in **134Ø** ausgedruckt. Für das Auge besteht zwischen Zahl und String kein Unterschied, wohl aber für den Computer. In **132Ø** wird "TE = " vor und "S" nachgesetzt. Sie lesen TE = 1.28S.

Damit der Bildpunkt auf dem Schirm bleibt, geben Sie ein:

49Ø IF TS > 1ØØØ THEN END
497 IF AS < Ø GOTO 52Ø

Ist unsere schrittweise Rechnung genügend genau?

Diese Frage können wir nicht durch Vergleich mit einer exakten Formel beantworten, da wir diese nicht haben. Wir können aber die Zeit t_e berechnen lassen, nach der $v_e = 8$ m/s erreicht ist, und dabei die Schrittweite D immer kleiner wählen, etwa D = .3; .2; .1; .Ø1; .ØØ1. Wir sehen, daß dabei t_e einem Grenzwert zustrebt, erkauft mit zunehmender Rechenzeit.

Aufgabe:

a) Kann man mit dem Tabellenprogramm "Fall ohne Luftwiderstand" auch den senkrechten Wurf nach oben berechnen? b) Warum muß man dann beim Berücksichtigen des Luftwiderstands den Term C*V*V *durch* C*V*ABS(V) *ersetzen; warum wäre* C*ABS(V)*ABS(V) *falsch?* ABS(V) *liefert den Absolutwert* |V| *von* V.

§59 Fallwege aus dem Computer

1. Halbschritte erhöhen die Genauigkeit

An „Physik“ haben wir dem Computer bisher nur das *Beschleunigungsgesetz* (Zeile **53Ø**) und die *Beschleunigungsdefinition* $a = \Delta v/\Delta t$ (Zeile **55Ø**) mitgeteilt. Hieraus konnte er den Geschwindigkeitsverlauf $v(t)$ berechnen. Sagen wir ihm auch noch, was v bedeutet, nämlich $v = \Delta s/\Delta t$, dann kann er auch Wegelemente $\Delta s = v \cdot \Delta t$ berechnen und mit immensem Fleiß zum Gesamtweg s aufsummieren. Offensichtlich macht er dies gern!

Doch treten dabei mathematische Probleme auf. Wir betrachten sie an der Fallbewegung eines Steins, der mit der Anfangsgeschwindigkeit $v_0 = 20$ m/s in einen Brunnen geworfen wird. Nach *Tabelle 198.1* ist der Vorgang in Zeitschritte $\Delta t = \mathrm{D} = 1$ s zerlegt:

Zur Zeit $t = 0$ s ist der Stein am Brunnenrand ($s_0 = 0$). Wo befindet er sich bei $t = 1$ s? Würden wir so rechnen, als ob in diesem ganzen Intervall die Geschwindigkeit $v = v_0 = 20$ m/s des Intervall*anfangs* konstant wäre, so würden wir mit der Wegzunahme $\Delta s_1 = v_0 \cdot \Delta t = 20$ m zu wenig erhalten. Mit der Geschwindigkeit $v_1 = 30$ m/s für das Intervall*ende* erhielten wir aber zu viel. Lassen wir also den Computer zunächst für die *„Halbzeit“* D/2 = .5 s die Geschwindigkeit $\bar{v} = v_0 + 5$ m/s = 25 m/s berechnen. Mit ihr ermittelt er dann die Wegstrecke $\Delta s_1 = v \cdot D = 25\,\frac{\mathrm{m}}{\mathrm{s}} \cdot 1\,\mathrm{s} = 25$ m *im ganzen Zeitintervall* D = 1 s. Diese Wegzunahme Δs addiert er zum bisherigen Weg (am Anfang des 1. Intervalls noch 0 m). Erst nach dieser Weg-Berechnung bestimmt er die Geschwindigkeit $v_1 = 30$ m/s am Intervallende (1 s), indem er zu $\bar{v} = 25$ m/s die Geschwindigkeitszunahme $a \cdot \mathrm{D}/2 = 5$ m/s in der 2. Intervallhälfte addiert. Genau so läuft es in späteren Intervallen ab.

Dieses **Halbschritt-Verfahren** bewährt sich bei komplizierteren Bewegungen sehr. Um das dann aufwendigere Beschleunigungsgesetz nur einmal eingeben zu müssen, setzen wir es ab **81Ø** in eine SUBROUTINE. Dorthin wird der Rechner für den **1. Halbschritt** aus Zeile **51Ø** und nochmals für den **2. Halbschritt** aus **56Ø** mit dem Befehl **GOSUB 81Ø** katapultiert. Am Ende dieser SUBROUTINE kehrt er jeweils mit dem **eingetippten** Befehl **95Ø RETURN** nach Zeile **51Ø** bzw. **56Ø** zurück. In dieser SUBROUTINE steckt die eigentliche Physik, nämlich das jeweilige Beschleunigungsgesetz. *Will man den Bewegungsablauf ändern, so braucht man nur die Zeile 81Ø zu ändern!* Wir zeigen den Ablauf dieses und aller folgenden Programme in einem **Flußdiagramm** nach *Tabelle 199.1.*

```
1Ø   REM *** FALL-STRECKEN *******
2Ø   REM ** EINGABE ** EINGABE **
3Ø   INPUT "GESCHW. (Ø-2Ø)";VØ
4Ø   INPUT "FALLBESCHL.(9.8)";G
5Ø   INPUT "ZEITSCHRITT(.1)";D
6Ø   INPUT "WIDERST.(.12)";C
11Ø  V=VØ
```

Zeitpunkt T	Geschw. V an Intervall-*grenzen*	Geschw. $\overline{V}$ in Intervall-*mitte*	Weg Δs im Zeitintervall $\Delta t = 1$ s	Gesamte Fallstrecke s bis zum Zeitpunkt T
0 s	$V_0 = 20$ m/s			$s_0 = \mathbf{0\ m}$
(0,5 s)		$\overline{V} = 25$ m/s	25 m	
1 s	$V_1 = 30$ m/s			$s_1 = \mathbf{25\ m}$
(1,5 s)		$\overline{V} = 35$ m/s	35 m	
2 s	$V_2 = 40$ m/s			$s_2 = \mathbf{60\ m}$
(2,5 s)		$\overline{V} = 45$ m/s	45 m	
3 s	$V_3 = 50$ m/s			$s_3 = \mathbf{105\ m}$

Tabelle 198.1 Geschwindigkeiten werden für die „Halbzeit“ berechnet.

```
4ØØ  REM ** ACHSEN ** ACHSEN **
41Ø  bis 45Ø wie Seite 196, nur "S" statt "V"
46Ø  GOSUB 1Ø1Ø                     (Anfangspunkt)
5ØØ  REM ** ZEIT UND ORT ***********
51Ø  GOSUB 81Ø ◄──┐                (1. Halbschritt)
52Ø  T=T+D        │                ("Uhr")
55Ø  S=S+V*D      │                (Weg)
56Ø  GOSUB 81Ø    ▲                (2. Halbschritt)
57Ø  GOSUB 1Ø1Ø   │                (Punkt-Druck)
59Ø  GOTO 51Ø ────┘                (Schleifenende)
8ØØ  REM ** BESCHL.-GESCHW. **
     BESCHL. GESCHW. ***************
81Ø  A=G-C*V*V                      (Beschleunigung)
85Ø  V=V+A*D/2  (Geschwindigkeitsänderung)
95Ø  RETURN                         (eintippen)
1ØØØ REM ** PUNKTDRUCK **
     PUNKTDRUCK ** PUNKT ********
1Ø1Ø TS=4ØØ*T                       (T-Maßstab)
1Ø2Ø SS=1ØØØ-5Ø*S                   (S-Maßstab)
1Ø25 IF SS<Ø THEN END               (Notbremse)
1Ø3Ø POINT 1, TS,SS                 (Punkt-Druck)
1Ø95 RETURN                         (eintippen)
```

Bemerkungen:

3Ø Hier wird die Anfangsgeschwindigkeit mit VØ bezeichnet und nicht mit V wie früher. In **11Ø** wird VØ auch in den V-Speicher für die Rechnung (**55Ø** und **85Ø**) gegeben. VØ bleibt im VØ-Speicher erhalten und kann – falls man den Wert vergessen hat – am Schluß der Rechnung mit ?VØ abgefragt werden. Dies gilt auch für G, D und C, die sich während der Rechnung ebenfalls nicht ändern.

4ØØ Die Achsen können nach Seite 196 beschriftet werden.

46Ø Der Anfangspunkt wird gedruckt. Damit man ihn sieht, kann man in **42Ø** und **43Ø** den Nullpunkt des Koordinatensystems von Achsenstrichen freihalten.

51Ø Die **Rechenschleife** läuft von **51Ø** bis **59Ø** mit 2maligem Sprung (GOSUB 81Ø) zur Berechnung von Beschleunigung a und Geschwindigkeit v. Vergleichen Sie mit dem Flußdiagramm in *Bild 199.1!* Die SUBROUTINE **81Ø** bis **95Ø** muß mit RETURN abschließen; RETURN (getippt) ist hier Bestandteil des Programms.

1Ø1Ø Der Druck der Graphik-Punkte ist zusammen mit der Umrechnung auf die Schirm-Koordinaten TS, SS aus der Rechenschleife (bisher ab **46Ø**) in die SUBROUTINE **1Ø1Ø** bis **1Ø95** verlegt. So stört er die Übersicht im Rechenteil nicht und kann später erweitert werden.

RUN-Phase:

a) Prüfen Sie zunächst den freien Fall (C=Ø)!

b) Mit den Zeilen **47Ø** bis **48Ø** von Seite 196 können Sie auch den $v(t)$-Verlauf sichtbar machen. Geben Sie diese Zeilen jetzt als **1Ø7Ø** bis **1Ø8Ø** ein (END in **475** durch GOTO 1Ø95 ersetzen)!

c) Berücksichtigen Sie den Luftwiderstand eines Tischtennisballs (C=.12) und vergleichen das $s(t)$-Diagramm für $v_0=0$ m/s und 16 m/s (*Bild 199.2*)! Klären Sie den Unterschied durch Betrachten des $v(t)$-Verlaufs!

d) Bei welcher Anfangsgeschwindigkeit ist $s \sim t$, das $s(t)$-Diagramm eine Ursprungsgerade?

e) Fügen Sie für den $a(t)$**-Verlauf** Zeile **495** und **498** von Seite 197 als Zeile **1Ø4Ø** und **1Ø5Ø** ein und dazu: **1Ø45** IF AS<Ø GOTO 1Ø7Ø

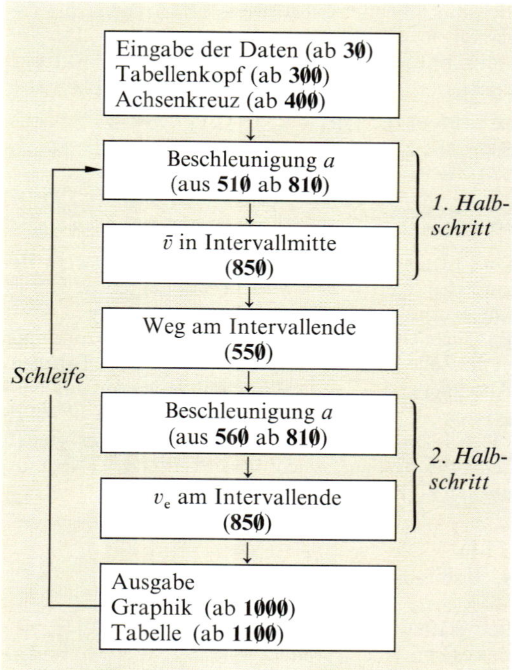

199.1 Flußdiagramm; Zahlen sind Zeilennummern

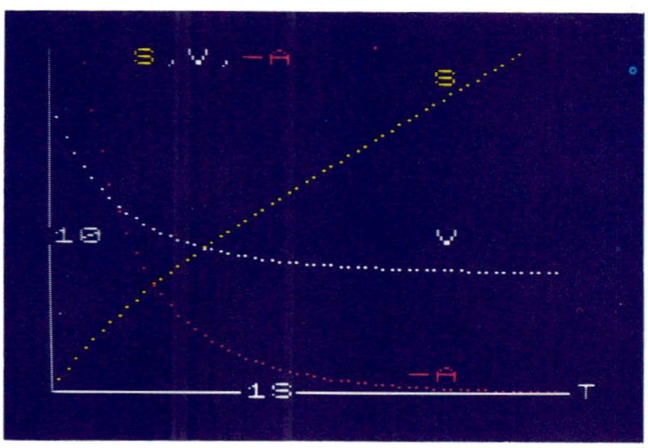

199.2 Ein ungewohnter $v(t)$- und $s(t)$-Verlauf beim Wurf eines Balls nach unten ($v_0=16$ m/s)

2. Wann kommt der Ball unten an?

Geben Sie analog zu *Ziffer 1g* (Seite 195) ein:

```
7Ø   INPUT "FALLSTRECKE(1Ø)";SE
58Ø  IF S> =SE THEN 131Ø
131Ø T=T-(S-SE)/V
132Ø und 134Ø wie auf Seite 197, dann
139Ø END
```

Das Ergebnis wird experimentell sehr gut bestätigt. Überlegen Sie die Rechenzeile **131Ø**! Die erreichte Endgeschwindigkeit würde berechnet durch

```
135Ø V=V-A*(S-SE)/V
```

3. Nicht jeder Schritt muß gedruckt werden

Bei abnehmender Schrittweite $D=\Delta t$ steigt die Genauigkeit; doch erhält man zu viele Werte. Deshalb soll z.B. nach jedem 5. Rechenschritt gedruckt werden:

```
8Ø   INPUT "DRUCKSCHRITT (5)";Z
53Ø  N=N+1
57Ø  IF N=Z THEN GOSUB 1Ø1Ø
                          (111Ø bei Tabelle)
1Ø9Ø N=Ø                  (119Ø bei Tabelle)
```

Dies ist ein *Zählwerk*. Seine Laufzahl N hat zu Beginn den Wert Ø und wird in **53Ø** bei jedem Schritt um 1 erhöht. Hat N den in **8Ø** eingetippten Wert Z (5) erreicht (N=Z), so springt in **57Ø** der Computer in die Zeile **1Ø1Ø** für Graphik oder **111Ø** für Tabellen. Anschließend wird die Laufzahl N wieder auf Null gesetzt. – Für Tabellendruck geben Sie ab 111Ø PRINT-Zeilen für T, S und V ein (vorher gemäß Seite 195 runden). Auch diese SUBROUTINE muß mit RETURN abgeschlossen werden.

4. Fußballspielen ist komplizierter

Bei glatten Fußbällen ($m=0{,}425$ kg; $r=11{,}1$ cm) sinkt beim Überschreiten von $v\approx 15$ m/s der Widerstandsbeiwert C von .Ø26 1/m schnell auf .ØØ9 1/m. Bei rauhen Bällen setzt dies schon früher ein; sie fliegen weiter. Also Zusatz:

```
93Ø IF V>15 GOTO 945
935 C=.Ø26
94Ø GOTO 95Ø
945 C=.ØØ9
```

5. Wie genau ist die Näherungsrechnung?

Wählen Sie nach *Ziffer 2* eine bestimmte Fallstrecke SE (1Ø m) und C=.12 für den Widerstand. Dann lassen Sie mit den Schrittweiten D=.5 (Z=2), D=.1 (Z=1Ø) und D=.Ø1 (Z=1ØØ) rechnen. Sogar D=.ØØ1 bringt nach langer Rechenzeit noch eine Steigerung der Genauigkeit (*Bild 200.1b*, untere Kurve). Wir sehen uns nach einem genaueren Verfahren um:

6. Bessere Näherung bei Luftwiderstand

Beim Halbschrittverfahren berechnen wir die Wegelemente $\Delta s=\bar{v}\cdot\Delta t$ mit der Geschwindigkeit $\bar{v}$ in der Halbzeit D/2 des Intervalls der Länge D (M in *Bild 200.1a*). Dabei haben wir $\bar{v}$ durch die Beschleunigung a am Intervallanfang (T) bestimmt. Es ist konsequent, stattdessen die Beschleunigung a' in der Mitte M′ des jeweiligen Halbintervalls zu benutzen. Hierzu fügen wir Zeile **86Ø** ein. Da aber a' von v abhängt, müssen wir vorher in Zeile **85Ø** die Geschwindigkeit v' in der Viertelzeit D/4 (M′) bestimmen. Damit sie nicht mit $\bar{v}$ für D/2 in M (jetzt in **89Ø** berechnet) verwechselt wird, bezeichnen wir v' mit U und nicht mit V. So stört v' die V-Werte im V-Speicher nicht.

```
85Ø U = V+A*D/4        (v' nach D/4)
86Ø A = G-C*U*U        (a' nach D/4)
89Ø V = V+A*D/2        (v̄ nach D/2)
```

Nach *Bild 200.1b* liefert dieser kleine Aufwand schon bei D=.2 s (Rechenzeit 1,5 s) genügend genau den Wert, den man ohne diese Korrektur erst bei D=.ØØ1 s, also bei 150facher Rechenzeit, erhält. a hängt ja quadratisch von v ab!

7. Verliert der Ball mechanische Energie?

Am Brunnenrand ist $s=0$ und wird von dort nach unten zu positiv gezählt. Also ist die Höhe h „über" diesem Nullniveau $h=-s$ und die gesamte mechanische Energie

$$W=\tfrac{1}{2}mv^2+Gh=\tfrac{1}{2}mv^2-mgs.$$

Die Energie je Masseneinheit liefert:

```
1Ø6Ø W=V*V/2-G*S       (Energieberechnung)
1Ø62 WS=5ØØ-W/2        (W=0 in Schirmmitte)
1Ø65 POINT 1,TS,WS     (Punktdruck)
```

Betrachten Sie den Energieverlauf $W(t)$ ohne und mit Luftwiderstand bei $v_0=Ø$, $v_0=9$ m/s und $v_0=2Ø$ m/s! Erfolgen Änderungen bei $W(t)$ gleichmäßig? Begründen Sie Abweichungen!

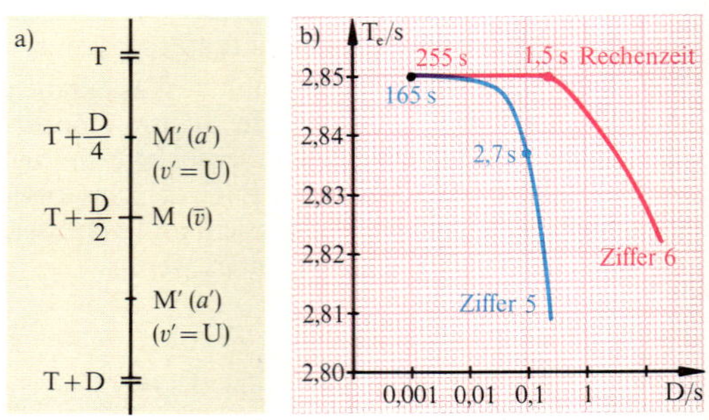

200.1 a) Zur Verbesserung des Näherungsverfahrens b) Fallzeit T_e für $s=1Ø$ m, $v_0=0$ und $C=.12\ m^{-1}$

§60 Schiefer Wurf auf dem Bildschirm

1. Wie rechnet man zugleich in 2 Dimensionen?

Wir sahen auf Seite 58, wie sinnvoll es für die Rechnung ist, die Bahn des unter dem Erhebungswinkel p_0 (φ_0 kann der Computer nicht drucken) abgeworfenen Balls in einem x-y-System darzustellen (Laufsteg II von *Bild 59.1*). Den Vektor $\vec{v}_0$ der Abwurfgeschwindigkeit im Abwurfpunkt ($x=Ø$, $y=\mathrm{H}$; $t=Ø$) zerlegen wir nach *Bild 201.1* in seine horizontale Komponente $v_{0x}=v_0 \cdot \cos p_0$ und die vertikale Geschwindigkeitskomponente $v_{0y}=v_0 \cdot \sin p_0$. Wir ergänzen das Programm von Seite 198 durch die Zeilen **35, 45, 11Ø** und **12Ø**. Dabei wird p_0 mit $\pi/180$ vom Grad- ins Bogenmaß umgerechnet. In **13Ø** wird der Anfangswert der y-Koordinate gleich der in **45** eingegebenen Abwurfhöhe H gesetzt.

Neu ist vor allem, daß in **54Ø** und **55Ø** die Veränderung der X- wie der Y-Koordinate durch die zugehörigen Geschwindigkeitskomponenten VX (für v_x) und VY (für v_y) je für sich berechnet werden.

Die Veränderungen dieser Geschwindigkeitskomponenten VX und VY für jeden Halbschritt berechnet man ebenfalls getrennt in **89Ø** und **9ØØ** aus den wirksamen Beschleunigungskomponenten AX (für a_x) und AY (für a_y). Wenn Luftwiderstand fehlt, ist $a_y=-g$ (G nach unten, y nach oben gerichtet). a_x ist Null. Dies wird durch die **Beschleunigungsgesetze** in Zeile **82Ø** und **83Ø** festgelegt. Sie stellen den physikalischen Kern der ganzen Rechnung bei fehlendem Luftwiderstand dar. Da sich v_x nicht ändert ($a_x=0$), könnten **82Ø** und **89Ø** fehlen.

Man kann der ausgedruckten Bahnkurve auch den Geschwindigkeitsverlauf entnehmen, da die Punkte nicht dicht an dicht sitzen, sondern in Zeitabständen $\Delta t=\mathrm{D}$ gedruckt werden. Will man nur jeden 2. Schritt drucken, so füge man nach Seite 200, Ziffer 3, die Zeilen **8Ø**, **53Ø**, **57Ø** und **1Ø9Ø** ein.

In Zeile **81Ø** wird der (zunächst noch nicht benötigte) Geschwindigkeitsbetrag $v=\sqrt{v_x^2+v_y^2}$ berechnet. Man kann ihn graphisch darstellen, indem man die Zeilen **47Ø** bis **48Ø** von Seite 196 zwischen **1Ø91** und **1Ø94** einschiebt. TS wird dabei durch XS ersetzt.

1Ø2Ø enthält neben dem Maßstabsfaktor 25 für x in **1Ø1Ø** auch noch den Faktor 1.7. Er ist nötig, da das Bildfenster (in x-Richtung) 1,7mal so lang wie (in y-Richtung) hoch ist und hängt vom Bildschirm ab.

```
10   REM *** SCHIEFER WURF ********
20   REM ** EINGABE ** EINGABE ****
30   INPUT "GESCHW.(20)";V0
35   INPUT "WINKEL (60)";P0
40   INPUT "FALLBESCHL.(9.8)";G
45   INPUT "ABWURFHOEHE(0-10)";H
50   INPUT "ZEITSCHRITT(.1)";D
110  VX=V0*COS(P0*π/180)
120  VY=V0*SIN(P0*π/180)
130  Y=H
140  V=V0
400  REM ** ACHSEN ** ACHSEN ******
410  GRAPHIC2
420  DRAW1,0,0 TO 0,800              (Y-Achse)
430  DRAW1,50,1000TO 1000,1000 (X-Achse)
490  GOSUB 1010                 (Abwurfpunkt)
500  REM ** ZEIT,ORT ** ZEIT,ORT *****
510  GOSUB 810<-------+      (1. Halbschritt)
520  T=T+D            |               ("Uhr")
540  X=X+VX*D      Schleife
550  Y=Y+VY*D         |
560  GOSUB 810        |      (2. Halbschritt)
570  GOSUB 1010       |
580  IF Y<=0 THEN END |
590  GOTO 510 --------+
800  REM ** BESCHL.,GESCHW. **
     BESCHL.,GESCHW.***************
810  V=SQR(VX*VX+VY*VY)
820  AX=0
830  AY=-G
890  VX=VX+AX*D/2
900  VY=VY+AY*D/2
950  RETURN
1000 REM** PUNKTDRUCK ** PUNKT-
     DRUCK **************************
1010 XS=25*X                     (X-Maßstab)
1020 YS=1000-1.7 *25*Y           (Y-Maßstab)
1025 IF YS<0 THEN 1095          (Notbrücke)
1030 POINT 1,XS,YS
1095 RETURN
```

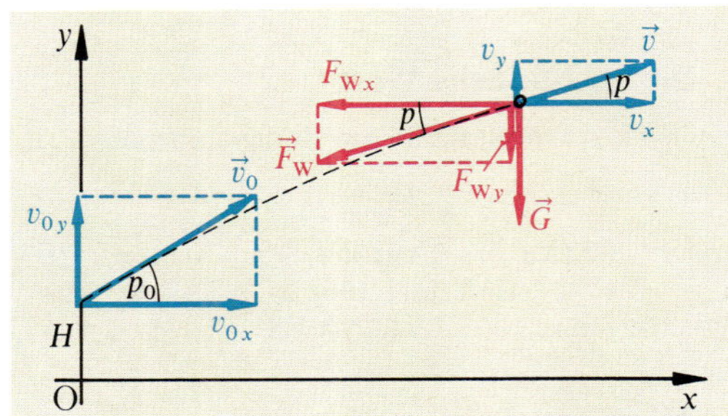

201.1 Schiefer Wurf im x-y-Koordinatensystem; die Luftwiderstandskraft $\vec{F}_W$ ist dem Geschwindigkeitsvektor $\vec{v}$ entgegengesetzt und wird in F_{Wx} und F_{Wy} zerlegt (Ziffer 5).

2. Wurfdauer und Wurfweite E

Der Wurf soll beendet sein, wenn der Ball den Boden berührt (Zeile **58Ø**). Wegen der endlichen Schrittweite unterschreitet er den Wert Y=Ø um die Strecke Y mit der Vertikalgeschwindigkeit VY. Von der dann erreichten Zeit T ist also Y/VY abzuziehen (Zeile **131Ø**). Mit der x-Komponente VX schießt er außerdem in horizontaler Richtung um die kleine Strecke VX*Y/VY zu weit (**132Ø**):

```
58Ø  IF Y<Ø GOTO 131Ø
131Ø T=T-Y/VY                        (Wurfdauer)
1315 TR=.Ø1*INT(1ØØ*T+.5)            (zum Runden)
132Ø X=X-VX*Y/VY                     (Wurfweite)
1325 XR=.Ø1*INT(1ØØ*X+.5)            (zum Runden)
133Ø T$="T="+STR$(TR)+"S"
                                     (String; Seite 197)
134Ø CHAR Ø,2,T$                     (Druck von T)
135Ø X$="X="+STR$(XR)+"M"            (String)
136Ø CHAR Ø,11,X$                    (Druck von X)
```

Vergleich mit Formeln von Seite 59 (H=Ø):

```
137Ø Z=2*VØ*SIN(PØ*π/18Ø)/G          (Wurfzeit)
1371 ZR=.Ø1*INT(1ØØ*Z+.5)            (zum Runden)
1373 Z$="Z="+STR$(ZR)+"S"            (String)
1376 CHAR 1,2,Z$                     (Druck von Z)
138Ø E=VØ*VØ*SIN(2*PØ*π/18Ø)/G
                                     (Wurfweite)
1381 ER=.Ø1*INT(1ØØ*E+.5)            (zum Runden)
1383 E$ = "E="+STR$(ER)+"M"          (String)
1386 CHAR 1,11,E$                    (Druck von E)
139Ø END
```

Stimmen Wurfdauer T und Wurfweite E mit den theoretisch berechneten Werten überein (für H=0)?

Bei welchem Winkel erhält man die größte Wurfweite? Prüfen Sie dies zunächst für Würfe vom Boden aus, dann beim Kugelstoßen (H=1,8 m)!

Wie groß ist die Wurfweite für Winkel, die symmetrisch zum optimalen Winkel liegen; dauern diese Würfe gleich lange?

Ändern Sie auch den Zeitschritt D! Treten bei größeren Werten von D erhebliche Abweichungen auf?

3. Die Energie beim Wurf

Wenn wir das Nullniveau am Boden annehmen, gilt

$W=\frac{1}{2}mv^2+Gh=\frac{1}{2}mv^2+mgy.$

Ändern Sie (für $m=1$ kg) auf Seite 200 Zeile **1Ø6Ø** in W=V*V/2+G*Y und **1Ø62** in WS=1ØØØ−2*W und ersetzen in **1Ø65** TS durch XS!

4. Hüpfender Ball

```
58Ø  IF Y<Ø THEN GOSUB 16ØØ
16ØØ VY=-VY
161Ø RETURN
```

5. Der schiefe Wurf mit Luftwiderstand

Nach *Bild 201.1* wirkt die Luftwiderstandskraft $\vec{F}_W$ (*Gl. 47.1*) stets dem $\vec{v}$-Vektor entgegen. Wir zerlegen $\vec{F}_W$ in die Komponenten $F_{Wx}=-F_W\cdot\cos p$ und $F_{Wy}=-F_W\cdot\sin p$. Diese Rechnung vereinfacht sich wesentlich, wenn wir nach Seite 197 $F_W=mCv^2$ und nach *Bild 201.1* $\cos p=v_x/v$ und $\sin p=v_y/v$ schreiben. Der Luftwiderstand liefert für $v_x>\emptyset$ und $v_y>\emptyset$ die negativen Beschleunigungskomponenten

$$a_{Wx}=\frac{F_{Wx}}{m}=-Cv^2\frac{v_x}{v}=-Cvv_x;$$

$$a_{Wy}=\frac{F_{Wy}}{m}=-Cv^2\frac{v_y}{v}=-Cvv_y.$$

Ändern Sie auf Seite 201 die Zeilen **82Ø** und **83Ø** und fügen **6Ø** von Seite 197 ein:

```
82Ø AX=-C*V*VX
83Ø AY=-G-C*V*VY
```

Wesentlich neu ist der folgende Sachverhalt:

AX wie AY enthalten die resultierende Geschwindigkeit v, die wir in **81Ø** schon berechnen ließen. Da v aber v_x wie v_y enthält, hängen die Beschleunigungen in x- und in y-Richtung voneinander ab. Man kann nicht mehr fertige Bewegungsgesetze ($x=v_0t$ und $y=\frac{1}{2}gt^2$) zusammenfügen, so wie ganze Bauteile beim Fertighausbau. Vielmehr muß der Computer schrittweise Stein um Stein (in konventioneller Bauweise) zusammenfügen: Um die jeweilige Beschleunigung in x wie in y-Richtung zu berechnen, muß vorher (Zeile **81Ø**) die resultierende Geschwindigkeit ermittelt werden. Siehe Seite 60! Dies gilt auch für die verbesserte *Näherung* gemäß Seite 200, Ziffer 6:

```
84Ø UX=VX+AX*D/4                 (v'x nach D/4)
845 UY=VY+AY*D/4                 (v'y nach D/4)
85Ø U=SQR(UX*UX+UY*UY)
                                 (v' nach D/4)
86Ø AX=-C*U*UX                   (a'x nach D/4)
865 AY=-G-C*U*UY                 (a'y nach D/4)
```

Vergleichen Sie jetzt die Wurfweite mit Luftwiderstand (C=.12) und ohne diesen (C=Ø)! Bei welchem Winkel erhalten Sie jetzt die größte Wurfweite? Ist die Wurfbahn noch symmetrisch zum Scheitel? Erfolgt die Energieabnahme gleichmäßig (Ziffer 3)? Wenn Sie Tisch und Netz nach *Bild 68.1* auf den Bildschirm zeichnen und den Ball nach Ziffer 4 hüpfen lassen, können Sie ein *Ping-Pong-Spiel* simulieren. – Um den Flug eines *Fußballs* zu demonstrieren, müssen Sie Zeile **93Ø** bis **945** von Seite 200 eingeben, ferner

```
92Ø V=SQR(VX*VX+VY*VY)
```

§61 Kepler-Bahn auf dem Bildschirm

1. Das Grundprogramm

Wir stellen Satelliten- wie Planetenbahnen in einem X-Y-System dar (*Bild 203.1*). Ursprung ist der Mittelpunkt des Zentralkörpers (X=Ø; Y=Ø). Auf der X-Achse wird im Punkt X_0= RE+H, d.h. in der Höhe H über dem Erdboden (Erdradius RE=637Ø·1Ø³ m; Zeile **5Ø**, **13Ø** und **14Ø**), der Satellit unter dem Winkel PØ gegen den Zenit (meist PØ=9Ø°) abgeschossen. Die Abschußgeschwindigkeit VØ (4 bis 10·1Ø³ m/s) wird in Zeile **3Ø**, der Abschußwinkel PØ in **4Ø** eingegeben, die Abschußhöhe in **5Ø** und die Zeitschritte D (1ØØ s) in Zeile **6Ø**. Die Größe der gezeichneten Ellipse wird durch den Maßstabsfaktor M in Zeile **9Ø** dem Schirm angepaßt (um 5E4=5·1Ø⁴). In Zeile **11Ø** und **12Ø** werden – wie beim Wurf – die Komponenten von VØ berechnet. Die Y-Koordinate des Abschußpunktes wird automatisch Null.

Die Gravitationsbeschleunigung $a=\frac{F}{m}=\frac{G^*M}{r^2}$ zeigt zum Erdmittelpunkt. Ihre Komponenten sind deshalb für $x>0$ und $y>0$ negativ:

AX $= -a\cdot\cos\alpha = -ax/r$ $(\cos\alpha = x/r)$

AY $= -a\cdot\sin\alpha = -ay/r$ $(\sin\alpha = y/r)$.

Um sie zu berechnen, braucht man den Faktor AØ$=-G^*\cdot MZ/r^3$ (Zeile **81Ø**). Das Produkt F$=G^*\cdot$MZ aus der Gravitationskonstanten G* und der Masse MZ des Zentralkörpers wird in Zeile **16Ø** bestimmt. Da $r=(x^2+y^2)^{\frac{1}{2}}$ ist, wird $r^3=(x^2+y^2)^{1,5}$. Wird der Exponent in 1.6 geändert, dreht sich die „*Ellipse*“ (*Periheldrehung*; VØ=1.8E3;D=3ØØ).

Anschließend wird in **82Ø** und **83Ø** AØ mit X bzw. Y multipliziert, um die Beschleunigungskomponenten a_x und a_y zu erhalten. *In diesen drei Zeilen steckt der physikalische Kern der Kepler-Ellipse.* Alles übrige wird vom Wurfprogramm (Seite 201) übernommen.

Damit sich der Satellit nach links von der Erde genügend weit entfernen kann, geben wir dem Nullpunkt des X-Y-Systems die Schirmkoordinaten XS=8ØØ, YS=512, es sei denn, man weicht vom Winkel PØ=9Ø° ab. Die Erde kann durch Zeile **44Ø** als Kreis markiert werden. Die Schirmkoordinaten XS und YS des Abschußpunkts werden aus Zeile **49Ø** in **1Ø1Ø** und **1Ø2Ø** ausgedruckt, später die Positionen des Satelliten unter Beachtung der Maßstabsfaktoren M und 1.7 für die Bildschirmbreite.

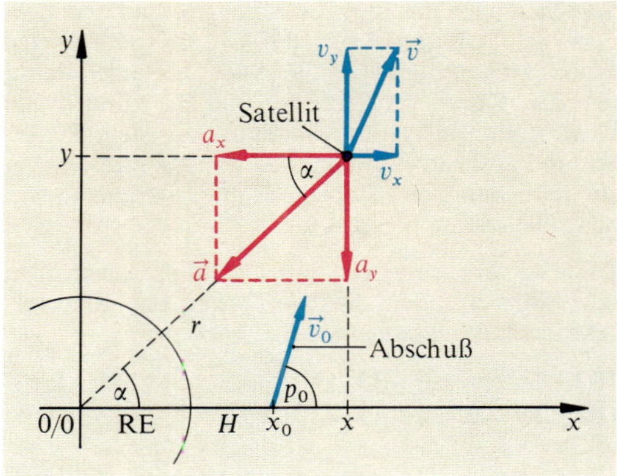

203.1 Komponentenzerlegung von $\vec{v}_0$, $\vec{v}$ und $\vec{a}$

```
10   REM *** KEPLER-ELLIPSE ********
30   INPUT "GESCHW. 9.5E3";VØ
40   INPUT "WINKEL 9Ø";PØ
50   INPUT "HOEHE 4ØØE3";H
60   INPUT "ZEITSCHRITT 1ØØ";D
90   INPUT "MASSSTAB 5E4";M
110  VX=VØ*COS(PØ*π/18Ø)
120  VY=VØ*SIN(PØ*π/18Ø)
130  RE=637ØE3                          (Erdradius)
140  X=RE+H                             (Startkoordinate)
150  MZ=5.973E24                        (Erdmasse mE)
160  F=6.67E-11*MZ                      (G* · mE)
400  REM ** ERDMITTE ** START *****
410  GRAPHIC2
420  COLOR Ø,Ø,1,Ø                      (Schirm dunkel)
430  POINT 1,8ØØ,512                    (Erdmittelpunkt)
440  CIRCLE1,8ØØ,512,RE/M,1.7 *RE/M
                                        (Erdkreis)
490  GOSUB 1Ø1Ø                         (Startpunkt)
500  REM ** ZEIT, ORT ** ** ZEIT, ORT **
510  GOSUB 81Ø  <---+                   (1. Halbschritt)
520  T=T+D          |                   ("Uhr")
540  X=X+VX*D       |  Rechenschleife
550  Y=Y+VY*D       |
560  GOSUB 81Ø      |                   (2. Halbschritt)
570  GOSUB 1Ø1Ø     |                   (Druckbefehl)
590  GOTO 51Ø  -----+                   (Ende Rechenschleife)
800  REM ** BESCHL. GESCHWINDIGK.
810  AØ=-F/(X*X+Y*Y)↑1.5
820  AX=AØ*X                            (ax)
830  AY=AØ*Y                            (ay)
890  VX=VX+AX*D/2
900  VY=VY+AY*D/2
950  RETURN
1000 REM ** PUNKT-DRUCK **********
1010 XS=X/M+8ØØ
1020 YS=512-1.7 *Y/M
1030 POINT1,XS,YS
1095 RETURN
```

Sie sehen nach der Eingabe der Werte und dem Tippen von RUN mit RETURN-Druck, wie sich eine Ellipse aufbaut, bestehend aus dicht liegenden Punkten. Die Kurve wird schöner und Sie können den Geschwindigkeitsverlauf qualitativ aus dem Punktabstand abschätzen, wenn diese Punkte größere Abstände bekommen. Tippen Sie die Zählschleife von Seite 200, Ziffer 3, ein.

Sollte Gefahr bestehen, daß die Ellipse nach oben oder links aus dem Feld läuft und das Bild verschwindet, dann bauen Sie *Notbrücken* ein:

```
1Ø23 IF YS<Ø GOTO 1Ø9Ø          (oder 1Ø95)
1Ø25 IF XS<Ø GOTO 1Ø9Ø          (oder 1Ø95)
```

2. Angabe der Energiewerte

Nach Seite 142 ist die Energie W eines Körpers der Masse m in einem radialen Gravitationsfeld $W = mv^2/2 - G^* \cdot Mm/r$. Wir rechnen für $m = 1$ kg:

```
47Ø  CHAR Ø,Ø,"W=      KJ"   (Beschriftung)
1Ø5Ø W=(VX*VX+VY*VY)/2
     -F/SQR(X*X+Y*Y)
1Ø52 WR=1Ø*INT(W/1E4 +.5)              (kJ)
1Ø54 W$=STR$(WR)         (String, Seite 197)
1Ø55 CHAR Ø,2,"   "(Löschen des letzten Werts)
1Ø56 CHAR Ø,2,W$       (Druck des neuen Werts)
```

Die Konstanz von W ist ein Maß für die Genauigkeit der Näherungsrechnung. Eventuell verkleinert man D. Nach diesem Verfahren kann man auch andere Werte ausdrucken, z.B. den Abstand $r = (x^2 + y^2)^{\frac{1}{2}}$ oder die laufende Zeit T. In **1Ø55** wird mit einigen *Leerzeichen* der letzte Wert gelöscht, bevor der neue gedruckt wird. – Wurden zu oft Werte ausgedruckt, treten beim VC20 Störzeichen auf. Deshalb beschränkt man die Wertefolge durch Zählschleifen (Seite 200, Ziffer 3).

3. Das 3. Kepler-Gesetz

Für das *3. Kepler-Gesetz* braucht man die Länge a der großen Halbachse. Man findet ihren linken Endpunkt, den *linken Ellipsenscheitel* mit den Koordinaten $(x|Ø)$, wenn die Y-Koordinate zum 1. Mal negativ geworden, der letzte Y-Wert L (aus Zeile **545**) aber noch positiv ist. Dies prüft Zeile **555**. Dieses Programm braucht keine Graphik; die Zeilen **4ØØ – 49Ø, 57Ø** und **1ØØØ – 1Ø95** sowie **2Ø5Ø** können entfallen.

```
545  L=Y                (letztes Y gespeichert)
555  IF Y<Ø THEN IF L>Ø THEN 2Ø1Ø
2ØØØ REM ** DRUCK DER ERGEB-
     NISSE ** ** ** ** ** ** ** ** ** ** ** **
2Ø1Ø TG=2*(T-Y/VY)         (Umlaufdauer TG)
2Ø2Ø A=(RE+H-X)/2        (Große Halbachse a)
2Ø3Ø CG=A↑3/TG↑2                  (C=a³/T²)
2Ø4Ø CT=F/4/π/π        (Theoretischer Wert
                        für C nach Seite 120)
2Ø5Ø GRAPHIC 4 (Rückkehr zum Druckmodus)
2Ø6Ø PRINT "UMLAUFDAUER T="TG
2Ø7Ø PRINT "GR.HALBACHSE A="A
2Ø8Ø PRINT"C=A↑3/T↑2="CG
2Ø9Ø PRINT"C THEOR.: "CT
21ØØ END
```

In *Tabelle 204.1* sind die linken C-Werte vom Computer nach $C = a^3/T^2$ „erarbeitet", die rechten nach $C_{th} = G^*M/(4\pi^2)$ aus der Masse M des Zentralkörpers nach Seite 120 errechnet. Der Anfangswinkel PØ muß 90° sein.

4. Die Flächengeschwindigkeit v_A

a) Druck der Fahrstrahlen: Die Fahrstrahlen $\vec{r}$ zeigen von der Mitte (Ø/Ø) des Zentralkörpers (Erde, Sonne) zur jeweiligen Position $P(x,y)$ des Trabanten. Wir wollen sie nur bei jedem 5. Punkt-Druck dieser Position zeichnen lassen. Deshalb springen wir mit Zeile **1Ø87** aus der laufenden Rechnung in eine sich anschließende *Subroutine für die Flächengeschwindigkeit,* falls die Laufzahl I den Wert 5 erreicht hat. I wird in **1Ø85** jeweils um 1 erhöht und in **118Ø** wieder auf Ø gestellt.

```
1Ø85 I=I+1                  (I ist Laufzahl)
1Ø87 IF I=5 THEN GOSUB 111Ø
11ØØ REM ** FLAECHENSATZ ** ** **
111Ø DRAW 1,8ØØ,512 TO XS,YS
118Ø I=Ø
119Ø RETURN
```

Bahn	v_0 km/s	T in s	a in km	C in 10^{13}	C_{th} m^3/s^2
gestreckte Ellipse um Erde; H=400 km	10,00	33712	22549	1,009	1,009
gedrungene Ellipse um Erde; H=400 km	4,500	2602	4088	1,009	1,009
Kreis um Erde; H=400 km	7,671	5545	6770	1,009	1,009
Mond um Erde	1,018	2369 $\cdot 10^3$	3,84 $\cdot 10^5$	1,009	1,009
Erde um Sonne	29,8	315 $\cdot 10^5$	1496 $\cdot 10^8$	3,37 $\cdot 10^5$	3,37 $\cdot 10^5$

Tabelle 204.1 Zum dritten Kepler-Gesetz. C ist nach r^3/T^2, C_{th} nach $G^*M/(4\pi^2)$ aus M berechnet ($D = \Delta t \approx 1Ø$).

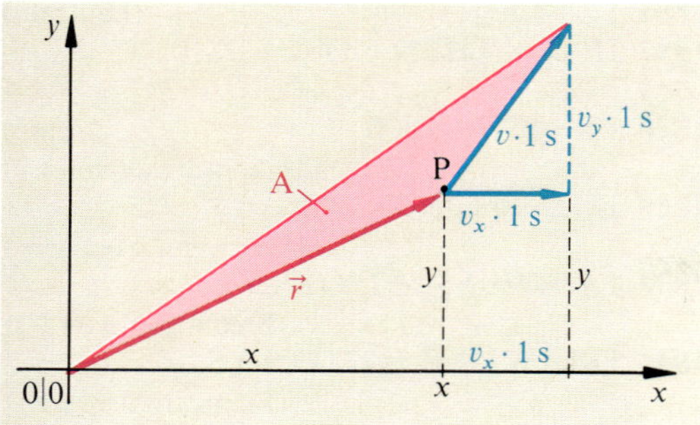

205.1 Berechnung der schraffierten Fläche A

b) Betrag der Flächengeschwindigkeit v_A: Nach *Bild 205.1* hat das Ende P des *Fahrstrahls* $\vec{r}$ die Komponenten x und y. Er überstreicht in 1 s den schraffierten Sektor der Fläche

$$A = \tfrac{1}{2}(x+v_x \cdot 1\,\text{s})(y+v_y \cdot 1\,\text{s}) - \tfrac{1}{2}\,x \cdot y - y v_x \cdot 1\,\text{s} - \tfrac{1}{2}\,v_x v_y \cdot (1\,\text{s})^2 = \tfrac{1}{2}(x v_y - y v_x) \cdot 1\,\text{s}.$$

Der Quotient $v_A = A/1\,\text{s} = (x v_y - y v_x)/2$ ist also die **Flächengeschwindigkeit** v_A. Sie wird (samt Beschriftung in **460** und **465**) berechnet und in die linke untere Schirmecke (**1170**) gedruckt. Vor jedem Lauf rechnen Sie mit dem Taschenrechner $v_A = (\text{RE}+\text{H}) \cdot v_0/2$ (Seite 127). Dieser Wert bleibt während des Umlaufs konstant.

```
46Ø   CHAR17,Ø,"VA/E1Ø"            (v_A/10^10)
465   CHAR18,Ø,"M↑2/S"             (Einheit m²/s)
115Ø  VA=(X*VY-Y*VX)/2
                                    (Berechnung von v_A)
1155  VA=.ØØ1*INT(VA/1E7+.5)       (Runden)
116Ø  VA$=STR$(VA)                 (String, Seite 197)
1165  CHAR19,Ø,"     "             (letzter Wert gelöscht)
117Ø  CHAR19,Ø,VA$                 (neuer Wert gedruckt)
```

5. Umlaufdauer T auf Kepler-Ellipsen

Die ausgedruckten Ellipsenpunkte fallen beim Zurücklaufen wieder aufeinander, wenn die Zeitschritte D ein ganzzahliger – und genügend kleiner – Teil der Umlaufdauer T (z.B. D=T/800) sind. Dies wirft die grundlegende Frage auf, wie man die Umlaufdauer T schon *aus den Startbedingungen* (Ort und VØ) vorausberechnen kann.

Nach dem *3. Kepler-Gesetz* hängt T nur von der großen Halbachse a ab (Seite 127). Kennt man diese, so läßt sich für die zu einer Kreisbahn mit Radius $r=a$ gehörige Umlaufdauer nach *Gl. 122.2* ermitteln. Auf Seite 142 sahen wir, daß die große Halbachse a mit wachsender Energie W_{ges} zunimmt. Diese Energie ist aber für die Satellitenmasse m durch *Ort* (potentielle Energie $W_{\text{pot}} = -G^* \cdot M\; m/r_0$) und *Geschwindigkeit* v_0 (kinetische Energie $W_{\text{kin}} = \frac{1}{2} m v_0^2$) *beim Abschuß* vorgegeben nach *Gl. 142.1*: $W_{\text{ges}} = \frac{1}{2} m v_0^2 - G^* \cdot M m/r_0$.

Am besten gehen wir das Problem an für die beiden Punkte P (Perihel, Sonnennähe) und A Aphel (Sonnenferne), die auf der großen Halb-Achse liegen. Für jeden gilt:

$$W_{\text{ges}} = \frac{m}{2}\, v_A^2 - G^* m M \frac{1}{r_A} \qquad \text{(für Aphel)}$$

$$W_{\text{ges}} = \frac{m}{2}\, v_P^2 - G^* m M \frac{1}{r_P} \qquad \text{(für Perihel).}$$

Da in diesen Punkten A und P die Geschwindigkeitsvektoren $\vec{v}_A$ und $\vec{v}_P$ senkrecht zu den Fahrstrahlen der Länge r_A und r_P zum Zentralgestirn liegen, ist die Flächengeschwindigkeit $v_{AA} = \frac{1}{2} r_A v_A$ und $v_{AP} = \frac{1}{2} r_P v_P$ (Seite 127).

Da beide Flächengeschwindigkeiten nach dem *2. Kepler-Gesetz* gleich groß sind, gilt

$$r_A v_A = r_P v_P \quad \text{oder} \quad v_A^2 = (r_P^2/r_A^2)\, v_P^2, \text{ also}$$

$$\frac{m}{2}\, v_A^2 = \frac{m}{2}\, v_P^2\, \frac{r_P^2}{r_A^2}.$$

Setzt man dies in die Energiegleichung für das Aphel ein und zieht auch die Gleichung für das Perihel heran, so folgt

$$W_{\text{ges}} = -G^* m M/r_A + (W_{\text{ges}} + G^* m M/r_P) \cdot r_P^2/r_A^2.$$

Man bringt den Term mit W_{ges} auf die linke Seite und multipliziert beide Seiten mit r_A^2:

$$W_{\text{ges}}(r_A^2 - r_P^2) = G^* m M (r_P - r_A).$$

Da Aphel und Perihel an den Enden der großen Achse sitzen, gilt $r_A + r_P = 2a$ *(Bild 125.2)*. Es folgt die einfache Beziehung:

$$\textbf{Große Halbachse } a = \frac{G^* m M}{-2\, W_{\text{ges}}}. \qquad \textbf{(205.1)}$$

Da bei der *Ellipse* W_{ges} negativ ist (Seite 142), erhält man einen positiven Wert für die große Halbachse a. Wir berechnen W_{ges} nach *Gl. 142.1* für $m = 1$ kg in Zeile **17Ø** und daraus die Halbachse a in **175**. Nach der von der Kreisbahn mit Radius $r=a$ bekannten *Gl. 122.2* wird die Umlaufdauer T aus den Startbedingungen in **18Ø** berechnet und daraus durch Division mit einer Zahl, welche die Zählvariablen Z (5) und I (8) als Faktoren enthält, z.B. mit 4ØØ, der Zeitschritt D in **185** errechnet. Der in Zeile **6Ø** eingegebene Wert für D ist dann vergessen. Für $m = 1$ kg gilt:

```
17Ø  WG=(VX*VX+VY*VY)/2-F/X  (W_ges)
175  HA=-F/2/WG                  (a)
18Ø  TU=2*π*HA*SQR(HA/F) (Umlaufdauer)
185  D=TU/4ØØ          (Zeitschritt D)
```

6. Brennpunkte und Brennstrahlen

a) Bestimmung der Halbachsen *a* und *b*
Die große Halbachse *a* wird nach *Ziffer 3* mit den Zeilen **545, 555** und **2Ø2Ø** bestimmt. Ganz analog ermittelt man schon vorher im oberen Ellipsenscheitel die kleine Halbachse *b*. Hierzu speichert man in Zeile **895** den letzten VY-Wert kurzzeitig als VL. Wenn VL noch positiv, der in **9ØØ** neu errechnete Wert aber zum 1. Mal negativ wird, springt aus **9Ø5** der Computer nach Zeile **3Ø1Ø**, um B=*b* zu speichern. Von Zeile **2Ø2Ø** ab wird die *lineare Exzentrizität* E=*e* berechnet (2*e* ist Brennpunktsabstand). F2 ist die Koordinate des 2. Brennpunkts und bei A>RE+H negativ (Zeile **2Ø4Ø**). Bei Ellipsen, die innerhalb des Abschußradius RE+H bleiben, muß F2 in Zeile **2Ø47** positiv gemacht werden. Geben Sie zusätzlich zu **545** und **555** ein:

```
895   VL=VY              (letztes VY gespeichert)
9Ø5   IF VY*VL<0 THEN GOSUB 3Ø1Ø
2ØØØ  REM ** BRENNPUNKTE **
      BRENNPUNKTE *****************
2Ø1Ø  TG=2*(T-Y/VY)          (oder GOTO 2Ø2Ø)
2Ø2Ø  A=(RE+H-X)/2
                      (Berechnung von a, Ziff. 3)
2Ø3Ø  E=SQR(ABS(A*A-B*B))         (Gl. 125.1)
2Ø4Ø  F2=-2*E     (Lage von F_2 bei A>RE+H)
2Ø45  IF A>RE+H GOTO 2Ø5Ø
2Ø47  F2=-F2      (Lage von F_2 bei A≦RE+H)
2Ø5Ø  A2=2*INT(A/1E3+.5)
                          (2a auf km gerundet)
2Ø6Ø  A$=STR$(A2)     (String für 2a, Seite 197)
2Ø7Ø  CHARØ,3,"      "  (letzter Wert gelöscht)
2Ø8Ø  CHARØ,3,A$          (neuer Wert gedruckt)
2Ø9Ø  GOTO 56Ø
3ØØØ  REM ** KLEINE HALBACHSE ** **
3Ø1Ø  B=Y
3Ø2Ø  RETURN
```

Nun lassen sich die Brennstrahlen zeichnen und ihre Länge berechnen:

b) Zeichnen und Berechnen der Brennstrahlen
Ab **2Ø4Ø** wird die Koordinate F2 des 2. Brennpunkts berechnet. Der 1. liegt im Ursprung (Ø/Ø). Damit nicht zu oft ausgedruckt wird, gibt man von Seite 200 die Zeilen **8Ø, 53Ø, 57Ø** und **1Ø9Ø** ein, ferner

```
1Ø85  I=I+1                        (Laufzahl)
1Ø87  IF I=8 THEN GOSUB 181Ø
18ØØ  REM ** BRENNSTRAHLEN ** ** **
181Ø  FS=F2/M+8ØØ
                  (Schirmkoordinate von F2)
182Ø  IF A=Ø GOTO 19ØØ
                  (Druck wenn a bekannt)
183Ø  DRAW1,FS,512TOXS,YS
                  (Brennstrahl von F2)
184Ø  DRAW1,8ØØ,512TOXS,YS
                  (Brennstrahl von F1)
185Ø  L=SQR((X-F2)↑2+Y*Y)+
      SQR(X*X+Y*Y)
186Ø  L=INT(L/1E3+.5) (Strahlenlänge in km)
187Ø  L$=STR$(L)                   (String)
188Ø  CHAR19,2,"     " (letzter Wert gelöscht)
189Ø  CHAR19,2,L$      (neuer Wert gedruckt)
19ØØ  I=Ø        (Nullsetzen der Laufzahl I)
194Ø  RETURN
```

Zwischen **19ØØ** und **194Ø** ist Platz zum Ausdrucken der laufenden Zeit T. Die Brennstrahlenlänge L und die Hauptachsenlänge 2*a* werden beschriftet durch

```
46Ø  CHAR19,Ø,"L=        KM"   (links unten)
45Ø  CHARØ,Ø,"2A=        KM"   (links oben)
```

7. Fluchtgeschwindigkeit, Parabel, Hyperbel

a) Änderung der Zeitschritte D
Wir wollen nun den Satelliten in sehr große Entfernungen von der Erde schießen. Dabei nimmt seine Geschwindigkeit ab, die Flugzeiten werden so lang, daß wir eine eventuelle Rückkehr nicht mehr abwarten können. *Dabei sinkt die Beschleunigung, also die Abweichung von der gleichförmigen Bewegung.* Deshalb erleidet die Genauigkeit kaum Einbuße, wenn wir in Zeile **151Ø** die Zeitschritte D immer dann um etwa 50% vergrößern, falls die Beschleunigung A jeweils auf die Hälfte gesunken ist. Dies wird in Zeile **584** am *Vergleichswert* AV geprüft und angeordnet. Nach der Vergrößerung von D wird AV in **153Ø** halbiert. Damit der Computer dann nicht D wegen **586** wieder vergrößert, hält er in **152Ø** den vorangehenden AV-Wert als A1 fest und zieht auch ihn in **584** zum Vergleich heran. In Zeile **586** wird nämlich bei der Rückkehr des Satelliten die *Verkürzung* der Schrittweite (ab **161Ø**) angeordnet, falls A sich wieder verdoppelt. – Für den 1. Schaltschritt berechnet man A1 und AV in **17Ø** und **18Ø**. *Ein größerer Punktabstand deutet nun auf eine kleinere Beschleunigung hin.* Geben Sie zusätzlich zum Grundprogramm von Seite 203 ein:

```
170  A1=F/X/X (Beschleunigung am Startplatz)
180  AV=A1/2            (1. Vergleichswert für a)
580  REM ** ZUR D-AENDERUNG *****
582  A=SQR(AX↑2+AY↑2)          (a aus a_x, a_y)
584  IFA<AV THEN IF A<A1 THEN
     GOSUB 151Ø
586  IF A>AV THEN IF A>A1 THEN
     GOSUB 161Ø
15ØØ REM D-VERGROESSERUNG *****
151Ø D=1.45*D (1.45 gibt gute Punktverteilung)
152Ø A1=AV           (Vergleichswert konserviert)
153Ø AV=AV/2           (Vergleichswert halbiert)
154Ø RETURN
16ØØ REM ** D-VERKLEINERUNG *****
161Ø D=D/1.45              (Umkehrung von 151Ø)
162Ø A1=AV                            (Wie 152Ø)
163Ø AV=2*AV          (Vergleichswert verdoppelt)
164Ø RETURN
```

Man wird nur nach jedem 50. Schritt drucken.

Nach *Ziffer 2* läßt man die *Energie W* laufend ausdrucken. Dies gibt zum einen eine Kontrolle der Rechengenauigkeit bei den extremen Kurvenformen. Zum andern sieht man, daß zu $W=0$ die **Parabel**, zu $W>0$ die **Hyperbel**, zu $W<0$ die **Ellipse** gehört (Seite 143). Von besonderem Interesse ist auch die Angabe über die *Entfernung* R des Satelliten von der Erde. Man wird hierzu den Quotienten R/RE ausdrucken lassen (RE ist der Erdradius aus Zeile **13Ø**):

```
48Ø  CHAR19,Ø,"R=   RE"     (Beschriftung)
1Ø6Ø R=SQR(X*X+Y*Y)        (R-Berechnung)
1Ø62 RR=INT(R/RE)        (R/RE ganzzahlig)
1Ø64 R$=STR$(RR) (RR als String; Seite 197)
1Ø65 CHAR19,1,"  "    (letzter Wert gelöscht)
1Ø66 CHAR19,2,R$      (neuer Wert gedruckt).
```

Als Maßstab wähle man in **9Ø** M=4E6, als anfänglichen Zeitschritt D=2Ø in **6Ø**.

Man erhält eine langgezogene **Ellipsenbahn** bis zur $6\frac{1}{2}$fachen Mondentfernung mit der Anfangsgeschwindigkeit VØ=11.17E3 bei der Energie $W_{ges}=-156$ kJ *(Bild 143.1)*.

VØ=11.25E3 liefert die **Hyperbel** mit der positiven Energie $W=740$ kJ *(Bild 143.3)*.

Die **Parabel** wird bei dem zur Höhe H=Ø gehörenden Wert VØ=11.18418E3 mit W=Ø durchlaufen. Bei einer Parabel mit Scheitel in O lautet die Gleichung $y=C'x^2$. Da sich die hier dargestellte Parabel nach links öffnet und ihren Scheitel in ((RE+H)/Ø) hat, lautet ihre Gleichung (RE+H−X)=CY². Um zu prüfen, ob eine Parabel vorliegt, ersetzen Sie die R-Berechnung durch die folgende Zeile **1Ø6Ø** und lassen das Ergebnis mit **1Ø64** bis **1Ø66** ausdrucken (in 1Ø64 wird R/RE durch C ersetzt; streichen Sie **48Ø** und **1Ø62**). Warum steigt C bei einer Ellipse und sinkt bei einer Hyperbel, wenn R wächst?

```
1Ø6Ø C=(RE+H-X)/Y↑2
```

b) Bahnumkehr
Der Satellit läuft rückwärts, wenn man in einem Punkt das Vorzeichen der Geschwindigkeitskomponenten umkehrt. Dies soll im Abstand $R>3\cdot10^9$ m, also am linken Schirmrand, geschehen. Geben Sie zu **1Ø6Ø** ein:

```
1Ø92 IF R>3E9 THEN GOSUB 171Ø
17ØØ REM ** UMKEHR ** ** ** ** ** **
171Ø IF VX>Ø THEN 1740
172Ø VX=-VX
173Ø VY=-VY
174Ø RETURN
```

Ohne die Zeile **171Ø** würde der Satellit draußen ständig seine Richtung umpolen.

8. Doppelsterne und ihr Schwerpunkt

Etwa die Hälfte aller Fixsterne gehört zu einem Doppel- oder Mehrfachsystem. Dabei gibt es kein Zentralgestirn mit weit überwiegender Masse im Mittelpunkt O, sondern zwei oder mehrere etwa gleichberechtigte Körper. Bei einem Doppelsternpaar habe Körper 1 gegenüber 2 die M-fache Masse. Die Koordinaten, Geschwindigkeiten und Beschleunigungen sind – samt dem Startpunkt – bezeichnet mit:

Körper 1: X1, Y1; VX, VY; AX, AY; Start: Ø,Ø

Körper 2: X2, Y2; UX, UY; BX, BY; Start: Ø;Y2=−3.844E8.

Mit diesem Wert für Y2 und mit M=81 ist Körper 2 der *Mond*, Körper 1 die *Erde*. Dann gibt man in Zeile **3Ø** und **4Ø** ein: VX=12.3457 m/s und UX=−1ØØØ m/s (Notbrücken nach Seite 204 einbauen).

In Zeile **61Ø** werden $L=r^3$ (r: gegenseitiger Abstand) berechnet und damit bis **67Ø** die Beschleunigungskomponenten. Das *Halbschrittverfahren* von Seite 198 ist vereinfacht: In **33Ø** und **34Ø** wird nur 1mal mit $\Delta t=D/2$ aus der Anfangsbeschleunigung (**31Ø** und **32Ø**) die Geschwindigkeit $v_{1/2}$ in der *Zeitmitte des 1. Intervalls* berechnet. Aus ihr folgen in **52Ø** bis **56Ø** die Positionen am Ende des 1. Intervalls und von **61Ø** bis **67Ø** die zugehörigen Beschleunigungen. Die anschließend von **71Ø** bis **74Ø** mit $\Delta t=D$ errechneten Geschwindigkeiten gelten dann immer für die *Zeitmitten aller folgenden Intervalle*. Also sind *Geschwindigkeiten und Orte jeweils um einen Halbschritt gegeneinander versetzt*. Dieses vereinfachte Halbschrittverfahren läuft schneller als das frühere und hat hier die gleiche Genauigkeit. Wenn Luftwiderstand auftritt (a hängt von v ab), ist es zu ungenau.

```
10   REM *** DOPPELSTERNE *** *** **
30   INPUT "GESCHW.1 3ØØ";VX          (Ellipse)
40   INPUT"GESCHW.2  -6ØØ";UX
50   INPUT"M1:M2(2)";M
                          (Massenverhältnis 2:1)
60   INPUT"MASSSTAB 1E6";H
70   INPUT"ZEITSCHRITT 8E3";D
130  F=5.973E24*6.67E-11/M
                          (G*·m für Körper 2)
140  C=1.7                (Wegen Schirmverzerrung)
150  N=5ØØ                (X=Ø in Schirmmitte)
160  E=1ØØ                (Y=Ø im oberen Schirmteil)
170  Y2=-3.844E8          (Start von Körper 2)
250  GRAPHIC2             (Feingraphik)
260  COLORØ,Ø,1,Ø         (Schirm dunkel)
300  REM ** HALBSCHRITT ** ** ** ** *
310  AY=-F/(Y1-Y2)↑2      (Beschl. für t=Ø)
320  BY=-AY*M             (1 hat Mfache Masse)
330  VY=VY+AY*D/2         (Geschw. in Halbzeit)
340  UY=UY+BY*D/2         (Geschw. in Halbzeit)
370  REM ** SCHWERPUNKT S** ** ** *
380  XS=(X1*M+X2)/(M+1)   (Gl. 91.1)
390  YS=(Y1*M+Y2)/(M+1)
400  REM ** PUNKTDRUCK *********
420  POINT 1,X1/H+N, (E-Y1/H)*C
440  POINT 1,X2/H+N, (E-Y2/H)*C
450  POINT 1,XS/H+N, (E-YS/H)*C
490  Z=Ø                  (Beginn der Druckschleife)
500  REM ** POSITIONSRECHNUNG ****
520  X1=X1+VX*D           (Körper 1)
530  Y1=Y1+VY*D
550  X2=X2+UX*D           (Körper 2)
560  Y2=Y2+UY*D
580  T=T+D                ("Uhr")
600  REM ** BESCHL.GESCHW. ** ** ** *
610  L=((X1-X2)↑2+(Y1-Y2)↑2)↑1.5    (r³)
620  F1=F/L               (G*·m2/r³)
640  AX=F1*(X2-X1)        (Beschl. von 1)
650  AY=F1*(Y2-Y1)
660  BX=-AX*M             (Beschl. von 2)
670  BY=-AY*M
710  VX=VX+AX*D           (Geschw. von 1)
720  VY=VY+AY*D
730  UX=UX+BX*D           (Geschw. von 2)
740  UY=UY+BY*D
780  Z=Z+1                (Erhöhung der Laufzahl)
800  IFZ=5 GOTO38Ø        (Druckbefehl)
900  GOTO52Ø              (Schleifenende)
```

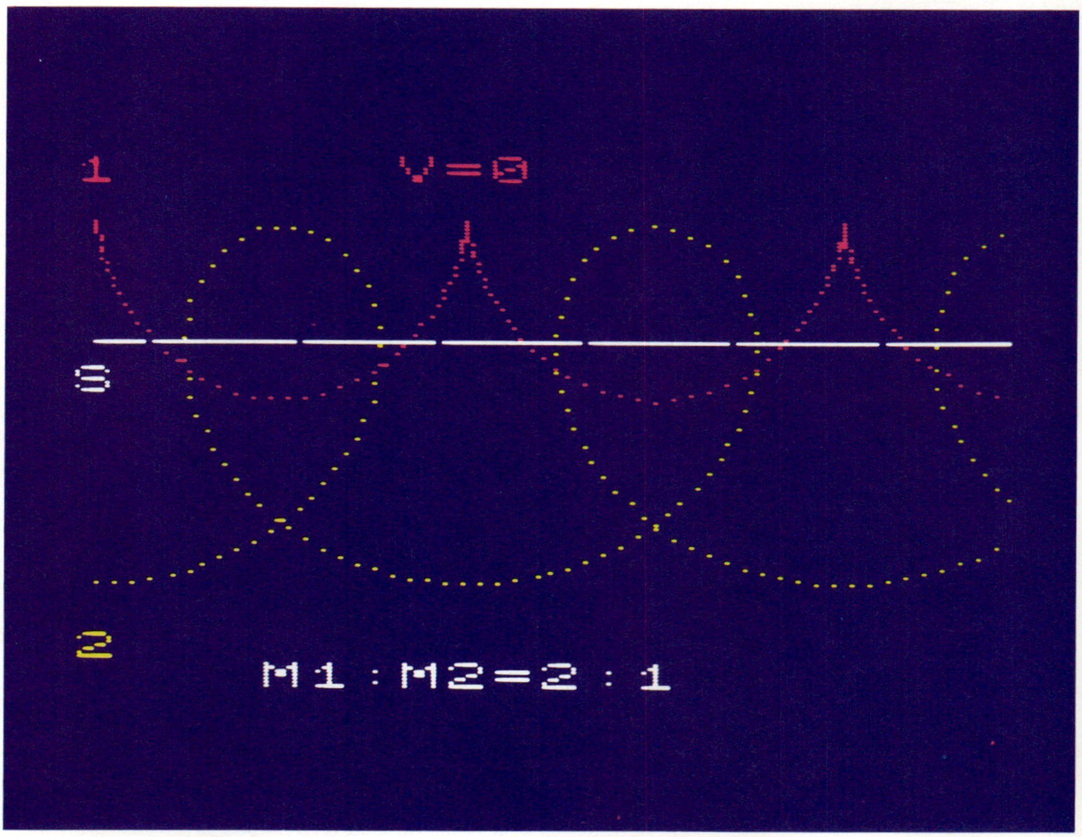

208.1 Tanz der Doppelsterne; Körper 1 zu Beginn in Ruhe (VX=0), UX=1000 m/s; S läuft geradlinig.

Mechanische Schwingungen

§62 Beschreibung von Schwingungen

1. Wo kommen Schwingungen eigentlich vor?

Bei vielen Vorgängen in der Natur und auch in der Technik kommen hin- und hergehende Bewegungen – sogenannte **mechanische Schwingungen** – vor. So ist z.B. die Bewegung einer *Schaukel* oder der Hin- und Hergang eines *Pendels* eine solche mechanische Schwingung. *Uhren* messen die Zeit mit Hilfe einer schwingenden *Unruhe* oder eines *Schwingquarzes*. Brücken, Fernsehtürme, ja, sogar Häuser können schwingen. Ebenso gibt es bei Fahrzeugen Schwingungen, die aber unerwünscht sind und durch *Stoßdämpfer* unterbunden werden müssen. In der *Akustik* spielen Schwingungen eine wichtige Rolle. Schließlich kommen Schwingungen überhaupt bei jedem festen Körper vor: Die Moleküle, aus denen er aufgebaut ist, schwingen andauernd um ihre Gleichgewichtslagen *(Bild 209.2)*. Auch der Punching-Ball in *Bild 209.3* ist ein gutes Beispiel für Schwingungen.

2. Schwingungen – genauer betrachtet

Bleiben wir noch eine Weile beim Punching-Ball. Warum gerät er eigentlich nach einem Boxhieb in Schwingungen und bewegt sich dann selbständig hin und her? Nun – wenn er in Ruhe gelassen wird, ist er im Gleichgewicht. Versetzt man ihm aber einen Schlag – z.B. nach links – so wird er beschleunigt und zur Seite ausgelenkt. Dabei spannen sich die elastischen Seile, an denen er befestigt ist, wie die Sehne eines Bogens und üben auf den Ball eine Kraft nach rechts aus. Dadurch wird er abgebremst, bis er schließlich für einen Augenblick auf der linken Seite stillsteht. Aus dieser Lage wird er nun von den gespannten Seilen wie ein Pfeil nach rechts „zurückgeschossen". Ist der Ball wieder in der Gleichgewichtslage angelangt, so kommt er dort aber nicht etwa zur Ruhe: Wegen seiner Trägheit schießt er übers Ziel hinaus und bewegt sich nach rechts weiter! Dabei wird der „Bogen" wieder gespannt; jetzt geht die Kraft, die er auf den Ball ausübt, nach links. Dieser wird dadurch abgebremst; schließlich kehrt er wieder um – und so geht das weiter ...

209.1 Das Pendel gibt den Zeittakt an.

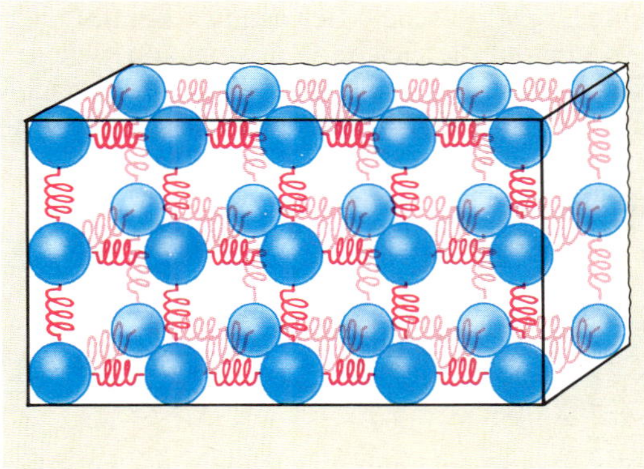

209.2 Modellvorstellung vom Aufbau eines kristallinen Festkörpers: Seine Moleküle sind in andauernder Schwingbewegung.

209.3 Musterbeispiel eines Schwingers, oder die Folgen von Rückstellkraft und Trägheit

An der Schwingung des Punching-Balls können Sie die folgenden typischen Merkmale ablesen: Es liegt ein Körper vor, der eine *stabile Gleichgewichtslage* besitzt. Entfernt er sich aus ihr, so tritt eine **Rückstellkraft** auf, die ihn abbremst, zur Umkehr zwingt und ihn wieder auf die Gleichgewichtslage hin beschleunigt. Wegen seiner **Trägheit** bewegt er sich aber über diese Gleichgewichtslage hinaus, und alles beginnt von neuem. Ein solches Spiel zwischen Rückstellkraft und Trägheit wollen wir nun in einem Versuch genauer betrachten.

Versuch 1: Ein auf einer Fahrbahn beweglicher Wagen ist nach *Bild 211.1* zwischen zwei Schraubenfedern eingespannt; damit befindet er sich im stabilen Gleichgewicht. Nun lenken wir ihn etwa 10 cm zur Seite aus und lassen ihn anschließend los. Dann vollführt der aus Wagen und Federn bestehende *Schwinger* mehrere Hin- und Herbewegungen, die immer mehr abnehmen, bis der Wagen schließlich in seiner Gleichgewichtslage wieder zur Ruhe kommt. Diese periodische Bewegung kommt im Grunde auf die gleiche Weise zustande wie die Schwingung des Punching-Balls. Wir bezeichnen sie als **freie gedämpfte mechanische Schwingung.**

Wir nennen sie
- frei, weil der Schwinger seinen Rhythmus *selbst bestimmt;* er wird ihm nicht etwa von außen aufgezwungen;
- gedämpft, weil die Bewegung allmählich abklingt.

Die Dämpfung kommt zustande, weil die anfangs in den Schwinger gesteckte Energie durch *Reibung* allmählich aus dem System herausgeführt wird. Wäre keine Reibung vorhanden, so würde sich der Wagen in unserem Versuch ohne Aufhören hin und her bewegen. Diesen (praktisch nie ganz zu verwirklichenden) Idealfall nennt man eine **freie ungedämpfte mechanische Schwingung.**

Wir wollen nun die in Versuch 1 auftretenden Reibungskräfte vorerst vernachlässigen, also annehmen, der Wagen schwinge frei und ungedämpft. Damit wir seine Bewegung rechnerisch erfassen können, führen wir ein Koordinatensystem ein *(Bild 211.1)*. Seinen Ursprung legen wir in den Ort, an dem der Massenmittelpunkt M des schwingenden Körpers in seiner Gleichgewichtslage ist. Die Stelle, an der er sich in einem beliebigen Zeitpunkt t seiner Bewegung befindet, ist nun durch die Koordinate $s(t)$ festgelegt, die sein Massenmittelpunkt M in diesem Moment besitzt. $s(t)$ wird **Elongation** oder Auslenkung genannt. Wir geben ihr auf der einen Seite des Nullpunktes das positive, auf der anderen das negative Vorzeichen. Befindet sich der Massenmittelpunkt M des Wagens in Versuch 1 z.B. 3 cm rechts der Gleichgewichtslage, so besitzt er die Elongation $s = +3$ cm; ist M 5 cm links der Gleichgewichtslage, so beträgt die Elongation $s = -5$ cm.

Auch die *Momentangeschwindigkeiten* und die am schwingenden Körper angreifenden *Kräfte* erhalten in Richtung der positiven s-Achse das *positive,* in Gegenrichtung das *negative* Vorzeichen.

Der absolute Betrag der maximalen Elongation eines Schwingers wird **Amplitude** genannt und mit $\hat{s}$ (gelesen: „s-Dach") bezeichnet. Die Amplitude $\hat{s}$ ist also die vom Nullpunkt bis zu einem der beiden *Umkehrpunkte* gemessene Strecke. Wegen des absoluten Betrags besitzt $\hat{s}$ stets das positive Vorzeichen.

3. Die harmonische Schwingung

Wir wollen nun die Kräfte, die bei den Schwingungen in Versuch 1 auftreten, genauer untersuchen. Befindet sich der Wagen im Nullpunkt ($s=0$), so zieht an ihm die rechte Feder mit der Kraft $F_1 > 0$ nach *rechts,* die linke Feder mit der Kraft $F_2 < 0$ nach *links.* Da in diesem Punkt Gleichgewicht herrscht, gilt $F_2 = -F_1$ und daher $F_1 + F_2 = 0$ *(Bild 211.1a).* Wenn Ihnen das Minuszeichen in dieser Gleichung Schwierigkeiten bereitet, machen Sie sich ein Zahlenbeispiel: Die rechte Feder ziehe mit $F_1 = +3$ N nach rechts; dann muß die linke mit $F_2 = -3$ N nach links ziehen.

Die Federhärten der beiden Federn seien D_1 (rechts) bzw. D_2 (links). Bei der Elongation $s > 0$ zieht die rechte Feder mit der positiven Kraft $F_1^* = F_1 - D_1 s$ weniger stark nach rechts, die linke Feder mit der negativen Kraft $F_2^* = F_2 - D_2 s$ stärker nach links als im Gleichgewicht *(Bild 211.1b).* Die resultierende Rückstellkraft beträgt dann

$$F = F_1^* + F_2^* = F_1 + F_2 - D_1 s - D_2 s.$$

Da $F_1 + F_2 = 0$ ist, folgt

$$F = -(D_1 + D_2) s. \qquad (210.1)$$

Für eine Elongation $s < 0$ liefert eine entsprechende Überlegung dasselbe Ergebnis. Mit der

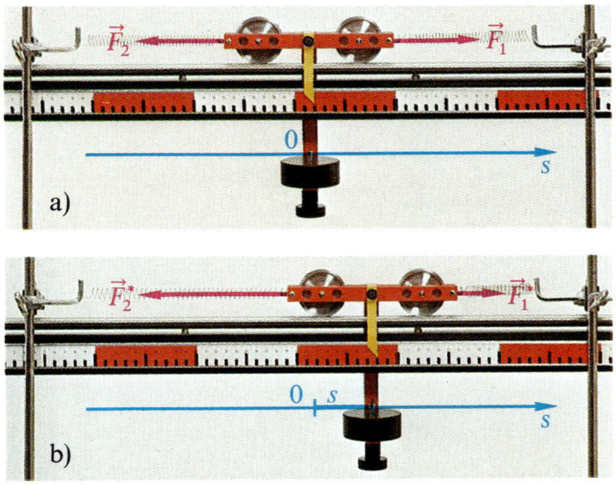

211.1 Ein harmonischer Schwinger; a) in der Gleichgewichtslage; b) mit der Elongation s nach rechts; dabei tritt eine Rückstellkraft nach links auf.

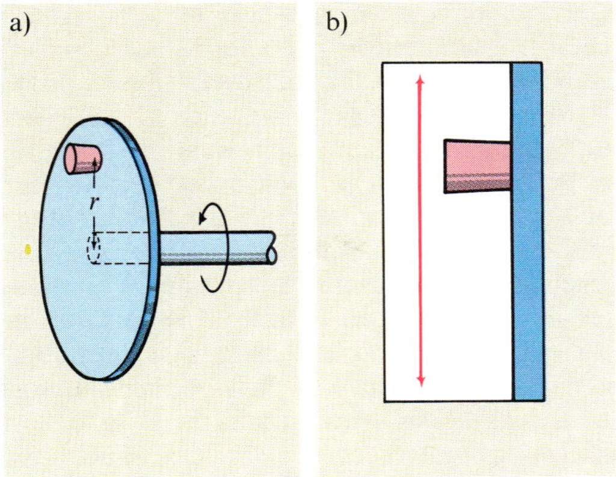

211.2 Bei geeigneter Blickrichtung sieht man die zweidimensionale periodische Kreisbewegung (a) als eindimensionale Schwingung (b).

konstanten Summe $D_1 + D_2 = D > 0$ erhalten wir für unseren Versuch das Kraft-Weg-Gesetz

$$F = -Ds. \qquad (211.1)$$

Die positive Konstante D nennt man **Richtgröße** der aus beiden Federn bestehenden Spannvorrichtung.

Gl. 211.1 sagt aus, daß in unserem Versuch die Rückstellkraft F proportional zur Elongation s ist. Mechanische Schwingungen, für die ein solches *lineares Kraftgesetz* gilt, erzeugen in der Akustik besonders reine Töne. Deshalb nennt man sie **harmonische Schwingungen.**

Eine freie mechanische Schwingung, bei der die Rückstellkraft F proportional zur Elongation s ist, erfüllt das lineare Kraftgesetz $F = -D\,s$; sie wird harmonische Schwingung genannt.

4. Was man von reicheren Verwandten erben kann

In der Praxis kommt es bei Schwingungen vor allem auf ihre **Periodendauer T** und die damit zusammenhängende **Frequenz $f = 1/T$** an (Mittelstufenband, Seite 170). T ist die Zeit, die der Schwinger zu einem vollen Hin- und Hergang seiner *eindimensionalen* Bewegung braucht. „Eindimensional“ bedeutet, daß für Ortsangaben nur die *eine* Koordinate s nötig ist. Nun erkennt man in der Physik größere Zusammenhänge manchmal besser, wenn man noch ein bißchen über den Zaun hinausschaut und eine weitere Dimension dazunimmt: Ein Körper, der mit konstantem Geschwindigkeitsbetrag auf einem *Kreis* umläuft, führt eine periodische *zweidimensionale* Bewegung aus. Sie ist um eine Dimension „reicher“ als die von uns betrachtete eindimensionale Schwingung. Vielleicht können wir uns ein Stück davon abschneiden!

Versuch 2: An einer Scheibe, die mit der Umlaufdauer T um ihre horizontale Achse rotiert, ist ein Gummistopfen der Masse m befestigt; sein Abstand von der Drehachse sei r. Er läuft also auf einem Kreis mit dem Radius r *(Bild 211.2a)*. Zu dieser Bewegung ist wie bei einer eindimensionalen mechanischen Schwingung eine *Rückstellkraft* nötig, nämlich die auf den Kreismittelpunkt gerichtete Zentripetalkraft

$$F_z = \frac{4\pi^2 m r}{T^2}. \qquad (211.2)$$

Blicken Sie nun so auf die Scheibe, daß sich ihre Ebene in Blickrichtung befindet, dann bemerken Sie nicht mehr, daß der Stopfen auf einem Kreis umläuft; Sie sehen nur noch eine periodische Auf- und Abbewegung, d.h. eine *eindimensionale Schwingung*. Der Eindruck wird besonders deutlich, wenn Sie den Stopfen durch eine Schlitzblende beobachten *(Bild 211.2b)*. Im Gegensatz zu Versuch 1 haben wir die Schwingung in die y-Richtung gelegt. Es ist nämlich üblich, bei der grafischen Darstellung von Schwingungen die Elongation auf der y-Achse abzutragen.

In einer bestimmten Blickrichtung läßt sich also aus der zweidimensionalen Kreisbewegung eine eindimensionale Schwingung herauslesen.

Bis jetzt haben wir dies nur mit den Augen getan – schalten wir dazu auch noch den Verstand ein: In *Bild 212.1* läuft ein Massenpunkt P (Masse m) mit der Umlaufdauer T im Gegenuhrzeigersinn auf einem Kreis mit dem Radius r. Betrachten Sie ihn ebenso wie den Stopfen in Versuch 2, so müssen Sie die Blickrichtung in die x-y-Ebene parallel zur positiven x-Achse legen. Dann registrieren Sie von den Koordinaten des umlaufenden Punktes P jeweils nur die y-Koordinate. Die x-Koordinate ist Ihren Blikken entzogen. Nun wollen wir nicht nur die *Bewegungen* des Massenpunktes P in der y-Richtung untersuchen, sondern auch die *Kräfte,* die dahinterstecken. Dazu ersetzen wir die Zentripetalkraft $\vec{F}_z$ durch ihre Komponenten $\vec{F}_x$ und $\vec{F}_y$ in den beiden Koordinatenrichtungen.

$\vec{F}_x$ interessiert uns nicht; wir haben ja die Augen vor allem, was in der x-Richtung passiert, verschlossen. Betrachten Sie nun die ähnlichen Dreiecke, die im Lageplan und im Kräfteplan *(Bild 212.1)* auftreten, so finden Sie

$$\frac{F_y}{F_z} = -\frac{y}{r} \text{ oder } F_y = -\frac{F_z}{r}\,y. \qquad (212.1)$$

Das Minuszeichen ergibt sich, weil in *Bild 212.1* zu einer nach oben weisenden Elongation eine Kraft F_y gehört, die nach unten gerichtet ist und umgekehrt. Setzen wir für die Zentripetalkraft F_z den Wert aus *Gl. 211.2* ein, so erhalten wir

$$F_y = -\frac{4\pi^2 m}{T^2}\,y \text{ oder}$$

$$F_y = -D\,y \text{ mit } D=\frac{4\pi^2 m}{T^2}=\text{konst.} \qquad (212.2)$$

Mit dieser Gleichung haben wir ein sehr interessantes Ergebnis gewonnen:

- Die Kraftkomponente F_y ist der Elongation y stets entgegengerichtet;
- es gilt ein lineares Kraftgesetz $F_y = -D\,y$.

In der gleichförmigen Kreisbewegung eines Körpers steckt demnach eine harmonische Schwingung: Sie haben in der besonderen Blickrichtung des Versuchs 2 den Stopfen so gesehen, als ob er *harmonisch* schwingen würde.

Wie kann man nun erreichen, daß aus diesem „als ob" Wirklichkeit wird, der Stopfen also *tatsächlich* harmonisch schwingt? – Ganz einfach: Man tut nicht nur so, als ob die Kraftkomponente F_x gar nicht da wäre, sondern

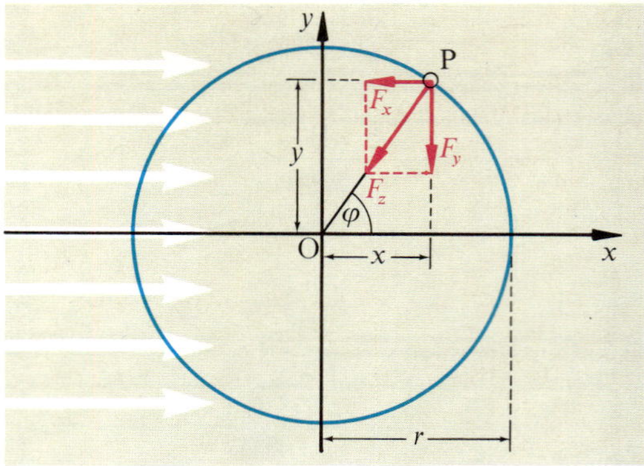

212.1 Aus der Kreisbewegung des Massenpunktes P wird eine harmonische Schwingung herausgeschält.

schaltet sie wirklich aus, macht also $F_x = 0$ und läßt auf den Stopfen nur noch die Kraft $F_y = -D\,y$ wirken. Dies kann man z.B. durch Federn mit der entsprechenden Richtgröße D realisieren. Damit haben wir aus der zweidimensionalen Kreisbewegung eines Körpers der Masse m eine eindimensionale harmonische Schwingung herausgeschält. Dabei ist der Kreisradius r zur Amplitude $\hat{s} = r$, die Umlaufdauer T zur gleich großen **Periodendauer *T*** geworden. Diese verwandtschaftlichen Beziehungen wollen wir nun sofort ausnutzen: Wir dürfen die ursprünglich für die *Umlaufdauer T* der Kreisbewegung gültige Gleichung $D=\frac{4\pi^2 m}{T^2}$ auf die *Periodendauer T* der harmonischen Schwingung übertragen und erhalten

$$T^2 = 4\pi^2\,\frac{m}{D} \text{ oder } \boldsymbol{T = 2\pi\sqrt{\frac{m}{D}}}. \qquad \mathbf{(212.3)}$$

Versuch 3: Der Fahrbahnwagen aus Versuch 1 besitzt die Masse $m = 1{,}50$ kg; die Federhärte der einen Feder beträgt $D_1 = 5{,}26$ N/m, die der anderen $D_2 = 5{,}20$ N/m; also ist die Richtgröße der Anordnung $D = 10{,}46$ N/m. Wir lenken den Wagen aus seiner Gleichgewichtslage aus und geben ihn dann zur Schwingung frei. Dabei messen wir die Periodendauer $T = 2{,}40$ s.

Aus *Gl. 212.3* folgt $T = 2\pi\sqrt{\frac{m}{D}} = 2{,}38$ s. Unser Versuchsergebnis stimmt also gut mit dem theoretisch vorhergesagten Wert überein.

Die *gemessene* Periodendauer liegt etwas höher als die *berechnete*. Diese Abweichung ist nicht allein durch Meßfehler entstanden. Sie rührt zum Teil auch daher, daß die *Federmasse* unberücksichtigt blieb. Die Feder selbst beteiligt sich ja ebenfalls an der Schwingung. Da ihre einzelnen Teile dabei aber verschieden große Elongationen erfahren, wäre es falsch, bei der Berechnung der Periodendauer T zur Masse m_K des schwingenden Körpers einfach noch die Federmasse m_F zu addieren. Eine genaue Rechnung zeigt, daß in *Gl. 212.3* als gesamte schwingende Masse $m = m_K + \frac{1}{3} m_F$ einzusetzen ist. Wenn $m_F \ll m_K$ ist, kann die Masse der Feder vernachlässigt werden.

In *Gl. 212.3* kommt $\hat{s}$ nicht vor; die Periodendauer T der harmonischen Schwingung ist demnach von der Amplitude unabhängig. Dies ist leicht einzusehen: Vergrößert man nämlich die Amplitude, so wächst zwar der zurückzulegende Weg; proportional dazu nehmen aber auch die Rückstellkräfte der Federn und damit die Beschleunigungen und Geschwindigkeiten zu. Deshalb braucht der Schwinger für einen Hin- und Hergang trotz der vergrößerten Strecke immer noch dieselbe Zeit T.

Weiter können wir der *Gl. 212.3* entnehmen, daß die Periodendauer T mit der Masse m des Schwingers wächst. Das ist verständlich, denn eine *Vergrößerung* der Masse hat eine *Verkleinerung* der Beschleunigung zur Folge; der Schwinger ändert dann seine Geschwindigkeit nicht mehr so rasch und braucht deshalb zu einem Hin- und Hergang mehr Zeit.

Die Richtgröße D steht im Nenner der *Gl. 212.3*. Härtere Federn verkürzen demnach die Periodendauer T. Auch das ist klar, denn härtere Federn beschleunigen die gesamte Anordnung bei gleicher Auslenkung stärker und verkleinern deshalb die Zeit für einen Hin- und Hergang des Schwingers.

Die Periodendauer eines harmonischen Schwingers mit der Masse m und der Richtgröße D beträgt $T = 2\pi\sqrt{\frac{m}{D}}$.

5. Die Verwandtschaft wird weiter ausgenutzt

Aus der Verwandtschaft mit der Kreisbewegung lassen sich noch weitere Gesetzmäßigkeiten der harmonischen Schwingung herausfinden. Betrachten Sie dazu *Bild 213.1:* Es zeigt in einer Momentaufnahme einen Körper K′ der Masse m, der im Gegenuhrzeigersinn auf einem Kreis mit dem Radius $r = \hat{s}$ umläuft und einen weiteren Körper K derselben Masse, der sich längs einer s-Achse bewegt. Dabei soll K dem Körper K′ wie ein Schatten folgen, d.h. seine Elongation s sei in jedem Augenblick gleich der Ordinate y des auf dem Kreis umlaufenden Körpers K′. Wie Sie wissen, schwingt dann der Körper K längs der s-Achse

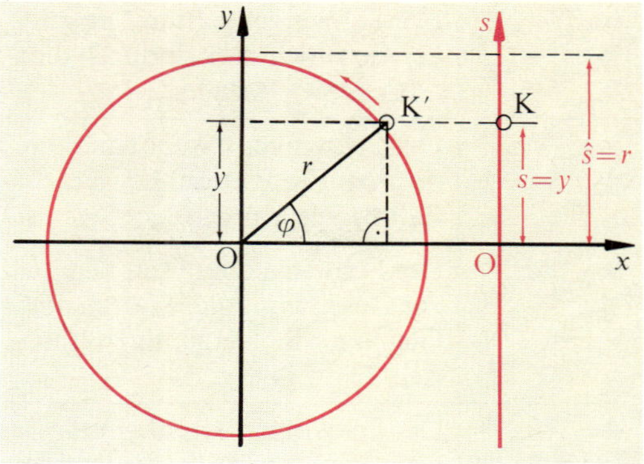

213.1 Die Verwandtschaft zwischen Kreisbewegung und harmonischer Schwingung

harmonisch mit der Amplitude $\hat{s} = r$ und der Richtgröße $D = \dfrac{4\pi^2 m}{T^2}$. Dabei bedeutet T sowohl die *Umlaufdauer* von K′ als auch die *Periodendauer* von K.

Den Schwingungszustand, in dem sich der Körper K *(Bild 213.1)* momentan befindet, könnte man etwa so beschreiben: „K bewegt sich im Augenblick in Richtung der positiven s-Achse; dabei hat er etwa 60% seiner Amplitude erreicht.“

Man kann aber auch sagen: „Der Drehwinkel der zugehörigen Kreisbewegung beträgt momentan $\varphi = 40°$.“ Das ist viel einfacher – und zudem präziser! Auf diese Weise ist jede einzelne Schwingungsphase durch den ihr entsprechenden **Phasenwinkel** φ eindeutig gekennzeichnet.

Diese Art der Beschreibung des momentanen Schwingungszustandes hat den Vorteil, von der Amplitude unabhängig zu sein.

Bild 213.1 entnehmen wir die Beziehung $\sin\varphi = y/r$, daraus folgt $y = r \cdot \sin\varphi$. Nach der Definition der Winkelfunktionen im Einheitskreis gilt dies nicht nur für Winkel $\varphi < 90°$ (wie in *Bild 213.1* gezeichnet), sondern für beliebig große Phasenwinkel φ.

Die der Kreisbewegung zugeordnete harmonische Schwingung hat die Elongation $s = y$ und die Amplitude $\hat{s} = r$. Damit gilt für die Abhängigkeit der Elongation s einer harmonischen Schwingung vom Phasenwinkel φ

$$s(\varphi) = \hat{s} \cdot \sin\varphi. \qquad (213.1)$$

Insbesondere ergeben sich folgende Zuordnungen:

$\varphi=0°$ $\triangleq 0$	Der Schwinger geht mit positiver Geschwindigkeit durch die Gleichgewichtslage.
$\varphi=90°$ $\triangleq \pi/2$	Der Schwinger hat maximale positive Elongation. Es ist die Zeit $T/4$ vergangen.
$\varphi=180°$ $\triangleq \pi$	Der Schwinger geht mit negativer Geschwindigkeit durch die Gleichgewichtslage. Es ist die Zeit $T/2$ vergangen.
$\varphi=270°$ $\triangleq 3\pi/2$	Der Schwinger hat maximale negative Elongation. Es ist die Zeit $3T/4$ vergangen.
$\varphi=360°$ $\triangleq 2\pi$	Der Schwinger hat dieselbe Schwingungsphase wie bei $\varphi=0°$. Es ist die Zeit T vergangen: Die Schwingung wiederholt sich.

Auch die *Momentangeschwindigkeit* v des Schwingers hängt vom zugehörigen Phasenwinkel φ ab. Betrachten Sie dazu *Bild 214.1*: Der Körper K′ läuft mit der Geschwindigkeit $v_K=\frac{2\pi r}{T}$ auf dem Kreis um. Wie Sie wissen, wird aus dieser zweidimensionalen Bewegung eine harmonische Schwingung, wenn wir ihr eine der beiden Dimensionen „wegnehmen". Dazu ersetzen wir $\vec{v}_K$ durch die beiden Komponenten $\vec{v}_x$ und $\vec{v}_y$. Für den Geschwindigkeitsvektor $\vec{v}$ des der Kreisbewegung zugeordneten harmonisch schwingenden Körpers K bleibt dann nur noch die Komponente $\vec{v}_y$ übrig. Seine Geschwindigkeit beträgt also $v=v_y$.

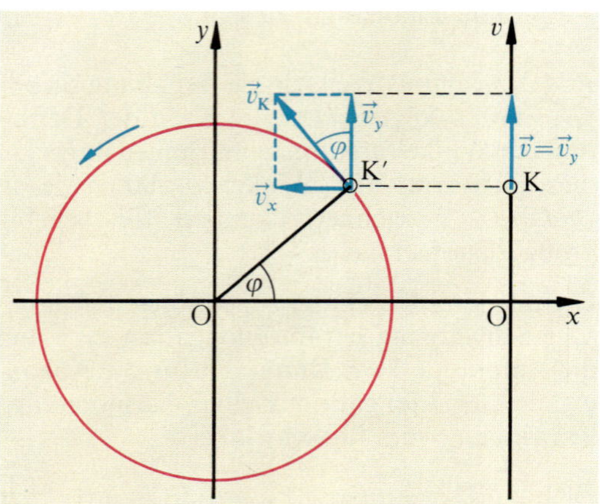

214.1 Momentangeschwindigkeit $\vec{v}$ bei der harmonischen Schwingung

Nun kommt der Phasenwinkel φ auch im Geschwindigkeitsparallelogramm vor *(Bild 214.1)*. Wir entnehmen ihm die Beziehung $\frac{v_y}{v_K}=\cos\varphi$; daraus folgt $v_y=v_K\cdot\cos\varphi=\frac{2\pi r}{T}\cdot\cos\varphi$. Für die Geschwindigkeit v des harmonisch schwingenden Körpers K bedeutet dies

$$v(\varphi) = \frac{2\pi\hat{s}}{T}\cdot\cos\varphi. \qquad (214.1)$$

Bei der zu einer harmonischen Schwingung gehörigen Kreisbewegung ist der Betrag der Geschwindigkeit und damit auch die Umlaufdauer T konstant. Dabei werden in gleichen Zeiten stets gleiche Phasenwinkel überstrichen. Ordnen wir dem Phasenwinkel $\varphi=0$ die Zeit $t=0$ zu, drücken also unsere Stoppuhr gerade dann, wenn $\varphi=0$ ist, so wächst der Phasenwinkel φ proportional zur Zeit t: Es gilt $\varphi\sim t$ oder $\frac{\varphi}{t}=\omega=$konstant. Daraus folgt

$$\varphi=\omega t. \qquad (214.2)$$

Die Konstante $\omega = \dfrac{\text{überstrichener Winkel } \varphi}{\text{dafür benötigte Zeit } t}$

wird als **Winkelgeschwindigkeit** bezeichnet (Seite 148). Es ist zweckmäßig, die Winkelgeschwindigkeit im Bogenmaß anzugeben; ihre Maßeinheit ist dann 1/s. Zum Winkel $\varphi=2\pi$ gehört die Zeit $t=T$; daraus folgt

$$\omega = \frac{2\pi}{T} = 2\pi f. \qquad (214.3)$$

Aus der Periodendauer $T=2\pi\sqrt{\frac{m}{D}}$ folgt für die einer harmonischen Schwingung zugeordnete Winkelgeschwindigkeit

$$\omega = \sqrt{\frac{D}{m}}. \qquad (214.4)$$

Mit der Gleichung $\varphi=\omega t$ kennen Sie nun den Zusammenhang zwischen dem Phasenwinkel φ und der Zeit t. Setzen Sie $\varphi=\omega t$ in *Gl. 213.1* ein, so erhalten Sie das *Elongation-Zeit-Gesetz* der harmonischen Schwingung

$$s(t) = \hat{s}\cdot\sin\omega t. \qquad (214.5)$$

Das zugehörige Schaubild ist eine Sinuskurve *(Bild 215.1)*. Aus *Gl. 214.1* und *214.2* folgt

$$v(t) = \frac{2\pi}{T}\hat{s}\cdot\cos\omega t.$$

Nun ist aber $\frac{2\pi}{T}=\omega$; damit lautet das *Geschwindigkeits-Zeit-Gesetz* der harmonischen Schwingung

$$v(t) = \omega\,\hat{s}\cdot\cos\omega t. \qquad (214.6)$$

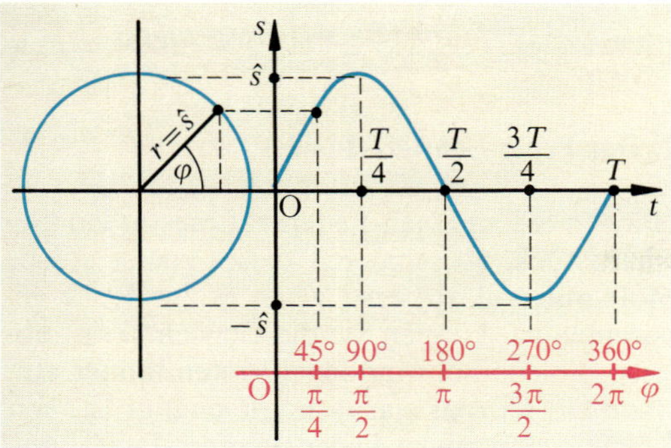

215.1 Schaubild des Elongation-Zeit-Gesetzes einer harmonischen Schwingung

Das Schaubild ergibt nach *Bild 215.2* eine Kosinuskurve.

Elongation-Zeit-Gesetz *(214.5)* und Geschwindigkeits-Zeit-Gesetz *(214.6)* gelten in dieser Form nur, wenn der Zeitnullpunkt $t=0$ mit dem Phasenwinkel $\varphi=0$ zusammenfällt.

Für eine harmonische Schwingung gilt das Elongation-Zeit-Gesetz

$$s(t) = \hat{s} \cdot \sin \omega t \qquad (215.1)$$

und das Geschwindigkeits-Zeit-Gesetz

$$v(t) = \omega \hat{s} \cdot \cos \omega t \qquad (215.2)$$

$$\text{mit } \omega = \frac{2\pi}{T} = 2\pi f = \sqrt{\frac{D}{m}}. \qquad (215.3)$$

Dabei muß der Zeitnullpunkt so gelegt werden, daß zur Zeit $t=0$ der Phasenwinkel $\varphi=\omega t=0$ ist. $f=1/T$ ist die Frequenz.

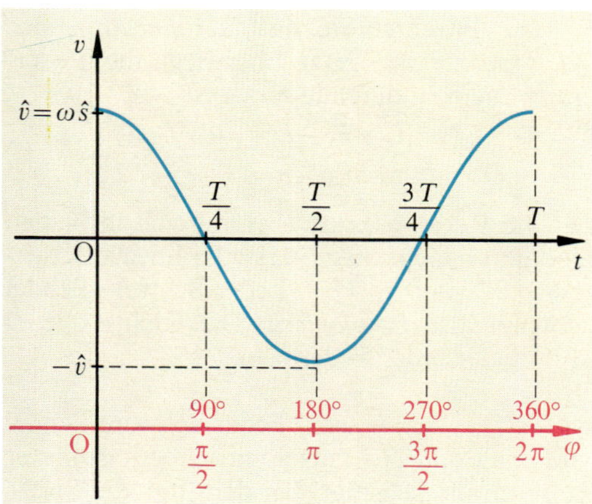

215.2 Das Schaubild des zugehörigen Geschwindigkeits-Zeit-Gesetzes ist eine Kosinuskurve.

Versuch 4: Wir befestigen an dem zwischen zwei Federn eingespannten Fahrbahnwagen des Versuchs 1 einen Streifen der Breite $\Delta s=1{,}0$ cm. Er unterbricht eine Lichtschranke, die an verschiedenen Stellen der Bahn aufgestellt werden kann. Die Dunkelzeit Δt wird mit einem Kurzzeitmesser bestimmt. Aus $v=\frac{\Delta s}{\Delta t}$ folgt dann die Momentangeschwindigkeit des Schwingers.

a) Wir stellen die Lichtschranke so auf, daß die Geschwindigkeit beim Durchgang durch die *Gleichgewichtslage* registriert wird. Dann lenken wir den Wagen um 10 cm nach links aus, lassen ihn los und fangen ihn nach der Messung wieder ab. Dabei stellen wir die Dunkelzeit $\Delta t=0{,}038$ s fest; die Geschwindigkeit des Wagens beim Nulldurchgang beträgt also $v=\frac{\Delta s}{\Delta t}=0{,}26$ m/s.

Was sagt nun das Geschwindigkeits-Zeit-Gesetz dazu? – Für den Nulldurchgang ist $t=0$ s zu setzen. Dabei nimmt $\cos\omega t=\cos 0=1$ seinen Höchstwert an: Die Geschwindigkeit besitzt also in diesem Augenblick ihren maximalen Betrag $\hat{v}=\omega\hat{s}$. Die Amplitude der Schwingung wird durch die erste Auslenkung bestimmt, beträgt also $\hat{s}=0{,}10$ m. Aus $D=10{,}46$ N/m und der Masse $m=1{,}5$ kg folgt $\omega=\sqrt{\frac{D}{m}}=2{,}64\ \text{s}^{-1}$. Demnach erwarten wir für die Geschwindigkeit beim Nulldurchgang $\hat{v}=2{,}64\ \text{s}^{-1}\cdot 0{,}10\ \text{m}=0{,}26$ m/s. Berechnete und gemessene Geschwindigkeit stimmen also gut miteinander überein.

b) Nun stellen wir die Lichtschranke 4 cm rechts der Gleichgewichtslage auf, also an der Stelle mit der Elongation $s=0{,}04$ m. Anschließend lenken wir den Wagen wieder um 10 cm nach links aus und lassen ihn dann los. Dabei messen wir die Geschwindigkeit $v=\frac{\Delta s}{\Delta t}=0{,}23$ m/s.

Zur theoretischen Nachprüfung dieses Wertes müssen wir zunächst aus dem Elongation-Zeit-Gesetz $s(\varphi)=\hat{s}\cdot\sin\varphi$ den Phasenwinkel φ berechnen: Aus $s=0{,}04$ m und der Amplitude $\hat{s}=0{,}10$ m folgt $\sin\varphi=\frac{s}{\hat{s}}=0{,}4$, also $\varphi=23{,}58°$. Wir setzen diesen Wert in $v(\varphi)=\hat{v}\cdot\cos\varphi$ ein und erhalten mit $\hat{v}=0{,}26$ m/s die Geschwindigkeit $v=0{,}26\ \text{m/s}\cdot\cos\ 23{,}58°=0{,}24$ m/s. Auch hier ist also der berechnete Geschwindigkeitswert etwa gleich dem gemessenen.

Damit haben wir für beide Bewegungsgesetze der harmonischen Schwingung eine gute Übereinstimmung von Theorie und Experiment gefunden.

Aufgaben:

1. *Der Wagen in Versuch 1 hat die Masse* $m = 0{,}60$ kg; *die Richtgröße der einen Feder beträgt* 9,50 N/m. *Wie groß muß man die Richtgröße der anderen Feder wählen, damit das System mit der Periodendauer* $T = 1{,}00$ s *schwingt? – Wie ändert sich T, wenn m verdoppelt wird?*

2. *Der Wagen in Versuch 1 hat die Masse* 0,5 kg; *die Härte der Federn beträgt* $D_1 = 8{,}0$ N/m *bzw.* $D_2 = 12$ N/m. *Er wird um* 8,0 cm *nach links ausgelenkt und anschließend losgelassen. a) Mit welcher Periodendauer schwingt er dann? b) Wo befindet er sich 0,6 Sekunden nach dem ersten Nulldurchgang? Welche Geschwindigkeit hat er in diesem Augenblick? c) In welchem Bruchteil der Periodendauer T wird der Wagen aus der Gleichgewichtslage um* 4 cm *ausgelenkt? d) Wie groß ist seine Geschwindigkeit* 6 cm *links der Gleichgewichtslage?*

3. *Ein Körper schwingt harmonisch mit der Frequenz* $f = 0{,}8$ Hz *und der Amplitude* $\hat{s} = 10$ cm. *a) Mit welcher Geschwindigkeit geht er durch die Gleichgewichtslage? b) An welchen Stellen hat er die Geschwindigkeit* $v = 0{,}25$ m/s?

4. *Ein Körper der Masse* $m = 0{,}8$ kg *schwingt nach dem Elongation-Zeit-Gesetz* $s = \hat{s} \cdot \sin \omega t$ *mit der Frequenz* $f = 2$ Hz *und der Amplitude* $\hat{s} = 20$ cm. *a) Mit welcher Umlaufdauer und auf welchem Radius muß ein Körper derselben Masse umlaufen, damit die gegebene Schwingung aus der Projektion dieser Kreisbewegung hervorgeht? b) Berechnen Sie die Zentripetalkraft, die dazu nötig ist! Wie lautet demnach das Kraft-Zeit-Gesetz der vorliegenden Schwingung? c) Zeigen Sie, daß bei dieser Schwingung die Kraft zur Elongation proportional ist und berechnen Sie die Richtgröße D! d) Berechnen Sie zur Kontrolle aus Gl. 215.3 die Frequenz!*

5. *Führt der Wagen in Bild 216.1 eine harmonische Schwingung aus?*

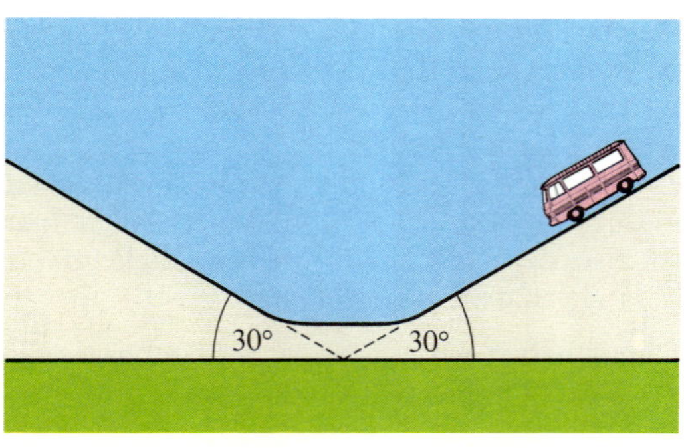

216.1 Zu Aufgabe 5

§ 63 Harmonische Schwingungen

1. Das Feder-Schwere-Pendel

Hängen Sie an einen Federkraftmesser ein Gewichtsstück, so schaukelt dieses zuerst etliche Male auf und ab; erst, wenn es zur Ruhe gekommen ist, können Sie die Gewichtskraft ablesen. Solche Schwingungen treten immer auf, wenn ein Körper elastisch aufgehängt ist. Wir wollen sie an einem **Feder-Schwere-Pendel** studieren, das nach *Bild 217.1* aus einer vertikal aufgehängten Schraubenfeder (Federhärte D) und einem darangehängten Körper der Masse m besteht.

Damit wir seine Bewegung beschreiben können, führen wir eine vertikale s-Achse ein; dabei wollen wir nach *oben* gerichtete Elongationen, Geschwindigkeiten und Kräfte *positiv* rechnen, nach *unten* gerichtete *negativ*.

a) In der Gleichgewichtslage hebt die nach oben gerichtete (positive) Zugkraft F_1 der Feder die nach unten gerichtete (negative) Gewichtskraft $G = mg$ gerade auf. Es gilt also $G = -F_1$ oder $G + F_1 = 0$ *(Bild 217.1a)*.

b) Nun werde der Körper um die Strecke $s > 0$ nach *oben* ausgelenkt. Dann *verkleinert* sich die nach oben wirkende Zugkraft der Feder auf $F_1^* = F_1 - Ds$. Die Gewichtskraft überwiegt: Es ergibt sich eine resultierende Kraft

$$F = G + F_1^* = G + F_1 - D\,s = 0 - D\,s$$
$$= -D\,s < 0 \text{ nach } \textit{unten} \quad \textit{(Bild 217.1b)}.$$

c) Lenkt man den Körper um die Strecke $s < 0$ nach *unten* aus, so *vergrößert* sich die nach oben wirkende Zugkraft der Feder auf $F_2^* = F_1 - D\,s$. Beachten Sie, daß hier *s negativ*, also $-D\,s$ *positiv* ist! Jetzt überwiegt die Federkraft: Die resultierende Kraft ist

$$F = G + F_2^* = G + F_1 - D\,s = 0 - D\,s$$
$$= -D\,s > 0 \text{ nach } \textit{oben} \quad \textit{(Bild 217.1c)}.$$

Für die Rückstellkraft F ergibt sich in beiden Elongationsrichtungen dasselbe lineare Kraftgesetz $F = -D\,s$. Das Feder-Schwere-Pendel schwingt also *harmonisch*. Die Richtgröße D ist hier gleich der Federhärte.

Versuch 5: An einem Feder-Schwere-Pendel wird nach *Bild 217.2* als Sonde ein gut isolierter Kupferdraht befestigt, bei dem nur die Spitze S blank ist. Der Draht wird leitend mit der Feder verbunden. Schwingt nun der Körper auf und ab, so taucht S mehr oder weniger weit in einen Glastrog. Dieser ist mit Wasser gefüllt, in dem zur Verbesserung der Leitfähigkeit etwas $CuCl_2$ gelöst wurde. K_1 und K_2 sind zwei Kupferdrähte, an die über gut isolierte Zuleitungen eine Gleichspannung von ungefähr 2 V gelegt wird. S wirkt wie der Gleitkontakt eines Potentiometers, der sich praktisch reibungsfrei bewegt. Zwischen S und einem der beiden Kupferdrähte kann deshalb eine Spannung abgegriffen werden, die ein Maß für die Elongation des Feder-Schwere-Pendels ist. Ein angeschlossener *t-y*-Schreiber zeichnet das Diagramm des Elongation-Zeit-Gesetzes auf *(Bild 217.3)*. Zweckmäßigerweise stellt man die Verstärkung so ein, daß die Elongationen des Schwingers im Maßstab 1:1 auf den Schreiber übertragen werden. Das Registrierpapier läuft mit der Geschwindigkeit 5,00 cm/s, d.h. 1 cm auf der *t*-Achse bedeutet eine Zeitdauer von 0,20 s.

Diesem Schaubild können Sie wesentliche Informationen über die Schwingung des Feder-Schwere-Pendels entnehmen:

- Das *s-t*-Diagramm ist eine **Sinuskurve;**
- die Amplitude beträgt $\hat{s}=3{,}80$ cm;
- Die Periodendauer ist $T=2{,}18$ s.
- Auch die Momentangeschwindigkeit v läßt sich aus dem Diagramm herauslesen. Da $v = \lim\limits_{\Delta t \to 0} \frac{\Delta s}{\Delta t}$ ist, erhält man sie jeweils aus der Steigung der Kurventangente. Für die (maximale) Geschwindigkeit $\hat{v}$ beim Nulldurchgang entnehmen Sie dem Steigungsdreieck die Katheten $\Delta s=4{,}40$ cm und $\Delta t=0{,}40$ s. Daraus folgt $\hat{v}=\Delta s/\Delta t=0{,}11$ m/s.

Der in diesem Versuch benutzte Schwinger besaß die Masse $m=0{,}50$ kg; die Federhärte betrug $D=4{,}15$ N/m. Daraus ergibt sich

$$\omega=\sqrt{D/m}=2{,}88\ \mathrm{s}^{-1}, \qquad T=2\pi/\omega=2{,}18\ \mathrm{s}$$

und $\hat{v} = \hat{s}\omega = 0{,}11$ m/s.

Diese nach den Formeln für die harmonische Schwingung errechneten Werte stimmen ausgezeichnet mit den experimentell gefundenen Daten überein.

Zur Kontrolle kann man mit $\hat{s}=3{,}80$ cm und $\omega=2{,}88\ \mathrm{s}^{-1}$ das *Schaubild* von $s=\hat{s}\cdot\sin\omega t$ anhand einer Wertetafel aufzeichnen. Wählt man den entsprechenden Maßstab, so erhält man genau dieselbe Kurve, wie sie der *t-y*-Schreiber in Versuch 5 erzeugt hat.

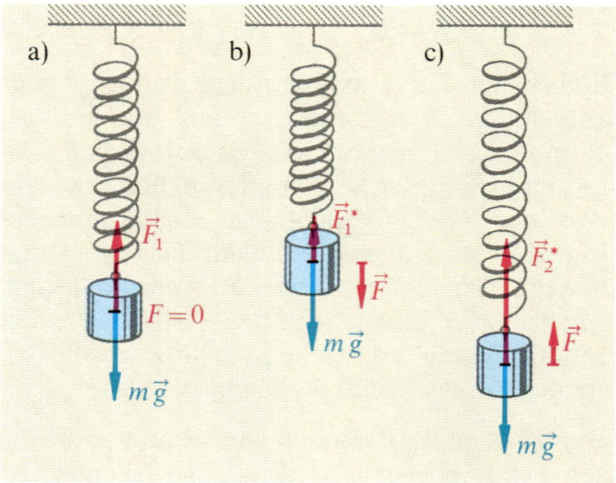

217.1 Feder-Schwere-Pendel; a) in der Gleichgewichtslage; b) die Schwere überwiegt; c) die Federkraft überwiegt

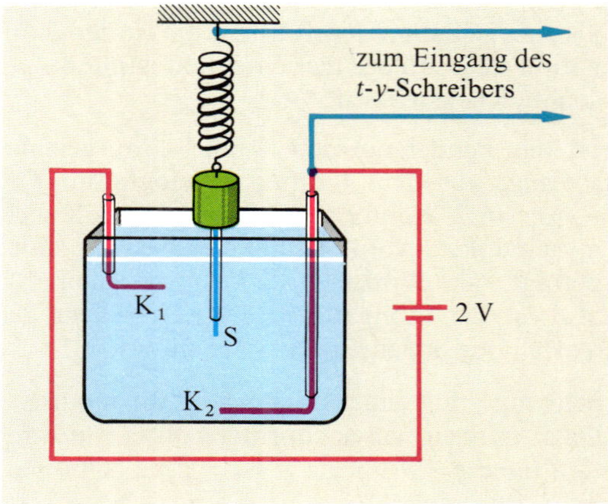

217.2 Die zwischen S und K_2 abgegriffene Spannung ist ein Maß für die Elongation.

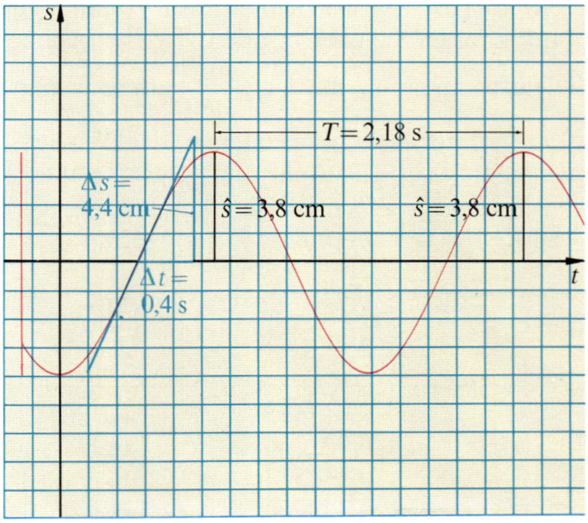

217.3 In Versuch 5 vom *t-y*-Schreiber aufgenommenes Diagramm

2. Das Fadenpendel

Eine kleine Kugel ist an einem dünnen Faden aufgehängt. Lenkt man sie aus und läßt sie dann los, so beginnt sie zu schwingen. Als Elongation dieser Schwingung nehmen wir die von der Gleichgewichtslage aus gemessene Länge s des Bogens, auf dem sich die Kugel bewegt. Wir rechnen sie *rechts* vom Nullpunkt *positiv, links* davon *negativ (Bild 218.1)*. Die entsprechende Vorzeichenregelung treffen wir auch für Geschwindigkeiten und Kräfte.

Die Rückstellkraft finden wir, wenn wir die auf den Pendelkörper der Masse m wirkende Gewichtskraft $\vec{G}=m\vec{g}$ nach *Bild 218.1* durch die beiden Komponenten $\vec{F}$ und $\vec{F}_1$ ersetzen. Die Komponente $\vec{F}$ ist tangential zur Kreisbahn gerichtet, $\vec{F}_1$ senkrecht dazu. $\vec{F}_1$ wird durch die Spannkraft des Fadens aufgehoben; $\vec{F}$ bleibt als einzige äußere Kraft übrig. Sie ist der Elongation stets entgegengerichtet und damit die gesuchte Rückstellkraft.

Ist das Pendel um den Winkel δ ausgelenkt, so folgt aus dem Kräfteparallelogramm $F=-mg\cdot\sin\delta$. Wenn l die Entfernung des Kugelmittelpunktes vom Aufhängepunkt ist, dann beträgt der Winkel $\delta=s/l$ (im Bogenmaß); also ist die Elongation $s=l\delta$. Hier liegt der Vorteil des Bogenmaßes (Seite 149).

Schwingt nun ein Fadenpendel harmonisch? Dazu müssen wir nachprüfen, ob ein lineares Kraftgesetz vorliegt: Ist der Quotient $\frac{F}{s}=-\frac{mg\cdot\sin\delta}{l\delta}$ konstant? – Leider *nicht*, denn der Bruch $\frac{\sin\delta}{\delta}$ läßt sich nicht etwa kürzen; sein Betrag ist vielmehr von δ abhängig. Nun können Sie aber mit dem Taschenrechner leicht nachprüfen, daß sich $\frac{\sin\delta}{\delta}$ um so weniger von 1 unterscheidet, je kleiner der Winkel δ gemacht wird (Rechner auf „rad" stellen!). Nach *Tabelle 218.1* ist die Abweichung vom Wert 1 für Winkel unter 10° geringer als 0,5%.

δ in Grad	δ im Bogenmaß	$\frac{\sin\delta}{\delta}$
1°	0,017453	0,99995
5°	0,087266	0,9987
10°	0,174533	0,9949
20°	0,349066	0,9798

Tabelle 218.1

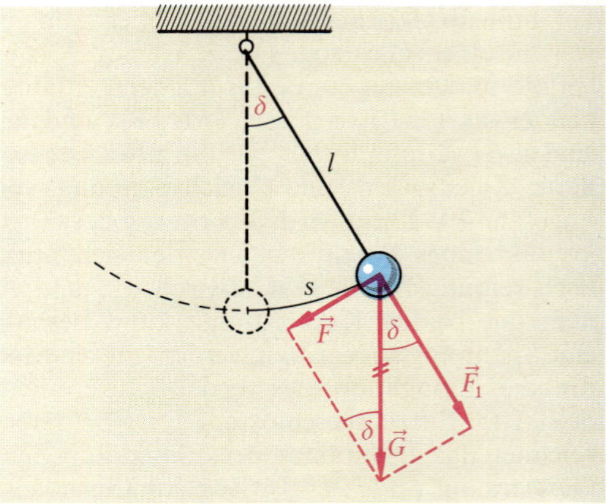

218.1 Kräfte am Fadenpendel

Ist also der Elongationswinkel δ klein, so dürfen wir näherungsweise $\sin\delta=\delta$ setzen. Dann wird $\frac{F}{s}=-\frac{mg}{l}\cdot\frac{\sin\delta}{\delta}=-\frac{mg}{l}=$ konstant.

Wir können demnach das Fadenpendel mit jeder gewünschten Genauigkeit als harmonischen Schwinger der Richtgröße $D=mg/l$ betrachten, wenn wir nur die Amplitude hinreichend klein wählen. Aus *Gl. 212.3* folgt dann für die Periodendauer $T=2\pi\sqrt{l/g}$.

Ein Fadenpendel schwingt bei hinreichend kleiner Amplitude harmonisch. Seine Periodendauer ist dann

$$T=2\pi\sqrt{\frac{l}{g}}\,. \qquad (218.1)$$

Versuch 6: Wir bauen ein Fadenpendel mit einer *kleinen* Kugel als Pendelkörper auf.

a) Wir lassen das Pendel mit kleiner Amplitude schwingen und ermitteln die Zeit für 100 Perioden. Bei $l=3{,}00$ m messen wir eine Periodendauer von $T=3{,}47$ s. Mit $g=9{,}81\ \text{m/s}^2$ finden wir *Gl. 218.1* gut bestätigt.

b) Wir wiederholen den Versuch; dabei lassen wir die Länge l unverändert, nehmen aber als Pendelkörper eine Kugel mit anderer Masse: Die Periodendauer T ist dieselbe wie vorher. Nach *Gl. 218.1* ist T von der Masse des Pendelkörpers unabhängig.

c) Nun lassen wir das Pendel sehr weit ausschwingen. Dabei erhalten wir eine etwas *größere* Periodendauer als vorher: *Gl. 218.1* gibt jetzt einen etwas zu kleinen Wert.

Mißt man bei einem Pendel, das mit kleiner Amplitude schwingt, die Länge l und die Periodendauer T, so kann man aus *Gl. 218.1* die Fallbeschleunigung g am Ort des Versuchs bestimmen. Im Mittel nimmt die Fallbeschleunigung an der Erdoberfläche vom Äquator zu den Polen kontinuierlich zu (vergleiche Seite 33). Außer diesen letztlich von der Erddrehung hervorgerufenen Veränderungen der Fallbeschleunigung beobachtet man noch weitere Abweichungen, die vom unterschiedlichen Aufbau der Erdkruste herrühren. Über Erzlagerstätten ist die Fallbeschleunigung vergrößert, über Salzlagern und Erdölvorkommen verkleinert.

3. Ein Versuch mit schwingender Flüssigkeit

Versuch 7: Ein U-Rohr, das an jeder Stelle denselben Querschnitt A besitzt, ist zum Teil mit einer Flüssigkeit der Dichte ϱ gefüllt *(Bild 219.1)*. Wenn man in einen der beiden Schenkel des U-Rohrs vorsichtig etwas Luft bläst, kommen die beiden Flüssigkeitssäulen aus dem Gleichgewicht. Gibt man sie anschließend frei, so schwingt die Flüssigkeit hin und her. – Können wir die Periodendauer T vorausberechnen?

Dazu führen wir nach *Bild 219.1* eine s-Achse ein. Ist nun die Flüssigkeit um die Strecke s aus ihrer Gleichgewichtslage ausgelenkt, so entsteht ein einseitiges Übergewicht, das von der Gewichtskraft $G=\varrho g V$ der überstehenden Flüssigkeitssäule mit der Grundfläche A und der Höhe $2s$ herrührt. Aus $V=2sA$ folgt $G=2sA\varrho g$. Diese Gewichtskraft wirkt als Rückstellkraft $F=-2sA\varrho g$. Sie ist zur Elongation s proportional, denn es gilt

$$F/s = -2A\varrho g = -D = \text{konstant}.$$

Es liegt also ein lineares Kraftgesetz vor. Deshalb dürfen wir für die Periodendauer T die *Gl. 212.3* verwenden und erhalten

$$T=2\pi\sqrt{\frac{m}{2A\varrho g}};$$

dabei ist m die Masse der gesamten eingefüllten Flüssigkeit. Ihr Volumen ist $V=Al$, ihre Masse $m=\varrho V$. Damit wird die Periodendauer

$$T=2\pi\sqrt{\frac{V}{2Ag}} = 2\pi\sqrt{\frac{l}{2g}}.$$

Die Periodendauer ist demnach von der Dichte der Flüssigkeit unabhängig.

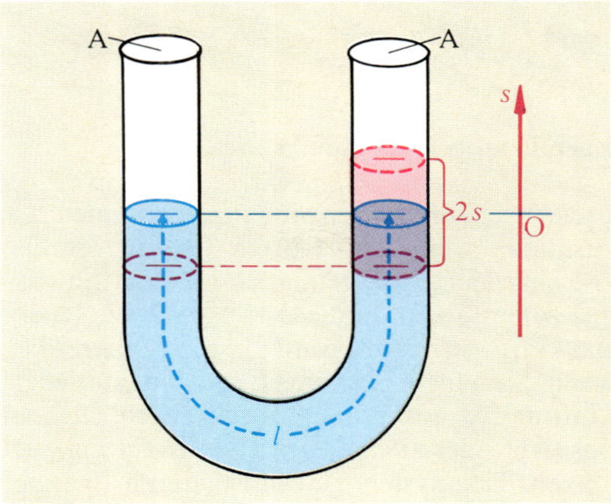

219.1 Zu Versuch 7

Aufgaben:

1. *Wie lang muß ein Fadenpendel sein, das an der Erdoberfläche* ($g=9{,}81$ m/s^2) *mit der Periodendauer* $T=1{,}00$ s *schwingt?*

2. *Ein Fadenpendel schwingt mit der Periodendauer* $T_1=2{,}15$ s. *Wenn man den Faden um* 80,0 cm *verlängert, erhöht sich die Periodendauer auf* $T_2=2{,}80$ s. *Berechnen Sie aus diesen Angaben die Fallbeschleunigung für den Ort, an dem das Pendel schwingt!*

3. *Hängt man einen Körper der Masse* 400 g *an eine Schraubenfeder, so verlängert sie sich um* 10 cm. *Mit welcher Periodendauer schwingt dieses Feder-Schwere-Pendel?*

4. *An eine Schraubenfeder* ($D=100$ N/m) *wird ein Körper der Masse* 800 g *gehängt, um* 4 cm *aus seiner Gleichgewichtslage nach unten gezogen und losgelassen. a) Mit welcher Periodendauer schwingt der Körper? – b) Welche Strecke hat er* 0,10 s *nach dem Nulldurchgang zurückgelegt? Welche Geschwindigkeit hat er dann?*

5. *Ein mit Schrotkugeln beschwertes Reagenzglas der Masse* $m=15$ g *schwimmt auf Wasser; seine Querschnittsfläche beträgt* $A=2{,}0$ cm^2. *Drückt man dieses Reagenzglas tiefer ein, so verdrängt es mehr Wasser und erfährt dadurch eine größere Auftriebskraft (sie ist nach Archimedes gleich der Gewichtskraft der verdrängten Flüssigkeit).*
a) Zeigen Sie, daß es nach dem Loslassen harmonisch schwingt! – b) Berechnen Sie die Periodendauer der Schwingung! – c) Mit welcher Geschwindigkeit bewegt sich das Reagenzglas durch die Gleichgewichtslage, wenn es zu Beginn 3 cm *tiefer ins Wasser gedrückt wurde? (Dichte von Wasser:* $\varrho=1000$ kg/m^3; $g=9{,}81$ m/s^2*).*

§ 64 Der Energiesatz bei Schwingungen

Energie im periodischen Wechsel

Freie mechanische Schwingungen kommen nur zustande, wenn ein Körper an eine stabile Gleichgewichtslage gebunden ist. Um ihn daraus zu entfernen, muß Arbeit gegen die Rückstellkraft verrichtet werden. Sie spüren das, wenn Sie einen Schwinger mit einem Federkraftmesser aus seiner Gleichgewichtslage in positiver oder auch in negativer Richtung auslenken: Das System gewinnt dadurch Energie; wir wollen sie **Elongationsenergie** nennen. Sie ist in der Gleichgewichtslage Null.

Betrachten wir einmal verschiedene Phasen einer freien mechanischen Schwingung:

a) In einem der Umkehrpunkte besitzt der Körper für einen Moment die Geschwindigkeit Null; seine kinetische Energie ist also Null, während die Elongationsenergie im selben Augenblick ihr Maximum erreicht hat.

b) Aus dieser Lage heraus wird der Körper nun beschleunigt, gewinnt also kinetische Energie auf Kosten seiner Elongationsenergie.

c) Beim Durchgang durch die Gleichgewichtslage hat dann die kinetische Energie ihr Maximum erreicht, die Elongationsenergie ihr Minimum: Sie ist Null geworden.

d) Die Elongationsenergie nimmt nun auf Kosten der kinetischen Energie wieder zu, bis sie im Umkehrpunkt abermals ein Maximum erreicht hat usw....

Ist keine Dämpfung vorhanden, so wandeln sich die beiden Energieformen periodisch ineinander um. *Dabei bleibt ihre Summe nach dem Energiesatz der Mechanik erhalten.*

Für die ungedämpfte *harmonische* Schwingung läßt sich dies sogar beweisen: Wenn ein lineares Kraftgesetz $F = -Ds$ vorliegt, ist die Elongationsenergie $W_{\text{Elong}} = \frac{1}{2}Ds^2$.

Aus dem Elongation-Zeit-Gesetz $s(t) = \hat{s} \cdot \sin \omega t$ folgt für die Elongationsenergie in einem beliebigen Augenblick t der harmonischen Schwingung

$$W_{\text{Elong}} = \tfrac{1}{2}D\hat{s}^2 \cdot \sin^2 \omega t. \qquad (220.1)$$

Zur selben Zeit t beträgt die kinetische Energie des Schwingers $W_{\text{kin}} = \frac{1}{2}m \cdot v^2(t)$. Mit dem Geschwindigkeits-Zeit-Gesetz $v(t) = \hat{s}\omega \cdot \cos \omega t$ erhalten wir

$$W_{\text{kin}} = \tfrac{1}{2}m\hat{s}^2\omega^2 \cdot \cos^2 \omega t. \qquad (220.2)$$

Da $\omega^2 = D/m$ ist, folgt

$$W_{\text{kin}} = \tfrac{1}{2}D\hat{s}^2 \cdot \cos^2 \omega t. \qquad (220.3)$$

Aus *Gl. 220.1* und *Gl. 220.3* folgt

$$W_{\text{Elong}} + W_{\text{kin}} = \tfrac{1}{2}D\hat{s}^2 \, (\sin^2 \omega t + \cos^2 \omega t).$$

Da stets $\sin^2 \omega t + \cos^2 \omega t = 1$ ist, erhalten wir

$$W_{\text{Elong}} + W_{\text{kin}} = \tfrac{1}{2}D\hat{s}^2 = \text{konstant}.$$

Die Summe aus Elongationsenergie und kinetischer Energie bleibt also stets konstant; sie ist gleich der Elongationsenergie $\frac{1}{2}D\hat{s}^2$, die bei der ersten Auslenkung in das System hineingesteckt wurde.

Mit $D = m\omega^2$ wird die Konstante zu $\frac{1}{2}m\omega^2\hat{s}^2$. Daraus folgt: Die Gesamtenergie des harmonischen Schwingers ist den Quadraten der Amplitude und der Frequenz (wegen $\omega = 2\pi f$) proportional.

Aufgaben:

1. *Ein Wagen der Masse* $m = 1{,}5$ kg *wird zwischen zwei Federn mit den Federhärten* $D_1 = 5{,}26$ N/m *und* $D_2 = 5{,}20$ N/m *eingespannt, um* 10 cm *aus seiner Gleichgewichtslage ausgelenkt und dann zur Schwingung freigegeben. Berechnen Sie mit Hilfe des Energieerhaltungssatzes a) die Geschwindigkeit des Wagens beim Nulldurchgang, b) seine Geschwindigkeit, die er* 4 cm *rechts von der Gleichgewichtslage hat! c) Vergleichen Sie Ihre Lösungen mit den Ergebnissen des Versuchs 4 (Seite 215)!*

2. *Ein Fadenpendel der Länge* $l = 1{,}20$ m *wird um* $\delta = 10°$ *aus seiner Gleichgewichtslage ausgelenkt. a) Wie groß ist seine Elongationsenergie? — b) Nun wird das Pendel losgelassen. Mit welcher Geschwindigkeit schwingt es durch die Gleichgewichtslage? — c) Setzen Sie die in a) gefundene Elongationsenergie gleich* $\frac{1}{2}Ds^2$ *und berechnen hieraus mit* $s = l \cdot \delta$ *die Richtgröße* D *(*δ *im Bogenmaß)! Vergleichen Sie Ihr Ergebnis mit der auf Seite 218 hergeleiteten Richtgröße!*

3. *In einem vertikalen Rohr mit dem Querschnitt* A *ist eine Flüssigkeit der Dichte* ϱ *bis zur Höhe* h *hochgepumpt worden. Mit welcher Kraft drängt die Flüssigkeit wieder zurück? Wie groß ist also die Richtgröße* D*? Zeigen Sie, daß die Flüssigkeit durch das Hochpumpen die Energie* $\frac{1}{2}mgh$ *gewonnen hat! Deuten Sie das Ergebnis!*

4. *Der Körper eines Feder-Schwere-Pendels hat die Masse* $m = 200$ g. *Er schwingt mit der Periodendauer* $T = 1{,}25$ s *und der Amplitude* $\hat{s} = 5{,}0$ cm. *Mit welcher Geschwindigkeit geht er durch den Punkt, der sich* 2 cm *über der Gleichgewichtslage befindet?*

§65 Gedämpfte Schwingungen

Bei unseren bisherigen Versuchen haben wir mechanische Schwingungen nur während relativ kurzer Zeiten beobachtet. Deshalb konnten wir die praktisch stets vorhandene allmähliche Abnahme der Amplitude außer acht lassen. Diese auf Seite 210 schon erwähnte **Dämpfung** entsteht vor allem wegen der unvermeidlichen *Reibung*, durch die im Lauf der Zeit immer mehr Energie als Wärme abgeführt wird.

Eine mechanische Schwingung kann auch noch auf andere Weise Energie verlieren. So erzeugt z.B. eine schwingende Stimmgabel nicht nur Wärme, sondern auch einen *Ton*. Dabei entsteht eine Dämpfung, weil ein Teil der in der Stimmgabel steckenden Schwingungsenergie durch eine *Schallwelle* abgestrahlt wird.

Im allgemeinen wirken bei der Dämpfung einer mechanischen Schwingung mehrere Arten von Reibung und die Abstrahlung von Energie gleichzeitig zusammen. Wir wollen jedoch nur Schwingungen untersuchen, bei denen *eine einzige* Dämpfungsursache überwiegt, während die übrigen Einflüsse vernachlässigt werden.

1. Dämpfung durch eine konstante Kraft

Der zwischen zwei Federn eingespannte Fahrbahnwagen des Versuchs 1 erfährt im wesentlichen eine konstante *Rollreibungskraft*. Betrachten wir also einmal eine harmonische mechanische Schwingung, die durch eine konstante Kraft F_R gebremst wird!

Im Umkehrpunkt P_1 mit der Amplitude $\hat{s}_1$ besitzt der Schwinger die Energie $W_1 = \frac{1}{2} D \hat{s}_1^2$.

Im darauffolgenden Umkehrpunkt P_2 mit der Amplitude $\hat{s}_2$ beträgt seine Energie $W_2 = \frac{1}{2} D \hat{s}_2^2$; sie ist kleiner geworden, da auf der Strecke $\overline{P_1 P_2}$ die mechanische Energie $F_R(\hat{s}_1 + \hat{s}_2)$ durch Reibung verloren ging. Die Energiebilanz ergibt

$\frac{1}{2} D \hat{s}_1^2 - \frac{1}{2} D \hat{s}_2^2 = F_R(\hat{s}_1 + \hat{s}_2)$ oder

$D(\hat{s}_1^2 - \hat{s}_2^2) = 2 F_R(\hat{s}_1 + \hat{s}_2)$. Daraus folgt

$D(\hat{s}_1 + \hat{s}_2) \cdot (\hat{s}_1 - \hat{s}_2) = 2 F_R(\hat{s}_1 + \hat{s}_2)$.

Wir dividieren beide Seiten dieser Gleichung durch $D(\hat{s}_1 + \hat{s}_2)$ und erhalten

$$\hat{s}_1 - \hat{s}_2 = 2 F_R / D = \text{konstant.} \quad (221.1)$$

Ein interessantes Ergebnis! Die Amplituden verringern sich von Umkehrpunkt zu Umkehrpunkt stets um denselben Betrag $2 F_R / D$; sie nehmen also nach einer *arithmetischen Folge* ab *(Bild 221.1)*.

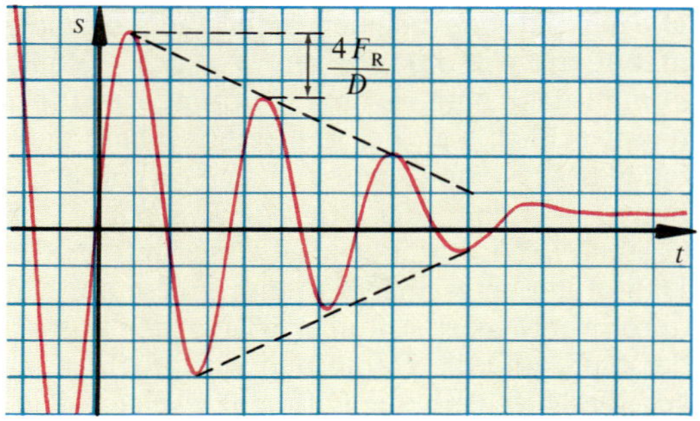

221.1 Bei konstanter Reibungskraft nehmen die Amplituden gleichmäßig ab.

Aus *Gl. 221.1* lesen wir ab, daß diese Abnahme – also die Dämpfung – proportional zur Reibungskraft und umgekehrt proportional zur Federhärte wächst. Beides ist einleuchtend: Bei einer größeren Reibungskraft geht die Energie schneller aus dem System hinaus; in einer härteren Feder steckt von Anfang an mehr Energie, die dann länger „vorhält".

Versuch 8: Wir befestigen an dem zwischen zwei Federn eingespannten Wagen einen Zeiger und bringen an der Fahrbahn einen Maßstab an. Dann lenken wir den Wagen aus und geben ihn zur Schwingung frei: Die Amplituden nehmen ziemlich genau nach einer arithmetischen Folge ab.

2. Und wenn die Reibungskraft nicht konstant ist?

Versuch 9: Wir nehmen nach Versuch 5 nochmals das Elongation-Zeit-Gesetz eines schwingenden Feder-Schwere-Pendels auf. Dabei lassen wir aber das Registrierpapier des *t-y*-Schreibers langsamer laufen als in Versuch 5. *Bild 221.2* zeigt das Ergebnis: Auch diese Schwingung ist gedämpft.

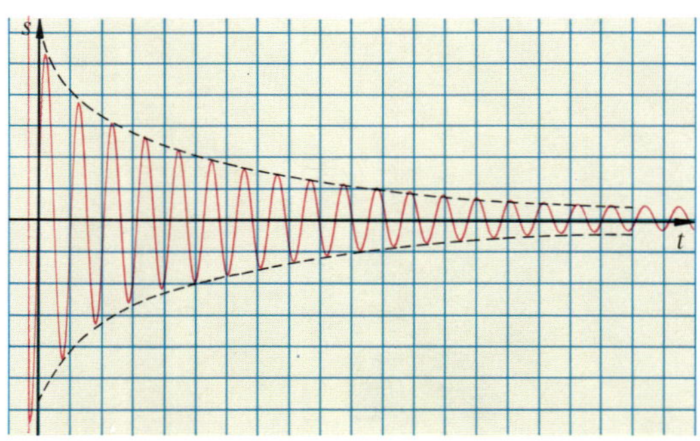

221.2 Hier beruht die Dämpfung hauptsächlich auf der Luftreibung.

Die Amplituden nehmen jedoch nicht gleichmäßig ab wie im vorigen Versuch. Woher kommt das? Nun – die Dämpfung rührt hier hauptsächlich von der Luftreibung her; diese hängt aber – im Gegensatz zur Festkörperreibung – von der *Geschwindigkeit* ab (Seite 47). Wird nun der Schwinger infolge der Dämpfung langsamer, so nimmt diese ab. Dadurch verkleinert sich aber wieder der Luftwiderstand, und die Dämpfung wird noch geringer. Deshalb bleibt die Differenz zweier aufeinanderfolgender Amplituden nicht konstant, sondern wird immer kleiner. Auf Seite 276 wird ein Programm angegeben, nach dem man das Elongation-Zeit-Gesetz der gedämpften harmonischen Schwingung mit dem Computer berechnen kann. Dabei stellt sich heraus, daß bei einer *gedämpften* harmonischen Schwingung die Periodendauer nicht mehr exakt $T=2\pi\sqrt{\frac{m}{D}}$ beträgt. Sie nimmt sowohl bei Luftreibung als auch bei konstanter Reibungskraft geringfügig zu.

3. Wie man die Dämpfung aufheben kann

Auch eine Schaukel schwingt gedämpft. Ein kleines Kind, das darauf sitzt, hat es nun aber nicht sehr gern, wenn die Schwingungsweite andauernd abnimmt – es möchte viel lieber ungedämpft schaukeln. Deshalb gibt man der Schaukel immer wieder im richtigen Moment einen kleinen Schubs, damit die Amplitude konstant bleibt. Physikalisch gesehen werden dabei die Dämpfungsverluste durch periodisch wiederkehrende „Energiespritzen" ersetzt. Dieses Prinzip des periodischen Energienachschubs wollen wir im nächsten Versuch an einem Feder-Schwere-Pendel ausprobieren.

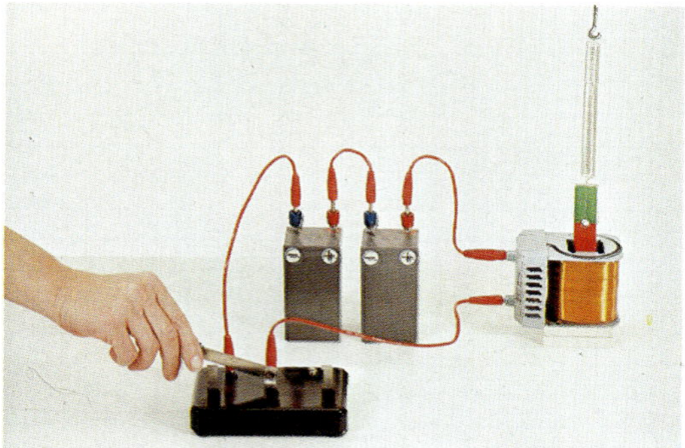

222.1 Betätigt man den Schalter S, so wird der Magnet nach unten gezogen.

Versuch 10: An einer Schraubenfeder hängt als Pendelkörper ein Stabmagnet über einer Spule mit etwa 500 Windungen *(Bild 222.1)*. Schließt man den Schalter S, so wird der Magnet bei passender Polung in die Spule hineingezogen. – Wenn Sie nun den Schalter S im richtigen Rhythmus betätigen, wird das Pendel wie die Schaukel in unserem Beispiel zu ungedämpften Schwingungen erregt. Sie finden leicht heraus, daß dazu S während des Abwärtsschwingens des Pendelkörpers *geschlossen* und während der Aufwärtsbewegung *geöffnet* sein muß.

Die *Eigenschwingung* des Feder-Schwere-Pendels schreibt Ihnen also den Takt vor, in dem Sie den Energienachschub von Hand mit Hilfe des Schalters S regeln müssen. Das ist etwas umständlich. Könnte man nicht den Schwinger veranlassen, von sich aus den Schalter selbsttätig zu schließen und zu öffnen?

Das läßt sich machen: Wir brauchen dazu nur einen anderen Schalter zu benutzen, nämlich einen *Transistor*. Das Besondere an ihm ist, daß er nicht von Hand bedient werden muß, sondern durch eine elektrische Spannung, die zwischen Basis und Emitter gelegt wird (Siehe Mittelstufenband, Seite 361). Der nächste Versuch zeigt, wie damit der Energienachschub vom Schwinger selbst gesteuert werden kann.

Versuch 11: Wir ersetzen den Schalter des vorigen Versuchs durch einen Transistor. Außerdem bringen wir nach *Bild 223.1* noch eine Spule mit hoher Windungszahl (z.B. 23000 Windungen) an, in deren Inneres der Pol eines weiteren Stabmagneten eintaucht.

Wenn der aus den beiden Stabmagneten bestehende Pendelkörper auf und ab schwingt, werden in der zweiten Spule Wechselspannungen induziert. Wir wählen die Anschlüsse zum npn-Transistor (durch Probieren) so, daß das mit der Basis B verbundene Spulenende beim Eintauchen des Magneten in die Spule *positiv,* beim Aufwärtsschwingen dagegen *negativ* wird. Den Spulenanschluß A verbinden wir mit dem Abgriff eines Spannungsteilers; diesen stellen wir so ein, daß zwischen A und dem Emitter E eine Spannung von $U_{EA} \approx 0{,}6$ V entsteht. Wenn nun der Pendelkörper abwärts schwingt, ist die Induktionsspannung U_{AB} so gepolt, daß sich ihr Betrag zu $U_{EA} \approx 0{,}6$ V *addiert*. Dadurch wird die Basis-Emitter-Spannung $U_{EB} > 0{,}6$ V: *Der Transistor leitet.*

Beim Aufwärtsschwingen dreht sich die Polung der Induktionsspannung U_{AB} um; jetzt *subtra-*

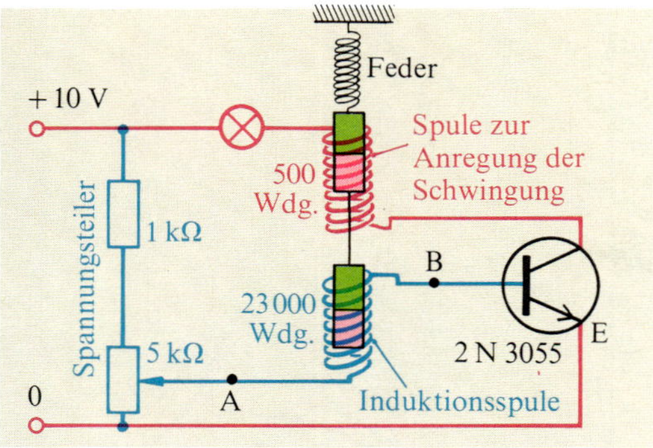

223.1 Die Rückkopplungsschaltung ersetzt Dämpfungsverluste durch periodische Energiespritzen. (Spulen nicht mit Eisenklammern haltern!)

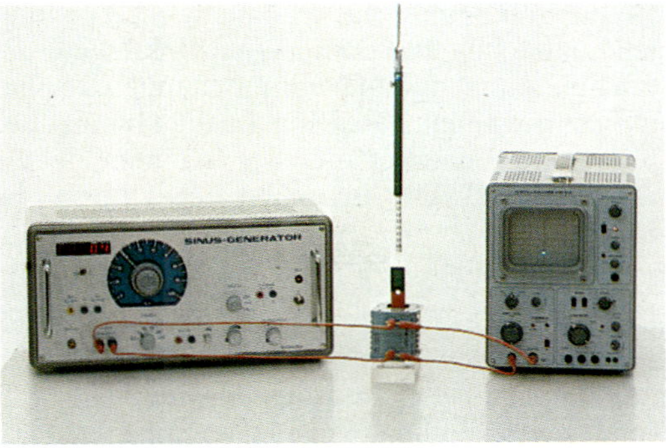

223.2 Der Elektromagnet übt auf den harmonischen Schwinger periodisch wechselnde Kräfte aus; sie führen zu erzwungenen Schwingungen.

hiert sich ihr Betrag von $U_{EA} \approx 0{,}6$ V, und die Basis-Emitter-Spannung wird $U_{EB} < 0{,}6$ V: *Der Transistor sperrt.*

Diese sogenannte **Rückkopplung** bewirkt, daß der Transistor wie in Versuch 10 – aber ohne unser Zutun – die Energiezufuhr immer im richtigen Augenblick ein- und ausschaltet: Das Feder-Schwere-Pendel wird zu Schwingungen mit anfangs immer größer werdenden Amplituden aufgeschaukelt. Dabei erhöht sich die Reibungsarbeit und damit auch der Energieverlust. Schließlich tritt ein Zustand ein, in dem die während einer Schwingungsperiode abgegebene Energie durch die in derselben Zeit zugeführte Energie gerade wieder ersetzt wird: Das Pendel schwingt *ungedämpft*. Das Lämpchen im Kollektorkreis blinkt im Takt der Schwingung und zeigt die periodisch erfolgende Energiezufuhr an.

4. Erzwungene Schwingungen

Im vorhergehenden Versuch bestimmte der Schwinger selbst den Takt des Energienachschubs, mit dem die Dämpfung aufgehoben wurde. Wie wird er sich wohl verhalten, wenn ihm *von außen* ein Rhythmus mit beliebiger Frequenz aufgezwungen wird? Macht er mit – oder ist er ein „Eigenbrötler", der nur mit seiner Eigenfrequenz schwingen kann?

Versuch 12: Als Schwinger benutzen wir wieder ein Feder-Schwere-Pendel. Es besteht aus einem Kraftmesser (1 N), an den ein Stabmagnet der Masse $m = 63$ g gehängt ist *(Bild 223.2)*.

Der Kraftmesser ist damit in der Gleichgewichtslage etwa zur Hälfte ausgelenkt. Eine Kraft von 0,1 N verlängert die Feder im Kraftmesser um 1 cm; die Federhärte ist also $D = 10$ N/m. Die Periodendauer dieses Feder-Schwere-Pendels beträgt

$$T_0 = 2\pi\sqrt{\frac{m}{D}} = 2\pi\sqrt{\frac{0{,}063}{10}}\ \text{s} = 0{,}50\ \text{s};$$

seine *Eigenfrequenz* $f_0 = 1/T_0 = 2{,}0$ Hz (Hertz).

Ein Pol des Stabmagneten taucht wie in Versuch 10 in eine Spule mit 500 Windungen ein. Sie wird von einem *Sinusgenerator* mit niederen Frequenzen gespeist; dadurch erfährt der in das Spuleninnere tauchende Stabmagnet *Kräfte,* die sich nach einem Sinusgesetz periodisch ändern und dabei am Magneten abwechselnd nach unten und oben ziehen. Damit wir den zeitlichen Verlauf dieser Kräfte verfolgen können, verbinden wir den Ausgang des Sinusgenerators mit einem *Oszilloskop.* Wir wählen die Anschlüsse (durch Probieren) so, daß die Ablenkung des auf dem Bildschirm erscheinenden Leuchtpunkts gleich gerichtet ist wie die entsprechende Kraft auf den Stabmagneten (die Sägezahnspannung zur x-Ablenkung wird abgeschaltet). Zur Messung der Erregerfrequenz f ist der Sinusgenerator außerdem noch mit einem elektronischen Zähler verbunden (in *Bild 223.2* links oben eingebaut).

Wir wollen wissen, ob das Feder-Schwere-Pendel nur mit seiner Eigenfrequenz $f_0 = 2{,}0$ Hz schwingen kann oder ob es sich auch zu Schwingungen mit anderen Frequenzen „überreden" läßt. Stellen wir also die Erregerfrequenz f so ein, daß sie deutlich von f_0 verschieden ist, z.B. auf $f = 0{,}5$ Hz! Dabei wird das Pendel zunächst einmal angestoßen – und dann wird's spannend: Das Feder-Schwere-Pendel versucht's zuerst ein bißchen mit seiner Eigenfrequenz! Diese klingt jedoch bald ab – und jetzt läßt sich das Pendel herumkriegen: Es schwingt ungedämpft nur noch mit der ihm aufgezwungenen Frequenz $f = 0{,}5$ Hz. An der Skala des Federkraftmessers können Sie die Amplitude $\hat{s}$ ablesen; sie ist verhältnismäßig klein.

Der auf und ab tanzende Leuchtpunkt auf dem Bildschirm des Oszilloskops zeigt an, daß die Elongation des Schwingers und die von außen auf ihn wirkende Kraft ungefähr im Gleichtakt (man sagt dazu auch „in Phase") sind.

Nun wiederholen wir den Versuch mit höheren Erregerfrequenzen. Dabei läßt sich das Feder-Schwere-Pendel jedesmal nach einer kurzen Einschwingzeit zu einer ungedämpften Schwingung mit derselben Frequenz wie der Erreger hinreißen.

Je näher die Zwangsfrequenz f an die Eigenfrequenz f_0 des Feder-Schwere-Pendels heranrückt, desto größer wird die Amplitude der erzwungenen Schwingung. Der tanzende Leuchtpunkt auf dem Bildschirm des Oszilloskops zeigt an, daß sich dabei die Phasenwinkel der Kraft und der Elongation immer mehr gegeneinander verschieben.

Liegt f schließlich ganz dicht bei f_0, so fühlt sich das Feder-Schwere-Pendel offenbar besonders stark angesprochen: Es schwingt mit maximaler Amplitude auf und ab. Dieser Zustand wird mit **Resonanz** bezeichnet. Am Oszilloskop sehen Sie, daß jetzt die auf den Schwinger von außen einwirkende Kraft der Elongation in der Phase etwa um eine Viertelperiode voraus ist: Die Phasenverschiebung zwischen Kraft und Elongation beträgt ca. 90°.

Wahrscheinlich haben Sie erwartet, daß sich die Resonanz genau dann einstellt, wenn $\boldsymbol{f = f_0}$ ist. Exakte Untersuchungen und Berechnungen zeigen jedoch, daß die Resonanzfrequenz wegen der Dämpfung etwas unterhalb der Eigenfrequenz f_0 des Schwingers liegt.

Erhöhen wir nun die Zwangsfrequenz über die Resonanzfrequenz hinaus, so nehmen die Amplituden $\hat{s}$ der erzwungenen Schwingung wieder ab. Am Oszilloskop erkennen Sie, daß dabei Kraft und Elongation immer mehr in Gegenphase geraten, also einer Phasenverschiebung von 180° zustreben.

Als Ergebnis unseres Versuchs tragen wir die Amplituden $\hat{s}$ in einem Schaubild über den Zwangsfrequenzen f auf. Dabei erhalten wir eine **Resonanzkurve** nach *Bild 224.1 a*.

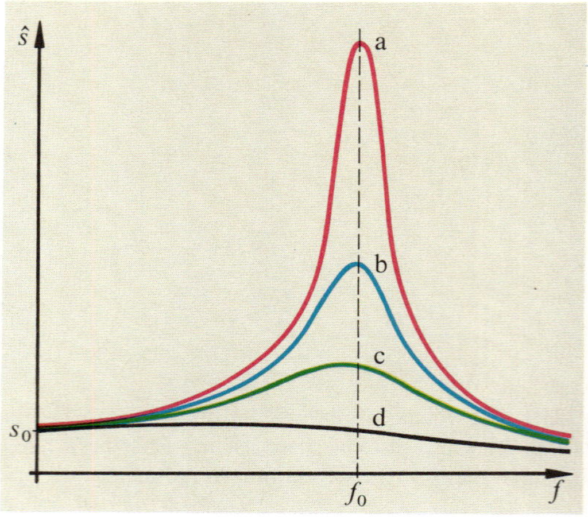

224.1 Resonanzkurven

224.2 Auch bei Kotflügeln kann es Resonanz geben.

224.3 Resonanzkatastrophe

Dämpfen wir die Schwingung stärker, indem wir den Magneten erst in Wasser, dann in Glycerin eintauchen lassen, so ist die Resonanzkurve immer weniger scharf ausgeprägt *(Bild 224.1 b* und *c)*. Bei sehr starker Dämpfung verschwindet das Maximum der Kurve schließlich ganz *(Bild 224.1 d)*.

Warum eilt eigentlich bei der Resonanz die Kraft $F(t)$ der Elongation $s(t)$ um eine Viertelperiode voraus? Nun – in diesem Fall zieht die Kraft gerade dann am stärksten nach unten, wenn die Elongation Null ist. Im selben Augenblick hat aber die nach unten gerichtete Geschwindigkeit ihren Höchstwert: *Bei Resonanz sind Kraft und Geschwindigkeit in Phase.* Das bedeutet, daß die Momentanleistung $P(t)=F(t)\cdot v(t)$ stets *positiv* ist: Die während einer Periode in den Schwinger „gepumpte" Energie ist *maximal.* Sind nämlich Kraft und Geschwindigkeit *nicht* in Phase, so treten während einer Schwingungsperiode in dem Produkt $F(t)\cdot v(t)$ auch negative Werte auf, d.h. der Schwinger erhält insgesamt weniger Energie als im Resonanzfall. Die Schwingung wird so weit aufgeschaukelt, bis die Energie, die dem System durch die Dämpfung entzogen wird, gleich der zugeführten Energie geworden ist.

Erzwungene Schwingungen spielen in vielen Gebieten der Physik eine Rolle, vor allem in der Akustik und der Rundfunktechnik, aber auch in der Optik. Manchmal wirken Resonanzerscheinungen auch störend, ja, sogar schädlich. So erregt z.B. der Motor eines Kraftfahrzeugs bei bestimmten Drehfrequenzen unter Umständen Teile der Karosserie zu Resonanzschwingungen. *Bild 224.2* zeigt ein Modellauto, an dem man solche Erscheinungen untersuchen kann; sein Motor hat offenbar gerade die Eigenfrequenz der Kotflügel erreicht. Feststehende Motoren in Fabriken können auf diese Weise sogar ganze Gebäudeteile zu Eigenschwingungen aufschaukeln. Wie sich solche schädlichen Resonanzerscheinungen verhindern lassen, zeigt Ihnen ein Blick auf die Resonanzkurven in *Bild 224.1.*

– Man achtet darauf, daß die Eigenfrequenzen schwingungsfähiger Bauteile nicht im Bereich der Erregerfrequenzen liegen;
– man sorgt für möglichst starke Dämpfung.

Gelegentlich ist es sogar schon zu einer *Resonanzkatastrophe* gekommen. So haben z.B. Windstöße eine Brücke so stark zu Eigenschwingungen aufgeschaukelt, daß sie schließlich auseinanderbrach *(Bild 224.3)*.

§ 66 Überlagerung von Schwingungen

1. Konzert für zwei Stimmgabeln

Aus der Akustik wissen Sie, daß Töne durch Schwingungen erzeugt werden. Physikalisch betrachtet besteht also ein Sinfonieorchester aus lauter Schwingern. Jedes einzelne Instrument versetzt (auf dem Weg über eine Schallwelle) das Trommelfell Ihres Ohres in Schwingungen. Das gesamte Orchester erzeugt auf diese Weise in dem *einen* Trommelfell ein gewaltiges Durcheinander von vielerlei Schwingungen. Im Gehirn wird dadurch die Empfindung eines Gesamtklangs geweckt. Die physikalisch komplizierten Vorgänge wollen wir auf die Grundfrage zurückführen: Was passiert, wenn eine Membran (z.B. in einem Mikrofon) oder das Trommelfell unseres Ohres gleichzeitig *zwei Sinusschwingungen derselben Frequenz* ausgesetzt wird?

Sinusschwingungen kann man mit *Stimmgabeln* erzeugen. Reduzieren wir also das anfangs genannte Sinfoniekonzert auf ein Konzert für zwei Stimmgabeln!

Versuch 13: **a)** Vor eine Stimmgabel wird ein Mikrofon gebracht, das mit einem Oszilloskop verbunden ist. Schlägt man sie an, so wird die Membran des Mikrofons zu erzwungenen Schwingungen angeregt; diese erzeugen elektrische Spannungen, die auf dem Bildschirm des angeschlossenen Oszilloskops die Elongation-Zeit-Funktion der Schwingung erscheinen lassen. Dabei sehen Sie eine Sinuskurve: Die Stimmgabel schwingt offenbar *harmonisch.*

b) Nun stellen wir neben der Stimmgabel noch eine zweite mit derselben Frequenz auf. Schlagen wir sie zusätzlich zur ersten Stimmgabel an, so entsteht nicht etwa eine zweite Kurve. Vielmehr sehen Sie nach wie vor eine einzige Sinuskurve; diese besitzt jedoch jetzt eine andere Amplitude. Sie ist meist größer als vorher. Wenn Sie genügend lange probieren, kann es aber auch einmal vorkommen, daß die Amplitude bei zwei Stimmgabeln kleiner wird als bei einer allein.

Was geht hier vor? Nun – die Membran des Mikrofons erfährt von beiden Stimmgabelschwingungen *Kräfte.* Diese wirken zusammen wie eine einzige Kraft: Die beiden Schwingungen *überlagern* sich. Dabei wollen wir uns auf den Fall beschränken, daß die Zinken der beiden gleichfrequenten Stimmgabeln jeweils dieselbe Schwingungsrichtung senkrecht zur Membranfläche einnehmen. Dann erhalten wir eine Überlagerung längs derselben Geraden, also ein *eindimensionales* Problem. Es läßt sich besonders einfach überblicken, wenn wir – wie auf Seite 213 – jeder der beiden harmonischen Schwingungen eine gleichförmige Kreisbewegung zugrundelegen.

Bild 226.1 zeigt die den zwei Schwingungen zugeordneten auf Kreisen umlaufenden Punkte P_1 und P_2. Wir wollen sie als Spitzen zweier Zeiger ansehen, die sich zusammen mit P_1 und P_2 gegen die Uhr drehen.

- Damit beide Schwingungen längs derselben Geraden erfolgen, legen wir die von den zwei Zeigern überstrichenen Kreisflächen mit gleichem Mittelpunkt in dieselbe x-y-Ebene.
- Die Projektion eines Zeigers auf die zur y-Achse parallele s-Achse ergibt jeweils die Elongation der zugehörigen Schwingung.
- Die Länge eines Zeigers ist gleich der *Amplitude* der jeweiligen Schwingung.
- Da die Schwingungen dieselbe Frequenz besitzen, laufen beide Zeiger mit der gleichen Winkelgeschwindigkeit $\omega = 2\pi f$ entgegen der Richtung des Uhrzeigers um.
- Sind die Schwingungen in Phase, so decken sich die Zeiger, haben also zu jedem Zeitpunkt denselben Phasenwinkel. Dies ist jedoch ein Sonderfall.
- Im allgemeinen läuft ein Zeiger dem anderen um einen bestimmten (hier konstanten) Winkel voraus; Zwischen den beiden Schwingungen besteht dann eine **Phasenverschiebung.**

Schreiben wir das Elongation-Zeit-Gesetz der ersten harmonischen Schwingung in der Form $s_1(t) = \hat{s}_1 \cdot \sin\omega t$, so ist dem Zeitpunkt $t=0$ der Phasenwinkel $\varphi_1 = \omega t = 0$ zugeordnet. Wenn nur eine einzige Schwingung vorliegt, läßt sich diese Bedingung stets erfüllen. Nun kommt aber noch eine zweite Schwingung hinzu. Sie eile der ersten um den Phasenwinkel φ_0 voraus *(Bild 226.1)*, hat also zur Zeit $t=0$ den *Nullphasenwinkel* φ_0. Für die Abhängigkeit ihres Phasenwinkels φ_2 von der Zeit t gilt dann $\varphi_2 = \omega t + \varphi_0$. Setzen wir φ_2 in *Gl. 213.1* und *214.1* ein, so erhalten wir das Elongation-Zeit-Gesetz $s_2(t) = \hat{s}_2 \cdot \sin(\omega t + \varphi_0)$ und das Geschwindigkeits-Zeit-Gesetz $v_2(t) = \omega \hat{s}_2 \cdot \cos(\omega t + \varphi_0)$ der zweiten Schwingung.

Ist φ_0 der Nullphasenwinkel, so gilt für die Elongation $s(t)$ und die Geschwindigkeit $v(t)$ einer harmonischen Schwingung

$$s(t) = \hat{s} \cdot \sin(\omega t + \varphi_0) \quad \text{und}$$
$$v(t) = \omega \hat{s} \cdot \cos(\omega t + \varphi_0).$$

Bei der (eindimensionalen) Überlagerung der beiden Schwingungen addieren sich in jedem Augenblick ihre Elongationen s_1 und s_2 unter Berücksichtigung des Vorzeichens. Nun sind aber die Elongationen s_1 und s_2 jeweils gleich den Ordinaten y_1 und y_2 der Endpunkte P_1 und P_2 der zu den Schwingungen gehörigen Zeiger.

Diese Zeiger behandeln wir jetzt wie zwei *Vektoren* und bilden nach dem Parallelogramm-Gesetz (Seite 38) den Summenvektor. Aus *Bild 226.2* können Sie ablesen, daß seine Spitze P die Ordinate $y = y_1 + y_2$ besitzt, denn die Dreiecke $OP_1P'_1$ und P_2PP' sind kongruent. Sie

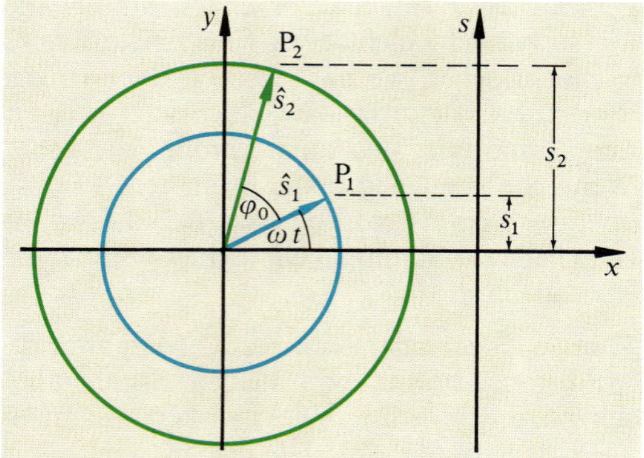

226.1 Die Elongationen s_1 und s_2 zweier Sinusschwingungen werden durch Zeiger dargestellt.

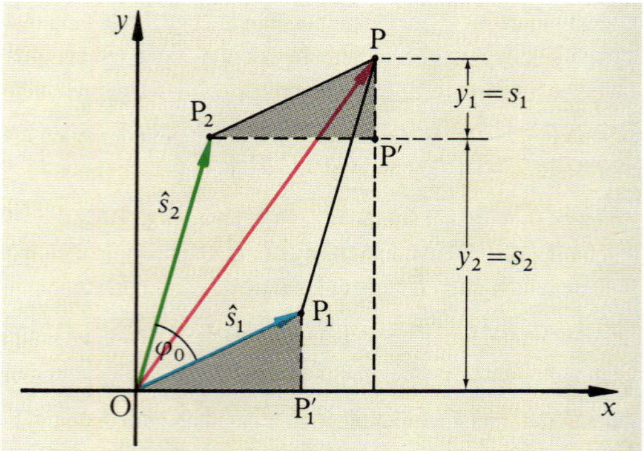

226.2 Im Zeigerdiagramm werden die Elongationen s_1 und s_2 addiert.

können sich leicht davon überzeugen, daß die Ordinate y der Zeigerspitze P auch dann gleich der Summe von y_1 und y_2 ist, wenn y_1 bzw. y_2 *negativ* sind; Sie müssen dabei nur die Vorzeichenregeln beachten!

Nun ist aber $y_1 + y_2 = s_1 + s_2 = s$ die Elongation der durch die Überlagerung entstehenden resultierenden Schwingung. Damit erhalten wir ein einfaches Rezept zur eindimensionalen Überlagerung zweier harmonischer Schwingungen: Wir stellen die Ausgangsschwingungen durch die ihnen jeweils zugeordneten Zeiger dar; beide drehen sich mit der gleichen Winkelgeschwindigkeit $\omega = 2\pi f$, behalten also stets den konstanten Winkel φ_0 zwischen sich. Dann bilden wir den Summenvektor; er läuft mit derselben Winkelgeschwindigkeit um. Seine Projektion auf die s-Achse ist gleich der Elongation der resultierenden Schwingung. Sie folgt damit ebenfalls einem Sinusgesetz.

Diesem **Zeigerdiagramm** entnehmen wir:

- Die resultierende Schwingung ist ebenfalls harmonisch; sie hat dieselbe Frequenz wie die beiden Ausgangsschwingungen;
- ihre konstante Amplitude ist gleich dem Betrag des Summenvektors;
- ihre Phasenverschiebung gegenüber einer der Ausgangsschwingungen ist der konstant bleibende Winkel zwischen dem Summenvektor und dem jeweiligen Zeiger.

Diese Erkenntnisse wollen wir nun in Versuchen bestätigen. Statt – wie in Versuch 13b – eine Stimmgabel und ein Mikrofon zu benutzen, erzeugen wir mit einem *Sinusgenerator* unmittelbar eine sinusförmige Wechselspannung der Frequenz 440 Hz. Anstelle der zweiten Stimmgabel verwenden wir einen weiteren Generator, der eine Wechselspannung derselben Frequenz erzeugt.

Als wir die zweite Stimmgabel anschlugen, konnten wir nicht feststellen, mit welchem Phasenunterschied die beiden Schwingungen an der Membran des Mikrofons ankamen. Der Vorzug des zweiten Generators besteht darin, daß man diesen Phasenunterschied φ_0 genau einstellen und auch verändern kann.

Versuch 14: Wir betreiben beide Generatoren mit derselben Frequenz $f = 440$ Hz und führen zunächst jede Schwingung für sich einem der beiden Kanäle des Oszilloskops zu. Am Drehknopf für φ_0 stellen wir verschiedene Phasendifferenzen zwischen den Schwingungen ein. Auf dem Bildschirm des Oszilloskops können Sie verfolgen, wie sich dabei die beiden Kurven längs der t-Achse gegeneinander verschieben.

Man kann die beiden Schwingungen nicht nur *getrennt* beobachten, sondern sie auch *überlagern*. Dazu führt man sie über einen im zweiten Generator eingebauten *Summierer* einem einzigen Kanal des Oszilloskops zu – entsprechend Versuch 13b, in dem zwei Stimmgabelschwingungen von einer einzigen Membran aufgenommen wurden.

Mit dieser Einrichtung wollen wir nun drei verschiedene Fälle der eindimensionalen Überlagerung von Sinusschwingungen gleicher Frequenz untersuchen.

Versuch 15: **a)** Wir stellen die beiden Sinusschwingungen so ein, daß sie *in Phase* sind. Bei der Überlagerung entsteht auf dem Bildschirm des Oszilloskops wieder eine Sinusschwingung; ihre Amplitude ist gleich der *Summe* der Ausgangsamplituden *(Bild 227.1 a)*.

Die beiden Zeiger der Ausgangsschwingungen liegen hier aufeinander: Der Betrag des resultierenden Vektors im Zeigerdiagramm ist gleich der algebraischen Summe der beiden Zeigerlängen $\hat{s}_1$ und $\hat{s}_2$; also besitzt die resultierende Schwingung die Amplitude $\hat{s} = \hat{s}_1 + \hat{s}_2$. Sie ist mit den Ausgangsschwingungen in Phase.

b) Wir stellen zwischen den Ausgangsschwingungen die Phasenverschiebung $\varphi_0 = 180°$ her. Bei der Überlagerung zeigt sich auf dem Bildschirm wieder eine Sinusschwingung. Sie ist mit der stärkeren der beiden Ausgangsschwingungen in Phase. Ihre Amplitude ist gleich der *Differenz* der Amplituden $\hat{s}_1$ und $\hat{s}_2$ *(Bild 227.1 b)*.

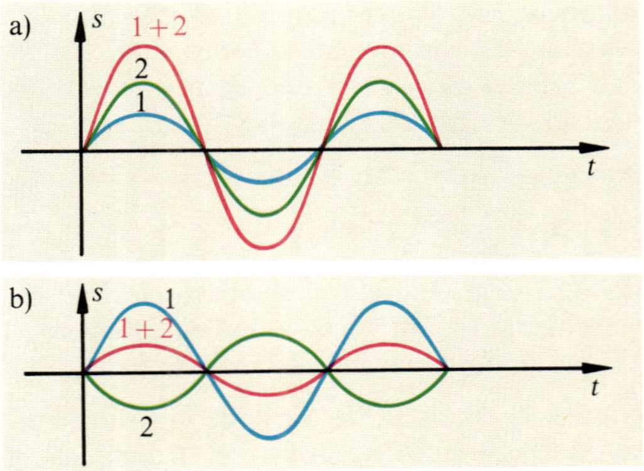

227.1 Überlagerung zweier Schwingungen. a) Sie sind in Phase; b) ihre Phasenverschiebung ist 180°.

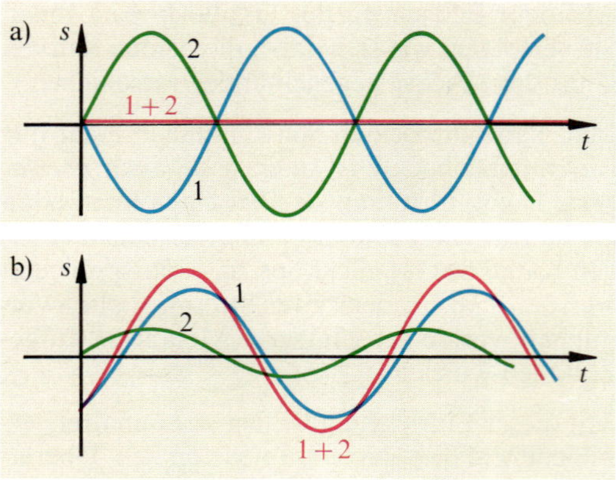

228.1 a) Die Schwingungen heben sich dauernd auf. b) Überlagerung bei beliebiger Phasenverschiebung

Jetzt sind die den Ausgangsschwingungen zugeordneten Zeiger einander genau entgegengesetzt. In diesem Fall weist der resultierende Vektor in die Richtung des längeren Zeigers; sein Betrag ist gleich der Differenz der beiden Zeigerlängen; es gilt also

$$\hat{s} = \hat{s}_1 - \hat{s}_2.$$

Machen wir $\hat{s}_1$ und $\hat{s}_2$ gleich groß, so sehen Sie als Ergebnis der Überlagerung auf dem Bildschirm eine *Gerade* längs der Zeitachse: Die beiden Schwingungen heben sich bei der Überlagerung dauernd auf *(Bild 228.1 a)*.

c) Nun geben wir den beiden Ausgangsschwingungen eine beliebige Phasendifferenz φ_0. Auf dem Bildschirm erkennen Sie, daß auch in diesem allgemeinen Fall bei der Überlagerung wieder eine Sinusschwingung – also eine *harmonische* Schwingung – entsteht *(Bild 228.1 b)*. Ihre Amplitude ist kleiner als die Summe der Ausgangsamplituden. Sie ist in der Phase gegen beide Ausgangsschwingungen verschoben. Im Zeigerdiagramm bilden die den Ausgangsschwingungen zugeordneten Zeiger den Winkel $\varphi_0 \neq 0$. Für den Betrag $\hat{s}$ des Summenvektors gilt jetzt $\hat{s} < \hat{s}_1 + \hat{s}_2$.

Aus dem Kosinussatz folgt

$$\hat{s} = \sqrt{\hat{s}_1^2 + \hat{s}_2^2 + 2\hat{s}_1 \hat{s}_2 \cdot \cos \varphi_0}. \qquad (228.1)$$

Die auf dem Bildschirm beobachtete Phasenverschiebung läßt sich aus dem Zeigerdiagramm unmittelbar ablesen.

Natürlich erhalten Sie die Überlagerungskurven auch, wenn Sie jeweils die Ordinaten der beiden Ausgangskurven unter Berücksichtigung der Vorzeichen *addieren*.

Für die eindimensionale Überlagerung zweier harmonischer Schwingungen gleicher Frequenz gilt:

Sind die beiden Schwingungen gleichphasig, so addieren sich die Amplituden.

Bei Gegenphasigkeit subtrahieren sich die Amplituden. Sind die Amplituden gleich, so löschen sich die beiden Schwingungen aus.

Auch bei einer beliebigen Phasenverschiebung der beiden Schwingungen entsteht wieder eine harmonische Schwingung mit derselben Frequenz.

2. Warum wimmern Wirtshausklaviere?

Wissen Sie, warum ein verstimmtes Klavier so schrecklich wimmert? Nun – es kommt daher, daß bei den meisten Klaviertönen zwei bis drei Saiten zugleich angeschlagen werden. Sind diese Saiten nicht genau auf dieselbe Frequenz gestimmt, so entsteht der typisch wimmernde Ton des „Wirtshausklaviers". Er ist auf sogenannte **Schwebungen** zurückzuführen. Wir zeigen im nächsten Versuch, wie sie zustandekommen.

Versuch 16: Wir stellen wie in Versuch 13b zwei 440 Hz-Stimmgabeln auf, von denen jedoch eine durch Aufsetzen einer kleinen Zusatzmasse eine etwas geringere Frequenz erhält. Werden beide Stimmgabeln zugleich angeschlagen, so hören Sie einen dauernd an- und abschwellenden Ton. Das mit einem Mikrofon verbundene Oszilloskop zeigt Sinusschwingungen, deren Amplituden periodisch schwanken *(Bild 229.1)*: Es sind *Schwebungen* entstanden.

Die Erklärung für diese Erscheinung können Sie am *Zeigerdiagramm* ablesen. Die Frequenzen der Schwingungen seien f_1 bzw. f_2; dabei soll $f_1 > f_2$ sein. Dann drehen sich die den beiden Schwingungen zugeordneten Zeiger mit den voneinander verschiedenen Winkelgeschwindigkeiten $\omega_1 = 2\pi f_1$ bzw. $\omega_2 = 2\pi f_2$. Wir gehen nun von einem Moment aus, in dem sich die Zeiger gerade decken. Dabei addieren sich die Amplituden: Die Schwingungen verstärken sich maximal, und es entsteht für einen Augenblick ein besonders lauter Ton. Da aber der erste Zeiger schneller ist als der zweite, läuft er diesem – während die beiden weiter ihre Runden drehen – immer mehr davon. Damit entsteht eine dauernd wachsende Phasenver-

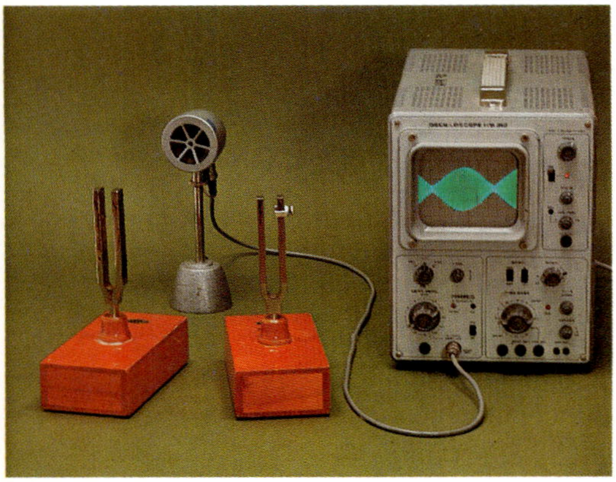

229.1 Schwebungen. Die Amplituden der resultierenden Schwingung nehmen periodisch zu und wieder ab.

schiebung φ_0. Irgendwann ist $\varphi_0 = 180°$ erreicht. Jetzt subtrahieren sich die Amplituden: Man hört nur noch einen leisen Ton. Sind die Amplituden gleich groß, so heben sich die Schwingungen sogar völlig auf, und man hört für einen Moment gar nichts mehr. Doch die beiden Zeiger eilen weiter, und schließlich hat der erste den zweiten zum ersten Mal überrundet: Die Phasenverschiebung ist auf $360° \mathrel{\hat{=}} 0°$ angewachsen. Dann decken sich die Zeiger wieder für einen Augenblick, und man hört maximale Lautstärke.

So geht das nun periodisch immer weiter. ... *Bild 229.2* zeigt die *s*-*t*-Diagramme der beiden Schwingungen und ihrer Überlagerung.

Die Zeit T zwischen zwei maximalen Verstärkungen nennt man die *Dauer T* einer Schwebung; $f = 1/T$ ist dann die *Schwebungsfrequenz*. In der Zeit T hat der erste Zeiger genau eine Runde – also den Winkel 2π – mehr gedreht als der zweite. Deshalb gilt $\omega_1 T = \omega_2 T + 2\pi$ oder

$$T = \frac{2\pi}{\omega_1 - \omega_2}.$$

Die Schwebungsfrequenz beträgt damit

$$f = \frac{1}{T} = \frac{\omega_1}{2\pi} - \frac{\omega_2}{2\pi}; \text{ daraus folgt}$$

$$f = f_1 - f_2. \qquad (229.1)$$

Unser Ohr hört nur dann *einen* an- und abschwellenden Ton, wenn sich die beiden Frequenzen wenig voneinander unterscheiden. Wird eine bestimmte Frequenzdifferenz überschritten, so kann unser Gehör die Überlagerungsschwingung in ihre Bestandteile auflösen: Wir nehmen dann zwei getrennte Töne wahr.

Die eindimensionale Überlagerung zweier harmonischer Schwingungen mit den Frequenzen f_1 und f_2, die sich nur wenig voneinander unterscheiden, ergibt eine Schwebung mit der Frequenz

$$f = f_1 - f_2 \quad (f_1 > f_2).$$

Aufgaben:

1. *Zwei harmonische Schwingungen mit derselben Frequenz* $f = 50$ Hz *und den Amplituden* $\hat{s}_1 = 2$ cm *bzw.* $\hat{s}_2 = 5$ cm *werden mit dem Phasenunterschied* $\varphi_0 = 60°$ *eindimensional überlagert. a) Ermitteln Sie aus dem Zeigerdiagramm die Amplitude und die Phasenlage der resultierenden Schwingung! b) Zeichnen Sie ihr Schaubild durch Ordinatenaddition!*

2. *Beweisen Sie anhand des Zeigerdiagramms: Die eindimensionale Überlagerung zweier harmonischer Schwingungen gleicher Frequenz und gleicher Amplitude mit der Phasenverschiebung* $\varphi_0 = 90°$ *ergibt eine harmonische Schwingung derselben Frequenz mit* $\sqrt{2}$*-facher Amplitude. Ihre Phase eilt der einen Schwingung um* 45° *voraus, der anderen hinkt sie um* 45° *nach.*

3. *Um wieviel Hertz ist ein Tonerzeuger gegen die* a[1]*-Stimmgabel* (440,0 Hz) *verstimmt, wenn 10 Schwebungen* 5,0 s *dauern? Welche Frequenzen kann der Tonerzeuger haben?*

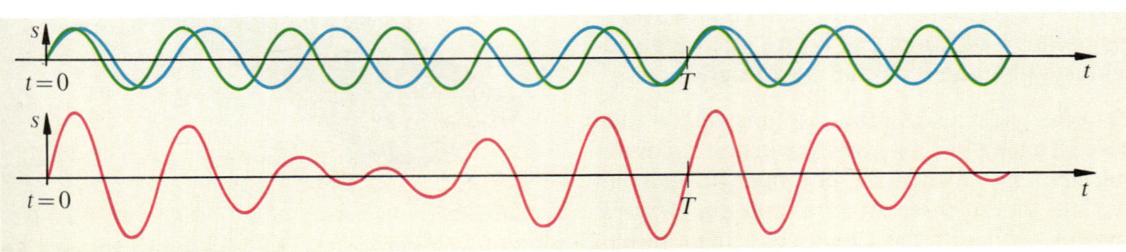

229.2 Zwei Schwingungen mit verschiedenen Frequenzen und ihre Überlagerung im *s*-*t*-Diagramm

Mechanische Wellen

§ 67 Fortschreitende Wellen

1. Wellen – ein Naturereignis

Wenn von „Wellen“ die Rede ist, denken Sie wahrscheinlich zuerst an Wasserwellen – an das großartige Naturschauspiel heranrollender Meereswogen, an die Bugwelle eines Bootes oder an die Kreiswellen, die ein Stein hervorruft, den Sie ins Wasser geworfen haben. Sicher haben Sie aber auch schon von Erdbebenwellen gehört, von Schallwellen, Radiowellen und Lichtwellen.

Die Erscheinungsformen dieser Wellen sind recht verschieden – und doch haben sie viel Gemeinsames! Betrachten Sie z.B. eine Wasserwelle, so finden Sie, daß ein darauf schwimmendes Blatt zwar auf und ab tanzt, im wesentlichen aber samt dem umgebenden Wasser am selben Ort bleibt. Die *Welle* dagegen „läuft“ weiter. Wo sie hinkommt, kann sie wieder Blätter tanzen lassen oder auch ein Brett, das im Wasser liegt, zum Schaukeln bringen. Sie sehen: Mit der Wasserwelle wird zwar keine Materie fortbewegt, aber *Energie transportiert!* Das ist auch für andere Wellen typisch. So führen z.B. Erdbebenwellen ungeheure Energiemengen mit sich, die noch in großen Entfernungen vom Herd verheerend wirken können. Das eindrucksvollste Beispiel für einen Energietransport durch Wellen liefert uns die Natur aber mit der *Sonnenenergie:* Sie erreicht uns über *elektromagnetische Wellen.*

Außer Energie können Wellen aber auch *Information* transportieren. So wird z.B. die Information, die in diesem Text steckt, durch *Lichtwellen* auf Ihr Auge übertragen; gesprochene oder musikalische Informationen erreichen Ihr Ohr über *Schallwellen.* Telefon, Rundfunk und Fernsehen leiten Informationen über große Strecken mit Hilfe *elektromagnetischer Wellen* weiter. Auch *Atome* senden elektromagnetische Wellen aus. Sie liefern wichtige Aufschlüsse über die Struktur der Materie.

Es lohnt sich also, wenn wir uns mit Wellen beschäftigen. Vorerst wollen wir uns dabei auf *mechanische* Wellen beschränken; das sind Wellen, die zu ihrer Ausbreitung auf *Materie* angewiesen sind. Sie benötigen einen festen, flüssigen oder gasförmigen **Wellenträger.**

2. Die Wellenmaschine

Wesentliche Eigenschaften einer mechanischen Welle lassen sich anschaulich an einer sogenannten *Wellenmaschine* zeigen. Sie besteht aus einer Anzahl nebeneinander aufgereihter Stäbe, die an ihren Enden kleine Metallkörper tragen und in der Mitte drehbar gelagert sind *(Bild 230.1).* Ein Spannband verbindet jeden Stab *elastisch* mit seinen Nachbarn. Bewegen wir nun den ersten Stab, so kommt Leben in die übrigen aneinander geketteten Stäbe und damit auch in die Reihe der an ihren Enden befestigten Metallkörperchen. Werden sie alle Bewegungen, die ihnen vom ersten Stab – dem sogenannten **Erreger** – diktiert werden, genau nachmachen?

Versuch 17: Wir lenken das erste Metallkörperchen der Wellenmaschine nach oben aus und halten es dann fest. Dadurch wird das Spannband verdrillt: Der zweite Stab setzt sich in Bewegung, dann der dritte ... In langsamer Folge wird ein Metallkörperchen nach dem anderen von der Auslenkung nach oben erfaßt. – Warum geschieht dies eigentlich nicht *gleichzeitig?*

Wenn das Spannband durch die Auslenkung des ersten Stabes um einen bestimmten Winkel verdrillt wird, übt es auf den nachfolgenden Stab ein *Drehmoment* (Mittelstufenband, Seite 57!) aus. Das an seinem Ende angebrachte Körperchen erfährt dadurch eine Kraft *quer* zur Bandrichtung. Wegen seiner *Trägheit* wird es nun aber nicht etwa augenblicklich in seine neue Lage gerissen; vielmehr vergeht eine gewisse Zeit, bis das zweite Körperchen gleich weit ausgelenkt ist wie das erste – seine Bewe-

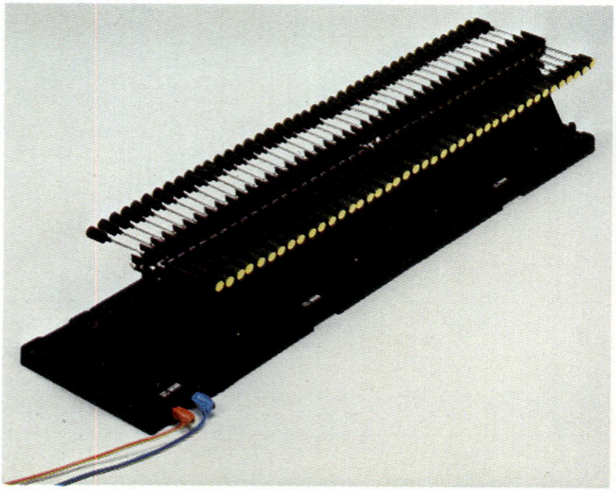

230.1 Wellenmaschine. Sie besteht aus elastisch gekoppelten Drehstäben.

gung hinkt der des vorhergehenden Körperchens zeitlich nach.

Warum entfernt es sich nun aber genau so weit aus seiner Ruhelage wie das erste Körperchen? Müßte es nicht – wiederum wegen seiner Trägheit – übers Ziel hinausschießen? Gewiß – wenn das Spannband hinter dem zweiten Stab aufhörte! Nun geht dieses aber weiter, und deshalb passiert zweierlei:

- Der zweite Stab verdrillt den nächsten Teil des Spannbandes. Dadurch wird das dritte Körperchen beschleunigt: Es setzt sich (gegen das zweite wieder etwas verspätet) in Bewegung.
- Das dritte Körperchen wirkt dabei über die Kopplung mit einer *Gegenkraft* auf das vorhergehende zurück, so daß dieses *abgebremst* wird. Deshalb schießt das zweite Körperchen nicht übers Ziel hinaus. Bei sehr genauem Beobachten können Sie im ersten Moment ein kurzes kaum merkliches Überschwingen feststellen. Letztlich wird jedoch das zweite Körperchen so weit ausgelenkt, wie dies der Erreger vorschreibt.

Die Überlegungen, die wir für das zweite und dritte Körperchen angestellt haben, lassen sich natürlich ebenso auch auf alle weiteren Körperchen der Wellenmaschine übertragen.

Bei der Wellenmaschine führt ein Körperchen nach dem anderen genau die Bewegung aus, die ihm vom Erreger vorgeschrieben wird. Je weiter ein Körperchen vom Erreger entfernt ist, desto später wird es von dieser Bewegung erfaßt.

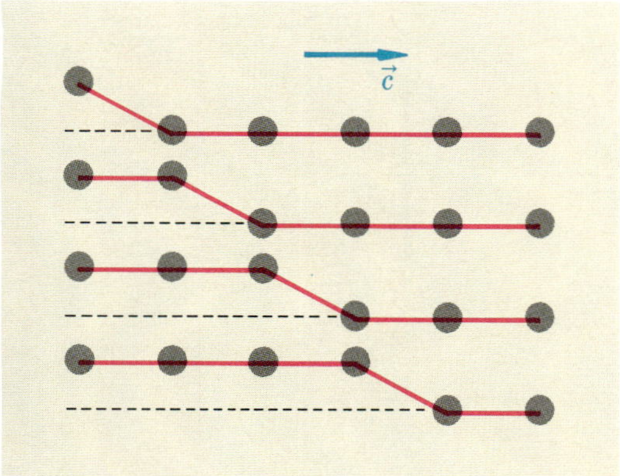

231.1 Eine Querstörung wandert auf der Wellenmaschine von links nach rechts.

231.2 Gewaltige natürliche Wellen

In Versuch 17 besteht die Bewegung des ersten Körperchens darin, daß es nach oben ausgelenkt wird. Dadurch wurde seine Gleichgewichtslage *gestört:* Eine sogenannte **Querstörung** wandert mit konstanter Geschwindigkeit c über den Träger (die Wellenmaschine) bis zum letzten Körperchen hin. Dieses wird durch eine besondere *Dämpfungseinrichtung* abgebremst. Anschließend verharren die ausgelenkten Körperchen – längs einer Linie ausgerichtet – in der neuen Stellung. Sie warten sozusagen auf den nächsten Befehl des Erregers.

Wovon hängt nun die Geschwindigkeit c ab, mit der die Querstörung über die Kette der elastisch gekoppelten Körperchen wandert? – Je weicher das Spannband ist, desto schwächer wird das bei einer bestimmten Verdrillung entstehende Drehmoment und damit die Kraft F auf das jeweilige Körperchen; desto *kleiner* ist dann auch dessen Beschleunigung a. Dies folgt aus der Grundgleichung der Mechanik $a = F/m$. Ihr entnehmen wir außerdem, daß die Beschleunigung der Körperchen mit zunehmender Masse *abnimmt.* Die Querstörung breitet sich demnach um so langsamer aus, je weicher das Spannband ist und je größer die Massen der an den Stabenden angebrachten Körper sind. (Außerdem muß man noch die Masse der Stäbe berücksichtigen!)

Unser Versuch läßt sich noch unter einem anderen Gesichtspunkt deuten: Mit der Auslenkung des ersten Körperchens haben wir eine *Energieportion* in die Wellenmaschine gesteckt. Sie tritt zu Beginn in Form von Spannungsenergie des Bandstückes zwischen den beiden ersten Stäben auf. Anschließend verwandelt sie sich zum einen Teil in Bewegungsenergie des zweiten Körperchens, zum anderen in Spannungsenergie des nachfolgenden Bandstückes usw. Die anfänglich in die Wellenmaschine gesteckte Energieportion wird also durch den Träger weitergereicht, bis sie schließlich am letzten Körperchen angelangt ist. Dieses gibt sie an die mit ihm verbundene Dämpfungseinrichtung ab. Damit verläßt die Energieportion den Träger wieder, und zwar in Form von Wärme, die nach außen abgegeben wird.

Versuch 18: Wieder lenken wir das erste Körperchen der Wellenmaschine nach oben aus, führen es aber anschließend gleich wieder in seine ursprüngliche Lage zurück. Diese Hin- und Herbewegung des Erregers wandert nach *Bild 232.2* als **Wellenberg** über den Träger hinweg. In *Bild 232.1* ist davon eine Momentaufnahme festgehalten: Das Körperchen a ist soeben erst von der Störung nach oben erfaßt worden. Körperchen b – das die Bewegung nach oben ja schon *früher* begonnen hatte – besitzt im selben Moment bereits seinen Höchstausschlag und steht für einen Augenblick still. Das Körperchen c hat den Höchstausschlag schon hinter sich und ist gerade in der Rückwärtsbewegung begriffen.

Beachten Sie, daß *Bild 232.1* eine *Momentaufnahme* darstellt! Im nächsten Augenblick hat sich der gesamte Wellenberg verschoben; er wandert – mit derselben Geschwindigkeit c wie eine einzelne Störung – nach *rechts*. Dabei kommen die Körperchen aber nicht von der Stelle; sie schwingen lediglich senkrecht zur Fortschreitungsrichtung des Wellenberges einmal nach oben und dann wieder zurück. Ihre Momentangeschwindigkeit v, die sich bei der Hin- und Herbewegung ständig ändert, bezeichnen wir als **Schnelle** v. Dieser besondere

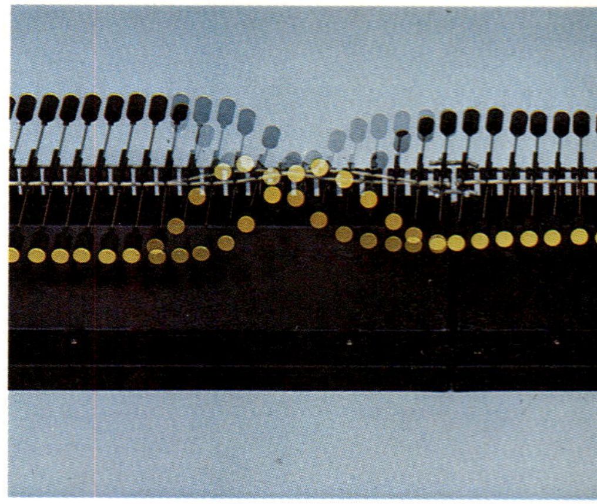

232.2 Ein Wellenberg wandert über den Träger.

Name soll den Unterschied zur konstanten *Ausbreitungsgeschwindigkeit* c der Störung hervorheben. Beachten Sie, daß die Vektoren $\vec{v}$ und $\vec{c}$ aufeinander senkrecht stehen!

An der Schnelle $\vec{v}$ der einzelnen Körperchen können Sie ablesen, in welcher Richtung ein Wellenberg fortschreitet: Aus *Bild 232.1* geht hervor, daß die Schnellepfeile an der *Vorderseite* des Wellenbergs stets nach *oben*, an seiner *Rückseite* dagegen nach *unten* gerichtet sein müssen.

Lenken wir das erste Körperchen der Wellenmaschine zuerst nach *unten* aus und führen es dann wieder zurück, so wandert eine Störung über den Träger, die nach *unten* ausgebuchtet ist. Dieses **Wellental** ist das Spiegelbild eines Wellenberges bezüglich des Spannbandes. Deshalb zeigen bei ihm die *vorderen* Schnellevektoren nach *unten*, die *hinteren* nach *oben* (*Bild 232.3*).

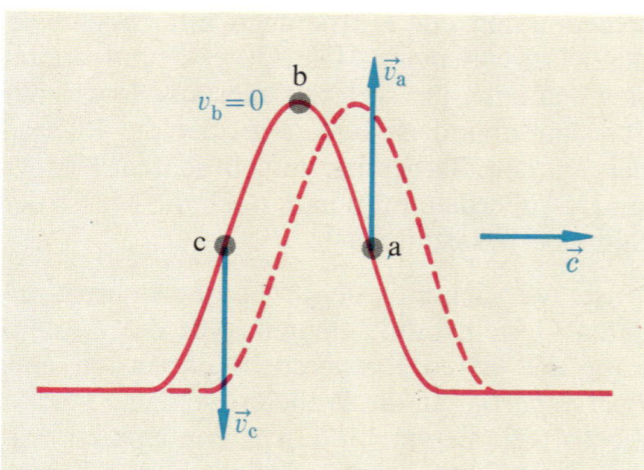

232.1 Momentaufnahme eines Wellenberges, der nach rechts wandert

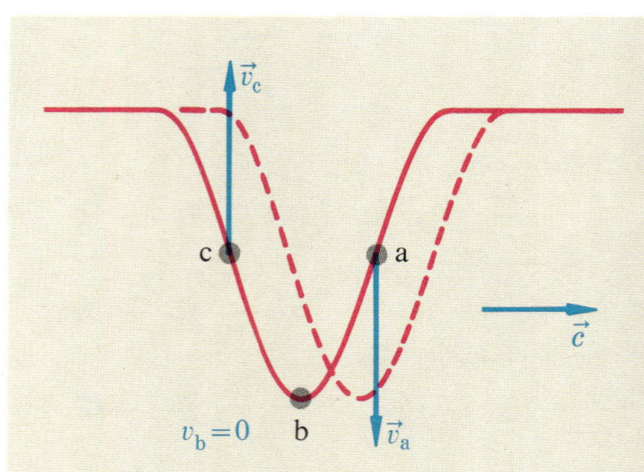

232.3 Momentaufnahme eines Wellentales, das nach rechts wandert

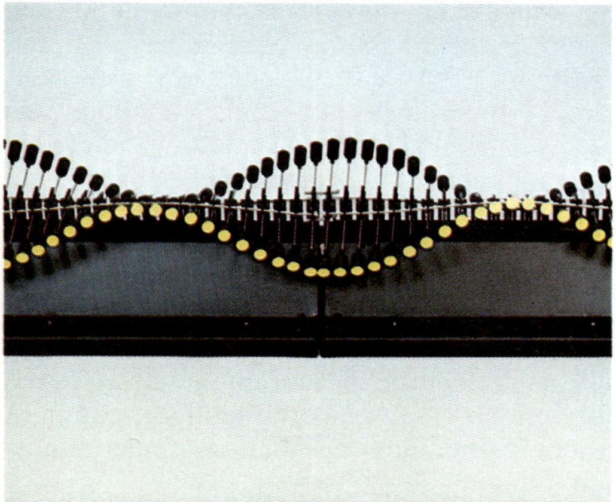

233.1 Über den Träger wandert eine Schlangenlinie.

Versuch 19: Nun versetzen wir von Hand oder mit Hilfe eines Elektromotors das erste Körperchen der Wellenmaschine in *andauernde* Schwingungen. Durch die elastische Kopplung müssen dann alle weiteren Körperchen diese Schwingung mit derselben *Frequenz* und der gleichen *Amplitude* nachmachen. Da jedes Körperchen mit seiner Auslenkung etwas später beginnt als das vorhergehende, hinkt es diesem gegenüber zur selben Zeit in der Schwingungsphase nach. Deshalb bilden die Körperchen eine aus Wellenbergen und -tälern bestehende Schlangenlinie, deren Gestalt sich fortwährend von der Erregerstelle *wegschiebt (Bild 233.1)*: Es ist eine *eindimensionale fortschreitende* **Querwelle** oder **Transversalwelle** entstanden:

- Wir nennen die Welle *eindimensional*, weil sie auf eine (gerade) Linie beschränkt bleibt und nicht wie eine Wasserwelle nach allen Richtungen wegläuft;
- Wir nennen die Welle eine *Querwelle,* weil die Teilchen, die eine wandernde Schlangenlinie bilden, senkrecht (quer) zur Ausbreitungsrichtung der Welle schwingen.
- Wir nennen die Welle *fortschreitend,*
  a) weil sich die *Gestalt* der Schlangenlinie andauernd mit der Geschwindigkeit c längs des Trägers verschiebt,
  b) weil dabei mit derselben Geschwindigkeit *Energie* vom Erreger zur Dämpfungseinrichtung transportiert wird.

Die Körperchen, aus denen die Schlangenlinie gebildet wird, bleiben dagegen an ihrem Ort; sie schwingen lediglich auf und ab. *Beim „Fortschreiten" der Welle wird also keine Materie transportiert.*

3. Querwellen – auch ohne Wellenmaschine

Versuch 20: Auf dem Schreibprojektor liegt eine weiche *Schraubenfeder.* Ihr Ende ist mit einer Sicherheitsnadel an einem Tuch befestigt, das auf einem Tisch neben der Schreibplatte liegt und einen Teil der Feder umhüllt. Diese Anordnung dient als Dämpfungseinrichtung. Das andere Federende versetzen wir mit der Hand in fortwährende Querschwingungen. In der Projektion erblicken wir die von Versuch 19 her wohlbekannte wandernde Schlangenlinie.

Die einzelnen Windungen einer Schraubenfeder sind zugleich „Masseteilchen" und elastisches Kopplungsband. Wir dürfen also auch eine langgestreckte Feder als eindimensionalen Wellenträger betrachten.

Statt der Schraubenfeder kann man einen *Gummischlauch* oder ein *Seil* benutzen. Deshalb nennt man derartige Querwellen auch *Seilwellen.*

Unsere Wellenmaschine ist so gebaut, daß die elastisch gekoppelten Körperchen nur auf und ab schwingen können. Wegen dieser konstruktionsbedingten Eigenschaft der Wellenmaschine war es für uns bis jetzt ganz selbstverständlich, daß die Schlangenlinie der Querwelle in einer bestimmten Ebene lag. Trifft dies allgemein für Seilwellen zu?

Versuch 21: Wir erzeugen auf einem horizontal ausgespannten Gummischlauch eine Querwelle, indem wir das eine Ende mit der Hand längs einer Senkrechten s zum Schlauch periodisch hin und her bewegen. Diese Bewegung wird von allen Teilchen des Gummischlauchs nachgeahmt: Sie schwingen – zeitlich versetzt – *parallel* zu s. Die Seilwelle liegt also in einer Ebene, deren Lage im Raum durch die Schwingungsrichtung des Erregers bestimmt ist. Man sagt dazu, die Querwelle sei *linear polarisiert;* die Schwingungsebene wird *Polarisationsebene* genannt.

Man kann das Ende des Gummischlauchs auch in kreisende Bewegung versetzen. Dann entsteht ebenfalls eine Querwelle, die nun aber nicht mehr in *einer* Schwingungsebene liegt, also nicht linear polarisiert ist. Die Welle besteht jetzt aus einer sich um ihre Längsachse drehenden *Schraubenlinie*; man sagt, sie sei *zirkular polarisiert.* Wir werden uns im folgenden nur mit *linear* polarisierten Querwellen beschäftigen.

4. Wir versuchen durchzublicken

Wir wollen nun die fortschreitende Querwelle anhand eines einfachen Beispiels noch etwas genauer beschreiben. Dazu denken wir uns, der Erreger schwinge *harmonisch* mit der Periodendauer $T=2$ s und einer Amplitude von $\hat{s}=$ 1 cm. Die Körperchen der Wellenmaschine seien jeweils 0,5 cm voneinander entfernt; das erste beginne seine Schwingung zur Zeit $t=0$ mit einer Auslenkung nach oben. Die Welle breite sich mit der Geschwindigkeit $c=2$ cm/s aus; eine Störung braucht also von einem Körperchen zum nächsten jeweils $\frac{1}{4}$ s. In denselben zeitlichen Abständen folgen auch die in *Bild 235.1* dargestellten 12 Momentaufnahmen der Wellenmaschine aufeinander. Stellen Sie sich vor, sie seien mit einer Filmkamera gemacht worden.

Vielleicht erscheint Ihnen diese Darstellung zunächst ziemlich unübersichtlich. Sie blicken jedoch ganz einfach durch, wenn Sie *Bild 235.1* nach drei bestimmten Richtungen lesen:

a) Zeitlicher Durchblick (von oben nach unten): Betrachten Sie die erste Spalte von oben nach unten! Damit verfolgen Sie das *zeitliche Nacheinander* der harmonischen Schwingung des *ersten* Körperchens. Die Aufzeichnung beginnt mit dem Phasenwinkel $\frac{\pi}{4} \triangleq 45°$, es folgen $\varphi=\frac{\pi}{2}, \frac{3\pi}{4}, \pi$. Dazu gehören die Elongationen $s=0{,}7$ cm, 1,0 cm, 0,7 cm, 0,0 cm. Die angefügten Vektorpfeile geben die *Schnelle* des betreffenden Körperchens bei der jeweiligen Elongation an.

In *Bild 235.1* wurde jedes Körperchen in den ersten drei aufeinanderfolgenden Schwingungsphasen verschieden gefärbt: Bei $\frac{\pi}{4} \triangleq 45°$ rot, bei $\frac{\pi}{2} \triangleq 90°$ blau und bei $\frac{3\pi}{4} \triangleq 135°$ grün.

Wenn Sie die zweite Spalte von oben nach unten durchgehen, erkennen Sie den zeitlichen Ablauf der Schwingung des zweiten Körperchens: Zur Zeit $t=\frac{1}{4}\,\text{s}=\frac{T}{8}$ (zweite Zeile) wird es eben erst von der Störung erfaßt; eine Achtelperiode später (3. Zeile) hat seine Schwingung den Phasenwinkel $\varphi=\frac{\pi}{4}$ erreicht, dann $\varphi=\frac{\pi}{2}, \frac{3\pi}{4}, \pi, \ldots$. Das zweite Körperchen schwingt also gegenüber dem ersten mit einer Phasenverzögerung von $\frac{\pi}{4}$. Das dritte Körperchen wird noch später von der Störung erfaßt; seine Schwingungsphasen sind gegenüber denen des zweiten Körperchens wieder um $\frac{\pi}{4}$ verzögert, und so geht das von einem Körperchen zum anderen jeweils mit einer Phasenverzögerung von $\frac{\pi}{4}$ weiter.

b) Räumlicher Durchblick (von rechts nach links): Betrachten Sie zu einer bestimmten Zeit (z.B. für $t=\frac{5T}{8}$) die verschieden weit ausgelenkten Körperchen des Trägers! Beim Blick von rechts nach links finden Sie, daß sich alle möglichen Phasenzustände *nebeneinander* gelegt haben. Dieses *räumliche Nebeneinander verschiedener* Körperchen weist dieselbe Folge von Elongationen auf wie das *zeitliche Nacheinander* eines *einzelnen* schwingenden Körperchens. Schwingt also der Wellenerreger *harmonisch*, d.h. nach einem *zeitlichen* Sinusgesetz, so liegen die von der Querwelle erfaßten Körperchen in jedem Augenblick *räumlich* auf einer Sinuskurve.

c) Diagonaler Durchblick (von links oben nach rechts unten): Er zeigt, wie eine bestimmte Schwingungsphase (z.B. $\varphi=\frac{\pi}{2}$, also ein Wellenberg) zeitlich *und* räumlich weiterläuft. Sie wandert mit derselben Geschwindigkeit c wie die Störung über den Träger hinweg. Statt von der *Ausbreitungsgeschwindigkeit* c der Welle spricht man deshalb auch von ihrer *Phasengeschwindigkeit* c.

Nachdem eine Periodendauer T vergangen ist, hat sich die Welle so weit auf dem Träger vorgeschoben, daß sämtliche Schwingungsphasen von $\varphi=2\pi$ bis $\varphi=0$ fein säuberlich nebeneinander liegen. Von nun an wiederholt sich die Welle; sie besitzt also eine *räumliche Periode*. Diese ist gleich dem Abstand zweier aufeinanderfolgender Wellenberge – allgemein gleich dem Abstand zweier benachbarter Stellen mit derselben Schwingungsphase; die Länge einer solchen räumlichen Wellenperiode wird **Wellenlänge λ** genannt. In unserem Beispiel ist $\lambda=4$ cm. Der diagonale Durchblick zeigt Ihnen: Während der Periodendauer T hat sich die Welle um die Wellenlänge λ vorgeschoben, und zwar mit der *konstanten* Ausbreitungsgeschwindigkeit c. Für die Geschwindigkeit dieser *gleichförmigen* Verschiebung gilt

$$c = \frac{\text{zurückgelegter Weg}}{\text{dafür benötigte Zeit}}; \quad \text{also } c = \frac{\lambda}{T}.$$

Da die Schwingungsfrequenz $f=1/T$ ist, folgt der für alle Wellen wichtige Zusammenhang zwischen Ausbreitungsgeschwindigkeit, Wellenlänge und Frequenz

$$\boldsymbol{c = f \cdot \lambda.} \qquad \textbf{(234.1)}$$

Die Frequenz f wird ausschließlich vom Erreger bestimmt; die Ausbreitungsgeschwindigkeit c hängt dagegen von der Beschaffenheit des Trägers ab.

5. Mathematischer Durchblick

Es ist nicht schwer, aus *Bild 235.1* die *Gleichung* einer fortschreitenden Sinuswelle herauszulesen. Der Ort, an dem sich ein Körperchen zu einem bestimmten Zeitpunkt t gerade befindet, wird durch die Koordinaten x (Rechtswert) und s (Elongation = Hochwert) gekennzeichnet. Betrachten Sie nun *Bild 235.1* im zeitlichen Durchblick von oben nach unten: Für den zeitlichen Verlauf der Schwingung des *ersten* Körperchens ($x=0$) gilt bekanntlich

$s(t) = \hat{s}\cdot\sin\omega t$ mit $\omega = 2\pi f$ (Seite 215).

Das Körperchen an der Stelle x schwingt nun aber gegenüber dem ersten verspätet mit der Zeitverschiebung $\Delta t = x/c$. Also lautet sein Elongation-Zeit-Gesetz

$$\boldsymbol{s(t,x) = \hat{s}\cdot\sin\omega\left(t-\frac{x}{c}\right).} \qquad \textbf{(235.1)}$$

Diese Funktion der beiden Variabeln t und x ist die Gleichung der fortschreitenden Sinuswelle. Sie drückt die auf Seite 234 in Worte gefaßten „Durchblicke" mathematisch aus.

a) Beim *zeitlichen* Durchblick (von oben nach unten) betrachten Sie in *Bild 235.1* ein bestimmtes Körperchen mit $x=x_1$. Sie halten also in *Gl. 235.1* $x=x_1$ konstant und sehen t als Variable an. $s(t,\, x_1)$ ist dann eine Funktion von t allein und liefert das Elongation-Zeit-Gesetz der Sinusschwingung des *einen* ins Auge gefaßten Körperchens am Ort x_1.

b) Beim *räumlichen* Durchblick betrachten Sie zu einer bestimmten Zeit t_1 eine Zeile des *Bildes 235.1* von links nach rechts. Dies bedeutet, daß Sie in *Gl. 235.1* $t=t_1$ konstant halten und x als Variable ansehen. $s(t_1,\, x)$ ist dann eine Funktion von x allein, stellt also die Gleichung der Sinuslinie dar, auf der alle von der Welle erfaßten Körperchen im Zeitpunkt t_1 liegen.

c) Auch der *diagonale* Durchblick spiegelt sich in *Gl. 235.1* wieder. Er wird besonders einfach, wenn Sie in *Bild 235.1* den *Kopf* der Welle betrachten; dieser zeichnet sich ja durch den Phasenwinkel $\varphi=0$ aus. Da der Phasenwinkel $\omega(t-\frac{x}{c})$ beträgt, folgt aus der Beziehung $s(t,x)=\hat{s}\cdot\sin\omega\,(t-\frac{x}{c})$, daß für den Kopf der Welle stets $t-\frac{x}{c}=0$ oder $\frac{x}{t}=c$ sein muß. Da er zur Zeit $t=0$ an der Stelle $x=0$ beginnt, verschiebt er sich demnach längs der x-Achse mit der konstanten Geschwindigkeit c. Auch diese – uns schon bekannte – Tatsache läßt sich also aus der Gleichung *235.1* herausholen!

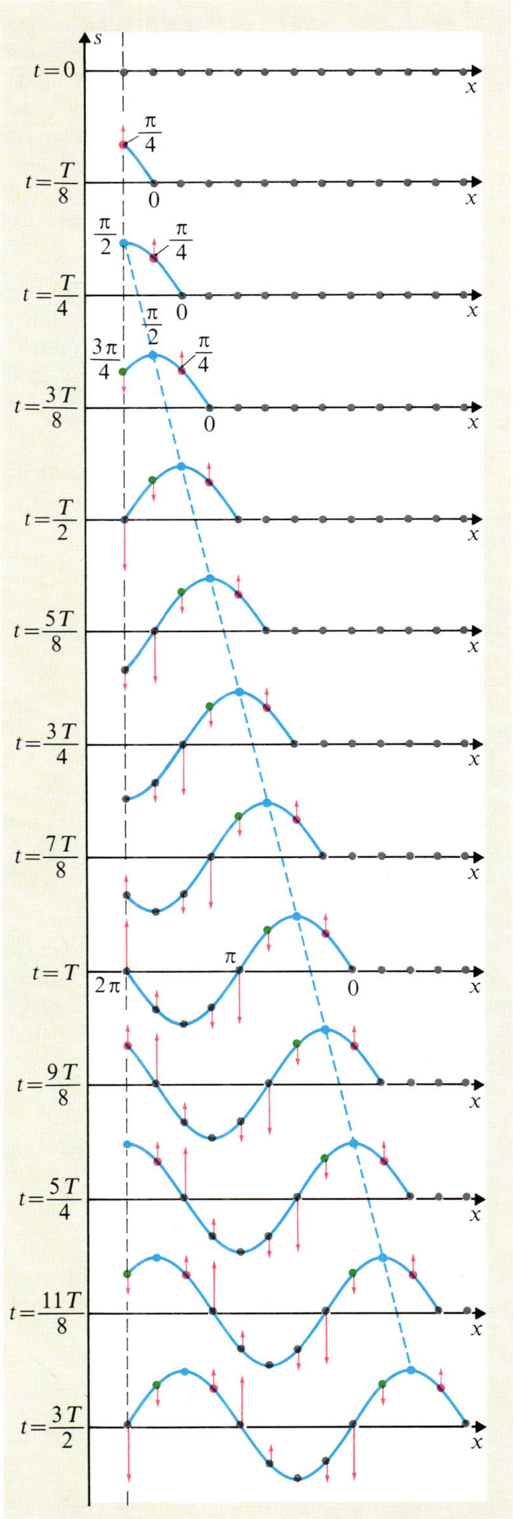

235.1 Eine Querwelle baut sich auf.

Der Träger einer linearen mechanischen Querwelle besteht aus einer eindimensionalen Kette elastisch aneinander gekoppelter Masseteilchen. Diese übernehmen die Bewegungen eines Erregers, der mit der Frequenz f senkrecht zum Träger schwingt. Dabei hinken sie in ihrer Schwingungsphase gegenüber dem Erreger um so mehr nach, je weiter sie von ihm entfernt sind.

Dadurch werden die Elongationen, die der Erreger zeitlich nacheinander ausführt, räumlich nebeneinander gelegt: Es entsteht eine Wellenlinie mit Bergen und Tälern. Ihre Gestalt schreitet mit der Geschwindigkeit c längs des Trägers fort.

Der Abstand zweier benachbarter Wellenberge wird Wellenlänge λ genannt. Es gilt der Zusammenhang $c = f \cdot \lambda$.

Aufgaben:

1. *Worin unterscheidet sich die wandernde Schlangenlinie einer Querwelle von einer sich vorwärts schlängelnden Ringelnatter?*

2. *In Bild 235.1 beginnt die Schwingung des Wellenerregers mit einer Elongation nach oben. Was ändert sich an der fortschreitenden Querwelle, wenn die Erregerschwingung mit einer Elongation nach unten anfängt?*

3. *Eine lineare Querwelle schreite mit der Geschwindigkeit* $c = 2{,}5$ m/s *längs der x-Achse eines Koordinatensystems fort. Der Erreger schwinge harmonisch mit der Frequenz* $f = 50$ Hz *und der Amplitude* $\hat{s} = 2$ cm *längs der y-Achse.*
a) Zeichnen Sie die Welle zu den Zeiten $t_1 = 0{,}050$ s *und* $t_2 = 0{,}055$ s!
b) Zeichnen Sie das Schaubild der Schwingung des Teilchens an der Stelle $x = 3{,}75$ cm!
c) Welcher grundlegende Unterschied besteht zwischen den Kurven in a) und in b)?

4. *Stellen Sie die Gleichung der in Aufgabe 3 gegebenen Querwelle auf! Lösen Sie damit nochmals die Teilaufgaben a) und b)!*

5. *Leiten Sie aus der Wellengleichung* $s(t, x) = \hat{s} \cdot \sin \omega (t - x/c)$ *die Beziehung* $c = f\lambda$ *her! (Anleitung: Vergleichen Sie die Funktion* $s(t, x)$ *an den Stellen* x *und* $x + \lambda$*!)*

6. *Zeichnen Sie ein Momentbild der Querwelle* $s(t, x) = A \cdot \sin(Bt + Cx)$ *mit* $A = 0{,}02$ m, $B = 377{,}0\ \text{s}^{-1}$, $C = -125{,}7\ \text{m}^{-1}$ *zur Zeit* $t = 0{,}05$ s!

§ 68 Reflexion mechanischer Wellen

1. Störung mit Echo

Bei unseren bisherigen Versuchen haben wir dafür gesorgt, daß die von der fortschreitenden Welle mitgeführte Energie dem Träger am Ende wieder entzogen wurde. Was geschieht eigentlich *ohne* eine solche Dämpfung? – Das wird sich zeigen, wenn wir an der Wellenmaschine die Dämpfungseinrichtung weglassen! Dabei betrachten wir für das letzte Körperchen der Wellenmaschine zwei verschiedene Möglichkeiten:

a) Es ist unverrückbar fest (festes Ende);
b) es kann frei ausschwingen (freies Ende).

Versuch 22: Der letzte Stab der Wellenmaschine wird arretiert; damit besitzt der Träger ein festes Ende. Nun lenken wir das erste Körperchen nach oben aus und halten es in dieser Lage fest: Wie in Versuch 17 wandert eine Querstörung über die Wellenmaschine hinweg. Nachdem sie am Ende angekommen ist, läuft sie als Echo wieder zurück. Dabei sind die Auslenkungen der Körperchen gerade entgegengesetzt wie vorher; offenbar hat sich die Schnellerichtung der Körperchen nach der Reflexion umgekehrt. Wie kommt das?

Bild 237.1a zeigt den Augenblick, in dem das *vorletzte* Körperchen bereits von der Störung erfaßt worden ist; es ist gerade in der Auslenkung nach oben begriffen und verdrillt dabei das letzte Stück des Spannbandes. Dadurch wird es – genau so, wie zuvor alle anderen Körperchen – *abgebremst*. In *Bild 237.1b* ist das vorletzte Körperchen (kurzzeitig) zur Ruhe gekommen. Was passiert nun anschließend? – Sehr einfach: Betrachten Sie das letzte Körperchen! *Es liegt relativ zu den momentan ruhenden übrigen Körperchen tiefer und wird in dieser Lage festgehalten.* Also muß es – nach allem, was wir von der Ausbreitung einer Welle wissen – eine *Querstörung* mit nach *unten* gerichteter Schnelle erzeugen: Sie läuft als Echo über den Träger zurück, wird also *reflektiert* (*Bild 237.1c* und *d*). Dieser gelangt dabei wieder in seine ursprüngliche Ausgangslage.

Eine Querstörung wird am festen Ende des Trägers reflektiert; dabei kehrt sich die Richtung der Schnelle um.

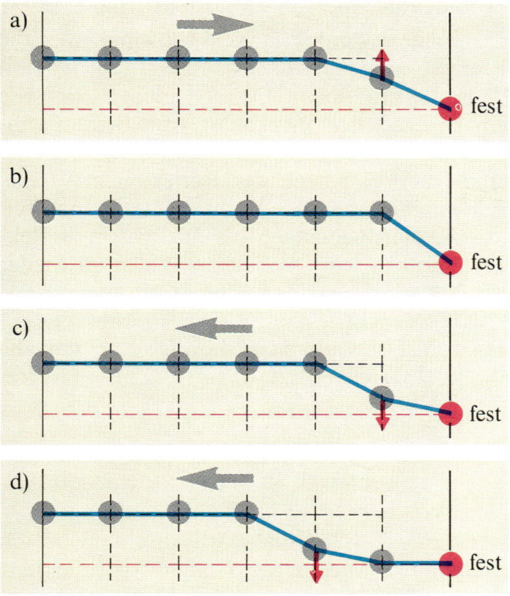

237.1 Reflexion am festen Ende

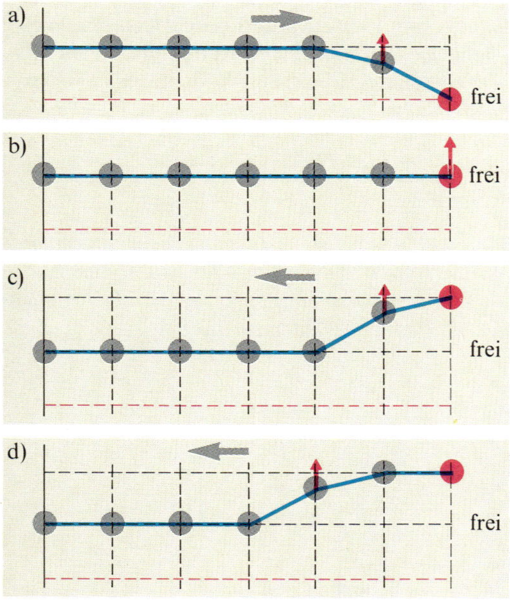

237.2 Reflexion am freien Ende

Versuch 23: Nun bleibt der letzte Stab der Wellenmaschine *frei beweglich.* Erzeugen wir auf dieselbe Weise wie im vorigen Versuch eine Querstörung nach oben, so wird sie an diesem *freien Ende* reflektiert und läuft als Echo wieder zurück. Doch behalten die Körperchen der Wellenmaschine jetzt nach der Reflexion ihre Schnellerichtung bei.

In *Bild 237.2a* ist das *vorletzte* Körperchen schon von der Querstörung erfaßt worden; sie kommt soeben beim letzten Körperchen an. Dieses setzt sich in Bewegung; dadurch wird das vorletzte abgebremst. Diesmal muß nun aber das letzte Körperchen kein *rechts* von ihm liegendes Bandstück mehr verdrillen. Deshalb kann es in der Situation, die *Bild 237.2b* zeigt, *frei durchschwingen.* Es spielt dabei die Rolle eines Erregers, der relativ zu den übrigen – für einen Augenblick ruhenden – Körperchen nach *oben* ausgelenkt wird: Es entsteht eine Störung, die mit unveränderter Schnellerichtung zurückläuft *(Bild 237.2c* und *d*). Dabei wird der ganze Wellenträger schließlich um eine Strecke nach oben verschoben, die gleich der doppelten Auslenkung des Erregers ist.

Eine Querstörung wird am freien Ende des Trägers reflektiert; dabei bleibt die Richtung der Schnelle erhalten.

2. Das Echo einer fortschreitenden Welle

Nicht nur eine *einmalige* Störung, sondern auch eine Folge von Störungen, also eine *fortschreitende Welle,* wird am Ende des Trägers reflektiert. Dabei müssen wir wieder zwischen einer Reflexion am festen und am freien (losen) Ende des Trägers unterscheiden.

a) Reflexion einer Querwelle am festen Ende

Bei einem Träger mit festem Ende ist das letzte Teilchen unbeweglich; also könnte man denken, es verhalte sich völlig passiv. Weit gefehlt – das Gegenteil ist der Fall!

Betrachten Sie eine nach *oben* gerichtete Störung, die bis an das feste Ende eines Trägers herangekommen ist: Vom vorletzten (nach oben ausgelenkten) Teilchen aus beurteilt bleibt dann das letzte (feste) Teilchen *unten;* relativ zu einer nach *unten* gerichteten Störung bleibt es *oben.* Demnach ist das letzte (feste) Teilchen recht aktiv! Es „zieht" nämlich bei aufwärts gerichteten Elongationen nach unten, bei abwärts gerichteten Elongationen nach oben. *Das feste Ende verhält sich wie ein Erreger, der gegenphasig zur ankommenden Störung tätig wird.* Es muß also einen ankommenden Wellenberg mit einem zurücklaufenden Wellental „beantworten". Aus demselben Grund muß ein Wellental nach der Reflexion in einen Wellenberg verwandelt werden.

Versuch 24: Wir arretieren den letzten Stab der Wellenmaschine und erzeugen dann wie in Versuch 18 einen *Wellenberg,* indem wir den ersten Stab nach oben auslenken und gleich wieder zurückführen. Dieser Wellenberg läuft über den Träger hinweg *(Bild 238.1a)* und kehrt nach der Reflexion am festen Ende als *Wellental (Bild 238.1b)* wieder zurück. Erzeugen wir dagegen ein Wellental, so wird es als Berg reflektiert.

Auch gegenüber einer ständigen Störung, also einer *fortschreitenden Welle,* verhält sich das feste Ende wie ein Erreger, der gegenphasig, d.h. mit einer Phasenverschiebung von 180°, schwingt. Deshalb läuft die Welle nach der Reflexion am festen Ende nicht „ungeschoren" wieder zurück; vielmehr wird eine halbe Wellenlänge „verschluckt" und ein ankommender Berg als Tal bzw. ein ankommendes Tal als Berg zurückgeschickt.

Dieser sogenannte *Phasensprung* von 180° bewirkt, daß die ankommende und die reflektierte Welle am festen Ende in jedem Augenblick entgegengesetzte, aber gleich große Elongationen und Schnellen besitzen. Deshalb heben sie sich dort auf. So kann das Ende des Trägers zwei Wellen über sich ergehen lassen und trotzdem fest bleiben.

Eine Querwelle wird am festen Ende des Trägers reflektiert. Dabei erfährt sie einen Phasensprung von 180°. Ein Wellenberg läuft nach der Reflexion als Wellental zurück, ein Wellental als Wellenberg.

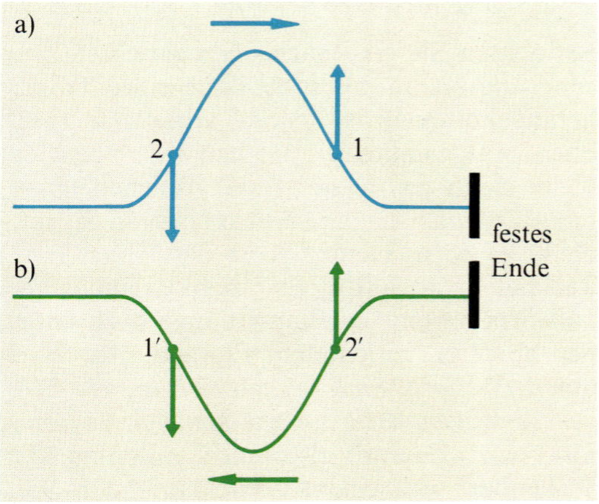

238.1 Ein Wellenberg wird am festen Ende als Wellental reflektiert. Beachten Sie die Schnellevektoren an der Vorder- und Rückseite: 1 → 1′; 2 → 2′.

b) Reflexion einer Querwelle am freien Ende

Das freie Ende des Trägers schwingt über die Elongation einer ankommenden Störung um deren Betrag hinaus. Damit verhält es sich wie ein Erreger, der *gleichphasig* mit der ankommenden Welle schwingt. Dies bedeutet, daß eine Querwelle nach der Reflexion am *freien* Ende unverändert wieder zurückläuft. Ein Wellen*berg* wird demnach als Wellen*berg* reflektiert; ebenso wird aus einem Wellen*tal* wieder ein Wellen*tal*. Bei der Reflexion am freien Ende fällt also nicht – wie an einem festen Ende – ein Teil der Welle weg; daraus folgt, daß die Welle am freien Ende *ohne Phasensprung* reflektiert wird.

Versuch 25: Wir erzeugen an einer Wellenmaschine, deren letzter Stab frei schwingen kann, einen Wellenberg. Er läuft über den Träger hinweg *(Bild 238.2a)* und wird anschließend am freien Ende wieder als Wellenberg reflektiert *(Bild 238.2b)*.

Eine Querwelle wird am freien Ende des Trägers ohne Phasensprung reflektiert. Ein Wellenberg läuft nach der Reflexion wieder als Wellenberg zurück, ein Wellental als Wellental.

Aufgabe:

Ist eine senkrechte Ufermauer für anlaufende Wasserwellen ein festes oder ein freies Ende? – Wie läuft also ein gegen die Mauer brandender Wellenberg wieder zurück?

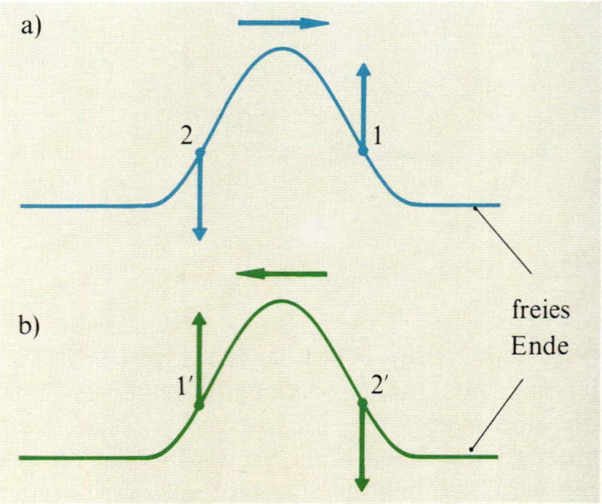

238.2 Ein Wellenberg wird am freien Ende wieder als Wellenberg reflektiert. Beachten Sie auch hier: 1 → 1′; 2 → 2′.

§ 69 Überlagerung und Interferenz

1. Wellen tun einander nichts

Haben Sie schon einmal einen See bei Regen beobachtet? — Jeder Regentropfen erzeugt auf der Wasseroberfläche eine Kreiswelle. Kommt nun eine andere Welle — sie könnte z.B. von einem Schiff hervorgerufen worden sein — angerollt, so lassen sich die Kreiswellen dadurch nicht beirren. Sie reiten auf dem Rücken dieser anderen Welle und breiten sich dabei weiter aus: Die beiden Wellen *überlagern* sich ungestört.

In *Bild 239.1* sehen Sie zwei Kreiswellen, die durch Regentropfen oder zwei ins Wasser geworfene Steine entstanden sein können. Obwohl sie sich teilweise gegenseitig durchdrungen haben, ist ihre Gestalt unversehrt erhalten geblieben.

Nun ist die Wasseroberfläche ein *zweidimensionaler* Wellenträger. Ob sich wohl Wellen auch auf einem *eindimensionalen* Träger ungestört überlagern?

Versuch 26: Wir erzeugen an beiden Enden einer Wellenmaschine oder einer langgestreckten Schraubenfeder jeweils gleichgerichtete kurze Querstörungen mit derselben Amplitude. Sie laufen einander auf demselben Träger als Wellenberge entgegen. Im Augenblick der Begegnung überlagern sie sich zu einem einzigen Wellenberg mit doppelter Amplitude. Und nun passiert etwas Merkwürdiges: Aus dieser Begegnung gehen die beiden ursprünglichen Wellenberge unversehrt wieder hervor! Sie wandern weiter, als sei nichts geschehen.

Bild 239.2a zeigt die aufeinander zu laufenden Wellenberge. Im Augenblick der Begegnung addieren sich die gleichgerichteten Elongationen *(Bild 239.2b)*; sie werden zum Zeitpunkt, in dem sich die beiden Wellenberge gerade dekken, *verdoppelt*. Auch die in den einander entsprechenden Punkten a und a′ bzw. b und b′ eingezeichneten Schnellevektoren addieren sich in diesem Moment. Sie haben zwar gleiche Beträge; weil sie aber jeweils entgegengesetzt gerichtet sind, heben sie sich auf. Das gilt in diesem Zeitpunkt auch für alle anderen Schnellevektoren. Der verdoppelte Wellenberg steht also einen Augenblick still. Deshalb ist er auch besonders gut sichtbar. Für einen Moment steckt in dem Überlagerungsgebilde nur *Elongationsenergie*. Dieser gespannte Zustand kann nun aber nicht anhalten; die in ihm steckende Energie wird nach beiden Richtungen des Trägers abgegeben: Die zwei ursprünglichen Wellenberge lösen sich wieder voneinander und wandern in alter Frische nach links und rechts weiter; sie haben sich bei ihrer Begegnung *ungestört überlagert (Bild 239.2c)*.

239.1 Die beiden Wasserwellen durchdringen sich ungestört.

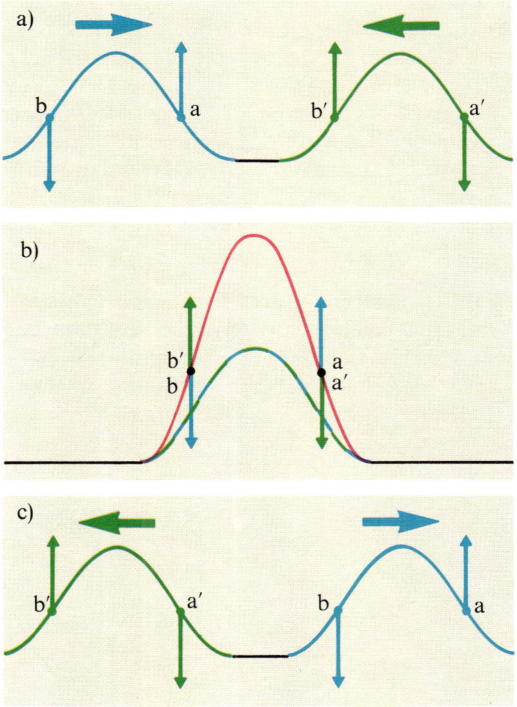

239.2 Zwei Wellenberge wandern aufeinander zu (a), überlagern sich (b) — und erstehen wieder neu (c).

Versuch 27: Wieder erzeugen wir an den Enden des Trägers zwei kurze Querstörungen mit gleicher Amplitude; diesmal sind aber die Auslenkungen einander entgegengesetzt. Die beiden Störungen laufen als *Wellenberg* und als *Wellental* aufeinander zu *(Bild 240.1 a)*. Im Augenblick der Begegnung heben sich jetzt die Auslenkungen selbst auf *(Bild 240.1 b)*. Jedoch bleibt auch hier sowohl der Wellenberg als auch das Wellental von der Überlagerung unbeeindruckt: Beide tauchen anschließend wieder auf und laufen unversehrt weiter *(Bild 240.1 c)*.

Eigentlich merkwürdig – die Störungen scheinen sich bei der Begegnung „aufzufressen"! Doch heben sich in diesem Augenblick nur die Elongationen auf; die Schnellen aber *verdoppeln* sich *(Bild 240.1 b)*. Im Augenblick der Überlagerung ist der Träger zwar unausgelenkt, hat also keine Elongationsenergie. Dafür besitzt er aber momentan maximale kinetische Energie. Die im Träger steckende Bewegung (bei a nach oben, bei b nach unten) sorgt dafür, daß aus der Begegnung anschließend wieder ein nach rechts fortschreitender Wellenberg und ein nach links fortschreitendes Wellental hervorgehen.

Treffen mehrere Störungen an einer Stelle eines eindimensionalen Trägers zusammen, so addieren sich dort ihre Elongationen und auch ihre Schnellen. Nach der Durchdringung laufen die Störungen unverändert weiter.

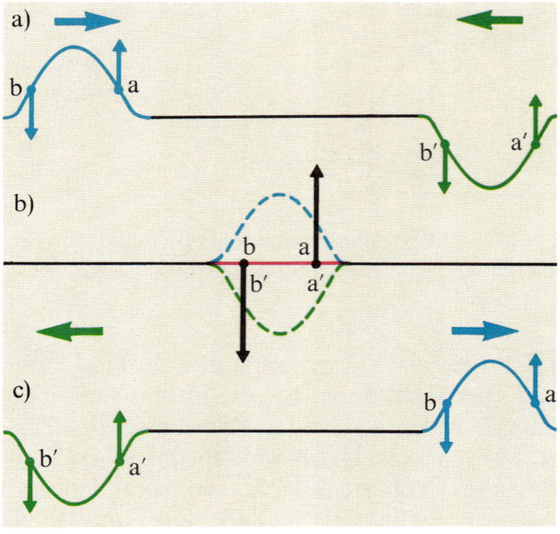

240.1 Ein Wellenberg und ein Wellental überlagern sich ungestört.

2. Interferenz – ein Sonderfall von Überlagerung

Was für einzelne Störungen gilt, läßt sich auch auf ununterbrochen fortlaufende Störungen – also auf *Wellen* – übertragen. Wir wollen in den folgenden Überlegungen nur Querwellen betrachten, die in der *gleichen Ebene* schwingen und *dieselbe Wellenlänge* besitzen. Die Überlagerung solcher Wellen bezeichnen wir als **Interferenz.**

Nun gibt es für die Interferenz zweier fortschreitender Wellen auf einem linearen Träger grundsätzlich zwei verschiedene Möglichkeiten:

– Die Wellen durchlaufen den Träger in gleicher Richtung;
– sie laufen einander entgegen.

Die Ergebnisse der Interferenz sind jeweils ganz verschieden; deshalb sind die beiden Fälle streng auseinanderzuhalten.

3. Interferenz gleichlaufender Querwellen

Denken Sie sich durch die beiden Zentren der Kreiswellen in *Bild 239.1* eine Ebene senkrecht zur Wasseroberfläche gelegt. Ein solcher Ausschnitt aus dem Wellenfeld enthält rechts und links der Zentren zwei Querwellen, die auf demselben Träger jeweils *in derselben Richtung* fortschreiten. Ihre Wellenlänge λ sei gleich; sie besitzen also dieselbe Frequenz. Nun wissen Sie schon, daß die Überlagerung zweier gleichfrequenter *Schwingungen* von deren gegenseitiger Phasenbeziehung abhängt (Seite 228). Dasselbe gilt natürlich auch für *Wellen*, **denn sie bestehen ja aus lauter aneinandergereihten Schwingungen.** Bei der Überlagerung zweier eindimensionaler Wellen gibt es also die für Einzelschwingungen schon bekannten drei verschiedenen Möglichkeiten:

a) Im einfachsten Fall sind die beiden gleichlaufenden Wellen *in Phase;* d.h. sie schwingen an jeder Stelle des Trägers gleichphasig. Man sagt dazu auch, ihre Phasendifferenz sei $\Delta\varphi = 0$. Dabei fällt Wellenberg auf Wellenberg und Wellental auf Wellental. Durch Addition der Elongationen und Schnellen (unter Berücksichtigung der Vorzeichen) finden Sie, daß sich bei der Überlagerung eine rote Welle mit derselben Wellenlänge λ ergibt *(Bild 241.1 a)*; die Amplituden $\hat{s}_1$ und $\hat{s}_2$ addieren sich zur neuen Amplitude $\hat{s} = \hat{s}_1 + \hat{s}_2$. Die resultierende Welle ist mit den beiden ursprünglichen Wellen in Phase und schreitet wie diese mit der gleichen Geschwindigkeit c in derselben Richtung fort. Ist insbesondere $\hat{s}_1 = \hat{s}_2$, so entsteht dabei eine Welle mit doppelter Amplitude. Die Interferenz gleichphasiger Wellen ist ein Sonderfall, er wird als *konstruktive Interferenz* bezeichnet.

Ändert man nun bei einem der Erreger die Lage oder die Schwingungsphase, so werden die beiden Wellen im allgemeinen nicht mehr so geschickt zusammentreffen: Die Gipfel ihrer Wellenberge und auch ihre gleichphasigen Nulldurchgänge liegen dann nicht mehr an derselben Stelle, sondern sind um eine bestimmte Strecke δ gegeneinander verschoben. Man nennt δ den **Gangunterschied** der beiden Wellen. Meist drückt man δ als Bruchteil oder Vielfaches der Wellenlänge λ aus.

Nun stellt *Bild 241.1 a* nur einen kleinen Ausschnitt der interferierenden Wellen dar. Denken Sie sich beide verlängert! Dann sehen Sie, daß sich am Sonderfall der *konstruktiven* Interferenz nichts ändert, wenn eine der beiden Wellen längs des Trägers um ein ganzzahliges Vielfaches der Wellenlänge verschoben wird. *Konstruktive* Interferenz tritt also auf, wenn die beiden Wellen den Gangunterschied $\delta = 0$, λ, $2\lambda, \ldots, k\lambda$ besitzen.

b) *Bild 241.1 b* zeigt einen weiteren Sonderfall. Er tritt bei den Gangunterschieden

$$\delta = \frac{\lambda}{2}, \frac{3\lambda}{2}, \frac{5\lambda}{2}, \ldots, (2k-1)\frac{\lambda}{2} \quad \text{auf.}$$

Bei dieser sogenannten *destruktiven Interferenz* schwingen die beiden Wellen an jeder Stelle des Trägers *gegenphasig,* so daß jeweils ein Wellen*berg* auf ein Wellen*tal* fällt. Durch Überlagerung entsteht auch hier eine in derselben Richtung fortschreitende Welle *(Bild 241.1 b: rot).* Sie ist mit der Welle der beiden ursprünglichen in Phase, deren Amplitude größer ist. Die resultierende Amplitude erreicht dabei den Wert $\hat{s} = |\hat{s}_1 - \hat{s}_2|$. Besitzen die beiden Wellen insbesondere *gleiche Amplituden,* so löschen sie sich bei der *destruktiven* Interferenz völlig aus, d.h. die resultierende Welle hat die Amplitude Null *(Bild 241.1 c).*

c) Die Momentaufnahme in *Bild 241.1 d* zeigt den allgemeinen Fall zweier interferierender Wellen. Jetzt sind die Verhältnisse nicht mehr so einfach zu überschauen wie in den Sonderfällen a) und b). Wenn Sie die resultierende Welle finden wollen (in *Bild 241.1 d* rot gezeichnet), müssen Sie die Elongationen der beiden ursprünglichen Wellen Punkt für Punkt mit Vorzeichen addieren. Da sich zwei harmonische Schwingungen wieder zu einer harmonischen Schwingung überlagern (Seite 228), ergibt auch die Interferenz zweier *sinusförmiger Wellen* stets wieder eine *Sinuswelle*. Wegen derselben Periodizität besitzt die bei der Interferenz entstehende Welle dieselbe Wellenlänge λ wie die ursprünglichen Wellen. Auch muß sie mit derselben Geschwindigkeit c in der gleichen Richtung fortschreiten wie diese. Im allgemeinen Fall ist die resultierende Amplitude $\hat{s} \leqq \hat{s}_1 + \hat{s}_2$. Sie nimmt immer mehr ab, je näher der Gangunterschied δ an $\frac{\lambda}{2}$ heranrückt. Bei $\delta = \frac{\lambda}{2}$ (und entsprechend $\frac{3\lambda}{2}$, $\frac{5\lambda}{2}$, ...) hat die resultierende Amplitude $\hat{s}$ dann jeweils ihr *Minimum* erreicht.

Wie Sie wissen, besteht eine mechanische Querwelle aus lauter aufeinanderfolgenden Schwingungen des Trägers. Interferieren nun zwei Querwellen mit dem Gangunterschied δ, so hat dies eine Phasendifferenz $\Delta\varphi$ der zugehörigen

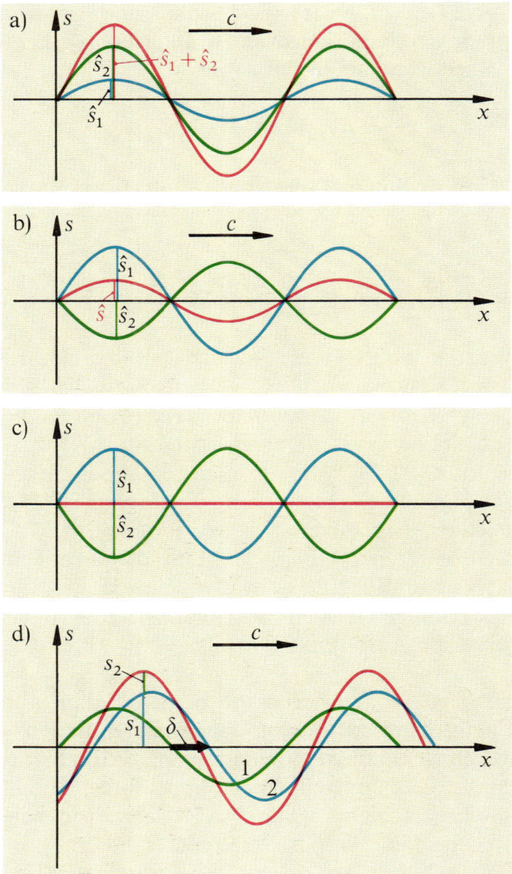

241.1 Interferenz bei gleichlaufenden Querwellen

Schwingungen an jeder beliebigen Stelle des Trägers zur Folge; dabei sind $\Delta\varphi$ und δ zueinander proportional. Beim Gangunterschied $\delta=\lambda$ unterscheiden sich die Schwingungsphasen beider Wellen an jeder Stelle um $\Delta\varphi=360°$. Aus $\Delta\varphi\sim\delta$ folgt

$$\frac{\Delta\varphi}{\delta}=\frac{360°}{\lambda} \quad \text{oder} \quad \Delta\varphi=\frac{360°}{\lambda}\,\delta. \qquad (242.1)$$

Vom Zeigerdiagramm her ist es klar, daß bei Phasenwinkeln $\varphi>360°$ nur der Überschuß über das größtmögliche ganzzahlige Vielfache von 360° zählt. Dasselbe gilt für die Phasendifferenz $\Delta\varphi$. Das ist in *Gl. 242.1* zu berücksichtigen. Für $\delta=5\lambda/2$ liefert sie z.B. $\Delta\varphi=900°$. Dieses Ergebnis ist auf $\Delta\varphi=900°-2\cdot 360°=180°$ zu reduzieren.

Durch Interferenz zweier in derselben Richtung laufender Querwellen entsteht eine mit gleicher Richtung und Geschwindigkeit fortschreitende Querwelle derselben Wellenlänge. Bei einem Gangunterschied von $\delta=0$, λ, 2λ, …, $k\lambda$ wird die resultierende Amplitude maximal (konstruktive Interferenz); bei einem Gangunterschied von

$$\delta=\frac{\lambda}{2},\ \frac{3\lambda}{2},\ \ldots,\ (2k-1)\,\frac{\lambda}{2}$$

wird sie minimal (destruktive Interferenz).

4. Interferenz entgegenlaufender Querwellen

Wenden wir uns nochmals den sich überlagernden Kreiswellen in *Bild 239.1* zu! *Zwischen* den beiden Erregern laufen zwei Wellen auf demselben Träger Wasser *einander entgegen*. Wir wollen nun klären, wie sich solche einander entgegen laufende Querwellen überlagern. Dazu zeichnen wir auf zwei Folien jeweils das Momentbild einer Querwelle. Um das Problem nicht unnötig zu erschweren, setzen wir für beide außer gleichen Wellenlängen auch noch dieselben Amplituden voraus.

Versuch 28: Wir legen die beiden Folien auf einem Schreibprojektor übereinander und bewegen sie dann so aufeinander zu, daß sich die darauf gezeichneten Wellen längs ihrer Mittellinien verschieben. *Bild 242.1 a* zeigt, wie sich die beiden Wellen einander nähern. In *Bild 242.1 b* haben sie sich schon zu einem Teil überlagert. Im nächsten Augenblick ist die blau

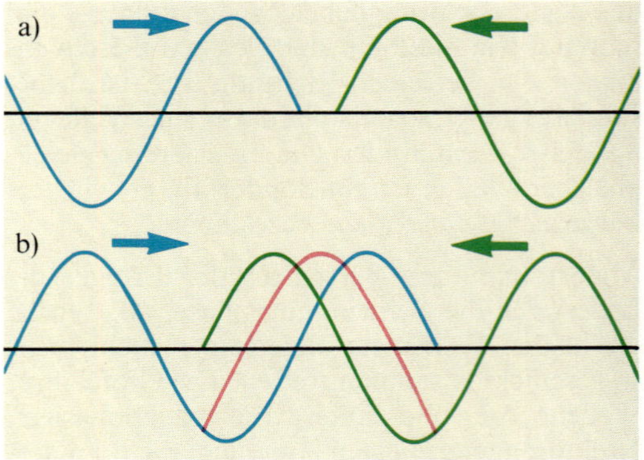

242.1 Zwei einander entgegenlaufende Querwellen beginnen, sich zu überlagern.

gezeichnete Welle etwas nach rechts, die grün gezeichnete entsprechend nach links weitergewandert. Dabei verschiebt sich die gegenseitige Lage der beiden Schlangenlinien dauernd. Für die Interferenz bedeutet dies:

- Wenn gerade Berg auf Berg und Tal auf Tal fällt, entsteht durch die Überlagerung eine Welle mit maximaler (doppelter) Amplitude (konstruktive Interferenz).
- Mit wachsender Verschiebung der beiden Wellen nimmt die Amplitude der resultierenden Welle zuerst einmal ab.
- Fällt gerade Berg auf Tal, so ist die Amplitude der resultierenden Welle für einen Augenblick Null (destruktive Interferenz).
- Sie nimmt mit weiterer gegenseitiger Verschiebung der beiden Wellen wieder zu, bis erneut Berg auf Berg und Tal auf Tal fällt. Nun beginnt alles wieder von vorn…

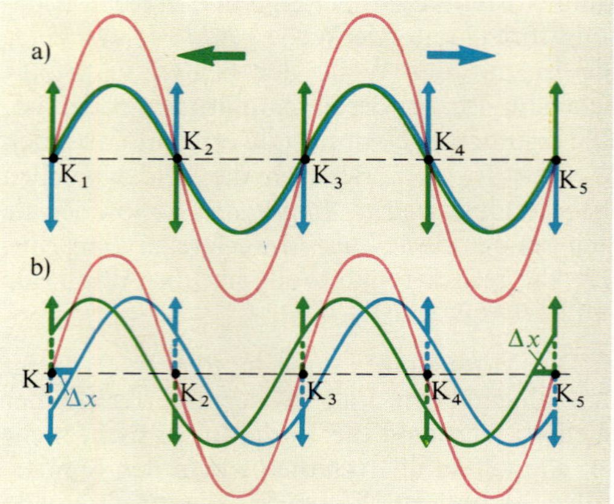

242.2 Die Punkte K_1, K_2, … bleiben dauernd in Ruhe.

Wie sich dies auf den Verlauf der resultierenden Welle auswirkt, erkennen Sie am besten, wenn Sie von der Situation ausgehen, in der sich die beiden einander entgegenlaufenden Wellen gerade für einen Augenblick decken *(Bild 242.2a)*. In diesem Moment fallen insbesondere auch die mit K_1, K_2, ... bezeichneten *Nulldurchgänge* der beiden Wellen aufeinander. Wie Sie wissen, steckt im Nulldurchgang einer fortschreitenden Welle besonders viel Bewegung: Die Schnelle besitzt dort ihren maximalen Betrag. Nun haben wir hier aber zwei *einander entgegenlaufende* Querwellen vor uns. Deshalb ist in den momentan aufeinanderfallenden Nulldurchgängen die Schnelle der einen Welle nach *oben,* die gleich große Schnelle der anderen dagegen nach *unten* gerichtet. Beide heben sich also bei der Überlagerung auf: Die Nulldurchgänge K_1, K_2, ... sind in diesem Augenblick in Ruhe.

Im nächsten Moment hat sich nun aber die blau gezeichnete Welle um das Stück Δx nach *rechts* und die grün gezeichnete um dasselbe Stück nach *links* verschoben. *Bild 242.2b* zeigt, daß dabei die beiden sich übereinanderschiebenden Wellen in den Punkten K_1, K_2, ... stets mit gleich großen, entgegengesetzt gerichteten Elongationen und Schnellen aufeinandertreffen. Dies bedeutet, daß die Punkte K_1, K_2, ... auch weiterhin *dauernd in Ruhe bleiben.* Sie werden deshalb **Knoten** der Schnelle oder **Bewegungsknoten** genannt. Ihr gegenseitiger Abstand ist halb so groß wie die Wellenlänge der einander entgegenlaufenden Wellen.

Damit ist nun der Verlauf der resultierenden Welle klar: Zwischen den festliegenden Knoten bauchen sich in stetem Wechsel Berge und Täler auf, ebnen sich wieder ein, bauchen sich nach der entgegengesetzten Seite auf usw.... Der Träger schaukelt an Ort und Stelle zwischen den Knoten auf und ab: Es hat sich eine **stehende Welle** gebildet. Dabei schwingen alle Punkte zwischen zwei benachbarten Knoten in gleicher Phase, d.h. sie erreichen gleichzeitig ihr Maximum und gehen gleichzeitig durch die Null-Lage; doch sind ihre Amplituden verschieden groß. Die Punkte in der Mitte zwischen zwei Knoten schwingen am weitesten aus. Man nennt diese Stellen **Bewegungsbäuche** oder **Schnellebäuche.**

Bild 243.1 zeigt einzelne Momentbilder der Interferenz zweier gegenläufiger Querwellen zu einer stehenden Welle in zeitlichen Abständen von $T/12$.

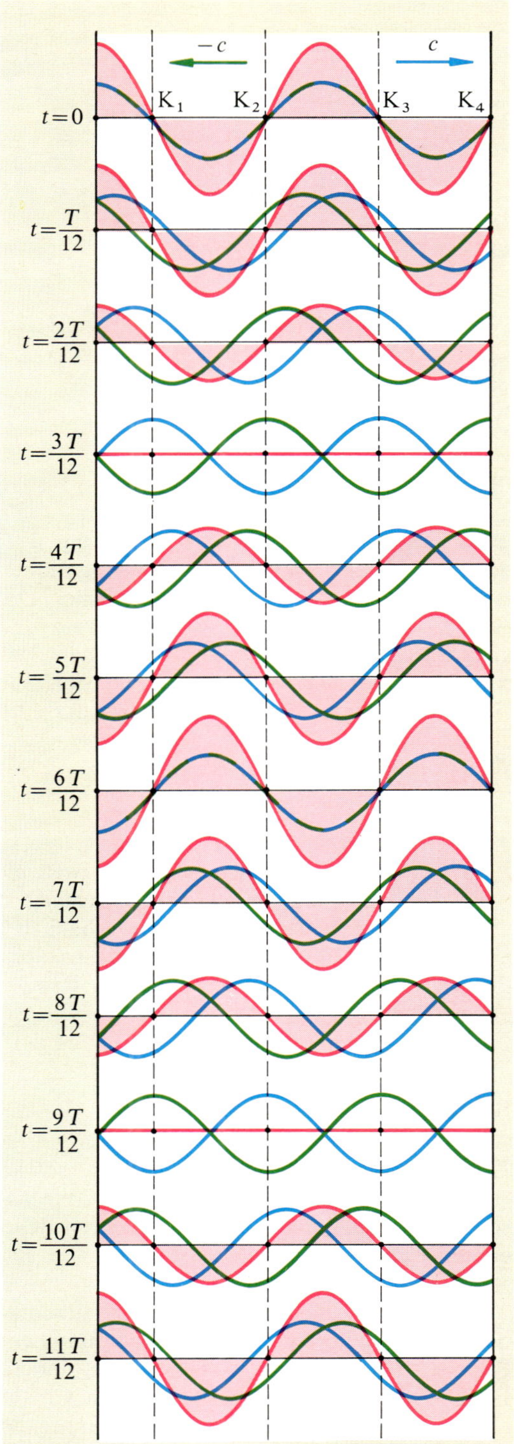

243.1 Zwei einander entgegenlaufende fortschreitende Querwellen überlagern sich zu einer stehenden Querwelle. Der Abstand zweier Knoten ist gleich der halben Wellenlänge.

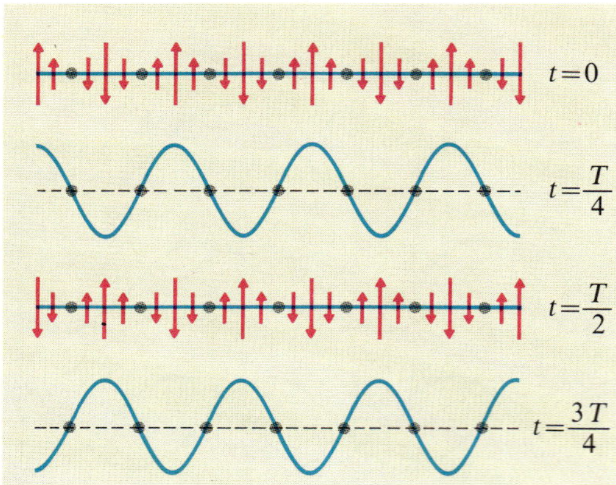

244.1 Schnelle bei einer stehenden Welle

Betrachten Sie bei der Verschiebung der beiden einander entgegenlaufenden Wellen *(Bild 244.1)* die *Schnellevektoren*, so stellen Sie fest: Im Augenblick, in dem sich die Elongationen aufheben, herrscht maximale Schnelle. Der Träger besitzt keine Elongationsenergie und maximale Bewegungsenergie. Im Moment maximaler Elongation dagegen heben sich alle Schnellevektoren auf: Der Träger ist kurzzeitig in Ruhe und besitzt keine Bewegungsenergie, dagegen maximale Elongationsenergie.

Die Interferenz zweier einander auf demselben Träger entgegenlaufender Querwellen mit gleicher Amplitude und der Wellenlänge λ ergibt eine stehende Welle. Sie schaukelt zwischen den Bewegungsknoten auf und ab. Der Abstand zweier benachbarter Bewegungsknoten ist $\lambda/2$.

5. Das Echo hilft mit

Und wie erzeugt man nun praktisch eine solche stehende Querwelle? – Ganz einfach: Wir lassen eine fortschreitende Welle und deren Echo einander entgegenlaufen!

Versuch 29: **a)** Eine lange, weiche Schraubenfeder (oder ein Gummischlauch) wird mit einem Ende an einem Haken befestigt. Das andere Ende regen wir zu Querschwingungen an. Im ersten Augenblick wandert eine fortschreitende Querwelle über den Träger. Sowie die am festen Ende reflektierte Welle zurückläuft, bildet sich eine *stehende Querwelle* aus. Ihre Knoten und Bäuche sind deutlich zu erkennen. Dabei muß am festen Ende ein Knoten sein.

b) Man kann eine stehende Welle auch mit Hilfe der Reflexion am *freien* Ende erzeugen. Dazu befestigen wir das eine Ende der Schraubenfeder an einem dünnen Faden und versetzen das andere in Querschwingungen. Wieder bildet sich nach der Reflexion eine stehende Querwelle aus! Da am freien Ende maximale Bewegung herrscht, muß dort ein *Bewegungsbauch* der stehenden Welle liegen.

6. Stehende Wellen – mathematisch betrachtet

Die Überlagerung zweier gegenläufiger Querwellen läßt sich auch *mathematisch* behandeln. Wie Sie wissen, stellt die Gleichung

$$s_1(t,x) = \hat{s}\cdot\sin\omega\left(t-\frac{x}{c}\right)$$

eine von links nach rechts laufende sinusförmige Querwelle dar. Soll die Welle entgegengesetzt laufen, so müssen wir x durch $-x$ ersetzen. Damit lautet die Gleichung einer von rechts nach links fortschreitenden Querwelle

$$s_r(t,x) = \hat{s}\cdot\sin\omega\left(t+\frac{x}{c}\right). \qquad (244.1)$$

Wir überlagern nun zwei einander entgegenlaufende Wellen, indem wir ihre Elongationen addieren. Dazu entwickeln wir $s_1(t,x)$ und $s_r(t,x)$ nach dem Additionstheorem

$\sin(\alpha\pm\beta)=\sin\alpha\cdot\cos\beta\pm\cos\alpha\cdot\sin\beta$ und

bilden dann $s(t,x)=s_1(t,x)+s_r(t,x)$:

$$s_1(t,x) = \hat{s}\cdot\left(\sin\omega t\cdot\cos\frac{\omega x}{c}-\cos\omega t\cdot\sin\frac{\omega x}{c}\right)$$

$$s_r(t,x) = \hat{s}\cdot\left(\sin\omega t\cdot\cos\frac{\omega x}{c}+\cos\omega t\cdot\sin\frac{\omega x}{c}\right)$$

$$s(t,x) = 2\hat{s}\cdot\sin\omega t\cdot\cos\frac{\omega x}{c}. \qquad (244.2)$$

Das Besondere an dieser Gleichung ist, daß sie aus zwei Faktoren besteht, von denen der eine nur die Variable t und der andere nur die Variable x enthält. Setzen wir $2\hat{s}\cdot\sin\omega t=A(t)$, so erhalten wir mit $\omega=2\pi f$ und $f=c/\lambda$

$$s(t,x) = A(t)\cdot\cos\frac{2\pi}{\lambda}\,x. \qquad (244.3)$$

Das ist die Gleichung einer sich in x-Richtung zeitlich *nicht* verschiebenden Kosinuskurve mit der (räumlichen) Periode λ, deren Amplitude $A(t)$ periodisch zwischen $+2\hat{s}$ und $-2\hat{s}$ schwankt, kurz: eine *stehende* Welle.

7. Modelle, die vor Verwechslungen schützen

Forschreitende und *stehende* Wellen besitzen ganz verschiedene Eigenschaften. Im folgenden werden zwei *Modelle* beschrieben, die Ihnen helfen können, die beiden Wellenarten besser auseinanderzuhalten.

Versuch 30: **a)** Eine Schraubenlinie aus Draht wird mit konstanter Winkelgeschwindigkeit um ihre Längsachse gedreht. Projiziert man diese Anordnung (z.B. mit dem Schreibprojektor) an eine Wand, so erscheint dort eine Sinuslinie, die sich wie eine fortschreitende Welle andauernd verschiebt *(Bild 245.1)*. Dabei führt ein einzelner Bildpunkt P′ jedoch nur vertikale Schwingungen aus. Sein Original P beschreibt ja eine Kreisbahn *(in Bild 245.1 rot)*. Der Eindruck des Fortschreitens entsteht dadurch, daß *neben*einander liegende Punkte ihr Maximum zeitlich *nach*einander erreichen. Eine volle Umdrehung der Schraubenlinie läßt in der Projektion einen Hochpunkt um die Wellenlänge λ weiterrücken.

b) Nun drehen wir eine ebene Sinuslinie aus Draht um ihre Achse. Bei der Projektion er-

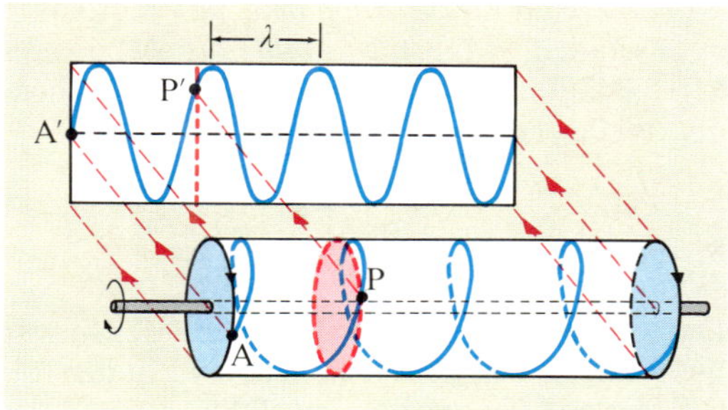

245.1 Modell für eine fortschreitende Querwelle: Projektion einer sich drehenden Schraubenlinie

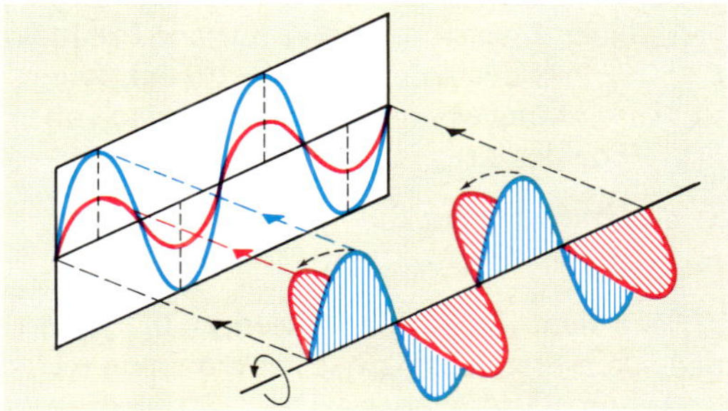

245.2 Modell für eine stehende Querwelle: Projektion einer sich drehenden Sinuslinie

Fortschreitende Welle	Stehende Welle
1. Modell: Schattenbild einer rotierenden Schraubenlinie *(Bild 245.1)*	Modell: Schattenbild einer rotierenden ebenen Sinuslinie *(Bild 245.2)*
2. Das räumliche Kurvenbild bleibt erhalten, erfährt aber eine stetige Verschiebung mit der Geschwindigkeit c.	Das räumliche Kurvenbild bleibt am Ort; es erleidet periodisch affine Änderungen senkrecht zur x-Achse.
3. Alle Punkte haben gleiche Bewegungsamplitude, erreichen sie aber *nacheinander,* und zwar umso später, je weiter sie vom Erreger entfernt sind.	Alle Punkte haben verschiedene Bewegungsamplituden; sie erreichen diese im gleichen Augenblick. Die Bewegungsamplitude ist in den Schnellebäuchen am größten; sie nimmt nach den Knoten zu ab und ist dort Null.
4. In keinem Moment ist überall Stillstand.	Im Moment größter Elongation ist überall Stillstand.
5. In keinem Moment ist *überall* die Elongation gleich Null.	Alle Punkte gehen gleichzeitig durch die Nulllage und haben dabei ihre größte Schnelle.
6. *Kein* Punkt ist ständig in Ruhe.	Die Knoten der Schnelle sind ständig in Ruhe.
7. Jeder Punkt auf der Strecke einer Wellenlänge hat eine *andere* Phase.	Alle Punkte zwischen zwei benachbarten Knoten haben *gleiche* Phase.
8. Energie schreitet fort.	Energie bleibt im Träger; kein Energietransport.

Tabelle 245.1 Gegenüberstellung von fortschreitender und stehender Welle

fährt sie eine *affine Abbildung* mit periodisch wechselndem Maßstab *(Bild 245.2)*. Dieses Modell läßt an der Wand das Bild einer stehenden Welle erscheinen.

8. Eine Aufgabe, in der alles drin ist

Die wesentlichsten Probleme, mit denen wir uns bis jetzt beschäftigt haben, sind in der folgenden *Aufgabe* zusammengefaßt:

Auf einem 8,5 cm langen linearen Träger breitet sich eine Querwelle mit der Geschwindigkeit $c = 20$ cm/s aus. Der am Anfang des Trägers befindliche Erreger schwingt mit der Frequenz $f = 5$ Hz und der Amplitude $\hat{s} = 1{,}0$ cm. Die erste Auslenkung erfolgt zur Zeit $t = 0$ nach oben. Das Ende des Trägers ist fest.

a) Zeichnen Sie ein Bild der Welle zur Zeit $t = 0{,}25$ s!

b) Wie sieht die Welle zur Zeit $t = 0{,}70$ s aus? Bedenken Sie, daß inzwischen am Ende e eine Reflexion stattgefunden hat!

Lösung: Aus $c = \lambda f$ folgt für die Wellenlänge $\lambda = c/f = 4$ cm.

a) In $t = 0{,}25$ s hat sich die Welle um $x = ct =$ 5 cm vorgeschoben.
Erfolgt die erste Auslenkung nach *oben,* so besteht der vorderste Teil der Welle aus einem Wellen*berg* (vergleiche Seite 232!), andernfalls aus einem Wellen*tal.* Demnach hat sich die Querwelle in 0,25 s so weit ausgebildet, wie dies in *Bild 246.1,* oben, aufgezeichnet ist.

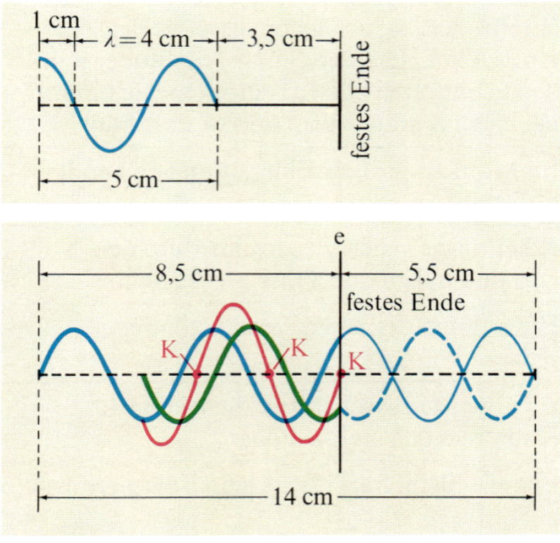

246.1 Zur Musteraufgabe

b) In $t = 0{,}70$ s hätte sich die Welle genau um $x = ct = 14$ cm vorgeschoben, wenn der Träger genügend lang wäre. Vorerst ignorieren wir das feste Ende und tun einfach so, als liefe die Welle ungehindert weiter (*Bild 246.1,* unten).

An dieser Darstellung müssen wir nun nachträglich noch zwei Änderungen vornehmen:

- Der Teil der Welle, der über 8,5 cm hinaus gelaufen ist, wird nach links reflektiert.
- Da das Ende *fest* ist, erfolgt bei der Reflexion ein *Phasensprung* von 180°.

Wir berücksichtigen zuerst den Phasensprung von 180°, indem wir den Teil der Kurve, der über das Ende des Trägers hinausgeht, an der x-Achse spiegeln (*blau* gestrichelt).

Wegen der Reflexion müssen wir nun diese (blau gestrichelte) Kurve noch an der Geraden *e* spiegeln. Dann erhalten wir die Momentaufnahme der vom festen Ende zurücklaufenden Welle (*grün* gezeichnet).

Zum Schluß addieren wir die Elongationen der nach rechts forschreitenden (*blau* gezeichneten) und der nach links reflektierten (*grün* gezeichneten) Wellen zur resultierenden (*rot* gezeichneten) **stehenden Welle.** Sie ist schon so weit ausgebildet, daß sich drei Knoten gebildet haben, davon einer am festen Ende.

Aufgaben:

1. *Auf einem geradlinigen Träger der Länge* 15 cm *breitet sich eine Querwelle mit der Geschwindigkeit* 4 cm/s *von links nach rechts aus. Das erste Teilchen beginnt zur Zeit* $t = 0$ s *mit einer harmonischen Schwingung nach unten. Ihre Frequenz beträgt* 1,0 Hz, *die Amplitude ist* 1,5 cm. *a) Zeichnen Sie zwei Momentbilder der Welle zu den Zeiten* 3,0 s *bzw.* 3,25 s*! b) Das rechte Ende des Trägers ist frei. Zeichnen Sie ein Momentbild der Welle, die zur Zeit* 5,0 s *durch die Überlagerung der ursprünglichen und der reflektierten Welle entstanden ist! c) Nun sei das rechte Ende des Trägers fest. Wie sieht dann die Welle zur Zeit* 5,0 s *aus?*

2. *In den* 15 cm *voneinander entfernten Punkten* E_1 *und* E_2 *einer Wasseroberfläche werden kreisförmige Querwellen der Amplitude* 1,5 cm *erzeugt; ihre Ausbreitungsgeschwindigkeit ist* 25 cm/s. *Die Erreger schwingen harmonisch mit* $f = 5{,}0$ Hz *(Beginn zur Zeit* $t = 0$ *nach oben). Zeichnen Sie den eindimensionalen Ausschnitt aus der Welle, die sich zu den Zeiten* 0,65 s, 0,70 s, 0,75 s *längs* $\overline{E_1E_2}$ *gebildet hat!*

§ 70 Transversale Eigenschwingungen

1. Erst zwei Enden geben den Ton an

Sie wissen jetzt, daß sich eine fortschreitende Welle zusammen mit der am Ende des eindimensionalen Trägers reflektierten Welle zu einer *stehenden* Welle überlagert. Nun hat aber ein eindimensionaler Träger *zwei* Enden. Wie sich dies auswirkt, zeigt der folgende Versuch.

Versuch 31: Ein Gummischlauch ist mit einem Ende an der Decke, mit dem anderen am Experimentiertisch befestigt. Er wird nach *Bild 247.1* in einem geeigneten Punkt E nahe der Befestigung durch einen Motor und einen Exzenter zu langsamen harmonischen Querschwingungen angeregt. Dabei entsteht eine fortschreitende Querwelle, die über den Gummischlauch nach oben wandert, am festen Ende in O reflektiert wird und dann der ursprünglichen Welle entgegenläuft. Wir können also annehmen, daß sich eine *stehende Welle* bildet. Doch die Erwartung trügt: Der Gummischlauch schüttelt sich nur etwas unschlüssig.

Nun erhöhen wir vorsichtig die Drehfrequenz des Motors. Bei einer bestimmten Frequenz des Erregers tritt der erwartete Effekt doch noch ein. Plötzlich gerät der Gummischlauch in kräftige sogenannte *Eigenschwingungen:* Es hat sich eine stehende Welle mit einem Bewegungsbauch in der Mitte und je einem Knoten an den beiden Enden gebildet *(Bild 247.1)*. Erhöhen wir die Frequenz, so beginnt sich der Schlauch zuerst wieder unschlüssig zu schütteln. Wenn jedoch eine ganz bestimmte Frequenz erreicht ist, erhalten wir eine neue stehende Welle – diesmal mit *drei* Knoten, einem in der Mitte und zwei an den Enden. So geht das nun weiter: Bei bestimmten Frequenzen bilden sich immer wieder neue stehende Wellen mit noch mehr Knoten – sogenannte *Oberschwingungen* – aus *(Bild 247.1)*.

Warum treten diese *Eigenschwingungen* nur bei ganz bestimmten Frequenzen auf? – Nun, daran ist das zweite Ende schuld! Die am festen Ende in O reflektierte fortschreitende Welle *(Bild 247.1)* wird nämlich am anderen festen Ende in U abermals reflektiert, wandert zum zweiten Mal bis O, wird dort wieder reflektiert und huscht so auf dem Träger dauernd hin und her. Dabei wird die stehende Welle, die sich zu Beginn anbahnen wollte, im allgemeinen gleich wieder durcheinandergebracht. Nun kann es vorkommen, daß die nach einem Hin- und Hergang zum *zweiten* Mal von U nach O laufende Welle mit der zum *ersten* Mal von U nach O laufenden Welle *gleichphasig* zusammentrifft. Dann verstärken sich beide Wellen. Eine dritte phasengleiche Welle kommt hinzu, dann die vierte usw. ... Dieser Fall tritt beim Gangunterschied $\delta = k\lambda$ $(k = 1, 2, 3, \dots)$ ein.

Die Phasensprünge an den festen Enden O und U beeinflussen den Gangunterschied *nicht*, da sie zusammen 360° betragen. Also ergibt sich der Gangunterschied δ allein aus dem zweimaligen Durchlaufen des Trägers der Länge l; es gilt demnach $\delta = 2\,l$.

Damit erhalten wir als Bedingung für das gleichphasige Zusammentreffen der Wellen

$$2l = k\lambda; \quad l = k\frac{\lambda}{2} \quad (k = 1, 2, 3, \dots). \qquad (247.1)$$

Ist diese Gleichung erfüllt, so verstärken sich sämtliche über den Träger hin und her laufenden Wellen durch *konstruktive Interferenz:* Die sich anbahnende stehende Welle wird jetzt nicht mehr zerstört, sondern im Gegenteil immer stärker aufgeschaukelt. Dabei würde der Gummischlauch schließlich zerreißen, wenn nicht die anfangs geringen (durch Reibung bedingten) Energieverluste mit wachsender Amplitude größer und größer würden. Deshalb wird die Eigenschwingung des Gummischlauchs nur so weit aufgeschaukelt, bis die nach außen abgegebene und die während derselben Zeit vom Erreger in den Träger hineingepumpte Energie gerade gleich groß geworden sind.

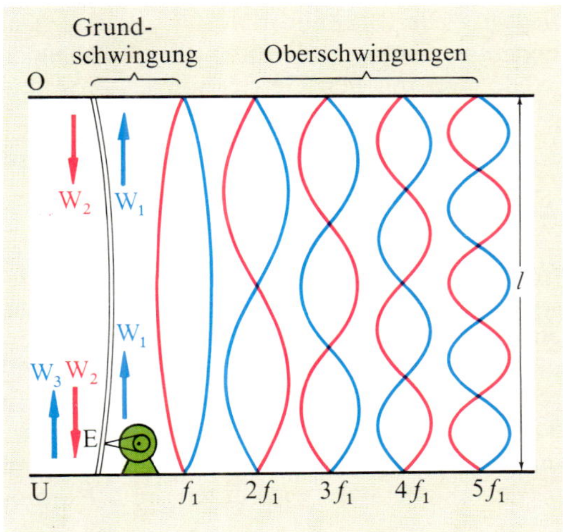

247.1 Eigenschwingungen eines Gummischlauchs

Die für Eigenschwingungen gültige Gleichung *247.1* ist sehr einleuchtend, denn

- der Knotenabstand einer stehenden Welle beträgt $\lambda/2$ (Seite 244);
- an beiden festen Enden des Trägers muß sich ein Knoten befinden (Seite 244).

Diese sogenannten **Randbedingungen** sind nur erfüllt, wenn auf dem Träger ein *ganzzahliges Vielfaches der halben Wellenlänge Platz hat.* Nun hängt die Wellenlänge λ der längs des Trägers fortschreitenden Querwellen mit ihrer Ausbreitungsgeschwindigkeit c und der Erregerfrequenz f zusammen; es gilt $\lambda = c/f$.

Damit ergibt sich zusammen mit *Gl. 247.1* für das Zustandekommen von Eigenschwingungen auf einem beidseitig eingespannten Träger die Bedingung $l = k\frac{c}{2f}$ oder $f = k\frac{c}{2l}$.

Für $k=1$ erhalten wir die *Eigenfrequenz* der Grundschwingung $f_1 = \frac{c}{2l}$; man nennt sie die *1. Harmonische.* Für $k = 2, 3, \ldots$ ergeben sich die Eigenfrequenzen der 2., 3., … Harmonischen (auch Oberschwingungen genannt). Allgemein gilt also für die k-te Harmonische

$$f_k = k\frac{c}{2l} = k f_1 . \qquad (248.1)$$

Nur, wenn der Erreger mit einer dieser Eigenfrequenzen „rüttelt", schwingt der Träger kräftig mit. Man sagt dazu: Es tritt *Resonanz* ein.

Die Eigenschwingungen eines eindimensionalen Trägers sind *stehende Wellen.* Merkwürdig, daß in der zugehörigen Gleichung *248.1* die Ausbreitungsgeschwindigkeit c einer *fortschreitenden* Welle vorkommt! Nun – dieses c erinnert uns daran, daß hinter einer stehenden Welle zwei mit den Geschwindigkeiten c und $-c$ *fortschreitende* Wellen stecken.

2. Töne – im voraus berechnet

Gl. 248.1 spielt für alle *Saiteninstrumente* eine wichtige Rolle. Ob es sich nun um eine Violine, eine Gitarre oder ein Klavier handelt, stets werden die Töne dieser Instrumente durch Eigenschwingungen einer beidseitig eingespannten Saite – also eines eindimensionalen Trägers mit zwei festen Enden – erzeugt. Der Ton, den man dabei hört, wird durch die 1. Harmonische mit der Frequenz $f = \frac{c}{2l}$ hervorgerufen.

Zum Stimmen eines solchen Instruments spannt man bekanntlich die Saiten stärker oder schwächer. Je größer dabei die Spannkraft F ist, desto höher wird der Ton. *Gl. 248.1* liefert dazu eine Erklärung: Mit wachsendem F nimmt nämlich die Ausbreitungsgeschwindigkeit c einer Querstörung auf der Saite zu; damit steigt wegen $f_1 = c/(2l)$ auch die Frequenz der 1. Harmonischen.

Der Zusammenhang zwischen Spannkraft F und Ausbreitungsgeschwindigkeit c läßt sich aus Gesetzen der Mechanik herleiten. Dazu nehmen wir vereinfachend an, die Saite sei völlig biegsam – etwa wie eine Schnur.

Wir denken uns also, eine Schnur der Länge l und der Masse m sei rechts an einer Wand befestigt; links werde sie mit der Kraft $\vec{F}$ gespannt. Was passiert, wenn das linke Ende unter Beibehaltung der Spannkraft $\vec{F}$ ruckartig mit der Kraft $\vec{F}_1$ nach oben ausgelenkt wird *(Bild 248.1)?*

Nun – dann wandert wie in Versuch 17 (Seite 230) eine *Querstörung* mit einer gewissen Geschwindigkeit c über die Schnur. Sie hat in der kurzen Zeit Δt ein Schnurstück der Länge $c \cdot \Delta t$ erfaßt; es wird durch die Resultierende aus $\vec{F}$ und $\vec{F}_1$ gedehnt und schräg nach oben gezogen *(Bild 248.1).* Die Masse dieses Schnurstücks beträgt $\Delta m = m\frac{c \cdot \Delta t}{l}$, die Schnelle, mit der es sich nach oben bewegt, sei v. Dabei hat das linke Ende der Schnur die Strecke $v \cdot \Delta t$ nach oben zurückgelegt; der Knick in der Schnur ist um das Stück $c \cdot \Delta t$ nach rechts gewandert.

Aus der Ähnlichkeit der Dreiecke in Lage- und Kräfteplan folgt $\frac{v \cdot \Delta t}{c \cdot \Delta t} = \frac{v}{c} = \frac{F_1}{F}$; also ist die Schnelle $v = \frac{F_1 c}{F}$. In der Zeit Δt erfährt das Schnurstück nach oben den Impuls $p = F_1 \cdot \Delta t = \Delta m \cdot v$. Wenn wir in diese Gleichung die für Δm und v gefundenen Formeln einsetzen, folgt daraus $F_1 \cdot \Delta t = m\frac{c \cdot \Delta t}{l} \frac{F_1 c}{F}$.

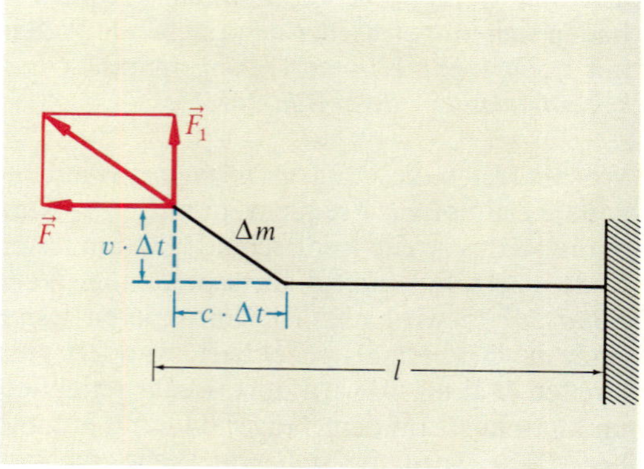

248.1 Querstörung an einer Schnur

Bezeichnen wir $\frac{m}{l} = \varrho_L$ als *Längendichte* der Schnur, so erhalten wir $c^2 = \frac{F}{\varrho_L}$; die Ausbreitungsgeschwindigkeit der Querstörung beträgt also

$$c = \sqrt{\frac{F}{\varrho_L}}. \qquad (249.1).$$

Versuch 32: Eine Schnur wird nach *Bild 249.1* über eine Rolle geführt und durch ein Wägestück gespannt. Als Erreger von Querwellen dient ein kleiner Elektromotor mit permanentem Feldmagneten, der von einem Tongenerator gespeist wird. Wir stellen dessen Frequenz so ein, daß sich auf der Schnur eine stehende Welle bildet. Aus dem Knotenabstand $d = \frac{\lambda}{2}$ ermitteln wir die Wellenlänge λ. Mit $c = f\lambda$ erhalten wir dann die Geschwindigkeit c, mit der sich eine Querwelle auf der Schnur ausbreitet. Anschließend berechnen wir c nach *Gl. 249.1* aus der Längendichte ϱ_L der Schnur und der durch die Gewichtskraft des Wägestücks erzeugten Spannkraft F. Dabei finden wir die Richtigkeit der *Gl. 249.1* gut bestätigt.

Mit *Gl. 249.1* und *Gl. 248.1* sind wir nun in der Lage, die Tonhöhe einer gespannten Saite vorauszuberechnen. Aus den beiden Gleichungen folgt für die Frequenz der 1. Harmonischen einer Saite

$$f_1 = \frac{1}{2l}\sqrt{\frac{F}{\varrho_L}}. \qquad (249.2)$$

Jede der drei Größen, aus denen diese Gleichung zusammengesetzt ist, besitzt für die Praxis der Saiteninstrumente ihre besondere Bedeutung!

- Die Längendichte ϱ_L berücksichtigen Sie schon beim *Kauf* einer Saite. Tief klingende Saiten weisen eine relativ größere Masse auf als Saiten für hohe Töne. (Vergleichen Sie die G-Saite und die E-Saite einer Violine!)
- Die Spannkraft F, mit der Sie die Saite auf das Instrument ziehen, sorgt für die *Stimmung*, d.h. die richtige Tonhöhe der leeren Saite. Je stärker diese gespannt wird, desto höher ist ihr Ton.
- Beim Spielen des Instruments verändern Sie durch Auflegen eines Fingers den Abstand l zwischen den beiden festen Enden der Saite. Je kleiner Sie l machen, desto höher wird der Ton.

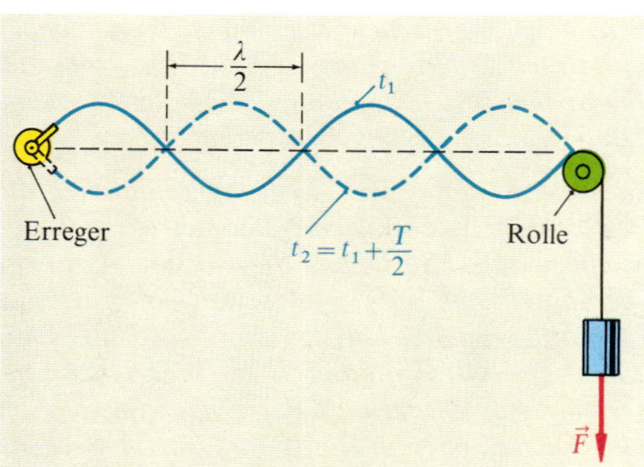

249.1 Zu Versuch 32

Versuch 33: Bei einem *Monochord* ist eine Saite an ihrem einen Ende auf einem Holzkasten befestigt, am anderen Ende wird sie über eine Rolle geführt und durch ein Wägestück gespannt. Aus der Längendichte ϱ_L der Saite, dem Abstand l ihrer festen Enden und der durch das Wägestück erzeugten Spannkraft F errechnen wir die Frequenz der 1. Harmonischen dieser Saite. Zupfen wir sie an, dann erklingt der vorausberechnete Ton.

3. Der Klang macht die Musik

Versuch 34: Die Saite eines Monochords wird auf den Ton a¹ ($f_1 = 440$ Hz) gestimmt. Am Holzkasten des Instruments ist mit Hilfe einer Schraubzwinge ein Lautsprecher befestigt, der von einem *Sinusgenerator* gespeist wird. Betreiben wir diesen mit der Frequenz $f_1 = 440$ Hz, so wird die Saite zu ihrer 1. Harmonischen angeregt. Wir erkennen dies daran, daß ein in ihrer Mitte aufgesetzter kleiner Papierreiter abgeworfen wird. – Nun erhöhen wir die Frequenz des Lautsprechers auf $f_2 = 2f_1 = 880$ Hz. Dadurch wird die Saite zu ihrer 2. Harmonischen angeregt: In der Mitte der Saite bleibt ein aufgesetzter Papierreiter in Ruhe; in den Bewegungsbäuchen links und rechts davon wird er dagegen abgeworfen. Bei $f_3 = 3f_1 = 1320$ Hz resoniert die Saite in der 3. Harmonischen; ihre Knoten und Bäuche lassen sich wieder mit Papierreitern nachweisen.

Bei Musikinstrumenten wird nun aber die Saite nicht – wie in unserem Versuch – von Sinusgeneratoren angeregt; vielmehr wird sie gezupft, mit einem Bogen gestrichen oder mit einem Hammer geschlagen. Dabei entsteht eine *dreieckförmige* Schwingung der Saite. Nach einem Satz des französischen Mathematikers *Fourier* (1768 bis 1830) läßt sich nun eine derartige Dreieckwelle *eindeutig* aus lauter stehenden Sinuswellen verschiedener Frequenzen und Amplituden aufbauen *(Fourier-Zerlegung)*. Die Dreieckwelle, die sich ergibt, wenn eine Saite in der Mitte angezupft wird, setzt sich nach *Fourier* aus den (unendlich vielen) ungeradzahligen Harmonischen zusammen, deren Amplituden sich wie $1:\frac{1}{9}:\frac{1}{25}:\frac{1}{49}:\ldots$ verhalten. Nach *Bild 250.1* ergibt sich schon eine gute Näherung, wenn man die 1., 3. und 5. Harmonische überlagert.

Der Ton eines Saiteninstruments klingt demnach so, als ob er aus einem sinusförmigen *Grundton* (der 1. Harmonischen) und vielen sinusförmigen *Obertönen* (Harmonischen höherer Ordnungen) zusammengesetzt wäre. Der Grundton ist am stärksten beteiligt; seine Frequenz wird vom Ohr als *Tonhöhe* registriert. Die Obertöne bestimmen je nach ihrer Intensität die *Klangfarbe* des Tons.

Versuch 35: Entdämpfen Sie mit dem Pedal sämtliche Saiten eines Klaviers und singen Sie dann verschiedene Vokale in das geöffnete Instrument! Das Klavier „antwortet" jedesmal nicht nur in der richtigen Tonhöhe, sondern auch in der entsprechenden Klangfarbe.

Nur diejenigen Saiten des Klaviers schwingen mit, welche jeweils dieselbe Eigenfrequenz besitzen wie der Grundton und die Obertöne Ihrer Stimme. Alle diese Saitenschwingungen setzen sich für Ihr Ohr wieder zum ursprünglichen Klang zusammen.

Die Höhe eines Tons ist durch die Frequenz des Grundtons bedingt. Die Klangfarbe wird durch das Intensitätsverhältnis der verschiedenen Obertöne bestimmt.

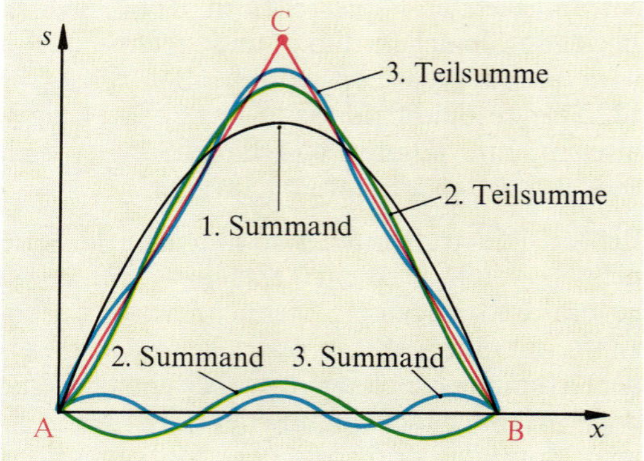

250.1 Die Überlagerung der drei Sinuswellen ergibt schon annähernd eine dreieckförmige Welle.

Ein an beiden Enden fest eingespannter eindimensionaler Wellenträger der Länge l kann zu stehenden Querwellen mit nur ganz bestimmten Frequenzen angeregt werden; man nennt sie Eigenfrequenzen. Sie betragen

$$f_k = k \cdot \frac{c}{2l}, \quad k = 1, 2, 3, \ldots \qquad (250.1)$$

Dabei bedeutet c die Geschwindigkeit, mit der sich eine fortschreitende Welle auf dem Träger ausbreitet.

Aufgaben:

1. *Ein* 2 m *langer Gummischlauch ist an beiden Enden eingespannt. Eine Querstörung braucht vom einen zum anderen Ende des Schlauchs* 1,0 s. *Bei welcher Eigenfrequenz bildet sich jeweils die 1., 2., 3. Harmonische aus?*

2. *Wenn man einen* 1,2 m *langen, an beiden Enden eingespannten Gummischlauch mit der Frequenz* 8,0 Hz *anregt, bildet sich eine Querwelle mit 2 Bäuchen aus. a) Mit welcher Geschwindigkeit breitet sich eine Querstörung auf diesem Gummischlauch aus? — b) Bei welcher Eigenfrequenz entstehen 3 Bäuche?*

3. *Auf einem beidseitig fest eingespannten geradlinigen Träger der Länge* $l = 1{,}00$ m *hat sich eine stehende Welle mit 4 Bäuchen gebildet. Erhöht man die Erregerfrequenz um* 15 Hz, *so stellt sich ein weiterer Bauch ein. Welche Frequenzen haben diese beiden Eigenschwingungen?*

4. *Stellen Sie für die Dreieckschwingung nach Bild 250.1 die Gleichungen der ersten 4 Teilwellen auf! Die Amplitude der ersten Welle sei* 10 cm, $\overline{AB} = 8$ cm. *Überlagern Sie diese 4 Teilwellen mit Hilfe eines Computerprogramms!*

5. *Eine Schnur der Länge* 1,00 m *und der Masse* 0,25 g *wird zwischen zwei* 80 cm *voneinander entfernten Punkten ausgespannt. Wie groß muß die Spannkraft sein, damit sich bei der Frequenz* 100 Hz 5 *Schwingungsbäuche bilden?*

6. *Eine* a^1*-Saite ist* 57 cm *lang und hat die Masse* 0,40 g. *Bei einer Geige beträgt der Abstand zwischen Sattel und Steg* 33 cm *(dort liegt die Saite jeweils auf). a) Mit welcher Kraft muß die Saite gespannt werden, damit sie den Grundton* a^1 ($f = 440$ Hz) *gibt? — b) In welcher Entfernung vom Sattel muß der Finger für den um eine Quart höheren Ton* d^2 *aufgesetzt werden? (Zwei Töne, die eine Quart bilden, haben das Frequenzverhältnis 4/3.)*

§71 Längswellen

1. Die Längsstörung

Vielleicht haben Sie schon einmal auf einem Rangierbahnhof beobachtet, wie ein Güterzug zusammengestellt wird. Wenn ein neu hinzukommender Wagen auf die Reihe der schon bereitstehenden Wagen stößt, geht ein Ruck von vorne bis hinten durch den ganzen Zug. Auf ganz ähnliche Weise breiten sich z.B. auch Schallwellen und zum Teil auch Erdbebenwellen aus.

Versuch 36: Nach *Bild 251.1a* sind etliche kleine Wagen hintereinander aufgestellt und durch elastische Stahldrähte gegenseitig verbunden. Diese entsprechen den Federn in den Puffern der Eisenbahnwagen. Lenken wir jetzt den ersten Wagen nach rechts oder links aus, so werden die übrigen *nacheinander* um ein Stückchen nach rechts bzw. links verschoben. Je größer die Masse der Wagen ist und je weicher die Stahldrähte sind, desto langsamer wandert diese sogenannte **Längsstörung** durch die Wagenkette.

Statt kleiner Wagen kann man auch Magnetrollen nehmen, die auf einer Laufschiene so angeordnet sind, daß sie sich jeweils gegenseitig abstoßen *(Bild 251.1b)*.

Alles, was für die Ausbreitung einer Längsstörung wesentlich ist, läßt sich an einem weiteren *Modell* verdeutlichen. Es besteht aus einer Kette von Körperchen; sie sind untereinander durch Schraubenfedern verbunden, die zusammengedrückt oder auseinandergezogen werden können *(Bild 251.2)*.

Wir denken uns nun, das erste Körperchen werde nach rechts ausgelenkt. Dabei drückt es die nachfolgende Feder etwas zusammen; dadurch erfährt das zweite Körperchen eine Kraft nach rechts. Wegen seiner Trägheit wird es jedoch nicht etwa augenblicklich in seine neue Lage gerissen; vielmehr vergeht eine gewisse Zeit, bis es ebenso weit nach rechts ausgelenkt ist wie das erste Körperchen – seine Bewegung hinkt der des vorhergehenden Körperchens nach. Dabei erfährt Körperchen Nr. 3 eine Kraft und setzt sich nach rechts in Bewegung; die zugehörige Gegenkraft bewirkt, daß das zweite Körperchen abgebremst wird und deshalb nicht übers Ziel hinausschießt. So wandert diese Störung des Gleichgewichts von links nach rechts durch die gesamte Körperkette hindurch *(Bild 251.2)*.

Kommt Ihnen das nicht bekannt vor? Eine ganz ähnliche – teilweise sogar wortwörtlich gleiche – Überlegung haben wir nämlich in Versuch 17 bereits angestellt! Dort handelte es sich um Auslenkungen der elastisch gekoppelten Körperchen einer Wellenmaschine *quer* zur Ausbreitungsrichtung der Störung. Im Unterschied dazu werden die elastisch gekoppelten Körperchen unseres Modellversuchs jetzt *längs* der Ausbreitungsrichtung nach *rechts* ausgelenkt. In *Bild 251.2* sehen Sie, wie sich eine solche *Längsstörung* auswirkt: Eine *Verdichtung* der Teilchen wandert mit einer gewissen Geschwindigkeit $\vec{c}$ durch den Träger. Die *Schnelle* $\vec{v}$ eines einzelnen Körperchens besitzt dabei jeweils die gleiche Richtung wie die *Ausbreitungsgeschwindigkeit* $\vec{c}$ dieser Verdichtungsstörung.

Nun kann man das erste Körperchen unseres Modells aber auch nach *links* auslenken.

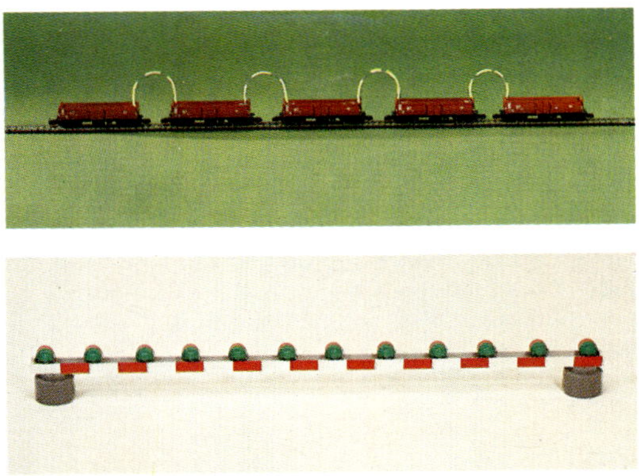

251.1 Längsstörungen an elastisch gekoppelten Wagen (oben), an einer Magnetrollbahn (unten)

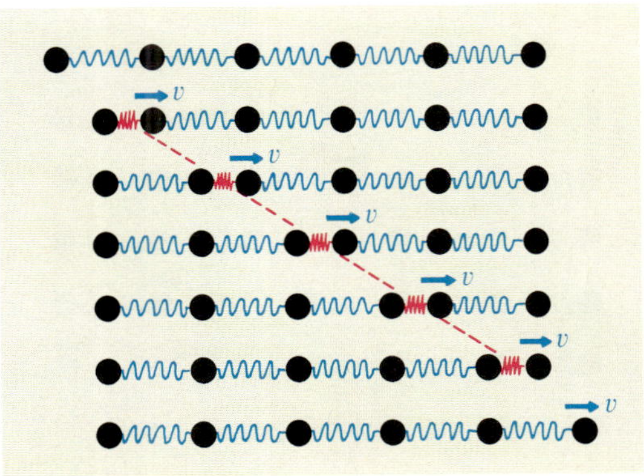

251.2 Eine Verdichtungsstörung wandert nach rechts.

Bild 252.1 zeigt, was dann passiert! Jetzt wandert eine *Verdünnung* durch die Körperkette. Dabei ist die Schnelle $\vec{v}$ der einzelnen Körperchen gerade entgegengesetzt gerichtet wie die Ausbreitungsgeschwindigkeit $\vec{c}$ dieser Störung. Beachten Sie, daß auch bei der Längsstörung über die ganze Strecke nur Energie, aber *keine* Materie transportiert wird.

2. Wellen, die keine Schlangenlinien bilden

Der vorige Abschnitt hat Ihnen gezeigt, daß Längsstörungen und Querstörungen im wesentlichen gleiche Eigenschaften besitzen. Auf einem waagerechten eindimensionalen Träger unterscheiden sie sich lediglich darin, daß *Quer*störungen nach *oben* bzw. *unten*, *Längs*störungen dagegen nach *rechts* bzw. *links* erfolgen.

Was passiert nun, wenn das erste Teilchen eines solchen Trägers in dessen *Längsrichtung* fortwährend harmonisch schwingt? – Würde es quer zum Träger schwingen, so entstünde die bekannte Schlangenlinie *(Bild 233.1)*, deren Eigenschaften uns schon bekannt sind. Das nützen wir natürlich aus: Wir brauchen nur die Auslenkungen der einzelnen Teilchen des Trägers, die bei der Schlangenlinie nach *oben* bzw. *unten* gehen, in entsprechende Auslenkungen nach *rechts* bzw. *links* zu verwandeln! Dabei kommt der Schlangenlinie eine neue Bedeutung zu: Wir können sie als *Schaubild* auffassen, das an jeder Stelle x des Trägers angibt, um welche Strecke s das dort befindliche Teilchen aus seiner Gleichgewichtslage ausgelenkt ist. Positive s-Werte bedeuten Auslenkungen nach rechts, negative s-Werte Auslenkungen nach links.

Das Ergebnis sehen Sie in *Bild 252.2*. Die Teilchen haben sich längs des Trägers so verschoben, daß *räumlich aufeinanderfolgende Verdichtungen und Verdünnungen entstanden sind.* Bedenken Sie, daß *Bild 252.2* eine Momentaufnahme darstellt! Im nächsten Augenblick hat sich die Schlangenlinie und mit ihr die Anordnung der Verdichtungen und Verdünnungen nach rechts verschoben. Diese wandern also mit derselben Geschwindigkeit c über den Träger hinweg wie die gedachte Schlangenlinie: Wir haben eine *fortschreitende* **Längswelle** oder **Longitudinalwelle** vor uns. Ihre Wellenlänge λ ist gleich dem Abstand zweier benachbarter Verdichtungen bzw. Verdünnungen; sie ist nach *Bild 252.2* mit der Wellenlänge der Schlangenlinie identisch. Deshalb können wir den von der fortschreitenden Querwelle bekannten Zusammenhang zwischen Wellenlänge λ, Frequenz f und Ausbreitungsgeschwindigkeit c auf fortschreitende *Längswellen* übertragen: Auch für sie gilt

$$c = f\lambda. \qquad (252.1)$$

Bei einer fortschreitenden Längswelle schwingen die Teilchen des Trägers mit der Frequenz f in dessen Längsrichtung hin und zurück. Je weiter ein Teilchen vom Erreger entfernt ist, desto mehr ist seine Schwingung gegenüber der des Erregers verspätet. Dabei entstehen periodisch aufeinander folgende Verdichtungen und Verdünnungen, die mit der Geschwindigkeit c über den Träger wandern. Der Abstand zweier benachbarter Verdichtungen bzw. zweier benachbarter Verdünnungen ist die Wellenlänge λ. Auch für die Längswelle gilt $c = f\lambda$.

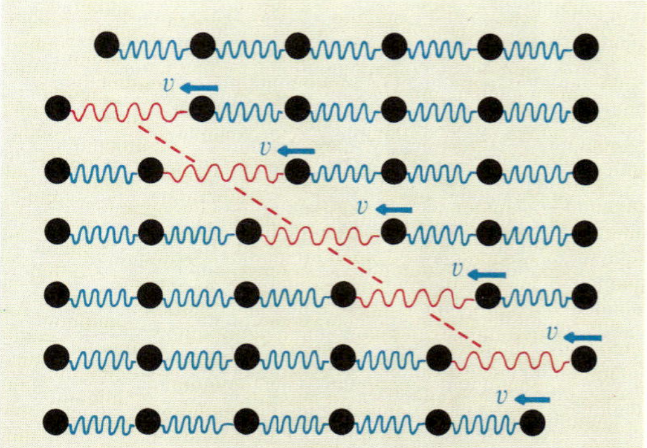

252.1 Eine Verdünnungsstörung wandert nach rechts.

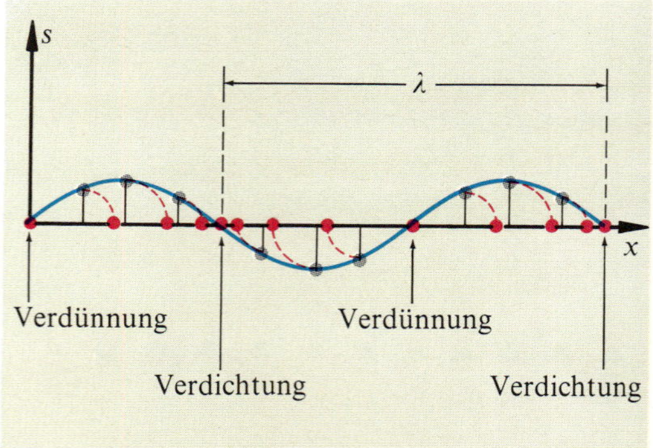

252.2 Die Schlangenlinie wird zu einer Längswelle umfunktioniert.

3. Auch Längsstörungen werden reflektiert

Was mit Längsstörungen am Ende des Trägers passiert, können Sie an der Kette der elastisch gekoppelten Wagen des Versuchs 36 leicht verfolgen.

Versuch 37: **a)** Der letzte Wagen wird festgehalten; damit geben wir der Wagenkette ein festes Ende. Lenken wir nun den ersten Wagen nach *rechts* aus, so wandert eine *Verdichtungsstörung* von links nach rechts bis hin zum vorletzten Wagen. Dieser spannt den letzten Stahldraht und wird dann wie ein Ball zurückgeworfen: Es entsteht eine Verdichtungsstörung, die mit *umgekehrter Schnellerichtung* wieder zurückläuft.

Lenken wir den ersten Wagen der Kette nach *links* aus, so wandert eine *Verdünnungsstörung* nach rechts. Sie wird am festen Ende reflektiert und mit umgekehrter Schnellerichtung als Verdünnungsstörung wieder zurückgeschickt.

b) Nun lassen wir dem letzten Wagen Bewegungsfreiheit, erzeugen also ein *freies* Ende. Ist eine nach rechts fortschreitende *Verdichtungsstörung* am Ende der Kette angekommen, so schießt jetzt der letzte Wagen wegen seiner Trägheit über seine neue Gleichgewichtslage hinaus, reißt dabei den vorhergehenden Wagen mit, dieser den vorvorhergehenden usw. ... Die Verdichtungsstörung wandert unter *Beibehaltung der Schnellerichtung* als *Verdünnungsstörung* wieder zurück.

Entsprechend wird auch eine von links nach rechts wandernde *Verdünnungsstörung* am freien Ende reflektiert und unter Beibehaltung der Schnellerichtung als *Verdichtungsstörung* wieder zurückgeschickt.

Bei Längsstörungen verhalten sich also die Schnellerichtungen nach der Reflexion ganz genau so wie bei Querstörungen: Am *festen* Ende werden sie umgekehrt, am *freien* Ende behalten sie ihre Richtung bei. Für eine Längswelle bedeutet dies, daß bei der Reflexion am *festen* Ende eine halbe Wellenlänge ausfällt, also ein Phasensprung von 180° entsteht, während die Reflexion am *freien* Ende ohne Phasensprung erfolgt.

Eine Längswelle wird am festen Ende mit einem Phasensprung von 180° reflektiert.
Am freien Ende wird sie ohne Phasensprung reflektiert.

§72 Längs- und Querwellen im Raum

1. Wellen – nicht nur in einer Dimension

Mechanische Wellen brauchen zur Ausbreitung einen *Träger*. Er bestand für uns bis jetzt immer aus besonderen Apparaturen, bei denen einzelne Teilchen durch elastische Kräfte mit zwei Nachbarn verbunden waren.

Nun ist ein fester Körper ebenfalls aus Teilchen aufgebaut, nämlich aus Atomen (bzw. Ionen), die in räumlichen Gitterstrukturen angeordnet sind und durch elastische Kräfte zusammengehalten werden. Diese Kräfte wirken so, als seien die einzelnen Teilchen durch elastische Federn nach allen drei Raumrichtungen verbunden. *Bild 253.1* soll uns als einfaches *Modell* einer solchen Struktur dienen: Stellen Sie sich vor, eines der Teilchen werde nun aus seiner Gleichgewichtslage etwas nach rechts ausgelenkt. Dann breitet sich eine *Längsstörung* in Form einer *Verdichtung* nach rechts und einer *Verdünnung* nach links aus. Wegen der allseitigen Kopplung der Teilchen kommt aber auch eine *Querstörung* zustande: Sie schreitet in unserem Modell vom Ort der Erregung nach oben bzw. unten fort.

Wenn Sie das Modell betrachten, sehen Sie leicht ein, daß die Kopplungskräfte bei der Längsstörung stärker sind als bei der Querstörung. Demnach muß sich im festen Körper eine Längsstörung schneller ausbreiten als eine Querstörung.

Ein fester Körper ist bestrebt, nach einer Verformung seine ursprüngliche Gestalt wiederherzustellen; man sagt, er besitze *Gestaltelasti-*

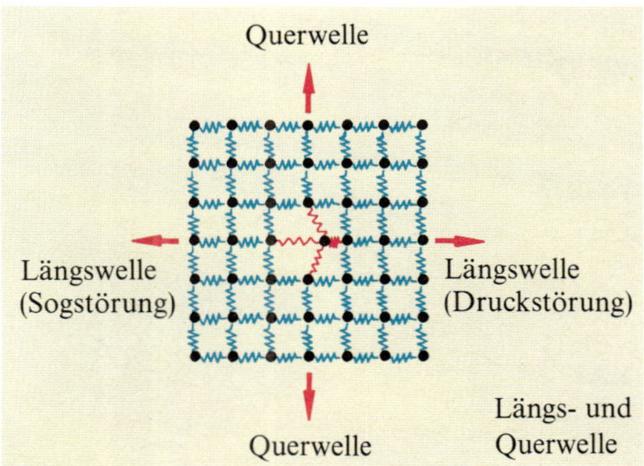

253.1 Modell für die Ausbreitung von Längs- und Querwellen in einem festen Körper *zität*. In Flüssigkeiten und Gasen können sich dagegen die Teilchen leicht gegeneinander verschieben. Da sie jedoch bestimmte Abstände voneinander einhalten, sind sie bestrebt, eine erlittene Volumenänderung wieder rückgängig zu machen: Sie haben nur noch *Volumenelastizität*. Deshalb können in ihrem Inneren zwar keine Querwellen, aber Längswellen entstehen. Die *Oberfläche* einer Flüssigkeit ist dagegen bestrebt, sich nach einer Störung wieder horizontal einzustellen. Sie besitzt demnach eine Gestaltelastizität, die Querwellen ermöglicht. An einer Wasseroberfläche haben Wellen sowohl eine *Quer*- als auch eine *Längs*komponente.

In festen Körpern können sich Längs- und Querwellen ausbilden. Im Inneren von Flüssigkeiten und Gasen sind nur Längswellen möglich. Luftschall ist eine reine Längswelle.

2. Erdbebenwellen

Der Herd eines Erdbebens kann bis zu einigen hundert Kilometern unter der Erdoberfläche liegen. Von dort breiten sich mechanische Längs- *und* Querwellen nach allen Richtungen durch das Erdinnere aus. Sie werden in mehr als 500 Erdbebenstationen, die über die ganze Erde verstreut sind, durch sogenannte *Seismographen* aufgezeichnet. Ein solches Gerät besteht aus einem Körper mit sehr großer Masse, der – wie ein Pendel – möglichst leicht beweglich aufgehängt ist. Wegen seiner *Trägheit* bleibt er auch bei schnellen Bodenerschütterungen fast ganz in Ruhe. Die so entstehende Relativbewegung Erde – Körper wird mechanisch, optisch oder elektronisch vergrößert und zusammen mit Zeitmarken auf langen Papierstreifen registriert. Solche *Seismogramme (Bild 254.1)* enthalten wichtige Informationen:

– Da sich Längswellen in einem festen Körper schneller ausbreiten als Querwellen, treffen die beiden Wellenarten mit einer gewissen Zeitdifferenz bei der Erdbebenwarte ein. Aus *Laufzeitkurven* liest man die zugehörige Herdentfernung ab. So wurde in *Bild 254.1* die Sekundärwelle (Querwelle in Nord-Süd-Richtung) 7,7 min später registriert als die Primärwelle (Längswelle, vertikal). Daraus folgt eine Herdentfernung von etwa 6100 km.
– Die Geschwindigkeit der Längs- und Querwellen hängt von den elastischen Eigenschaften des Erdmaterials ab. Damit erhält man Informationen über Festigkeit und Dichte des Erdmantels.
– Dringen die Erdbebenwellen tiefer als 2900 km in die Erde ein, so kommen in der Erdbebenwarte nur noch *Längs*wellen an. Noch nie ist eine *Quer*welle beobachtet worden, die Tiefen unterhalb 2900 km durchsetzt hätte. Daraus schließt man auf einen *Erdkern (Bild 254.2)*, der in dieser Tiefe beginnt und sich wie eine Flüssigkeit verhält.

3. Schallwellen

Eine Stimmgabel oder eine Lautsprechermembran überträgt ihre Schwingungen auf die sie umgebende Luft. Dadurch bildet sich – wie Sie schon wissen – in diesem gasförmigen Träger eine fortschreitende *Längswelle* aus. Die dabei entstehenden *Verdichtungen* der Luft wirken sich als *Überdruck*, die *Verdünnungen* als *Unterdruck* aus.

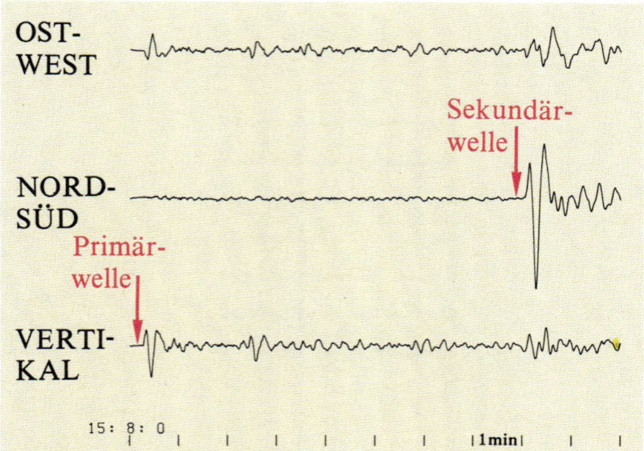

254.1 Seismogramm eines Erdbebens in Nepal, 29.7.1980, registriert in Erlangen in 3 Komponenten

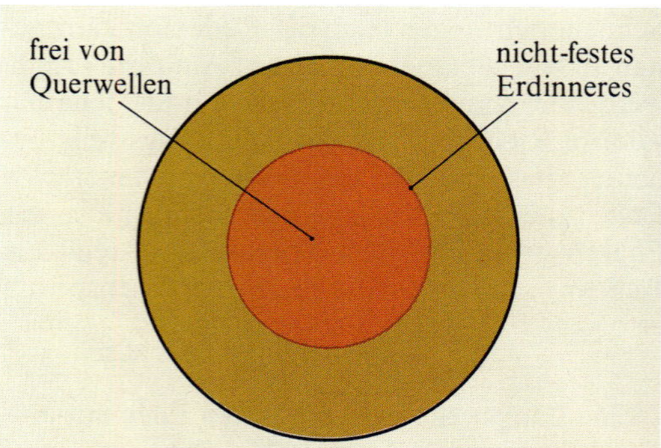

254.2 Im Erdkern konnte noch nie eine Querwelle beobachtet werden.

Solche **Schallwellen** breiten sich nicht – wie eindimensionale Wellen – nur längs einer einzigen Linie aus; sie rücken vielmehr räumlich „in breiter Front" vor. Deshalb gibt es bei ihnen innerhalb einer Wellenlänge nicht nur *einen* Punkt, sondern *viele* nebeneinanderliegende Punkte, die momentan gleichphasig schwingen. Sie bilden eine zusammenhängende Fläche, die man als **Wellenfront** bezeichnet.

Quellen, die den Schall rundum nach allen Seiten abstrahlen (denken Sie z.B. an eine Sirene auf dem Dach einer Feuerwache!) erzeugen sogenannte *Kugelwellen:* Bei ihnen bestehen die Wellenfronten aus Kugelschalen, deren Radien sich mit der Schallgeschwindigkeit c ausweiten. In Luft der Temperatur 20 °C beträgt die Geschwindigkeit des Schalls $c = 340$ m/s (Mittelstufenband, Seite 175). *Bild 255.1* zeigt im Schnitt die Verdichtungen (rot) und Verdünnungen (blau) bei einer Kugelwelle; sie bilden jeweils eine Wellenfront.

4. Was versteht man unter Dezibel und phon?

Eine Schallquelle schickt in jeder Sekunde eine gewisse Energieportion auf die Reise, d.h. sie liefert eine ganz bestimmte Schalleistung. Das Ohr eines Hörers (oder ein Mikrofon) kann davon lediglich einen geringen Teil aufnehmen, da sein „Eintrittsfenster" nur eine begrenzte Fläche besitzt. Es ist deshalb sinnvoll, die Stärke einer Schallwelle an einer Stelle der Wellenfront als den Quotienten $\frac{\text{Leistung } P}{\text{Fläche } A}$ festzulegen.

$I = \frac{P}{A}$ (gemessen in Watt/m^2) wird *Schallstärke* genannt. Bei einer Kugelwelle wächst die Fläche $A = 4\pi r^2$, auf die sich die gesamte Schalleistung P verteilt, mit dem Quadrat des Abstandes r von der (punktförmig gedachten) Schallquelle *(Bild 255.1)*. In diesem Fall nimmt also die Schallstärke I mit dem Quadrat des Abstandes ab.

Für einen Ton der Frequenz 1 000 Hz kann das menschliche Ohr eine Schallstärke von $1 \cdot 10^{-12}$ W/m^2 eben noch wahrnehmen (Hörschwelle); die Schallstärke $I = 10$ W/m^2 löst Schmerzempfindungen aus. Unser Ohr empfindet gleiche Differenzen in der Schallstärke bei leisen Tönen wesentlich deutlicher als bei lauten. Die subjektive Empfindung unseres Gehörs ist also offenbar zur Schallstärke *I nicht* proportional; sie ist vielmehr – wie man durch Experimente herausgefunden hat – proportional zum *Logarithmus* der Schallstärke *I*. Um ein vernünftiges Maß für die von unserem Ohr empfundene Lautstärke eines Tones zu erhalten, vergleicht man bei 10^3 Hz dessen Schallstärke I mit der Hörschwelle $I_0 = 1 \cdot 10^{-12}$ W/m^2. Hierzu bildet man den Quotienten I/I_0. Weil die Empfindung unseres Ohrs proportional zum Logarithmus der Schallstärke ist, nimmt man von diesem Quotienten den Zehnerlogarithmus und erhält $\lg(I/I_0)$. Für die Hörschwelle ergibt sich demnach der spezielle Wert $\lg(I_0/I_0) = \lg 1 = 0$.

Der Logarithmus aus dem Quotienten zweier Größen gleicher Art wird allgemein *Pegel* genannt und mit der Bezeichnung Bel versehen (nach *Graham Bell,* der eine entscheidende Erfindung zur Verbesserung des Telefons gemacht hat). Praktisch verwendet man stets den zehnten Teil, 1 dB (Dezibel). $10 \cdot \lg\ (I/I_0)$ ist demnach der in Dezibel gemessene *Schallstärkepegel.*

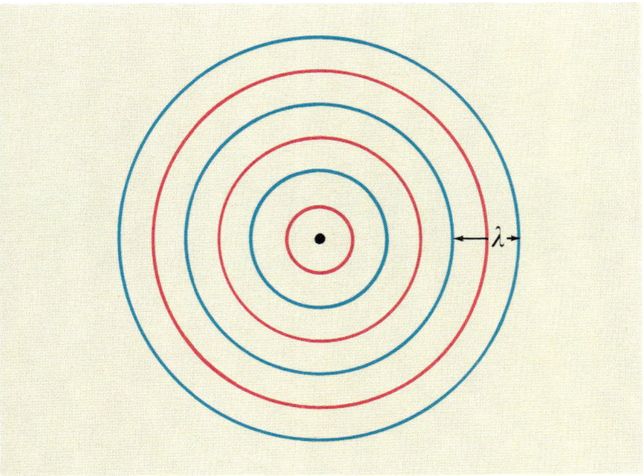

255.1 Von einem punktförmig gedachten Schallerreger breiten sich rundum Schallwellen aus.

	Schallstärke eines Vergleichstones von 1 000 Hz in 10^{-12} W/m^2	Lautstärke in phon
Hörschwelle	1	0
Flüstersprache	10^2	20
Normales Sprechen (2 m Entfernung)	10^4	40
Lautsprechermusik im Zimmer	10^6	60
Sehr lauter Straßenlärm	10^8	80
Nietarbeiten in Fabrikhalle	10^{10}	100
Flugzeugmotor in 4 m Abstand	10^{12}	120
Schmerzschwelle	10^{13}	130

Tabelle 255.1 Die Lautstärke wächst mit dem Logarithmus der Schallstärke.

In der Elektronik benutzt man die Bezeichnung dB auch zur Angabe der Verstärkung bzw. der Dämpfung von Signalen.

Zwei verschiedene Geräusche, die nicht dieselben Frequenzen enthalten (z.B. der Lärm eines Preßlufthammers und eines Düsenflugzeugs) werden vom menschlichen Ohr durchaus nicht als gleich laut empfunden, auch wenn sie nach dieser Definition denselben Schallstärkepegel besitzen. Man hat deshalb für die Stärke der subjektiven Schallwahrnehmung ein besonderes Maß eingeführt; es wird *Lautstärke* genannt und mit phon bezeichnet. Die Lautstärke eines Schalls beträgt n phon, wenn er von einem normal hörenden Beobachter als gleich laut beurteilt wird wie ein Sinuston der Frequenz 1 000 Hz, der den Schallstärkepegel n dB aufweist. Man kann das kurz auch so ausdrükken: Wenn es sich bei dem zu messenden Schall um einen Sinuston von 1 000 Hz handelt, sind dB und phon dasselbe.

Die Erfahrung zeigt, daß unser Ohr Lautstärkedifferenzen von 1 phon gerade noch wahrnehmen kann. In *Tabelle 255.1* sind die Lautstärken und die Schallstärken I für verschiedene Schallquellen angegeben.

Laute Radiomusik (75 phon) erzeugt in der umgebenden Luft Druckschwankungen von $\pm 0{,}001$ mbar. Die von dieser Lautstärke hervorgerufene Schwingungsamplitude der Luftteilchen erreicht ganze $5 \cdot 10^{-5}$ mm. Der ungeordneten Molekülbewegung (mit Geschwindigkeiten bis zu 500 m/s) überlagert sich dabei eine geordnete Bewegung mit einer Schnelle von maximal 0,25 mm/s.

Aufgaben:

1. *Eine Schallquelle erzeugt* 40 dB. *Welchen Schallstärkepegel erzeugen 10 solcher Schallquellen?*

2. *Wieviel phon hat ein Geräusch, das gleich laut empfunden wird wie ein Sinuston mit* 1 000 Hz *und der Schallstärke* $3{,}16 \cdot 10^{-4}$ W/m^2*?*

3. *Drei Schallquellen erzeugen jeweils* 70 phon, 75 phon *bzw.* 80 phon. *Welche Lautstärke erzeugen sie zusammen?*

4. *Ein Beobachter, der* 2 m *von einer Schallquelle entfernt ist, stellt eine Lautstärke von* 40 phon *fest. In welcher Entfernung r von der Schallquelle ist die Lautstärke auf* 0 phon *abgesunken (die Schallstärke sei proportional zu* $1/r^2$*)?*

§73 Stehende Längswellen

1. Die stehende Querwelle wird umfunktioniert

Sie haben sicher schon bemerkt, daß Längs- und Querwellen vieles gemeinsam haben. Dies ist nicht weiter verwunderlich, denn die beiden Wellenarten unterscheiden sich lediglich darin, daß die von der Welle erfaßten Teilchen in einem Fall *längs* des eindimensionalen Trägers, im anderen *senkrecht* dazu schwingen. Die Überlagerung von Störungen und die Gesetze der Interferenz (Seite 242) lassen sich ohne weiteres von Querwellen auf Längswellen übertragen. Insbesondere bildet sich auch bei einander entgegenlaufenden *Längs*wellen durch Interferenz eine *stehende Längswelle* aus.

Versuch 38: Gegenläufige Längswellen lassen sich sehr einfach als *Schallwellen* in Luft erzeugen: Wir stellen nach *Bild 256.1* zwei Lautsprecher einander gegenüber und betreiben sie mit demselben Tongenerator. Etwa in der Mitte zwischen den beiden Lautsprechern tasten wir das Schallfeld durch ein Mikrofon ab. Es ist mit einem Oszilloskop verbunden oder über einen Verstärker an ein Meßinstrument angeschlossen. Dabei stellen wir räumlich abwechselnde Maxima und Minima fest — wie es sich für eine *stehende Welle* gehört!

Worum handelt es sich nun aber bei den Maxima und Minima einer solchen stehenden Längswelle? — Hier hilft uns dieselbe Überlegung weiter, die sich schon bei den *fortschreitenden* Längswellen bewährt hat: Wir funktionieren einfach eine *stehende Querwelle* (über die wir ja schon gut Bescheid wissen) zu einer *stehenden Längswelle* um!

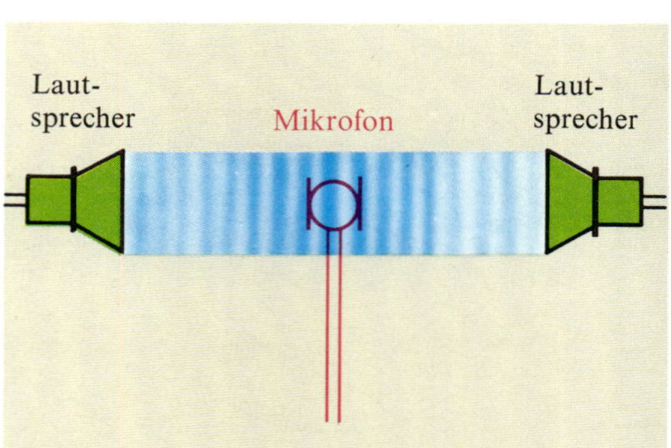

256.1 Das Mikrofon registriert Knoten und Bäuche einer stehenden Schallwelle.

In *Bild 257.1 a* sind verschiedene von 1 bis 9 numerierte Momentbilder einer stehenden *Quer*welle festgehalten. Sie folgen jeweils im zeitlichen Abstand von T/8 aufeinander; in den Bewegungsbäuchen sind die Vektorpfeile der momentanen Schnelle eingezeichnet.

Bild 257.1 b zeigt, was daraus wird, wenn die einzelnen Teilchen einer stehenden Welle nicht *quer,* sondern *längs* zum Träger schwingen. Die jeweils im Uhrzeigersinn um 90° umgeklappten Schnellepfeile sind für dieselben 9 Augenblicke eingezeichnet wie bei der entsprechenden Querwelle. (Die Pfeile müßten eigentlich alle *aufeinander* liegen. Der Übersichtlichkeit wegen wurden sie *untereinander* gezeichnet.)

Aus *Bild 257.1 b* können Sie nun alles Wissenswerte über eine *stehende Längswelle* herauslesen:

– An den Stellen K bewegen sich die Teilchen nicht; ihre Schnelle ist dort andauernd Null. Es handelt sich (wie bei der Querwelle) um *Schnelle-* oder *Bewegungsknoten* mit dem gegenseitigen Abstand $\lambda/2$.
– Zwischen den Knoten ändert die Schnelle periodisch Betrag und Richtung. Diese Änderung ist in der *Mitte* zwischen zwei Bewegungsknoten am stärksten. Obwohl sich hier keine sichtbaren Ausbauchungen bilden (wie bei der Querwelle), nennt man diese Stelle auch bei der stehenden *Längs*welle einen *Bewegungs-* bzw. *Schnelle-Bauch.*
– Weiter entnehmen Sie *Bild 257.1 b,* daß die Schnellevektoren in einer Halbperiode von beiden Seiten auf einen Bewegungsknoten K *hinzielen* und in der nächsten wieder von ihm *wegweisen.* Dies bedeutet, daß in K maximale Verdichtungen (Überdruck) und Verdünnungen (Unterdruck) periodisch miteinander abwechseln. Die Stellen solcher maximaler Druckänderungen nennt man **Druckbäuche.** Mit dieser etwas seltsamen Bezeichnung kommen wir zu der Aussage, daß in den *Schnelleknoten Druckbäuche* liegen.
– In der nächsten Nachbarschaft links und rechts eines Schnellebauches schwingen die Teilchen zwar mit sehr großer, aber fast gleicher Elongation hin und her. Deshalb ändert sich ihr gegenseitiger Abstand und damit auch der Druck so gut wie nicht. Man nennt diese Stellen konstanten Drucks **Druckknoten.** In den *Schnellebäuchen* liegen also *Druckknoten.*

Wie bei Querwellen entsteht auch bei der Interferenz zweier einander entgegenlaufender Längswellen gleicher Amplitude eine stehende Längswelle. In ihren Schnelleknoten liegen Druckbäuche, in ihren Schnellebäuchen Druckknoten. Der Knotenabstand beträgt jeweils $\lambda/2$.

In Versuch 38 haben wir die Bäuche und Knoten einer stehenden Längswelle mit Hilfe eines Mikrofons nachgewiesen. Um welche Art von Bäuchen hat es sich dabei gehandelt? Spricht das Mikrofon nun auf *Bewegungs*bäuche oder auf *Druck*bäuche an? – Das wird sich im nächsten Versuch herausstellen.

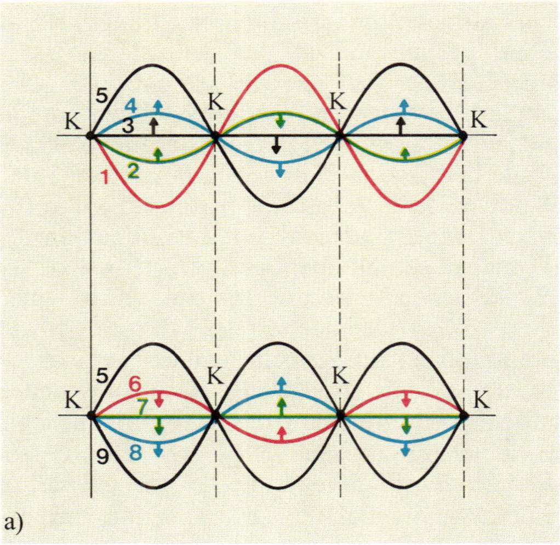

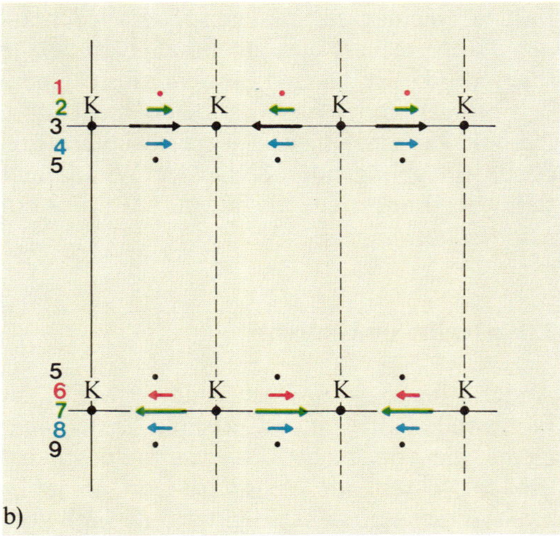

257.1 a) So wechseln die Schnellen bei einer stehenden Querwelle, b) und so bei einer stehenden Längswelle.

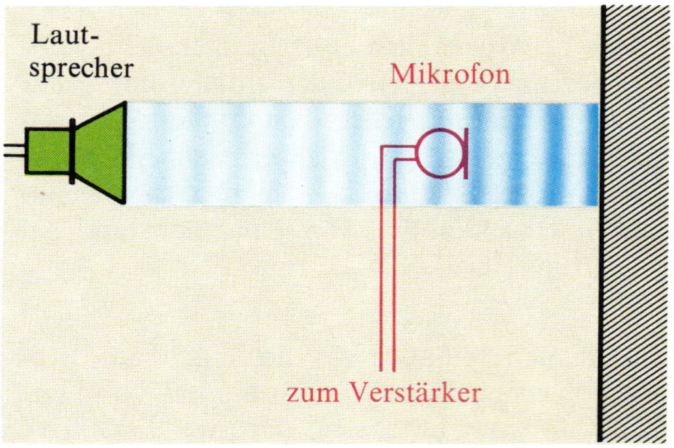

258.1 Die Schallwelle und ihr Echo überlagern sich zu einer stehenden Welle.

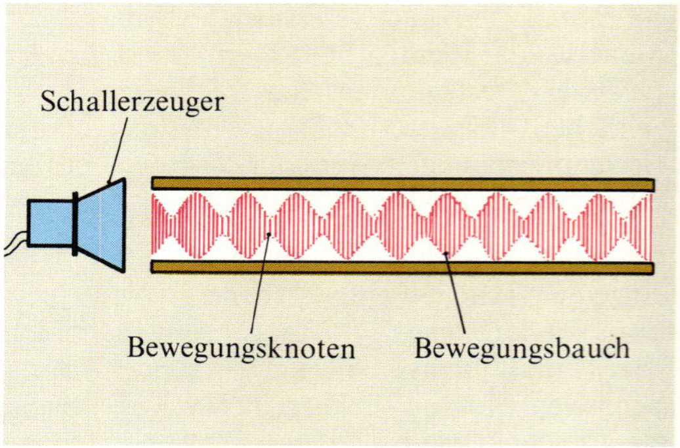

258.2 Die stehende Längswelle erzeugt einen Sturm im Glasrohr.

Versuch 39: Wir erzeugen eine stehende Längswelle, indem wir die von nur einem Lautsprecher ausgesandte fortschreitende Längswelle an einer Metallwand in sich reflektieren lassen *(Bild 258.1)*. Auf diese Weise entstehen zwei einander entgegen laufende longitudinale Schallwellen, die sich zu einer stehenden Schallwelle überlagern. Wir weisen ihre Bäuche und Knoten wie in Versuch 38 mit einem Mikrofon nach. Dabei finden wir, daß es direkt an der Wand maximal anspricht. Dort besitzt die Welle einen *Bewegungsknoten,* also einen *Druckbauch.* Demnach ist das Mikrofon druckempfindlich, auf Schnelle reagiert es dagegen nicht. Da sich Druckkräfte nach allen Seiten auswirken, kann man das Mikrofon beliebig gerichtet in das Schallfeld halten. In unserem Versuch wird die Schallwelle nur *einmal* an einer Wand reflektiert. Die von dort zurücklaufende Welle verliert sich im Raum und trifft nur zu einem ganz geringen Teil wieder auf den Lautsprecher; eine nochmalige Reflexion (die unter Umständen alles wieder durcheinander bringt) findet also praktisch nicht statt. Deshalb kann sich hier bei jeder beliebigen Frequenz (in genügender Nähe der Wand) eine stehende Längswelle ausbilden – es gibt nur *eine Randbedingung*.

2. Ein Sturm im Glasrohr

Anders liegen die Verhältnisse, wenn die Längswelle auf eine Luftsäule beschränkt bleibt, die von einer Röhre umschlossen ist: Eine fortschreitende Welle wird dann an *beiden Enden* dieser Luftsäule reflektiert; deshalb können sich jetzt stehende Wellen nur bei ganz bestimmten Frequenzen ausbilden und zu *Eigenschwingungen* aufschaukeln.

Versuch 40: Im Innern einer waagerecht liegenden Glasröhre ist etwas Korkmehl gleichmäßig über die ganze Länge verteilt *(Bild 258.2)*. Vor das eine der beiden offenen Enden der Röhre bringen wir einen Lautsprecher, der von einem Tongenerator gespeist wird. *Bei ganz bestimmten Frequenzen* kommt Bewegung in das Korkmehl: An gewissen gleich weit voneinander entfernten Stellen wird es hoch aufgewirbelt und zur Seite geschleudert; dazwischen bleibt es ruhig liegen. Ein solcher „Sturm im Glasrohr" stellt sich immer dann ein, wenn die an den beiden Enden des Rohrs mehrfach reflektierten Längswellen nach *einem* Hin- und Hergang jeweils exakt gleichphasig wieder aufeinandertreffen und sich so zu einer *stehenden Längswelle* aufschaukeln können. Die geringfügigen Druckschwankungen des Lautsprechers werden dabei etwa 10^4 mal verstärkt.

In den Schnellebäuchen herrscht eine besonders heftige Luftbewegung. Sie sorgt dafür, daß das Korkmehl dort aufgewirbelt wird; dagegen bleibt es in den Schnelleknoten ruhig liegen. Aus dem Knotenabstand $\lambda/2$ läßt sich die Wellenlänge bestimmen. Messen wir nun noch mit einem elektronischen Zähler die Frequenz f des Tongenerators, so können wir aus $c=f\lambda$ die Schallgeschwindigkeit c in Luft bestimmen. Auch für andere Gase, die man in die Röhre füllt, erhält man auf diese Weise die Schallgeschwindigkeit.

Warum wird eigentlich eine im Glasrohr laufende Schallwelle an deren offenem Ende reflektiert? – Betrachten wir dazu eine vom Lautsprecher erzeugte Verdichtungsstörung! Sie schiebt sich als „Verdichtungspfropf" durch die Glasröhre; ihr konstanter Querschnitt sorgt dafür, daß der Pfropf beisammen bleibt und dabei einen konstanten Überdruck behält. Ist der Verdichtungspfropf nun am Ausgang der Röhre angelangt, so besitzt er dort einen viel größeren Druck als die umgebende Außenluft; deshalb „explodiert“ er kurz hinter dem offenen Ende nach allen Seiten. Dabei schwingen die Luftteilchen wegen ihrer Trägheit über ihre Gleichgewichtslage hinaus; infolgedessen bildet sich an der Öffnung der Röhre ein Unterdruck: Unter Beibehaltung der Schnellerichtung wandert eine Unterdruckstörung durch die Röhre zurück. Hinlaufender Überdruck und reflektierter Unterdruck lassen am Ende der Röhre normalen Luftdruck, also einen *Druckknoten*, entstehen. Wegen des starken Hin- und Herschwingens der Luftteilchen bildet sich an derselben Stelle ein *Bewegungsbauch* aus. Zum Nachweis kann man dort eine brennende Kerze aufstellen. Sie flackert infolge der Luftbewegungen lebhaft, sobald der Lautsprecher die Luftsäule mit einer Eigenfrequenz erregt.

Die Randbedingungen für das offene Ende der Röhre lauten also p = konstant und $v = v_{max}$. Ebenso kann man mit einem am Ausgang der Röhre „implodierenden“ Verdünnungspfropf erklären, warum eine *Verdünnungs*störung am offenen Ende unter Beibehaltung der Schnelle als Verdichtungsstörung reflektiert wird.

Die *longitudinalen* Eigenschwingungen, die wir beim „Sturm im Glasrohr“ beobachtet haben, entstehen aus denselben Gründen wie die entsprechenden *transversalen* Eigenschwingungen. Bei diesen kamen allerdings bisher nur zwei *feste* Enden vor. In der Luftsäule, die von der beidseitig offenen Röhre umschlossen ist, laufen dagegen Wellen hin und her, die an zwei *freien* Enden reflektiert werden. Wenn sich dabei eine *stehende* Welle ausbilden soll, müssen dort jeweils Bewegungs*bäuche* liegen. *Bild 259.1*, oben, zeigt, daß diese Randbedingungen genau dann erfüllt sind, wenn auf die Länge l der Luftsäule *eine ganze Zahl von halben Wellenlängen* paßt.

Eigenschwingungen treten demnach nur für $k\lambda/2 = l$ mit $k = 1,2,3,\ldots$ auf. Aus $\lambda = c/f$ folgt für die Eigenfrequenz bei zwei freien Enden

$$f_k = k\frac{c}{2l} \quad \text{mit } k = 1,2,3,\ldots \,. \qquad (259.1)$$

Wir haben damit genau dieselbe Bedingung erhalten wie für die Eigenfrequenzen bei zwei *festen* Enden (Seite 250). Das ist leicht einzusehen: Wenn Sie die Eigenschwingungen bei zwei *freien* und zwei *festen* Enden miteinander vergleichen *(Bild 259.1a* und *Bild 247.1)*, stellen Sie fest, daß sie einfach durch Vertauschen von Bewegungsknoten und Bewegungsbäuchen auseinander hervorgehen.

Schwingungsform	Frequenz f	Maximale Elongationen	l
1. Harmonische	$1\cdot\frac{c}{2l}$	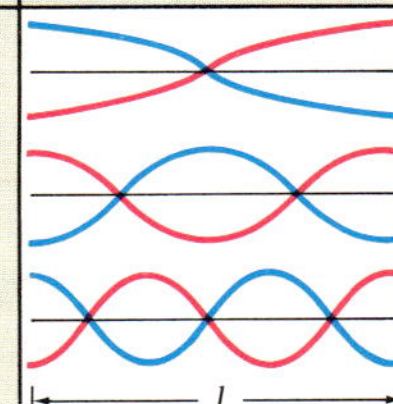	$\frac{\lambda}{2}$
2. Harmonische	$2\cdot\frac{c}{2l}$		$\frac{2\lambda}{2}$
3. Harmonische	$3\cdot\frac{c}{2l}$		$\frac{3\lambda}{2}$
a)		l	

Schwingungsform	Frequenz f	Maximale Elongationen	l
1. Harmonische	$1\cdot\frac{c}{4l}$	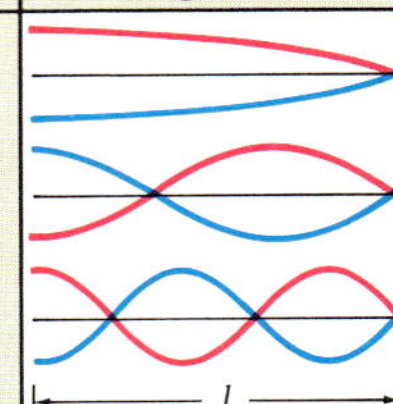	$\frac{\lambda}{4}$
2. Harmonische	$3\cdot\frac{c}{4l}$		$\frac{3\lambda}{4}$
3. Harmonische	$5\cdot\frac{c}{4l}$		$\frac{5\lambda}{4}$
b)		l	

259.1 Eigenschwingungen a) bei zwei freien Enden, b) bei einem festen und einem freien Ende

Auch die Bedingung, daß die auf dem Träger der Länge l hin- und herhuschenden Wellen nach Durchlaufen der Strecke $2l$ wieder gleichphasig aufeinandertreffen müssen, läuft bei zwei *freien* und zwei *festen* Enden auf dasselbe hinaus: Sind die Enden frei, so entstehen bei den Reflexionen *keine* Phasensprünge; sind beide fest, so gibt es zwar Phasensprünge, die sich aber aufheben.

Versuch 41: Wir wiederholen den vorigen Versuch, verschließen dabei aber das dem Lautsprecher abgewandte Ende der Röhre mit einem Stopfen. Das aufgewirbelte Korkpulver zeigt, daß auch in diesem Fall Eigenschwingungen der Luftsäule auftreten. Doch sind die Frequenzen, bei denen sie sich bilden, anders als vorher.

Der Träger hat jetzt auf der einen Seite ein freies, auf der anderen ein *festes* Ende. Eigenschwingungen können nur auftreten, wenn am freien Ende ein *Bauch*, am festen ein *Knoten* der Bewegung entsteht. *Bild 259.1b* zeigt die Bedingungen dafür. Sie können leicht abzählen, daß jetzt ein ungeradzahliges Vielfaches von $\frac{\lambda}{4}$ auf den Träger passen muß. Demnach können sich Eigenschwingungen nur ausbilden, wenn $l = k' \frac{\lambda}{4}$ mit $k' = 1,3,5,\ldots$ erfüllt ist. Setzt man nun $k' = 2k - 1$, so erhält man aus den aufeinanderfolgenden natürlichen Zahlen $k = 1,2,3,\ldots$ die Folge der ungeraden Zahlen $k' = 1,3,5,\ldots$ Damit wird die Bedingung zu

$$l = (2k-1)\frac{\lambda}{4} \quad \text{mit } k = 1,2,3,\ldots . \tag{260.1}$$

Aus $\lambda = c/f$ folgt für die Eigenfrequenzen auf einem Träger der Länge l bei einem festen und einem freien Ende

$$f_k = (2k-1)\frac{c}{4l} \quad \text{mit } k = 1,2,3,\ldots . \tag{260.2}$$

Diese Bedingung läßt sich auch aus der Vorstellung der mehrfach auf dem Träger der Länge l hin- und herlaufenden Wellen herleiten: Sie erfahren bei der Reflexion am festen Ende einen Phasensprung von 180°, am freien Ende dagegen keinen. Dadurch allein entsteht schon für einen Hin- und Hergang ein Gangunterschied von $\frac{\lambda}{2}$; dazu kommt noch der durch die Wegdifferenz hervorgerufene Gangunterschied $2l$. Damit die mehrfach reflektierten Wellen stets wieder in Phase zusammentreffen und sich so zu einer kräftigen stehenden Welle aufschaukeln können, muß also

$\frac{\lambda}{2} + 2l = k\,\lambda$ mit $k = 1,2,3,\ldots$ sein. Daraus folgt
$l = (2k-1)\frac{\lambda}{4}$ mit $k = 1,2,3,\ldots,$

also genau dieselbe Gleichung, die wir mit Hilfe der Randbedingungen schon gefunden haben.

Versuch 42: Wir erregen die Luftsäule in einer beiderseits offenen Glasröhre durch einen Lautsprecher zu Eigenschwingungen. Zuerst stellen wir am eingefüllten Korkmehl die Bäuche und Knoten der Schnelle fest. Anschließend führen wir ein kleines auf Druckunterschiede reagierendes Meßmikrofon in die Röhre ein. Dabei finden wir bestätigt, daß in den Schnelleknoten stärkste Druckschwankungen (Druckbäuche) herrschen, während in den Schnellebäuchen der Druck konstant bleibt (Druckknoten).

Versuch 43: Statt mit Korkmehl oder dem Mikrofon kann man eine stehende Schallwelle auch mit einem elektrisch auf Rotglut geheizten Glühdraht nachweisen. Er ist nach *Bild 261.1* im Innern einer einseitig geschlossenen Glasröhre ausgespannt. Vor das offene Ende bringen wir einen Lautsprecher, der einen hohen Ton erzeugt oder auch eine *Galtonpfeife,* die mit dem Mund angeblasen wird. Wenn wir die Frequenz so abstimmen, daß Eigenschwingungen auftreten, erscheinen auf dem glühenden Draht in regelmäßigen Abständen dunkle Stellen. Sie bilden sich an den Schnellebäuchen der stehenden Längswelle aus; dort wird nämlich der Draht durch die schnell bewegte Luft *abgekühlt.*

Im folgenden Versuch wird gezeigt, daß auch bei Trägern mit *zwei festen* Enden longitudinale Eigenschwingungen auftreten.

Versuch 44: Eine Schraubenfeder ist an einem Ende eingespannt. Das andere Ende wird nach *Bild 261.2* an einem Hebel befestigt, der durch einen vom Sinusgenerator gespeisten Motor in Schwingungen versetzt wird. Auf diesem Träger mit zwei festen Enden können Sie die stehenden Längswellen, die sich bei den Eigenfrequenzen bilden, gut beobachten. *Bild 261.2* zeigt die 1., 2. und 3. Harmonische.

In unseren bisherigen Versuchen besaß der Träger stets eine feste Länge; damit Eigenschwingungen auftraten, mußte eine entsprechende Frequenz gewählt werden. Nun wollen wir auch einmal umgekehrt vorgehen: Die Erregerfrequenz liegt fest – zur Abstimmung auf Eigenschwingungen verändern wir die Länge des Trägers.

Versuch 45: Wir halten eine tönende Stimmgabel bekannter Frequenz ($f = 440$ Hz) nach *Bild 261.3a* über ein Glasrohr, das mit Wasser gefüllt ist. Nun senken wir den Wasserspiegel vorsichtig ab; dadurch wird die darüber liegende Luftsäule immer länger. Bei einer ganz bestimmten Höhe tönt sie auf einmal kräftig mit. Senken wir den Wasserspiegel weiter ab, so finden wir noch mehr solche *Resonanzstellen.*

Die Luftsäule besitzt oben ein freies, am Wasserspiegel ein festes Ende. Damit sich Eigenschwingungen ausbilden, muß am freien Ende ein Bewegungsbauch, am festen Ende (also am Wasserspiegel) ein Bewegungsknoten liegen. Diese Bedingung ist zum ersten Mal erfüllt, wenn der Wasserspiegel eine Viertelwellenlänge unter dem freien Ende bei K_1 liegt, das nächste Mal, wenn er um eine weitere halbe Wellenlänge auf K_2 abgesenkt wurde. In *Bild 261.3a* sind die Bäuche der stehenden Längswelle symbolisch in ein Koordinatensystem gezeichnet.

Aus dem Knotenabstand $\overline{K_1 K_2} = \lambda/2$ und der Frequenz f der Stimmgabel läßt sich $c = \lambda f$ berechnen. – Merkwürdig: Mit einer Stimmgabel, einem Maßstab, einem Glasrohr, etwas Luft und etwas Wasser läßt sich die Schallgeschwindigkeit in Luft bestimmen!

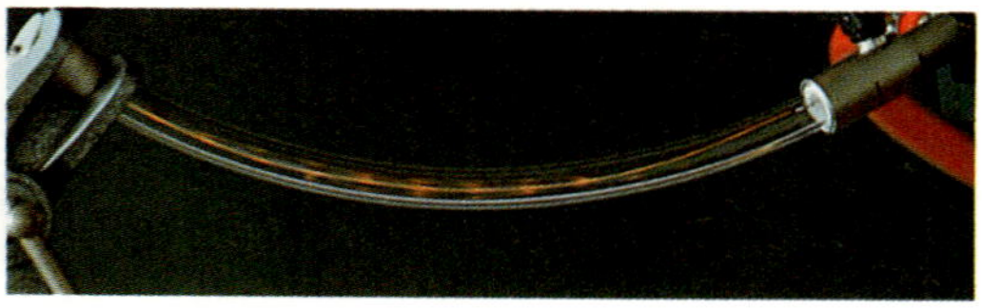

261.1 Der glühende Draht wird an den Bewegungsbäuchen gekühlt.

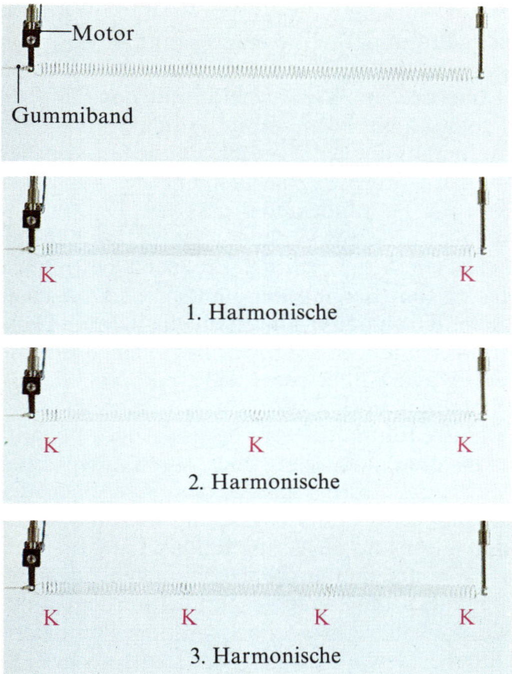

261.2 Longitudinale Eigenschwingungen an einer Schraubenfeder

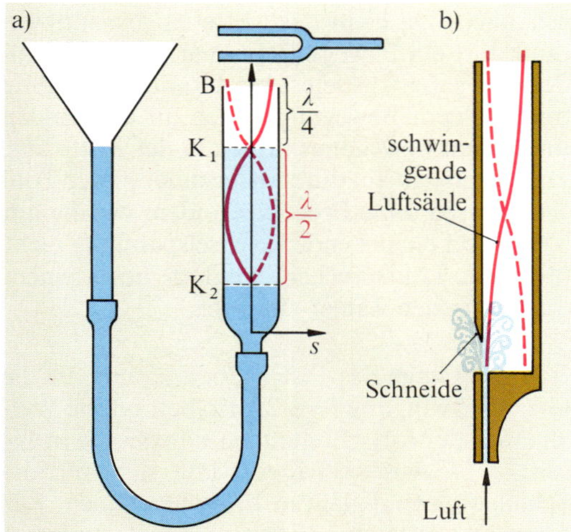

261.3 a) So einfach kann man die Schallgeschwindigkeit messen; b) Lippenpfeife

Muß man eigentlich die Lage der *beiden* Knoten K_1 und K_2 kennen? Genügt nicht schon K_1? Von dort läßt sich doch die Strecke $\lambda/4$ bis zum freien Ende der Luftsäule abmessen! Versuchen Sie es einmal! Sie werden einen zu kleinen Wert für die Wellenlänge herausbringen. Dies liegt daran, daß der Verdichtungspfropf (Seite 259) nicht direkt am Ende der Glasröhre „explodiert", sondern etwas außerhalb. Das freie Ende der schwingenden Luftsäule fällt also nicht genau mit dem Ende der Glasröhre zusammen.

3. Luftsäulen machen Musik

Wenn Sie mit dem Mund einen Luftstrom gegen die Öffnung eines Meßzylinders blasen, entsteht ein Ton, der ähnlich klingt wie bei einer Panflöte. Sie haben dabei die Luftsäule im Meßzylinder zu einer longitudinalen Eigenschwingung angeregt.

Im Grunde genommen wird der Ton bei allen Blasinstrumenten auf diese Weise erzeugt. Betrachten Sie zum Beispiel die *Lippenpfeife:* Der Luftstrom wird gegen eine Schneide geblasen und führt dort zu Wirbelablösungen. Dadurch wird die Luftsäule in der Pfeife zu Eigenschwingungen angeregt, die wiederum den Rhythmus der Wirbelablösungen steuern. Durch diese *Rückkopplung* wird die Schwingung aufrecht erhalten *(Bild 261.3b).*

An der Schneide ist die Pfeife auf jeden Fall offen; das andere Ende kann ebenfalls offen sein (z.B. bei der Blockflöte), aber auch geschlossen wie bei den sogenannten gedackten Orgelpfeifen (Pfeifen mit „Dach", d.h. an einem Ende geschlossen).

Normales Anblasen erzeugt die *1. Harmonische.* Bei einer offenen Pfeife bildet sich dann an beiden Enden ein Bewegungsbauch, in der Mitte ein Bewegungsknoten *(Bild 259.1a)* aus: Es entsteht ein Ton der Frequenz $f_1 = \frac{c}{2l}$; dabei ist l die Länge der Luftsäule, c die Schallgeschwindigkeit in Luft. Durch scharfes Blasen („Überblasen") erhält man die 2. Harmonische *(Bild 259.1a)* mit der Frequenz $f_2 = \frac{2c}{2l} = \frac{c}{l}$, also den um eine Oktave höheren Ton. Man kann ein kleines druckempfindliches Mikrofon in die Flöte einführen und damit die Druckknoten und -bäuche nachweisen.

Bei einer *gedackten* Pfeife ist die Frequenz des Grundtons $f_1 = \frac{c}{4l}$. Blasen Sie in eine Pfeife und halten dann ihr offenes Ende mit der Hand zu: Der Ton wird (ungefähr) um eine Oktave tiefer. Es entsteht keine exakte Oktave, weil die Enden der schwingenden Luftsäule und der Pfeife nach Seite 261 nicht miteinander übereinstimmen.

Neben der Grundschwingung bilden sich stets gleichzeitig auch noch die Oberschwingungen aus. Wie stark sie „mitmischen", hängt hauptsächlich von der Weite (der sogenannten Mensur) der Pfeife ab. Je enger die Pfeife, desto mehr Obertöne sind in der Schwingung enthalten; die stehende Welle läßt sich dann nämlich leichter in mehrere durch Knoten getrennte Bäuche aufteilen.

Während bei der offenen Pfeife nach der Gleichung $f_k = k \frac{c}{2l}$ alle Harmonischen entstehen können, treten bei der gedackten Pfeife wegen $f_k = (2k-1)\frac{c}{4l}$ nur die *ungeradzahligen* Harmonischen auf. Deswegen klingt ihr Ton dunkler als der einer offenen Pfeife.

Die Tonhöhe ist nach *Gl. 259.1* und *260.2* durch die Länge l der Luftsäule bedingt. Die *Orgel* enthält viele Pfeifen unterschiedlicher Längen; bei der Flöte wird die Länge l der schwingenden Luftsäule durch seitlich angebrachte Löcher verändert. Sind sie alle geschlossen, so ist l am größten; in diesem Fall erklingt der tiefste Ton, den das Instrument hervorbringen kann.

Die übrigen Blasinstrumente unterscheiden sich von der Lippenpfeife unter anderem in dem Mechanismus, der dafür sorgt, daß der Luftstrom rhythmisch unterbrochen wird, damit sich eine stehende Welle aufschaukeln kann. Die Oboe benutzt dazu ein Rohrblatt; bei der Trompete müssen dies die Lippen des Spielers selbst besorgen.

Manche Instrumente (z.B. das Posthorn) besitzen eine Luftsäule unveränderlicher Länge l. Man kann ihnen durch entsprechendes Anblasen nur Töne der Frequenzen $f_k = k \frac{c}{2l}$ – sogenannte *Naturtöne* – entlocken. Für $k = 1, 2, 3, \ldots$ erhält man dann die *Naturtonreihe*.

Auch die Luft in der Mundhöhle ist gewisser Eigenschwingungen fähig; Zungen- und Gaumenstellung bestimmen die Wellenlängen λ, die aus dem vom Kehlkopf erzeugten sehr frequenzreichen Tongemisch durch Resonanz herausgehoben werden. Leitet man Helium ($c = 970$ m/s) in die Mundhöhle, so klingt die menschliche Sprache recht merkwürdig: Die Frequenzen werden dann nach $f = c/\lambda$ höher als normal.

4. Stehende Längswellen in festen Körpern

Bei den stehenden Längswellen, mit denen wir uns bis jetzt beschäftigt haben, handelte es sich meist um Schallwellen in *Gasen*. Die folgenden Versuche sollen zeigen, daß man auch in elastischen *festen* Körpern stehende Längswellen erzeugen kann.

Versuch 46: Ein 1 m langer Stativstab aus Eisen wird in der Mitte eingespannt. Etwa 2 mm vor sein linkes Ende bringen wir einen kleinen Lautsprecher. Wenn wir ihn mit der richtigen Frequenz betreiben, erregt er den Stab ebenso zu longitudinalen Eigenschwingungen, wie dies in den vorigen Versuchen mit der Luftsäule und der Schraubenfeder geschah. Das Besondere an unserem Versuch ist nun, daß wir den Stab selbst die richtige Frequenz bestimmen lassen, mit der ihn der Lautsprecher zu einer Eigenschwingung aufschaukeln kann. Dazu bringen wir etwa 1 mm vor das rechte Stabende die Magnetspule eines Telefonhörers, dessen Membran vorher entfernt wurde. Seine Anschlüsse führen wir zum Eingang eines Verstärkers, dessen Ausgang mit dem Lautsprecher verbunden wird. Schon das Rauschen des Lautsprechers oder ein Schall im Raum stößt den Eisenstab zu geringfügigen Längsschwingungen an. Durch die dabei entstehenden Bewegungen seines rechten Endes werden in der Telefonspule elektrische Spannungen induziert, die über den Verstärker dem Lautsprecher zugeführt werden. Dieser schwingt damit so, wie es der Stab vorschreibt. Durch eine solche *Rückkopplung* wird die longitudinale Eigenschwingung des Stabes immer mehr aufgeschaukelt. Da er in der Mitte eingespannt ist, muß dort ein Bewegungsknoten liegen: Es bildet sich ganz von selbst die Grundschwingung mit je einem Bewegungsbauch an den Enden und einem Bewegungsknoten in der Mitte aus. Dabei entsteht ein durchdringender hoher Ton. Wir messen seine Frequenz, indem wir die am Verstärker entstehende Wechselspannung nicht nur dem Lautsprecher, sondern auch einem elektronischen Zähler zuführen.

Ist l die Länge des Eisenstabes, so gilt für die Grundschwingung $l = \lambda/2$, also beträgt die Wellenlänge der fortschreitenden Längswelle in Eisen $\lambda = 2l$. Aus $c = \lambda f = 2lf$ läßt sich nun die Schallgeschwindigkeit in Eisen berechnen. Für einen $l = 1$ m langen Eisenstab wurde in einem Versuch $f = 2600$ Hz gemessen. Daraus folgt $c_{\text{Eisen}} = 5200$ m/s.

Der Versuch gelingt nur bei richtiger Phasenlage der verstärkten Wechselspannung. Sind die beiden Leitungen zum Lautsprecher verkehrt angeschlossen, so tritt statt der Rückkopplung eine *Gegenkopplung* ein: Die Schwingung wird dann nicht aufgeschaukelt, sondern im Gegenteil sogar noch „abgewürgt".

Auch als es noch keine elektronischen Verstärker und Kurzzeitmesser gab, hat der deutsche Physiker *A. Kundt* (1839 bis 1894) schon nach dem Prinzip des vorigen Versuchs die Schallgeschwindigkeit in einem Eisenstab bestimmt. Der folgende, sogenannte *Kundtsche Versuch* zeigt, wie er vorging.

Versuch 47: Ein in der Mitte eingespannter $l=1$ m langer Eisenstab ist an seinem einen Ende mit einer kleinen Scheibe versehen. Diese ragt nach *Bild 263.1* in eine Glasröhre, ohne deren Wände zu berühren. Nun reiben wir den Stab in Längsrichtung mit einem Lederlappen, auf den wir zuvor etliche Kolophonium-Körnchen gestreut haben. Dadurch wird er zu Eigenschwingungen mit einem Bewegungsknoten in der Mitte und jeweils einem Bewegungsbauch an den Enden angeregt. Wir hören dabei denselben hohen Ton, der in Versuch 46 von selbst entstand. Seine Frequenz wird nun folgendermaßen bestimmt: Das Scheibchen am Ende des schwingenden Stabes erzeugt in der anschließenden Luftsäule eine stehende Welle; dazu muß ihre Länge – ähnlich wie beim Resonanzrohr in Versuch 45 – durch einen verschiebbaren Kolben abgestimmt werden. Knoten und Bäuche dieser stehenden Längswelle in Luft werden durch Korkmehl sichtbar gemacht. Aus dem Knotenabstand $\lambda_L/2$ kann man die Wellenlänge λ_L in Luft ermitteln. Mit Hilfe der bekannten Schallgeschwindigkeit c_L in Luft findet man nun die gesuchte Frequenz $f=c_L/\lambda_L$.

Für die Wellenlänge der Längswelle im Eisenstab gilt wie im vorigen Versuch $\lambda_{Fe}=2l$. Damit ergibt sich für die Schallgeschwindigkeit in Eisen

$$c_{Fe} = 2l\,\frac{c_L}{\lambda_L}. \qquad (263.1)$$

Ebenso kann man auch für andere feste Stoffe die Schallgeschwindigkeit bestimmen.

Aufgaben ($c_{Luft}=340\frac{m}{s}$):

1. *Berechnen Sie für eine* 34 cm *lange luftgefüllte Röhre die Frequenzen der 1., 2. und 3. Harmonischen, wenn a) beide Enden der Röhre offen sind, b) ein Ende geschlossen ist!*

2. *Wie lang muß man eine gedackte Pfeife machen, damit die 2. Harmonische um* 400 Hz *höher klingt als die 1. Harmonische? Welche Frequenzen haben dann die beiden Schwingungen?*

3. *Die Schallgeschwindigkeit wächst mit der Temperatur. Erklären Sie damit, warum Orgelpfeifen im Winter tiefer klingen als im Sommer!*

4. *Wie ändert sich die Höhe des Tons, den man beim Füllen eines Standzylinders mit Wasser hört? Erklären Sie Ihre Beobachtung!*

5. *Öffnet man bei einem Bunsenbrenner die Gaszufuhr, so entsteht ein Ausströmgeräusch. Dieses ändert deutlich seine Tonhöhe, wenn die zunächst im Schlauch enthaltene Luft durch das Gas verdrängt ist. Wie kommt das?*

6. *Die einseitig geschlossene Röhre in Versuch 43 ist* 17 cm *lang. Bei einer Frequenz von* 9000 Hz *entstehen auf dem Glühdraht 9 dunkle Stellen. Wie groß ist demnach die Schallgeschwindigkeit in der heißen Luft im Inneren der Röhre? – Bei welcher Frequenz treten 10 dunkle Stellen auf?*

7. *Der Kundtsche Versuch (Versuch 47) wird mit einem in der Mitte eingespannten* 1,17 m *langen Kupferstab durchgeführt. Dabei sind die Stellen, an denen das Korkpulver liegenbleibt, jeweils* 10,2 cm *voneinander entfernt. Füllt man das Rohr mit Helium, so betragen diese Entfernungen jeweils* 29,1 cm. *Berechnen Sie die Schallgeschwindigkeiten in Kupfer und in Helium!*

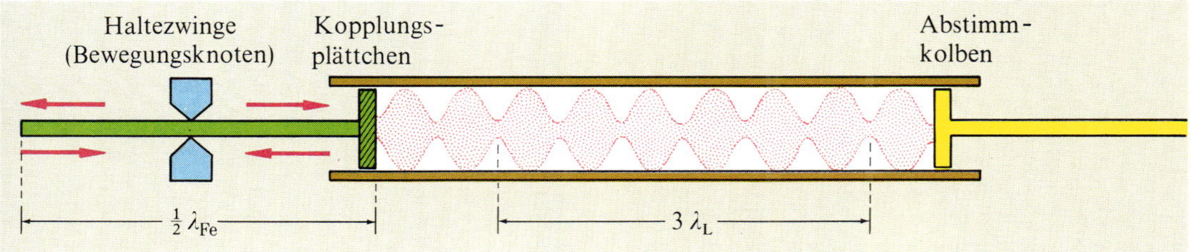

263.1 *Kundtscher Versuch*

§74 Das Prinzip von Huygens

1. Wasserwellen

Viele wichtige Welleneigenschaften lassen sich besonders anschaulich an *Wasserwellen* demonstrieren. Wir erzeugen sie in einer mit Wasser gefüllten *Wellenwanne,* deren Boden aus einer Glasscheibe besteht. Durchleuchtet man sie von unten mit einer Punktlichtlampe, so erzeugen die wie Sammellinsen wirkenden Wellenberge auf der Zimmerdecke helle Streifen. Da alle Punkte, die momentan auf einem Wellenberg liegen, dieselbe Schwingungsphase haben, sind diese Streifen Abbildungen von Wellenfronten (Seite 255!). An den Rändern besitzt die Wellenwanne flache Böschungen, die mit einem weichen Stoff belegt sind; dadurch werden die nach außen laufenden Wasserwellen gedämpft. (Vergleichen Sie mit der Dämpfung am Ende der Wellenmaschine!)

Man kann auch eine Wanne mit einem undurchsichtigen Boden benutzen, auf dem ein Spiegel liegt. Die Punktlichtlampe muß in diesem Fall *über* der Wellenwanne angebracht werden.

Versuch 48: a) An einem auf- und abschwingenden *Wellenerreger* wird ein Stift befestigt; wir lassen ihn periodisch in die Wasseroberfläche einer Wellenwanne eintauchen. Die Abbildung der Wellenberge auf der Zimmerdecke läßt erkennen, wie die Wellenfronten in Form konzentrischer Kreise von der Erregerstelle weglaufen; *Bild 264.1* zeigt davon eine Momentaufnahme.

Die Ausbreitungsrichtungen einer fortschreitenden Welle beschreibt man durch **Wellenstrahlen.** Sie werden hier durch die Geraden dargestellt, die vom punktförmigen Wellenerreger nach allen Seiten ausgehen; sie stehen senkrecht auf den Wellenfronten. In *Bild 264.1* sind etliche Wellenstrahlen rot gestrichelt eingezeichnet.

b) Nun befestigen wir am Wellenerreger einen geraden Blechstreifen und lassen ihn wieder periodisch in die Wasseroberfläche eintauchen. In der Projektion an der Zimmerdecke sehen Sie jetzt *geradlinige* Wellenfronten vom Erreger weglaufen. Man nennt sie auch *gerade Wellen* (*Bild 264.2* zeigt eine Momentaufnahme). Die Wellen*strahlen* sind hier untereinander parallel und stehen wiederum senkrecht auf den Wellen*fronten* (in *Bild 264.2* rot gestrichelt).

In unserer Versuchsanordnung bestehen die optisch sichtbar gemachten Wellenfronten jeweils aus Wellenbergen. Der gegenseitige Abstand der hellen Streifen an der Zimmerdecke ist also eine (vergrößerte) Abbildung der Wellenlänge λ.

Versuch 49: Wir erzeugen wie im vorigen Versuch eine gerade Welle, stellen ihr aber ein ebenes Hindernis parallel zu den Wellenfronten in den Weg. Jetzt wird sie *reflektiert* und läuft auf demselben Weg wieder zurück. Sie sehen das besonders deutlich, wenn der Erreger nur kurz eingeschaltet wird. Bei längerem Betrieb bildet sich im Überlagerungsbereich der hin- und zurücklaufenden Welle eine *stehende* Welle aus: In der Projektion erkennen Sie gut, wie die Wellenfronten vor der reflektierenden Wand „auf der Stelle treten“.

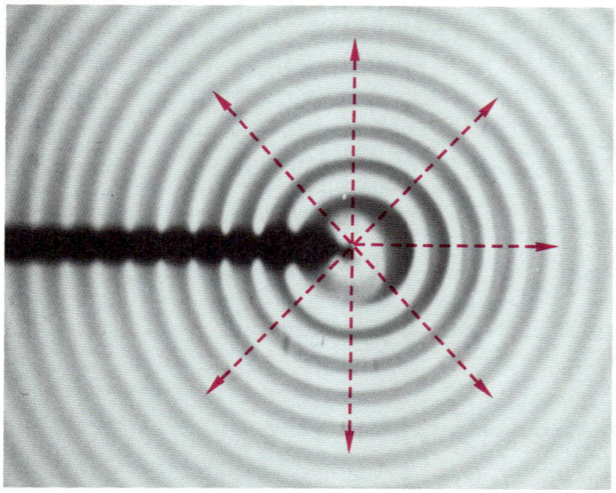

264.1 Ein periodisch in die Wasseroberfläche eintauchender Stift erzeugt kreisförmige Wellenfronten.

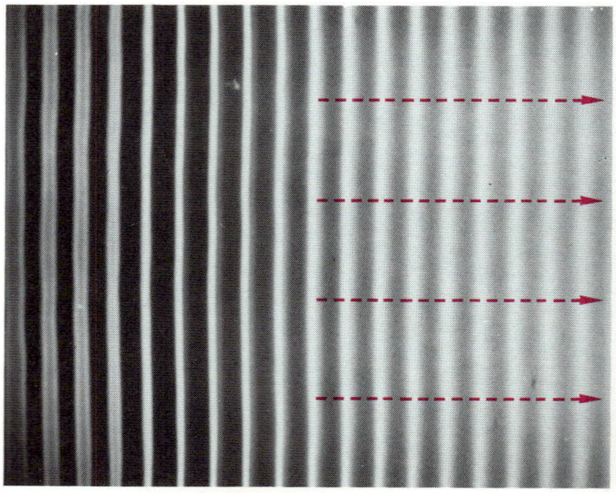

264.2 Läßt man einen geraden Blechstreifen periodisch eintauchen, so entstehen gerade Wellenfronten.

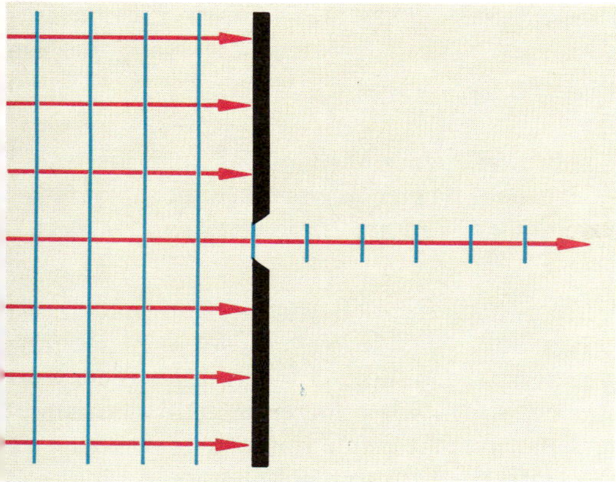

265.1 Wirkt eine Spaltblende wie ein Messer?

Was geschieht eigentlich, wenn in der reflektierenden Wand eine schmale Lücke offen bleibt? Nun – dann muß dort wohl ein Teil der Welle durchgelassen werden. Aber wie? Schneidet die Spaltblende vielleicht wie ein Messer ein Stück aus der geraden Welle heraus *(Bild 265.1)?*

Versuch 50: In der Wellenwanne werden zwei Blechstreifen aufgestellt, zwischen denen ein schmaler Spalt – nicht breiter als eine Wellenlänge – offen bleibt. Gegen diese *Spaltblende* lassen wir nun eine gerade Welle laufen. Das Versuchsergebnis ist überraschend: Hinter der Blende breitet sich eine *Kreiswelle* aus, deren Zentrum in der Spaltöffnung liegt *(Bild 265.2)*. Sie wird besonders deutlich sichtbar, wenn man den Wellenerreger nur einmal kurz auf die Wasseroberfläche tupfen läßt.

Da wir durch die schmale Öffnung nur einen kleinen Teil – sozusagen ein Element – der gegen den Blechstreifen anlaufenden Wellenfronten ausgeblendet haben, nennt man die von der Öffnung ausgehende Kreiswelle eine **Elementarwelle.** Wie sie entsteht, ist leicht einzusehen: In der schmalen Blendenöffnung schwingt das von der ebenen Welle erfaßte Wasser genau so auf und ab, als ob es an dieser Stelle von einem periodisch eintauchenden Stift erregt worden wäre. Die Öffnung wird dadurch – wie in Versuch 48a – zum Ausgangspunkt einer neuen kreisförmigen Welle.

Denken Sie sich nun in *Bild 265.2* zu den Wellen*fronten* auch noch die Wellen*strahlen* hinzu: Sie zeigen vor der Blende eine einheitliche Richtung; hinter der Öffnung laufen sie dagegen radial auseinander. Weil sie dabei ihre Richtung ändern, sagt man, die Wellen werden an der Blendenöffnung **gebeugt.** Für das Entstehen von Elementarwellen ist es gleichgültig, ob die gegen die Blendenöffnung laufenden Wellenfronten gerade oder gekrümmt sind. Es kommt ja nur auf die Schwingbewegung der Wasserteilchen in der Öffnung an.

Versuch 51: Zur Bestätigung lassen wir gegen die in der Wellenwanne aufgebaute Spaltblende nach *Bild 265.3* eine Kreiswelle laufen: Auch jetzt geht von der Blendenöffnung eine *Elementarwelle* aus.

Nun kann man die Spaltöffnung an jeder beliebigen Stelle einer gegen die Blende anlaufenden Wellenfront anbringen: Stets wird sich dort eine Elementarwelle bilden. Demnach darf man jede Stelle einer Wellenfront als Ausgangspunkt einer Elementarwelle ansehen, auch wenn diese *nicht* durch eine besondere Spaltöffnung herausgefiltert worden ist. Das hat als erster der niederländische Physiker

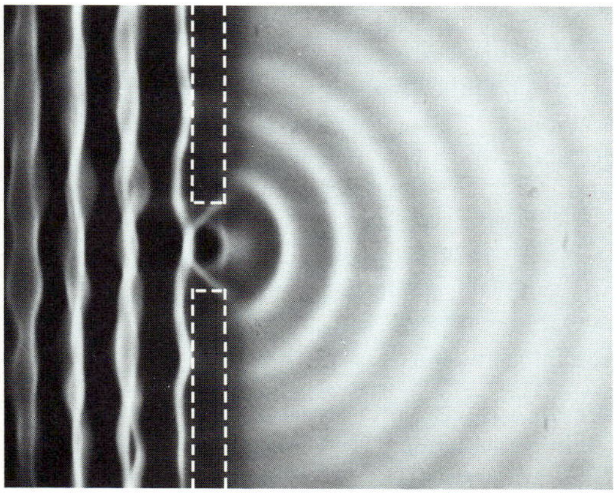

265.2 Hinter der Spaltblende bildet sich eine Elementarwelle aus.

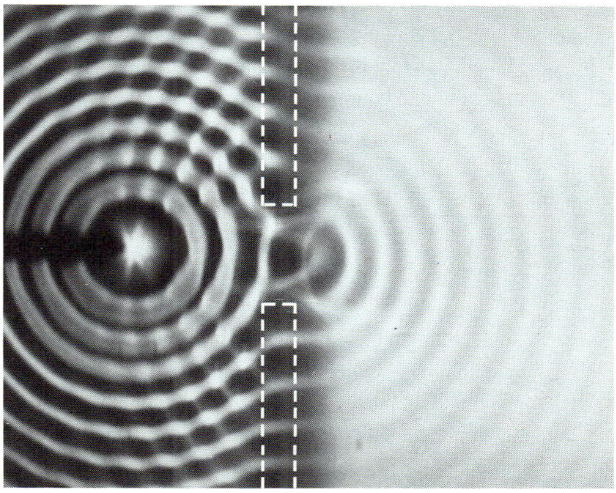

265.3 Wieder entsteht hinter der Spaltblende eine Elementarwelle.

266.1 Man sieht es den Wellenfronten noch an, daß sie aus Elementarwellen entstanden sind.

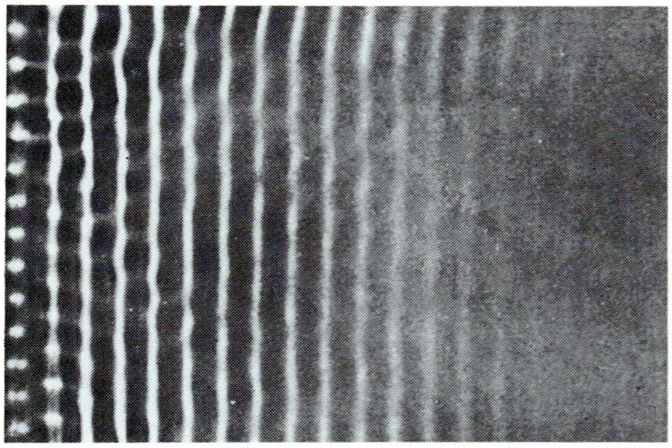

266.2 Viele Elementarwellen überlagern sich zu annähernd geraden Wellenfronten.

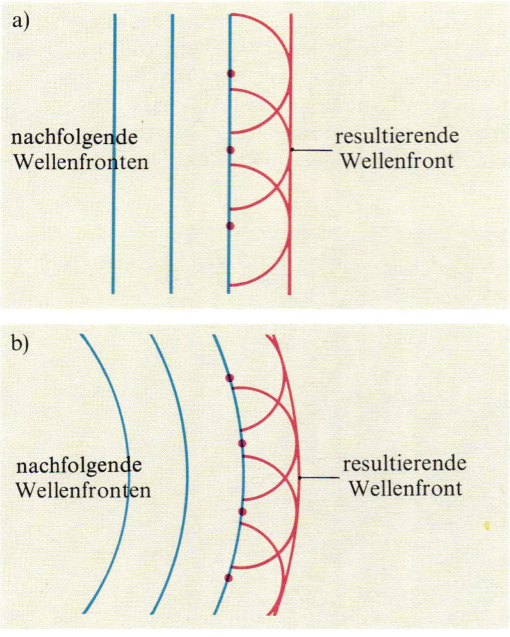

266.3 Konstruktion einer neuen Wellenfront nach dem *Huygensschen Prinzip*

Christiaan Huygens (1629 bis 1695) erkannt; man spricht deshalb auch vom **Huygensschen Prinzip.**

Jede Stelle einer Wellenfront kann als Ausgangspunkt einer Elementarwelle aufgefaßt werden *(1. Teil des Huygensschen Prinzips).*

Unsere bisherigen Betrachtungen haben ergeben, daß sich jede Wellenfront in Elementarwellen zerlegen läßt. In den folgenden Versuchen wollen wir nun zeigen, daß man andererseits auch Elementarwellen wieder zu Wellenfronten zusammenfügen kann.

Versuch 52: Wir stellen in einer Wellenwanne eine Blende mit etlichen schmalen Spaltöffnungen auf und lassen eine gerade Welle dagegen laufen. Auf diese Weise werden viele Elementarwellen erzeugt; sie durchdringen und überlagern sich gegenseitig. Dabei entstehen nach *Bild 266.1* wieder neue Wellenfronten; man sieht ihnen an, daß sie aus Kreiswellen entstanden sind.

Nun haben wir in unserem Versuch aus der geraden Wellenfront nur wenige Elementarwellen herausgegriffen. Erhöhen wir in Gedanken ihre Zahl, so sind die resultierenden Wellenfronten immer weniger gekräuselt und nähern sich mehr und mehr der Form gerader Wellenfronten.

Versuch 53: Wir lassen als Wellenerreger einen Metallkamm periodisch in die Wasseroberfläche einer Wellenwanne eintauchen. Seine Stifte erzeugen gleichzeitig sehr viele nahe beieinanderliegende Kreiswellen. *Bild 266.2* zeigt, daß sie sich zu Wellenfronten überlagern, die schon nahezu gerade sind.

Die resultierende Wellenfront, die bei der Überlagerung beliebig dicht liegender Elementarwellen entsteht, läßt sich nun einfach konstruieren. Man braucht dazu nur einige Elementarwellen aufzuzeichnen. Ihre gemeinsame Berührende ist dann die resultierende Wellenfront. In *Bild 266.3a* sind die Elementarwellen aus einer *geraden* Wellenfront entstanden, in *Bild 266.3b* sind sie aus einer *gekrümmten* Wellenfront hervorgegangen.

Im dreidimensionalen Raum (z.B. bei Schallwellen) bestehen die Wellenfronten nicht aus *Linien,* sondern aus *Flächen;* die Elementarwellen sind dort Halbkugeln. Die resultierende Wellenfront erhält man aus deren gemeinsamer

Berührfläche; sie wird *Einhüllende* genannt. Wir wollen nun auch der im zweidimensionalen Fall vorkommenden Berührenden den Namen „Einhüllende" geben. Mit dieser Bezeichnungsweise gilt dann allgemein:

Jede Wellenfront kann man sich als Einhüllende von Elementarwellen entstanden denken *(2. Teil des Huygensschen Prinzips).*

2. Eine erste Anwendung des Huygensschen Prinzips

Wozu soll das *Huygenssche Prinzip* eigentlich dienen? Da löst man nun eine Wellenfront zuerst in Elementarwellen auf, um diese dann nachher wieder zu einer Wellenfront zusammenzusetzen. Dann kann man ja die Wellenfront gleich beisammen lassen – das ist doch viel einfacher! Richtig: Zur Erklärung der normalen ungestörten Ausbreitung einer Welle ist das *Huygenssche Prinzip* gewiß nicht nötig. Es gibt aber auch Fälle, in denen es sich als äußerst nützlich erweist. Den ersten derartigen Fall sollen Sie jetzt kennenlernen.

Versuch 54: Wir lassen eine ebene Welle *schräg* gegen einen Blechstreifen laufen, der in der Wellenwanne aufgestellt ist. In der Projektion sehen Sie, daß die Wellenfronten an diesem Hindernis *reflektiert* werden und dabei eine neue Richtung erhalten. Sind die Wellenfronten – wie in Versuch 49 – *parallel* zum Hindernis, so treffen sie dort gleichzeitig in ihrer ganzen Breite ein. Es ist klar, daß sie dann auch als Ganzes wieder in sich selbst zurückkehren. Laufen sie aber *schräg* auf eine reflektierende Wand zu, so wird diese *von einem Punkt der vordersten Wellenfront nach dem anderen erreicht*. Jetzt bewährt sich der 1. Teil des *Huygensschen Prinzips:* Immer, wenn ein Punkt der Wellenfront an der Wand angekommen ist, betrachten wir diesen als Ausgangspunkt einer zurücklaufenden Elementarwelle. Die Gesamtheit all dieser Elementarwellen setzen wir dann nach dem 2. Teil des *Huygensschen Prinzips* wieder zu einer neuen Wellenfront – der reflektierten – zusammen.

Betrachten Sie dazu in *Bild 267.1* die Wellenfront $\overline{AB}$! Ihr *rechter* Flügel A ist bereits an der reflektierenden Wand angelangt. Was ist aus dieser Wellenfront geworden, wenn nach einer bestimmten Zeit t auch ihr *linker* Flügel B an der Wand in C angekommen ist? Nun

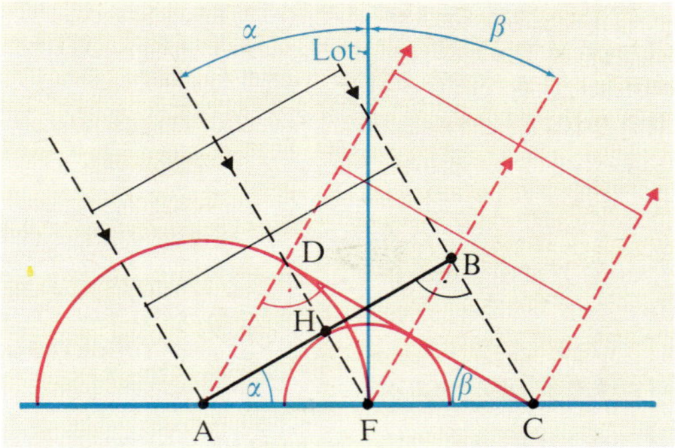

267.1 Reflexion einer geraden Welle nach dem *Huygensschen Prinzip*

– in dieser Zeit hat sich von A aus eine Elementarwelle gebildet, deren Radius so groß ist wie die Strecke $\overline{BC}$. Natürlich ist es unmöglich, auch noch alle (unendlich vielen) anderen Punkte der Wellenfront in Elementarwellen aufzulösen. Zum Glück ist das auch gar nicht nötig. Es genügt, wenn wir dies noch mit *einem* weiteren Punkt tun. Wir nehmen dazu die Mitte H der Wellenfront. H ist nach der Zeit $t/2$ an der Wand in F angelangt; der dort anschließend gebildeten Elementarwelle steht also zur Ausbreitung nur noch die Zeit $t/2$ zur Verfügung. Ihr Radius ist demnach halb so groß wie $\overline{BC}$. Die resultierende Wellenfront besteht nun aus der gemeinsamen Tangente $\overline{CD}$ an die Elementarwellen. Nachträglich können Sie *Bild 267.1* entnehmen, daß zu ihrer Konstruktion die von F ausgehende Elementarwelle nicht einmal nötig gewesen wäre. Es genügt, allein den Punkt C und den Kreis um A zu kennen. Die Tangente von C an diesen Kreis läßt sich ja schon eindeutig bestimmen.

Aus $\overline{AD} = \overline{BC}$ folgt, daß die beiden rechtwinkligen Dreiecke ADC und CBA kongruent sind. Also ist der Winkel α, unter dem die Wellenfront $\overline{AB}$ an der Wand ankommt, gleich groß wie der Winkel β, unter dem die reflektierte Wellenfront $\overline{CD}$ von dort wieder wegläuft. Nun sind die Winkel zwischen dem Einfallslot und dem ankommenden bzw. reflektierten Wellen*strahl* ebenfalls α bzw. β. (Die Wellenstrahlen verlaufen senkrecht zu den Wellenfronten; das Einfallslot steht senkrecht auf der reflektierenden Wand. Winkel, deren Schenkel jeweils aufeinander senkrecht stehen, sind *gleich*).

Für die Wellenstrahlen gilt also: Der Einfallswinkel α (zum Lot) ist gleich dem Reflexionswinkel β.

Dies ist dasselbe Gesetz, wie wir es für die Reflexion von *Lichtstrahlen* schon kennen (Mittelstufenband, Seite 199). Eine weitere Anwendung des *Huygensschen Prinzips* zeigen wir im nächsten Versuch.

Versuch 55: Wir bauen in der Wellenwanne ein ebenes Hindernis auf und lassen eine *Kreiswelle* dagegen laufen. Wenn der Erregerstift nur kurz eingetaucht wird, können Sie die reflektierte Welle gut beobachten.

Wie kommt sie zustande? Nun – auch hier treffen die verschiedenen Punkte einer Wellenfront nicht gleichzeitig, sondern *nacheinander* am reflektierenden Hindernis ein. Sobald ein Punkt einer Wellenfront dort angekommen ist, lassen wir von dieser Stelle aus in Gedanken eine Elementarwelle zurücklaufen *(Bild 268.1)*. Die Einhüllende all dieser Elementarwellen bildet dann die reflektierte Wellenfront. Sie ist wieder kreisförmig und sieht so aus, als wäre sie von einem Punkt P′ hinter dem Hindernis hergekommen. Dabei liegt P′ symmetrisch zum Ausgangspunkt P der ursprünglichen Kreiswelle bezüglich des Hindernisses. Denken Sie sich jetzt noch die *Wellenstrahlen* hinzu: Sie verhalten sich genau so wie die von einem leuchtenden Punkt ausgehenden Lichtstrahlen, die an einem ebenen Spiegel reflektiert werden.

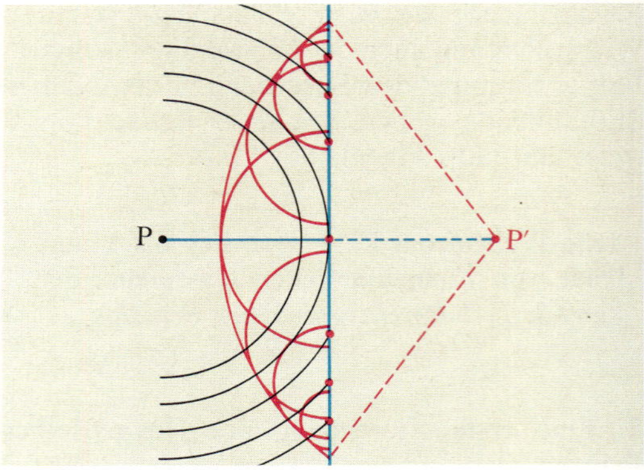

268.1 Reflexion einer Kreiswelle nach dem *Huygensschen Prinzip*

3. Die Brechung von Wellen

Versuch 56: Wir legen in die Wellenwanne eine dicke Glasplatte, so daß über ihr nur noch wenig Wasser steht. Dann lassen wir eine gerade Welle schräg gegen die Kante dieser Glasplatte laufen. Dabei beobachten Sie, daß die Wellenfronten abgeknickt werden und mit neuer Richtung und kleinerer Wellenlänge weiterlaufen *(Bild 269.1)*.

Was ist hier passiert? Nun – die kleiner gewordene Wellenlänge deutet schon darauf hin: Im seichteren Wasser über der Glasplatte ist die Ausbreitungsgeschwindigkeit der Wasseroberflächenwellen *geringer* als im tieferen Wasser. Wir haben also folgendes Problem vor uns: Eine ebene Welle geht von einem Gebiet größerer Ausbreitungsgeschwindigkeit c_1 in ein solches mit der kleineren Ausbreitungsgeschwindigkeit c_2 über. Treffen dabei die Wellenfronten *schräg* auf die geradlinige Grenze, so gehen sie nicht gleichzeitig als Ganzes in das neue Gebiet über; vielmehr wird die Grenzlinie von einem Punkt der jeweiligen Wellenfront nach dem anderen überschritten. Will man wissen, wie die Wellenfront im neuen Gebiet weiterläuft, so muß man sie an allen grenzüberschreitenden Punkten in Elementarwellen auflösen und diese dann nachher wieder zu einer neuen Wellenfront zusammensetzen.

In *Bild 269.2* hat die Wellenfront $\overline{AB}$ mit ihrem rechten Flügel A die Grenzlinie erreicht. Wir untersuchen nun, was aus ihr geworden ist, wenn sie gerade ganz in das neue Gebiet übergewechselt ist: In diesem Augenblick ist der linke Flügel B soeben an der Grenzlinie in C angekommen. Hat er von B bis C die Zeit t gebraucht, so ist $\overline{BC} = c_1\, t$.

In derselben Zeit t hat sich die in A gebildete Elementarwelle im neuen Gebiet mit der Geschwindigkeit c_2 zu einem Kreis mit dem Radius $c_2\, t$ ausgebreitet. Wie bei der Reflexion ist es auch hier nicht nötig, die Wellenfront $\overline{AB}$ in sämtliche (unendlich viele) Elementarwellen aufzulösen. Wir betrachten lediglich noch ihren Mittelpunkt H. Er benötigt bis zur Grenzlinie in F die Zeit $t/2$. Die an dieser Stelle gebildete Elementarwelle besitzt dann zur Zeit t den Radius $\frac{c_2 t}{2}$.

Die resultierende Wellenfront erhält man nun einfach aus der gemeinsamen Tangente $\overline{CD}$ an die beiden Kreise.

Bild 269.2 können Sie leicht entnehmen, warum die Wellenfronten nach dem Übergang in das Gebiet kleinerer Ausbreitungsgeschwindigkeit eine andere Richtung erhalten: Die Winkel zwischen den Wellenfronten und der Grenzlinie seien α (im Gebiet mit der Ausbreitungsgeschwindigkeit c_1) und β (im Gebiet mit der Ausbreitungsgeschwindigkeit c_2). Den beiden

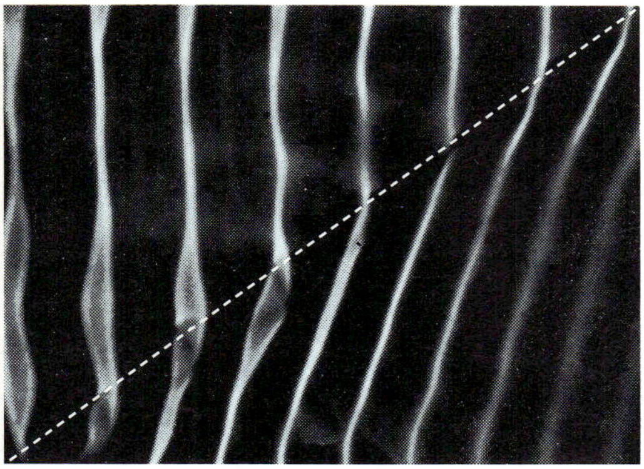

269.1 Die Wellenfronten werden beim Übergang in das seichtere Gebiet abgeknickt.

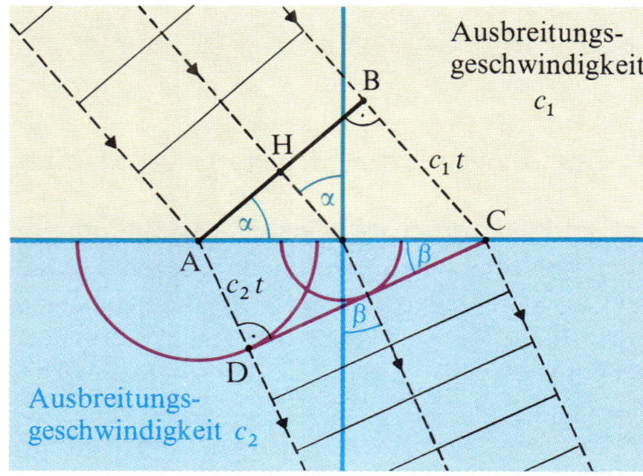

269.2 Brechung einer geraden Welle nach dem *Huygensschen Prinzip*

rechtwinkligen Dreiecken ABC und ADC entnehmen Sie dann

$$\sin\alpha = \frac{c_1 t}{\overline{AC}} \quad \text{und} \quad \sin\beta = \frac{c_2 t}{\overline{AC}}.$$

Dividieren Sie nun diese beiden Beziehungen durcheinander, so kürzen sich $\overline{AC}$ und t heraus, und Sie erhalten

$$\frac{\sin\alpha}{\sin\beta} = \frac{c_1}{c_2}. \qquad \textbf{(269.1)}$$

Dieselben Winkel α und β treten auch zwischen den Wellenstrahlen und dem auf der Grenzlinie errichteten *Einfallslot* auf, denn Winkel, deren Schenkel jeweils aufeinander senkrecht stehen, sind gleich. Da $\alpha \neq \beta$ ist, werden die Wellenstrahlen beim Übergang vom einen Gebiet in das andere an der Grenzlinie abgeknickt. Man sagt dazu, sie werden **gebrochen.** Mit *Gl. 269.1* haben wir das Brechungsgesetz für Wellen gefunden.

Versuch 57: Wir legen in die Wellenwanne eine Glasplatte mit dem Querschnitt einer Sammellinse bzw. einer Zerstreuungslinse. Eine gerade Wasserwelle, die wir darüber hinweg laufen lassen, verringert in dem seichten Gebiet über einer Platte ihre Ausbreitungsgeschwindigkeit. Dadurch wird die Welle *gebrochen* (*Bild 269.3 a* und *269.3 b*). Die senkrecht zu den Wellenfronten verlaufenden *Wellenstrahlen* gehen bei dem wie eine Sammellinse geformten Glasstück nach der Brechung durch einen Punkt; beim Glasstück in Form einer Zerstreuungslinse werden sie gespreizt, so daß sie von einem Punkt herzukommen scheinen. Die Wellenstrahlen verhalten sich also wie achsenparallele *Lichtstrahlen* an einer Sammellinse bzw. einer Zerstreuungslinse.

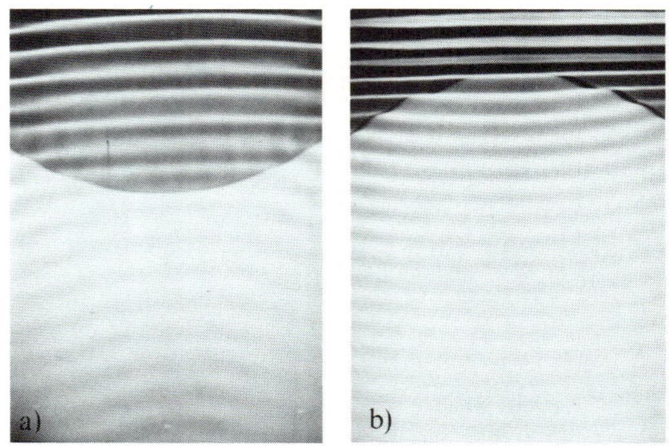

269.3 a) Eine Sammellinse (plankonvex), b) eine Zerstreuungslinse (plankonkav) für Wasserwellen; die Wellenfronten laufen hier von oben nach unten.

Aufgaben:

1. *Konstruieren Sie mit dem Huygensschen Prinzip die Reflexion einer geraden Welle an einem Hohlspiegel! Zeichnen Sie als Spiegel einen Kreisbogen mit* $r = 10$ cm*; betrachten Sie 4 Wellenfronten im jeweiligen Abstand von* 1 cm *in dem Augenblick, in dem die Mitte der vordersten Wellenfront am Scheitel des Hohlspiegels angelangt ist.*

2. *In einer Wellenwanne treffen die Wellenstrahlen einer geraden Welle* ($f = 12$ Hz; $\lambda = 4$ cm) *unter dem Winkel* 60° *zum Lot auf die Trennlinie zu einem seichteren Gebiet. Dort ist dieser Winkel nur noch* 40°. *Mit welchen Geschwindigkeiten* c_1 *und* c_2 *breiten sich die Wellen in den beiden Gebieten aus?*

3. *Die Wellenstrahlen einer geraden Wasserwelle gehen unter dem Winkel* 30° *zum Lot von einem Gebiet mit* $c_2 = 25$ cm/s *in ein anderes mit* $c_1 = 30$ cm/s *über. Unter welchem Winkel werden sie gebrochen?*

§ 75 Mehrdimensionale Interferenz

1. Zwei Lautsprecher bringen weniger als einer

Jemand behauptet, zwei gleich starke Lautsprecher könnten zusammen einen leiseren Ton geben als einer allein. Wetten Sie dagegen? Tun Sie es lieber nicht – Sie würden die Wette glatt verlieren!

Versuch 58: Auf dem Experimentiertisch stehen zwei Lautsprecher in einem Abstand von etwa 50 cm nebeneinander. Sie werden beide vom gleichen Tongenerator ($f = 2000$ Hz) gespeist. Gehen Sie nun im Raum hin und her, so werden Sie viele Stellen finden, an denen fast nichts zu hören ist. Der Ton in diesen Schwachstellen wird sofort lauter, wenn man einen der beiden Lautsprecher *ausschaltet*. Es gibt also tatsächlich Bereiche im Schallfeld, in denen zwei Lautsprecher weniger bringen als einer allein. Warum das so ist, zeigen wir am Beispiel von Wasserwellen.

Versuch 59: Analog zu den beiden Lautsprechern des vorigen Versuchs lassen wir jetzt zwei Stifte periodisch in die Wasseroberfläche der Wellenwanne eintauchen. Sie besitzen einen Abstand von 1 cm bis 2 cm und sind fest miteinander verbunden, schwingen also mit gleicher Frequenz und Amplitude. Außerdem stimmen ihre Schwingungsphasen in jedem Augenblick miteinander überein. Zwei Wellenerreger, die mit konstant bleibender Phasendifferenz schwingen, nennt man **kohärent,** ebenso die von ihnen erzeugten Wellensysteme (cohaerere, lat.: zusammenhängen). Demnach schwingen die beiden Stifte kohärent. Dabei überlagern sich die Kreiswellen zu einem resultierenden Wellensystem, das von auffälligen „Straßen" durchzogen ist; auf ihnen bleibt die Wasseroberfläche der Wellenwanne offenbar in Ruhe *(Bild 270.1)*.

Diese Straßen sind eine Interferenzerscheinung, die sich leicht erklären läßt. Will man wissen, was in einem beliebigen Punkt P des Wellenfeldes vorgeht, so braucht man nur die *Wellenstrahlen* zu betrachten, die von den beiden Erregerzentren E_1 und E_2 zu diesem Punkt hinführen *(Bild 270.2)*.

Da die beiden Wellen in E_1 und E_2 gleichphasig erregt werden, überlagern sie sich in P mit dem Gangunterschied $\delta = |\overline{E_1P} - \overline{E_2P}|$. Ist nun $\delta = \lambda,\ 2\lambda,\ \ldots$, so verstärken sich die Wellen in P maximal. Ist dagegen $\delta = \frac{\lambda}{2},\ \frac{3\lambda}{2},\ \ldots$, so schwächen sie sich in P ab; bei gleicher Amplitude löschen sie sich sogar völlig aus: Dort entstehen *Minima*. Anschließend laufen sie ungestört weiter. Alle Punkte P mit demselben Gangunterschied δ liegen nun auf einer zusammenhängenden Kurve (Aufgabe 1!). Dies gilt insbesondere auch für die Minima: Sie bilden jeweils die Straßen, die Sie im vorigen Versuch beobachten konnten. Damit ist auch der Versuch 58 erklärt: Immer dann, wenn Sie von den beiden Lautsprechern fast gar nichts mehr hörten, befand sich Ihr Ohr gerade auf einer solchen Straße.

Versuch 60: Wir bauen in der Wellenwanne aus drei Blechstreifen eine Blende mit zwei schmalen Öffnungen auf, die den gleichen Abstand voneinander besitzen wie die beiden Stifte in

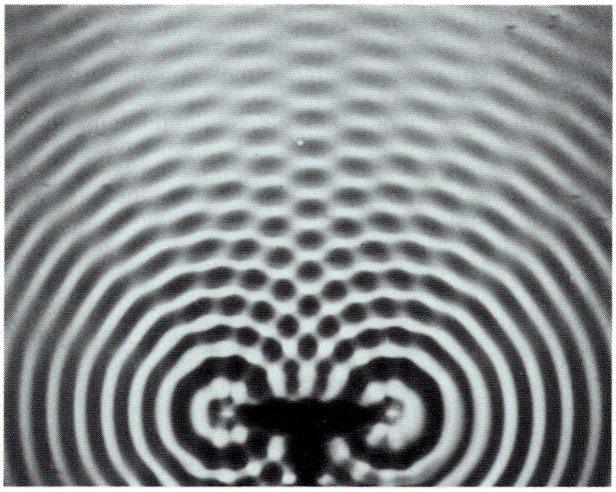

270.1 Zwei kohärente Kreiswellen überlagern sich. Dabei bilden sich seltsame Straßen.

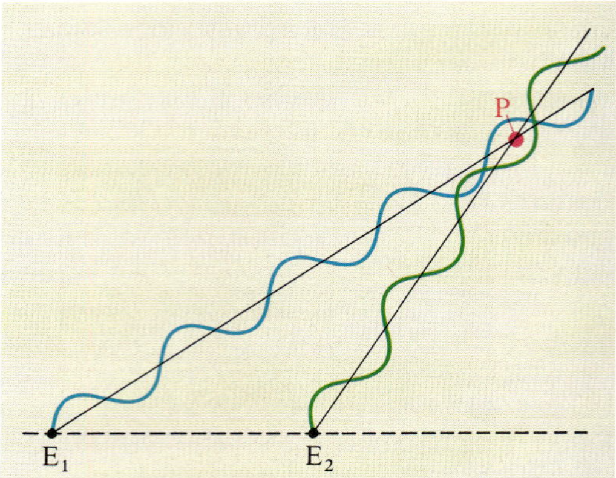

270.2 Die von E_1 und E_2 ausgehenden Wellenstrahlen überlagern sich in P.

Versuch 59. Gegen diesen *Doppelspalt* lassen wir nun eine gerade Welle laufen: Hinter den beiden Spaltöffnungen entstehen Elementarwellen, die genau dasselbe Interferenzmuster erzeugen wie die beiden Erreger E_1 und E_2 in Versuch 59.

Zur Erzeugung zweier kohärenter Wellenzentren besitzt der Doppelspalt auch für andere Wellenarten – insbesondere für *elektromagnetische* Wellen – große Bedeutung.

Die Interferenz zweier Kreiswellen läßt sich auch in einem Modellversuch an zwei Folien zeigen. Jede von ihnen weist ein System miteinander abwechselnder durchsichtiger bzw. undurchsichtiger konzentrischer Ringe auf. Sie stellen die Momentaufnahme zweier Kreiswellen mit Wellenbergen (durchsichtige Kreislinien) und Wellentälern (undurchsichtige Kreislinien) dar.

Wir legen die Folien so übereinander, daß sich die Mittelpunkte der beiden Ringsysteme *nicht* decken, und betrachten sie dann entweder in der direkten Durchsicht oder projizieren sie auf eine Wand. Dabei entsteht ein von dunklen Straßen durchzogenes Interferenzmuster – ähnlich wie bei den Wasserwellen in Versuch 59, jedoch deutlicher zu sehen. Dies liegt daran, daß unser Modellversuch zwei „eingefrorene" Kreiswellen darstellt, deren Überlagerung Sie in Ruhe betrachten können *(Bild 271.1)*.

Die dunklen Straßen entstehen überall dort, wo durchsichtige und undurchsichtige Ringe aufeinander liegen. Das bedeutet: Hier fallen Wellenberge auf Wellentäler; demnach schwächen sich die Wellen in diesem Bereich ab. In den Zonen zwischen den Straßen wechseln helle

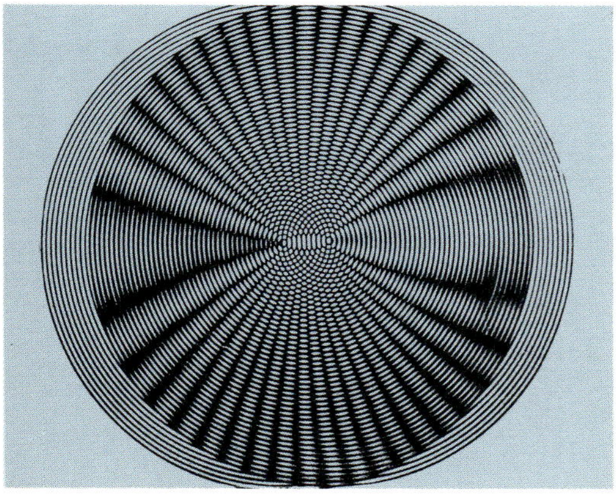

271.1 In einem Modellversuch werden „eingefrorene" Kreiswellen überlagert.

und dunkle Streifen miteinander ab; dort liegen jeweils gleichartige Ringe der beiden Folien aufeinander. Das bedeutet: Hier fällt Wellenberg auf Wellenberg bzw. Wellental auf Wellental; in diesem Bereich verstärken sich also die Wellen.

2. Ein Versuch mit Ultraschall

Wir haben den Versuch 58 nicht nur gemacht, um zu zeigen, daß zwei Lautsprecher unter Umständen weniger bringen als einer. Seine Bedeutung liegt vielmehr darin, daß man aus den dabei auftretenden Interferenzerscheinungen die Wellenlänge der von den beiden Lautsprechern erzeugten Schallwellen ermitteln kann. Mit dieser Methode wollen wir nun die Wellenlänge von **Ultraschall** bestimmen.

Aus der Mittelstufe ist Ihnen bekannt, daß sich in der Luft auch Schallwellen ausbreiten können, deren Frequenz weit über der Hörgrenze (16000 Hz) des menschlichen Ohrs liegt (Mittelstufenband, Seite 172). Diesen *Ultraschall* erzeugen wir mit einem speziellen Schallgeber; er enthält einen Quarzkristall, der elektrisch zu Schwingungen angeregt wird. Als Empfänger benutzen wir dasselbe Gerät: Wird der Quarzkristall von Ultraschallwellen getroffen, so gerät er in Resonanzschwingungen und erzeugt dabei – wie der Kristall in einem Tonabnehmer – elektrische Wechselspannungen. Diese werden über einen Verstärker einem Meßinstrument zugeführt.

Versuch 61: Wir stellen zwei vom gleichen elektrischen Generator gespeiste Ultraschallgeber so nebeneinander auf, daß die Entfernung ihrer Mitten $l = 8$ cm beträgt. Ihnen gegenüber bringen wir den Empfänger in einem Abstand von $a = 1{,}5$ m an *(Bild 272.1)* Verschieben wir diesen parallel zur Verbindungsgeraden der beiden Ultraschallgeber, so treten abwechselnd Maxima und Minima des Empfangs auf. Das ist verständlich, denn einmal befindet sich der Empfänger in einer Zone, in der sich die von den beiden Erregern ausgehenden Schallwellen *verstärken*, das andere Mal steht er gerade auf einer „schwarzen Straße", in der sie sich gegenseitig abschwächen. Auf der Symmetrieachse in M *(Bild 272.1)* registriert der Empfänger ein Maximum, denn die in M ankommenden Wellen besitzen dort den Gangunterschied Null. Verschieben wir ihn nun von hier aus, so geht der Empfang immer mehr zurück, bis auf der einen Seite in P_1, auf der anderen Seite in P_2 jeweils ein deutliches Minimum erreicht ist. Wir messen $\overline{P_1P_2} = d = 16{,}0$ cm und haben damit auch schon alle Daten zur Bestimmung der Wellenlänge λ des Ultraschalls in der Hand.

Nach *Bild 272.1* können wir nämlich jetzt die Längen s_1 und s_2 der beiden zum Empfänger in P_1 führenden Wellenstrahlen berechnen. Da P_1 das erstmögliche Minimum ist, muß dort der Gangunterschied $\delta = s_1 - s_2 = \frac{\lambda}{2}$ sein. Nach dem Satz des *Pythagoras* gilt

$$s_1 = \sqrt{a^2 + \left(\frac{d+l}{2}\right)^2} = 150{,}48 \text{ cm} \quad \text{und}$$

$$s_2 = \sqrt{a^2 + \left(\frac{d-l}{2}\right)^2} = 150{,}05 \text{ cm}.$$

Also ist $\frac{\lambda}{2} = s_1 - s_2 = 0{,}43$ cm und $\lambda = 0{,}86$ cm. Mit einem elektronischen Zähler messen wir die Frequenz, mit der die Ultraschallgeber betrieben werden, zu $f = 39\,800$ Hz. Aus $c = \lambda f$ folgt für die Ausbreitungsgeschwindigkeit der Ultraschallwellen $c = 342$ m/s.

Aufgaben (Schallgeschwindigkeit $c = 340$ m/s):

1. *Die beiden gekoppelten Stifte* E_1 *und* E_2 *in Versuch 59 haben einen Abstand von* 4 cm; *sie erzeugen Wasserwellen der Wellenlänge* $\lambda = 1$ cm. *Konstruieren Sie die Straßen, auf denen sich die von* E_1 *und* E_2 *ausgehenden Wellen jeweils mit dem Gangunterschied* $\delta = \frac{\lambda}{2}, \frac{3\lambda}{2}, \frac{5\lambda}{2}$ *gegenseitig abschwächen! (Anleitung: Zeichnen Sie um* E_1 *bzw.* E_2 *verschiedene Kreise, deren Radien sich jeweils um* 0,5 cm *unterscheiden.)*

2. *Entwickeln Sie für Versuch 61 eine Näherungsformel, indem Sie* $s_1 + s_2 \approx 2a$ *setzen!*

3. *a) Ein Lautsprecher* L_1 *und ein Mikrofon* M *sind einander nach Bild 272.2 gegenübergestellt. Der Lautsprecher* L_2 *schwingt gleichphasig und mit derselben Frequenz wie* L_1. *Er befindet sich zuerst ganz dicht bei* L_1 *und wird dann längs der y-Achse verschoben. Wenn er den Abstand* $y_1 = 1{,}32$ m *von* L_1 *erreicht hat, registriert das Mikrofon zum ersten Mal ein Minimum des Empfangs. Mit welcher Frequenz schwingen die beiden Lautsprecher?*

b) L_2 *bleibt* 1,32 m *von* L_1 *entfernt. Nun wird die Frequenz der beiden Lautsprecher verändert. Bei welchen Frequenzen* f *mit* $500 \text{ Hz} < f < 1500 \text{ Hz}$ *registriert das Mikrofon Empfangsmaxima?*

c) L_1 *und* L_2 *bleiben* 1,32 m *voneinander entfernt; sie werden gleichphasig mit* $f = 680$ Hz *betrieben. Auf der y-Achse sollen zwei weitere gleichphasig mit derselben Frequenz schwingende Lautsprecher* L_3 *und* L_4 *so aufgestellt werden, daß im Mikrofon eine möglichst große Empfangssteigerung auftritt.*

d) Nun wird die Frequenz dieser vier Lautsprecher verändert. Untersuchen Sie, bei welchen Frequenzen im Bereich $150 \text{ Hz} < f < 1050 \text{ Hz}$ *im Mikrofon Empfangsminima auftreten!*

4. *Zwei Lautsprecher* L_1 *und* L_2 *sind nach Bild 272.2 in einem gegenseitigen Abstand von* $y_1 = 1{,}32$ m *aufgestellt. Sie schwingen gleichphasig mit der Frequenz* $f = 680$ Hz. *Das Mikrofon* M *wird längs der x-Achse verschoben.*

a) Zeigen Sie, daß von einer bestimmten Stelle x_1 *an kein Minimum mehr entstehen kann! Berechnen Sie* x_1! *b) Wieviel Minima treten bei der Verschiebung des Mikrofons höchstens auf? Berechnen Sie ihre Lagen!*

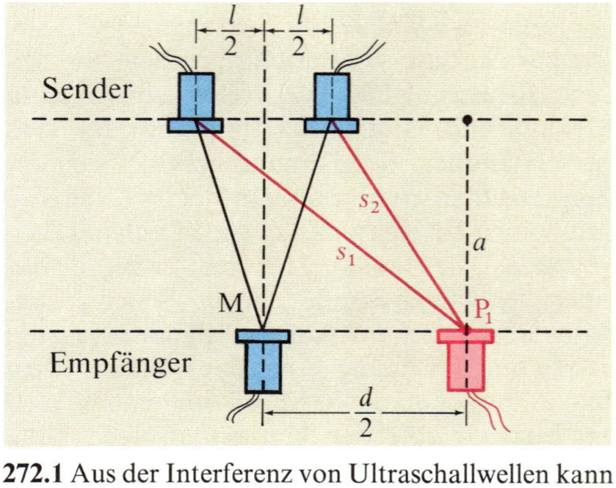

272.1 Aus der Interferenz von Ultraschallwellen kann man ihre Ausbreitungsgeschwindigkeit bestimmen.

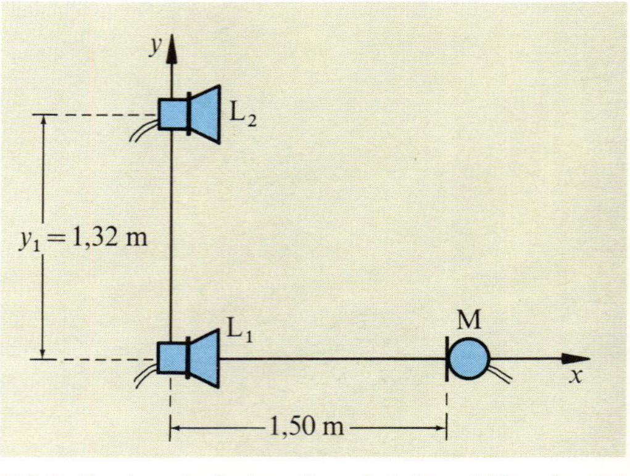

272.2 Zu den Aufgaben 3 und 4. Das Mikrofon M empfängt den Schall von beiden Lautsprechern.

§76 Der Dopplereffekt

Der **Dopplereffekt** (nach dem österreichischen Physiker *Christian Doppler;* 1803 bis 1853) ist eine alltägliche Erscheinung. Wenn Sie z.B. die Hupe eines vorbeifahrenden Autos in veränderter Tonhöhe hören oder das Motorengeräusch eines an Ihnen vorüberrasenden Rennwagens von hoch auf tief umschlägt, dann steckt der *Dopplereffekt* dahinter. Er tritt immer auf, wenn sich eine Schallquelle relativ zur umgebenden Luft bewegt.

Aber auch bei *ruhender* Schallquelle und *bewegtem* Beobachter ändert sich die Tonhöhe. So hören Sie z.B. den Ton von Glocken etwas höher, wenn Sie darauf zu fahren. Diese zweite Art des Dopplereffekts (bewegter Beobachter) kommt auf andere Weise zustande als die erste (bewegte Schallquelle).

1. Schallquelle bewegt sich – Beobachter ruht

Versuch 62: Wir lassen wie in Versuch 48 einen Stift periodisch in die Wasseroberfläche einer Wellenwanne eintauchen. Dabei bewegen wir den Wellenerreger mit konstanter Geschwindigkeit nach rechts. Das Ergebnis sehen Sie in *Bild 273.1:* Die Kreiswellen breiten sich nicht mehr konzentrisch aus. Ihre Wellenfronten drängen sich *vor* dem Erregerstift zusammen, *hinter* ihm werden sie auseinandergezogen.

Durch die Bewegung des Erregers ist also die Wellenlänge verändert worden. Wie kommt das? Nun – die vom Erreger ausgesandten Wellenfronten führen ein Eigenleben. Sie breiten sich im Träger mit der konstanten Geschwindigkeit c aus und kümmern sich dabei nicht mehr um den Erreger. Dieser besitze nun die Frequenz f und bewege sich mit der Geschwindigkeit $v<c$. In der Zeit t schickt er dann ft Wellenberge auf die Reise; dabei hat er sich selbst um die Strecke $s_1=vt$ weiterbewegt. Der vorderste Wellenberg hat in derselben Zeit die Stecke $s_2=ct$ zurückgelegt. Dadurch werden die ft Wellenberge *vor* dem Erreger auf die Strecke $s_2-s_1=(c-v)t$ zusammengedrängt, *dahinter* auf $s_2+s_1=(c+v)t$ auseinandergezogen *(Bild 273.2)*.

Dabei wird der Abstand zweier benachbarter Wellenberge, also die Wellenlänge λ, verändert. Sie ist *v*or dem Erreger

$$\lambda_V=\frac{(c-v)t}{ft}=\frac{c-v}{f},$$

*h*inter dem Erreger beträgt sie

$$\lambda_H=\frac{(c+v)t}{ft}=\frac{c+v}{f}.$$

Diese auf der einen Seite zusammengedrängten, auf der anderen Seite auseinandergezogenen Wellenfronten ziehen über einen ruhenden Beobachter mit der Geschwindigkeit c hinweg. Befindet er sich im Punkt B_V *v*or dem Erreger, so empfängt er eine Schwingung mit der erhöhten Frequenz

$$f_V=\frac{c}{\lambda_V}=f\,\frac{c}{c-v}=f\Big/\left(1-\frac{v}{c}\right). \qquad (273.1)$$

Im Punkt B_H *h*inter dem Erreger empfängt er eine Schwingung mit der erniedrigten Frequenz

$$f_H=\frac{c}{\lambda_H}=f\,\frac{c}{c+v}=f\Big/\left(1+\frac{v}{c}\right). \qquad (273.2)$$

273.1 Der Erregerstift bewegt sich gleichförmig nach rechts über die Wasseroberfläche.

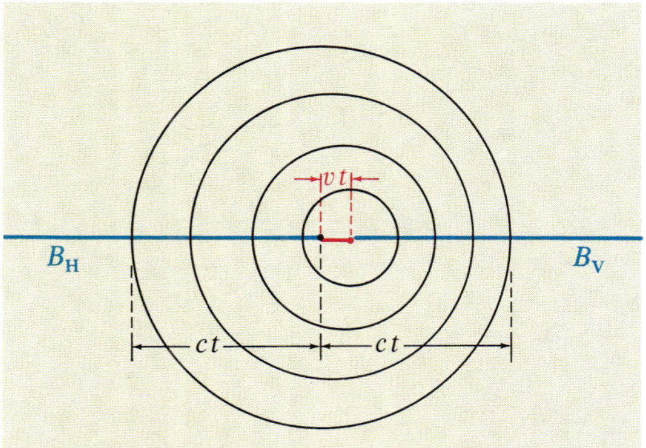

273.2 Wellenfronten werden vor dem bewegten Stift zusammengedrängt, dahinter auseinandergezogen.

Nun kommt es auch vor, daß der Erreger schneller als die von ihm ausgesandten Wellen ist; dann läuft er seinen eigenen Wellenfronten davon. *Bild 274.1* zeigt ein Beispiel:

Als der Erreger in A war, sandte er einen Wellenberg aus, der sich in der Zeit t auf den Radius ct ausgebreitet hat. In derselben Zeit ist der Erreger bis F vorgestoßen; dabei hat er den Wellenberg überholt, denn wegen $v>c$ gilt $\overline{AF}=vt>ct$. Auch die unterwegs in B, C, D und E ausgesandten Wellenberge überholen sich gegenseitig, obwohl jeder später auf die Reise geschickt wurde als sein Vorgänger.

Die zur Zeit t auf der Strecke liegenden Wellenberge besitzen nun eine gemeinsame Einhüllende, auf der sich alle durch Interferenz verstärken.

Bei Schallwellen besteht diese Einhüllende aus einem Kegelmantel. Für den Öffnungswinkel α des zugehörigen Kegels gilt nach *Bild 274.1* die Beziehung

$$\sin\frac{\alpha}{2}=\frac{ct}{vt}=\frac{c}{v}.$$

Dieser sogenannte **Machsche Kegel** behält also einen ganz bestimmten Öffnungswinkel bei, während er sich mit derselben Geschwindigkeit v wie der Erreger vorwärts schiebt.

Bewegt sich ein Flugzeug mit Überschallgeschwindigkeit, so erzeugen die Druckstörungen, die sich dabei in der Luft ausbreiten, einen Machschen Kegel. Auf seinem Mantel summieren sich die Luftverdichtungen, so daß hier ein ganz besonders starker Überdruck herrscht. An allen Stellen, über die dieser Mantel hinwegstreicht, hört man wegen des großen Druckunterschieds einen explosionsartigen Knall. Man sagt dazu auch, das Flugzeug habe „die Schallmauer durchbrochen". Bei dieser Redeweise entsteht der Eindruck, der Knall entstehe nur einmal in dem Augenblick, in dem das Flugzeug die Schallgeschwindigkeit überschreitet. Sie wissen es jetzt besser: Ein mit Überschallgeschwindigkeit fliegendes Flugzeug schleppt seinen „Düsenknall" auf dem Mantel des Machschen Kegels dauernd hinter sich her.

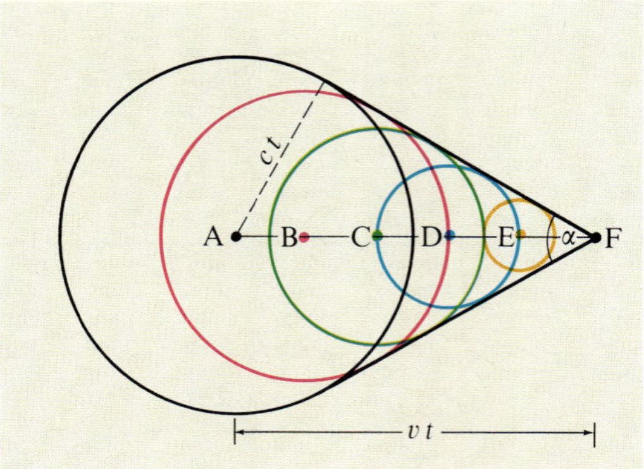

274.1 Die Wellenberge besitzen eine gemeinsame Einhüllende, den Machschen Kegel.

2. Beobachter bewegt sich – Schallquelle ruht

Ein Beobachter bewege sich mit der Geschwindigkeit v auf einen Wellenerreger der Frequenz f zu oder von ihm weg; dieser sei relativ zum Träger in Ruhe. Im Gegensatz zum vorigen Fall bleibt auch für den bewegten Beobachter die Wellenlänge $\lambda=c/f$ erhalten; dagegen ändert sich für ihn die Ausbreitungsgeschwindigkeit der Wellen.

Bewegt er sich auf den Erreger *zu*, so erreichen ihn die mit der Geschwindigkeit c fortschreitenden Wellen *früher;* ihre Geschwindigkeit relativ zum Beobachter ist also auf $c_Z=c+v$ erhöht. Deshalb empfängt dieser eine Schwingung mit der Frequenz

$$f_Z=\frac{c_Z}{\lambda}=\frac{c+v}{\lambda}=f\,\frac{c+v}{c} \quad \text{oder}$$

$$f_Z=f\left(1+\frac{v}{c}\right). \qquad (274.1)$$

Bewegt sich der Beobachter vom ruhenden Erreger *weg*, so erreichen ihn die Wellenfronten verspätet mit der für ihn verringerten Geschwindigkeit $c_W=c-v$. Deshalb empfängt er eine Schwingung mit der Frequenz

$$f_W=\frac{c_W}{\lambda}=\frac{c-v}{\lambda}=f\,\frac{c-v}{c} \quad \text{oder}$$

$$f_W=f\left(1-\frac{v}{c}\right). \qquad (274.2)$$

Man muß schon etwas aufpassen, damit man die vier verschiedenen Formeln für den Dopplereffekt nicht durcheinander bringt. Deshalb ist es besser, sich nicht die Formeln zu merken, sondern das dahintersteckende Prinzip:

Bewegt sich der Wellenerreger relativ zum Träger, so ändert sich die Wellenlänge. Bewegt sich der Beobachter relativ zum Träger, so ändert sich für ihn die Ausbreitungsgeschwindigkeit der Wellen.

Das folgende Beispiel soll zeigen, wie man eine *Aufgabe zum Dopplereffekt* ohne Formeln lösen kann:

Ein Autofahrer betätigt bei einer Geschwindigkeit von 108 km/h eine Hupe der Frequenz $f=$ 620 Hz. Welche Frequenz hören die Insassen eines Fahrzeugs, das dem hupenden Auto mit der Geschwindigkeit 72 km/h entgegenkommt? (Schallgeschwindigkeit $c=340$ m/s)

Lösung:

Die Hupe sendet in 1 Sekunde 620 Wellenberge aus. In dieser Zeit legt der vorderste Wellenberg 340 m, das hupende Auto 30 m zurück.

Also sind vor dem Auto die 620 Wellenberge für jeden Beobachter auf eine Strecke von 340 m − 30 m = 310 m zusammengedrängt; die Wellenlänge beträgt demnach $\lambda' = \frac{310}{620}$ m = 0,5 m.

Für die mit $v=20$ m/s entgegenfahrenden Beobachter beträgt die Geschwindigkeit der auf sie zu kommenden Wellenfronten $c_B = c + v =$ 360 m/s. Sie hören also einen Ton der Frequenz

$$f = \frac{c_B}{\lambda'} = \frac{360}{0,5}\,\text{Hz} = 720\,\text{Hz}.$$

Von der Schlangenlinie zum Licht

Die wandernde Schlangenlinie an der Wellenmaschine hat Ihnen zuerst einmal gezeigt, wie es überhaupt zum Namen „Welle“ kommt; darüber hinaus konnten Sie an ihr die Struktur einer Welle anschaulich ablesen. Die dabei gewonnenen Erkenntnisse ließen sich leicht auf die unsichtbare – also abstraktere – Schallwelle übertragen. Auch die Wellen, mit denen Sie es weiter zu tun haben werden, haben etwas von der Struktur einer Schlangenlinie, doch werden sie immer abstrakter. Elektromagnetische Wellen sind um einiges unfaßlicher als Schallwellen; Lichtwellen, Röntgenstrahlen und Gammastrahlen sind wegen ihrer immer kleiner werdenden Wellenlängen noch unanschaulicher. Ob Sie sich nun mit Radiowellen beschäftigen, das Brechungsgesetz für Lichtstrahlen suchen, mit polarisiertem Licht arbeiten, Röntgenwellenlängen bestimmen oder gar das Gedankengebilde „Wahrscheinlichkeitswelle“ benutzen, so beruhen die dabei auftretenden Erscheinungen stets auf Gesetzmäßigkeiten, die sich an der Schlangenlinie der mechanischen Querwelle veranschaulichen lassen.

Aufgaben (Schallgeschwindigkeit $c=340$ m/s):

1. *Die Hupe eines Autos erzeugt einen Ton der Frequenz* $f=380$ Hz. *a) Welche Frequenz hat der Ton, den ein Beobachter hört, auf den der Wagen mit der Geschwindigkeit* 17 m/s *zufährt? b) Nun soll das hupende Auto stillstehen, während ihm der Beobachter mit der Geschwindigkeit* 17 m/s *entgegenfährt. Welche Frequenz hat der Ton, den der Beobachter jetzt hört?*

2. *Die Hupe eines Autos erzeugt einen Ton der Frequenz* 440 Hz. *Ein Beobachter, von dem sich das Auto entfernt, hört einen Ton von* 400 Hz. *Wie schnell fährt das Auto?*

3. *Wenn eine mit der Geschwindigkeit v bewegte Schallquelle an einem ruhenden Beobachter vorüberfährt, hört dieser, daß die Tonhöhe im Augenblick des Vorbeifahrens nach unten umschlägt. Zeigen Sie, daß für das Frequenzverhältnis der gehörten Töne* $\frac{f_1}{f_2} = \frac{c+v}{c-v}$ *gilt! – Wie rasch müßte sich ein Schallerreger bewegen, damit sich die beim Vorbeifahren von einem ruhenden Beobachter gehörten Töne um eine Oktave unterscheiden?*

4. *a) Ein Auto, dessen Hupe einen Ton der Frequenz* 400 Hz *erzeugt, fährt mit* 72 km/h *auf einen ruhenden Beobachter zu. Welche Frequenz hat der Ton, den der Beobachter hört?*

b) Ein anderer Beobachter, der diesem hupenden Auto entgegenfährt, hört einen Ton der Frequenz 455 Hz. *Mit welcher Geschwindigkeit fährt der Beobachter?*

5. *Ein Polizeiauto fährt mit der Geschwindigkeit* 36 km/h. *Ein Kraftfahrer, der hinterher kommt, überholt den Polizeiwagen unverschämt laut und andauernd hupend. Kriminalkommissar Schlitzohr, der im Polizeiauto sitzt und nicht nur durch seinen Scharfsinn, sondern auch durch seine Musikalität (er besitzt das absolute Gehör!) bekannt ist, stellt sogleich messerscharf fest: Vor dem Überholen war im Polizeifahrzeug ein Hupenton von* 495 Hz *zu vernehmen; als der überholende Kraftfahrer einen Augenblick lang direkt neben dem Polizeiwagen fuhr, veränderte sich der Ton auf* 480 Hz. *Schlitzohr, der außer den schon erwähnten Tugenden auch noch den Vorzug einer gediegenen physikalischen Bildung besitzt, weiß sofort, wie schnell der überholende Verkehrssünder gefahren ist.*

a) Wie schnell ist er gefahren?

b) Welche Frequenz hörte Schlitzohr nach dem Überholvorgang?

§77 Schwingungen mit dem Computer

1. Es kommt nur auf das Kraftgesetz an

Die Bahn eines Körpers wird von der Summe der äußeren Kräfte bestimmt, die während seiner Bewegung auf ihn wirken. Das **Kraftgesetz** entscheidet also – zusammen mit den Startbedingungen – ob der Körper z.B. eine Wurfparabel beschreibt, auf einer Ellipse läuft oder hin und her schwingt.

Das Kraftgesetz ist nach der *Newtonschen Grundgleichung* $a = F/m$ eng mit dem *Beschleunigungsgesetz* verknüpft. Dieses bildet den Kern aller Computerprogramme für Bewegungen; es ist dort jeweils fett gedruckt.

Das Kraftgesetz der *ungedämpften* harmonischen Schwingung lautet $F = -Ds$. Bei der *gedämpften* harmonischen Schwingung kommt noch die *Reibungskraft* dazu. Sie hemmt die Bewegung; deshalb muß sie stets das entgegengesetzte Vorzeichen wie die Momentangeschwindigkeit erhalten. Zunächst nehmen wir an, die Reibungskraft werde durch den Luftwiderstand hervorgerufen. Für diesen Fall lautet das Kraftgesetz der gedämpften Schwingung $F = -Ds - Cv \cdot |v|$. Dabei ist C eine Konstante, die von der Form und der Größe des Körpers und von der Beschaffenheit des Mediums abhängt, in dem er schwingt. Aus dem Kraftgesetz folgt das *Beschleunigungsgesetz*

$$a = -\frac{D}{m}s - \frac{C}{m}v \cdot |v|. \qquad (276.1)$$

Dieses Gesetz steht im Befehl **81Ø** des nun folgenden Computerprogramms, das auch hier nach dem *Halbschrittverfahren* verläuft.

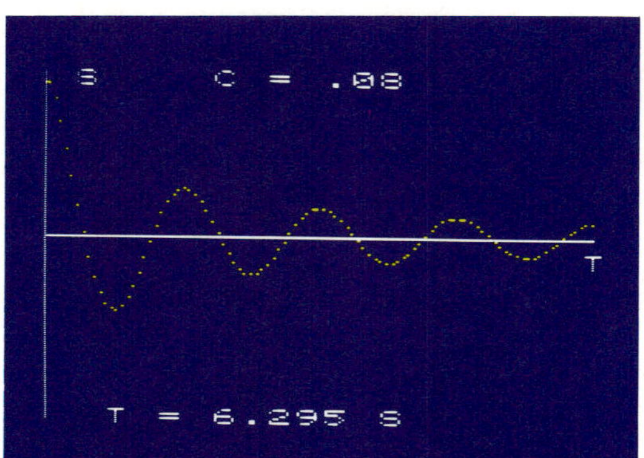

276.1 Gedämpfte harmonische Schwingung

2. Das Programm

```
1Ø   REM ** SCHWINGUNGEN ********
2Ø   REM ** EINGABEN ***************
3Ø   INPUT "MASSE (1)";M
4Ø   INPUT "RICHTGR. (1)";R
5Ø   INPUT "AMPLITUDE (.5)";B
6Ø   INPUT "WIDERST. (1.2)";C
7Ø   INPUT "ZEITSCHR. (.Ø1)";D
8Ø   INPUT "PERIODENZAHL (3)";N
9Ø   INPUT "SCHLEIFENZAHL (2Ø)";ZE
1ØØ  R1=R/M:C1=C/M
4ØØ  REM ** ACHSENKREUZ **********
41Ø  GRAPHIC 2
42Ø  COLOR Ø,Ø,1,Ø
43Ø  DRAW 1,Ø,Ø TO Ø,1ØØØ
44Ø  DRAW 1,Ø,47Ø TO 1ØØØ,47Ø
45Ø  C$="C="+STR$ (C)
46Ø  CHAR Ø,6,C$
47Ø  CHAR 1Ø,19,"T"
48Ø  CHAR Ø,1,"S"
5ØØ  REM ** ZEIT UND ORT ***********
51Ø  V=Ø:S=B:T=Ø:Z=Ø
52Ø  IF P=2 THEN GOSUB 1Ø1Ø
53Ø  GOSUB 81Ø  <------------+
54Ø  T=T+D                   |
55Ø  S=S+V*D                 |
56Ø  IF P<2 THEN IF Y>Ø THEN IF S<
     =Ø THEN 111Ø            |
57Ø  GOSUB 81Ø               |
58Ø  Y=S                     |
59Ø  Z=Z+1                   |
6ØØ  IF P=2 THEN IF Z=ZE THEN
     GOSUB 1Ø1Ø              |
62Ø  GOTO 53Ø  --------------+
8ØØ  REM ** BESCHLEUNIGUNG*******
81Ø  A=-R1*S-C1*V*ABS(V)
85Ø  V=V+A*D/2
95Ø  RETURN
1ØØØ REM ** PUNKTDRUCK * (nach 3 min)
1Ø1Ø TS=1ØØØ*T/N/U
1Ø2Ø SS=47Ø-45Ø*S/B
1Ø3Ø POINT 1,TS,SS
1Ø4Ø Z=Ø
1Ø5Ø IF TS<1ØØØ THEN 1Ø8Ø
1Ø55 UR=.ØØØ1*INT (1ØØØØ*U+.5)
1Ø6Ø T$="T="+STR$ (UR)+"S"
1Ø65 CHAR 18,1,T$
1Ø7Ø END
1Ø8Ø RETURN
11ØØ REM ** PERIODENDAUER ********
111Ø P=P+1
112Ø T(P)=T-S/V
113Ø IF P=1 THEN 57Ø
114Ø U=T(2)-T(1)
115Ø GOTO 51Ø
```

3. Bemerkungen zum Programm

In den Programmschritten **3Ø** bis **9Ø** erfolgen die *Eingaben*. Die eingeklammerten Zahlen sind lediglich Vorschläge für die Maßzahlen der Eingangsgrößen.

4Ø Da D schon für den Zeitschritt Δt belegt ist, bezeichnen wir die Richtgröße mit R.

6Ø Bei Luftreibung ist die Reibungskraft F_R von der Geschwindigkeit V abhängig; es gilt $F_R = C \cdot V^2$ mit C = konstant (Seite 197). Für eine *ungedämpfte* Schwingung ist C = Ø zu setzen.

8Ø Hier können Sie eingeben, wie viele Schwingungsperioden auf dem Bildschirm des Computers dargestellt werden sollen. Die Zahl N bewirkt dann beim Punktdruck einen entsprechenden Maßstab auf der Zeitachse.

9Ø Es ist nicht zweckmäßig, jeden berechneten Wert der Elongation S als Punkt auf dem Bildschirm erscheinen zu lassen. Entscheiden Sie sich z.B. für die Schleifenzahl ZE = 2Ø, so wird nur jeder zwanzigste berechnete Wert als Punkt dargestellt. Je größer ZE gewählt wird, desto weiter rücken die Punkte auseinander, aus denen sich die Kurve zusammensetzt.

1ØØ Im Beschleunigungsgesetz wird sowohl die Richtgröße als auch der Reibungsfaktor jeweils durch die Masse dividiert. Damit diese Division nicht dauernd in der Rechenschleife wiederholt werden muß, erfolgt sie hier ein für alle Male im voraus. In BASIC kann man in eine einzige Programmzeile *mehrere* Befehle schreiben; sie müssen dabei jeweils durch einen *Doppelpunkt* voneinander getrennt werden. Da die Befehle R1 = R/M bzw. C1 = C/M sehr kurz sind, wurde hier von dieser Möglichkeit Gebrauch gemacht.

In den Programmschritten **41Ø** bis **48Ø** wird der Graphik-Modus eingeschaltet und auf dem Bildschirm ein Achsenkreuz mit Beschriftung gezeichnet.

Zwischen **53Ø** und **62Ø** wird das wohlbekannte *Halbschrittverfahren* durchgeführt. Dabei sind aber einige Befehle eingebaut, die in den bisherigen Verfahren noch nicht vorkamen. Sie dienen folgendem Zweck: Wenn N Schwingungsperioden auf dem Bildschirm dargestellt werden sollen, muß auf die Zeitachse das N-fache der Periodendauer U passen. Nun läßt sich die Zeitachse bei der hochauflösenden Graphik des VC 20 in rund 1000 Koordinatenpunkte einteilen (Seite 196). Deshalb transformieren wir die tatsächliche Zeit T in die Zeitkoordinate $TS = \frac{1000\,T}{NU}$. Dies führt zum Programmschritt **1Ø1Ø** TS = 1ØØØ*T/N/U, der dem Punktdruck vorangeht.

Bevor der Computer mit dem Punktdruck beginnen kann, muß also zuerst die Periodendauer U bestimmt werden. Dazu wird mit Hilfe einer Laufzahl P eine „Weiche" gestellt: So lange P < 2 ist, wird der Weg in das den Punktdruck besorgende Unterprogramm **1Ø1Ø** bis **1Ø8Ø** *gesperrt*. Dafür ist der Weg zur Berechnung der Periodendauer U in **111Ø** bis **115Ø** *geöffnet*. Ist in **111Ø** P = 2 geworden, verhält es sich dann umgekehrt. Im einzelnen funktioniert diese Weiche folgendermaßen:

51Ø Hier sind die Startbedingungen festgehalten. Der Schwinger soll zu Beginn maximal ausgelenkt sein, also die Elongation S = B bekommen. Die Geschwindigkeit ist in diesem Augenblick V = Ø. Die Laufzahl Z zur Zählung der Schleifen wird Null gesetzt.

52Ø Die Weiche zum Punktdruck ist vorerst gesperrt. Auf dem Bildschirm tut sich nichts.

53Ø Hier beginnt das Halbschrittverfahren.

58Ø Die soeben in **55Ø** errechnete Elongation S wird in Y gespeichert. Beim nächsten Schleifendurchgang wird nämlich die dort neu berechnete Elongation S mit dem alten Wert von S aus der vorigen Schleife verglichen. Dies geschieht dann in **56Ø**.

59Ø Zählung der Schleifennummer.

6ØØ Weiche zum Punktdruck vorerst gesperrt.

62Ø Rücksprung zum nächsten Durchgang.

56Ø Hier müssen drei Bedingungen erfüllt sein: Die erste Bedingung (P < 2) ist im Anfangsstadium, in dem sich das Programm ja zunächst befindet, erfüllt (die Weiche zur Bestimmung der Periodendauer U ist geöffnet).

Die zweite und die dritte Bedingung sind erfüllt, wenn die in der vorigen Schleife ermittelte (und in Y gespeicherte) Elongation *positiv*, die in der jetzigen Schleife berechnete Elongation dagegen *negativ* (oder Null) ist. Dies ist zum ersten Mal der Fall, wenn S – von oben kommend – eine Nullstelle überschritten (bzw. getroffen) hat. Dann springt das Programm in die Subroutine ab **111Ø**.

111Ø P wird zunächst von Ø auf 1 erhöht.

112Ø Zur Zeit T, auf der die Uhr momentan steht, ist die Elongation S im allgemeinen bereits über die Nullstelle hinweggegangen. Zieht man nun von T die Zeitspanne S/V ab, so erhält man ziemlich genau die Zeit T(1) = T – S/V für den ersten Nulldurchgang. Beachten Sie, daß in diesem Augenblick S und auch V *negativ* sind; S/V ist also *positiv* (falls S nicht gerade zufällig Null ist).

113Ø Wenn in **111Ø** P = 1 gesetzt wurde, springt das Programm nun wieder in die Schleife zurück, erledigt den noch ausstehenden zweiten Halbschritt zur Berechnung der Geschwindigkeit am Intervallende und durchläuft dann die Schleife erneut. Die Berechnung der Elongationen S wird so lange fortgesetzt, bis S zum *zweiten Mal* eine Nullstelle von oben nach unten überschreitet. In diesem Augenblick ist die dreifache Bedingung im Programmschritt **56Ø** wieder erfüllt: Das Programm springt zum zweiten Mal nach **111Ø**.

111Ø Jetzt wird P (endgültig) auf 2 gesetzt.

112Ø Die Zeit T(2) des zweiten von oben nach unten verlaufenden Nulldurchgangs wird berechnet. Da jetzt P = 2 ist, wird der Programmschritt **113Ø** ignoriert.

114Ø Die Periodendauer U wird berechnet.

115Ø Nach diesem Vorspiel, das nur der Bestimmung der Periodendauer U diente, beginnt alles mit den ursprünglichen Startbedingungen in **51Ø** nochmals von vorne. Nun bleibt P = 2.

52Ø Sprung in das Unterprogramm zum Druck des Anfangspunktes der Kurve.

1Ø1Ø Bestimmung der Zeitkoordinate TS.

1Ø2Ø Bestimmung der Elongationskoordinate SS. Sie wird so normiert, daß der erste Punkt der Kurve stets an derselben Stelle 20 Einheiten unterhalb des oberen Bildrandes beginnt.

1Ø3Ø Punktdruck.

1Ø4Ø Die Schleifenzahl wird wieder auf Null gesetzt.

1Ø5Ø So lange die Kurve noch nicht am Ende der Zeitachse angelangt ist, läuft das Halbschrittverfahren weiter.

1Ø55 Die auf 4 Dezimalen gerundete Periodendauer wird in UR gespeichert.

1Ø65 Die gerundete Periodendauer wird auf dem Bildschirm gedruckt.

4. Mit dem Programm kann man noch mehr anfangen

Wenn Sie die Dämpfungskonstante C nach und nach vergrößern, können Sie verfolgen, wie die Amplituden der Schwingung immer mehr abnehmen. Ist ein bestimmtes C erreicht, so erscheint auf dem Bildschirm plötzlich keine Kurve mehr. Die Bewegung ist jetzt nämlich so stark gedämpft, daß der Körper gar nicht mehr hin und her schwingt, sondern langsam in die Null-Lage kriecht. Dabei wird nun aber die Weiche zur Bestimmung der Periodendauer nicht mehr umgestellt, d.h. es bleibt dauernd P = Ø, und es kommt zu keinem Punktdruck. Eine kleine Änderung des Programms schafft hier Abhilfe:

```
1ØØ   R1 = R/M
515   IF P = 2 THEN C1 = C/M
1Ø55  bis 1Ø65 wird gelöscht.
```

Die Abänderung in **1ØØ** bewirkt, daß jetzt zuerst die Periodendauer der *ungedämpften* Schwingung berechnet wird. Dies ist wegen der Bestimmung des Zeitmaßstabes auf der Zeitachse notwendig: außerdem wird dabei die Laufzahl P auf 2 gesetzt und so die Weiche für den Punktdruck gestellt. Damit nun aber nicht die *ungedämpfte* Schwingung auf dem Bildschirm erscheint, wird nachträglich in **515** die Dämpfungskonstante eingegeben. Da man bei diesem *aperiodischen Grenzfall* von keiner Periodendauer mehr sprechen kann, werden die entsprechenden Befehle gelöscht.

Auf Seite 221 wurde eine Schwingung untersucht, die durch eine konstante Reibungskraft $F_R = C$ gedämpft wird. Wenn wir sie dem Computer eingeben wollen, brauchen wir dazu lediglich die Programmzeile **81Ø** abzuändern:

```
81Ø   A = -R1*S - C1*SGN(V).
```

SGN(V) gibt das *Vorzeichen* der Geschwindigkeit an; für V ≷ Ø wird SGN(V) = ±1. Ist V = Ø, so wird auch SGN(V) = Ø. Vergleichen Sie die Kurven auf dem Bildschirm des Computers für die verschiedenen Dämpfungsarten! Während bei der geschwindigkeitsabhängigen Dämpfung die Schwingungsamplituden immer weniger abnehmen *(Bild 276.1)*, verringern sie sich bei der Dämpfung durch eine konstante Kraft stets um denselben Betrag *(Bild 278.1)*.

5. Das Fadenpendel – exakt

Wie Sie wissen, schwingt ein Fadenpendel nur bei kleinen Ausschlägen näherungsweise harmonisch. Auf Seite 218 haben wir für die ungedämpfte Schwingung eines Fadenpendels das Kraftgesetz aufgestellt: $F = -mg \cdot \sin\delta$. Ist l die Pendellänge, so folgt mit $\delta = s/l$ das Beschleunigungsgesetz $a = -g \cdot \sin(s/l)$. Wenn Sie den genauen Verlauf einer Pendelschwingung auch für große Ausschläge studieren wollen, brauchen Sie in unserem Computerprogramm nur folgendes abzuändern:

```
3Ø    wird gelöscht
4Ø    INPUT "LAENGE";L
5Ø    INPUT "FALLBESCHL.";G
6Ø    INPUT "WINKELAMPLITUDE";W
1ØØ   B = π*L*W/18Ø
81Ø   A = -G*SIN(S/L)
```

In **6Ø** wird die Winkelamplitude in *Grad* eingegeben. Obwohl die Schwingung nicht harmonisch ist, unterscheidet sich die Kurve auf dem Bildschirm kaum von der Sinusform. Interessant sind die mit dem Winkel W wachsenden Abweichungen der Periodendauer U vom Pendelgesetz $T = 2\pi\sqrt{L/G}$.

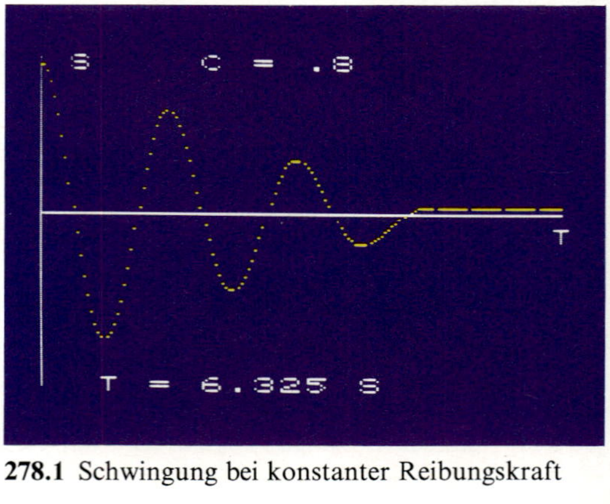

278.1 Schwingung bei konstanter Reibungskraft

Anhang (* veraltete, nicht mehr zugelassene Einheiten)

Basiseinheiten des internationalen Einheitensystems (SI)

Basisgröße	Basiseinheit	Zeichen	Basisgröße	Basiseinheit	Zeichen
Länge	Meter	m	Temperatur	Kelvin	K
Masse	Kilogramm	kg	Lichtstärke	Candela	cd
Zeit	Sekunde	s	Stoffmenge	Mol	mol
Stromstärke	Ampere	A			

Druckeinheiten

	Pa = N/m²	**bar**	**at***	**mm W.S.***	**atm***	**Torr***
1 Pa = 1 N/m²	1	10^{-5}	$1{,}0197 \cdot 10^{-5}$	0,10197	$0{,}9869 \cdot 10^{-5}$	$0{,}75006 \cdot 10^{-2}$
1 bar	10^{5}	1	1,0197	$1{,}0197 \cdot 10^{4}$	0,98692	$0{,}75006 \cdot 10^{3}$
1 at*	$0{,}980665 \cdot 10^{5}$	0,980665	1	$1{,}00003 \cdot 10^{4}$	0,96784	$0{,}73556 \cdot 10^{3}$
1 mm W.S.*	9,8064	$0{,}98064 \cdot 10^{-4}$	$0{,}99997 \cdot 10^{-4}$	1	$0{,}96781 \cdot 10^{-4}$	$0{,}73554 \cdot 10^{-1}$
1 atm*	$1{,}01325 \cdot 10^{5}$	1,01325	1,03323	$1{,}03326 \cdot 10^{4}$	1	760
1 Torr*	$1{,}3332 \cdot 10^{2}$	$1{,}3332 \cdot 10^{-3}$	$1{,}3595 \cdot 10^{-3}$	13,595	$1{,}3158 \cdot 10^{-3}$	1

1 bar = 10 N/cm²; 1 mbar (Millibar) = 1 cN/cm²; 1 at* = 1 kp*/cm² (technische Atmosphäre).
1 mm W.S.* ist der Druck einer 1 mm hohen Wassersäule von 4 °C bei $g = 9{,}80665\ \text{m/s}^2$ am Normort.
1 kp* ist gleich der Gewichtskraft eines 1 kg-Stücks am Normort; 1 kp* = 9,80665 N.
1 atm* (physikalische Atmosphäre) = 760 Torr* = 1,01325 bar ist der sog. Normdruck.
1 Torr* bedeutet den Druck einer 1 mm hohen Quecksilbersäule von 0 °C am Normort.

Energieeinheiten

	J	**kWh**	**cal***	**eV**
1 J	1	$2{,}7777 \cdot 10^{-7}$	0,23884	$0{,}6242 \cdot 10^{19}$
1 kWh	$3{,}6000 \cdot 10^{6}$	1	$0{,}8598 \cdot 10^{6}$	$2{,}247 \cdot 10^{25}$
1 cal*	4,1868	$1{,}1630 \cdot 10^{-6}$	1	$2{,}613 \cdot 10^{19}$
1 eV	$1{,}602 \cdot 10^{-19}$	$4{,}45 \cdot 10^{-26}$	$3{,}826 \cdot 10^{-20}$	1

1 J (Joule) = 1 Nm (Newtonmeter); 1 kWh = 1000 W · 1 h = $3{,}6 \cdot 10^{6}$ Joule.
1 eV (Elektronvolt) ist die Energie, die ein Teilchen mit der Elementarladung $e = 1{,}6 \cdot 10^{-19}$ C beim Durchlaufen der Spannung 1 Volt aufnimmt.

Leistungseinheiten 1 W = 1 J/s; 1 PS* (Pferdestärke) = 75 kp* m/s = 735,5 W.

Physikalische Konstanten

Gravitationskonstante	$G^* = 6{,}672 \cdot 10^{-11}\ \text{m}^3\,\text{kg}^{-1}\,\text{s}^{-2}$
Normfallbeschleunigung	$g_n = 9{,}80665\ \text{ms}^{-2}$
Molvolumen idealer Gase im Normzustand	$V_{0\text{m}} = 22{,}414\ \text{dm}^3 \cdot \text{mol}^{-1}$
Absoluter Nullpunkt	$-273{,}15\ °\text{C}$
Gaskonstante	$R = 8{,}3144\ \text{J} \cdot \text{mol}^{-1}\,\text{K}^{-1}$
Physikalischer Normdruck	$p_0 = 101\,325\ \text{Pa} = 1013{,}25\ \text{mbar}$
Avogadrosche Konstante	$N_A = 6{,}02209 \cdot 10^{23}\ \text{mol}^{-1}$
Vakuumlichtgeschwindigkeit	$c_0 = 2{,}99792458 \cdot 10^{8}\ \text{ms}^{-1}$
Elektronenmasse	$m_e = 9{,}1046 \cdot 10^{-31}\ \text{kg}$
Neutronenmasse	$m_n = 1{,}6748 \cdot 10^{-27}\ \text{kg}$
Protonenmasse	$m_p = 1{,}67264 \cdot 10^{-27}\ \text{kg}$
atomare Masseneinheit	$1\ \text{u} = 1{,}66055 \cdot 10^{-27}\ \text{kg}$
Boltzmannsche Konstante	$k = 1{,}38065 \cdot 10^{-23}\ \text{J} \cdot \text{K}^{-1}$

Eigenschaften fester Stoffe

	Dichte bei 18 °C	Linearer Ausdehnungs-Koeff. α[6])	Spezifische Wärmekapazität		Schmelzpunkt	Spezifische Schmelzwärme		Siedepunkt
	$\frac{g}{cm^3}$	**1/K 0,0000**	$\frac{\text{Joule}}{g \cdot K}$	$\frac{\text{cal*}}{g \cdot K}$	°C	$\frac{\text{Joule}}{g}$	$\frac{\text{cal*}}{g}$	°C
Aluminium	2,70	24	0,896	0,214	660	395	95,4	2327
Blei	11,34	29	0,129	0,031	327,3	23	5,5	1750
Chrom	7,1	07	0,440	0,105	1900	280	67,3	2330
Eisen, rein	7,86	12	0,450	0,108	1535	275	66	2800
Flußstahl	7,84	11	0,435	0,104	1450	–	–	–
Gold	19,3	14	0,129	0,0309	1063,0	64	15,4	2660
Iridium	22,4	066	0,130	0,031	2443	117	28	4350
Iod	4,94	83	0,22	0,052	114	125	29,5	184
Kalzium	1,55	22	0,65	0,15	850	218	52	1700
Kobalt	8,8	13	0,42	0,10	1490	263	62,8	3100
Kohlenstoff:								
Diamant	3,514	012	0,49	0,118	>3600	–	–	4200
Graphit	2,25	08	0,69	0,165	>3600	–	–	4350
Kupfer	8,93	17	0,383	0,092	1083	205	48,9	2582
Magnesium	1,74	26	1,01	0,24	650	370	88	1120
Mangan	7,3	23	0,48	0,115	1250	266	64	2087
Natrium	0,97	70	1,22	0,29	97,8	113	27,4	883
Nickel	8,8	13	0,448	0,11	1455	300	71,6	2800
Platin	21,4	090	0,133	0,0316	1769	111	26,6	4010
Schwefel rhomb.	2,056	64	0,715	0,171	112,8	50	12	444,60
monoklin	1,96	–	0,733	0,176	118,8	42	10	
Selen	4,50	37	0,32	0,078	217	67	16	690
Silber	10,51	20	0,235	0,0556	960,5	105	25,1	2190
Silicium	2,4	08	0,703	0,168	1410	167	40	2600
Wolfram	19,3	04	0,134	0,032	3380	191	45,8	5900
Zink	7,12	26	0,385	0,0925	419,5	109	26	910
Zinn	7,28	27	0,227	0,0523	232	61	14,5	2337
Messing[1])	~8,3	18	0,38	0,092	~ 920	–	–	–
Bronze[2])	~8,7	18	0,38	0,092	~ 900	–	–	–
Konstantan[3])	8,8	15	0,41	0,098	–	–	–	–
Neusilber[4])	8,7	18	0,40	0,095	~1000	–	–	–
Woodsches Metall[5])	9,7	–	0,17	0,04	65–70	–	–	–
Porzellan	2,3	~038	0,84	0,2	–	–	–	–
Jenaer Glas	2,7	081	0,78	0,186	–	–	–	–
Quarzglas	2,21	005	0,73	0,174	1710	–	–	–
Kochsalz NaCl	2,16	40	0,87	0,206	802	517	123,5	144
Naphthalin	1,15	94	1,29	0,30	80,1	150	36	217,9
Rohrzucker	1,59	83	1,22	0,29	186	56	13,4	–
Hartgummi	1,20	~80	1,42	0,34	–	–	–	–

[1]) 62% Cu, 38% Zn
[2]) 84% Cu, 9% Zn, 6% Sn, 1% Pb
[3]) 60% Cu, 40% Ni
[4]) 62% Cu, 16% Ni, 22% Zn
[5]) 50% Bi, 25% Pb, 12,5% Sn, 12,5% Cd
[6]) Zwischen 0 °C und 100 °C

Eigenschaften von Flüssigkeiten

	Dichte bei 18 °C	Volumausdehnungskoeff. γ	Spezifische Wärmekapazität bei 18 °C		Schmelzpunkt	Schmelzwärme		Siedepunkt bei 1,013 bar	Verdampfungswärme	
	$\frac{g}{cm^3}$	1/K 0,00	$\frac{Joule}{g \cdot K}$	$\frac{cal*}{g \cdot K}$	°C	$\frac{Joule}{g}$	$\frac{cal*}{g}$	°C	$\frac{Joule}{g}$	$\frac{cal*}{g}$
Aceton	0,791	149	2,2	0,53	− 94,7	98	23,4	56,2	525	125
Benzol	0,879	123	1,72	0,408	+ 5,53	126	30,2	80	394	94
Brom	3,12	111	0,46	0,11	− 7,3	68	16,2	58,7	183	44
Chloroform	1,489	128	0,95	0,225	− 63,7	75	17,9	61,1	279	67
Diethylether	0,716	162	2,34	0,56	−123,4	98	23,5	34,6	360	86
Ethanol	0,790	110	2,42	0,57	−114,4	107	25	78,4	840	201
Glycerin	1,260	049	2,39	0,57	+ 18	200	47,9	290	–	–
Olivenöl	0,915	072	2,0	0,47	–	–	–	–	–	–
Petroleum	0,85	096	2,1	0,50	–	–	–	150–300	–	–
Quecksilber	13,551	0181	0,139	0,033	− 38,87	11,8	2,8	357	285	68
Schwefelkohlenstoff	1,265	118	0,996	0,24	−111,8	58	13,8	46,2	352	84
Tetrachlorkohlenstoff	1,590	122	0,85	0,20	− 22,9	21	5,0	76,7	193	46
Toluol	0,866	111	1,7	0,41	− 95,0	72	17,2	110,7	364	87
Wasser	0,9986	02 (20 °C)	4,182	0,999	0,00	334	79,7	100,00	2256	538,9

Eigenschaften von Gasen

	Dichte¹)	Spezifische Wärmekapazität²)		Schmelzpunkt	Siedepunkt³)	Dichte als Flüssigkeit⁴)
	$\frac{g}{l}$	$\frac{Joule}{g \cdot K}$	$\frac{cal*}{g \cdot K}$	°C	°C	$\frac{g}{cm^3}$
Ammoniak NH_3	0,7714	2,16	0,52	− 77,7	− 33,4	0,682
Argon Ar	1,7839	0,523	0,125	−189,3	−185,8	1,4
Acetylen C_2H_2	1,17	1,683	0,402	− 81,7	− 83,6⁵)	0,621
Chlor Cl_2	3,214	0,74	0,177	−100	− 34,6	1,56
Helium He	0,1785	5,23	1,25	−272,2	−268,94	0,13
Kohlenstoffdioxid CO_2	1,9768	0,837	0,20	− 56	− 78,5⁵)	1,56
Kohlenstoffoxid CO	1,2500	1,042	0,249	−205	−191,48	0,79
Luft	1,2929	1,005	0,239	−213	−193	–
Methan CH_4	0,7168	2,2	0,527	−183	−161,4	0,425
Neon Ne	0,9002	1,03	0,246	−248,6	−246,1	1,21
Ozon O_3	2,144	0,795	0,190	−252	−112	–
Sauerstoff O_2	1,429	0,917	0,219	−218,8	−182,97	1,134
Schwefeldioxid SO_2	2,926	0,64	0,152	− 75,3	− 10	1,46
Stickstoff N_2	1,2505	1,038	0,248	−210	−195,81	0,81
Wasserdampf	0,5977	1,94	0,464	–	–	0,9584
Wasserstoff H_2	0,08987	14,32	3,41	−259,2	−252,78	0,071

¹) 0 °C; 1,013 bar; ²) c_p; konst. Druck; ³) 1,013 bar; ⁴) am Siedepunkt; ⁵) Sublimationspunkt

Wasser und Wasserdampf

Temperatur ϑ	Dichte flüssigen Wassers	Dampfsättigungsdichte	Dampfsättigungsdruck		Temperatur ϑ	Dichte flüssigen Wassers	Dampfsättigungsdichte	Dampfsättigungsdruck		Temperatur ϑ	Dampfsättigungsdruck p	
°C	**g/cm³**	**g/m³**	**mbar**	**Torr***	**°C**	**g/cm³**	**g/m³**	**mbar**	**Torr***	**°C**	**bar**	**at***
−10	–	2,14	2,6	1,95	22	0,99777	19,4	26,4	19,8	100	1,013	1,033
−5	–	3,24	4	3,01	24	0,99730	21,8	29,8	22,4	110	1,432	1,461
0	0,99984	4,84	6,1	4,58	26	0,99678	24,4	33,5	25,2	120	1,98	2,024
2	0,99994	5,6	7	5,3	28	0,99623	27,2	37,4	28,3	130	2,70	2,754
4	0,99997	6,4	8,1	6,1	30	0,99565	30,3	42,2	31,8	140	3,62	3,685
6	0,99994	7,3	9,3	7,0	35	0,9939	39,6	56,0	42,2	150	4,76	4,854
8	0,99985	8,3	10,7	8,0	40	0,99221	51,1	73,5	55,3	175	8,94	9,101
10	0,99970	9,4	12,3	9,2	50	0,98805	83,0	123	92,5	200	15,52	15,86
12	0,99950	10,7	14,0	10,5	60	0,98321	130,2	199	149,4	225	25,5	26,01
14	0,99924	12,1	16,0	12,0	70	0,97778	198,1	310	233,7	250	39,8	40,56
16	0,99894	13,6	18,1	13,6	80	0,97180	293,3	473	355,2	300	85,9	87,61
18	0,99859	15,4	20,6	15,5	90	0,96532	423,5	700	525,9	350	165,2	168,63
20	0,99820	17,3	23,4	17,5	100	0,95835	597,7	1013	760	374,2 (Kr.)	221	225,5

Siedetemperatur ϑ des Wassers beim Druck p

p	bar	0,906	0,934	0,946	0,96	0,974	0,986	1,00	**1,013**	1,026	1,04	1,052	1,067
	Torr*	680	700	710	720	730	740	750	**760**	770	780	790	800
ϑ	°C	96,91	97,71	98,10	98,49	98,88	99,25	99,63	**100,00**	100,37	100,73	101,09	101,44

Erde und Weltall

Erde

Mittlerer Äquatorradius	$a = 6378{,}140$ km
Polradius	$b = 6356{,}777$ km
Radius der volumgleichen Kugel	6371,221 km
Masse	$5{,}976 \cdot 10^{24}$ kg
Dichte im Mantel	3,4 g/cm³
in der Zwischenschicht	6,4 g/cm³
im Kern	9,6 g/cm³
Mittelwert	5,51 g/cm³
Schwerebeschleunigung	
am Äquator	978,05 cm/s²
an den Polen	983,22 cm/s²
in Berlin	981,26 cm/s²
Mittelwert	979,77 cm/s²

Erddrehung

Rotationsgeschw. am Äquator	465,12 m/s
Zentrifugalbeschl. am Äquator	−3,392 cm/s²

Bahnbewegung

Mittlerer Abstand von der Sonne	$1{,}4960 \cdot 10^{8}$ km
Exzentrizität der Bahn	0,016736
Mittlere Bahngeschwindigkeit	29,8 km/s
Schiefe der Ekliptik (2000) (jährliche Abnahme 0,468″)	23° 26′ 21″

Internationales Erdellipsoid

Äquatorradius (genau)	$a = 6378{,}165$ km
Abplattung (genau)	$1 - \frac{b}{a} = \frac{1}{298}$
Polradius	$b = 6356{,}755$ km
Mittlerer Radius	6371,025 km
Mittlerer Längenkreisgrad	111,137 km
Mittlere Längenkreisminute (Seemeile)	1,852 km
Äquatorumfang	40075 km
Oberfläche	509088842 km²
Volumen	1083218990000 km³

Mond

Radius	1738 km	Entfernung von der Erde	
Masse	$7{,}35 \cdot 10^{22}$ kg		Max. 406740 km
Mittlere Dichte	3,35 g/cm^3		Min. 356410 km
Scheinbarer Halbmesser	Max. 16′ 46″		Mittelwert 384400 km
	Min. 14′ 40″	Exzentrizität der Bahn	0,0549
Schwerebeschleunigung	161,9 cm/s^2	Bahnneigung gegen Ekliptik	5°8′43″
Siderische Umlaufzeit	27,322 Tage	Bahngeschwindigkeit	1,023 km s^{-1}

Sonne

Radius	696000 km	Umdrehungsdauer	25,38 Tage
Masse	$1{,}9891 \cdot 10^{30}$ kg	Entfernung vom nächsten Fixstern	4,27 Lichtjahre
Mittlere Dichte	1,41 g/cm^3	(Proxima Centauri)	
Scheinbarer Halbmesser	Max. 16′ 18″	Zentraltemperatur	$2 \cdot 10^7$ °C
	Min. 15′ 46″	Effektive Temperatur	5534 °C
		Gesamtstrahlung	$4{,}2 \cdot 10^{26}$ J/s
Schwerbeschleunigung	27400 cm/s^2	Solarkonstante	1,395 kW m^{-2}

Planeten

	Mittlerer Äquator-Radius	Masse (ohne Satelliten)	Zahl der Monde (1981)	Mittlere große Halbachse der Bahn um die Sonne	Exzentrizität der Bahn (Seite 125)	Neigung der Bahnebene gegen Ekliptik	Scheinbarer Durchmesser von der Erde aus		Mittlere Umlaufzeit	
							Min.	Max.	siderisch trop.	synodisch
	km	Erde =1		10^6 km	e/a				Jahre	Tage
Merkur	2420	0,056	0	57,91	0,206	7° 0′	5″	13″	0,2408	115,88
Venus	6114	0,815	0	108,21	0,007	3° 24′	10″	64″	0,6152	583,92
Erde	6371	1,00	1	149,60	0,017	–	–	–	1,0000	–
Mars	3385	0,108	2	227,04	0,093	1° 51′	3″	25″	1,8809	779,94
Jupiter	70360	317,82	15	778,34	0,048	1° 18′	30″	50″	11,862	398,88
Saturn*	58410	95,11	15	1427,01	0,056	2° 29′	15″	21″	29,458	378,09
Uranus	23550	14,52	5	2869,60	0,047	0° 46′	3″	4″	84,015	369,66
Neptun	22300	17,22	2	4496,7	0,009	1° 46′	2″	2″	164,788	367,48
Pluto	3000	0,92	1	5899	0,249	17° 9′	<0,3″		247,7	366,72

* *Saturnring:* Innerer Durchm. 178000 km, äußerer Durchm. 279000 km, Dicke 2 km, Masse: 0,00004 der Saturnmasse

Milchstraße

Durchmesser	$8 \cdot 10^{17}$ km	Entfernung der Sonne vom Mittelpunkt	$25 \cdot 10^{16}$ km
Dicke	$15 \cdot 10^{16}$ km	Entfernung der Sonne von Mittelebene	$5 \cdot 10^{14}$ km
Gesamtmasse	$2{,}5 \cdot 10^{11}$ Sonnenmassen	Geschw. der Sonne gegenüber Umgebung	20 km/s

Astronomische Konstanten

Astronomische Einheit (AE) = Mittlere Entfernung Erde – Sonne = $149{,}59787 \cdot 10^6$ km
Lichtjahr (L.J.) = 63275 AE = 0,3068 Parsek = $9{,}46 \cdot 10^{12}$ km
Parsek = 206265 AE = 3,2598 L.J. = $30{,}87 \cdot 10^{12}$ km

Frequenz der Töne gleichschwebender Stimmung in Hz

Frequenzverhältnis jedes temperierten Halbtonintervalls $= \sqrt[12]{2} \approx 1{,}0595$

Ton	C_2	C_1	C	c	c^1	c^2	c^3	c^4	Verhältniszahlen reine Stimmung
C	16,35	32,70	65,41	130,8	261,6	523,2	1046	2093	24
Cis, Des	17,32	34,64	69,29	138,6	277,2	554,4	1109	2217	
D	18,35	36,71	73,42	146,8	293,7	587,3	1175	2349	27
Dis, Es	19,45	38,89	77,78	155,6	311,1	622,2	1245	2489	
E	20,60	41,20	82,40	164,8	329,6	659,2	1319	2637	30
F	21,83	43,65	87,31	174,6	349,2	698,5	1397	2794	32
Fis, Ges	23,13	46,25	92,50	185,0	370,0	740,0	1480	2960	
G	24,50	49,00	98,00	196,0	392,0	784,0	1568	3136	36
Gis, As	25,96	51,92	103,83	207,6	415,3	830,6	1661	3322	
A	27,50	55,00	110,00	220,0	**440,0**	880,0	1760	3520	40
Ais, B	29,14	58,27	116,54	233,1	466,2	932,3	1865	3729	
H	30,87	61,74	123,47	246,9	493,9	987,8	1976	3951	45

Schallgeschwindigkeiten

Die vom Luftdruck weitgehend unabhängige **Schallgeschwindigkeit** c_ϑ beträgt in trockener atmosphärischer Luft bei $\vartheta = k$ °C: $c_\vartheta = 331\sqrt{1+0{,}00367k}$ m/s. Weitere Schallgeschwindigkeiten:

	m/s		m/s	Flüssigkeiten bei 20 °C	m/s	Gase bei 20 °C	m/s
Aluminium	5080	Gold	2030	Wasser	1465	Wasserstoff	1306
Blei	1200	Kupfer	3710	Petroleum	1326	Kohlenstoffdioxid	267
Eisen	5170	Messing	3490	Tetrachlorkohlenstoff	950	Leuchtgas	~453
Glas	~5000	Kautschuk	50	Xylol	1350	Sauerstoff	326

Stichwortverzeichnis

Übersetzungsliste für Graphik-Befehle

	VC 20 mit Erweiterung	COMMODORE 64 mit Simon's Basic	APPLE II
Einschalten der Graphik	Hochauflösung 160/160: GRAPHIC 2 COLOR 6,0, 1,0 (Weiß auf Schwarz) COLOR 6,6, 1,6 (Weiß auf Blau)	POKE 53280,6:POKE 53281,6 Rahmen und Schirm blau HIRE S1,6 Hochauflösung (320/200) Zeichen weiß HIRE S1,6:MULTI 0,1,7 Auflösung 160/200 Farben: Schwarz, Weiß, Gelb LOW COL 2,5,11 Später 3 weitere Farben: Rot, Grün, Grau	TEXT HOME HGR VTAB(24) XS von 0 bis 279 YS von 0 bis 159 Unten Fenster mit 4 Zeilen für Schrift
Punktdruck	POINT 1,XS,YS 1:Farbe XS und YS je von 0 bis 1023	PLOT XS,YS,F XS von 0 bis 320 bzw. 160 YS von 0 bis 200 F:Farbe	HPLOT XS,YS Schirm-Koordinaten XS und YS wie oben
Linie	DRAW 1,X1,Y1TOX2,Y2 XS und YS wie oben	LINE X1,Y1,X2,Y2,F X1, Y1 und F wie oben	HPLOT X1,Y1TOX2,Y2 XS und YS wie oben
Text im Graphik-Schirm	CHAR l,s,„TEXT" l: Zeile 0 bis 19 s: Spalte 0 bis 19	TEXT XS,YS,„TEXT",1,1,8 Die letzten 3 Ziffern bestimmen Farbe, Höhe und Abstand der Zeichen	Nur mit Spezialprogramm
Kreis, Ellipse	CIRCLE 1,XM,YM,xr,yr XM,YM: Mittelpunkts-Koordinaten, xr und yr Halbachsen. Man muß Schirmverzerrung beachten.	CIRCLE XM,YM,xr,yr,1	Nicht direkt möglich

Der Nullpunkt 0|0 des Koordinatensystems liegt bei allen Maschinen oben links.